U0199438

Manufacturing Processes for Design Professionals

写给设计师的工艺全书

[英] 罗布 · 汤普森（Rob Thompson） 著

李月恩 赵莹 邓小姝 吕健安 武月琴 李明星 译

中国 · 武汉

图书在版编目（CIP）数据

写给设计师的工艺全书 / （英）罗布·汤普森（Rob Thompson）著；李月恩等译．一武汉：华中科技大学出版社，2020.6（2025.1重印）

ISBN 978-7-5680-6027-1

Ⅰ.①写… Ⅱ.①罗… ②李… Ⅲ.①产品设计 Ⅳ.①TB472

中国版本图书馆CIP数据核字（2020）第027962号

写给设计师的工艺全书

XIE GEI SHEJISHI DE GONGYI QUANSHU

［英］罗布·汤普森 著

李月恩 赵莹 邓小姝 吕健安 武月琴 李明星 译

出版发行：华中科技大学出版社（中国·武汉）　　电话：（027）81321913

武汉市东湖新技术开发区华工科技园　　邮编：430223

策划编辑：王 娜　　美术编辑：杨 旸

责任编辑：王 娜　　责任监印：朱 玢

印　刷：广东省博罗县园洲勤达印务有限公司

开　本：710 mm×1000 mm 1/16

印　张：26.25

字　数：564千字

版　次：2025年1月 第1版 第7次印刷

定　价：199.00 元

投稿邮箱：wangn@hustp.com

本书若有印装质量问题，请向出版社营销中心调换

全国免费服务热线：400-6679-118 竭诚为您服务

目录

1

成型工艺

2

切削工艺

3

连接工艺

4

表面处理工艺

如何使用本书

《写给设计师的工艺全书》探讨了设计行业已产生或将产生重要影响的成熟的、新兴的和前沿的生产技术。计算机辅助设计的应用及设计教育中的问题使得当今设计师面临着与制造业脱节的危险。本书旨在弥合制造与设计之间的鸿沟，构建起一套全面、实用、有效的专业化技术参考资料体系。本书更侧重于为设计项目提供快速有效的解决手段。

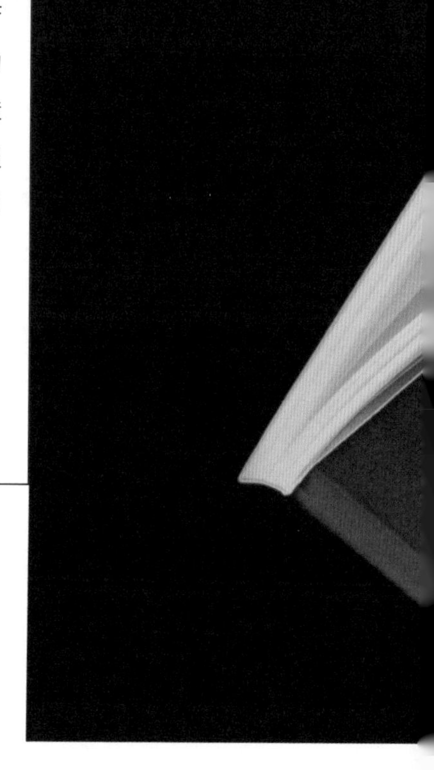

本书由 4 部分构成：成型工艺、切削工艺、连接工艺和表面处理工艺。每一部分都包括设计方面的指导，从而使设计到制造的转换更为轻松，并为设计决策提供信息，提升设计者的设计构思与实践能力。

这 4 部分分别以蓝色、红色、橘色和黄色对应成型工艺、切削工艺、连接工艺和表面处理工艺。每种工艺都采用图片、图表及分析文字等综合形式进行阐述，并通过 3 个方面进行全面讲解。一是用文字来分析工艺的典型应用、相关工艺、加工质量、加工成本、适用材料、设计机遇、设计注意事项与环境影响。二是通过图表与文字提供完整的技术说明，以及设备是如何工作的；三是通过案例研究展示产品或组件如何通过该工艺制造出来。

每种工艺开篇处的数据表格概括了典型应用、加工成本、加工周期等要点，并提供了功能图解（见右页，突出显示每种工艺的特定功能与设计效果）。这些功能图解有助于读者快速比较一系列近似工艺，从而为特定产品或组件选择最合适的工艺。

每种工艺均有对真实案例的研究，这些案例来自世界各地，通过照片、分析与描述性文字解释了相关加工工艺的具体流程。案例涉及所有的生产类型，从单件生产、小批量生产到大批量生产。为了进行交叉比较，案例研究可以在不同的层面相互对照，如功能、加工成本、典型应用、适用性、加工质量、相关工艺、加工周期等。这些信息都可以在每种工艺的开篇处找到。

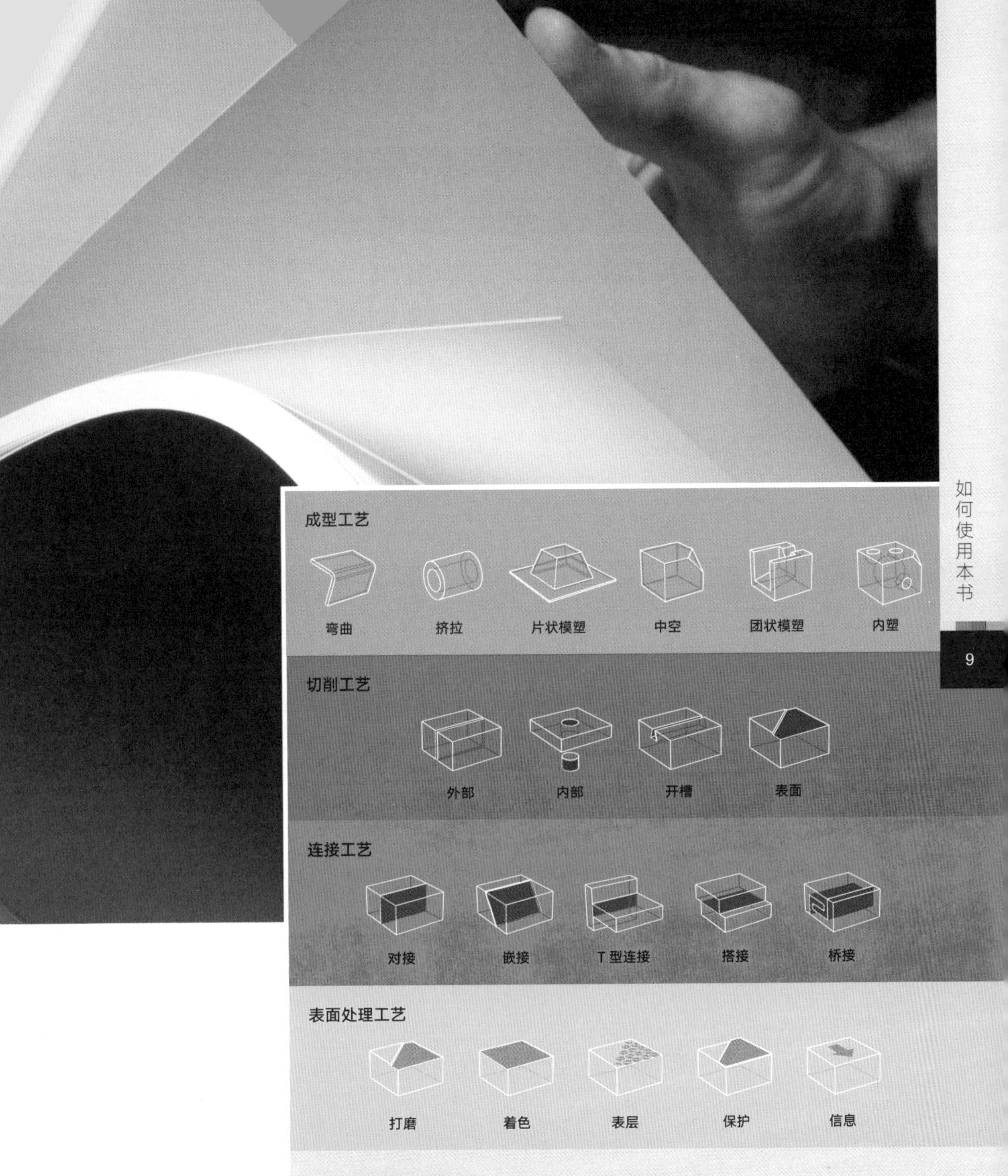

如何利用图标

这些图标代表每种工艺的作用。成型工艺、切削工艺、连接工艺及表面处理工艺的作用是不同的，而不同的材料往往表现出比其他材料更适用于某一种加工工艺的性能。

这些图标在相应的工艺中突出显示，从而可在产品开发的初期为设计师提供指南。

简介

制造技术既令人着迷又令人振奋。我们身边的各种产品均来自机械或者能工巧匠之手。本书提供了一系列加工工艺的第一手资料，包括大批量生产的日常用品、小批量生产的家具，以及用现有的一些先进技术制作的产品原型。书中附有大量图片资料的案例研究，结合深入的工艺分析，为设计师展现了相关工艺目前的发展状况，以及设计师和研究机构如何不断推进其未来的边界。

Bellini 椅子

设计者 / 客户：Mario Bellini/Heller 公司
时间：1998 年
材料：聚丙烯及玻璃纤维
制造工艺：模具注塑成型

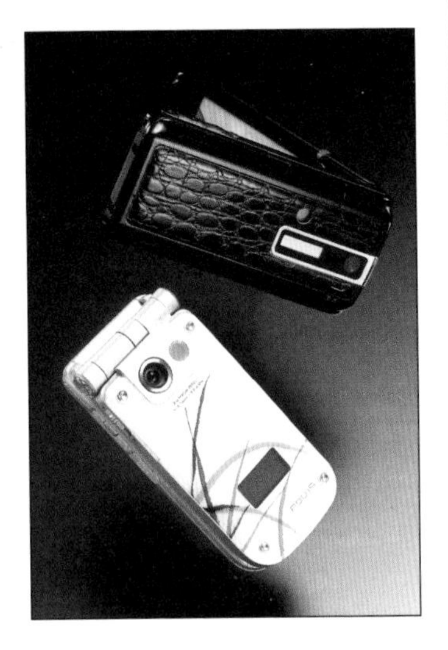

Panasonic P901iS 手机

设计者：日本 Panasonic
时间：2005 年
制造工艺：塑料模具注塑成型技术及模内装饰工艺

制造业一直处于不断转变的状态中，且不同行业的技术水平也不同，因此，尽管一些行业的生产工艺处于领先地位，比如文中所提到的碳纤维复合材料（214 页）和快速成型（232 页），但另外一些行业则依然保持对技能要求很高的传统工艺。而传统工艺与现代工业技术的结合，如钣金加工（72 页）、陶瓷压膜成型（176 页）及蒸汽弯曲成型（198 页），这些技术以其强烈的独特性给使用者和制造商带来自豪感。

本书中的案例阐述了大量制造工艺的工作原理。为了更清楚地展示这些工艺，有的是通过手工制图来表现的。操作者的重要性在大多数工艺中是显而易见的。即使是在大批量生产中，例如在模切（266 页）及包装装配中，也需要操作者对生产线进行布局和微调。但是，在可能的情况下，工厂中的人力正逐步被计算机引导的自动化所替代。其目的是减少人为错误造成的缺陷，并将劳动力成本降到最低。即便如此，实际上，很多金属、玻璃、木材及陶瓷的加工工艺经过这么多年的发展，基本的原理变化并不大。

成型工艺的发展

自从 20 世纪 20 年代出现压缩成型（44 页）以来，塑料产品已经经历了长期的发展。注塑成型（50 页）应该是如今对设计师来说最重要和应用最广泛的一种加工工艺。这种工艺一般用于热塑性塑料或热固性塑料，熔模铸造（130 页）所用的蜡，甚至金属（136 页）的塑造。它已经在近些年有了巨大的发展，并且逐步发展到模内装饰（62 页）及气体辅助注塑成型（59 页）。模内装饰工艺是指在成型过程中直接在构件上产生图形，取代过去构件制成后的印刷等工序。应用此技术可以将图形应用于单面、双面或多色注塑（61 页）的零件。纤维、金属和皮革等多种材料也可以与塑料结合为一体。气体辅助注塑成型工艺可以生产中空、刚度较大及比较轻盈的塑料零件（左上图）。气体的介入减少了材料的消耗及在加工循环中的压力需求。表面粗糙度也会因为气体在模具闭合后的内部压力作用而得以减小。

在塑料注塑工艺中，多色注塑工艺可以实现在一套模具型腔内完成不同色彩、不同硬度及不同纹理，甚至多种透明度材料的综合加工。二次成型与其相似，差异在于二次成型需

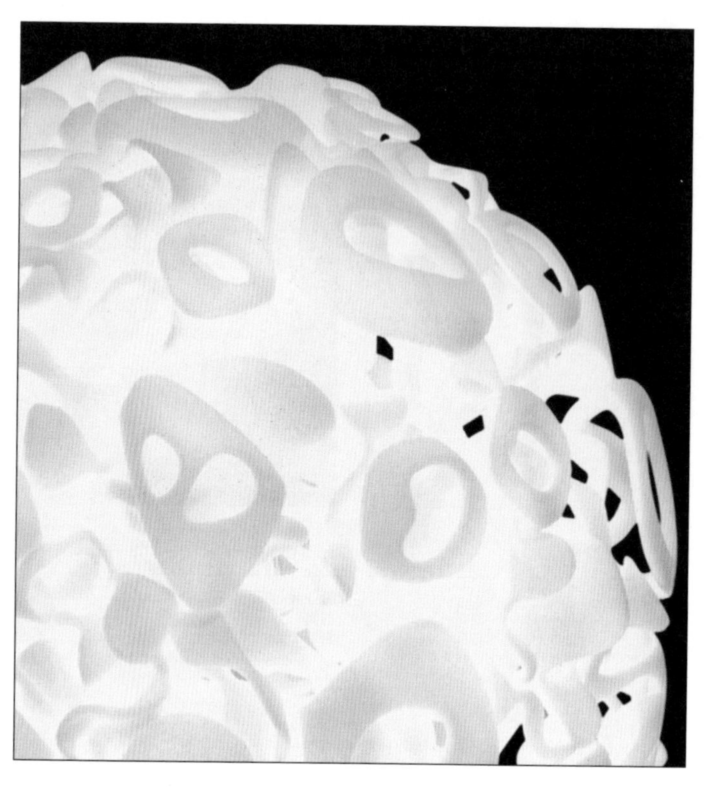

Entropia 灯具

设计者 / 客户： Lionel Dean, Future Factories/ Kundalini
时间： 2006 年
材料： 聚酰胺纤维（尼龙）
制造工艺： 选择性激光烧结（SLS）

采用不同模具实现加工，而多色注塑工艺是在一套模具内完成所有加工程序。

塑料模具的制造深受金属加工工艺的影响。随着电火花加工技术的发展并应用于塑料模具制造，手机和其他小型电子设备的表面加工几乎成为电子类产品加工的标准。电火花加工工艺使加工凹形型材（模具）成为可能，并能够达到与凸面轮廓同样高的精度。其工作原理为：铜电极（工具）与金属工件之间的高压火花使工件表面材料汽化。火花腐蚀的速度决定了表面粗糙度，因此它被用来同时切割和抛光金属零件，“火花纹”亦被广泛用于表现电火花加工产生的亚光纹理。如今，手机及类似产品越来越倾向于采用模内装饰工艺，从而使得对表面工艺的需求也随之增加。

大批量生产受到高昂的模具成本及相同产品需大量生产的限制，而直接用 CAD 数据生产出来的产品只受到设计者想象力和能力的限制。由此，快速成型（232 页）便成为其中一种工艺选择。虽然这种工艺不是面向大批量生产的，但是能够生产每次形状都不一样的体积类似的零件，且不会产生显著的成本影响。再加上此工艺可生产其他工艺无法实现的形状，它正在发展成为一种新的设计语言。例如，面对市场的多样化，单件或小批量产品开发成为如今设计师面向个性化市场需求的一种新趋势。美国军方常采用快速成型工艺来生产和加工设备所需的零件，而不是依靠传统的批量化生产方式。

近年来，金属粉末也可以用于快速成型工艺，快速成型金属最适合生产小于 0.01 m^3 的零件。这一工艺应用广泛，因为可通过蜡和塑料熔模铸造（130 页）快速成型工艺生产大型零件。

热成型（30 页）通常应用于塑料包装。在 1980 年前后，在美国和英国，Superform Aluminium 公司开发出一套工艺，即超塑成型（92 页），采用相似的技术可以进行铝合金和铝镁合金塑形。在大约 450 ℃的条件下，材料具有了超塑性，有了这种性能后材料能够被拉伸和塑形而不会出现断裂。超塑成型在汽车、航空

Roses on the Vine 灯具

设计者 / 客户： Studio Job/ 施华洛世奇水晶宫项目
时间： 2005 年
材料： 铝基座上附着红色及翠绿色施华洛世奇水晶
制造工艺： 激光切削及镀金处理

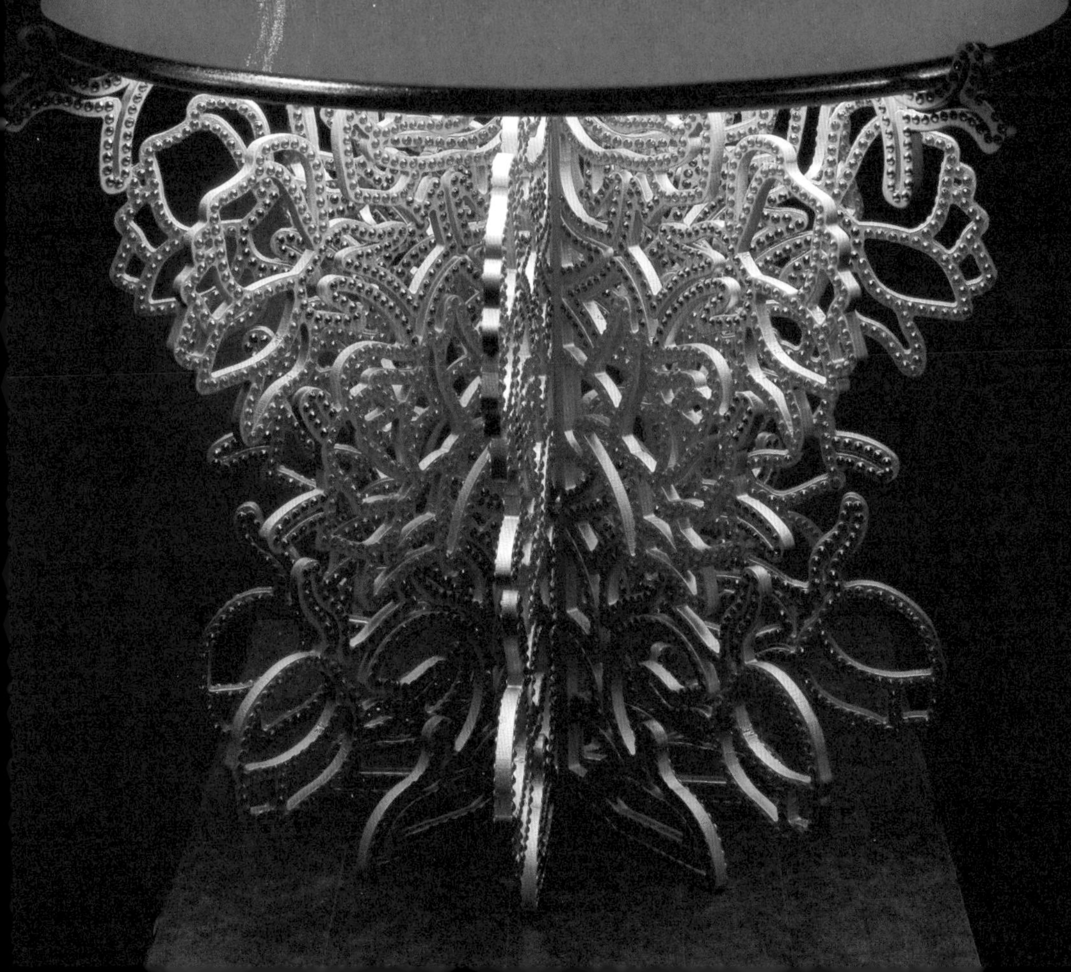

Laser Vent Polo 衫

设计者： Vexed Generation 公司
时间： 2004 年春夏
材料： 速干聚酯超细纤维
制造工艺： 激光切割与缝制

Biomega MN01 自行车

设计者： 马克·纽森（Marc Newson）
时间： 2000 年
材料： 铝合金框架
制造工艺： 超塑成型及焊接工艺

Outrageous Painted 吉他

喷涂公司: Cambridgeshire Coatings Ltd./US Chemicals and Plastics
时间: 2003 年
材料: 高光漆喷涂
制造工艺: 喷涂

Camouflage printed rifle stock

设计者: Hydrographics
材料: 塑料贴膜
制造工艺: 水转印
备注: 所用的薄膜可以装饰艺术品、照片或图案

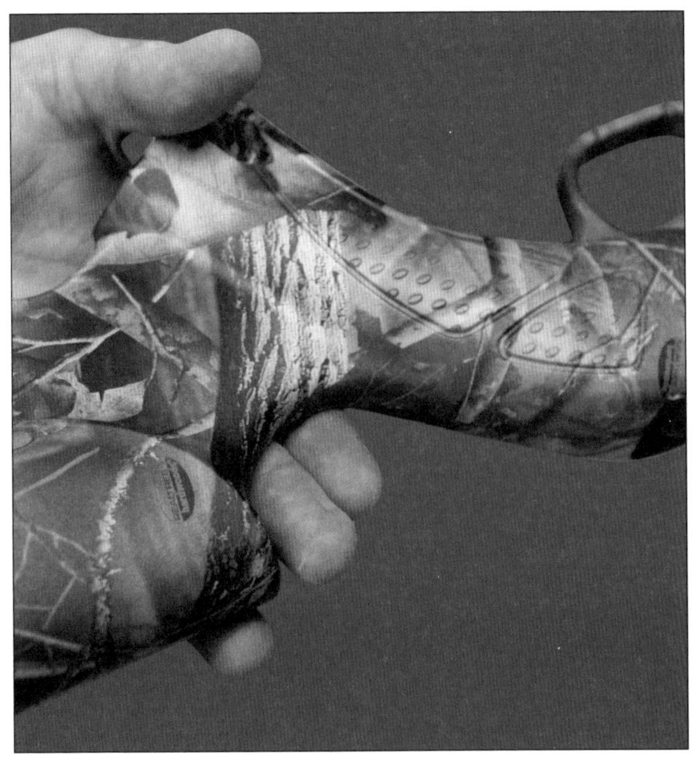

和轨道交通领域产生了重大影响。其强大的塑形能力表现为从单板成型到三维塑形。马克·纽森等设计师探索了应用这项技术生产自行车（左页下图）。

切削工艺的发展

像快速成型及激光切割（248 页）的工作方式是直接采用 CAD 数据来支持加工。这意味着数据能够非常容易地从设计师的计算机里转移到各种材料的表面。激光切割被建筑师大量应用于模型制造，大幅减少了制作所需的时间。

Roses on the Vine 灯具（藤蔓上的玫瑰，13 页）就是采用激光切割工艺加工而成的。由此可见，这种技术在加工错综复杂、杂乱无章的形态时可以保持很高的精确度。这种切割技术不限于硬质材料，在 2004 年，Vexed Generation 公司推出了 Laser Vent Polo 衫（左页上图），设计师的目标是为骑自行车者创造超轻量的运动服装，但是，这款产品极具休闲装的低调美感，由此也适合办公室内穿着。它通过激光切割聚酯纤维加工而成，切割缝隙用激光热黏合，消除了传统加工服装中的折边，从而减少重量。另外一个确定的好处是这种面料具有更好的透气性和更大的运动自由度。

连接工艺的发展

高能束流焊（288 页），包括激光束焊及电子束焊，对连接及切割应用产生了很大影响。电子束焊能够加工厚度达 150 mm 的钢和厚度达 450 mm 的铝合金接头构件。激光束焊通常不用于厚实材料的焊接中，但是近年来的发展，例如 Clearweld® 推出了加工塑料及纺织品的工艺（288 页），使这种技术有可能改变目前仅限于有色金属材料应用的状况。

多年以来，木工（324 页）和木质框架结构（344 页）的变化很小。其发展主要集中在新型工程木材和生物复合材料等材料上。然而，在 2005 年，TWI 评估了采用类似于摩擦焊（294 页）焊接金属和振动焊（298 页）焊接塑料的技术来加工木材的可能性。山毛榉和橡木可通过线性摩擦焊成功连接（295 页图）。鉴于摩擦焊中金属材料不需要结构连接，这种技术和方法也将会应用在木制品加工上。

表面处理工艺的发展

表面处理工艺已经取得了长足发展，不过喷涂工艺仍然是其中适用于从单件到大批量生产的最为广泛的工艺之一。在过去的几年中，喷涂工艺逐步发展出高光、柔和触感、镀铬和多色彩的形式。喷涂的加工成本取决于喷涂对象的类型和式样，故价格差异较大。例如针对 Outrageous 系列的产品（15 页左图），其喷涂价格比较高。铝箔膜已并入喷涂工艺中，其主要采用真空电镀（372 页）的方式进行加工，从而创造出镀铬、银色及阳极氧化的外观，根据功能需要还可以提高热反射性。

水转印（408 页）改变了现有的喷涂工艺，这种工艺可以将打印出来的图形涂覆到任何三维形状表面。这意味着数码打印的东西可以应用于几乎任何表面，如汽车内饰、手机、包装和仿真枪托（15 页右图）。

工艺选择

从设计到产品的开发，工艺的选择是不可或缺的。从经济性上来说，这是在投资成本（研究、开发和模具）和运营成本（劳动力和材料）之间取得平衡的关键所在。设计师的职责是确保合适的工艺实现预期的产品质量和功能要求。

通常而言，大批量生产的产品投资成本一般很高，而低产量的产品则受到高昂的劳动力和材料成本的限制。因此，当预期产量超过初始成本时，就会出现转折点。这种情况可能发生在产品进入市场之前，或是持续数年低产量之后。

在大批量生产过程中，材料成本往往具有更大的影响。这是因为劳动力成本通过自动化途径普遍有所降低。因此，由燃料价格上涨和需求增加引起的材料价格的波动会影响大批量生产项目的成本。

有时生产成本并不相关，如复合层压碳纤维赛车（214 页）。如今这种工艺应用于消费品仍比较昂贵，但由于近年生产技术的发展，它现在在运动器材和汽车零部件上的应用越来越普遍。其最大优势在于较轻的质量和较高的强度。

大批量生产工艺所能实现的设计特点不适合总是采用小批量的方式生产。例如，吹塑成型（22 页）和玻璃吹制（152 页）由于工艺的限制，仅限于连续生产，其试验的空间很小。相反，例如采用真空铸造和反应注射成型可以重复制造产品，这就意味着可以以更低的初始成本生产低产量的产品，因此通常可以进行更高层次的试验。

工艺选择会影响成品的质量及相应的感知价值，尤其在生产相同形状的零件时可以有两项选择的前提下。例如砂型铸造（120 页）与熔模铸造（130 页）均可以制造出金属三维零件，但是因为熔模铸造制造的零件孔隙率低，所以熔模铸造被广泛应用于航空工业及汽车工业。

设计软件

随着计算机模拟软件的发展，例如有限元分析（FEA），预测和测试成品的质量变得更加可靠。许多不同的程序在制造过程中的应用越来越广泛（50 ~ 63，64 ~ 67，130 ~ 135 页），并且不再局限于大批量生产。使用 FEA 软件模拟许多产品的成型，可实现操作效率最大化（17 页图）；以前则是模具经过设计，然后进行相应的测试和调整。尽管 FEA 软件并未用于所有成型加工，但它确实具有许多优点。最重要的是，它降低了模具成本，因为零件可以“一次正确”成型。

除了模流模拟，FEA 还可准确预测零件在应用中的性能（124 ~ 129，214，226 ~ 227 页）。这并不会降低制造工艺的技术水平，它作为一种工具，可以帮助最大限度地减少材料消耗，并仔细检查和验算设计师和工程师的计算。

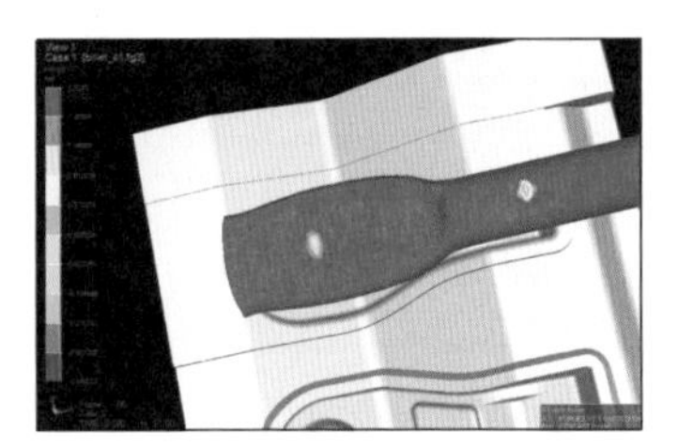

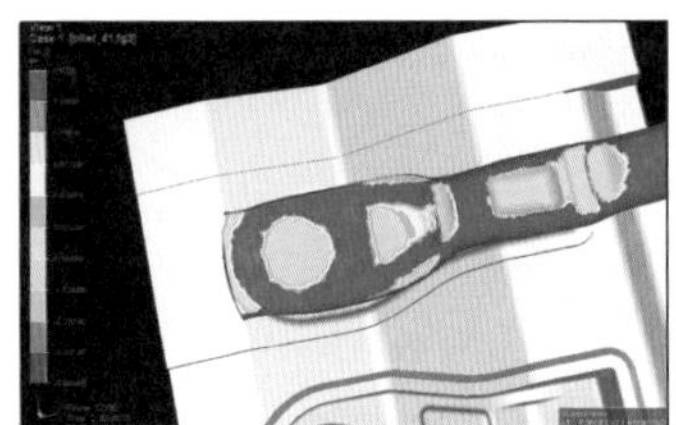

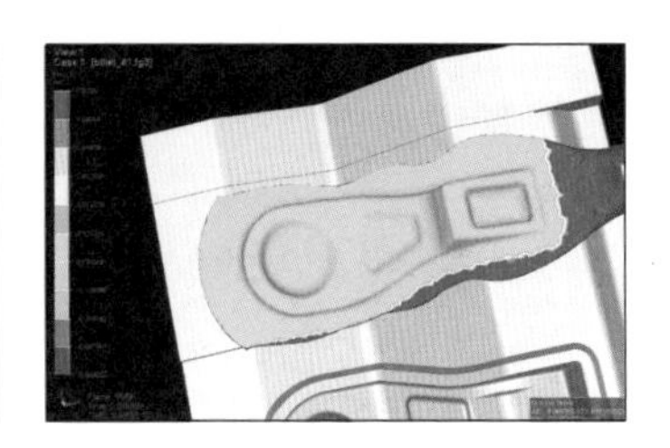

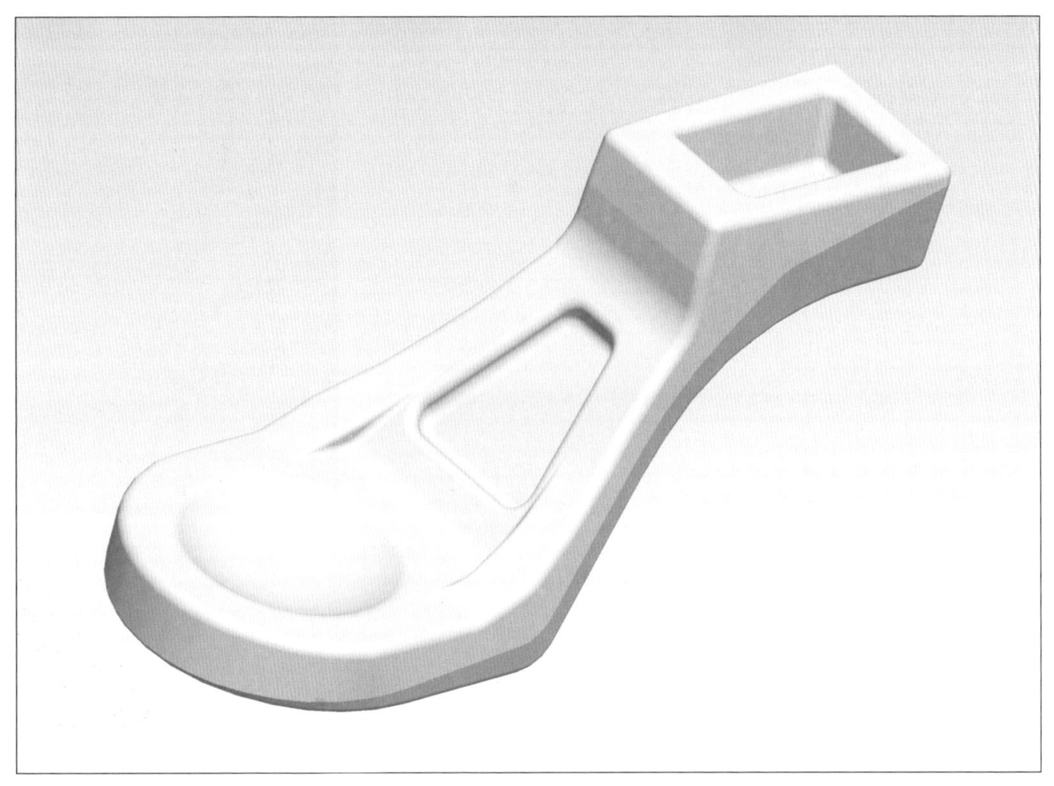

有限元（FEA）模拟铝合金锻造

软件： Pro/E 和 Forge3
操作： Bruce Burden, W.H. Tildesley 公司
材料： 铝合金
制造工艺： 锻造

→ 书籍装订

这本书所展示的技术用于生产日常生活中的许多物品。正如很多商业化的书籍，这本书采用了与传统图书装订类似的一种工艺。无论精装书或平装书，都是采用锁线装订的工艺将折叠好的书贴缝制在一起而成的（图1）。还有一种工艺是胶装，就是将单独页面与折叠的纸质封面粘在一起。胶装的书不太耐用，仅适用于相对薄的书。

这一组插图展示了锁线装订的过程。在这个案例中，每一贴由16页（也就是面）组成（图2），即一个印张被折叠4次并在切纸机上被切割成固定的规格尺寸。因此，用这种方法装订的书的页数，通常是一贴所包含页数的4、8或16倍。胶装工艺的书页数则不受此限。

将布胶带粘到缝合的边缘上，然后在切割机上切割成所需要的尺寸（图3），这样可以产生整齐的边缘（图4）。精装书封面采用2.5 mm厚的灰纸板，并外覆厚纸、布或皮革。相比之下，平装书封面采用的多为0.25 mm厚的优质纸张。任何印刷装饰工艺，如热烫印等都在封面装订之前完成。将封面与第一页和最后一页黏合，最后再将它们放到压力机中进行粘结固化（图5）。

1

2

3

4

5

主要制造商

R S Bookbinders
www.rsbookbinders.co.uk

1

成型工艺

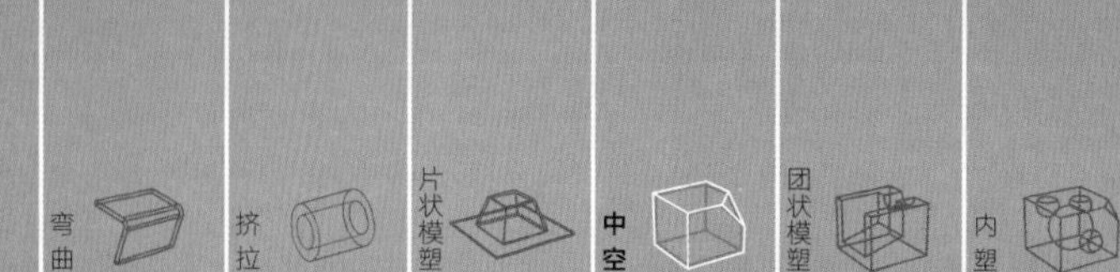

吹塑成型

这一组工艺通常应用在大批量生产中空包装容器上，这是制造薄壁件非常快速的一种加工工艺。

加工成本	典型应用	适用性
• 模具成本适中 • 单位成本低	• 化学品包装 • 消费品包装 • 药品包装	• 只适合大批量生产
加工质量	**相关工艺**	**加工周期**
• 高品质、薄壳零件 • 高质量的高光、亚光及纹理表面	• 注塑成型 • 旋转成型 • 热成型	• 加工周期很短（1 ~ 2 分钟）

工艺简介

吹塑成型有三种形式：挤出吹塑成型（EBM）、注射吹塑成型（IBM）和注射拉伸吹塑成型（ISBM）。每一种工艺均有独特的设计优势，适用于不同的工业生产。

挤出吹塑成型应用广泛，具有较低的加工运行成本，可用于制造各种形状的产品，且有多种材料可以选择，用该工艺生产的容器可以有整体手柄及多层薄壁。

注射吹塑成型是一种非常精确的工艺，适合生产医疗设备或化妆品包装，也适用于需要精确瓶颈和宽口径的容器。

注射拉伸吹塑成型通常用于高质量、高透明度的聚对苯二甲酸乙二醇酯（PET）容器，如水瓶。注射工艺可确保非常精确的瓶口，且拉伸环可以产生较高的力学性能。这种工艺非常适合饮料、农用化学品及个人护理产品。

典型应用

挤出吹塑成型主要用于医疗、化学、兽医和消耗品产业，如静脉注射容器、药瓶及消费用品包装。

注射吹塑成型特别用于消费用品包装和医疗包装（药瓶、片剂包装和诊断瓶及药水瓶）。

注射拉伸吹塑成型主要用于个人护理用品、农用化学品、一般化学品、食品和饮料，以及制药工业生产碳酸饮料容器、食用油容器、农用化学品容器、保健和口腔卫生用品、卫生间和洗漱用品产品，以及其他一些食物容器。

相关工艺

热成型（30 页）、旋转成型（36 页）及注塑成型（50 页）均可以制造相同的几何模型，即便如此，吹塑成型依然是大型空心薄壁件的首选工艺。

加工质量

这种工艺制品具有非常高的表面质量。其中 IBM 和 ISBM 技术突出的技术优势在于可以精确地控制瓶口形状、壁厚和重量。

设计机遇

所有的吹塑成型工艺都可以用于制造薄壁件及坚固的容器，容器的颈部并不必须是竖直的或管状的，而且包括颈部螺纹、表面纹理和手柄在内的特色与细节均可以一次完成。

选择注射吹塑成型的主要原因就是可以更好地控制壁厚和颈部细节。这意味着其他的瓶口盖也可以应用。

挤出吹塑成型工艺

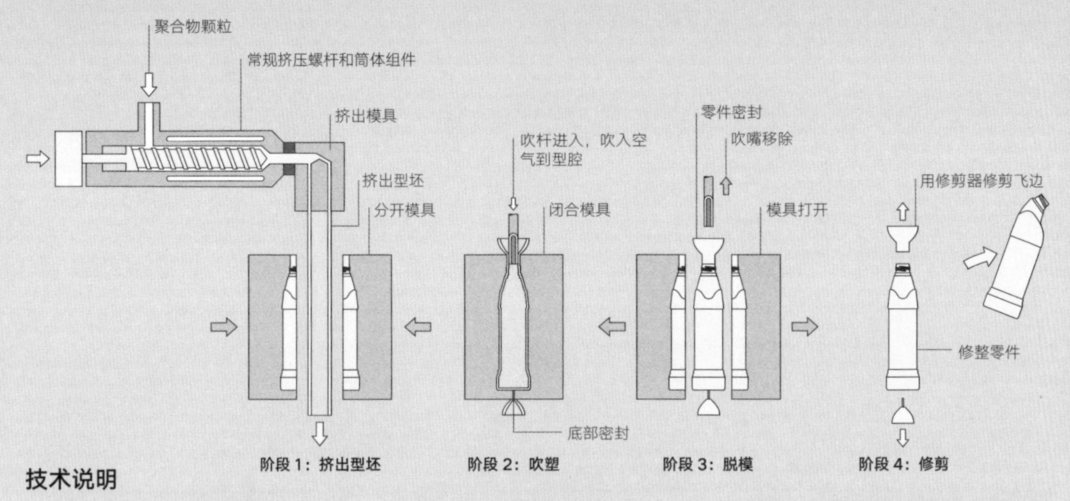

技术说明

在挤出吹塑成型的阶段 1，用常规挤出组件将塑料聚合物挤入模具之中。塑料聚合物在芯轴上以圆形管材的形式出现，被称为挤出型坯。挤出过程是连续的。在阶段 2，一旦挤出的型坯达到所需要的长度，两侧的模具就会闭合。此时，贴着模具壁就形成了封闭状态。用刀子把型坯的顶端切掉。用吹杆将空气吹入型腔，迫使型腔按照模具的形状变形。热的塑料聚合物在冷的工具中固化。在阶段 3，当零件充分冷却后，打开模具，取出零件。在阶段 4，使用修剪器修边。

挤出吹塑成型的主要优点在于加工过程中可以广泛地选择材料，并且可以制造形状复杂的产品。

注射拉伸吹塑成型则可以制造透明度极高的容器。在工艺运用过程中采用拉伸预成型工艺，可以极大地增强构件的强度，同时提高容器的气密性和水密性，因此可以将此工艺用于包装刺激性食物、浓缩液和化学品。

设计注意事项

这三种工艺之间最大的区别在于生产对象的容量不同，注射吹塑成型主要用于生产 3 mL 到 1 L 的容器，注射拉伸吹塑成型能够生产的容器在 50 mL 到 5 L 之间，而挤出吹塑成型则可以生产 3 mL 到 220 L 大小的容器。吹塑成型是一种复杂的工艺，需要工程师与模具制造者的专业建议来指导设计过程。进行吹塑成型的设计时需要考虑很多因素，包括使用者（人体工程学）、产品（内容物的光敏性和黏度）、包装（货架高度）和展示（标签等）。

适用材料

所有的热塑性塑料都可以采用吹塑成型工艺，但是某些材料可能更适合其中某种特定的工艺。挤出吹塑成型可加工的典型材料有聚丙烯（PP）、聚乙烯（PE）、PET 和聚氯乙烯（PVC）。而注射吹塑成型适合的材料有 PP 和高密度聚乙烯（HDPE）。注射拉伸吹塑成型通常应用的典型材料是 PE 和 PET。

加工成本

比较加工成本，挤出吹塑成型是最便宜的，注射吹塑成型通常是挤出吹塑成型的两倍，注射拉伸吹塑成型则是最贵的。

加工周期很短，单个模具可以包括 10 个或更多的型腔，1 ~ 2 分钟可完成一个周期。

劳动力成本也比较低，自动化操作程度高，但是设置和调整费用则比较高，因此通常只进行单一产品的生产加工。

环境影响

所有的热塑性塑料都可以循环使用，工艺废料可以现场回收。使用后的废弃材料也可以重新做成新产品，例如，回收的 PET 主要用于生产一些衣物。塑料吹塑要比玻璃吹制更节能。

挤出吹塑成型工艺在清洁剂容器上的应用

将 PE 聚合物颗粒储存在公共料斗中，每个机器颜色分开（图 1）。此时，在挤压之前加入少量的蓝色颗粒。经过连续的挤压过程，产生壁厚均匀的型坯（图 2）。模具的两个部分围绕型坯封闭，形成密封状态，型坯被切成指定长度（图 3）。然后把吹杆插入颈部，空气在约 800 kPa 的压力下被吹入模具中，迫使型坯变成模具的形状（图 4）。模具分离出来，吹杆仍然插入吹出部分（图 5）。吹杆缩回后，用修剪器去掉零件毛刺（图 6）。

每一批次产品经过压力测试后从吹塑机被传送到贴标签和封盖的机器（图 7）。挤出吹塑成型的瓶子通过灌装流水线（图 8），自动拧紧瓶盖（图 9），在瓶身贴标签（图 10）。最后包装成品并运输。

1

2

3

4

5

6

7

8

9

10

主要制造商

Polimoon
www.polimoon.com

注射吹塑成型工艺

聚合物颗粒

普通注射螺杆及套筒

预成型模具

吹塑模具

阶段 1：注射预成型

阶段 2：吹塑

脱模

阶段 3：脱模

阶段 4：最终产品

技术说明

注射吹塑成型工艺是在回转工作台上将零件传送到每个加工区域。在阶段 1，通过注塑机将熔融坯料注入预成型模具型腔，中央转台旋转 120°到吹气平台。在阶段 2，空气被吹入预成型模具，迫使型坯贴合在模具壁上从而形成所需形状。在阶段 3，冷却到合适温度后，零件旋转 120°并且与中央转盘分离，整个过程不需要修剪和其他处理。

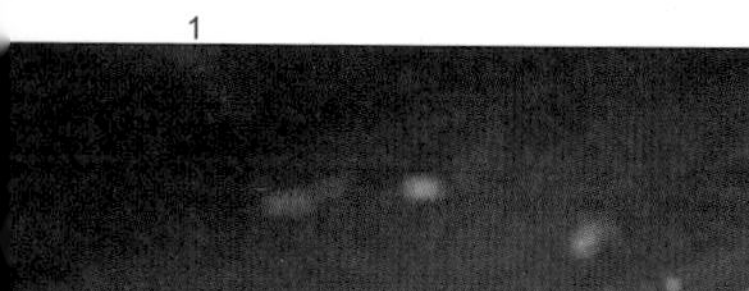

1

→ 注射吹塑成型工艺在除臭瓶上的应用

准备好抛光的芯棒，预成型的型坯将在芯棒上吹塑成型（图 1）。每个芯棒插入到一个分模中，在其四周模压热熔融的白色 PP 材料。瓶子颈部完全成型（图 2）。零件旋转 120°，并插入到吹塑模具中。通过芯棒空气被吹入，塑料被迫形成模腔内壁形状。当聚合物与模具较冷的壁接触时，会变硬（图 3）。零件从芯棒上剥离出来后（图 4），用激光传感器计数（图 5），然后进行压力测试（图 6）。之后类似于挤出吹塑成型工艺，对零件进行灌装与封盖（图 7）。

2

3

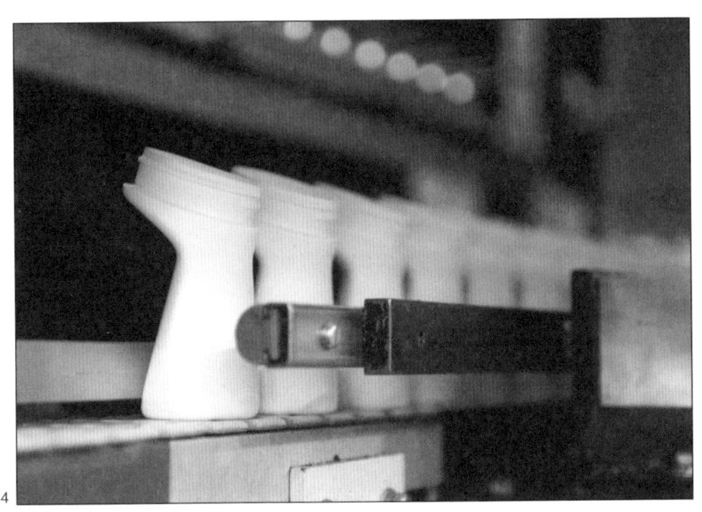

4

5

6

7

主要制造商

Polimoon
www.polimoon.com

1

2

3

4

技术说明

在阶段1，使用与注射吹塑成型工艺相同的技术，即预成型件在芯棒上注塑成型。在阶段2，注射拉伸吹塑成型中的芯棒被拉伸棒所取代。将预成型件插入吹塑模具中并被夹紧。在阶段3，通过拉伸棒将空气吹入模具中，纵向拉伸成型预成型件。在阶段4，模具打开，零件从拉伸棒中剥离。

注射拉伸吹塑成型工艺

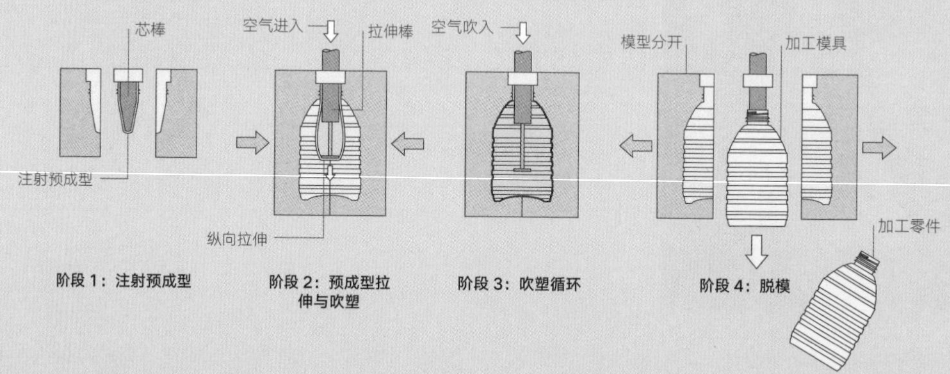

→ 注射拉伸吹塑成型工艺在化学品容器上的应用

在芯棒上注射成型预成型件，吹塑前移除芯棒。注塑成型零件为薄壁件，如操作人员所演示的（图 1）。在生产过程中零件通常不需要操作人员与之接触，预成型件被转移到吹塑模具上（图 2）。模具完全封闭预成型件，同时纵向拉伸并吹塑成容器（图 3）。吹塑产品剥离出模具且不需要任何修剪，后经过脱模过程（图 4）、压力测试（图 5），然后在注塑成型容器的颈部安装手柄（图 6），最后封盖（图 7）。

5

6

7

主要制造商

Polimoon
www.polimoon.com

成型工艺

热成型

在这组加工工艺中，热塑性板材利用热量和压力成型。低压加工比较便宜且用途广泛，采用较高压力则可以产生与注塑成型相似的表面粗糙度和细部结构。

加工成本	典型应用	适用性
• 模具成本低至中 • 单位成本低至中（材料成本的3倍）	• 浴缸和淋浴盆 • 包装 • 交通运输和航空航天工业内饰	• 卷料进给：小批量至大批量生产 • 单件进给：单件至批量生产
加工质量	**相关工艺**	**加工周期**
• 取决于材料、压力和技术	• 复合层压成型 • 注塑成型 • 旋转和吹塑成型	• 卷料进给周期：10秒~1分钟 • 单件进给周期：1~8分钟

工艺简介

有两种不同的热成型方式：单件进给和卷料进给。单件进给热成型适用于体量较大的产品，如托盘、浴缸、淋浴盆和行李箱。通常将板材切割成一定尺寸并由手工装载。另外一种方式是采用卷筒进料的形式，其过程是将卷轴上的卷材作为材料来源而持续加工。通常这种加工形式也叫作在线加工，因为它在连续操作中热成型、修整和堆叠。

热成型包括真空成型、压力成型、插塞辅助成型和双板热成型。

真空成型是板材成型工艺中最简单、成本最低的一种。主要流程为：将一张热塑料吹入气泡，然后使其吸附在模具表面。模具为单面形态，因此只有塑料的一面会受到其表面的影响。在压力成型中，热软化板材在压力的作用下进入模具。压力越高，意味着可以塑造更精细复杂的细节，包括表面纹理。对于体量较小的零件加工，此工艺可以达到类似注塑成型（50页）加工的零件水平。

这两种工艺适合用于塑造位移量较小的浅型几何形状。对于有一定深度的形体，工艺中需要借助插塞辅助。塞子将软化的材料推入凹槽，并使其均匀拉伸。

双板热成型则是结合了这些工艺的特点，用于空心零件的加工要求。两张板材基本上是同时热成型的，并且在它们保持较高温度的时候粘在一起。这种工艺比较复杂，因而加工成本也比传统的热成型更高。

典型应用

热成型工艺被广泛用于生产各种产品，从一次性食品包装到重型可回收运输包装。一些典型的例子包括透明塑料包装、翻盖式包装、化妆品托盘、饮水杯和公文包。

该工艺还可用于生产照明扩散设备，浴缸和淋浴盆，花盆，指示牌，自动售货机，小型或大型水箱，摩托车整流罩，汽车、飞机和火车的内饰，消费电子产品的外壳和防护头盔。

吸塑包装（气泡膜包装）是采用热成型工艺制成的。它是在真空成型机的滚轴上连续生产的，形成薄片并将空气密封到单独的气泡中，为所包装的货物提供保护性缓冲。

真空成型模具非常便宜，因此适用于原型制造和小批量生产。

相关工艺

低压热成型技术用途广泛，价格低廉。这是因为它使塑料塑化为软化的薄板，而不是形成大量的熔融材料。这使得热成型有别于其他许多塑料成型工艺。

然而，使用板材小幅增加了材料成本。为了将这一影响最小化，一些工厂使用自己挤出的材料进行生产。

压力成型可以产生与注塑成型相似的表面粗糙度。虽然压力成型使用的模具更昂贵，但对于一些应用来说，会比注塑成型的花费少。这是因为它使用的是单面模具，而不是注塑成型所需的成对模具。

双板热成型用于生产 3D 空心几何形状。类似的零件可以通过吹塑成型（22 页）和旋转成型（36 页）来生产，但热成型的好处是它对于大型的平板来说是理想的。另外，两面不限于相同的颜色，甚至不限于同种材料。

材料的发展意味着双板热成型产品有时会具有合适的特性，适合于以前由复合层压成型（206 页）工艺制成的零件。

加工质量

加热并形成一张热塑性塑料片，然后拉伸它。一个设计合理的模具将以均匀的方式牵拉它。否则，材料的属性将基本保持不变。因此，模具表面处理工艺、成型压力和材料这三者将决定表面粗糙度。

热成型塑料板材与模具接触的那一面与压力成型的零件相比，表面粗糙度要大一些，但反面则平滑无瑕。因此，零件通常被设计成与工具接触的一侧在应用中被隐藏起来。模具可以向外（凸型）或向内（凹型）弯曲。

压力成型可产生较小的表面粗糙度和完美的细节再现。

左图
真空成型的有纹理的照明扩散设备。

右图
内部填充泡沫的 Terracover® 品牌的双板热成型冰托盘。

设计机遇

热成型通常在单个模具上进行。在真空成型过程中，模具可以由金属、木材或树脂制成。木材和树脂是原型制造和小批量生产的理想模具材料。一个树脂工具可以持续循环使用 10 至 500 次，具体次数取决于形状的复杂程度。想要生产更多产品，则使用铸造或机械加工的铝模具。

类似于其他模制操作，插入物可以用来形成凹入角度。它们通常通过手动插入和移除。成型后的零件加工或切割有时会产生同样的效果。否则，零件可以单独模制并焊接在一起。

许多热塑性材料适合热成型加工。而且，每一种材料都具有众多的装饰与功能优势。现在已开发出更多热成型材料，其中包括丙烯腈 - 丁二烯 - 苯乙烯（ABS）和聚甲基丙烯酸甲酯（PMMA）的合成物。

多层材料是混合挤压成型的，有诸多优点。例如，可避免潮湿或细菌污染，具有不同的颜色，以及将再生材料夹在各层之间以节约能源。

热成型工艺可以制造有纹理的板材（左图）。通常，板材的一面有纹

技术说明

真空成型是一种简单的工艺，为其他热成型技术提供了基础。将一片材料加热到其软化点。每种材料的软化点都是不同的。例如，聚苯乙烯（PS）的软化点为 127 ~ 182 ℃，聚丙烯（PP）材料的软化点为 143 ~ 165 ℃。某些材料，例如高抗冲聚苯乙烯（HIPS），具有较大的操作空间（因为适合模锻的温度范围比较大），这使得它们更容易热成型。

将软化的塑料片吹成气泡，均匀地拉伸。然后反转气流，把模具推到板材上。通过约 96 kPa 的真空将材料吸到模具的表面上。在工具上打孔以便空气流通，孔位于模腔的凹进处，并穿过模具表面以尽可能有效地抽出空气。

压力成型与真空成型相反：在大约 690 kPa 的空气压力下使板材在模具的表面成型。这意味着可以实现更高水平的细节。模具上的表面细节将以比真空成型更精确的方式进行复制。压力成型可以更精确地控制表面粗糙度，从而具有功能性。但是，

热成型工艺

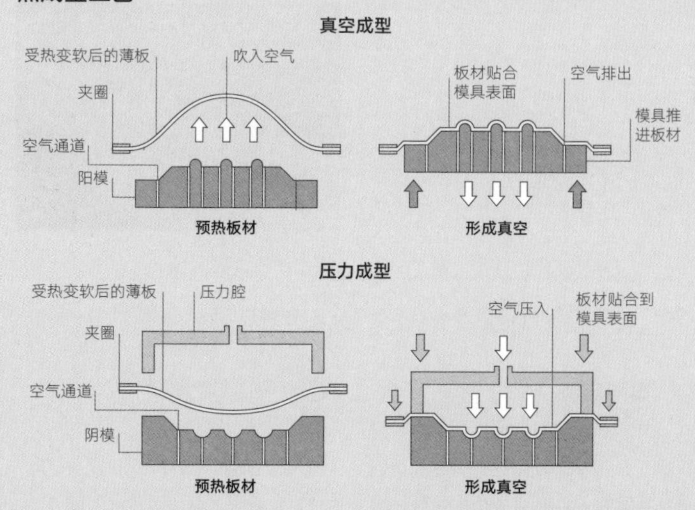

像真空成型一样，它只使用板材的一个面。

插塞辅助成型用于将阴模成型的优点带入阴模零件，因为将软化的板材吹成气泡，均匀地拉伸，同时可以将板材装到阴模中产生更多的局部拉伸。模塞在板材成型之前拉伸板材，从而确保深型零件有足够的壁厚，否则会撕裂材料。当空气被抽出时，板材与模具轮廓是相符的，同时液压塞缩回。

双板热成型将两个板材加热并夹紧在一起，这样形成了封闭的薄壁产品。产品的两面都具有功能性，不像单片材仅一面具有功能性。

双板热成型中机器是旋转的。夹钳将板材转移到加热室中，将其加热至软化温度；然后进行热成型和夹紧；最后旋转搬移到卸货站。两张板材是逐一进行热成型的，一片在另一片之上。一旦完成加热，就把它们夹在一起。热成型的余热使得黏结处能够长时间地接触。这种黏结的强度与母体材料相似。

理，不贴着模具的一面是光滑的。材料制造商可铸造或挤压形成一系列的标准纹理，如磨砂、毛糙、镜片、浮饰和浮雕。

双板热成型能生产 3D 中空零件。优点在于轻质与刚性、绝缘性，以及可以使用两种独立的材料（上部和下部）。单板热成型的零件通常只有一面是功能性的，而双板热成型的两个表面都是功能性的。

泡沫可以被制造为双板板材，或者在成型后进行注塑，以增加刚性和强度（31 页右图）。

设计注意事项

热成型是浅型、薄壁零件的理想选择。通常情况下，深度超过直径是不实际的。材料可以使用插塞辅助成型在较深的型材表面上更均匀地拉伸。

模具表面的空气通道会留下轻微小凸起。通过使用微孔铝模具（33 页上图），可以将其从美观的表面上消除。这种材料的成型寿命要短得多，因为小孔最终会堵塞。然而，它们对于设计细节非常有用（33 页中图），否则就需要几百个空气通道（孔）。

模具表面有时需要纹理来辅助空气流通，避免形成气泡。这些被称为“开放纹理”。

单件进给热成型用于加工 1 ~ 12 mm 的板材。卷料进给由卷轴供给，因此被限制为 0.1 ~ 2.5 mm。虽然有些机器能够处理 2.5 m×4 m 的板材，但零件的

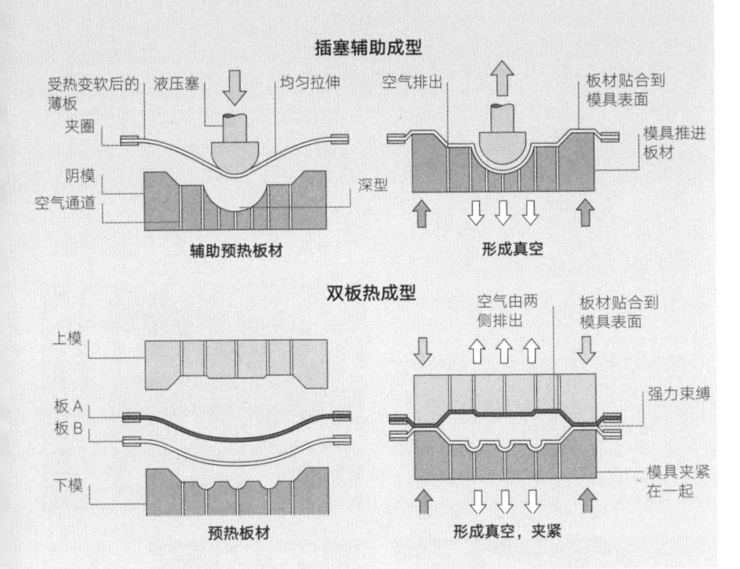

尺寸一般被限制在 1.5 m×3.5 m。

在凸起或阳模上热成型时，起模角度是非常关键的。这是因为受热的塑料片会膨胀，随着它的冷却，收缩程度高达 2%。不同的材料具有不同的收缩度。例如，ABS 的收缩度为 0.6%，高密度聚乙烯（HDPE）是 2%。通常推荐 2°的起模角度。

材料在热成型过程中会不断伸展，这一点在较深的和起伏的零件中更加突出。因此，必须注意避免三角相交的尖角。这些会导致材料过度变薄，从而导致出现薄弱环节。

加工成本

根据零件的大小、复杂程度和数量，加工成本通常由低到高不等。最昂贵的是加工铝。压力成型的模具比真空成型要贵 30% ~ 50%，但仍然比注塑模具便宜很多。

热成型的加工周期取决于所选工艺和材料厚度。单片进给加工的话，通常每分钟生产 1 ~ 8 个零件。卷筒进料机通常加工周期更短，多腔模具每分钟可生产数百个零件。卷筒喂料机是自动化的，而单件喂料机通常是手工装载的，增加了劳动力成本。

适用材料

虽然几乎所有的热塑性材料都可以热成型，但最常见的是 ABS、聚对苯二甲酸乙二醇酯（PET，包括用乙二醇改性的 PETG）、PP、聚碳酸酯（PC）、HIPS 和 HDPE。PETG 中的甘醇可降低脆性和减缓过早老化。PETG 是透明的（几乎和 PC 一样），因此常常是照明扩散器和医疗包装的首选材料。

环境影响

这个工艺只用于形成热塑性材料，因此大部分的废料都可以回收利用。提供挤压板材案例研究（34 页）的 Kaysersberg Plastics 公司仅产生 1.4%的废料，其余的回收。

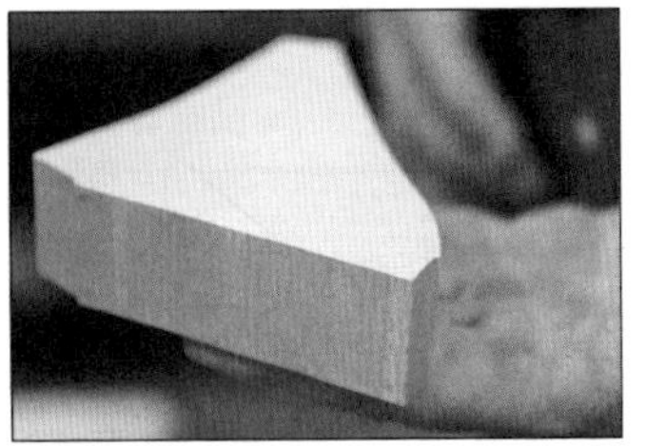

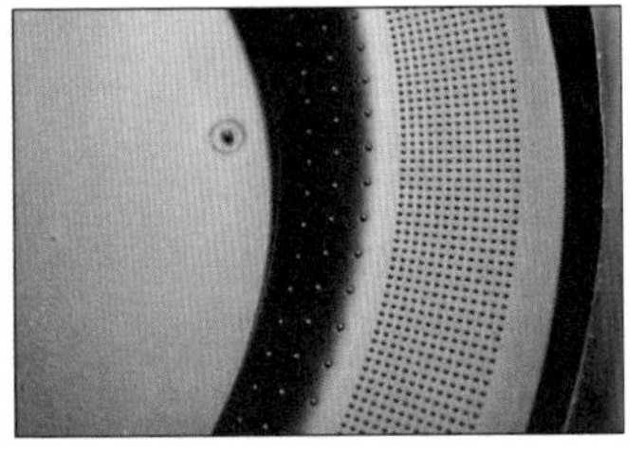

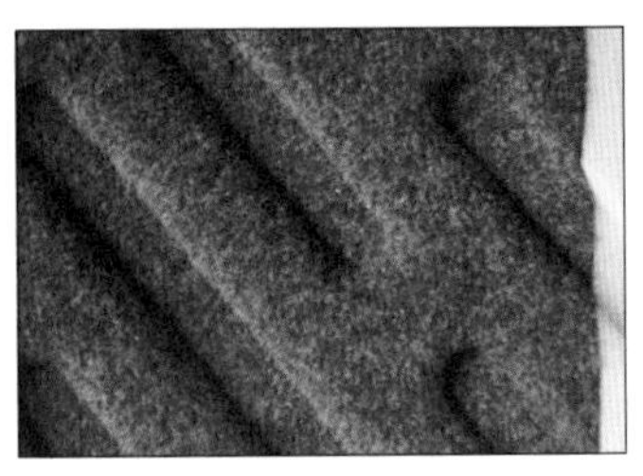

上图

微孔铝模塑材料，由 CNC 加工成型。

中图

纹理设计在微孔铝制成的模具上真空成型。

下图

毯子覆盖的热成型产品是在一次单独的操作中产生的。

案例研究

挤压板材

Kaysersberg Plastics 公司用热成型工艺挤出板材。他们可以非常精确地控制材料的质量，并在热成型过程中，一旦发现问题几乎能在瞬间做出调整。

与注塑成型一样，热塑性塑料通过阿基米德蜗杆熔化并混合。它通过一个宽度为 3084 mm 的模具挤出，然后在高度抛光的钢辊之间被强制压缩到设定的厚度（图 1），挤出过程是连续的。然而，当这个过程刚开始时，没有任何东西通过。为了解决这个问题，将带子固定在挤出流的前端，并将这些带子拉过辊子（图 2）。挤压模具由许多可独立控制的部分组成，调整这些部分以使壁厚均匀（图 3）。连续的 HDPE 薄板（图 4）沿着其长度方向用刀纵向切割（图 5），然后横向切成指定长度。成品板材堆叠在一起准备进行热成型加工。

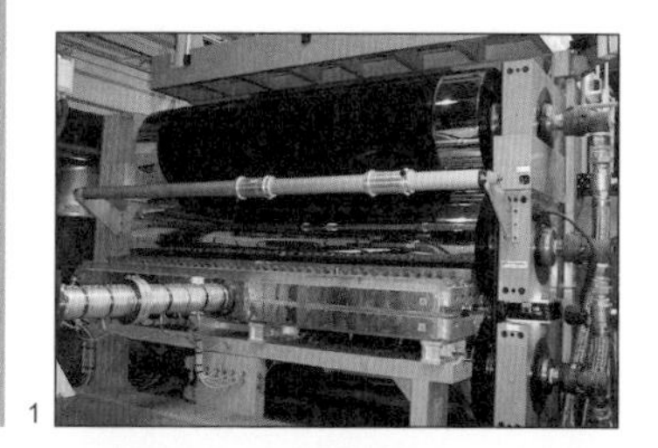
1

2

3

4

5

案例研究

双板热成型 Terracover® 冰托盘

双板热成型技术展现了热成型的性能，其突出优势是将两张板材粘在一起形成空心零件。将 4 mm 厚的 HDPE 板材（图 1）挤出并切割成上述的尺寸。

热成型机由四个部分组成：装载和卸载平台、主加热室、二次加热室和热成型区。两张板材经过热成型夹在一起；在这个案例中，两张板材分别称为“A 板”和“B 板”。首先，将 A 板手动装载到旋转式热成型机上，并围绕其周边夹紧（图 2），然后将其装载到温度为 160 ℃的主加热室中。

同时，当 A 板进入二次加热室时将 B 板装载上（图 3）。B 板被旋转运送到主加热室中，被加热塑化（图 4），并且被悬挂在热成型模具之间。由于这是双板热成型，所以在此有两个模具，而单板工件只有一个模具。A 板在下面，B 板在上面。随着真空将材料吸到模具的表面上，轮廓变得更加明显（图 5）。随着它们成型，模具合拢并将板材夹在一起（图 6）。余热将两种材料粘在一起。

4.5 分钟过后，模具分开（图 7）。同时，另外再装载两张板材并预热，

1

2

3

4

5

6

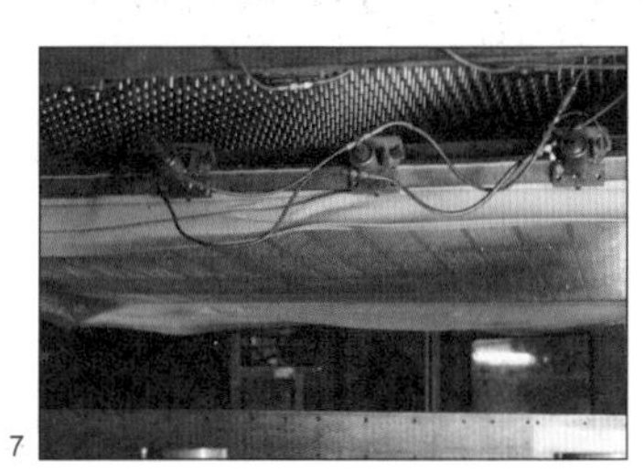
7

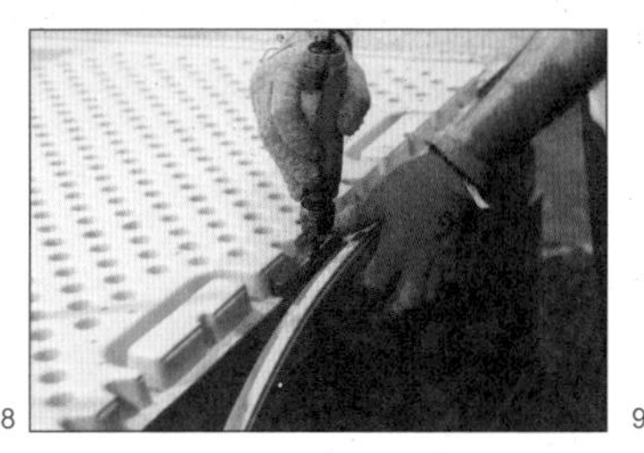
8

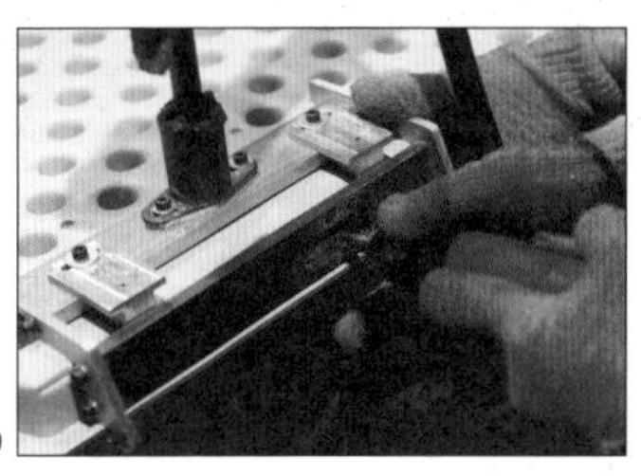
9

10

且在成型零件旋转到卸载工位时进行更换，用这种方式使生产尽可能连续。用手对成型部分进行修剪（图8）。在夹具的引导下，用手持式槽刨机切割凹角（图9），并通过数控机床进行复杂的切割操作。

将A板和B板（图10）沿四周焊接在一起，并在表面上穿过一系列钉子（大约2400个），在两板之间形成均匀的结合。这对Terracover®冰托盘的强度是至关重要的，它被设计成能在150 mm×150 mm的区域内承受50 kN的负荷。可用它来临时搭建诸如音乐会、溜冰场等活动场地。用泡沫填充型腔（31页右图），进一步提高硬度、强度和隔热性能。

主要制造商

Kaysersberg Plastics
www.kayplast.com

成型工艺

旋转成型

旋转成型可以用于生产具有恒定壁厚的中空产品。聚合物粉末在模具内翻滚，生成几乎无应力的零件。旋转成型工艺最近的发展主要体现在模内图案和多层壁。

加工成本	典型应用	适用性
• 模具成本适中 • 单位成本低至中（材料成本的3 ~ 4倍）	• 汽车 • 家具 • 玩具	• 产量低至中，最高可达10 000件
加工质量	**相关工艺**	**加工周期**
• 表面粗糙度小 • 成型过程中的低压会产生低应力集中	• 吹塑成型 • 热成型	• 周期长（30 ~ 60分钟）

工艺简介

旋转成型是一种多用途的工艺，可用于制造空心几何体和板材。在中小批量生产中生产大大小小的产品是具有成本效益的。

模具成本较低，因为它不必与内芯匹配或被设计为承受高压。即使如此，这个工艺也可以用来生产对封口和固定装置有严格公差要求的零件。类似于注塑成型（50页），该工艺可以应用模内图形来减少精加工操作。

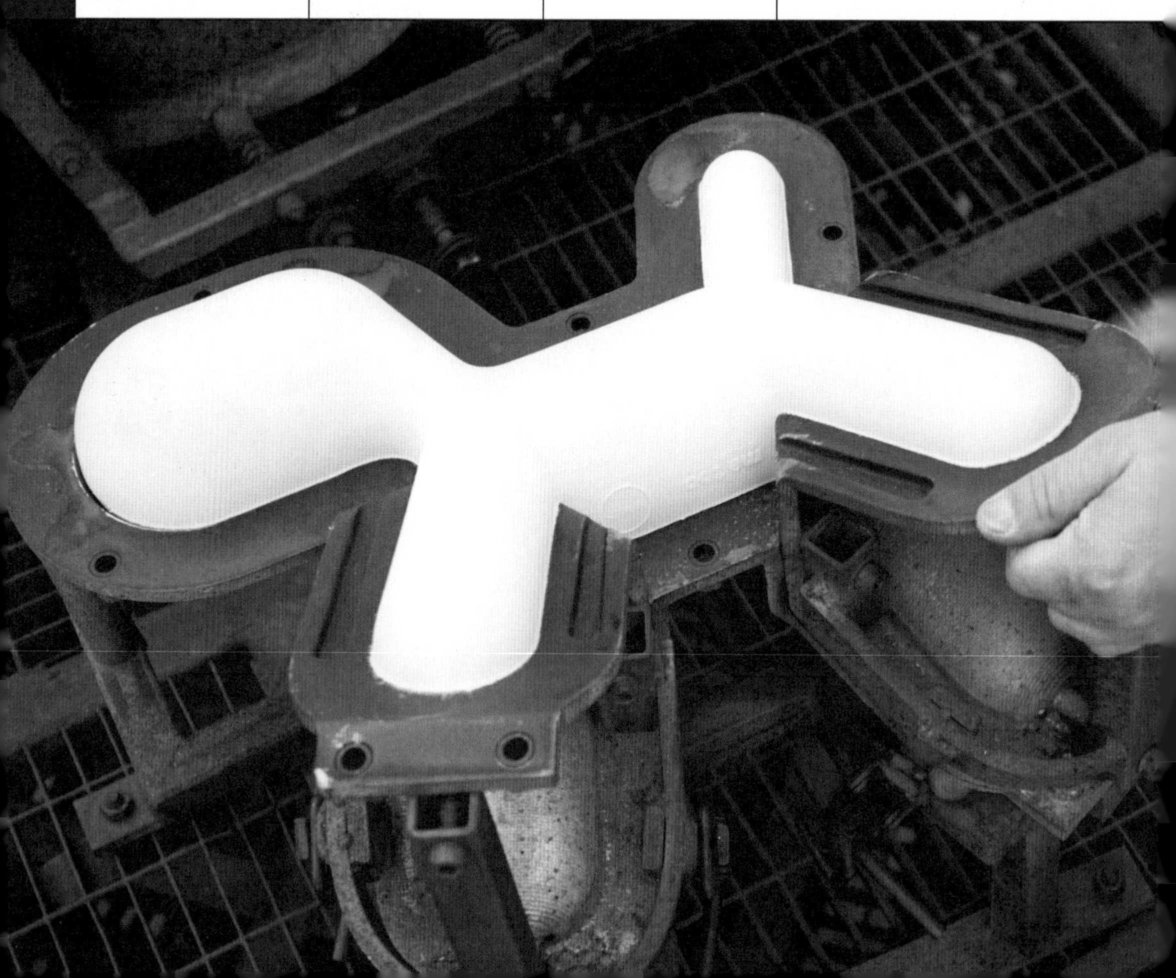

旋转成型工艺

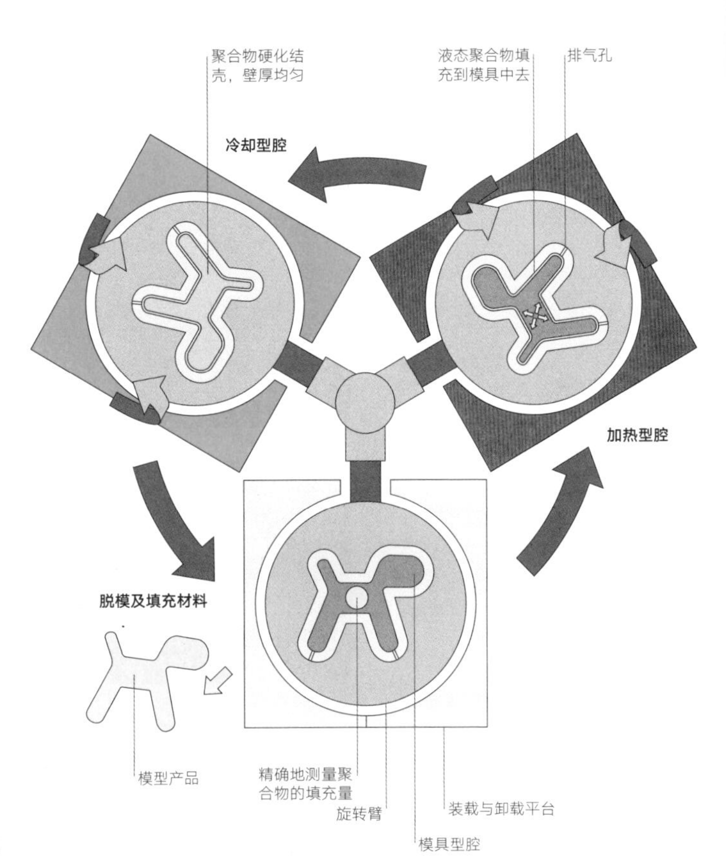

典型应用

旋转成型可用于生产各种产品，如船体、独木舟和皮划艇、家具、集装箱和罐体、路标、花盆、宠物屋和玩具等。

相关工艺

采用热成型（30页）和吹塑成型（22页）工艺也可生产空心型材和片状型材。由双板热成型生产的空心零件会有一个接缝，两片材料沿此处粘在一起。吹塑成型一般用于大批量生产，且应用于尺寸较小的零件，例如薄壁包装。

加工质量

即使在加工中没有施加压力，其加工表面的表面粗糙度也非常小。所生产的产品壁厚均匀，几乎无内应力。不过，在此过程中塑料会收缩3%，可能会导致有较大尺寸平面的零件产生翘曲。

设计机遇

此加工工艺适合中小批量生产，单件制造成本较低，加工成本相对便宜，适用于小型产品及小于10 m^3的大型产品。一些产品可以成对成型，然后在成型后分离，以形成板材的几何形状。

加工所用的模具可以直接从全尺寸的木材、铝或树脂原型中获取，易加工的模具有助于设计和生产之间

技术说明

旋转成型通常从组装旋转臂上的金属模具开始。首先将预先确定的聚合物粉末均匀地分配到每个模具中。关闭、夹紧并旋转模具与材料到加热室中，在加热室中加热到250 ℃约25分钟，并不断地绕其水平轴和垂直轴做旋转运动。

随着模具壁的温度升高，粉末熔化并在其内表面上逐渐形成均匀的涂层。加热结束后，旋转臂将模具送到冷却室，在那里将空气和湿气抽出，冷却25分钟。需要注意的是，在整个过程中还要继续以每分钟20转的速度旋转，以确保材料分布和壁厚都是均匀的。

一旦零件冷却充分，就将它们从模具中取出，至此，下一个循环过程即可开始。在整个加工过程中，加热和冷却时间及旋转速度均需要非常仔细地加以控制。

的过渡。在旋转加工的模具中没有型芯，变化也相对简单，因此加工成本比较低。

该工艺使用几种不同类型的粉末来模制复杂程度不同的形状。微颗粒和细粉末更适合制作致密的结构和精细的表面，但是由细粉末加工的零件更容易起泡。这是由构成泡沫填充壁、内部空心壁或多层壁的复合聚合物在不同的温度下产生反应所致。实心零件的壁厚通常不超过 6 mm。最大厚度取决于模具的温度和聚合物的热导率。

可以将不同颜色、螺纹、模内图形和表面细节的嵌件和预制型材集成到模制工艺中。将一种材料二次成型到另一种预制件上，可降低装配成本，并可以产生无缝的表面质量。材料中的添加剂可使材料具有抗紫外线和耐候性、阻燃性、无静电及提高食品安全等级等特点。

设计注意事项

采用低压加工，会由于压力较低而产生低机械强度的低分子量材料。面对这种情况，可以通过增加肋条或加强筋的方式予以克服。加工中零件壁的截面不能突然变化，并且需要避免尖锐的角度和过于小的转角。尽管可以在某个方向上实现小半径的弯曲，但不适合小转角。当然，低压也意味着不可能生成高光泽的表面。

一般要求所加工的零件的长度为直径的 4 倍，并且需要避免加工周期中材料的不均匀分布问题。

适用材料

聚乙烯（PE）是旋转成型最常见的材料。其他热塑性塑料，如聚酰胺（PA）、聚丙烯（PP）、聚氯乙

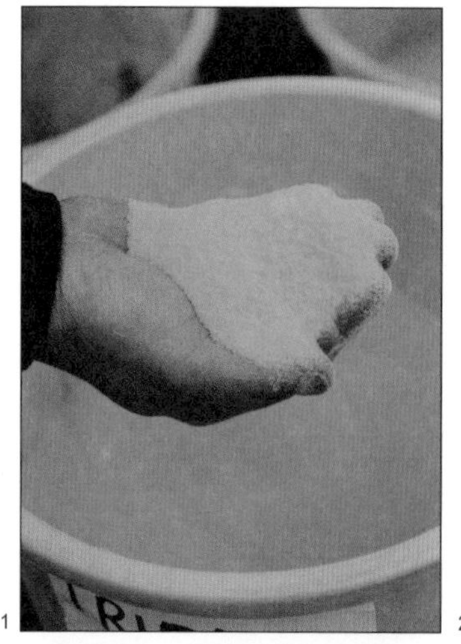
1

2

3

4

5

6

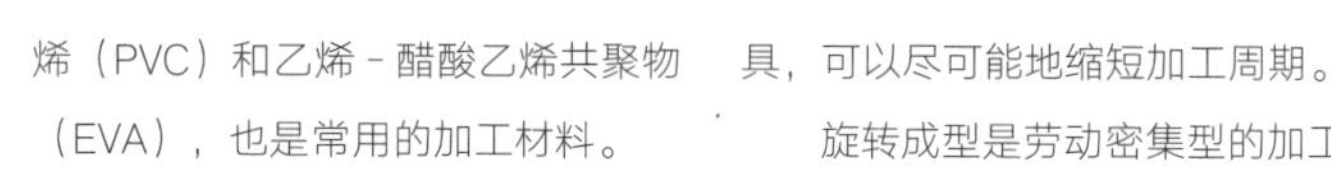

烯（PVC）和乙烯 - 醋酸乙烯共聚物（EVA），也是常用的加工材料。

加工成本

由于加工中所需要的模具成本比较低，且模具不需要抵抗高压，也没有内部的型芯，所以比较容易做出一定的改变。一般而言，采用钢材做模具造价最高，而铝合金和树脂模具都比较便宜，通常能够满足生产高达 100 个以上的零件。

加工周期通常在 30 至 90 分钟之间，周期的长短取决于壁厚和材料的选择。在旋转臂上同时安装多个模具，可以尽可能地缩短加工周期。

旋转成型是劳动密集型的加工工艺。全自动化成型可用于小零件和大批量生产，这样可以有效降低生产成本。

环境影响

旋转加工工艺几乎没有废料产生，主要原因是使用了预定用量的粉末。模具在整个成型和冷却过程中保持关闭和夹紧。而且，加工中产生的任何热塑性废料都可以回收利用。

→用旋转成型工艺生产格兰德小狗

在加工这款产品时，每一款模具都用于生产某单一颜色和批次的零件，这样做主要是为了避免相互污染。格兰德小狗采用绿色 PE 模制。称量粉末（图 1），将模具组装在旋转臂上（图 2）。将阀门插到小狗脚上的孔中，当加热聚合物时，控制气体进出模具。每个格兰德小狗使用了 3.6 kg 粉末，以确保 6 mm 的壁厚，这种结构尺寸是为了达到它作为座椅和儿童玩具的安全使用要求。模具由四个部分组成，在每个成型周期之间必须仔细清洁。用预定用量的粉末填充模具（图 3）并夹紧（图 4）。旋转臂两侧的模具（图 5）传送到加热室（图 6），历时 25 分钟。一旦粉末有足够的时间熔化并黏附到模具的壁上，旋转臂再移动 120°进入冷却室 25 分钟。冷却后，将模具分开（图 7），最终取出产品（图 8）。在聚合物仍然有热度时，小心地将小狗脱模，以避免任何表面损伤（图 9），并将其放在传送带上进行去边和包装（图 10）。

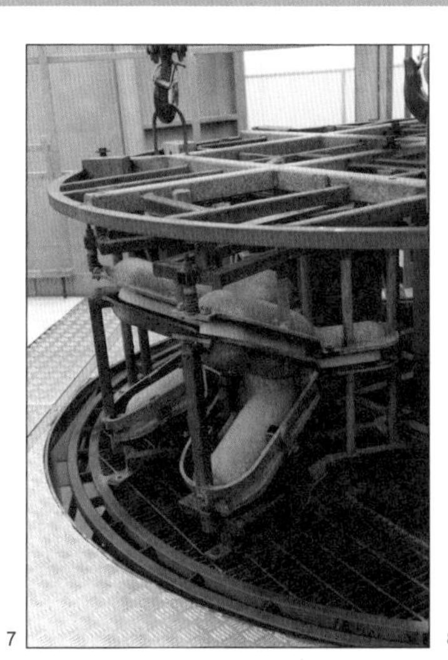
7

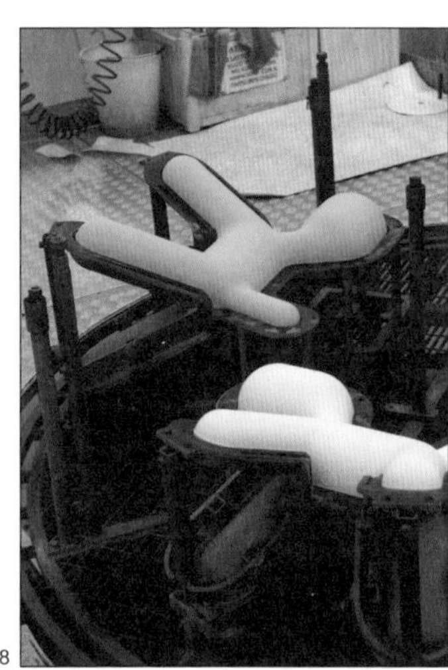
8

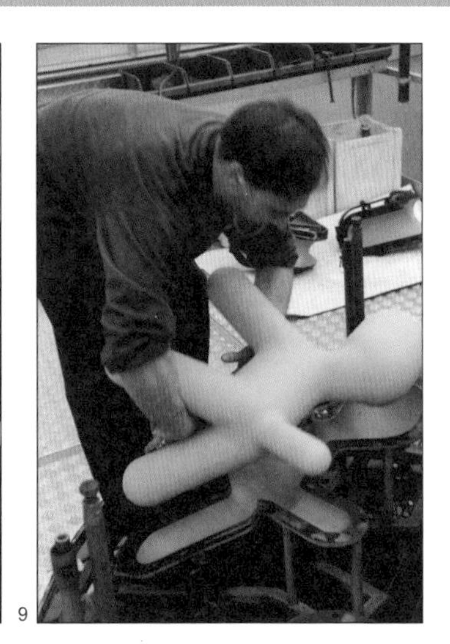
9

10

主要制造商

Magis
www.magisdesign.com

成型工艺

真空铸造

真空铸造主要用于原型、单件和小批量生产，几乎可以复制注塑工艺的所有性能。它主要用于模塑双组分聚氨酯（PUR），广泛应用在不同等级、颜色和硬度的产品中。

加工成本	典型应用	适用性
• 模具成本低 • 单位成本适中	• 汽车 • 消费类电子产品 • 运动器材	• 原型、单件和小批量生产
加工质量	**相关工艺**	**加工周期**
• 非常高的表面加工质量和良好的二次加工性能	• 注塑成型 • 反应注射成型	• 周期不确定（介于 45 分钟与 4 小时之间，根据零件的尺寸也有可能多达几天）

工艺简介

这是一种用于热固性 PUR 的原型生产和单件生产的成型方法。PUR 种类繁多，使得该工艺适用于大多数塑料原型生产。它被用于多种原型应用，包括手机外壳、汽车零件、运动器材和医疗器械。

柔性硅胶模具直接由模具加工而成。然后用真空铸造来重现产品，其性能与批量生产的产品非常相似。全彩色系列可供选择。可以像热塑性弹性体（TPE）一样柔韧有弹性，或像

真空铸造工艺

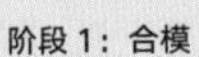

阶段 1：合模

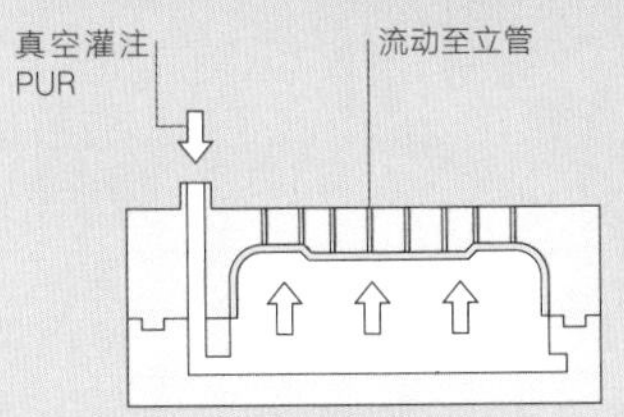

阶段 2：真空铸造

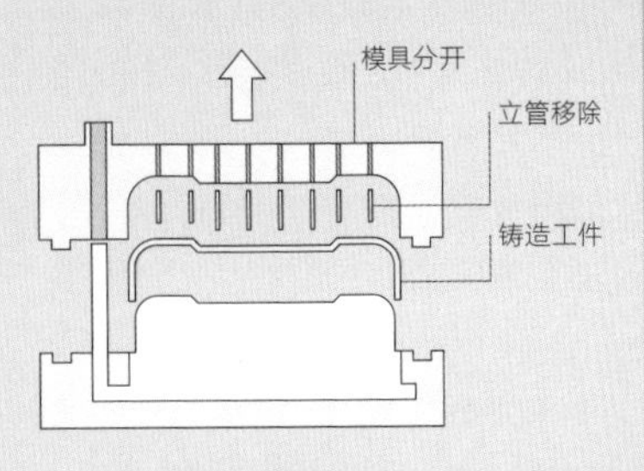

阶段 3：脱模

技术说明

在阶段 1，首先将模具的两部分组合在一起。模具通常由模具 A 和模具 B 两个半模制成，嵌件、型芯和附加的模具零件也可以用于加工复杂零件。

将 PUR 的两种成分放置在 40 ℃温度条件下，将它们混合在一起会引起催化和放热反应，并且 PUR 温度可高达 65 ~ 70 ℃。

在阶段 2，液态 PUR 通过真空吸入模具中。这确保了材料没有孔隙流经模腔并且不会受到气压的限制。材料通过进料口流入浇道系统。将 PUR 置于模具上方，在重力作用下进入模具，整体型腔内液面就会上升。浇道设计的目的是为液体 PUR 提供管道。它流经模具，并在 A 半模部分的立管内上升。有很多立管，以确保模具被均匀地、完全地填充。

几分钟后，模腔被填充并且保持平衡。在完全固化时间内模具保持关闭，通常为 45 分钟至 4 小时。

在阶段 3，零件顶出，其多余的立管与角料被移除掉。

丙烯腈 - 丁二烯 - 苯乙烯（ABS）一样坚硬。

PUR 是一种由两种成分组成的热固性塑料。当两种成分以适当比例混合时，会发生聚合反应。这是一种放热反应。可调整材料的类型，以适应铸件的体积，因为很大的零件必须非常缓慢地固化，否则它们会过热和变形。相反，小零件可以很快地固化，并没有任何问题。

典型应用

真空铸造广泛应用于汽车、消费类电子产品、日用消费品和运动器材行业。除了原型外，真空铸造还用于不打算使用昂贵模具的小批量的注塑成型（50 页）。在汽车行业中，其应用包括各种管子、水箱、空气过滤器外壳、散热器零件、灯罩、芯片、齿轮和活动铰链等的生产。

消费类电子应用包括移动电话、电视、照相机、播放器、音响系统和电脑的键盘和外壳的制造。

相关工艺

可使用真空铸造来模拟注塑成型的材料和加工性能。真空铸造与注塑成型相比具有一些优点，其模具比较灵活并且加工过程中压力较小，但二者生产量不相同。

反应注射成型（64 页）也用于原型、单件和小批量生产。与真空铸造一样，它的材料可选用模塑泡沫、固体和弹性 PUR 材料。由于工艺性质，它最适合用于生产具有更简单的几何形状和更平滑特征的零件。这是由 PUR 在反应注射成型过程中的固化速度所致。正因为如此，反应注射成型也适用于汽车保险杠和仪表板的小批量生产。除非有足够的产量来证明注塑模具的合理性，否则此工艺是一种合适的选择。

加工质量

公差通常在模型尺寸的 0.4% 之内。表面粗糙度较小。但是不可能改变硅胶模具的表面粗糙度。

加工材料可根据应用进行调整，以便在各种水洁净等级和全彩色范围应用 PUR。它可以非常柔韧而有弹性，抑或具有刚性。

设计机遇

通用的加工工艺为设计师带来很多好处。该工艺所需的模具系统主要是柔性硅胶。这意味着可以通过弯曲模具而不是增加模具零件的数量来获得小的凹角和小切口。还可以引入型芯和嵌件，以形成更大的凹角和内部特征。

PUR 原型材料系列旨在模拟注塑成型材料，如聚丙烯（PP）、ABS 和聚酰胺（PA）。可以制作尼龙铰链、活动铰链和其他细小零件，这些常常采用注塑成型的小零件也可以采用 PUR 材料制造。零件加工中可以使用添加剂来改善阻燃性、耐热性和抗紫外线等性能。

硅胶模具可以从任何无孔的材料中获取。使用硅胶复制模具大幅降低了成本和周期。

因为加工过程是一个低压过程，所以零件壁厚可以有巨大变化。

不同特性的塑料可以通过二次成型来结合。这类似于多色注塑成型，不同之处在于它将零件从模具中取出并放入另一种材料的模具中。

1

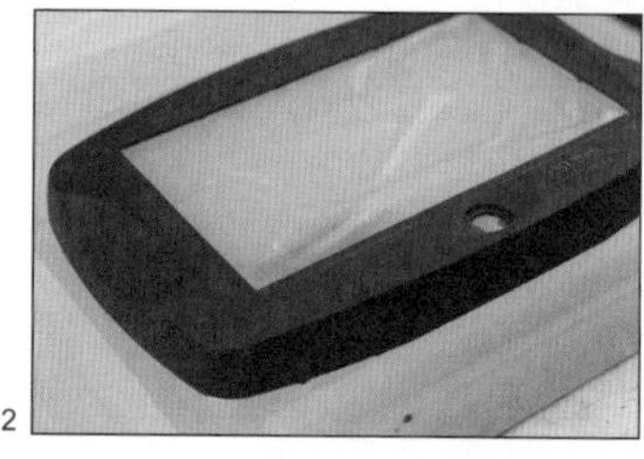
2

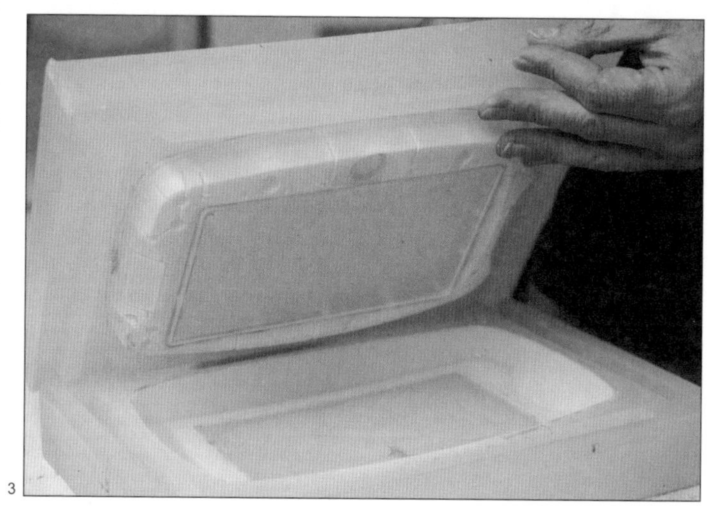
3

设计注意事项

零件的大小可以从几克到几百千克不等，但尺寸会影响加工周期。较大的零件必须慢慢固化，以避免放热反应引起收缩和变形。零件通常应小于 2.5 kg，可在 1 小时或更短的时间内固化。

可以在小范围内生产壁厚小于 0.5 mm 的零件。但建议零件壁厚大于 1 mm，最好不少于 3 mm。

非常尖锐的细部，如刀刃，在所有的成型加工中都很难复制，因此应尽量避免。

适用材料

PUR 有几百种。该工艺还可以用于熔模铸造 PA 和蜡模（130 页）。

加工成本

模具成本通常较低，但这在很大程度上取决于模具的大小和复杂程度。通常需要 0.5 ~ 1 天制造硅胶模具，并且需要在 20 ~ 30 个周期后更换。

加工周期时间长短取决于零件的大小和材料类型，而劳动力成本的支出则取决于精加工所需的模具制造水平。一般情况下，真空铸造和精加工都是手工完成的。

环境影响

准确地测量材料可以减少废料，因为所用材料是热固性塑料，不能回收。

这个过程是在真空室中进行的，因此可以提取和过滤任何烟气。

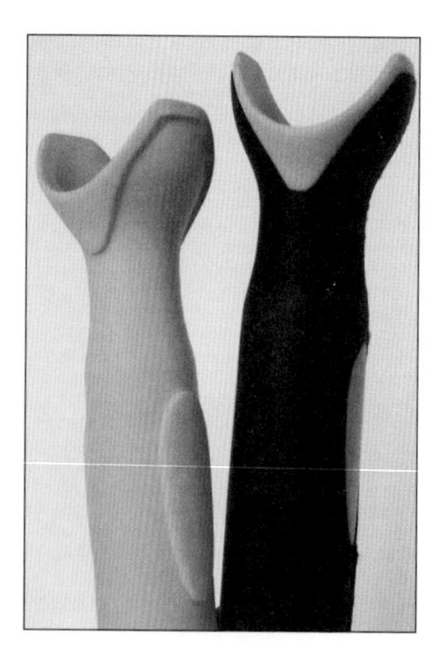

真空铸造亮黄色的 PUR 与柔性黑色 TPE 二次成型。

→ 用真空铸造工艺生产电脑屏幕外壳

本产品为医院使用的电脑屏幕外壳，采用小批量生产方式。

首先制造硅胶模具。样品悬于一个由进料口、浇道、立管组成的盒子中。在盒子的空腔内填充硅胶，将其完全封装。在完全固化的情况下，通过切割硅胶来分离半模，以满足样品需求（图 1）。该工艺需要熟练的技术，零件的几何形状将决定模具制作技术。

将样品从模具中取出（图 2）。诸如标志和表面纹理的细部被完整地复制下来。在开放的中央区域分布有薄膜分割线，该薄膜分割线在铸造之前附着在产品上。这种技术产生了一个分离型的模具，它包含进料口、浇道和立管（图 3）。

硅胶材料很柔软，这样柔软的材料只能使用 20 ~ 30 个循环周期。它在使用中通常被牢牢粘住以避免任何移动（图 4）。两根管子连接在一起，从而实现运送液态 PUR 的功能。

成型过程是在真空下进行的。PUR 流入模具并且不受气压限制（图 5）。一旦充满模具，PUR 就会从立管中出来。将模具置于一个 40 ℃的烤炉中，直到 PUR 完全固化。这个特别的阶段需要耗时大约 45 分钟。

脱模过程由将压缩空气吹入立管开始（图 6）。这有助于从模具中脱离铸件。将模具的两个半模分离以露出铸件（图 7）。立管完好无缺（图 8）。这些都是手工分离的，然后将电脑屏幕外壳的两个零件组装起来（图 9）。成品（图 10）非常类似于批量生产的注塑成型零件，具有骨架、穿孔、标志和亚光表面。

4

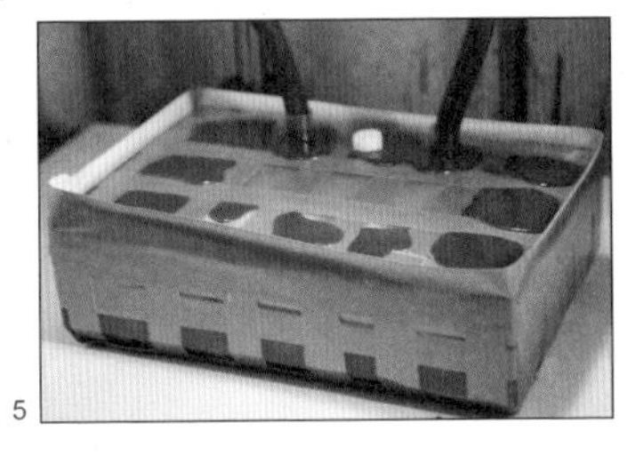
5

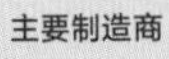
主要制造商

CMA Moldform
www.cmamoldform.co.uk

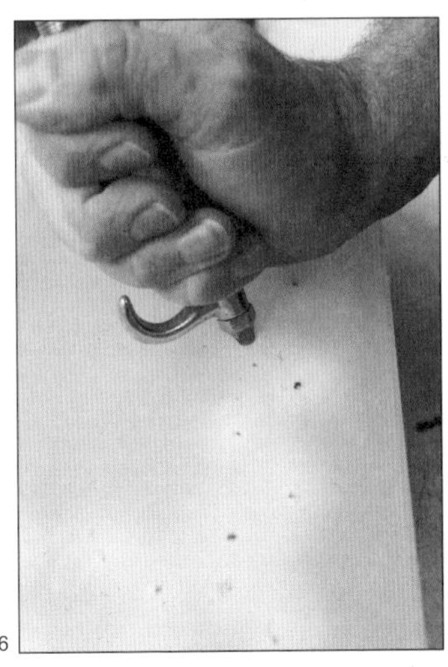
6

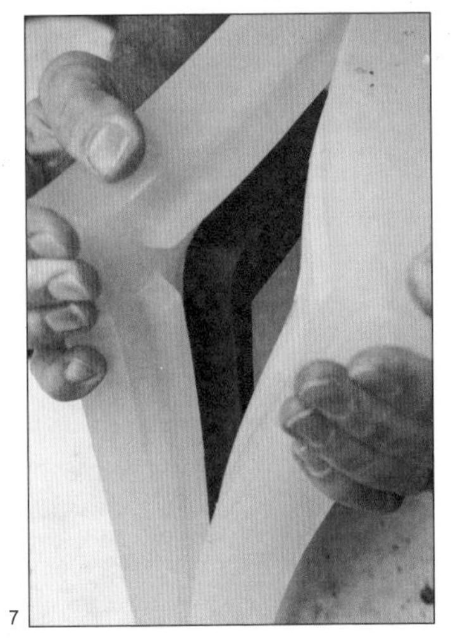
7

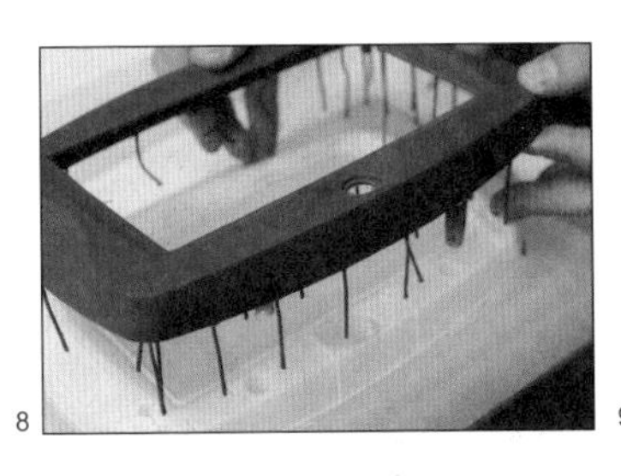
8

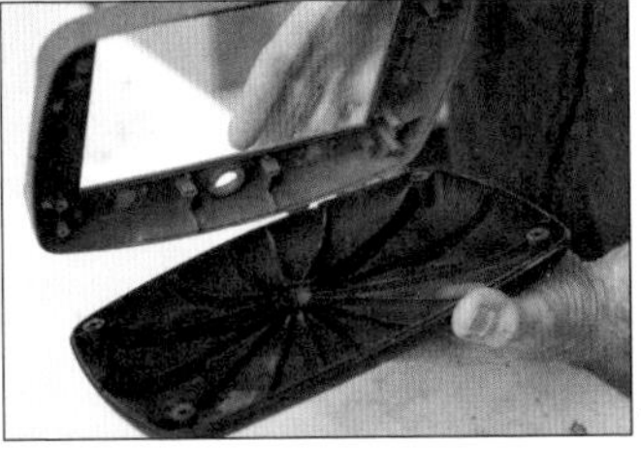
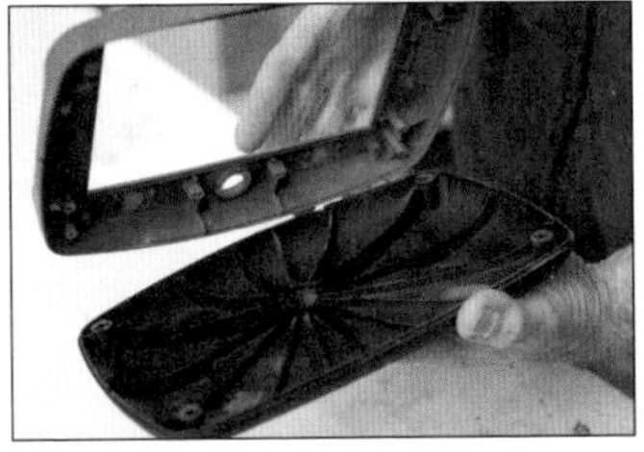
9

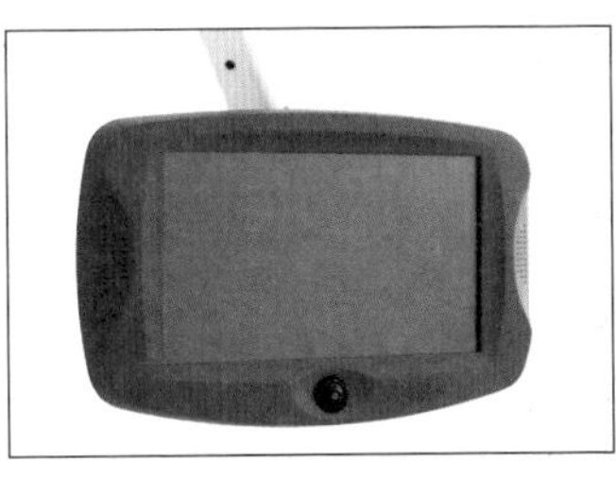
10

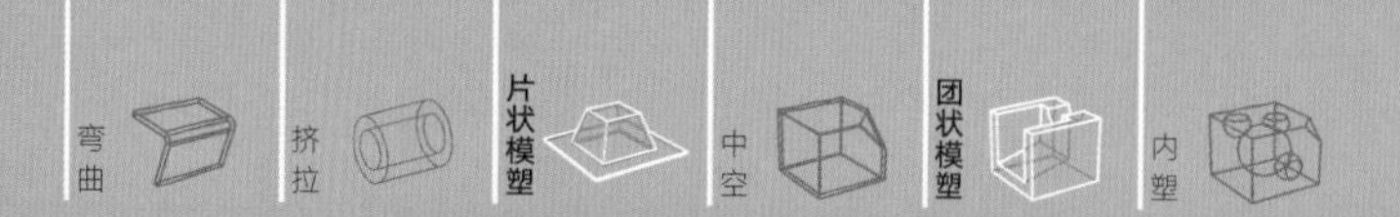

压缩成型

压缩成型为快速加工工艺，橡胶和塑料通过压缩在预热的模腔内成型。通常压缩成型使用的材料为热固性材料。

加工成本	典型应用	适用性
• 模具成本适中 • 单位成本低（材料成本的 3 ~ 4 倍）	• 汽车发动机罩 • 家电外壳及厨房用具 • 密封件、垫圈及键盘	• 中批量至大批量生产
加工质量	**相关工艺**	**加工周期**
• 高质量的高强度零件 • 表面粗糙度小	• DMC 与 SMC • 注塑成型 • 真空铸造	• 塑料：短（2 分钟一个周期） • 橡胶：长（10 分钟一个周期）

工艺简介

该工艺可将橡胶与塑料加工成板材和块材。适用材料为热塑性和热固性材料。还可用生产 DMC 和 SMC 工艺中的团状和片状模塑料。

在工程上，热固性塑料的压缩成型在金属到塑料的过渡方面发挥了重要作用。20 世纪 20 年代，首次采用酚醛树脂压缩成型制造产品以来，塑料就逐渐取代了金属。酚醛树脂，俗称胶木，是塑料制造史上首先被应用的材料。自此，塑料加工开始快速

橡胶压缩成型工艺

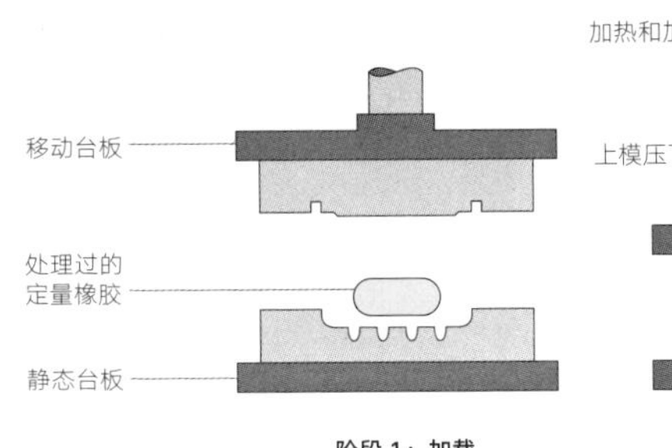

阶段 1：加载

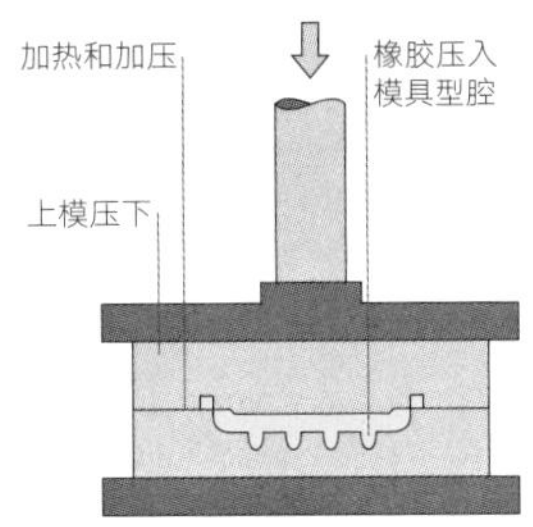

阶段 2：模压

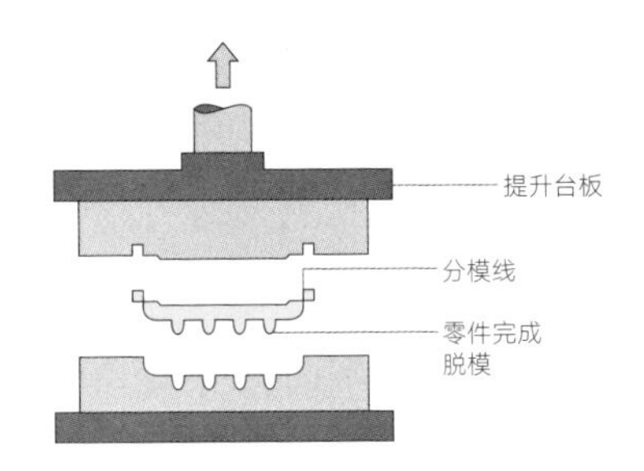

阶段 3：脱模

发展，如今注塑成型（50 页）可用于生产传统压缩成型的零件。尽管如此，压缩成型也被用于不适合注塑成型的某些橡胶和热固性塑料的零件加工。在 20 世纪 60 年代，开始采用 DMC 和 SMC 成型技术加工热固性塑料零件，其零件的强度、耐久性和弹性可以与金属铸件一决高下。

压缩成型工艺非常简单，基本过程可以概括为：将一定量的材料放置在与之匹配的预热模具之间，模具与材料合在一起并将材料压入模具型腔。

技术说明

除了循环时间略长之外，橡胶压缩成型工艺与塑料压缩成型工艺（48 页）非常接近。

在阶段 1，除掉橡胶可能已经形成的任何结晶。将定量的橡胶置于下模中。在阶段 2，合模，逐渐加压并使模内材料流动，10 分钟后橡胶完全固化。在阶段 3，模具分离后，将零件从模腔中取出。在设计阶段，应综合考虑分模线的选取，这样可以减少二次操作，确保取出时溢料分离方式一致，从而留下整齐的边缘。

典型应用

压缩成型专门用于特殊材料的加工，如在热和电绝缘等方面有特殊要求的零件。常用的有：电子设备外壳、厨房设备、烟灰缸、把手和灯具等。由于热固性材料可以保证零件所需的电绝缘性和稳定性，热固性材料在电动汽车中的电池机罩方面的应用性能表现突出。

热固性橡胶可应用压缩成型、注塑成型和真空铸造（40 页）等工艺，可以用于生产一系列的产品，如键盘、密封件和垫圈等。跑鞋上的标志、装饰物，鞋底和其他运动用品也可以采用这种方式来制作。另外，应用比较广泛的电子设备外壳就是采用一块橡胶模制而成，这样可以做到更好地防水和耐损。这对手持导航设备和其他便携式电子设备特别有价值。

相关工艺

压缩成型和注塑成型密切相关。两者都需要配套的模具（压缩成型的模具比较便宜），且成型工艺均是在高压加热下进行的。其不同之处在于注塑成型主要用热塑性塑料，压缩成型主要用热固性塑料。不过，有特殊应用的工程热塑性塑料也可采用注塑成型。通过注塑成型的热塑性弹性体（TPE）可以获得与橡胶相同的外观和触感。

长纤维增强复合材料（FRP）若采用压缩成型，一般被认为是 DMC 和 SMC 成型方式。

真空铸造通常用于原型制造、单件和小批量产品生产，还可以加工一定密度和硬度的聚氨酯（PUR）。

加工质量

这种工艺属于高质量加工工艺。之所以具有这些特性，是因为使用了耐热和电绝缘的酚醛塑料，以及柔性和有弹性的硅酮材料。热固性塑料更具结晶性，因此更耐热、酸和其他化学品。

由于加工中材料在模具型腔中通过压缩成型，所以材料流动性差，加工而成的零件不容易变形，而且表面加工质量优良，细部结构保持度高。

设计机遇

材料的特性决定设计机遇，热固性材料与热塑性塑料相比具有许多优良品质。热固性材料可以填充玻璃纤维、滑石、棉纤维或木屑，以提高它们的强度、耐久性、抗开裂性、弹性和绝缘性等。

橡胶压缩成型用于生产具有不同弹性等级的零件。铰链和分割线可以被集成到设计中以消除二次操作。由于材料是柔性的，可以被拉伸至模芯，所以用橡胶压缩成型的一个主要优点是可以消除起模斜度，并且可以实现小凹角。另一个优点是可以在橡胶压缩成型中使用一系列颜色。可作为预成型件引入，如纽扣或标志，或者以相同的顺序制造。预成型的橡胶插件可提供更清晰的变色点。然而，变色点常被掩盖，如被小键盘中的控制面板掩盖。

另一方面，热固性树脂的色彩非常单调，尤其是酚醛树脂。它的天然颜色为深棕色，因而 20 世纪 20 年代的传统酚醛树脂产品以深色为主，不过现在，如果必要，可在表面加工中加入鲜艳的颜色。

压缩成型的另一个主要优点是其相对便宜的模具，特别是对于橡胶成型。一些金属镶嵌件和电气组件可以通过模制工艺放入橡胶和塑料零件。

1

设计注意事项

与注塑成型一样，使用压缩成型时需要考虑许多设计因素。

通过精确设计模具和顶出系统，起模斜度可以减少到 0.5°以下。

零件的大小可以是 0.5 kg 到 8 kg（在 4000 kN 压力下）。整体大小受到可以施加在表面区域上的压力的限制，以及零件几何形状和设计的影响。影响零件大小的另一个主要因素是固化和加热过程中气体从热固性材料中排出的方法。这在模具设计中起着重要的作用，旨在利用通风口和模具中巧妙的螺纹设计来排除气体。

零件的壁厚可以从小于 1 mm 到 50 mm 或更大。不同壁厚之间的阶梯变化不是问题，这种转变可以在塑料零件的即时加工中实现。壁厚受到限制，主要是热固性反应的放热特点决定的。作为催化反应的直接结果，厚壁部分易起泡和产生其他缺陷。因此，减小壁厚并使材料消耗降到最低被认为是一种合理的考虑因素。正是由于这个原因，笨重的零件常常被挖空或加入添加物。不过实际应用中也会需要一些厚壁的零件，如必须承受高水平电介质振动的零件。

2

适用材料

常用的热固性材料包括酚醛、聚酯、尿素、三聚氰胺和橡胶。还有一些能够压缩成型的热塑性塑料，不过不推荐使用。

很多橡胶都可以用这种方法成型，最常见的是硅酮，因为橡胶很容易进行小批量和大批量生产，并且颜色很好。

加工成本

应用这种工艺，模具成本适中，但要比注塑成型的成本低得多，特别是对于某些橡胶材料的平板形状，可以使用那些手工操作的、简单和便宜的模具来制造。

对于加工塑料而言，制作周期短，通常每个零件大约 2 分钟。相比之下，加工橡胶需要相对长的时间，通常需要在热压机中放置 10 分钟以上的时间。劳动力成本相当高。

环境影响

影响环境的主要因素是材料。热固性塑料需要较高的成型温度，通常为 170 ~ 180 ℃。由于其具有交联

用压缩成型工艺生产硅胶键盘膜

在这个案例中，在多腔体模具中制造透明硅胶键盘膜。这种模具只能用于平板状几何形体；实际上不可能让材料进入深的腔体。然而，橡胶模具的加工可能和塑料模具一样复杂，这在 48 页的案例研究中已经证明。

将硅橡胶挤出，预制成粒料状以准备成型（图 1）。多余的材料用来确保均匀的、足够的材料分配。把小球插入每个模腔中（图 2），通常这个工艺通过手工操作来完成，除非量足够大才使用机械自动化完成。

将模具的两半合在一起，并置于压力机下（图 3）。大约 10 分钟后，模具达到 180 ℃。具体所需的时间取决于材料的厚度和固化方式。从压力机中取出并打开模具（图 4）。在模具的边缘和表面吹入压缩空气，分离出产品。包装产品并运输（图 5）。

键盘膜使用一段时间后会变旧。每个按钮周围，材料较薄的部分决定了按钮按下时的阻力。

3

4

的分子结构而不可能直接回收。这意味着所有废料，如切边废料，都必须处理掉。

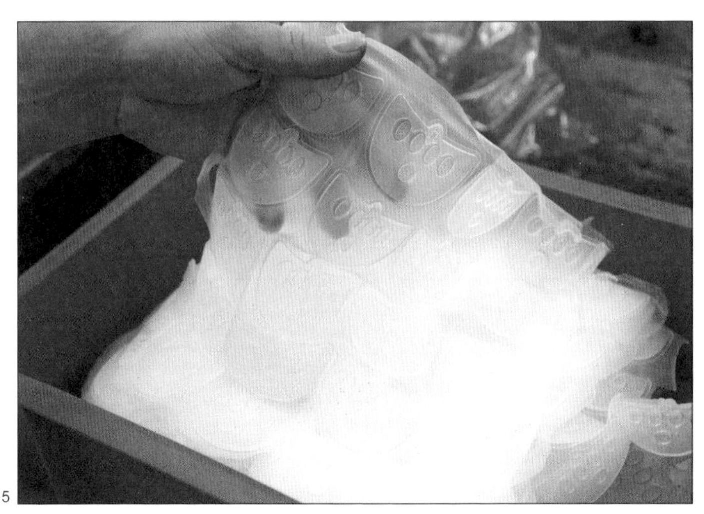
5

主要制造商

RubberTech2000
www.rubbertech2000.co.uk

塑料压缩成型工艺

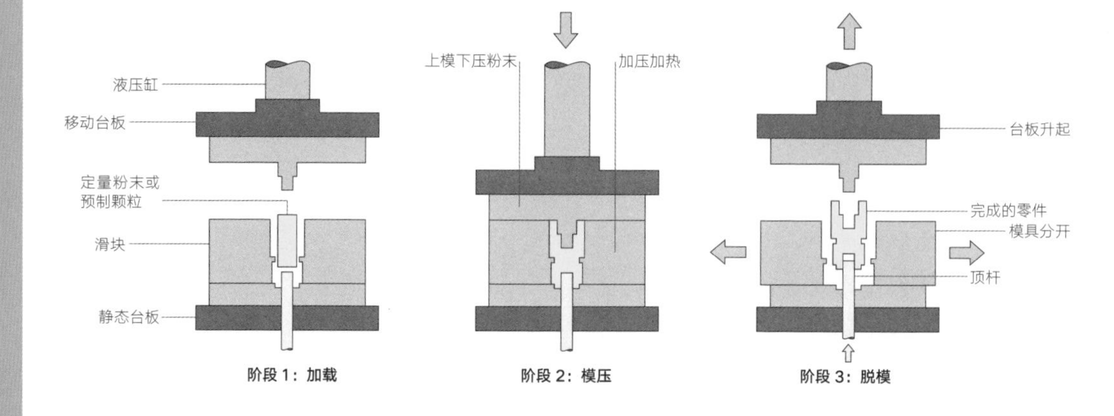

技术说明

在阶段 1，将一定量的粉末或预制的颗粒装入下模的模腔中。在装载之前，预制的材料需要在加热室中经受大约 100 ℃高温，以缩短生产加工周期和提高成型质量。在阶段 2，上半部分模具逐渐进入模具腔体，并保持稳定。确保材料在整个模腔内均匀分布。材料在约 115 ℃时塑化，在 150 ℃时固化，这需要约 2 分钟。在阶段 3，模具的两个半模依次分开。如有必要，该零件由顶杆从下面的模具中顶出。

塑料压缩成型是一种简单的操作，但它适用于复杂零件的生产。它在约 400 ~ 4000 kN 的高压下运行，最常用的是 1500 kN。零件的大小和形状决定了选用的压力大小，其压力越大，表面粗糙度越小，细部结构也越完整。

1

2

3

4

5

6

7

主要制造商

Cromwell Plastics
www.cromwell-plastics.co.uk

案例研究

→ 压缩成型热固性塑料

用于压缩成型的模具可能非常复杂，特别是对于大批量和自动化生产而言。对于这种用于室外照明的灯壳，已经使用了多重印模工具，每个周期生产 6 个零件。该产品使用酚醛树脂制造，因为材料必须能够承受风化和具有优异的电绝缘性能。

压缩模具的下半部分由三个部分组成：1 个静态部件和 2 个侧面零件（图 1）。酚醛粉末是通过被压成粒料而制备的，粒料被加热到约 100 ℃以备模塑（图 2）。将下部工具的三部分放在一起形成酚醛小球落入的模腔（图 3）。上模被压进入模腔，2 分钟后，模具分离，形成完全固化的树脂。然后从上部模具上剥下零件（图 4）。在分模线周围可以看到飞边，必须手动或在振动室中移除。

对于这种产品，由黄铜制成的小型电气触点（图 5）随后插入到模具中并通过摩擦保持在适当的位置（图 6），不同于模具中不能从零件上拆卸的嵌件。最后的灯壳部分展示了这个工艺可以达到的较小的表面粗糙度（图 7）。

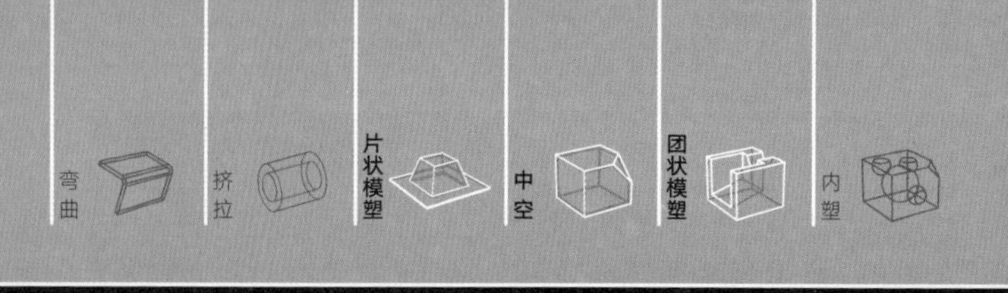

注塑成型

这是制造塑料产品的领先工艺之一，是大批量生产相同产品的理想选择。传统注塑成型的变体包括气体辅助注塑成型、多色注塑成型和模内装饰。

加工成本	典型应用	适用性
• 单位成本很高，但具体取决于型腔的复杂程度和数量	• 汽车 • 家电 • 工业及家居用品	• 大批量生产
加工质量	**相关工艺**	**加工周期**
• 表面粗糙度小 • 可重复工艺	• 反应注射成型 • 注塑成型 • 真空铸造	• 注塑周期一般介于 30 到 60 秒之间

工艺简介

注塑成型是一种广泛应用和发展良好的工艺，十分适合快速生产对于公差要求严格的零件。该工艺用于制造多样化的日常塑料产品。在生产过程中，为了实现较小的表面粗糙度，再现细节，精确设计的模具和高注射压力是必不可少的。因此，这种工艺只适用于大批量生产。

注塑成型技术有许多种，主流的包括气体辅助注塑成型（58 页）、多色注塑成型（60 页）和模内装饰（62 页）。

典型应用

在市场中很容易找到注塑件，特别是在汽车工业和家用产品中。它们包括购物篮、文具、花园家具、按键、消费电子产品的外壳、塑料炊具手柄和按钮。

相关工艺

相关工艺的相对适用性取决于诸如零件尺寸和配置、所用材料、功能和美学要求、预算等因素。

由于其重复性和加工周期，注塑成型通常是最理想的工艺，但对于某些板材几何形状来说，热成型（30 页）是一种合适的替代方案，而且对于生产连续型材来说，挤压的方式更具成本效益。

最终将通过注塑成型的零件可以通过真空铸造（40 页）和反应注射成型（64 页）进行原型制造和小批量生产。这些工艺用于形成聚氨酯（PUR）。这是一种热固性塑料，具有一系列的等级、颜色和硬度。它可以是固体或发泡反应材料。注塑成型工艺应用范围广泛，包括用于装饰家具和汽车座椅的泡沫模塑，以及汽车保险杠和仪表板的小批量生产。

加工质量

注塑过程中使用的高压确保了较小的表面粗糙度、精细的细节复制，以及最重要的，良好的可重复性。

高压的缺点是再固化的聚合物具有收缩和翘曲的倾向。这些缺陷可以通过使用肋条细节和仔细分析流量来避免。

表面缺陷可能包括凹痕、焊缝和颜色条纹。凹痕出现在与肋条细节相对的表面上，焊缝出现在材料被迫流经障碍物（如洞和下凹处）的地方。

设计机遇

注塑成型能否应用取决于其经济性。在使用简单的分体模具时，这种工艺非常便宜，然而在加工形状复杂的产品零件的时候，则非常昂贵。不过，此加工工艺从大型汽车保险杠到最小的零件，可以实现各种大小零

注塑成型工艺

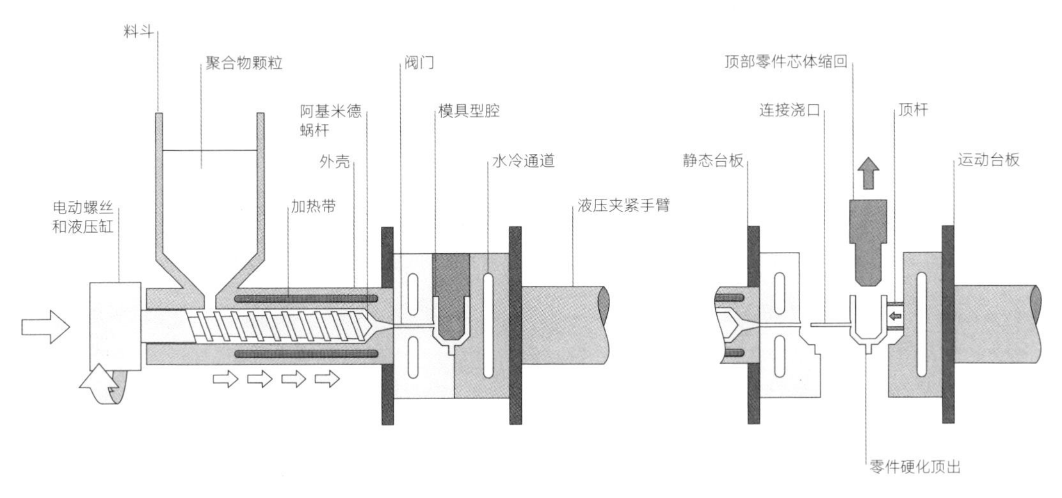

注塑成型　　　　顶出过程

件的加工。通过凸轮或液压系统的控制，还可以进行非常复杂的加工，而这种情况下不会增加太多成本，由此可见，加工成本取决于加工零件的复杂程度。

模内和嵌入式薄膜装饰经常被集成到加工过程中。因此，省去了修整工序。还可以采用一系列颜料来产生金属、珠光、热敏变色和自动颜色变深等色彩效果，此外还可采用鲜艳的荧光和普通色系。镶件和卡扣被放入产品中以配合组装。

多色注塑成型可以将多达 6 种材料注入一种产品。组合的可能性包括密度、刚性、颜色、纹理和不同程度的透明度。

设计注意事项

面对复杂的注塑成型设计，只有设计师、材料专家、工程师、模具制造商和注塑工人相互协调，才可以获得最好的结果。

注塑成型在高温下进行，在高压下将塑化材料注入模具型腔。这意味着由于收缩和应力集中会出现很多

技术说明

在确保干燥的前提下，将聚合物颗粒送入料斗。加入色母，稀释比例为 0.5% ~ 5%。

将材料加入料筒中，同时通过蜗杆的旋转推送动作推入加热，混合物料并向模具顶端移动。

将熔融的聚合物保持一定的压力并注入模腔内，在确定的压力条件下，一定时间内依据不同的零件的尺寸而完成聚合物的固化反应，一般持续 30 ~ 60 秒。

而后，保持注射后夹紧压力，保压过程是为了防止零件弹出后的翘曲和收缩。

为了弹出零件，模具分开，芯体收缩并且由顶杆施加作用力以将零件与模具表面分离。该零件被自动化手臂分配到传送带或放置在容器上。

模具和模芯一般用铝或工具钢加工而成。这些模具是注塑工艺中所需要的最为复杂的零件。一般的模具由的水冷通道（用于控制温度）、注射点（浇口）、流道系统（连接零件）及连续监测温度的电子测量设备组成。在模具内设置良好的散热零件，这是确保熔融聚合物稳定流过模腔的关键。因此，一些型芯由铜加工而成，其导热性比铝或钢要好得多。

最经济的注塑成型模具由两个半模组成，即阳模和阴模，但工程师和模具制造者逐步提高现代模具的工艺水平，采用了可伸缩型芯和多重浇口及多种材料在内的各种工艺革新，逐步发展出多色注塑工艺等。

问题。收缩将导致零件产生翘曲、变形、开裂等情况。应力很可能集中，尤其在尖角处或起模角度过小的区域。因此，需要注意的是：起模角度至少应为 0.5°，以避免零件在此过程中由于受到过大压力而从模具中弹出。

注入的熔融塑料在进入模腔时将遵循阻力最小路径原则，因此必须将材料送入零件壁最厚的部分，并在壁最薄的区域内完成整个注塑过程。为了获得最佳效果，最好壁厚均匀，或限制在小于 10%以内。不均匀的壁会产生不同的冷却加工周期，从而导致零件翘曲。确定最佳壁厚主要从成本与功能要求等因素进行考虑。

在零件设计中，加强筋或肋起着双重作用：首先，在增加零件强度的同时减小了壁厚；其次，在成型过程中有助于材料的流动。肋不应超过壁厚高度的 5 倍。因此，建议使用浅肋而不是深肋。

肋在设计中应该与零件壁结合，这样可以有效减少空鼓和可能产生的应力集中的点，孔洞和凹陷常常被放入零件设计中整体考虑，从而避免使生产成本增高的二次作业。

注塑件常常采用蚀纹及涂饰来掩盖表面缺陷，一般而言，高光的表面由于更容易出现瑕疵，制造成本比亚光表面的制造成本更高。

适用材料

几乎所有的热塑性材料都可以应用注塑成型的加工工艺。当然，某些热固性塑料和金属粉末也可以采用类似工艺。

加工成本

该工艺的模具成本比较高，取决于型腔和型芯的数量，以及零件结构设计的复杂程度。

运用注塑工艺可以非常迅速地生产小的零件，特别是可以使用多腔模具来提高生产率。加工时间在 30 到 60 秒之间，多腔模具也是如此。较大的零件的加工，其加工周期较长，尤其是那些因为聚合物需要较长时间才能重新固化且冷却时需要固定在模具中的零件加工。

该工艺的劳动力成本相对较低。然而，模具制备和脱模等人工操作过程则会显著增加成本。

环境影响

热塑性废料可以回收利用。在医疗和食品包装中需要高质量的原始材料，不过类似花园用具等则可以使用包括 50%的原始材料的回收材料制造，一般而言，原始材料具有较好的结构完整性，比较干净，且有较强的着色能力。

注塑成型的塑料通常与大量生产的短期产品（如一次性产品）相关联。其产品结构简单且易于拆卸，这对于维护和回收都是有利的。在使用不同类型的材料时，采用的是卡扣和其他机械紧固件，这样设计便于拆卸，而且对环境影响最小。

→ 制造和组装 Pedalite 自行车踏板灯

这种自行车踏板灯由储能电容器和微型发电机供电，而不需要任何形式的化学电池。它由产品制造公司（Product Partners）与客户（Pedalite Limited）、模具制造商（ENL Limited）、变速箱制造商（Davall Gears）和塑料销售商（Distrupol Limited）共同设计完成。

其中与模具制造商的密切合作确保了最初的想法通过设计、研发、模具制造过程得到成功转化。

在产品的开发中，采用很多专业的技术作为支撑，例如，通过与变速箱制造商的合作，采用了恰当的齿轮比、新的材料规格和专业的材料制作，其中 PUR 尼龙被用于制作齿轮是为了提高齿轮耐磨性能和自润滑性能。

剖面图（下图）显示了注塑零件的剖面结构及内部结构。零件的注塑外壳通常要容纳固定空间的封装。在这种情况下，使用特定的主轴轴承来满足设计要求，而且这种齿轮系统的设计有利于批量化生产。

模流分析

塑料销售商在材料选择和模流分析方面提出了零件修改建议，这样可以在 CAD 设计阶段减少潜在的沉降、流痕、焊缝等问题。

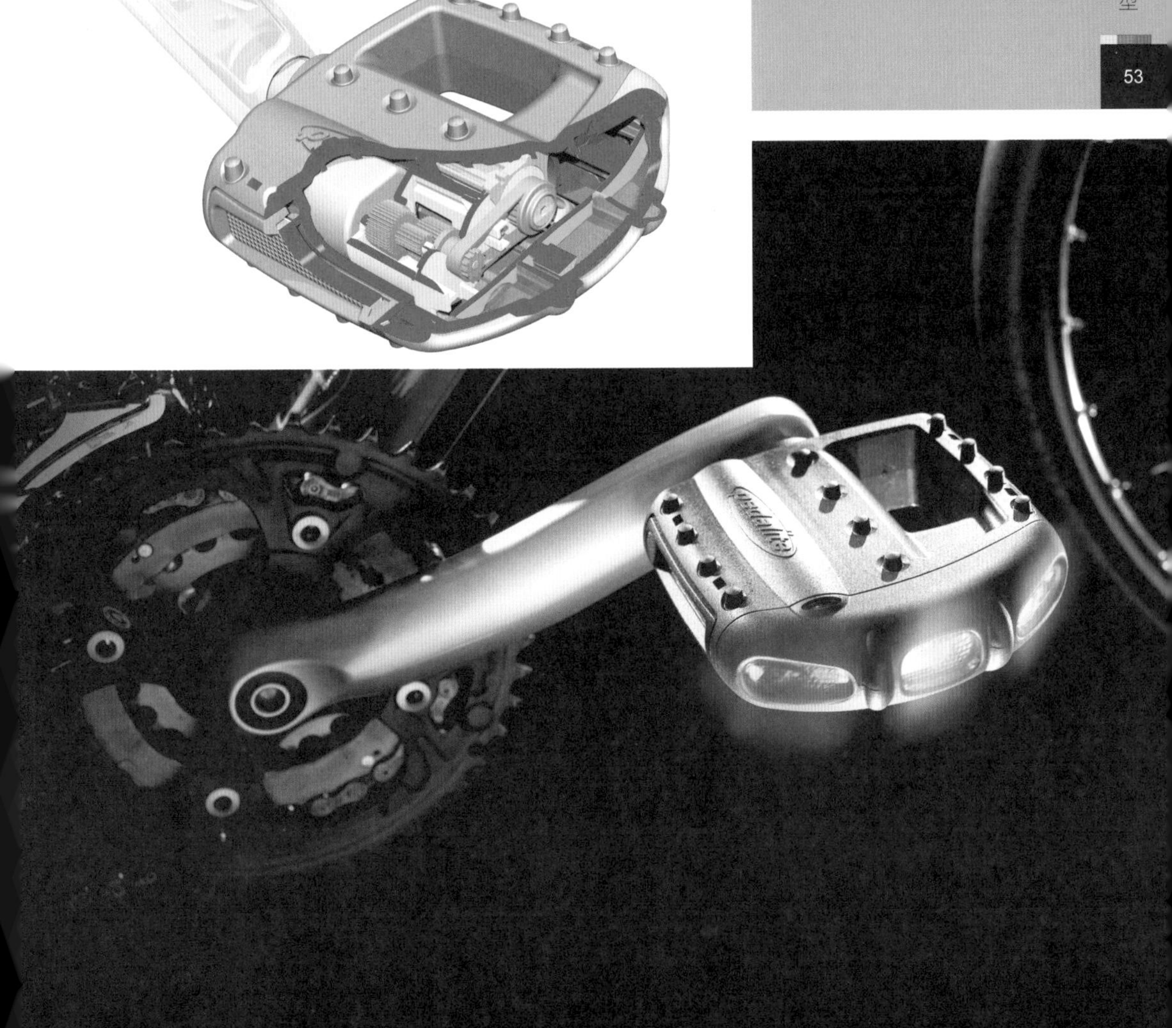

模压脚踏板

本方案采用的原材料为玻璃纤维填充尼龙，其原始状态是白色。如果需要其他颜色，可添加色母。本案例加入了少量的科莱恩黄色（图1），最终的结果是令人惊讶且非常鲜艳的黄色。

一般情况下，注塑成型是在机器屏幕的后面进行（图2），但为了进行案例研究，方便观察，便让屏幕保持打开状态。

注塑所用的聚合物在注入模腔之前熔化并混合，一旦模腔被填充和夹紧，聚合物重新固化而完成注塑过程。在阳模阴模分开后，产品加工完成。该产品由上下伸缩型芯和两个侧面型芯构成（图3）。注入点由浇口指示，浇口保持完好，可用手或机械方式去除。4个型芯依次缩回，展示出成型的复杂程度（图4）。在加工结束后，顶杆将零件从模具中顶出（图5）。

1

2

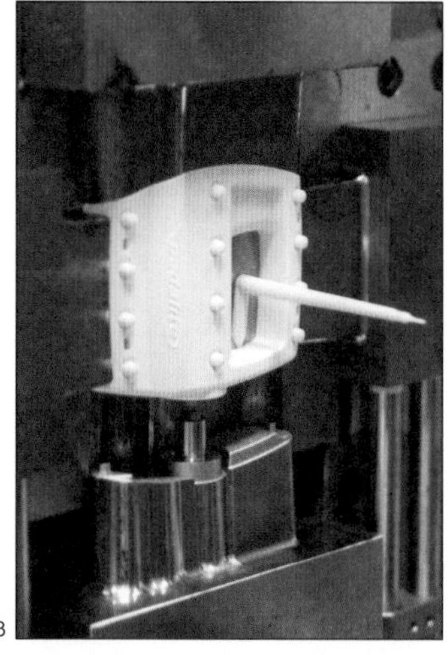

3

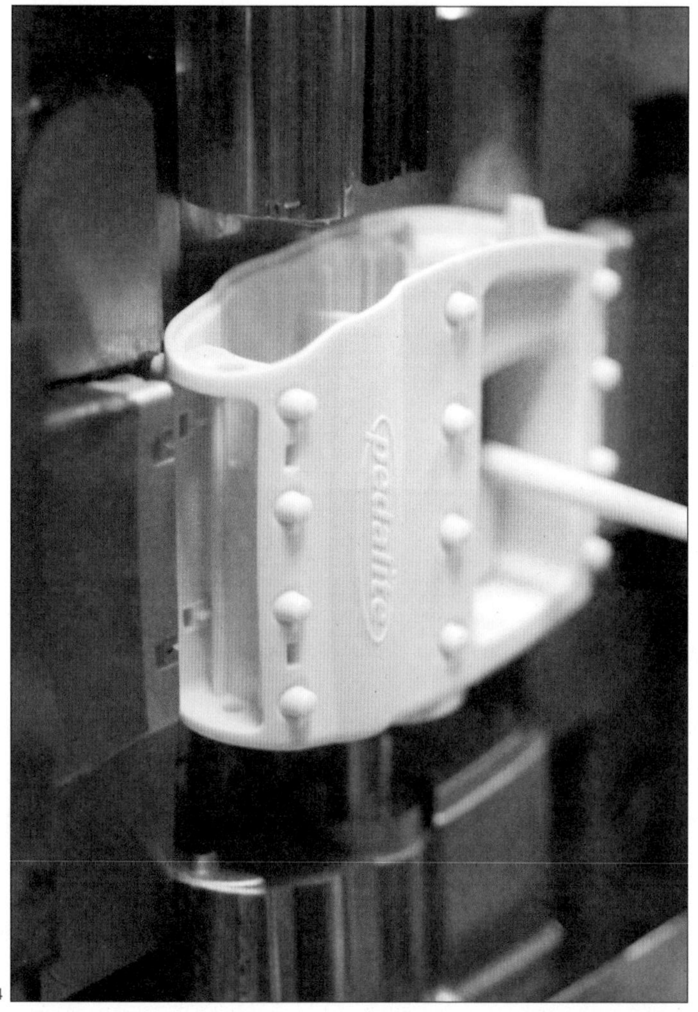

4

5

组装脚踏板

组成脚踏板的零件很多（54页图）。所使用的塑料零件都是注塑成型的。轴承定位器是依靠摩擦力的相互作用力扣实的扣件，公差要求比注塑成型更精确。因此，它采用后成型方式钻孔（图6），轴承定位器和轴承销采用插入方式。二次成型的端盖用螺丝固定在踏板外壳上（图7）。卡入反光板（图8），确保所有零件牢固地连接在一起。卡扣可以打开，使得踏板可以拆卸以进行维护和回收（图9）。成品通过常规方式安装在自行车上（图10）。

脚踏板设计在相当大的程度上受到安全和技术的限制。此款产品省去了电池更换的费用和不便，消除了废旧电池对环境的负面影响。

产品24/7光输出补充了现有的循环安全照明，还提供了一个独特的灯光标志（灯光上下移动），帮助驾驶员判断他们与骑车人的距离。

6

7

8

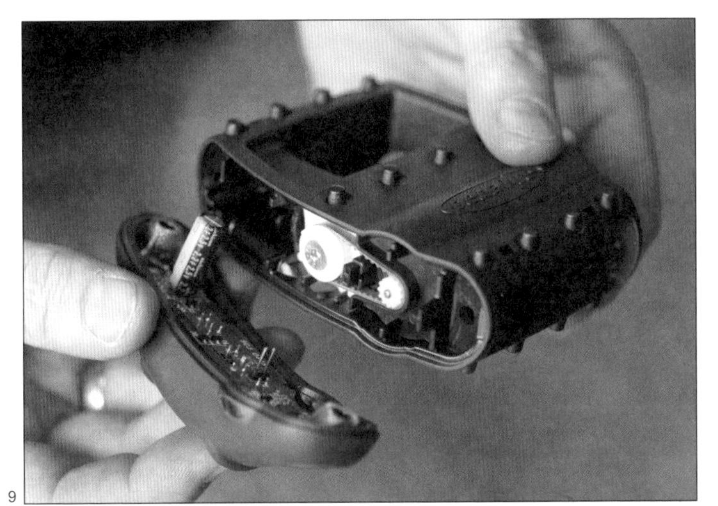
9

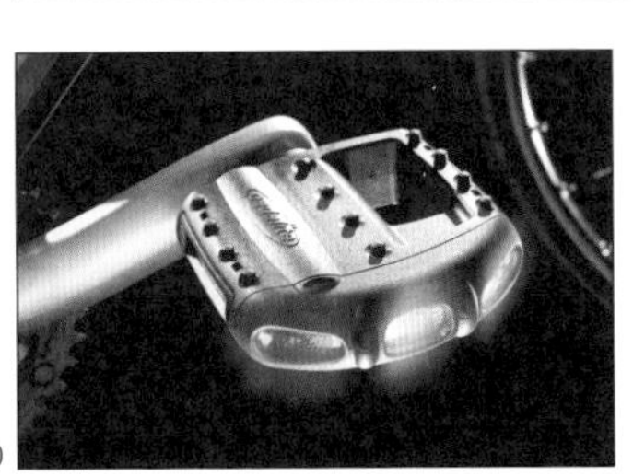
10

主要制造商

ENL
www.enl.co.uk

模流分析

在制造之前，使用模流分析软件进行分析，使设计效率最大化。模流分析软件适用于所有类型的塑料注塑和金属压铸。软件汇集了零件设计、材料选择、模具设计和加工条件等功能，从而确定零件的可制造性。采用这种软件进行模拟可以避免许多不可预见的制造问题，可以节约成本和缩短生产周期，并可以最大限度地提高生产效率，进而显著节省材料消耗。

在计算机辅助设计（CAD）或计算机辅助工程（CAE）软件中生成所需零件的三维模型。

模流分析软件是一种预测分析工具，采用三维模型模拟生产中的过程，例如填充、保压和冷却。

下面的例子展示了流动、翘曲、纤维取向、冷却和应力分析过程。

MPI / Flow

MPI / Flow 模拟成型过程中的填充过程，通过模拟可以预测材料流经模腔时的状态。可用于优化浇口的位置、平衡浇道系统和预测潜在的风险。一般情况下，不同的版本用来模拟不同的塑料和金属成型技术。

在这里展示了 3 种产品的 MPI / Flow。模拟 Abtec 零件的两个阶段（图 1、2）来证明填充过程的可信度，以色标来表示，MPI / Flow 用来模拟各种浇口位置和浇道系统配置。

通过改变 PolyOne 的汽车轮毂盖上的浇口位置（图 3），可以减小压力并确保在关键区域没有空鼓。色标表示体积应力。

Resinex 和 Gaertner & Lang 制造的汽车内饰产品的色标（图 4）表示以秒为单位的填充时间。外观是非常重要的，可以使用流动分析软件来消除关键区域的焊缝和颜色变化。这是通过改变浇口的位置和浇道系统的温度来实现的。

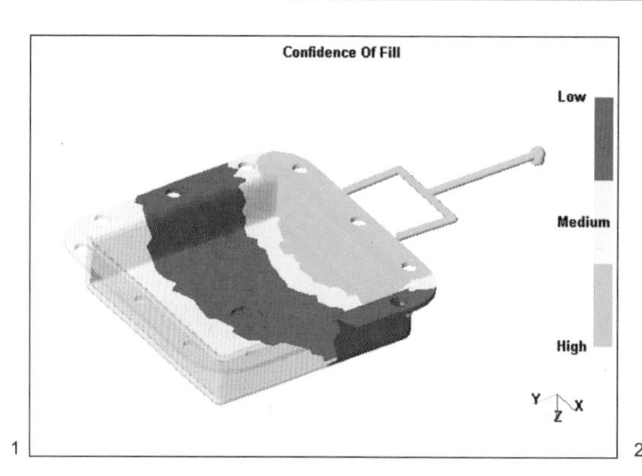

1

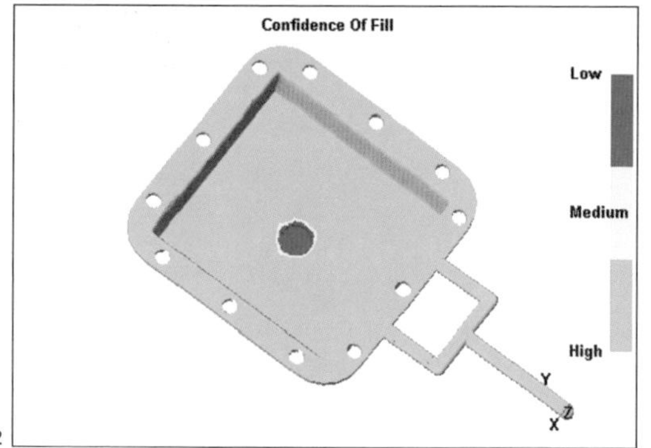

2

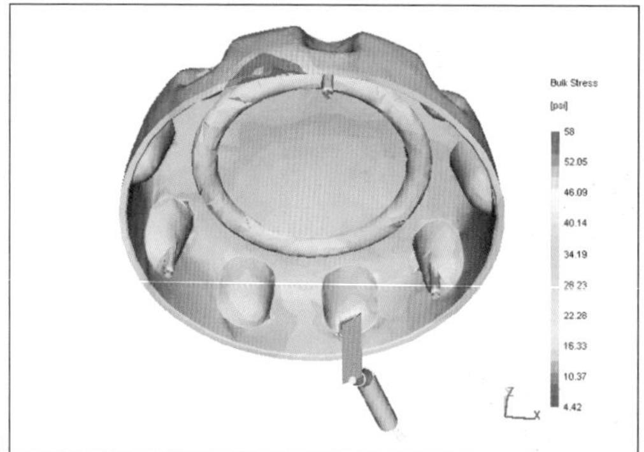

3

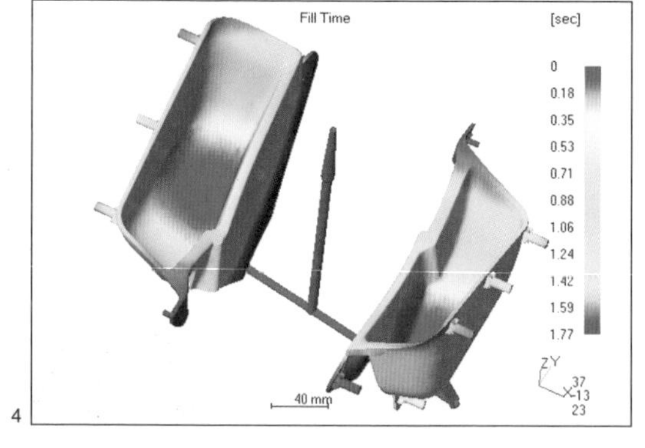

4

MPI/ WARP

这个分析工具是用来预测收缩和翘曲的，收缩和翘曲是成型过程中产生的应力作用的结果。该信息用于选择材料和调整参数，以最大限度地减少潜在的质量问题。

在这个 Efen 电子配电盘舱上，超过 5 mm 的弯曲是不可接受的（图 5）。分析发现，使用分析工具后，翘曲可以减少 90%。

对于 Jokon 汽车灯组件的 CAD 模型（图 6），至关重要的是该零件不会翘曲，从而在应用中保持水密性密封。通过优化壁厚，翘曲减少了 50%（图 7、8）。

MPI/ Cool

MPI / Cool 用于分析模具冷却回路的设计。均匀冷却对于确保零件不翘曲并缩短周期非常重要。

Hozelock 制造的过滤器外壳显示了模具冷却回路的结构（图 9、10）。改变电路布局后，一个周期用时缩短了 2 秒，节约了至少 4% 的生产成本；减小壁厚后，减少了 7.3 秒的周期用时和注射重量的 19.6%，节省 24% 的生产成本。

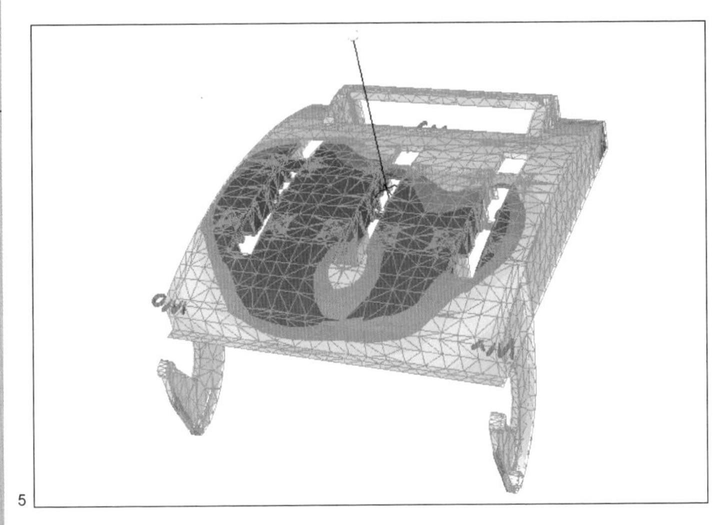

5

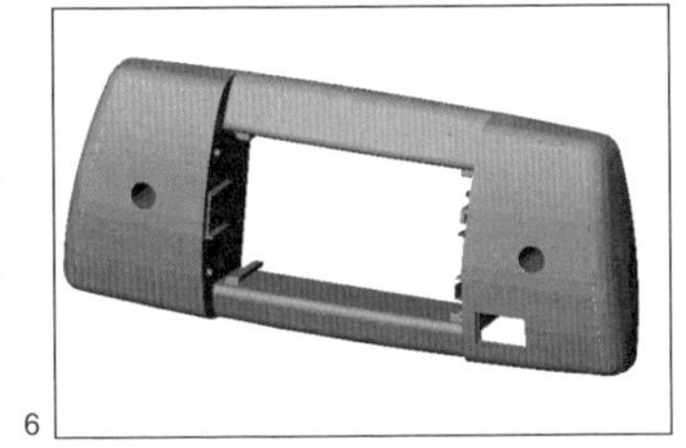

6

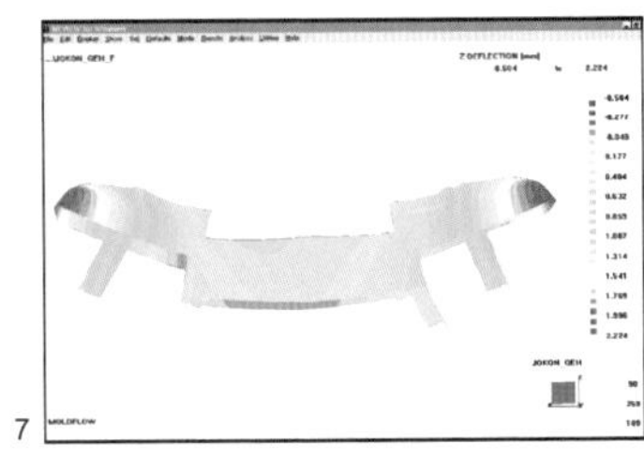

7

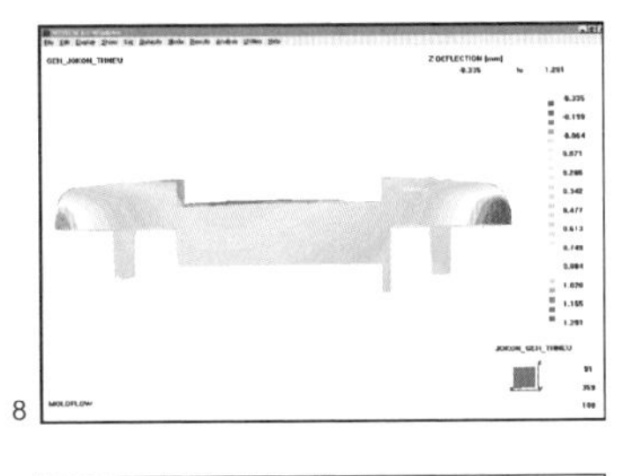

8

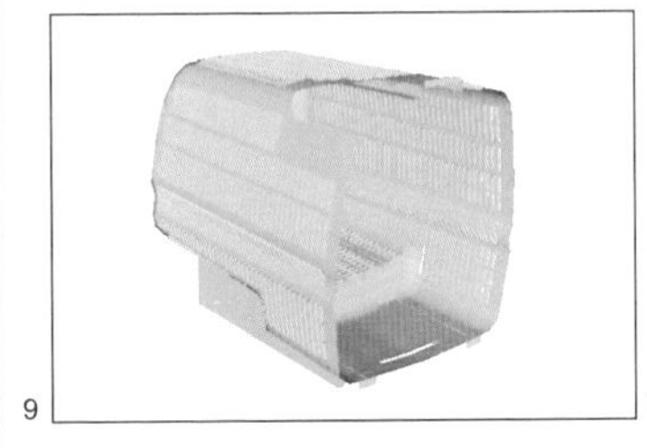

9

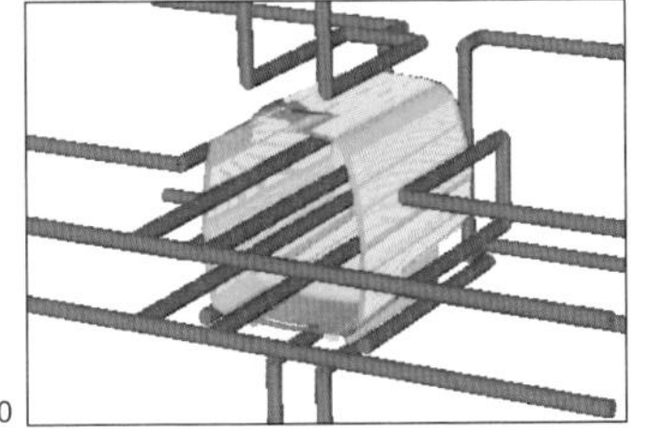

10

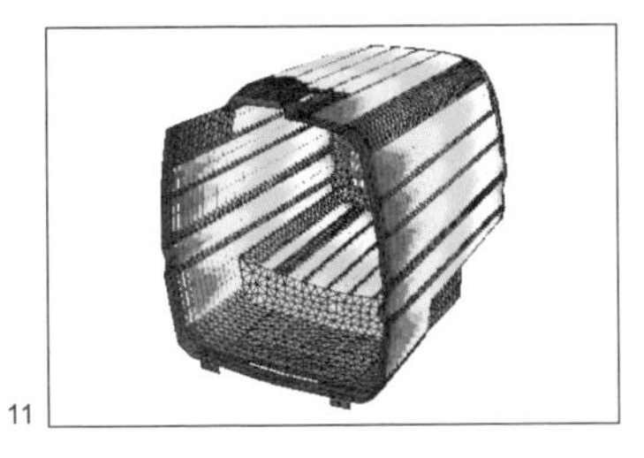

11

主要制造商

Moldflow
www.moldflow.com

技术说明

1985 年，气体辅助注塑成型技术首次应用于大批量生产，此后该技术稳步发展，现已进入第三阶段。此技术最初是为了克服收缩引起的缩痕问题而开发的。在注射循环过程中吹入少量的气体以增加内部压力，因为聚合物在模具打开前就会冷却。

通过非常精确的计算机控制，现在可以制造长而复杂的模制品。不同产品的生产周期都会略有不同，因为计算机会根据材料属性和流量的轻微变化进行调整。

该工艺使用改进的注塑成型设备。在阶段 1，塑料被注入到模腔中，但是没有完全充满型腔。在阶段 2，注入气体，在熔化的塑料中形成气泡并迫使其进入模具的末端。同时注入塑料和气体，可以产生更均匀的壁厚，因为随着注入塑料的增加，空气压力使其像黏性泡沫一样穿过模具。即使在狭长的轮廓上，气泡也保持相同的压力。壁厚可以是 3 mm 或更大。

在阶段 3 中，当塑料冷却并固化时，保持气体压力，使收缩最小化。此时，气体施加在塑料上的压力较小，因为气体有助于塑料在模腔四周流动。

气体辅助注塑成型工艺

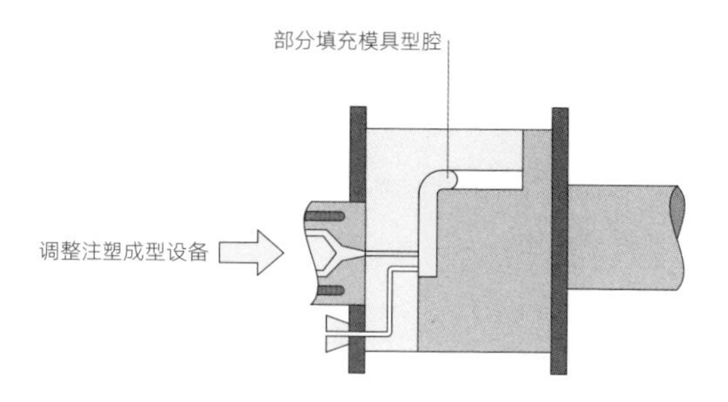

阶段 1：常规注塑成型

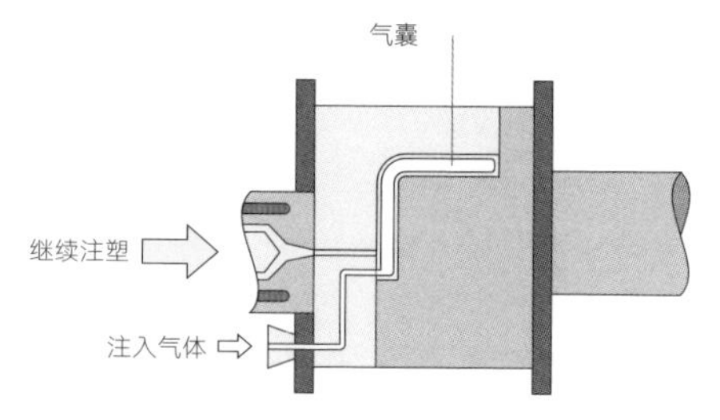

阶段 2：气体注塑成型

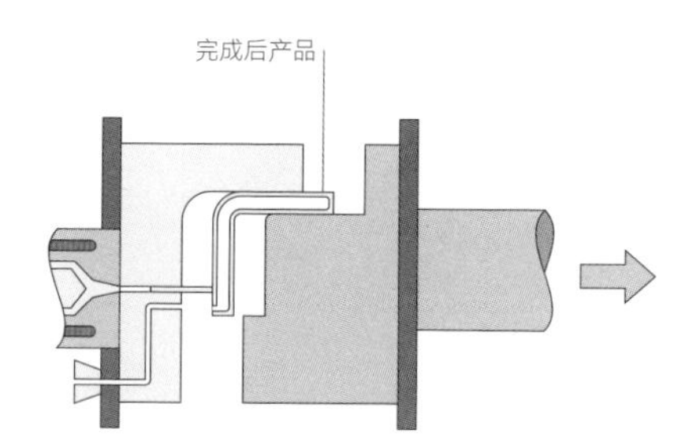

阶段 3：最终产品

1

→ 气体辅助注塑成型 Magis 空气椅

“空气椅”（Air Chair）由贾斯珀·莫里森（Jasper Morrison）设计并于 2000 年生产（图 1）。运用气体辅助注塑成型，此产品大约需要 3 分钟（图 2 ~ 5）。

根据椅子切面样本，可看出有两种技术参与生产（图 6）。一种是气体辅助成型技术，完成中空结构。另一种是外表面薄壁材料成型技术，可看到在内部填充的玻璃纤维与外部聚丙烯材料之间有清晰的分界线。

为了提高外表面的美观度而采用了两种材料，因为未填充的 PP 材料的强度不足以支撑整个结构。

样本中的两层材料由气体辅助注塑成型工艺加工而成，首先注塑完成外表面，玻璃纤维填充的 PP 材料在后面被注塑进入型腔，这种技术类似我们常说的“打包”。第二种材料起到空气和气泡的作用，可以使第一种材料进入型腔且不需要其他操作。最后，注入的气体使结构中空化，使零件提高刚性而降低重量。

气体辅助注塑成型技术在生产塑料椅子过程中实现了良好的外观质量。椅子的重量虽然只有 4.5 kg，却可以承受较重的重量。

2

3

4

5

6

主要制造商

Magis
www.magisdesign.com

多色注塑成型工艺

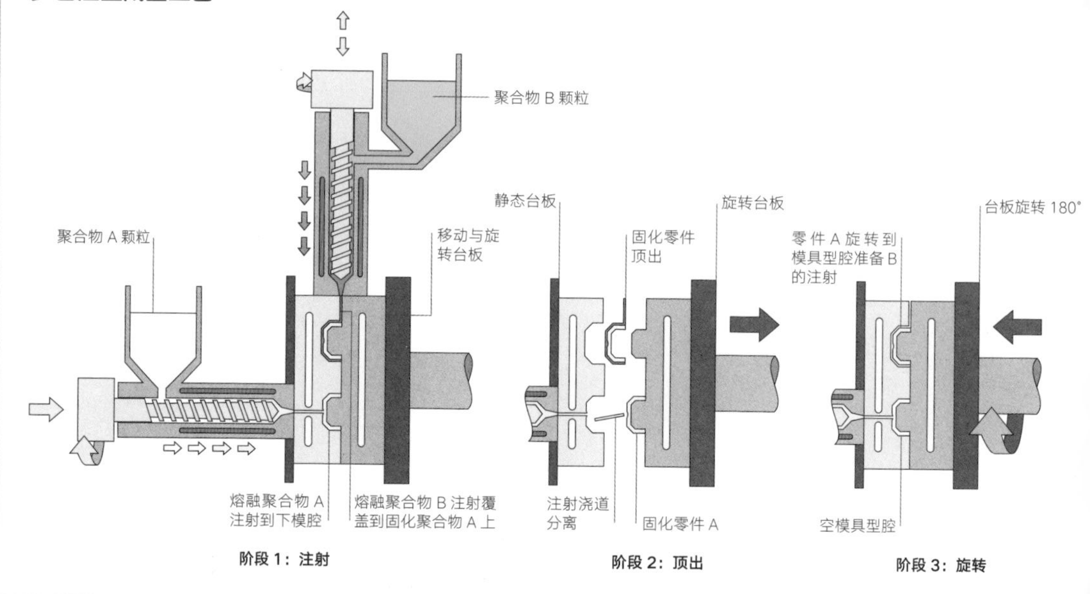

技术说明

注塑过程中如果有两种或两种以上的塑料，则采用的工艺为多色注塑或二次成型。两者之间的区别在于：多色注塑是在同一个模具中完成的，而二次成型则是后一种注塑过程是在前面已有的零件（热塑性塑料或金属构件）基础上再进行一次。

多色注塑使用传统的注塑机。在同一模具中，多达 6 种不同的材料可以同时进入型腔。

该模具由两个部分组成：一部分安装在静态的台板上，另一外部分安装在旋转的台板上。整个注塑过程与传统的注射过程一样。

在阶段 1，将聚合物 A 和 B 同时注入不同的模腔中，将聚合物 A 注入下模腔中，同时，将聚合物 B 注射到上模腔中预先模制的聚合物 A 上。聚合物在压力作用下熔合在一起。

在阶段 2，模具分离并且将浇口从模制聚合物 A 中移除。同时将成品模制件从上模腔中取出。旋转台板以使模制聚合物 A 与上模腔对准。

在阶段 3，模具再次合拢，重复操作过程。

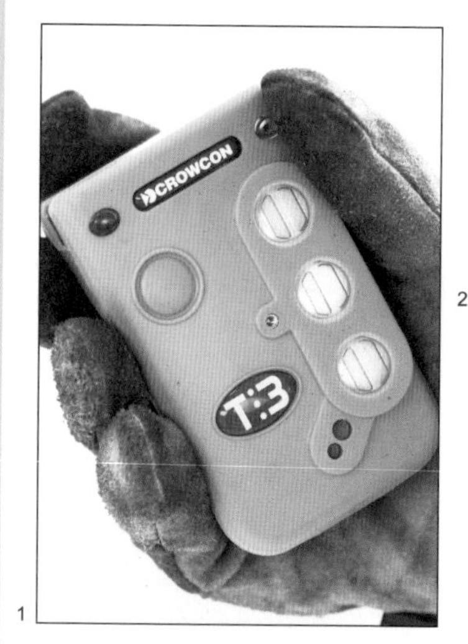

1

2

运用多色注塑成型工艺生产手持式气体检测仪

该产品由Hymid公司为Crowcon公司生产。它是一种手持式气体检测装置（图1）。对于这种救生装置，装置的有效性至关重要，而多色注塑成型具有非常重要的优势。该零件由透明聚碳酸酯（PC）主体和热塑性弹性体（TPE）覆盖物组成。这些材料的特性通过多次注塑成型实现融合。

这是一个棘手的融合，因为这两种材料需要在不同的温度下操作。因此，PC的流道系统用油加热，而TPE流道用水冷却。

在两个模腔（图2）中，最近的模腔被注入透明的PC，使产品具有刚性、韧性和耐冲击性。最远的模腔是在PC上模制TPE，TPE提供整体密封性能，例如柔性按钮和两半之间的密封件。

带模塑件的半模旋转180°（图3、4）。在此过程中，它使固化的PC与第二注射腔对齐。然后完成的模制品被顶出（图5），准备下一个注射周期。

滚花金属插件（图6）通过二次成型工艺加入PC。在每个注射周期之前，这些都被人工插入模具中。

完成的模制品堆叠起来（图7）准备组装。最终的产品呈现了一体化和灵活的按钮细节（图8）。

3

4

5

6

主要制造商

Hymid Multi-Shot
www.hymid.co.uk

7

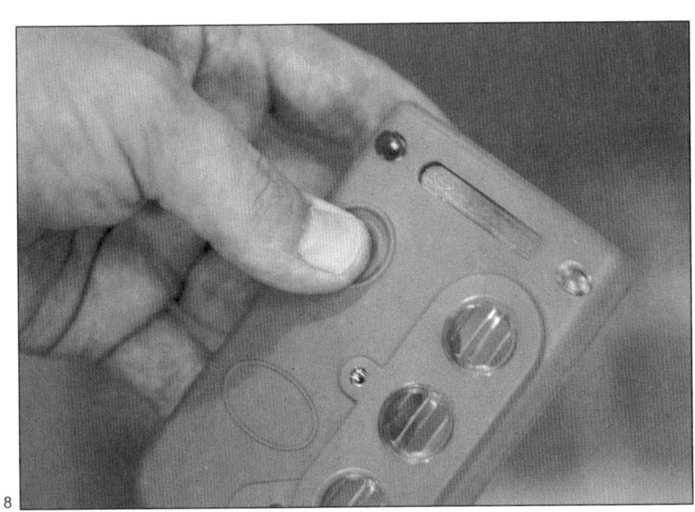
8

技术说明

模内装饰工艺一般应用在注塑过程中的塑料件的表面印花，通过采用这种技术，可以省去后续的零件喷涂或印刷等二次操作。不过，加工的周期比常规的注塑成型略长。该工艺常应用于一些小型注塑产品，如手机、相机等。

在阶段1，将印刷好的PC薄膜放置在注射前的型腔内部，印花的一侧朝向模具内侧，以便在注塑过程中用PC薄膜保护印花。

在阶段2，当熔融塑料流体进入型腔后，便与PC薄膜黏合（类似多色注塑成型）。在阶段3，印刷有图案的PC薄膜与注入的塑料合成一体，从而实现无缝连接及最优的表面质量。

即便是模具表面不是非常平或有轻微弯曲，这个薄膜也可以在热变形下与模具紧密贴合。当注入热塑料时，薄膜在30 ~ 17 000 N/cm^2 的压力下被压在模具表面。其压力大小取决于加工材料及表面粗糙度。

还有一种技术，叫作插入薄膜模具加工技术，与以上工艺的不同点在于薄膜获取可以是连续的。它依靠强大的模具型腔真空负压吸入薄片，从而完成合模及注塑的各种流程。

主要制造商
Luceplan www.luceplan.com

模内装饰工艺

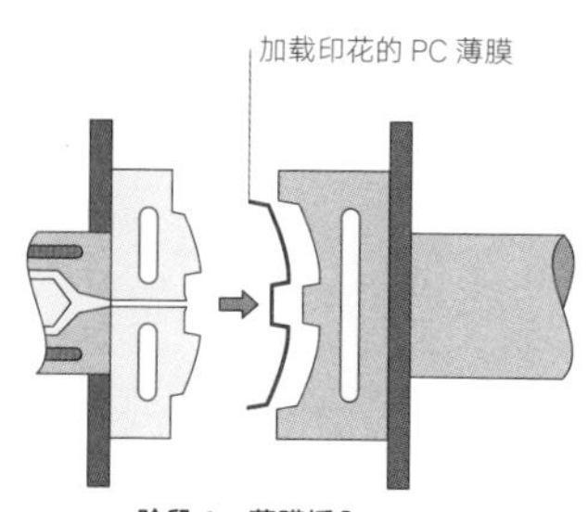

阶段 1：薄膜插入

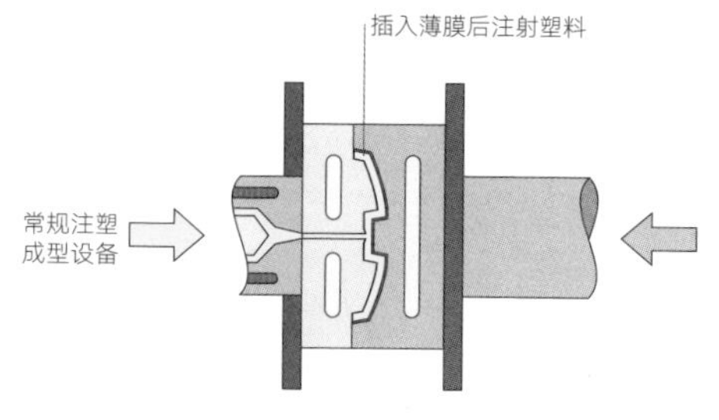

阶段 2：常规注塑加工

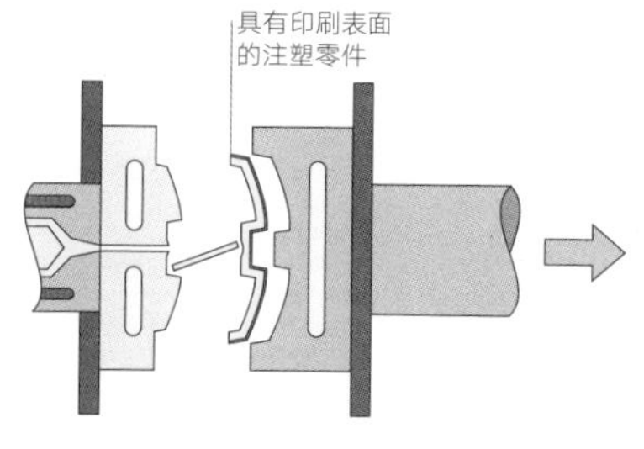

阶段 3：最后产品

1

2

3

→ 应用模内装饰工艺生产卢奇普兰灯盘

本案例展示了卢奇普兰（Luceplan）灯盘（图 1）的生产过程。此款产品由阿尔贝托·梅达（Alberto Meda）和保罗·里扎托（Paolo Rizzatto）在 2002 年设计，采用模内装饰工艺加工，散热器也作为灯罩。其图形和使用说明均印在模内的薄膜上，这样就不需要进行二次印花。

此工艺除了放入模具型腔中的印花薄膜之外，其他流程与常规注塑相同。

手工将印花薄膜放入模具型腔之中（图 2、3），模具的另一侧是具有纹理的结构，这是为了提高光线的漫反射效果（图 4）。模具在 600 吨压力机下完成压制（图 5）。取出零件的方式可以采用手动方式（图 6），也可以采用自动化方式。

开始装配完成后的零件（图 7），安装上螺丝，将电子元器件放入加工的零件中，并安装到合适的位置（图 8）。两个对应的零件用螺钉连接在一起（图 9）。固定结构采用卡口连接（图 10），这意味着此款产品属于可维修和可回收的。

4

5

6

7

8

9

10

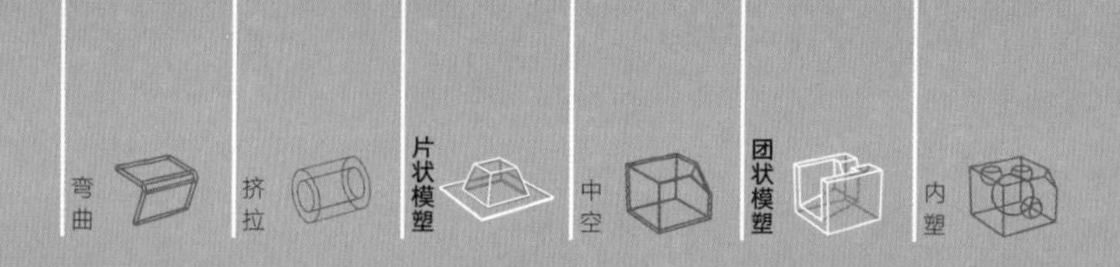

成型工艺

反应注射成型

反应注射成型（RIM）也包括冷固化泡沫成型。这两种工艺都通过将热固性聚氨酯（PUR）注入模具中而形成热固性泡沫，进而在模具中形成泡沫零件或固体零件。

加工成本	典型应用	适用性
• 模具成本低至中，取决于成型件的尺寸和复杂程度	• 汽车 • 家具 • 体育用品和玩具	• 单件至大批量生产
加工质量	**相关工艺**	**加工周期**
• 高品质的成型件，细节的一致性良好	• CNC 加工 • 注塑成型 • 真空铸造	• 周期短（5 ~ 15 分钟），取决于成型件的复杂程度

工艺简介

这两种工艺都是低压、冷固化工艺。冷固化泡沫成型通常使用热固性 PUR 泡沫，用于家具装饰用品和运动设备，而反应注射成型适用于所有类型的 PUR，包括泡沫。在这两种工艺中，不同密度和结构的 PUR 适用于不同产品。

除了批量生产外，冷固化泡沫成型通常用于原型零件的注塑成型（50 页），因为模具成本比注塑成本低，且一致性好，精度高。

典型应用

该工艺适用于家用和商用家具，如椅子，汽车、火车和飞机座椅，扶手和坐垫，也适用于鞋类的缓冲垫，如鞋底，以及玩具的安全和触感装置。

反应注射成型在汽车行业有广泛应用，如保险杠、引擎盖内装置和汽车内饰等产品。它在医疗和航空航天工业中也被用于特殊产品和小批量生产产品。

相关工艺

块状泡沫几何形状采用 CNC 加工（182 页）或泡沫成型。泡沫成型通常用于覆盖室内装饰中的木结构（342 页）。泡沫成型的应用越来越广泛，例如在家具和汽车座椅的生产中，PUR 泡沫的新配方所含的异氰酸酯较少，因此它们的毒性较小。

真空铸造（40 页）用于将热固性 PUR 形成类似的几何形状，但通常适用于更小和更复杂的形状。真空铸造和反应注射成型都适用于原型制造和小批量生产。所生产零件的特性与注塑成型相似。

加工质量

零件表面的质量取决于模具的表面。模具可以用玻璃钢（GRP）、蚀刻钢或合金钢生产。尽管这是一个低压工艺，液体热固性 PUR 可以获得很好的表面纹理和细节。

设计机遇

因为固化的 PUR 的力学性能可以适应不同的应用，所以这是一个非常灵活、适用范围很广的工艺。泡沫的弹性可以从半刚性到刚性，密度可以在 40 kg / m^3 ~ 400 kg / m^3 范围内变化。例如，外皮和内部泡沫可以具有完全不同的性质，以形成具有刚性表皮和轻质泡沫芯的零件。

反应注射成型类似于注塑成型，制造出的零件也拥有很好的纹理和带有模内装饰印花的表面。预成型材料用于装饰零件表面，颜色依据潘通

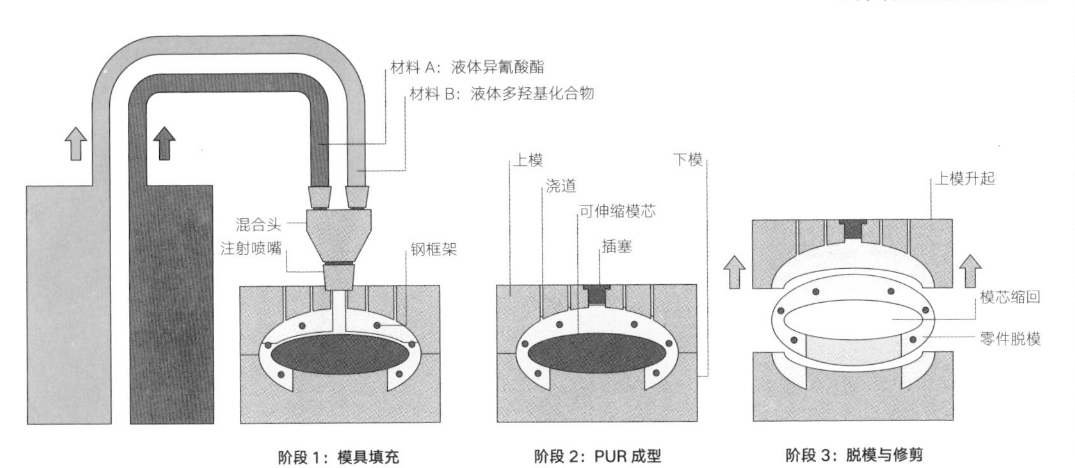

技术说明

在阶段 1，清洗模具并在内部涂满脱模剂。然后将插入件和框架放置到位，模具夹紧关闭。两种材料反应形成热固性 PUR 并存储在不同的容器里。将多羟基化合物和异氰酸酯加入混合头，在高压下将它们混合。在低压下把适量的液体化学品加入模具中。当它们混合时，开始通过化学放热反应来制造 PUR。

在阶段 2，聚合物开始膨胀填充模具。模具内唯一的压力来自膨胀的液体。因此模具的设计应确保聚合物在液体状态下均匀扩散。随着聚合物的膨胀，压力促使多余空气排出。在浇口插入一个塞子来平衡模具内外的压力。

在阶段 3，产品在 5 ~ 15 分钟内脱模。注射和循环周期根据零件的尺寸和复杂程度而不同。模具的上模和下模分开，型芯被取出。清洗模具并准备下一个循环。

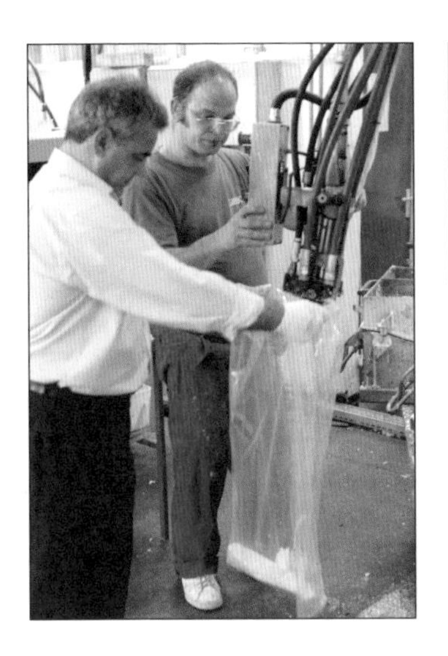

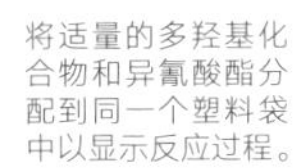

将适量的多羟基化合物和异氰酸酯分配到同一个塑料袋中以显示反应过程。

这两种液体发生反应并膨胀，形成轻质且柔软的泡沫。反应是一次成型，因此一旦材料形成，只能使用数控加工进行后续操作。

1

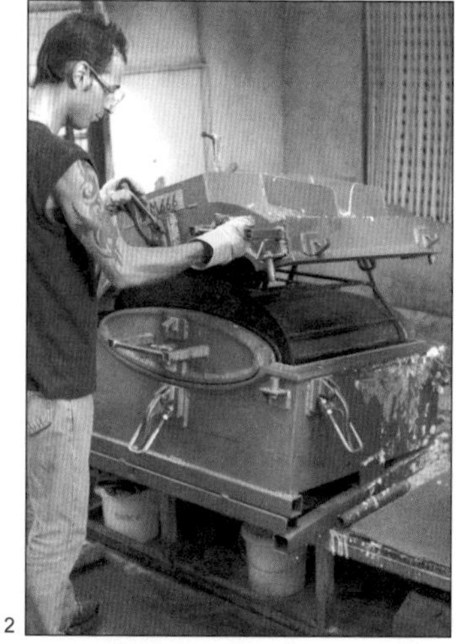

2

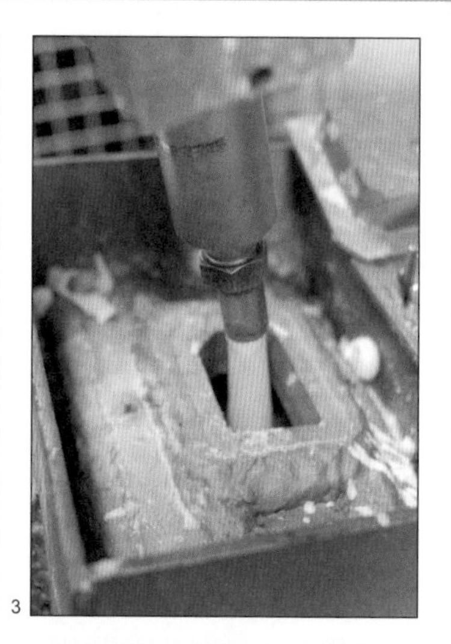

3

4

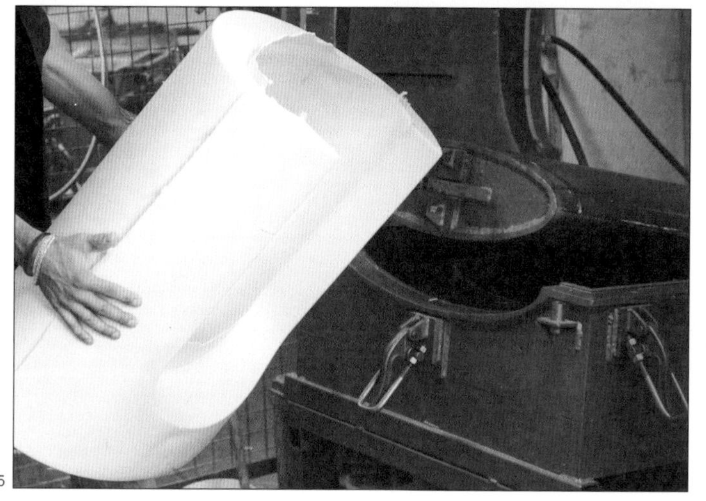

5

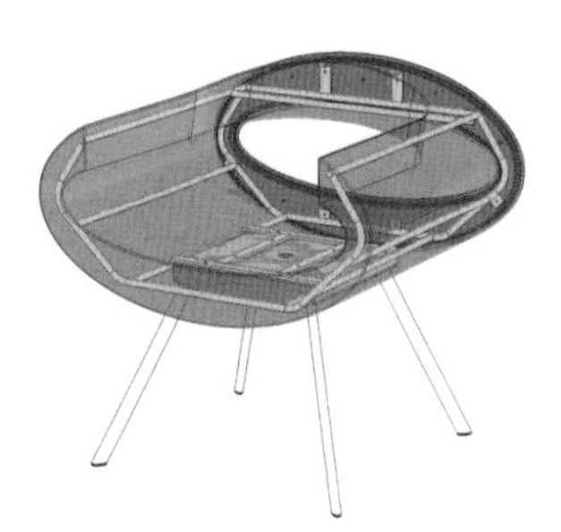

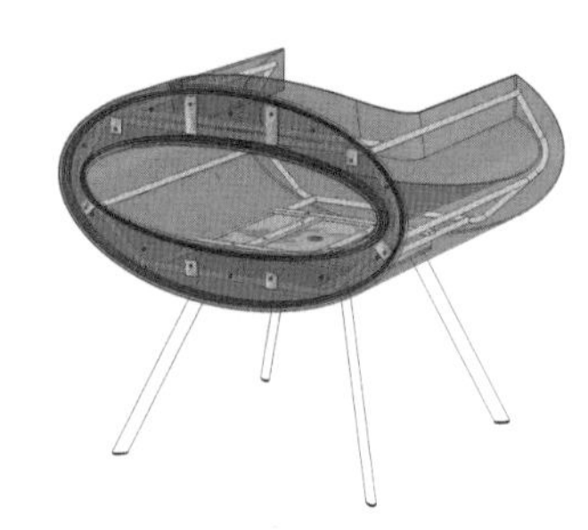

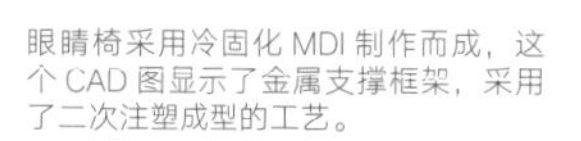

眼睛椅采用冷固化 MDI 制作而成，这个 CAD 图显示了金属支撑框架，采用了二次注塑成型的工艺。

（Pantone）色卡确定。

反应注射成型与其他塑料成型工艺相比，具有许多优点。例如，5 mm 以上的厚壁和薄壁都可以塑造成同一零件。另外，可以将胶合板、塑料成型件、螺纹衬套和金属结构等加入零件中（左图）。可将纤维增强材料加入塑料中，以提高产品的强度和刚度。这就是结构注塑成型（SRIM）或增强反应注塑成型（RRIM）。最后，工艺中可以加入纤维垫和其他纺织品，以提高零件的抗撕裂和抗拉性能。

→ 冷固化泡沫成型眼睛椅

该座椅具有平行的内芯，复杂的内部钢结构和塑料背板装饰，是具有挑战性的几何形状。

成型过程的第 1 步是制备模具。将脱模剂喷涂到模具的内表面（图 1）。然后将钢制工件装在模具的内芯上，并将整个组件关闭并夹紧（图 2）。将定量的多羟基化合物和异氰酸酯混合并通过顶部的浇口注入模具（图 3）。12 分钟后，化学反应完成并且零件开始脱模。将两半的模具分开以显示泡沫产品（图 4）。将椅子从内芯取出并检查是否有缺陷（图 5）。然后用旋转修边机移除过量的飞边（图 6）。该泡沫座是眼睛椅的一部分(图7)。其饰面（342 页）由柏式设计公司（Boss Design）设计。

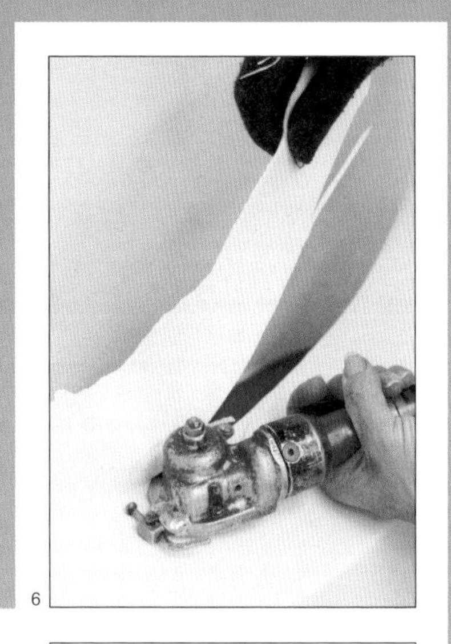

6

7

模具可以用各种材料制造，取决于数量和所需的表面粗糙度。玻璃钢通常用于生产原型模具；它相对便宜并且可缩短交货时间。当生产量高于 1000 台时，使用铝或钢模具。

设计注意事项

可以模制的零件尺寸范围较广。聚合物在非催化状态下流动性强，因此很容易在大且复杂的模具周围流动。

当在钢架上进行泡沫成型时，泡沫直径最好在 10 ~ 15 mm 范围内，以确保从泡沫表面看不到结构。

适用材料

PUR 是最合适的材料，具有不同的密度、颜色和硬度。它可以非常柔软而有弹性，也可以具有刚性。泡沫材料的结构分为开孔和闭孔两种。开孔泡沫趋向于更柔软并且需要装上软垫或覆层。闭孔泡沫为自结皮，用于扶手等。

加工成本

模具成本由低到中不等。由于所需的压力和温度降低，它们比注塑成型模具的成本低得多。玻璃钢模具比铝和钢模具便宜。

加工周期非常短（5 ~ 15 分钟）。一般模具每天可生产 50 个组件。

劳动力成本由低到中不等，自动化过程极大地降低了劳动力成本。原型制造和小批量生产需要更多的劳动力投入。

环境影响

在每个加工周期中，定量的 PUR 被混合并注入模具，以确保最小的消耗。须从模制零件上修剪掉飞边。为了减少原始材料消耗，再造的泡沫块通常被并入模制零件中。在反应过程中产生的异氰酸酯是有害的且会引起哮喘。

主要制造商

Interfoam
www.interfoam.co.uk

成型工艺

浸渍成型

这种低成本生产热塑性产品的方法被用来生产柔性和半刚性材料的几何形中空材和板材。作为一种涂覆方法，该工艺可以在金属零件上形成厚而明亮的绝缘层和保护层。

加工成本	典型应用	适用性
• 模具成本非常低 • 单位成本低至中	• 帽和套筒 • 电气绝缘层 • 工具手柄	• 单件至大批量生产
加工质量	**相关工艺**	**加工周期**
• 光面或粗面 • 没有飞边或分模线	• 注塑成型 • 粉末喷涂 • 热成型	• 周期短（一般为手动 5 ~ 6 分钟，自动 1 ~ 2 分钟）

工艺简介

20 世纪 40 年代，浸渍成型和浸涂工艺就已经被用于商业应用。我们的日常生活中有许多电气、汽车和手工工具都采用了该工艺。即使如此，它仍然是许多人不熟悉的工艺。

浸渍成型使用范围广且成本低。柔性材料可以形成中空型材和大凹角，并且所有材料都可以形成板材型材。通过更换脱模剂，可以很容易将它转化成涂覆工艺。聚氯乙烯（PVC）涂层常用于电子设备、金属工具和手柄。

它通常只使用一个压入式阳模，从而使成本降至最低。与热成型（30 页）一样，不与模具接触的一面是平滑的，并可避免分割线、飞边或划痕。

典型应用

浸渍成型广泛应用于工业领域，包括汽车、矿业、船舶、医疗、航空航天等。由于 PVC 具有很高的电绝缘性能，大约 60％的浸渍成型用于电气绝缘套。

浸涂工艺可以用在工具和把手、游乐设备、户外用具、线架（例如电冰箱和洗碗机中的线架）和电气外壳上。

相关工艺

浸渍成型与热成型和注塑成型（50 页）所生产的零件具有相似的几何形状。热成型和浸渍成型的主要

浸渍成型工艺

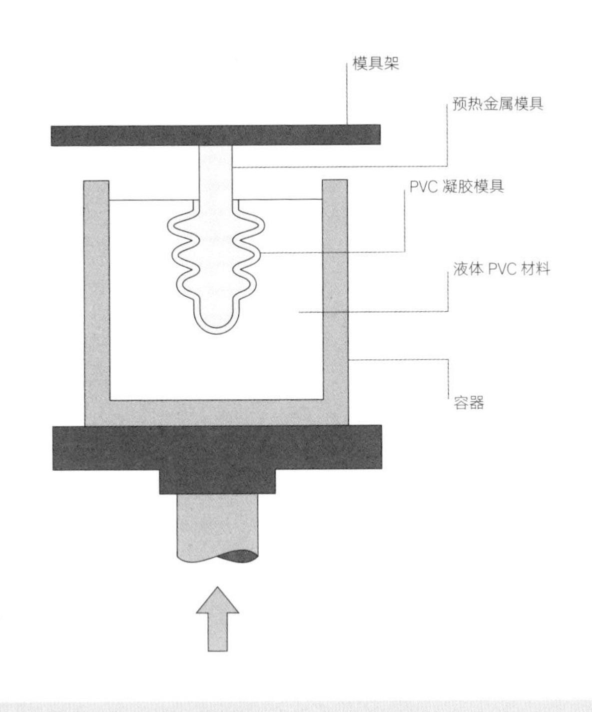

区别在于浸渍成型用于生产柔性零件，尤其是小批量生产零件，成型成本较低。另一个优点是可将柔性材料模制成空心型材和具有较大弯曲角度的零件。

塑料涂层方法包括浸涂和粉末喷涂（360 页）。浸涂用在对舒适性和灵活性有要求的应用上，如把手。

加工质量

浸渍成型和涂层工艺生产的零件表面光滑无缝。单一的压入式阳模使之没有分模线、飞边等或其他相关的缺陷。外表面（与零件不接触的一面）常常带有光泽，也可以是亚光或泡沫状。

零件与模具接触的一面很精确，压纹细节和纹理将准确地呈现在这个面上。可以在模制后反转零件，以使纹理在外面。

由于材料是液态的，在凝结过程中，它会像涂料一样流挂下来。因此，零件底部的壁厚会稍微比顶部的厚。为了避免这个问题，可将模具在浸渍后倒转，这也减少了在模制件底部形成的滴漏。

浸渍操作的速度和模具的温度会影响模制零件的质量。如果模具温度高，浸入速度慢，会出现蠕变线。另一方面，如果浸入速度太快，则会有气泡形成。原型制造对计算最佳浸入速度和工具温度至关重要。

技术说明

浸渍成型工艺由预热、浸渍和烘烤组成。自动化和连续生产速度很快，这 3 个阶段同时进行，因为同时处理多个批次。

首先对工具进行清洁和预热。烘箱温度设置为 300 ~ 400 ℃。预热时间长短取决于模具质量，通常为 5 ~ 20 分钟，一般模具由铸造或机加工的铝制成，也有的使用钢和黄铜。

热浸金属模具涂有稀释的有机硅溶液，用于浸渍成型，底涂底层涂料用于作浸涂。模具现在温度介于 80 ℃和 110 ℃之间，位于盛放液态塑料 PVC 容器的上方。

容器上升，将模具浸没到填充线。接触时，塑料溶胶在模具表面上形成聚合 PVC。壁厚迅速增大，在 60 秒内达到 2.5 mm。PVC 在 60 ℃聚合，厚度增大，聚合速度减慢。一旦 PVC 聚合，它不能回到液体状态，因此不能直接回收。

液态聚合物的停留时间通常为 20 ~ 60 秒。为了增大壁厚，模具加热时间更长，或使用钢材，以便在更长时间里保持更高温度。

将凝胶部分从塑料溶胶中取出并置于烘箱中以充分固化。有时倒置成型件，以便液体滴落返回，有时也不需要这么做。固化烤箱温度设定为 120 ~ 240 ℃，具体温度取决于零件质量和壁厚。保持材料的温度和柔韧性，使其更容易取出，特别是如果它有严重的凹角问题。通过把它放在水浴中冷却去除凹角，将它的温度降到处理温度，然后用压缩空气分离零件。约 24 小时 PVC 完全固化。

→ 用浸渍成型工艺生产的柔性波纹管

将预热的铝制模具浸渍在稀释的硅树脂溶液中（图1）。硅油促进液体在模具表面流动，并在它固化后起到脱模剂的作用。在模具的表面留下一层薄薄的浓缩硅薄膜。

这些模具安装在常温液体增塑PVC容器上方（图2），它们被稳定地浸没，确保黏性液体隔离空气的同时不会自身折叠（图3）。45秒后，将容器降低以显露出浸渍成型的零件（图4），快速倒置（图5）并完全放置在烤箱中加工，将它们从烤箱中取出并浸入冷水中（图6）。水充分降低模具的温度，让操作者可以处理零件。将压缩空气吹入，就可以将塑料零件从金属中分离并移走（图7）。

最后一步是将零件内侧（二次加工工具）变得粗糙，外侧变得光滑有光泽（图8）。

设计机遇

该工艺的一个主要优点是模具成本非常低。因为没有给模具加压，所以磨损很小，因此模具可以被重复使用进行原型和实际生产。可以将多种模具安装在一起同时浸渍，以大幅缩短周期。通常，该模具是机加工铝或铸铝，并且它是一种压入式阳模，对机器来说，比阴模更容易加工。

壁厚取决于两个因素：模具温度和浸渍时间（停留时间）。在合理的范围内，高温和长时间浸渍会产生厚壁部分。壁厚通常在1 ~ 5 mm之间。

可以浸渍两次，以产生两层材料。这样做的优点是可产生双色和不同的硬度。除了明显的美学优势，双浸可以提供功能优势，如电绝缘，双浸可耐磨损，避免材料变薄。

有许多鲜艳的颜色可供选择，零件可制成亮光、亚光或像泡沫似的饰面。PVC也有透明、金属、荧光和半透明可供选择。

设计注意事项

此工艺仅适用于单一模具的成型，因此难以保持外部细节的精度。PVC材料会失去某些特征，如尖角。这将产生可变的壁厚，这是突出的细节会带来的问题，因为这样就不能有足够的材料覆在它们的表面。

模具设计受到液体材料性质的影响。塑性PVC黏性很强，与热金属接触时会凝胶化。因此，平面、底切和孔，如果没有经过仔细设计，就会产生气泡。气泡会阻止进入的材料与热金属模具接触，导致凹陷甚至孔洞中材料未充分凝胶化。相反，气泡可能被故意设计以产生孔，否则这些孔需要进行二次冲孔操作。

为了避免气泡，建议在与液体聚合物表面平行的面上设计介于5°和15°之间的起模角。还建议划定界限以促进塑料的流动。这类似于砂型铸造（120页），需要起模角度和圆角来避免熔融金属中的气泡。这意味着砂型铸造适用于模具生产，因为如果它可以被砂型铸造，那么很有可能也会浸渍模具。

适用材料

用于浸渍成型和涂覆的最常用材料是PVC。其他材料，包括尼龙、有机硅、橡胶和氨基甲酸乙酯也被使用，但仅用于专业领域。很多添加剂

1

2

3

4

5

6

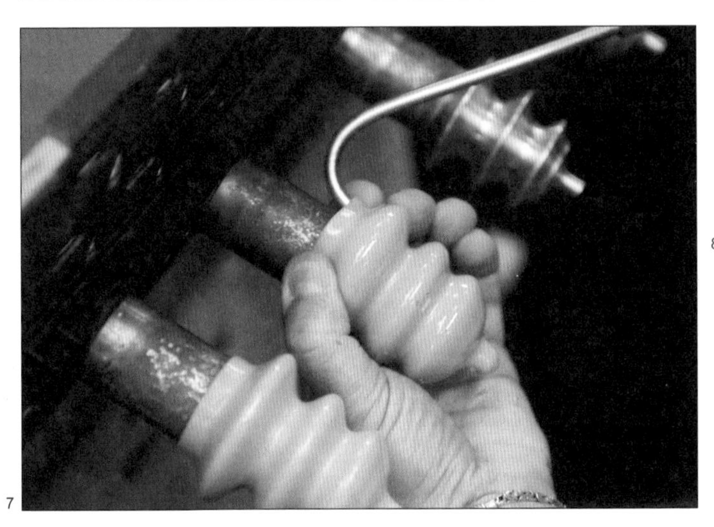
7

8

被用来提高材料阻燃性能、耐化学性、抗紫外线稳定性和耐热性，并降低食品毒性。增塑剂用量的多少取决于希望得到什么样的硬度，它可以达到肖氏硬度 A30 ~ 100，其中 30 非常软，100 为半刚性。

加工成本

模具成本很低，周期短，多个模具同时生产可以大幅缩短周期。

劳动力成本适中。

环境影响

PVC 是最适合浸渍工艺的材料，因此被用于绝大多数的浸渍成型和涂层产品。近年来，由于二噁英在生产和焚烧过程中会释放出有害的有机化合物，PVC 对环境的有害程度一直在被调查中。

由于反应过程是单向的，所以胶凝材料不能在浸渍成型中重复使用。可以将其研磨并用于其他应用。

主要制造商

Cove Industries
www.cove-industries.co.uk

成型工艺

钣金加工

钣金加工成型工艺可以使被加工板料产生光滑曲面和波状。将这种工艺与金属焊接技术相结合，通过熟练技术人员的操作，可以生产任何形状的零件。

加工成本	典型应用	适用性
• 模具成本低至高 • 单位加工成本中至高	• 航空 • 汽车 • 家具	• 单件至小批量生产
加工质量	**相关工艺**	**加工周期**
• 高品质的手工加工	• 深冲 • 金属冲压 • 超塑成型	• 周期长，具体时间取决于工件的尺寸与复杂程度

工艺简介

钣金加工板材是通过控制被加工板材的拉伸和压缩而实现形态的制造。钣金加工包括多种技术：折弯成型（148 页）、凹面加工、卷边、砂轮成型和敲击加工（锤击成型）等。这些工艺结合电弧焊（282 页）几乎可生产出任何金属板材造型。通常运用在汽车、航空航天和家具行业的原型制造、预生产和小批量生产，其中汽车的底盘和车身加工是典型应用。

其中，手工钣金加工是一项对技

术操作熟练程度要求较高的加工工艺。例如考文垂原型板公司需要五年以上的学徒期来学习所有必要的技能。轮毂和夹具相结合，使板材形成光滑和锐利的多向曲面、压花、圆形构件及法兰盘。

典型应用

钣金加工工艺用于汽车、家具和航空航天工业的原型制造、生产和维修。采用这种方式制造的汽车包括很多世界名牌，如世爵、劳斯莱斯、宾利、阿斯顿马丁和捷豹等。设计师罗恩·阿拉德和罗斯洛夫·格罗夫利用这些技术生产了无缝金属家具、室内装饰和雕塑。

相关工艺

其他工艺，如金属冲压（82 页）、深冲（88 页）和超塑成型（92 页），用于生产相似的几何形状。差异在于钣金加工是劳动密集型的，因此单位成本较高。冲压和深冲需要匹配的模具，这意味着生产成本非常高，不过会大幅降低单位成本和改进的周期时间。因此，钣金加工通常用于生产年产量小于 10 件的产品。如果超出这个量，则投资匹配模具或采用超塑成型更经济。

加工质量

钣金加工金属板材，是利用金属材料的延展性和强度来生产质轻与

上图

将金属锤入沙袋形成凹面仅限于原型加工。

右图

这一款 Austin Healey 3000 是由考文垂原型板公司打造的全新车身。

高强度的零件。

钣金加工后的金属表面经过打磨和抛光，如果经过熟练的工人操作可以实现 A 级水平的表面质量。由于表面处理的要求非常高，所以这些技术可以用于宾利汽车的不锈钢抛光加工。

设计机遇

对于设计人员来说，钣金加工的优势在于几乎所有的形状都可以加工生产出来。大半径和小半径曲线对熟练的操作者来说一样容易。薄片可以压花、翻边或卷边，以提高刚度而不增加它们的重量。

最终所需要的零件尺寸不限于金属板的大小，因为多种形态的零件可以通过无缝焊接结合在一起。实际上，大多数形状都是由多个面板制成的，因为用单一板材制造复杂且比较大的形态十分困难。

多种材料的板材都可以采用此工艺加工，其中包括不锈钢、铝材及镁合金，由于镁合金比铝材强度高且重量轻，所以镁合金是非常重要的一种钣金加工材料。

对于中低批量生产，钣金加工可与超塑成型配合使用，相互补充。超塑成型可以获得更小的表面粗糙度，而钣金加工适用于生产小型零件，如一些进气口结构及轮毂等，因为这些有凹角，不太适合单一工件操作。

设计注意事项

该工艺最需要考虑的因素是加工成本，加工中需要大量的技术熟练工人完成高精加工表面，这意味着需要增加劳动力成本。现在采用这种工艺加工的并不多见。

软工具（环氧树脂材料）最多

钣金加工工艺

木头或尼龙小槌
金属工件
内有砂粒或金属颗粒的袋子

凹面加工

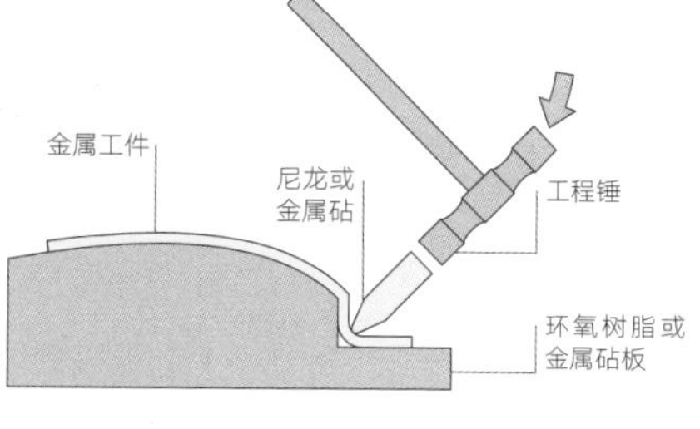

敲击加工

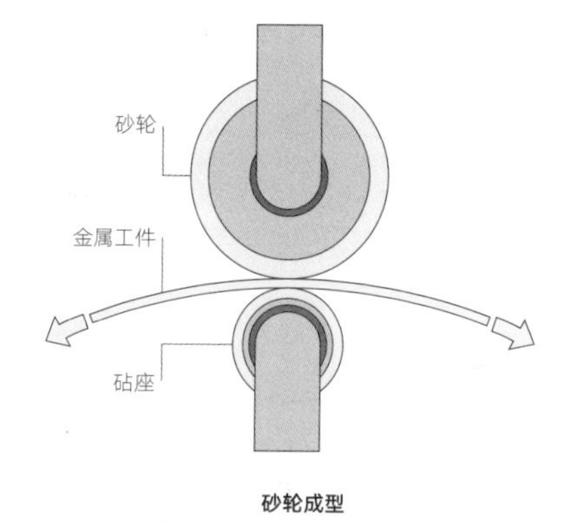

砂轮成型

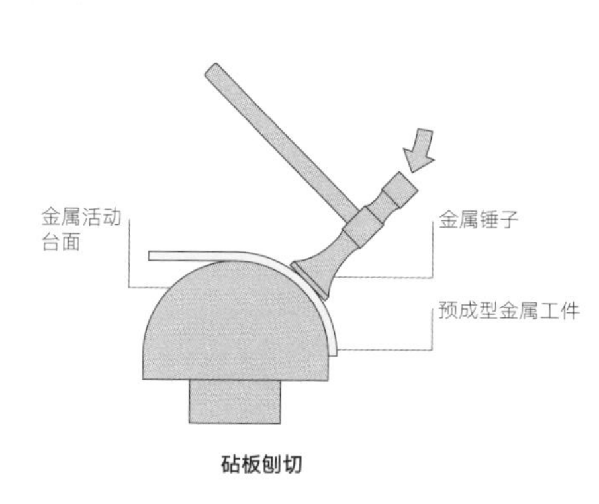

砧板刨切

技术说明

钣金加工其实包括多种不同的操作。如凹面加工、锤击加工和砂轮成型是用来进行零件冲片光面处理。

采用沙粒和金属颗粒做成的垫击工具，可以很方便地用于某些形态加工。可用于深型型材的工艺加工中，如摩托车挡泥板。这种加工速度快，但是不能保证非常精确和完美的控制。在大部分情况下，木制的、皮革的或塑料的槌是常用的锤击金属的工具。一次次锤击砂粒或金属颗粒，并使其变形进而使贴附在其上的金属产生变形，由此可见，这需要非常高超的钣金加工技艺。

敲击加工（也称为锤击成型）是拉伸和压缩金属板以达到数控加工的形状。所需要的工具为由环氧树脂制作而成的“软”质工具，或钢制的“硬”质工具。环氧树脂工具通常在边缘过于磨损之前仅产生 10 个左右的零件。大圆周曲线通常由不同模具加工而成。例如，通过基本加工获得零件的基本形状，然后借助夹具形成准确的形状。工程锤把塑料或金属敲击在金属表面上。树脂工具可以加工柔和的外形和圆盘形状，金属工具则用于加工小的弯曲和尖角及平面。

砂轮成型也被称为英式旋转。它是在英国早期汽车钣金加工中发展和掌握的。金属工件在砂轮和砧座之间来回传递。砂轮上的平坦表面与砧座紧密贴合。砧座的作用是在每次重叠的过程中逐步拉伸板材。砧座可以产生更急剧的弯曲和更大的半径曲线。

砧板刨切是一种精加工操作，通过反复在平面上锤击表面而获得加工形态，在这个过程由于锤击而出现金属略微拉伸，但一般没有大的变形。在连续用锤子敲击后，技术工人用研磨设备加工表面上的起伏，重复该过程直到达到所需的表面粗糙度。然后金属制品再经过打磨和抛光处理。

适合生产 10 个零件。硬质工具还是非常必要的，因为软工具需要频繁更换。针对加工材料而言，铝材料厚度限定在 0.8 ~ 6 mm，钢材则是 0.8 ~ 3 mm。

适用材料

大部分黑色金属和有色金属都可以通过这种工艺进行加工。铝、镁及各种型号的钢材是最常用的材料。

加工成本

加工用的模具成本比较低，价格根据加工的尺寸和复杂程度而定。对于单件或小批量产品而言，可以使用 5 轴 CNC 车床（186 页）加工，如果是环氧树脂的话，可以加工的零件最多可达 10 个。对于用于大批量生产的工具而言，则需要用钢加工而成，虽然造价比较高，但是采用这种工艺也比模具冲压和超塑成型成本低很多。

加工周期的长短取决于零件的大小和复杂程度。汽车的车身与底盘从三维建模到最后完成大约需要 6 个星期。

这种工艺需要技术熟练的工人，劳动力费用比较高。不过与投入高昂的模具比较而言，这种工艺还是比较便宜的。

环境影响

钣金加工是一种有效使用材料和能源的加工工艺，没有废品，尽管可能会产生废品，但是一般情况下都可以在加工中随时修正而避免。

案例研究

→ 钣金加工 Spyker C8 Spyder 汽车

这个案例是采用铝材制造的 Spyker C8 Spyder 汽车（图 1）。1914 年，Spyker 汽车与荷兰飞机制造厂合并，并开始采用他们的技术生产汽车、飞行器等产品，从那时起，公司以生产轻量化及高性能的汽车为傲。公司制造小批量的产品用以满足定制顾客的需要。对于消费者而言，甚至可以通过公司的摄像头观看汽车的制造过程。

底盘和车身为铝材手工打造而成（图 2），使用卷边机将金属压缩在选定的区域中，以增加轮式成型机的弯曲度（图 3）。它就像两把钳子一样夹紧铝板并将其强制连接在一起。

轮式成型机由平面轮和低或高冠砧组成（图 4）。板材在重复冲压辊之间来回移动（图 5）。每次成型机通过稍微拉伸金属，

1

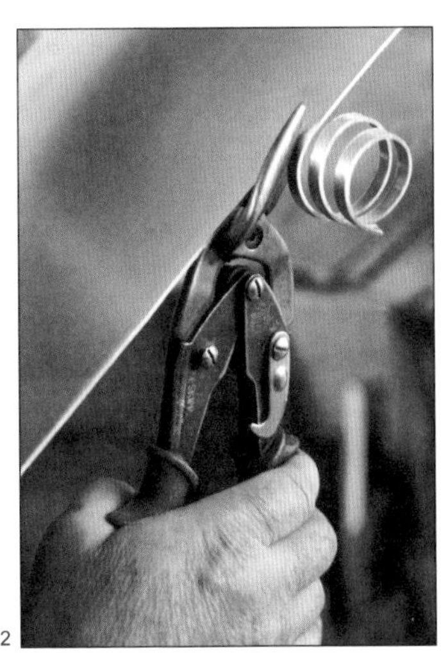
2

3

使板材材料形成双向弓形。

当被加工板材近似达到合适的曲率时，将其转移到夹具追踪器上。通过夹在环氧树脂工具的表面并逐渐夹紧和压缩成所需要的形状（图6）。工件被各种各样的辊子轻轻地加工，直到精确地匹配环氧树脂工具的形状。聚酰胺和尼龙用在选定拉伸成浮雕的区域（图7），而铝材料则需要用在平坦的地方（图8）。

加工工件切割、穿孔并从工作台移除（图9）。此后，再次安装到机床上并采用铝制辊子重新敲击加工（图10）。

面板单独成型，然后在夹具上放在一起。它们采用TIG焊（286页）以形成坚固和无光泽的接头（图11）。通过研磨、平整、填充和抛光小心地平整每个焊缝。使用一个打击锤将弯曲的金属平面放置在由操作者固定在金属的另一侧的小车上（图12）。这需要技巧和耐心才能达到理想的效果。成品面板被抛光出非常光滑的表面并被喷涂。同时，在传统的抛光轮上抛光亮片（图13）。

汽车发动机，悬架和内饰的组装（图14、15）由德国的Karmann公司进行。

4

5

6

7

8

9

10

11

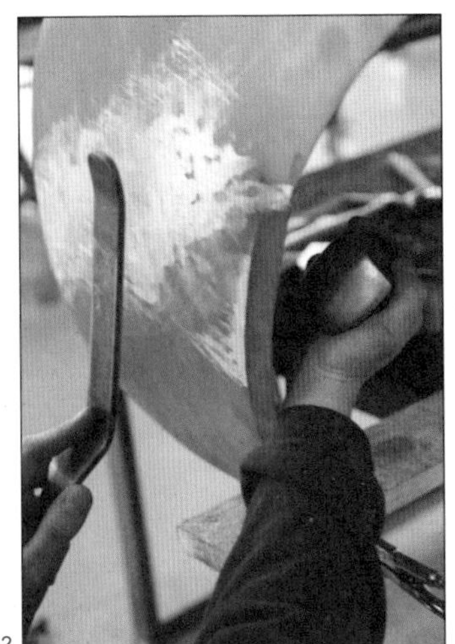
12

13

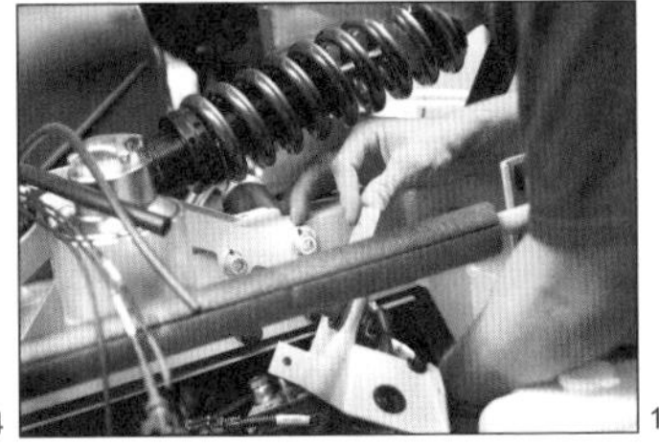
14

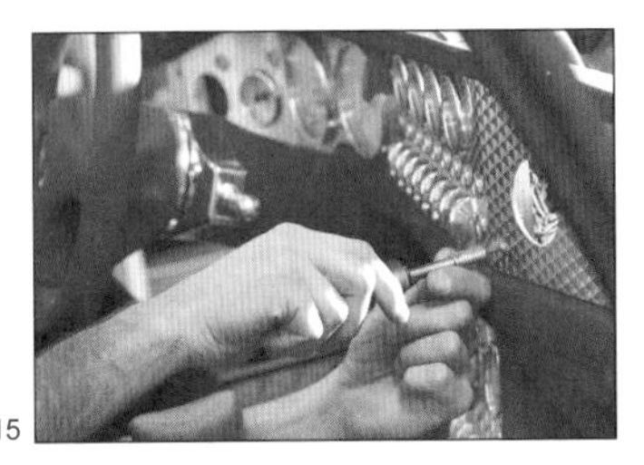
15

主要制造商

Coventry Prototype Panels
www.covproto.com

成型工艺

金属旋压

金属旋压是形成轴对称转体形态的一种加工方式。这种工艺采用单面刀具进行加工，该工艺也被称作“空中旋转”。

加工成本	典型应用	适用性
• 模具成本低 • 单位成本适中	• 汽车及航空 • 珠宝 • 灯具及家具	• 单件至中批量生产
加工质量	**相关流程**	**加工周期**
• 表面加工质量在很大程度上依赖于操作者的工艺水平及加工速度	• 深冲 • 金属冲压	• 周期短到中，取决于工件的尺寸与复杂程度，以及金属材料的类型和厚度

工艺简介

尽管金属旋压属于工业化生产工艺，但在加工中依然保持着手工艺的特色。这使得此工艺的过程非常令人满意和具有艺术感。

该工艺可以将金属板材加工成圆柱形、锥形和半球形。工艺中频繁地与冲压、压制相结合，使得整个设计具有非常多的选择，例如在加工法兰边缘、不对称轮毂和带有穿孔的形状时，这种工艺的特色表现显著。

金属旋压工艺

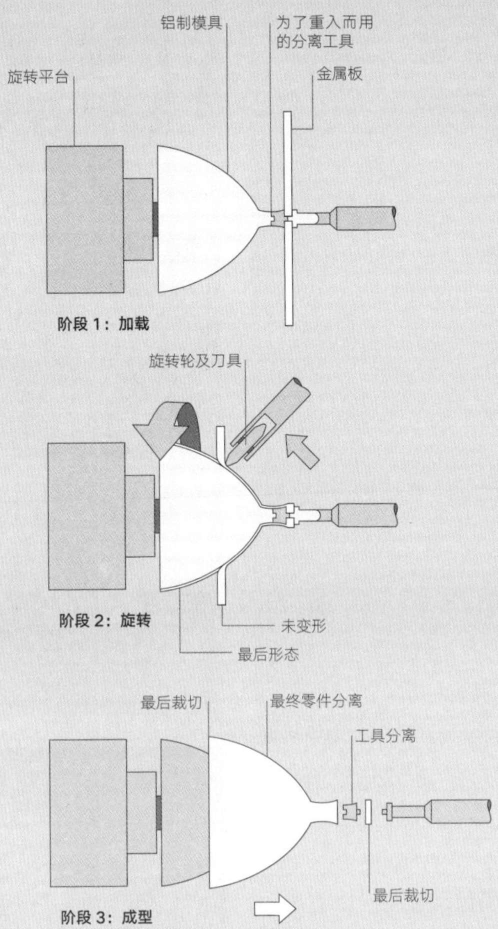

旋转平台

铝制模具

为了重入而用的分离工具

金属板

阶段 1：加载

旋转轮及刀具

未变形

最后形态

阶段 2：旋转

最后裁切

最终零件分离

工具分离

最后裁切

阶段 3：成型

技术说明

在阶段 1，圆形的平板被放置在顶杆处。在阶段 2，旋转主轴，向板材施加作用力，使其慢慢贴近旋转的轮盘，这个阶段类似于在转盘上加工黏土的方式。金属板材慢慢贴附在转盘上，不断被塑形，并变薄。在这个过程中一直等到将边缘切割之后才可以将金属构件移除。在阶段 3，将芯轴分开，以便可以在零件的颈部形成凹角。在顶部和底部修剪后零件脱模，整个过程不到一分钟。

典型应用

此工艺适用于家具、照明、厨具、汽车、航天和珠宝行业。以这种方式制造的典型产品包括灯罩、灯托、法兰帽和盖、时钟外壳、碗和盘子等。

相关工艺

金属冲压（82 页）和深冲（88 页）能够用金属板材生产类似的形状。金属旋压通常结合冲压和金属加工来实现更复杂的几何形状，更广泛的形状和技术特征。简单形状的加工，可以通过挤压或装配来实现。选择何种加工工艺，需要综合考虑时间、数量和预算后确定。

加工质量

高水平的手工操作者及自动化过程使得表面加工质量非常好。内部表面质量取决于模具，而外部表面由刀具成型。手工与自动化技术的结合更有利于优化加工质量，当不需要模具的时候，内部表面质量不受影响。

设计机遇

金属旋压加工是一种适应性强的加工工艺。手工生产较低的产量，模具成本不算高。这意味着设计师可以在设计之初通过美学及功能结构的调整来进行设计开发，表面纹理和各种形态可以通过简单的制造工艺来实现，一些加强筋和肋也可以在设计中做出来，从而节约材料，做出很薄的工件，因此性价比较高。

纹理可以只出现在零件的一侧，因为模具一侧很浅的纹理其实是看不见的。金属旋压还可以创造出一些纹理，如网格和小的穿孔。

设计注意事项

金属旋压工艺一般只适用于对称性零件加工。理想的形态是半球形，半径大于或等于深度的 2 倍。尽管深度大于直径的零件也可以加工，但会增加加工成本。平行边和凹角也可以实现，但这需要多个连锁工具，成本也会提高。

钢的加工硬化是设计师所需要考虑的另外一个方面。加工硬化在很多情况下是有益的，例如，它可以提高零件的耐久性。然而，零件在旋压加

→ 应用旋压工艺加工 Grito 灯具

Grito 灯具的形态结合了机械及手工方法进行加工。将金属板材放置在型芯处（图 1）并且应用 CNC 金属旋转转轮一点点地将金属板挤压贴合到型芯上（图 2）。这个过程如同陶瓷注浆成型（172 页），每一步均需要手工控制和操作。金属在这个过程中被拉伸或压缩变薄，或者只是挤压到型芯上。大约需要 30 秒的时间完成旋压加工的第一步（图 3）。

零件成捆摞在一起，以待下一步的操作（图 4）。通过手工操作，这些预旋压加工的零件被放置在旋转主轴位置（图 5）。这需要一些辅助成型的工具（图 6），工具依据零件需要单独设计。在这个案例中，需要手动实现灯具颈部的凹角。这一过程可以通过内部型芯的拆分而实现，从而使工件的每个部分都可以独立移除。

通过手工艺人的表面打磨，零件展现出非常棒的表面形态（图 7）。旋压加工完成后，再用一个刮板继续提高表面抛光水平（图 8）。顶部和底部切割分开，进一步的旋压加工包括冲压和喷涂（图 9）。对零件进行覆膜（图 10）及喷涂（图 11）。加工后的成品（图 12）安装灯泡和电线，并通过颈部切割处进行支撑。

1

2

3

4

工后必须进行热处理，这是它的缺点。

采用旋压工艺可加工大小不等的零件，最大直径可以达到 2.5 m，而容差只有 1.5 mm。

适用材料

低碳钢、不锈钢、黄铜、纯铜、铝和钛金属都可以采用金属旋压加工。

加工成本

工艺所采用的模具加工成本低，尤其是原型和小批量加工，材料包括木材、塑料、铝和钢。大批量生产的金属模具也比冲压和深冲工艺要便宜不少。而空转方式的旋压工艺不需要模具，但需要劳动力。

加工周期视加工材料、加工尺寸、加工复杂程度而定。铝的加工要比钢材加工快很多，因为铝具有更好的延展性。钢材还需要热处理，这在一定程度上延长了加工周期。

劳动力成本一般从中到高，尤其是在较高的质量要求下，顶级的美学要求使得加工需要昂贵的劳动力。自动化可以有效降低劳动力成本。

环境影响

由于材料往往为方形，有些材料在加工之初被裁成圆形时会浪费掉。不过，这些废料都可以重复利用。少量的边角材料在最后打磨的时候会被切除。

能量需求也比较低，尤其在手工操作时，所需能量与车削工艺差不多。

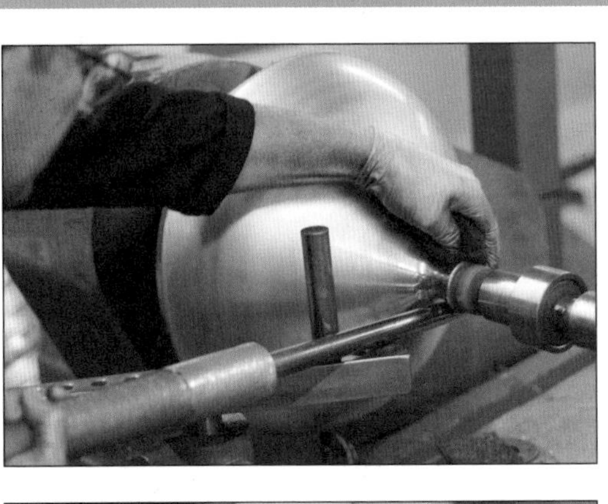

5

6

7

8

9

10

12

11

主要制造商

Mathmos
www.mathmos.co.uk

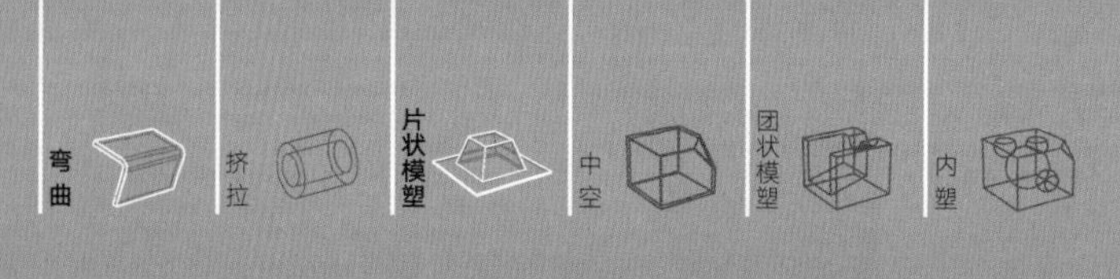

成型工艺

金属冲压

金属冷冲压工艺一般用于将金属板材加工成浅凹形态或弯曲型材。它具有加工速度快、准确度高的特点。可以用来生产多种日常产品，从汽车车身到金属托盘。

加工成本	典型应用	适用性
• 模具成本高 • 单位成本低至中	• 汽车 • 消费品 • 家具	• 大批量生产
加工质量	**相关流程**	**加工周期**
• 高质量，折弯精确	• 深冲 • 金属旋压 • 折弯成型	• 周期短（1 秒至 1 分钟）

工艺简介

金属冲压用来加工浅凹的金属形态，模具的加工要求比较高，并且此工艺仅适用于大批量生产。

此工艺在加工中精度较高，材料厚度无明显变化。当深度与直径之间的比值变小的时候，加工工艺与深冲（88 页）很相似，这两种加工工艺都不会明显减小材料的厚度。

大批量生产零件要求在级进具的基础上综合使用多种成型和切割工艺。一连串的模具在快速加工中必不可少。在加工零件的过程中，在先前形成的零件上，有时需要再进行第二次操作。有些零件可能需要 5 次或更多的操作，这反映了工序的数量。

典型应用

冲压加工应用非常广泛。汽车产业绝大部分大批量金属加工为冲压或挤压，包括车体、门衬和镶边。

金属相机机体、手机、电视机外壳、家用器械及 MP3 播放器的加工采用这种工艺。厨房及办公室设备、工具及刀具也采用这种工艺。零件的外部形态及内部结构均可以采用这种工艺进行加工。

相关工艺

小批量生产零件通过钣金加工（72 页）、金属旋压（78 页）或者折弯成型（148 页）生产出来。这些工艺可以制造出与金属冲压相似的形态，但是劳动力技能要求比较高。

尽管冲压与深冲工艺相似，但是还是有比较明显的差别。当零件在深度大于直径的 1/2 时必须拉长零件，减小壁厚。这需要逐步地缓慢操作，以避免过度拉伸和撕裂材料。

超塑成型（92 页）能利用简单操作生产比较大和比较深的零件。然而，这种加工限定在铝、镁及钛，因为这需要材料具有超塑性。

加工质量

成型后的金属型材结合了零件金属材料的延展性和强度，增强了刚性和亮度。

如果表面效果要求不是特别严格，零件只需要在变形后稍微处理一下毛刺即可。喷砂（388 页）用来减小表面粗糙度。零件也可以通过粉末喷涂（356 页）、喷漆（350 页）或电镀（364 页）进一步加工。

设计机遇

这些是用板材快速精确地制造浅凹形态的方法。圆形、方形及多边形可以采用这种工艺。

薄壁件可以通过加肋来增强零件

的强度，而且可以通过这种方式降低重量和加工成本。选用合适的模具可以加工拥有复合曲线和复杂曲面的型材。能够完成这项工作的类似工艺是钣金加工，但是需要技术能力高的工人。软性模具可以应用到钣金加工及金属冲压中。这种模具的一侧由刚性橡胶制成，可施加足够的压力在冲头上形成金属坯料。

设计注意事项

冲压加工是在一个垂直的轴上进行的。因此，凹角在第二次冲压中形成。二次冲压包括压力变形、切割、延展和卷边。

第一次冲压操作只能减少坯料直径的 30%。连续的操作可以减少直径的 20%。这意味着部分零件的加工需要一定次数的连续冲压。

在深冲工艺中，工艺常常由于机器的加工能力而受到限制，机床床体尺寸决定坯料的尺寸，冲程决定拉伸长度。加工周期则由冲程和零件的复杂程度决定。

冲压不锈钢的厚度在 0.4 ~ 2 mm 之间，最高可能加工 6 mm 厚的板材，但是会受到造型形态的影响。

适用材料

很多金属板材都能通过这种工艺加工，如碳素钢、不锈钢、铝、镁、钛、铜、黄铜和锌。

金属冲压工艺

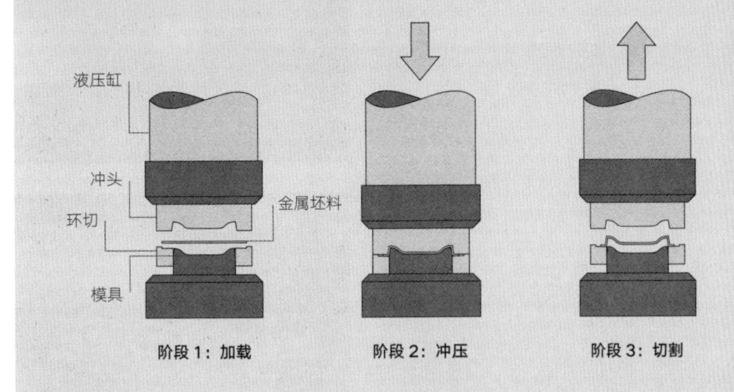

技术说明

金属冲压是在冲床上进行的，具体过程是：通过液压缸或机械装置（如凸轮压力机）将动力传递给冲头。一般情况下选择液压缸，因为它在整个冲压循环中压力均匀。不过，采用机械装置的也在金属加工工业中占有一席之地。

冲头和模具是专用的，一般只进行成型或冲孔的单一操作。在操作中，通常将金属坯料装载到工作台上。然后将冲头夹紧，在一个冲程中完成零件的成型加工。

成型结束后，剥离器上移并顶出零件，这个时候将零件移除。有时零件成型是一个连续的过程，在加工完还要经过一个冲压过程。这就是通常说的连续模加工成型工艺。

在这种加工工艺条件下，所加工的金属零件被转移到下一步加工的工作台上。这个过程可以手工操作，也可以通过转移轨进行。大部分系统是自动化的并且保持很高的速度进行加工。下一步操作可能进行压力加工、冲压、卷边或其他的二次加工。

加工成本

因为加工中需要高强度的金属模具，模具成本比较高。半刚性的橡胶模具成本较低，但仍然需要单边金属工具，只适用于小批量生产。

加工周期非常短，1 分钟内可以加工 1 ~ 100 件零件。更换与设置模具需要一定的时间。

劳动力成本由于自动化程度高而比较低。打磨抛光将大幅增加劳动力成本。

环境影响

所有废料都可以循环利用。可以运用金属冲压工艺生产耐用的物品。

案例研究

→ 坯料准备

金属冲压坯料的切割主要有2种工艺。第一种是冲压。冲压工艺的模具成本比较高，而且一般应用于大批量生产，以及生产那些造型简单的零件（图1、2）。例如仙人掌果盘，通过冲压制成。它由玛尔塔·桑索尼（Marta Sansoni）设计，并于2002年开始生产。

另一种工艺是激光切割，该工艺可生产比较复杂的坯料，减少二次操作（图3、4）。图中的Mediterraneo果盘由艾玛·希尔韦斯特里斯（Emma Silvestris）于2005年设计。

1

2

3

4

主要制造商

Alessi
www.alessi.com

案例研究

→ 金属冲压

冲压加工应用非常广泛，阿莱西（Alessi）是应用此工艺加工高质量金属零件的制造商。

这个案例是用来说明不锈钢冲压的工艺，图1所示为贾斯珀·莫里森于2000年设计的产品。

金属板采用激光批量切割。金属表面涂覆油脂，以便进一步冲压（图2）。这是为了保证金属可以在模具和冲头之间滑动。

将坯料放置在模具上并进行冲压（图3～6）。这个过程仅仅几秒钟就可以完成。将托盘取出（图7）。之后转移到旋转夹钳上。在侧面采用滚动切割器修剪多余部分（图8）。为准备二次操作而叠放起来（图9）。在这个案例中，一小段金属丝被卷入托盘的周边以赋予其刚性。这有助于减少所用金属的尺寸。

1

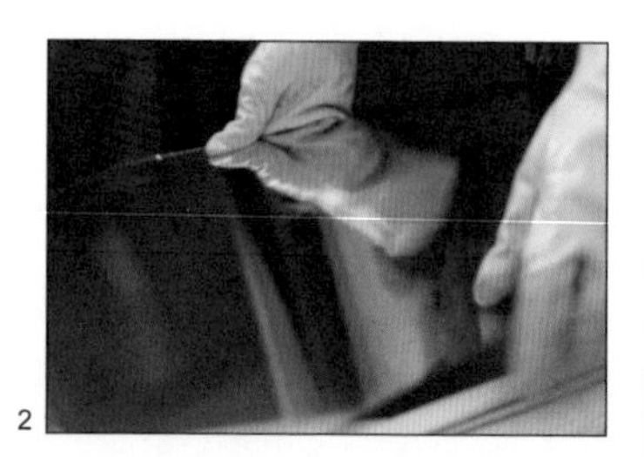

2

3

4

5

6

7

8

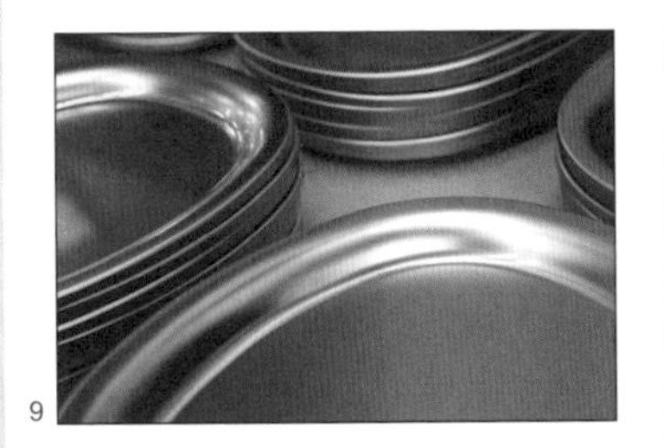

9

主要制造商

Alessi
www.alessi.com

技术说明

二次冲压包括一系列工艺：进一步冲压、弯曲、轧制、卷边、压花。侧面冲压工具用于制造单次操作不可能实现的凹角。将冲头换为辊模并旋转零件，可以在产品周围连续应用珠子、卷边或其他细节。

二次冲压工艺

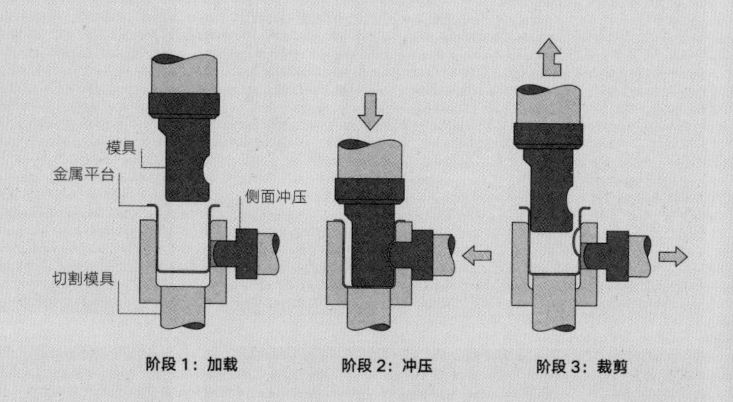

1

2

3

二次冲压操作

第一个例子是 Kalistò 家族在 1992 年由克莱尔·布拉斯（Clare Brass）设计的产品（图 1）。首先对金属进行深拉。然后将其放置在施加侧向压力的独立模具上（图 2）。零件在模具的一侧旋转，形成侧面轮廓（图 3）。

第二个例子是 Tralcio Muto 托盘（图 4）。这一款产品是玛尔塔·桑索尼在 2000 年为阿莱西设计的产品。在 263 页有详细的工艺简介。如果产品是大批量生产的，这些工艺将通过级进模成型。

将冲压盘子放置在旋转夹具上（图 5）。分为三步操作，包括裁切、去毛刺（图 6）和卷边（图 7）。

卷边可以增强零件的强度，这样就可以使用很薄的工具钢（图 8）。同时也会提升盘子边缘的触感，没有卷边的话会让使用者感到很薄而且会很容易伤手。

4

5

6

7

8

主要制造商

Alessi
www.alessi.com

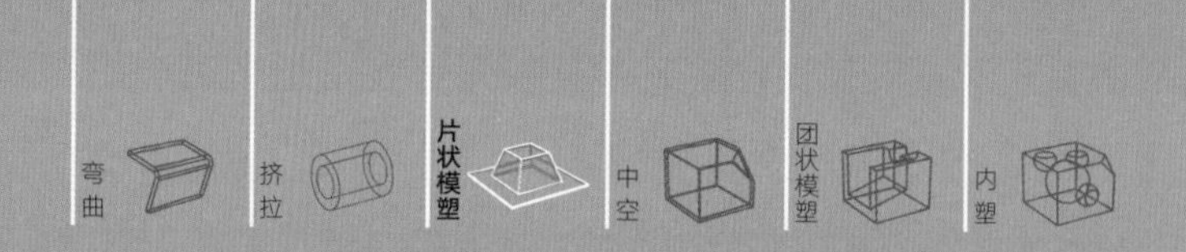

深冲

在这种金属冷加工成型工艺中，零件由冲压机完成，冲压机将金属板材毛坯压入模具，使其紧密贴合在模具内壁以形成产品的几何形状。对于非常深的零件可以使用级进模成型加工。

加工成本	典型应用	适用性
• 模具成本高至很高 • 单位成本适中	• 汽车和航空 • 食品和饮料包装 • 家具和照明	• 中批量至大批量生产
加工质量	**相关工艺**	**加工周期**
• 表面粗糙度小	• 金属旋压 • 金属冲压 • 超塑成型	• 周期短（几秒至几分钟），取决于操作次数

工艺简介

一般情况下，当拉深深度大于直径时（有时深度仅比直径大 0.5 倍），金属冷冲压称为“深冲”。该工艺可用于加工无缝板材的几何形状，而无须任何进一步的成型或连接操作。

一次操作中，金属板的变形量是有限制的，并且材料类型和板材厚度决定了变形程度，因此可使用各种技术来生成不同的几何形状。简单的杯状几何形状可以在一次操作中生成，而非常深的零件和复杂的几何形状

则需使用级进模或反向拉伸技术制造。反向拉伸在单次操作中压制板材两次，在第一次拉伸后反转形状。以这种方式操作会缩短周期并减少所需的级进模数量。

典型应用

深冲加工最常见的产品包括饮料罐和厨房水槽。该技术也被用于生产汽车、航空器、包装、家具和照明等物品。

相关工艺

浅型材由金属冲压（82页）成型。金属旋压（78页）、板材环轧（参见管材弯曲成型，98页）和超塑成型（92页）可用于加工相似的金属板材几何形状。深冲和金属旋压生产的无缝零件通常需要焊接后成型。

加工质量

表面粗糙度通常非大，但要取决于冲压机和模具的质量。加工褶皱和表面问题通常发生在边缘，需要在成型后进行修剪处理。

设计机遇

通过深冲可以得到各种形状的板材，包括圆柱形、箱形和不规则形，其可以由直的、锥形的或弯曲面形成。

凹槽可以通过冲压机上的级进模或垂直动作来实现。但是，这会大幅增加模具成本。

设计注意事项

根据材料类型和厚度的不同，可以通过深冲成型直径 5 ~ 500 mm 的零件。拉伸长度可以达到零件直径的5倍。较长的型材需要较厚的材料，因为长拉伸时材料厚度会减小。

深冲的极限通常取决于机床的性能，如机床的大小（控制毛坯尺寸）、冲程（确定可达到的拉伸长度），以及加工周期（其受到冲程高度和零件复杂程度的限制）。

适用材料

深冲依赖于金属的延展性和抗磨性的结合。最合适加工的材料是钢、锌、铜和铝合金。具有高抗磨性的金属在加工过程中不易被撕裂，也不易起皱或断裂，因此常常使用较薄的板材。

加工成本

模具成本高昂，因为冲压机和模

技术说明

深冲工艺以不同的方式进行，工艺选择由形状的复杂程度、成型深度、材料和厚度决定。在阶段1中，将金属板坯件装入液压机中并夹紧到压边器中。在阶段2中，随着压边器向下推进，材料折向下模的侧面以形成对称的杯形。在阶段3中，冲压机迫使材料以相反的方向通过下模。金属沿着下模的边缘，形成冲床的形状。在阶段4，顶出零件。

冲压机的吨位由模具决定。任何高达1000吨的模具都可以用来塑造比较长的或比较大的形状。

深冲工艺

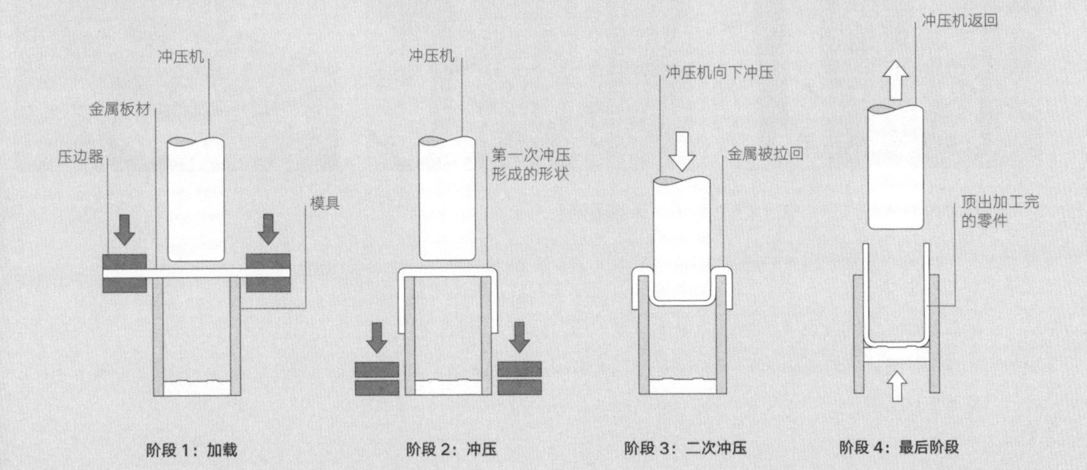

1

2

3

4

5

6

7

8

具必须设计成精确的尺寸。生产复杂或特别深的零件所需的级进模会大幅增加加工成本。

周期相当短，但取决于冲压周期中的阶段数量，而由于自动化水平，劳动力成本是适中的。

环境影响

当板材按照尺寸进行切割时，零件的修剪会产生废料。幸运的是，所有的废料都可以回收，用到新的金属板材或其他金属产品中去。

深冲加工 Cribbio 置物桶

板材依据每次实际应用先进行切割。在这个案例中，Cribbio 置物桶是圆形的。从 0.8 mm 的碳钢片上切下圆形坯料（图 1）。最后一部分壁厚由于拖拽过程中变薄而减小为 0.7 mm。然后在坯料的两面涂上一层油，进行润滑（图 2）。

板材被放入 500 吨冲压机推入压边器（图 3），随着压边器向下推进，板材折向下模（图 4）。同时，冲压机迫使材料进入下模中（把它的里面翻出来）。这个零件的第一阶段的成型就完成了，将其移出（图 5）。

将冲压的零件装载到第二个级进模上（图 6）。冲压机迫使材料进入下模中，再次将其里面翻出。这种反向深冲的过程意味着需要更少的模具来实现相同长度的冲压。然后移除冲压的零件（图 7）。在此时，金属毛坯已通过两个级进深冲循环，这两个循环中都应用了反向冲压。尽管对于深冲来说 Cribbio 是一个复杂的零件，但每小时生产量仍然高达 50 件。然后修剪顶部边缘，以消除在夹紧和冲压过程中金属坯料周边可能出现的任何褶皱和撕裂（图 8），从而生成干净的边缘。将零件转移到一个进行表面冲孔的冲压机上（图 9）。

将侧边动作纳入深冲循环中是极其昂贵的，因此通常在成型后进行。冲孔后，压制的金属环压扣在顶部边缘，形成安全和符合人体工程学的装饰（图 10、11）。以耐磨环氧涂层完成 Cribbio 置物桶制作（图 12）。

9

12

10

11

主要制造商

Rexite
www.rexite.it

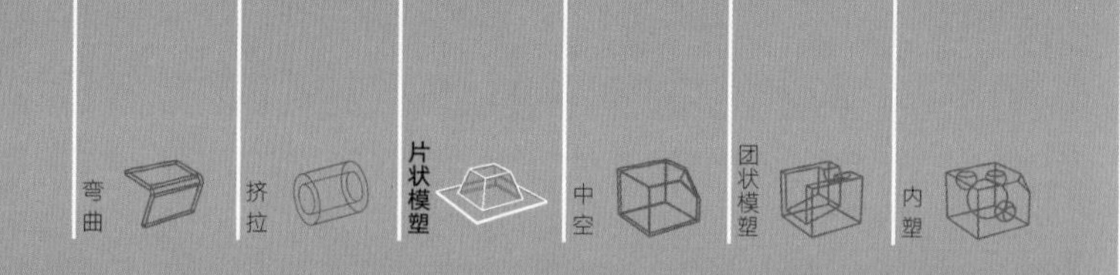

成型工艺

超塑成型

超塑成型加工金属板的原理与热成型类似：一块纯金属被加热到塑化点，然后使用空气压力使其贴附在单面模具上。

加工成本	典型应用	适用性
• 模具成本低至中 • 单位加工成本中至高	• 航空 • 汽车 • 家具	• 小批量至中批量生产
加工质量	**相关工艺**	**加工周期**
• 非常高的表面加工质量	• 深冲 • 金属冲压 • 热成型	• 加工周期短（5 ~ 20 分钟） • 修剪与组装会增加总体加工时间

工艺简介

铝的超塑成型推动了超塑成型铝合金及更多镁合金技术的发展。该工艺旨在通过简化操作步骤和减小所需壁厚，从而减轻金属零件的重量。

超塑成型是一种金属热成型工艺，与热成型（30 页）类似。铝板材被加热到 450 ~ 500 ℃，然后用气压将其压缩到模具上。超塑成型有四种主要类型：空腔成型、气泡成型、背压成型、隔膜成型。每一种技术都已经被开发到可以满足各种特殊应用要求的程度。

空腔成型适用于大而复杂的形态加工，如汽车车身板材，特别适合加工 5083 铝合金。

气泡成型适用于深而复杂的零件，尤其是壁厚需要保持相对恒定的。这个工艺可以用于制造其他任何成型工艺都无法完成的几何形状。

背压成型适合用 7475 合金生产飞机的结构性组件。尽管这与空腔成型类似，但是工艺不同，背压成型从板材两边使用气压，压力差较小，在模具表面逐渐拉伸开。这维持了板材的规整，也意味着各种合金都可以被制造成型。

隔膜成型用于将非超塑性合金（如 2014、2024、2219 和 6061）加工成复杂的板状几何形，使该工艺成为生产结构件的理想工艺。

有限元分析（FEA）流动模拟软件有助于减少从 CAD 设计到生产产

品所需的时间。

典型应用

这些工艺可将单一材料加工成复杂的几何形状，在许多领域发展迅速，包括航空航天、汽车、建筑、火车、电子设备、家具和雕塑等。

相关工艺

金属冲压（82页）和深冲（88页）用于制造类似的金属板材几何形状，而热成型（30页）和复合层压成型（206页）技术用热塑性塑料和玻璃钢的复合材料生产出类似的几何形状。

加工质量

模具的表面粗糙度和任何再成型操作的精度都会影响超塑成型零件的质量。与热成型加工的板材一样，不接触模具的一面具有较小的粗糙度。

在通常情况下，铝合金表现出良好的耐腐蚀性、机械强度和表面质量。适用于超塑成型的合金有不同的特性，这也使合金材料适用于多种应用。

设计机遇

与其他铝质零件一样，超塑成型零件可以进行一系列的再成型操作来实现最终需要的零件或装配。

隔膜成型工艺可以用于生产非超塑性零件，这使得用于飞机结构的合金（如2014、2024、2219和6061）得以进行超塑成型。在许多情况下，隔膜成型被认为是成功塑造这些材料的唯一实用方法，并且航空航天设计师开始认识到这些超塑成型的合金在设计和制造过程中的好处。例如，将单张的板材做成大型零件，该工艺大幅减轻了制造工作，从而在降低成本和提高可重复性的同时增强了结构的完整性。

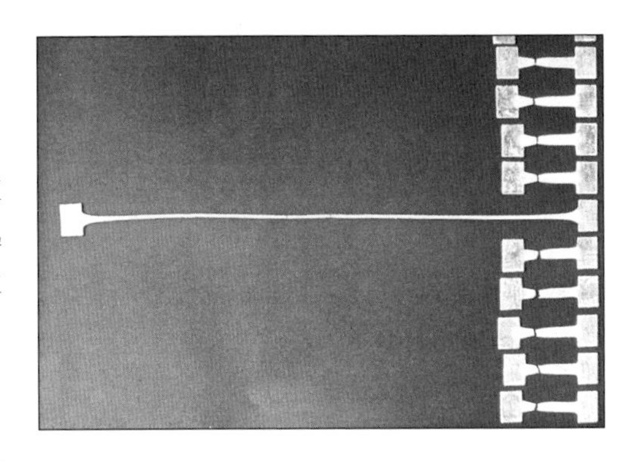

测试显示超塑铝合金可以拉伸几倍的长度而不断裂。

超塑成型工艺的另一个优势是可以使用一系列铝合金塑形，为多种工程问题提供解决方案。

5083合金包含铝、镁和锰元素，通常具有良好的耐腐蚀性和中等程度的焊接性，是一种广泛应用的铝合金材料。采用5083合金板材的超塑成型零件，工艺性能与1200或3000系列及5000系列合金零件相比具有许多优点。由于加工成型的各种三维几何形状的工件具有较小的表面粗糙度，这种材料适合应用于汽车、轨道交通、建筑及海洋工业产品领域。这种合金在易变形与耐腐蚀之间取得了很好的平衡，并且具有一定的强度。5083合金的典型应用包括交通与建造。一般而言，加工5083合金采用空腔成型或气泡成型加工技术。

另外一种典型的材料是2004合金，其性能包括：可进行热处理，由于具有优良的超塑成型性能，应变可达到200%。这使得它可以用来加工具有复杂细节的零件。典型应用包括电子产品外壳、航空航天组件，以及小而复杂的组件。这种材料与镀铜铝材的防腐性能相当。因此，在很多情况下需要对其进行防腐处理。合金常加纯铝镀层，以增强其抗腐蚀性，2004合金也常常采用这类方式。

7475合金包含铝、锌、镁和铜元素。这种材料具有7075合金的高强度，以及比其更为优良的抗断裂性能。板材的强度几乎与7075合金相同，韧性与2024-T3合金在室温下的性能相同。这种材料的强度重量比高，使得它广泛应用于航空领域的结构件加工。它的抗应力腐蚀开裂和剥落的性能与7075合金相似，采用T76型回火方式可以获得比T6型回火更好的抗剥落性，如果总持续拉应力小于最小规定屈服强度的25%，则不会出现采用T76方式回火的7475合金的应力腐蚀开裂现象。

设计注意事项

成型零件的最大尺寸因超塑成型技术而不同。在不同情况下，依据零件的几何形状和合金种类，通常可以超过其中一个限制尺寸。

空腔成型技术可以用于生产大至3000 mm×2000 mm×600 mm，以及厚至10 mm的零件。气泡成型技术可用于生产大至950 mm×650 mm×300 mm，

超塑成型工艺

空腔成型

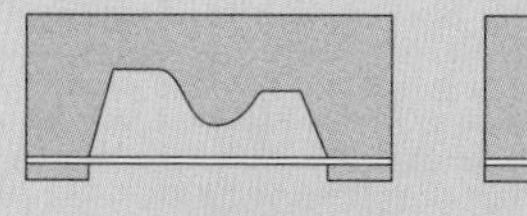

阶段 1：预热板材加载

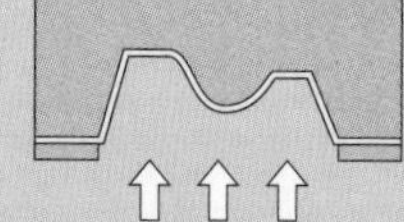

阶段 2：施加压力

气泡成型

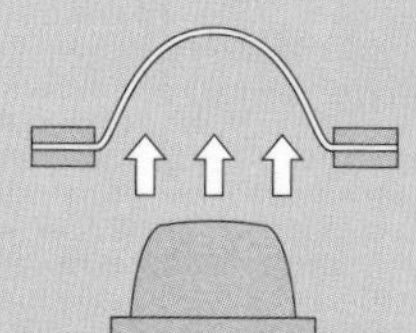

阶段 1：预热板材加载与吹制

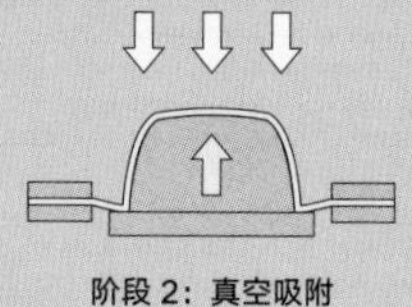

阶段 2：真空吸附

背压成型

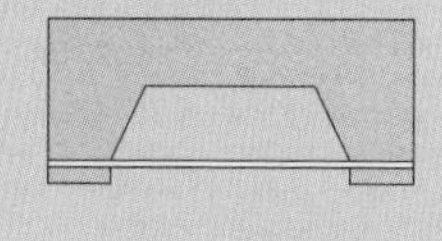

阶段 1：预热板材加载

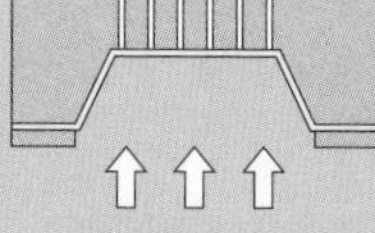

阶段 2：施加压力

隔膜成型

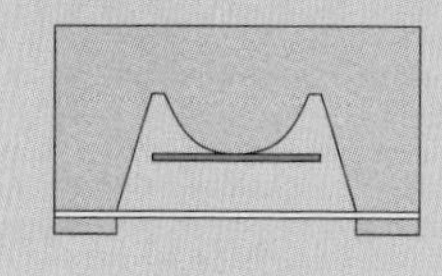

阶段 1：预热板材加载

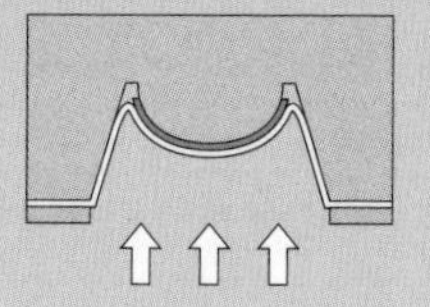

阶段 2：施加压力

技术说明

在 4 种超塑成型工艺中，通常加工工序为：将金属板材放进机器中进行固定，加热到 450 ~ 500 ℃。加热温度取决于板材的类型和厚度。

在空腔成型技术中，加热后的金属板材在 100 ~ 3000 kPa 的空气压力下被强力压进模具内表面。加热后的金属具有超塑性，因此可以更容易获得复杂的精细形状。这种工艺通常用于生产较浅的零件。

气泡成型与热成型相类似，在阶段 1，热金属板材被吹制成泡状，模具上升到模腔室。在阶段 2，压力逆转，金属泡被压到模具外表面。这个工艺不能加工较深较复杂的零件。壁厚是均匀的，因为颗粒在成型之前已逐渐拖延了材料形状。

背压成型与空腔成型非常相似。不同的是，在背压成型中，空气压力作用于热金属板材的反面。在这种方式下，成型过程更加可控，也减少了施加在热金属板材上的压力。

隔膜成型用于非超塑合金塑形。能够实现这些加工是因为金属板隔

以及厚至 6 mm 的零件。背压成型技术的最大预估面积差不多为 4500 mm²。隔膜成型可用于生产大至 2800 mm×1600 mm×600 mm 的零件。

不同合金有不同的机械和物理性能，在设计中需要综合考虑合金的复杂性能，尽管某一种合金可能加工成一种复杂形态，但也可能无法满足所需要的性能。

航空航天工业的主要结构应用要求高强度的合金，并具有良好的使用使用性能，如疲劳韧性和抗应力腐蚀性。例如，7475 合金已成功应用于进气唇板和检修门，可充分满足使用需求。对于要求较低的应用，经过热处理的 2004 合金已广泛应用于次级结构，如空气动力学整流罩和加强件。

在成型条件方面，合金对踢脚板和灯具等内部配件具有合适的力学性能。

适用材料

超塑性金属可以用这种方式成型，包括铝、镁和钛合金。最常见的成型用铝板材包括 5083、2004 和 7475。

加工成本

模具本身造价是相当低的，成本取决于零件的尺寸及复杂度。

生产周期短，通常是 5 ~ 20 分钟。劳动力成本适中。每个零件都要经过修整和成型后清洗。

环境影响

可以回收废料和边角料以生产新的铝板材及其他铝制产品。

1

2

3

4

膜可以支撑热金属，通过组件板材的自由移动可以获得复杂的三维造型。

气泡成型工序

气泡成型工序展现了铝是如何超塑成型的。热金属板材在成型室被吹成泡状（图1）。模具上升进入金属泡。这个阶段只有一个虚拟的形象，如图2所示，因为金属片通常不是透明的。当模具上升，热金属被空气压到它的表面上（图3）。模具不断上升，直至金属被加工成型，然后模具撤回（图4）。零件制造完成后还有修剪和其他后续处理操作。

1

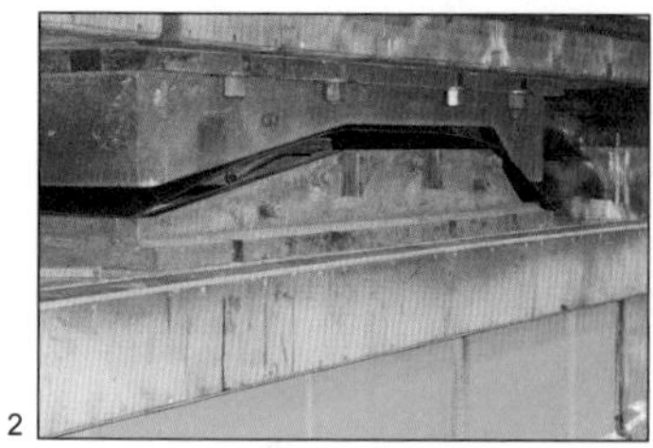
2

3

4

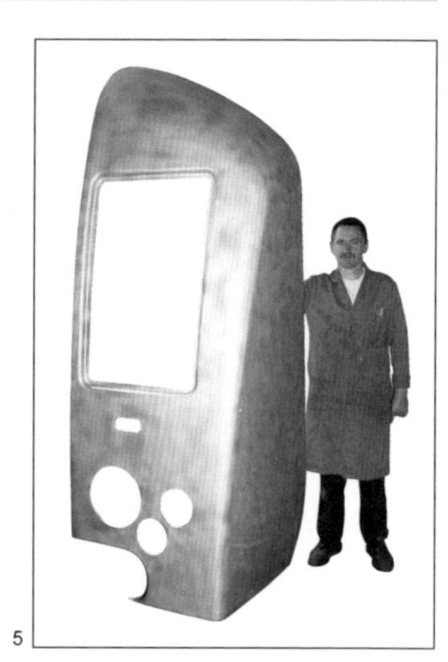
5

6

主要制造商

Superform Aluminium
www.superform-aluminium.com

→ 应用超塑成型工艺生产的西门子 Desiro 列车正面

把铝板装入超塑成型模具中（图1）。沿着板材四周放置夹具（图2），温度上升到450 ℃。超塑成型周期大约为50分钟，之后卸载零件（图3）。脱模零件被传送到支撑结构，经过CNC加工（图4）。零件的尺寸和复杂程度在装配之前会发生很大的变化（图5）。

列车前部由两部分构成，因此必须用钨极稀有气体保护焊（TIG）焊接成完整的前部单元。两个部分被放在特别设计的夹具（图6）后再焊接（图7）。CAD渲染图是西门子 Desiro 列车正面，此面板即列车的正立面（图8）。

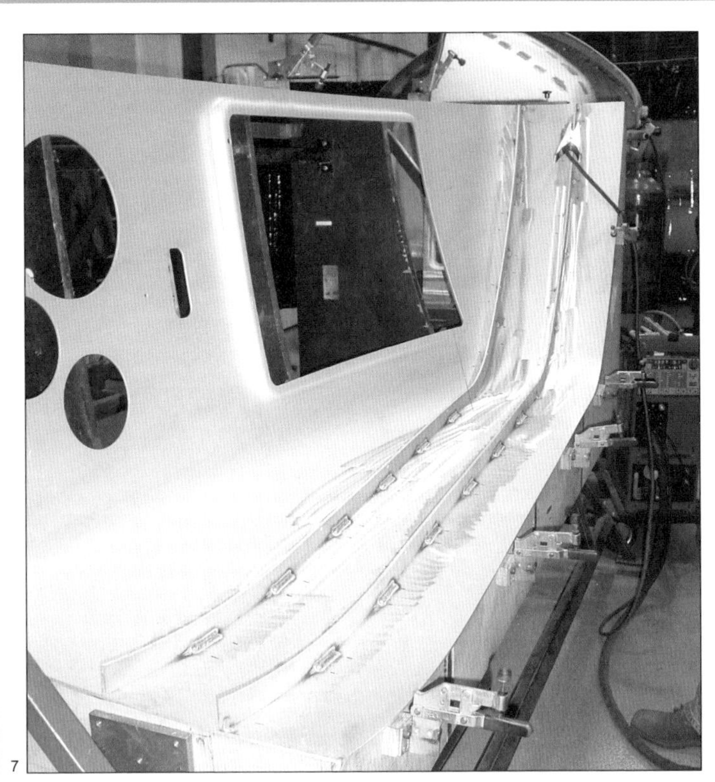
7

8

成型工艺

管材弯曲成型

该工艺主要适用于家具、汽车和建筑行业，用于形成连续流畅的金属结构。可以通过旋转模上的芯轴形成急剧的（大曲率）弯曲，也可以在辊子与辊子之间形成长而起伏的曲线。

加工成本	典型应用	适用性
• 无标准模具成本 • 专用模具成本中至高 • 单位成本低至中	• 工程 • 家具 • 汽车和其他运输工具	• 单件至大批量生产
加工质量	**相关工艺**	**加工周期**
• 高	• 电弧焊 • 折弯成型 • 型锻	• 生产周期短 • 机器设置时间可能很长

工艺简介

长期以来，建筑师和设计师一直在利用弯曲的金属尤其是钢管的功能和美学特性，弯曲的方法一般花费不多，并且利用了金属的延展性和强度。弯曲最大限度地减少了在某些应用中的切割和接合，从而减少了材料浪费和成本。

管材和型材弯曲主要有两种类型：芯轴弯曲和环轧（参见右页上面的图片）。

芯轴弯曲专门用于在金属管中形

成小半径弯曲。它以插入金属管内，用来防止其在弯曲过程中发生塌陷的芯轴命名。环轧用于在管材和型材（挤压型材或棒材）中形成连续的和通常较大的弯曲，也被称为型材弯曲。

蒸汽弯曲成型（198 页）家具是钢管运用的先导，并使用类似的弯曲技术。钢管首先在德国的汽车和航空航天工业得到开发和应用。Thonet 公司看到它的潜力，在 20 世纪 20 年代与包豪斯的成员包括马特·史坦、马塞尔·布鲁尔和密斯·凡德罗开始开发钢管家具。一些设计至今仍在生产中沿用。

典型应用

金属件可以连续弯曲，也可以使用铸造或预弯“弯头”加工以连接直段。许多产品通过芯轴弯曲工艺制成，包括家用和办公家具，安全围栏和汽车应用（如排气管）。

环轧可用于将一系列型材（管材、挤压件和棒材）弯曲成大半径弯曲件。许多产品是使用这种技术加工而成的，如结构梁（用于桥梁和建筑物）、建筑装饰（在曲面上）和街道家具。事实上，大多数建筑中的弯曲金属件将使用环轧加工。旋压板材也被称为板材轧制。

甚至有可能形成三维的型材弯曲，如过山车的轨道，这可以通过仔细操纵一个环形辊轮来实现。

相关工艺

管状金属件加工主要由弯曲、折弯成型（148 页）和电弧焊（282 页）组成。折弯成型能够在适当形状的冲头上产生具有多个弯曲的锥形空心

左图

桌椅的腿通常是由芯轴弯曲工艺生产的。

右图

环轧可以加工管材、挤压型材和金属板材。弧线可以沿着其长度方向进行调整，以实现非圆形弯曲。

芯轴弯曲工艺

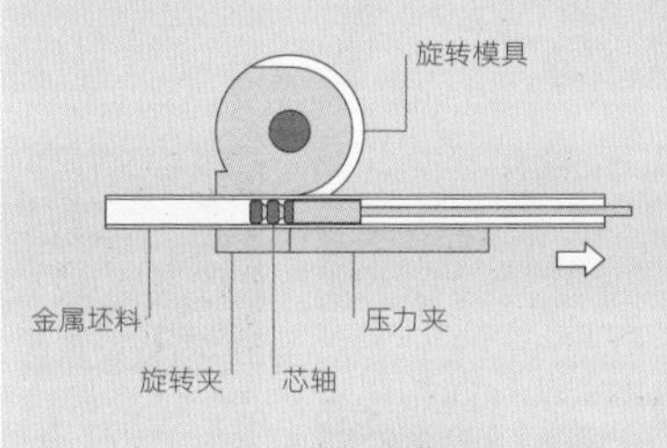

阶段 1：加载

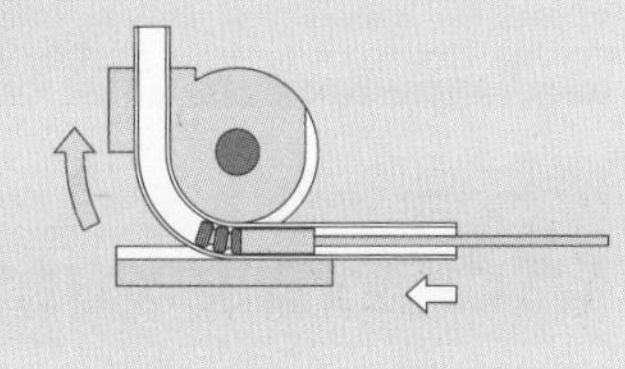

阶段 2：90°弯曲

技术说明

将金属坯料（管）装载在芯轴上并夹紧到模具上。非芯轴成型仅可用于具有较厚壁的某些零件。

坯料在旋转时被拉到旋转模具上，芯轴在折弯处阻止零件壁塌陷。压力夹与管一起移动以保持准确且无褶皱的弯曲。有时需要另外的夹具来防止弯曲部分内部起皱，特别是对于壁非常薄的型材。

旋压模具半径的大小决定弯曲成型半径，行进距离决定弯曲角度。

1

2

3

4

5

6

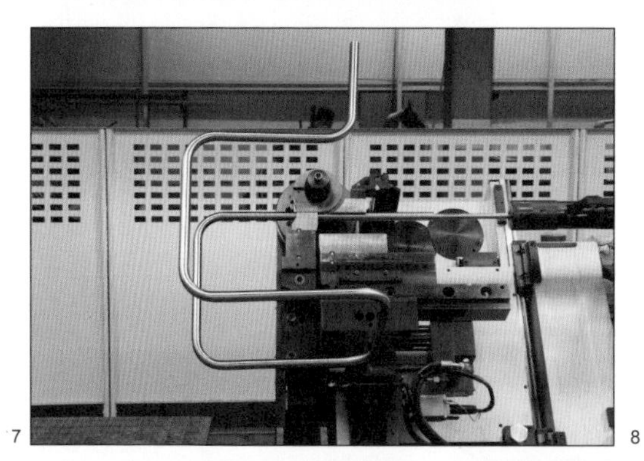
7

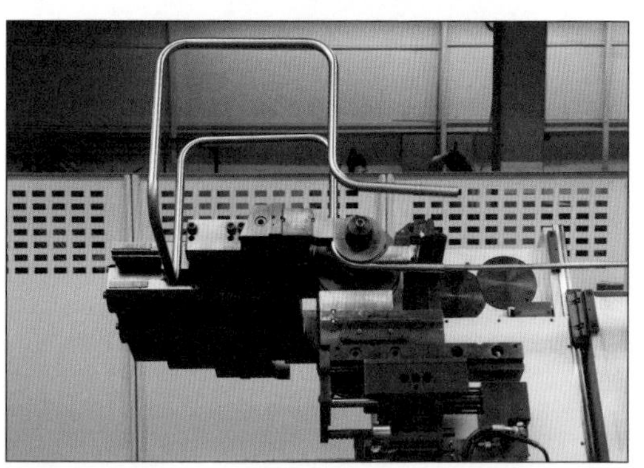
8

9

10

11

→ 应用芯轴弯曲工艺加工 S43 椅子

Thonet 公司于 1931 年推出由斯塔姆（Mart Stam）设计的 S43 椅子（图 1）。

在 1926 年，它起初是一款直管椅子，管材由铸造的弯头连接。该设计后来被改进并由 Thonet 公司用一根连续钢管弯曲而成。从那时起，它就采用了相同的技术，唯一的区别是新技术使该生产工艺的加工周期更短，精度更高。大部分的芯轴弯曲仍然在半自动机器上进行，因为设置时间更短，并且模具更便宜。但是，从长远来看，在全自动机器上进行大批量生产的收益更高。

由于后期清洗难度较大，钢管或坯料（图 2）在成型之前必须仔细清洁和抛光（图 3）。用手将坯料装到芯轴上并进入压力夹（图 4）。

CNC 机器对准管子并按照顺序开始弯曲。第一个弯曲是在起点（图 5）。从那里，坯料被拉伸并绕轴旋转前进到第二个弯曲点，待弯曲完成，再进入下一点（图 6 ~ 8）。操作精确，没有废品；弯曲过程中会对整个管材进行加工。当过程完成时，用手取下已被弯曲的结构，并检查每个零件的精确度（图 9），然后将其挂起来（图 10）。

弯曲的金属结构在组装之前要进行金属镀覆（图 11）。木制椅面和椅背要进行层压数控加工和涂漆（图 12、13）。将加工好的零件组装在一起并用铆钉连接（图 14）。这把椅子的精心设计、改进和生产使得这个过程看起来很简单。至此，一种简单、轻便，并使用最少的材料制成的椅子产生了（图 15）。

12

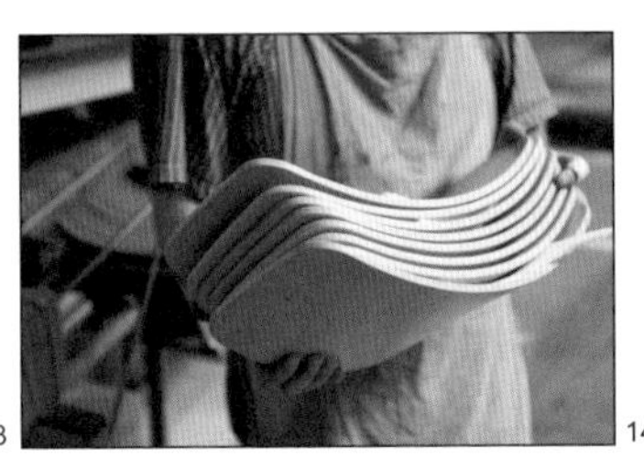
13

14

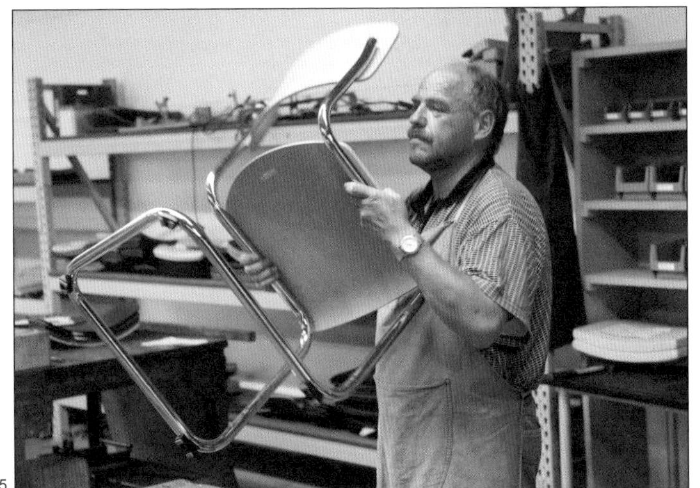
15

主要制造商

Thonet
www.thonet.de

环轧工艺

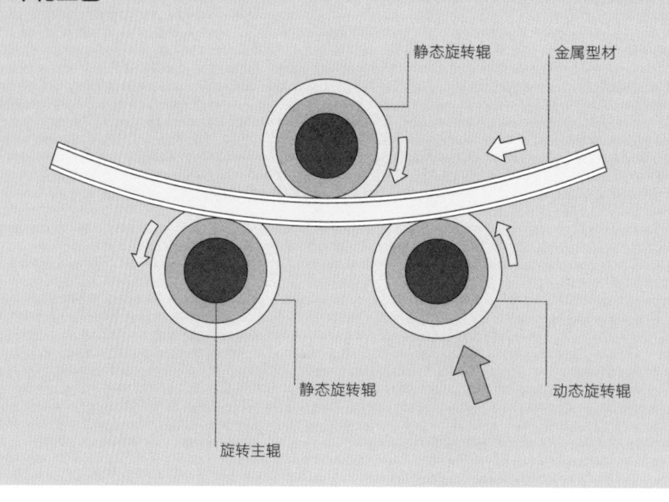

技术说明

环轧要比芯轴弯曲工艺操作简单。所有管材、板材要经过 3 个辊子。其中一个辊子，即图示中右下角的辊子，向内移动，使弯曲更加急剧。弯曲半径在数个周期内逐渐减小，以避免管壁开裂或起皱。坯料来回滚动，直到曲线符合所需的形状。

型材。这方面的一个例子是沿其长度方向逐渐变细的六角形灯柱。

环轧可以生产与锻造（114 页）相似的型材。不同之处在于锻造件都是实心的，环轧件是空心的或板材。可以环轧的最厚实心部分是 80 mm，而锻造可以生产高达 150 吨重的零件。有时将锻造称为环轧，这可能会引起混淆。

连续的圆形金属型材，如这些加热元件是通过环轧工艺加工的，然后采用电弧焊焊接工艺连接接缝。

加工质量

通过弯曲板材增加其强度。此工艺基于金属的延展性和强度，可生产出具有更高刚性和更轻便的零件。

手动操作（如芯轴弯曲）所生产的零件的美观度主要取决于操作者的技能以及他们对特定机器操作的经验。模具往往不准确，因此操作者必须知道如何补偿最佳弯曲角度。当然，自动化和数控操作更精确。

设计机遇

在某些应用中，芯轴弯曲比环轧更灵活；各种弯曲半径可应用在任何轴上的单倍长度金属。但是，对于直径较小的管材，它的弯曲半径相对有限，只能形成最高达 200 mm 的弯

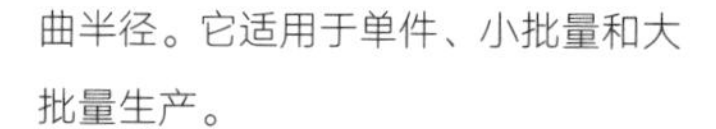

曲半径。它适用于单件、小批量和大批量生产。

环轧的优势在于，它几乎可以对任何金属型材进行弯曲操作（尽管其专用模具非常昂贵，特别是对于大型零件弯曲）。既可以生产特定的型材，也可以生产全尺寸的工件；可沿金属的整个长度方向加工和焊接金属环（参见左图）。半径不一定是恒定的；这个工艺可以用来加工不是正圆的弧。这种技术主要用于建筑行业的结构梁。

环轧的两个主要功能是沿长度方向弯曲或做成环状。可弯曲直径不超过 1 m 的管材。或者，可以把宽度为 4.5 m 的金属板轧制成材料厚度不超过 80 mm 的管材或锥体（板材轧制），还可以将金属材料（包括型材、管材和板材）卷成环状，其最大半径由生产商的能力决定。

设计注意事项

所有的弯曲加工都是拉伸外侧材料同时压缩内侧材料。但是，金属的特性使其更适合拉伸而不是压缩。因此，弯曲的金属长度要比原始稍大，

环轧工艺

在这个过程中将金属管子切割成合适的长度（图 1）并将其放置在辊子上。调整辊子将管子弯曲到设定尺寸（图 2）。当辊子滚压的尺寸接近设计要求的时候停止。这些都是一些大结构的零件，它们不需要极小转弯半径（图 3）。在这个案例中，工艺用于弯曲钢管。这种工艺可以用于加工多种型材，但需要辊子具备相应的形态。

1

2

特别是外部尺寸。这意味着图纸上材料的长度很少能与材料弯曲后的长度相等。

在芯轴弯曲中，管材的最大尺寸一般为 80 mm，但也取决于可用的模具。壁厚一般为 0.5 ~ 2 mm。

最小弯曲半径通常为 50 mm 左右。然而，弯曲必须与设备适应；换句话说，百分之百相同的弯曲是不太可行的。

芯轴弯曲能够产生小半径弯曲，因为内部芯轴可防止管壁起皱和失效。环轧不使用芯轴，因此通常限于 200 mm 以上的弯曲半径。

适用材料

几乎所有的金属都可以使用这种加工方式，包括钢、铝、铜和钛。延展性能好的金属将更易弯曲成型。

加工成本

通常，标准模具用于加工各种各样的弯曲几何形状。专业工具将大幅提高单价，价格取决于弯曲的大小和复杂程度。

大多数操作的周期很短。

因为需要高水平的技能和经验才能产生精确的弯曲，所以人工操作的劳动成本很高。

环境影响

与切割和焊接相反，弯曲通常浪费更少材料且更有效地使用能量。弯曲操作中几乎不产生废料，尽管在制备（例如坯料）和精加工操作过程可能产生废料，但弯曲加工还是非常洁净的。

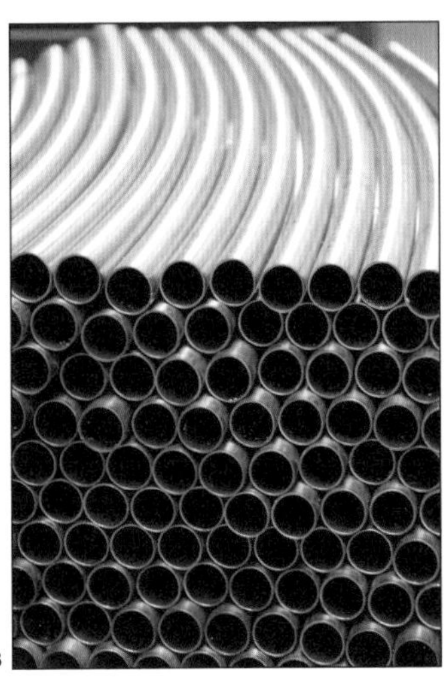
3

主要制造商

Pipecraft
www.pipecraft.co.uk

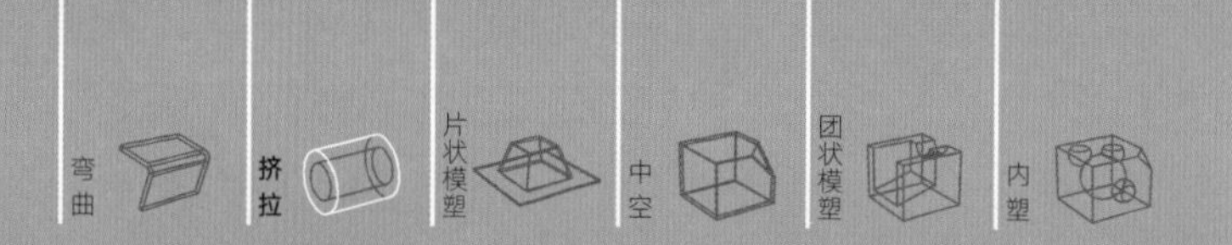

型锻

有两种型锻技术：锤锻和压锻。此工艺用于压缩或扩张金属管以插入锥管、接头或密封端。

加工成本	典型应用	适用性
• 模具成本低至中 • 单位成本低至中	• 探针和长钉 • 索具 • 伸缩杆	• 单件至大批量生产
加工质量	**相关工艺**	**加工周期**
• 精度高	• 电弧焊 • 管材弯曲成型	• 周期短，与操作的复杂程度相关

工艺简介

型锻是在模具中对金属管、金属棒和金属丝进行操作的工艺。它主要用于通过拉伸材料减小横截面，但压锻技术也能够通过拉伸来扩大管的直径。

锤锻技术是一种旋转性操作，也称为旋转锻造和管锥形加工。锥的理想角度不超过 30°，但是在需要时可锻造成 45°。角度小的话，则生产更简单快速，更经济有效。旋转锻造能够制造金属管的密封端。

压锻是一种液压操作，常被称为“管端成型”。压锻可从多个角度同时施力，用于扩大或减小管道直径。

典型应用

型锻的应用多种多样。它可用于制作大零件，如圆柱形灯柱、承重电缆的连接件和接头部分，以及输油输气管道。它也广泛应用于小型精密产品，如弹药外壳、焊炬电极和温度计探头。

型锻大量用于制作接头。主要有两类接头，即摩擦固定和成型固定。摩擦固定接头可反复插拔，而成型固定接头是永久性的。摩擦固定接头可用于帐篷支架、助行器、拐杖和其他伸缩杆。成型固定接头的典型例子如为缆绳型锻金属的衔套或端子以制作索具、电力电缆和节流电缆。也可以将多个金属管锻造为一个永久性的接头。

相关工艺

对于锥形和端部成型，型锻是一种最快速且广泛使用的方法。锥形金属型材也可通过环轧（参见管材弯曲成型，98 页）金属板和电弧焊（282 页）焊接接缝形成。液压成型是近年来发展的能够利用管材制造复杂空心零件的一种工艺。当下该工艺更为昂贵和专业化，其应用包括汽车底盘和高端自行车车架。

旋转锻造工艺

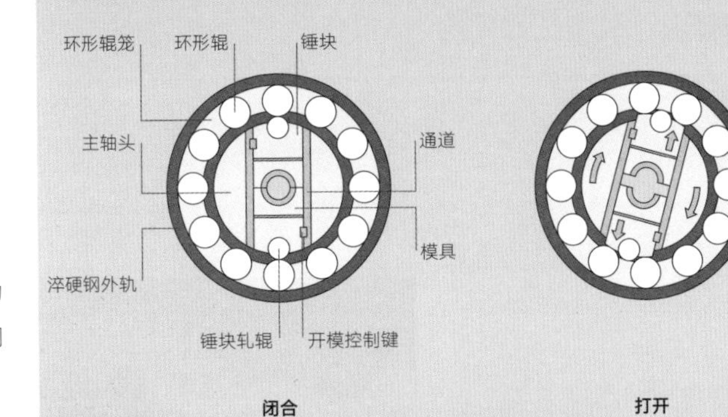

技术说明

在旋转锻造中，利用锤击锻造金属。通常利用锤块，当主轴头快速旋转时，锤块在锤块轧辊上进出。

当主轴头转动时，模具的开口达到最大，锤块轧辊落在环形辊之间，这决定了管材可锻造的尺寸。模具是由工具钢加工而成的（下图）。

为每一个应用所开发的新模具是用工具钢加工的，因为两个型锻产品相似的情况并不常见。

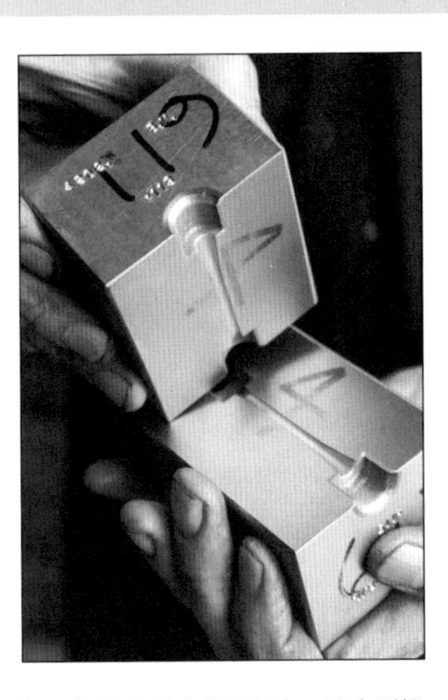

加工质量

在操作过程中，对金属管材进行压缩或延展。在这些情况下，钢制品会变硬（冷作硬化），其机械属性将得以改善。

制作零件的容差为 0.1 mm。零件可以制作得更为精细，但这会大幅延长制作周期。

最终，加工质量取决于操作者的技能。表面粗糙度通常很小，并可以通过抛光（376 页）改进。

设计机遇

可沿着整根管进行旋转锻造。例如，如果在特定的设备上，最大型锻长度为 350 mm，那么就需要分多个阶段制作更长的锥管。另一方面，端部成型通常由于所需压力而局限于短的管材变形。

用于熔化极稀有气体保护电弧焊（282 页）的喷嘴等精密零件，是在

→ 旋锻钢管

旋锻不仅能够形成端部开口的锥形，还能够在一段管道中形成密封端。这对空心探针和尖刺特别有用。

在第一幅图中，25 mm 直径的管（图 1）正在形成一个 30°锥形，继而形成一个密封端。高速旋转时，管道被挤入模锻模具（图 2）。20 秒左右，管道缩径成型（图 3）。其端部 10 mm 很可能成为坚硬的金属。

小直径管采用相同的技术旋转锻造（图 4 ~ 6）。在这种情况下，成品零件没有一个坚硬的密封端（图 6）。通过在金属丝上模压管子，可以使端部孔的直径精确。

1

2

3

一个位于内模之上的旋转式模具里锻造的。这确保了内部和外部尺寸的最大精度。

设计注意事项

由于金属更适合延展而不是压缩，型锻往往会将金属拉伸。因此，螺纹攻丝和孔加工应作为辅助操作进行。

机器决定金属坯料的可行直径。旋转锻造和端部成型都可用于加工直径超过 150 mm 的零件，如灯柱。它们也可用于生产非常纤细的线材，直径小至 1 mm。

材料的厚度取决于锻造机的性能，材料的规格会影响管材的加工成型效果。对于较薄的材料，加厚些是否更合适，并没有经验法则可循，因为两者都可以加工得很好。壁更厚的零件有利之处在于有更多的材料供操作，但需要更多的锤击或锻压。总之，每个设计都必须根据其特点进行评判。

适用材料

可以用这种工艺加工几乎所有的金属，包括钢、铝、铜、黄铜和钛。易延展的金属将更容易型锻。管、棒和线材都适用于型锻。

加工成本

模具通常成本低，但取决于型锻的长度和复杂程度。

尽管加工周期很短，但人工操作的劳动力成本很高，因为生产精密的零件需要高水平的技术和经验。

环境影响

型锻产生的废料很少。它不像机

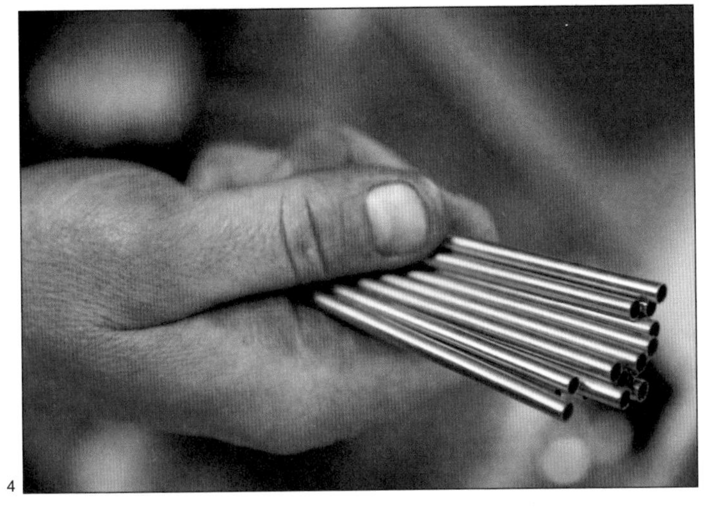
4

5

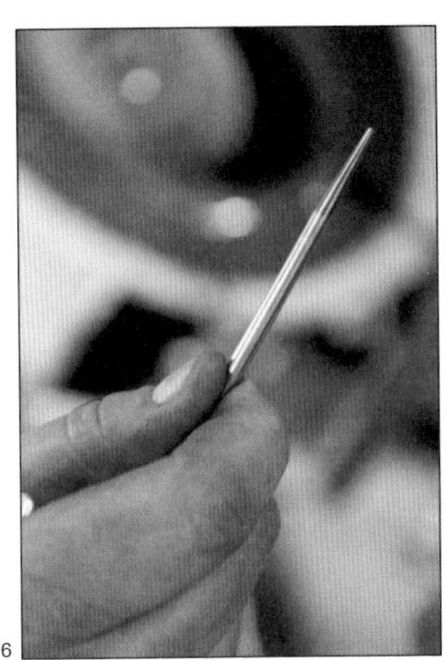
6

械加工采用切削材料的加工方法，故废料少。事实上，锤击或锻打可以增强金属坯料的力学性能，有助于提高产品的持久性。

旋转锻造通常手动操作。振动会导致“白手指”，特别是加工大零件。

主要制造商

Elmill Swaging
www.elmill.co.uk

液压锻造工艺

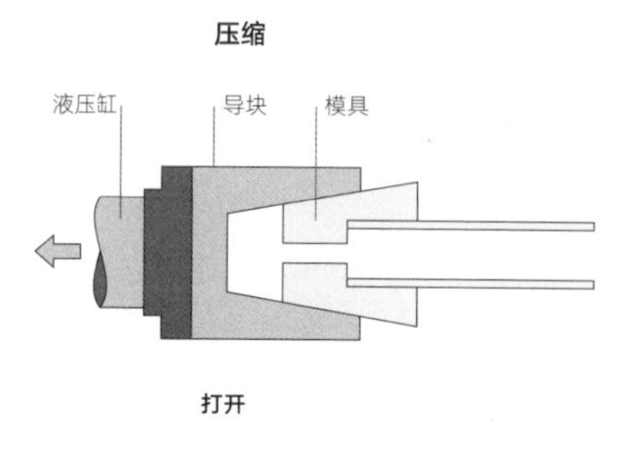

打开

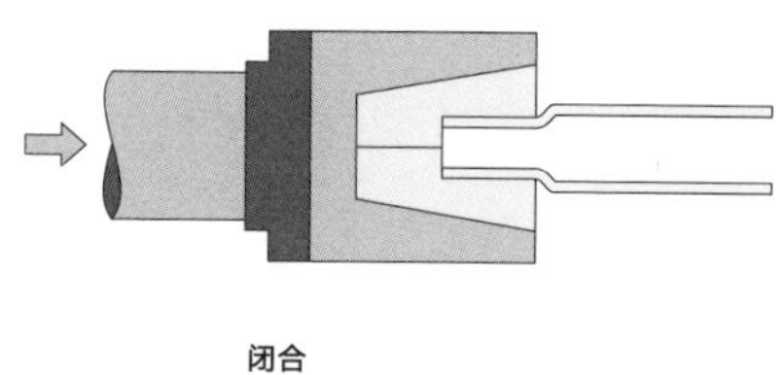

闭合

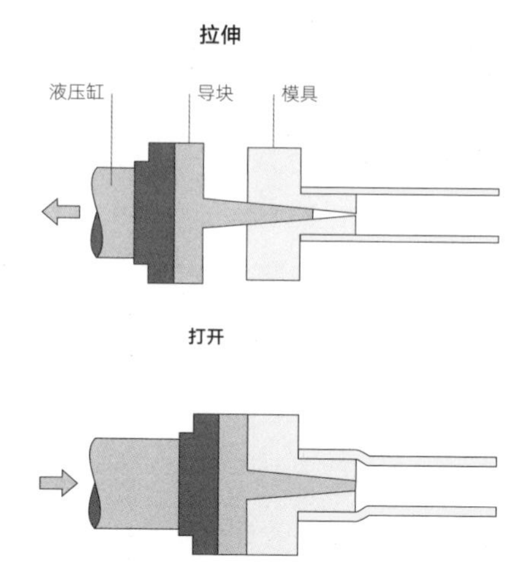

打开

闭合

技术说明

在液压锻造中，将压力施加到管材内壁或外壁处。通常压力通过至少5个模块同时施加，这些模块围绕着管壁。成型过程中需要转动管材以确保加工零件壁部的变形均匀。

液压作用所产生的力沿着正在加工的管材的轴线施加。导块呈楔形，迫使模具收缩或膨胀。模具决定了锻件的形状，可以是平行的或锥形的。对于平行端成型，如接头成型，每种管径都有标准工具。锥形型锻则需要专门设计的工具。

案例研究

→ 液压锻造

型锻模可用于扩大管材直径（图1 ~ 3）或缩小管材直径（图4 ~ 6）。在操作过程中，零件连续旋转，以产生一致的表面粗糙度。液压锻造可应用于各种型材，包括正方形、三角形及圆形截面的型材。

1

2

3

4

5

6

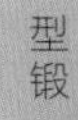

主要制造商

Pipecraft
www.pipecraft.co.uk

成型工艺

辊压成型

使用级进式滚筒可将金属板材和带材加工成肋板、槽材、角材或多边形材。这种辊压成型是一个连续的过程，每小时能够生产 4500 m 的轧制钢。

加工成本	典型应用	适用性
• 专用模具成本高 • 单位成本低至中	• 汽车和其他交通运输工具 • 工程 • 大件家电的外壳	• 最少 1500 m 的批量生产
加工质量	**相关工艺**	**加工周期**
• 螺距精度高（0.125 ~ 0.25 mm）	• 型锻和挤压成型 • 金属冲压 • 折弯成型	• 加工周期短，但取决于弯曲的复杂程度和零件的长度 • 转换时间长

工艺简介

该金属板材成型工艺用于生产具有恒定壁厚的二维连续型材。例如，将金属带材弯成一定长度的连续的角材、槽材、管材和多边形材。辊压成型机（模具）彼此并排安装，因此在连续过程中，它们可以将板材加工成宽达 1.4 m 的肋板、波纹板和卷曲板。

轧制是一种连续操作，加工速度可达 1.25 m/s。同时加工孔、棱和其他辅助形态，以缩短加工周期。

典型应用

冷轧产品的例子包括屋顶和墙板、卡车边板、火车和汽车底盘、航空航天结构件、商店配件、建筑用结构梁以及大件家电的外壳和支架。

相关工艺

挤压成型、折弯成型（148 页）和辊锻成型（参见锻造，114 页）都是用于生产类似的连续型材所进行的辊压成型。在辊压成型过程中，连续型材被切割成一定尺度的短零件，也可通过金属冲压（82 页）加工。

辊压成型仅限于生产具有恒定壁厚的型材，而挤压和辊锻则可用于生产具有不同壁厚的型材和不能通过弯曲单片材料（如工字钢）生产的零件。

与辊压成型一样，折弯成型生产连续的型材。然而，每个弯曲都是折弯成型中的另一个操作，因为辊压成型是连续的，所以它是更快的生产工艺。

加工质量

弯曲板材会增加其强度；辊压成型结合了金属的延展性和强度，可生产出刚性更高且轻便的零件。

冷加工钢显著改善了金属材料的晶粒取向，从而提高了强度。

辊压成型机不影响加工金属的表面粗糙度，并且角度精确到 ±1° 之间，以及尺寸偏差介于 0.125 mm 和 0.25 mm 之间。

设计机遇

辊压成型用于制造标准件和定制产品。许多材料很容易获得，这降低了模具成本和最小生产量要求。然而，可以使用有限元分析（FEA）软件来设计和分析新的和原创的形态。模具的投资可以通过提高生产量来消化。

该工艺可用于生产各种型材，从肋板、槽材到箱型材。用这种方法制造的空心管和箱型材是缝焊的，因为

冷辊压成型工艺

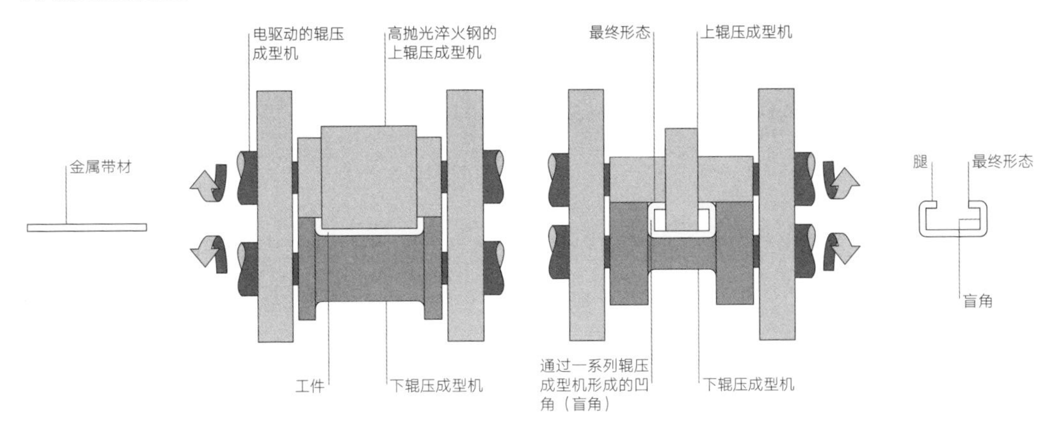

阶段 1：级进式辊子 A　　**阶段 2：级进式辊子 B**

它们形成封闭的截面形状。

具有底切特征（不能直接由滚筒滚压的盲角）的复杂形状、急剧弯曲和折边连接可以通过多个辊压成型机依次实现。

辊压成型是一个连续的工艺，可以制造任何长度的零件，但为了便于处理，一般限制在 20 m。在辊压时可以将型材切割成一定长度，在全速时可以生产短至 0.02 m 的零件。

设计注意事项

模具和转换（设置）在辊压成型中是花费不菲的，因此这个工艺仅适合用于加工 1500 m 以上的板材或带材。最重要的是弯曲只能在生产线上进行。它们的半径等于或大于材料厚度。

横截面的深度将影响模具的成本。零件通常设计成深度小于辊压成型机的开口，以确保工件弯曲的精度和质量。

可以加工的带材或板材的宽度受制造商能力的限制。限制在 0.5 m 以内的情况并不少见。尽管多个辊子并排可以加工宽度大于 0.5 m 的板材，但这种宽度要求更加专业化的技术，且装备加工机械成本高昂。

辊压成型所加工板材的板厚通常限制在 0.5 ~ 5 mm。弯曲处应该至少是带材边缘厚度的 3 倍，否则可能无法弯曲成型。

这些高度抛光的辊压成型模具可用于加工连续金属型材，加工速度可达 4500 m/h。

技术说明

冷辊压成型是在室温下进行的。通常通过线圈将板材或带材装到辊压成型机上，并通过一系列级进式辊压成型机将其弯曲成所需的形状。但是，也可以加工预切板。

弯曲长度逐渐增加，超过几米；每组辊形成的弯曲略多于前一个。该图显示两个辊压成型机中至少形成了 8 个弯曲或更多。

由于设计要求精确匹配，所以辊压成型机成本很高。它们通常由硬化钢加工而成，并抛光至非常小的表面粗糙度。通水冷却和润滑剂减少了模具的磨损，并有助于保持高速生产。

固定在适当位置的辊压成型机对金属表面施加均匀的压力，因此对称的设计很容易实现，并且不太可能有外倾或弯曲。

包括冲压和开槽在内的操作被整合到生产过程中。在扁平金属中预切不重要的孔以缩短成型周期。

→ 运用辊压成型将材料加工成一定角度

这种简单的辊压成型工艺用于将带钢加工成角度。将一卷金属带装到机器上（图 1），然后通过一系列 8 辊级进式辊压成型机拉伸它（图 2），以便进行弯曲。成型机全部由电动机驱动，它们以完全相同的加工速度驱动每个辊子。线圈顶部需要时刻保持张力。

生产周期结束后，从模具中取出完成的零件，这确保了零件尺寸一致（图 3）。然后将成品切割成一定长度并堆放在一起（图 4）。

可以通过运用辊压成型加工的薄壁零件实现不同程度的复杂加工，包括卷边、凹角和截面不对称（图 5）。

1

2

3

适用材料

几乎所有的金属都可以用这种方式加工成型。但是，它最常用于不适合挤压的金属，如不锈钢碳钢和镀锌钢。

加工成本

专用模具将大幅提高单价，但取决于弯曲的大小和复杂程度。模具成本通常等于金属冲压使用的级进式模具。

加工周期取决于加工型材的复杂程度、金属的厚度和截断长度。简单型材的加工速度可以达到 4500 m/h。

环境影响

弯曲是对材料和能源的有效利用。尽管在加工或精加工过程中可能产生废料，但在辊压成型中不会发生。

主要制造商

Blagg & Johnson
www.blaggs.co.uk

4

5

成型工艺
锻造

金属成型传统上是由铁匠在铁砧上对经过加热的材料进行锤击或压制来实现的。如今，锻造是用精密模具和极压锤击、模压或轧制热金属来完成的。

加工成本	典型应用	适用性
• 模具成本中至高 • 单位加工成本适中	• 汽车航空 • 手工工具及金属器具 • 重型机械	• 各种类型的生产
加工质量	**相关工艺**	**加工周期**
• 优良的金属晶体结构	• 铸造 • 机加工 • 弯管工艺（环轧）	• 周期短（通常少于 1 分钟），取决于尺寸、形状和金属种类

工艺简介

金属被锻造成高强度的工具和器具已有数百年历史。例如，马蹄铁、剑和斧头是铁匠在铁砧上锤击热金属而形成的。现在有许多不同类型的锻造，它们可以用来生产从曲轴到冰斧等一系列产品。不同的工艺可分为锤锻、冲锻和辊锻。

锤锻是通过开放式或封闭式模具操作来进行的。这一工艺通过反复锤击形成热金属坯料。封闭式和开放式模具技术之间的主要区别在于，开模锻造通常使用平模进行，而闭模锻造通过将金属挤入模具型腔来加工金属。闭模锻造（也称为压模锻造）用于生产复杂精细的块状。另一方面，开模锻造通常用于将金属坯料“拉出”到轴和杆中，并且可以生产长达 3 m 的零件。

冲锻与锤锻基本相同，只是零件是通过连续的液压形成的，而不是锤击。冲锻可用于加工热的和冷的金属；金属的温度由材料、零件尺寸和几何形状决定。

辊锻通过一系列金属辊子形成连续的金属零件。这个工艺用来锻造连续轮廓和环（垫圈），直径可达 8.5 m，高度可达 3 m。

典型应用

金属锻件的高强度性能使其成为需要优异抗疲劳性能的和关键零件的理想选择。锻件可用于起重设备、

锤锻成型工艺

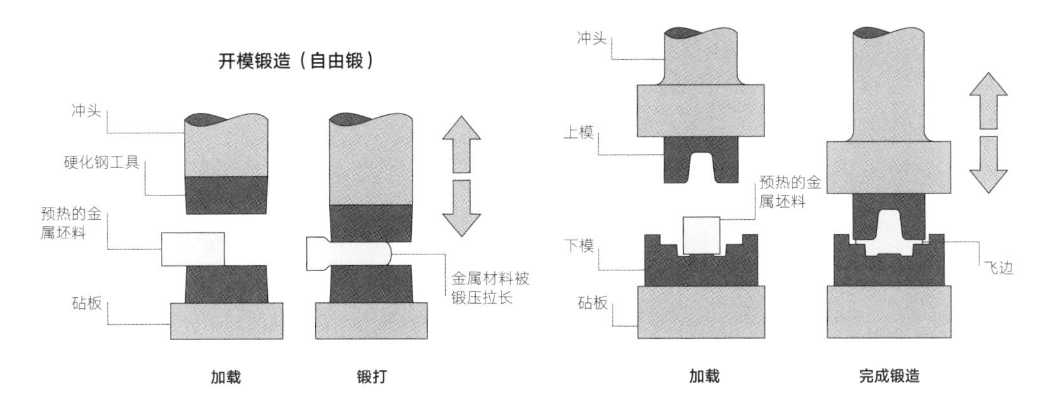

航空航天及军事应用、汽车和重型机械。

许多齿轮、管道零件、手工工具和器具都是锻造的。车轴和曲轴是开模锻造的，钉头和螺栓头是冷锻造的。

相关工艺

锻造适用于单件、小批量和大批量生产。在小批量生产时，它是数控加工（182 页）的替代品，而在大批量生产时与压铸和熔模铸造（124 和 130 页）相竞争。管材弯曲成型（98 页）中讲到的环轧产生与辊锻类似的几何形状，但它们需要焊接，而辊锻环是无缝的。

加工质量

就性质而言，锻造改善了成品零件材料的晶粒结构。金属坯料在锻造时会发生塑性变形，因此金属颗粒沿流动方向排列。这样，可以产生异常的强度重量比，减少转角和圆角处的应力集中问题。零件可以在锻造后进行机械加工而不会损失质量，因为成品中没有空隙或孔等缺陷。

技术说明

锤锻工艺使用封闭式或开放式模具（闭模或开模）。开模通常用于拉伸（拉长材料和缩小其横截面）、镦粗（缩短零件和增大其横截面）和调整（准备用于闭模锻造的部件）。开模锻造也用于加工六角钢和方钢。工具面一般为正方形或V形，用于简单成型。工件由操作者在锤子的每一次落下间隙重新定位，这需要操作者有扎实的技能和经验，故不适合自动化。长型材可以分段锻造。

闭模锻造可以自动进行大批量生产。这些模具采用工具钢（铬基或钨基）或低合金钢制造。模具的预期寿命在很大程度上取决于零件的形状，但也受到锻造材料延展性的影响。例如，不锈钢必须被加热到 1250 ℃以上，因此模具表面比仅在 500 ℃下锻造的铝磨损更快。在操作过程中，充当冷却剂的润滑剂被加到模具的表面，以冷却模具和减少磨损。

在锤锻中，冲头使上模在 50 kg/m^2 至 10 000 kg/m^2 的巨大压力下与工件接触。这力是通过重物或动力装置（压缩或液压）产生的，迫使冲头向下。冲锻由液压缸驱动，通过挤压迫使金属进入模腔。这种技术可以用来处理热或冷金属。金属冷锻通常用于小零件（不大于 10 kg）。冷锻的优点是可用于生产不需要二次加工的网状零件。

公差从小零件的 1 mm 到大零件的 5 mm，视要求而异，因为减小公差会增加成本。锻造通常与机械加工相结合以提高精度。

设计机遇

锻造适用于小批量生产和单件生产，因为它生产的零件具有用其他方式无法实现的卓越性能。锻造可小批量加工零件，但是必须解决随机晶粒定向排列导致的强度降低问题。

辊锻工艺

金属坯料横截面

辊拉长金属并缩小金属的横截面

成型模具加工金属棒材

最终形态的截面

阶段 1：缩小截面

阶段 2：成型

技术说明

辊锻是一个连续的生产工艺。将金属棒材或金属板材送入辊子，分阶段拉长、锻造热金属。每个阶段逐渐缩小横截面，使金属变成所需的截面。这个工艺通常用于加工简单的连续型材。

无缝环也可以以这种方式成型。首先，在锻造盘的中间打一个孔，然后将其锻造成所需的型材。这也被称为环轧。

锻造过程中底切是不可能实现的。但是，可以通过二次锻造操作形成底切和接头。例如转环（下图）。先制造两个独立的锤锻件，然后通过镦锻将孔眼轴的顶端镦粗而将它们连接在一起。镦锻增大了横截面积，并减少了轴的长度，这一工艺类似于螺栓头的成型。

通常，壁厚应为 5 ~ 250 mm。这个工艺对于壁厚的阶跃变化没有限制。

锻造可用于制造各种尺寸和几何形状的元件。锻造件的重量可以低至 0.25 kg 或高达 60 kg。辊锻可生产重量超过 100 吨的无缝环。

设计注意事项

锻造设计必须考虑许多影响铸造设计的因素，包括分割线、起模角度、肋条、半径和圆角。

零件通过锤击、压制形成。锤击和压制可以产生十分深的突起，高达材料厚度的 6 倍。通过巧妙的设计，起模角度可以最小化甚至消失，特别是在铝和黄铜等延性物料中。然而，半径非常重要，因为它们促进金属流动并减少模具磨损。最小半径随着突起的深度而增加。

适用材料

大多数黑色金属，包括碳钢、合金钢和不锈钢，都可以锻造。包括钛、铜和铝在内的有色金属也是适合的。

加工成本

根据零件的尺寸和几何形状，加工成本适中或较高。闭模锻造模具通常可经受 50 到 5000 次循环。模具寿命受所锻造几何形状的复杂程度、锻造腔体的设计、半径变化程度、要锻造的材料、锻造所需的温度、最终表面粗糙度等因素的影响。将多个腔体结合到一个模具中并预先形成金属坯料会延长周期。

通常的锻造在不到 1 分钟内就可以完成，大批量锻造生产每个零件的时间少于 15 秒。

由于操作者需要具备一定的技能和经验，劳动力成本适中或偏高。这是一个相对危险的工艺，因此操作者的健康和安全取决于其能力。

环境影响

需要大量的能量来将金属坯料加热到工作温度并锤击或压制成型。没有材料需要清洗，因为所有废钢和边角料都可以回收利用。

左图

为了将转环的两个零件连起来，先加热孔眼轴是，再将加热后的轴通过孔眼进入加工止动头的模具中。

→ 锤锻一个活塞端盖

在这个案例研究中，活塞端盖在开模和闭模相结合的情况下进行锻造。预制金属坯料，并在开模锻造中去除氧化皮，准备进行闭模锻造。

低碳钢最初 6 m 长（图 1），被切割成方坯，方坯的尺寸取决于零件的重量和几何形状。将钢坯装入炉内，加热到 1250 ℃。每个方坯需要大约 30 分钟才能充分加热锻造。用一把钳子将樱桃红色的钢坯从炉中取出（图 2）。

将热金属与开模对齐（图 3），并通过锤子重复捶击成型（图 4）。零件的形状发生变化，但体积保持不变。金属被锤击时喷出的是表面氧化形成的氧化皮，必须清理去除，否则会污染最后的零件。

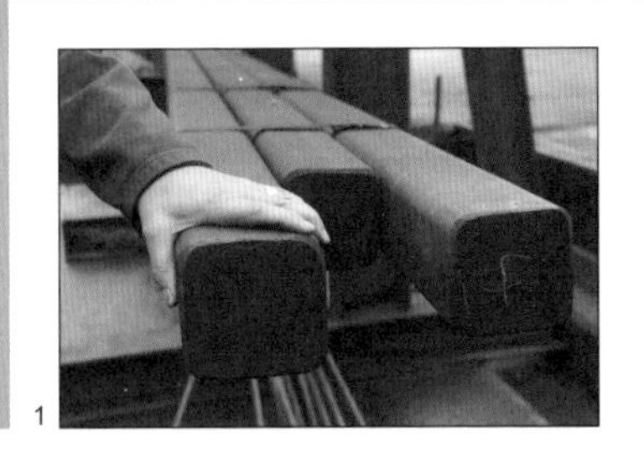

1

2

3

4

该零件现在可进入闭模锻造工艺过程（图 5）。工作台随着锤子的冲击而震动（图 6）。在每个循环中，将热金属载入上模腔和下模腔。一旦形成了飞边，它比剩余的金属冷却得更快，因为它更薄且更不易延展。剩余的热金属保持在模腔内，在锤子反复锤击时都被迫进入其末端（图 7、8）。

这是一个迅速的渐进过程。在这种情况下，在任何时候都无须对金属进行重新加热，因此整个锻造操作在 30 秒内完成。由于锻造的深度，必须在金属为“樱桃红”的情况下进行。末端是最先冷却下来的，并且可以被看作无光泽的补片（图 9）。

这些金属块太重，不允许单个技工用夹钳进行操作，因此他们必须双人合作，才能在工作台之间移动金属（图 10）。技工需要扎实的技能和经验才能在这种环境下工作。飞边在冲床中剪断（图 11），然后移开仍然非常热的零件（图 12）。

5

6

7

8

主要制造商

W. H. Tildesley
www.whtildesley.com

9

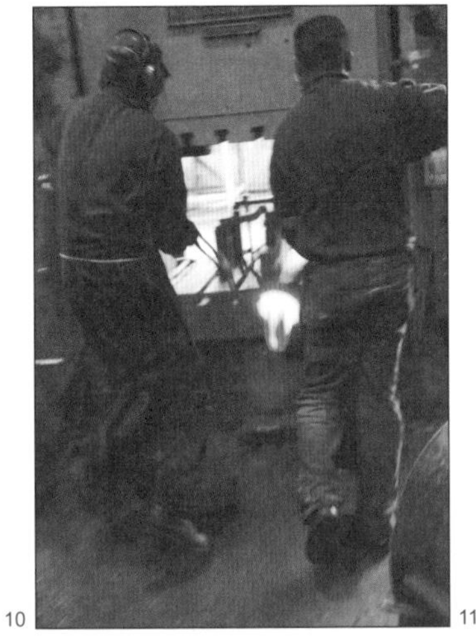

10

11

12

成型工艺

砂型铸造

此处熔融金属是在消耗性砂模中铸造的，打破砂模可以取出变硬成型的零件。对于单件和小批量生产而言，这种工艺相对便宜，适合用于铸造一系列黑色金属和非铁合金。

加工成本	典型应用	适用性
• 模具成本低 • 单位加工成本适中	• 建筑配件 • 汽车 • 家具及灯具	• 单件至中批量生产
加工质量	**相关工艺**	**加工周期**
• 表面粗糙度大，孔隙率高	• 离心铸造 • 压铸 • 锻造	• 加工周期适中（30 分钟为一个周期），取决于二次加工

工艺简介

砂型铸造是一种手工工艺，用于成型熔融黑色金属和非铁合金。它依靠重力将熔融材料倒入模腔中，从而生产外表粗糙的零件，之后必须通过喷砂、机械加工或抛光处理表面。

砂铸工艺使用普通砂。将砂与黏土（湿型砂铸造）或合成材料（干砂铸造）结合在一起制成模具。合成砂模可以更快地制造生成更高质量的光洁表面。然而，铸件的质量在很大程度上取决于铸造厂操作者的技能。

尽管设计到位，具有足够的起模角度，肯定会得到高质量的零件，但铸造过程中有很多变数，设计师对此无能为力。

砂型铸造最常用于金属成型。玻璃也可以用这种方法铸造，但由于它的黏度高，无法流过模具。

实型铸造是砂型铸造和熔模铸造（130 页）工艺的结合，且花费少。实型铸造不使用永久性模型，而是使用消耗性泡沫模型（通常为聚苯乙烯），将其嵌入砂模中。泡沫模型通常由 CNC 加工（182 页）或注塑成型（50 页）形成。当倒入熔融金属时，熔化的金属烧掉泡沫模型。以这种方式制造的零件具有较大的表面粗糙度，但是该工艺对于原型制作、单件生产和小批量生产是有明显优势的。

典型应用

砂型铸造被大量应用于汽车工业，如制造发动机缸体和缸盖。其他应用包括家具照明和建筑配件。

相关工艺

与砂型铸造一样，压铸（124 页）、离心铸造（144 页）和锻造（114 页）都可以加工金属。砂型铸造通常与锻造或 CNC 加工以及电弧焊（282 页）结合以生产更复杂的零件。压铸工艺生产零件更准确、更迅速，因此通常用于大批量生产。

加工质量

表面粗糙度和力学性能在很大程度上取决于铸造的质量。例如，将氮气泵入熔融铝中以去除会造成孔隙的氢气，当从砂模中取出零件时，其表面粗糙度是独特的。因此所有铸件都用磨料做喷砂处理。

不同的砂砾用于生产最高质量的表面。可以通过抛光使零件达到非常小的表面粗糙度。由于砂型铸造依靠重力将熔融材料倒入模腔，铸件中始终存在孔隙。

设计机遇

设计师使用这个工艺有很大的余地。对于小批量生产，它通常比压铸和熔模铸造花费更少。

在砂模上需要一定起模角度以确保去除木模。型芯也需要起模角度，以便从模具中取出它们。但是，可以使用多个型芯，而且最终因为模具被打破以移除凝固的金属零件而不必

技术说明

砂型铸造分两个主要阶段：制模和铸造。在阶段 1，模具被分成两半，称为上型（砂）箱和下型（砂）箱。把一个金属铸造箱放置在木模上，倒入砂子并压实。

对于干砂铸造，砂子含有乙烯基酯聚合物涂层，其在室温下固化。每个砂粒上的聚合物涂层有助于在铸件上获得更好的表面处理效果，因为它会在木模周围形成聚合物膜，从而在铸造金属中形成表面抛光。对于湿砂铸造而言，砂与黏土和水混合直至它充分湿润，以便冲入模具并覆盖模型。将黏土混合物晾干，使混合物中没有水分残留。必须去除水分，否则它将在铸造过程中沸腾和膨胀，从而导致模具中产生气孔。

同时，砂芯由独立的分体式模具制成，然后放入下型（砂）箱中。在浇道和冒口上覆盖一个绝缘套管，嵌入到模型中。

在阶段 2，将模具的两半夹在一起，使型芯就位。将金属加热到其熔点温度以上几百摄氏度。这是为了确保在铸造期间有足够的熔融金属。将定量的熔融金属注入浇道中，填充模具和冒口。一旦模具已满，将放热的金属氧化物粉末倒入浇道和冒口中，这些金属氧化物粉末在非常高的温度下燃烧并使得模具顶部的金属熔融更长时间。这意味着模具内部的金属在冷却时凝固和收缩的过程中，可以持续吸收浇道和冒口中过剩的熔融金属，从而使零件表面的孔隙率最小化。

砂型铸造

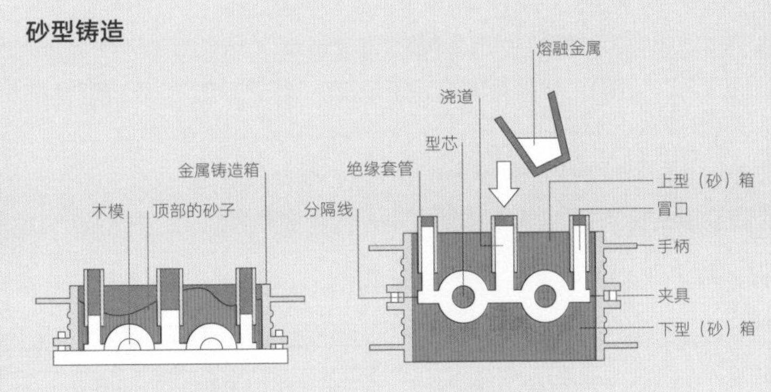

阶段 1：制造模具

阶段 2：砂型铸造

对应外部的起模角度。这意味着可以形成复杂的内部形状，而在压铸工艺中可能不实际。

比起其他铸造方法，砂型铸造可用于生产超大型铸件（高达数吨）。铸件模具的重量可能比铸件本身重很多。因此，以其他任何方式生产非常大的铸件都是不经济的。

设计注意事项

运用砂型铸造工艺生产铸件必须考虑许多设计因素，如起模角度（范围从 1°到 5°，尽管 2°通常已足够）、肋、凹槽、模流和分隔线。零件的设计必须考虑铸造过程的各个方面，从模型制作到抛光，这些因素都会影响设计。因此，在设计过程中应尽早咨询各方以获得最佳结果。

可以铸造的壁厚为 2.5 ~ 130 mm，最好避免壁厚变化，尽管可以用锥形和圆角来克服小的变化。如果要求横截面有较大的变化，那么零件通常是单独铸造和组装的。

由于熔融金属以不同的速度冷却，在设计阶段必须了解所选择的材料，以确保所选材料的精确铸造。钢的收缩率几乎是铝和铁的两倍，而黄铜的收缩率比铝高出约 50%。收缩率随横截面和零件尺寸加大而增加。

适用材料

这个工艺可以用来铸造黑色金属和非铁合金。最常见的砂型铸造材料包括铁、钢、铜合金（黄铜、青铜）以及铝合金。镁由于轻便而变得越来越受欢迎，特别是在航空航天应用中。

加工成本

单件和小批量生产的模具成本较低，主要成本为制模费用，与压铸模

1

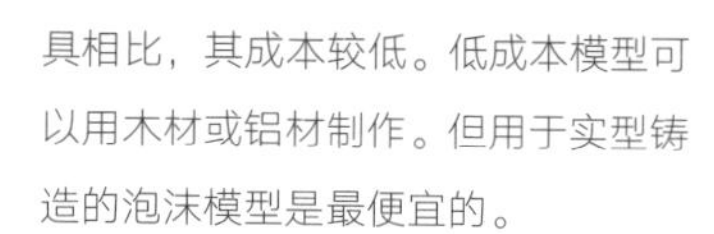

具相比，其成本较低。低成本模型可以用木材或铝材制作。但用于实型铸造的泡沫模型是最便宜的。

周期长短适中，取决于零件的尺寸和复杂程度。铸造时间通常不到 30 分钟，二次加工和精加工操作会延长周期。

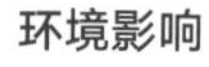

劳动力成本可能很高，尤其这个工艺大部分是手动操作时，而且铸造质量受到操作者技能的影响。

环境影响

每个铸件的很大一部分在浇道和冒口中固化。在大多数情况下这种材料可以直接回收利用，通过将模砂与原始材料混合可以重复使用磨砂。在湿砂铸造工艺中，每次使用后可以回收高达 95% 的模具材料。

砂型铸造对能源的需求相当高，因为金属必须被加热到熔点以上几百摄氏度。

2

3

4

5

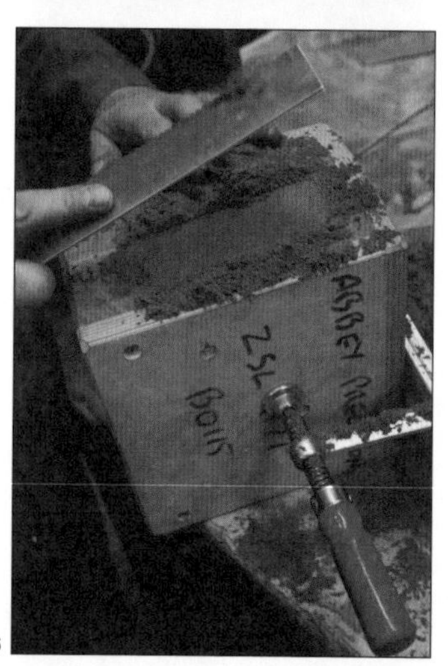

6

→ 应用砂型铸造工艺生产一个灯壳

铝的铸造温度在 730 ~ 780 ℃之间，但在制备过程中，铝在窑中被加热到 900 ℃以上（图 1）。通过在模型上放置金属铸造箱来准备模具（图 2）。将带有乙烯基酯涂层的砂子倒在模型上（图 3）。向该铸造箱逐步填充，并在每次填充之后夯实（图 4）。填充的质量以及最终铸件的质量在很大程度上取决于操作者的技能（图 5）。乙烯基酯在室温下固化并迅速凝固。

与此同时，在一个单独的模具中准备型芯。它们是用相同的带有乙烯基酯涂层的砂子制成的，将砂子仔细地装到模腔中并捶击压实（图 6）。立即打开模具。然后可以移出型芯（图 7）。但在这个阶段砂模仍然非常易碎，因此必须小心处理。

一旦型芯被放入下型（砂）箱（图 8），就可以将模具合在一起并夹紧，并将热熔融金属注入浇道（图 9），由此它通过模具扩散同时升高至冒口。当模具已满时，将放热金属氧化物（在此案例中为氧化铝）粉末倒入浇道和冒口中（图 10），粉末在非常高的温度下燃烧，从而使铝在模具顶部熔融的时间更长。这对于降低铸件顶部表面的孔隙率很重要。

15 分钟后，沿分隔线将铸造箱分开，于是零件露出且覆着一层焦炭砂（图 11）。移除金属铸件周围的砂子（图 12）。零件表面粗糙度相对较小，几乎不需要精加工。将零件从浇道系统上切下（图 13），然后进行喷砂和精加工（图 14）。

7

8

9

10

11

12

13

14

主要制造商

Luton Engineering Pattern Company
www.chilterncastingcompany.co.uk

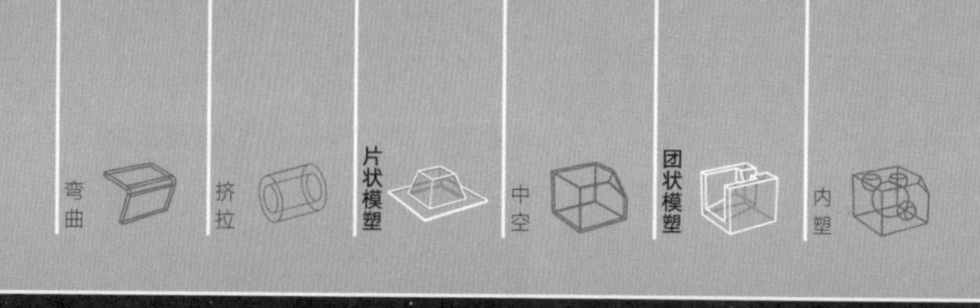

成型工艺

压铸

压铸是用金属成型零件的精确方法。这种高速工艺使用压力将熔融金属压入可重复使用的钢制模型中，以加工错综复杂的三维几何形体。

加工成本	典型应用	适用性
• 模具成本高 • 单位加工成本低	• 汽车 • 家具 • 厨房用品	• 大批量生产
加工质量	**相关工艺**	**加工周期**
• 表面粗糙度小 • 各种力学性能	• 锻造 • 熔模铸造 • 砂型铸造	• 加工速度快，具体取决于零件大小及复杂程度

工艺简介

压铸有多种技术，包括高压压铸、低压压铸和重力压铸。

高压压铸是一种通用的工艺，也是成型非铁金属零件最快速的方法。熔融金属在高压下被压入模腔内形成零件。高压意味着可以实现小零件、薄壁截面、复杂的细节和较小的表面粗糙度。模具和设备非常昂贵，因此该工艺仅适用于大批量生产。

在低压压铸过程中，熔融材料被低压气体压入模腔中。当材料流入时只产生很小的湍流，因此，这些零件具有良好的力学性能。该工艺适用于低熔点合金中的旋转对称零件。一个很好的例子就是铝合金轮子。

重力压铸也被称为金属型铸造。钢模是其与砂型铸造（120 页）相区分的唯一特征。模具可以手动操作，进行大批量生产时采用自动化。减压意味着模具和设备成本更低，因此重力压铸经常用于短期生产，但短期生产对其他压铸方法来说是不经济的。

典型应用

高压压铸适用于众多领域，如汽车工业、大件家电、消费电子产品、包装、家具、照明、珠宝和玩具，可生产大多数压铸金属零件。

例如，低压压铸广泛用于汽车工业中制造车轮和发动机零件。它也用于制造家用产品，如厨具和餐具。

相关工艺

锻造（114 页）、砂型铸造和熔模铸造（130 页）是其替代工艺。然而，因为其通用性、短加工周期、高加工质量、加工件壁薄、高强度重量比和可重复性，压铸是金属零件大批量生产的首选工艺。

压铸通常被拿来与注塑成型（50 页）做比较。主要差异与材料质量有关。与塑料相比，金属对极端温度的耐受性更强，耐用且具有优异的电气性能。因此，压铸件更适合需要这些特性的应用，如发动机零件。

加工质量

压铸件具有较小的表面粗糙度，且随着压力的升高而减小。高速注射方法会导致金属流动紊乱，从而导致铸件多孔。有空隙和多孔是金属铸造不可避免的一部分，但可以通过在设计阶段精明地处理产品加以限制。模流模拟用于优化模具腔体的填充和消除任何可能的空隙和孔。在制造之前进行强度分析以测试零件的力学性能（右页图）。

设计机遇

如果数量合适，使用压铸有许多好处。可对复杂或庞大的零部件进行重新设计，提高强度和减轻重量，以变得更经济。例如，板材中的孔被视为浪费，而压铸件上的孔则被视为一种节省，因为它们直接在模具中生成，所以减少了材料消耗。

这些工艺可用于制造具有内部芯和筋的复杂形状。高压方法可实现非常精细的细节，并且可以形成比其他铸造工艺更薄的壁。零件生产的公差很高，故通常只需要很少或不需要机

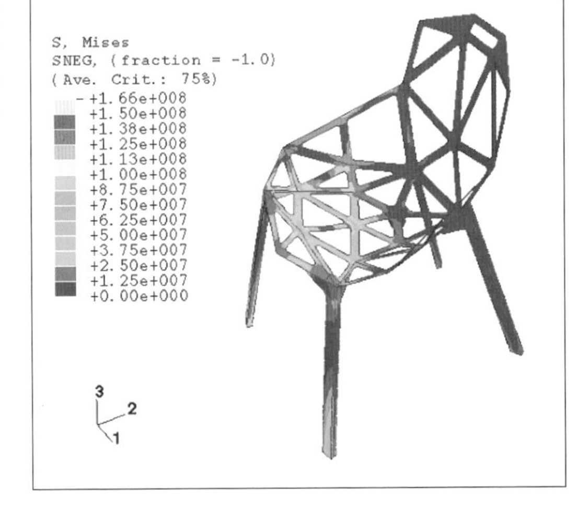

CHAIR ONE 椅子的强度分析显示了结构的弹性。该软件用于在制造铸模之前仔细分析产品的工程指标是否正确。

高压压铸工艺

冷室法

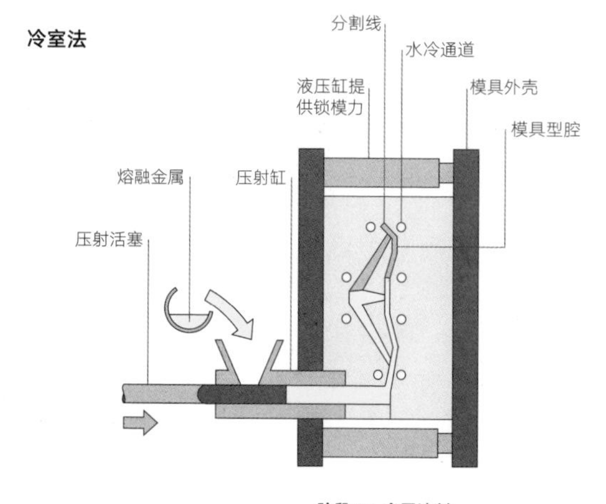

阶段 1：金属注射

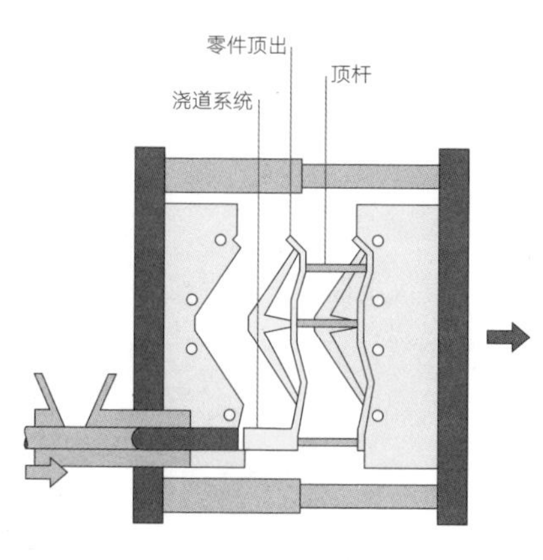

阶段 2：零件顶出

技术说明

高压压铸是作为热室或冷室工艺进行的，唯一的区别是在热室方法中，将熔融金属直接从炉中压入模腔。机器大小从 500 吨到 3000 吨以上。所需的锁模力取决于所制零件的大小和复杂程度。

金属锭和碎料在一天 24 小时都工作的炉子中熔化在一起。在冷室法的阶段 1，一个坩埚收集一定量的熔融金属并将其存放到压射缸中。在热室法中，压射缸通过炉子进料，液态金属被高压下的压射活塞压入模腔，保持压力直到零件固化。

水冷通道有助于保持模型的温度低于铸造材料的温度，并加速模腔内的冷却。

在阶段 2，当零件充分冷却（根据尺寸可能需要几秒到几分钟时间）时，半模打开，零件被顶出。在准备对零件进行接合和抛光操作之前，必须对飞边和浇道系统进行修整。高压压铸铸件需要非常少的机加工或精加工，因为它在模具中就可以达到非常小的表面粗糙度。

加工和精加工。

外螺纹和嵌件可以被铸造到产品中。

设计注意事项

这一工艺具有与注塑工艺相似的技术考虑，即筋条设计、起模角度（1.5°通常足够）、凹槽、外部特征、模流和分隔线。零件的设计必须考虑铸造过程的所有方面，从模具制作到精加工，在设计过程中应尽早咨询各方，以获得最佳结果。

铸造最适用于小零件，因为对于 9 kg 以上的零件来说，钢制模具变得非常大且昂贵。侧向抽芯和其他操作可能会大幅增加模具的成本。然而，如果相同的特征可以通过增加强度来减小壁厚，则可能更有益处。

适用材料

材料的选择是压铸设计过程中不可或缺的部分，因为每种材料都有特定的性能。压铸仅适用于有色金属。黑色金属的熔点过高，因此运用熔模铸造或砂型铸造来进行液态成型，运用锻造进行固态成型。

包括铝、镁、锌、铜、铅和锡在内的有色金属都适用于压铸。铝和镁以其高强度重量比而在消费类电子产品中越来越受欢迎。即使在高温下，它们也具有尺寸稳定性，有耐腐蚀性，并且可以通过阳极氧化（360 页）进行保护和着色。

加工成本

模具成本高，缘于必须用钢制造模具方能承受熔融合金的温度。对于重力压铸而言，砂芯可用于有复杂的形状和轻微的凹角的情况。

特别是使用多腔模具，周期很短，从几秒到几分钟，具体取决于铸件尺寸。

低压压铸工艺

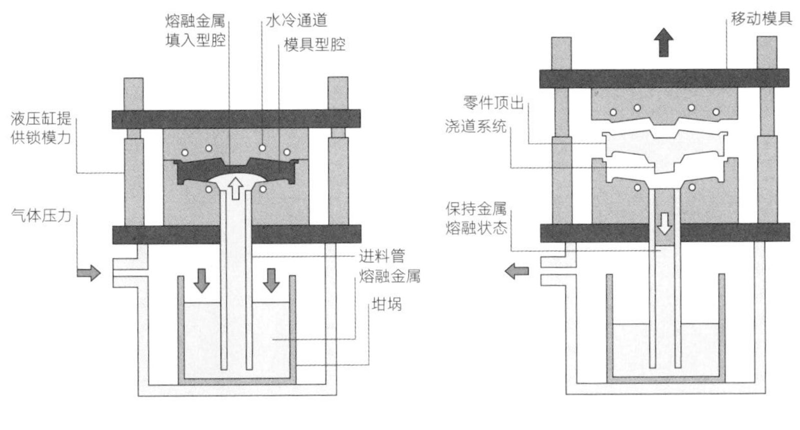

阶段 1：金属注射　　阶段 2：零件顶出

技术说明

在低压压铸中，模具和炉子由进料管连接。模具安装在炉子的顶部，并带有水平分割线。在阶段 1，通过炉内金属表面上的气体压力将熔融材料向上压入进料管并进入模腔。保持气体压力直至零件固化。

在阶段 2，当释放气体压力时，仍留在进料管中的熔融金属向下流回坩埚中。在抬起铸模的上半部分并取出零件之前，将铸件短时间放置以待其固化。这种工艺的本质意味着它最适合生产围绕垂直轴对称的零件。

若使用自动压铸方法，劳动力成本会很低。

环境影响

铸造中产生的所有废金属都可以被直接回收利用，且没有强度损失，因此可以将废金属与相同材料的金属锭混合，然后熔化并重铸它们。

这种工艺需要大量的能量来熔化合金并将它们保持在一定高温以进行铸造。

→ 运用高压压铸工艺生产 CHAIR ONE 椅子

此椅子由康斯坦丁·格里克（Konstantin Grcic）于 2001 年为 Magis 品牌设计，从草案到生产花了 3 年时间。它是专门为压铸铝而设计的，铝是高压铸造中非常常见的材料，被铸造厂大量使用（图 1）。原料（可能来自回收库存）在保温炉中熔化，并与铸造过程中产生的废料混合。用于将熔融铝输送到压射缸中的坩埚下降到保温炉中并收集金属的测量电荷（图 2）。将其倒入压射缸（图 3）并通过压射活塞将其压入模腔内。该机床的锁模力为 13 000 kN，这是铸造 4 kg 椅座所必需的。

2 分钟后，模具分开，露出由机械臂拾取的凝固零件（图 4）。一旦零件被抽出，模具将在下一个循环中进行蒸汽清洁和润滑（图 5）。同时，将零件浸入水中冷却并确保其完全固化（图 6）。

移除零件飞边和浇道系统（图 7），将废料直接送回保温炉，以便重新铸造。虽然堆叠式座椅已经具有非常小的表面粗糙度（图 8），但是还可以通过抛光（376 页）改良。在模具中使用嵌件，以便安装不同的腿部组件（图 9）。

1

2

3

4

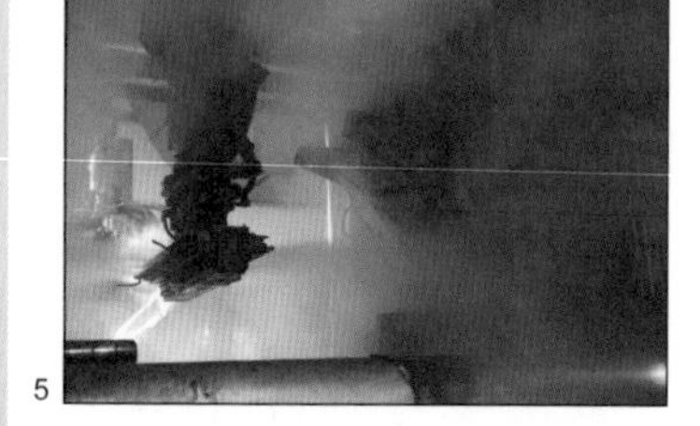
5

主要制造商

Magis
www.magisdesign.com

6

7

8

9

成型工艺

熔模铸造

液态金属在这个过程中形成复杂而曲折的形状，使用的是非永久性陶瓷模具，也被称为失蜡铸造。

加工成本	典型应用	适用性
• 蜡注射模具的成本低至中 • 非永久性模具 • 单位加工成本中至高	• 航空航天 • 建筑 • 消费电子产品和家用电器	• 小批量至大批量生产
加工质量	**相关工艺**	**加工周期**
• 非常高 • 完整度高的复杂形状	• 压铸 • 金属注射成型 • 砂型铸造	• 周期长（24 小时）

工艺简介

这是一种通用的金属铸造工艺。它比压铸（124 页）成本更高，但对许多机械设备而言，它仍是不错的选择。

因为它有很多优点，熔模铸造产品种类繁多，从几克至 35 kg 以上。

熔模铸造由 3 个元素组成：消耗性模型、非永久性陶瓷模具和金属铸造。模型通常用注塑（50 页）蜡，但也使用其他材料，其中包括快速成型（232 页）模型。

适用于小批量生产和大批量生产，从原型制造到每月生产 40 000 个或更多个零件的大批量生产。还可用于生产非常复杂且精密的零件，其薄壁和厚壁部分不能用其他任何方式铸造。

典型应用

其应用领域广泛，包括航空航天、汽车、建筑、家具、雕塑和珠宝首饰等行业。可生产的零件包括齿轮、外壳、电子底盘、罩和面板、发动机零件、涡轮叶片和轮子（上图）、医用植入物、支架、杠杆和手柄等。

相关工艺

一些零件可以用熔模铸造工艺加工，也可以用压铸、砂型铸造（120 页）或金属注射成型（136 页）加工。当数量超过 5000 个时，如果设计合适，可使用压铸成型。

加工质量

熔模铸造适合生产高度完整、具有卓越的冶金性能的金属零件。铸件表面质量一般非常好并且由消耗性模型的性能决定。

每 25 mm 铸造金属零件的尺寸偏差通常精确到 125 μm 以内。

设计机遇

熔模铸造不像其他铸造技术有相同的形状限制，这是因为模型和金属零件在任何时候都不能分离。模型和模具都是非永久性的：蜡从陶瓷壳上熔化，而后者又从铸件上分离。换句话说，可以铸造具有底切和不同壁厚的形状，这省去了昂贵的制造操作，而这对于其他液体成型工艺是不可行的。

复杂的内部形状在蜡模注射成型中是可行的。由许多零件组成的模具有时非常复杂，以减少接下来的装配操作。对于精确且关键的内部几何形状，可以使用溶蜡或陶瓷预制芯。

这些是先分别注塑成型，然后用常规蜡模成型的。当铸造完成后将铸

熔模铸造工艺

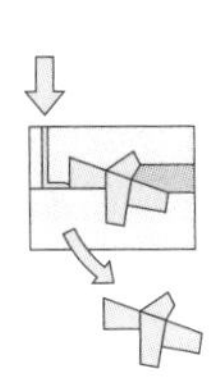

阶段 1：注蜡

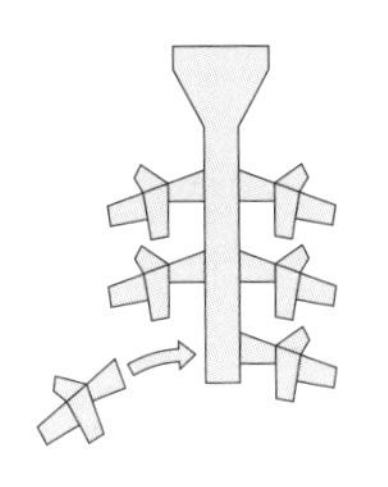

阶段 2：将蜡模装配成树状

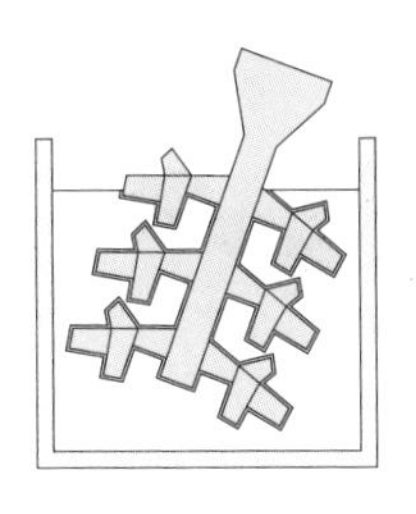

阶段 3：将树状模浸渍在陶瓷浆料中

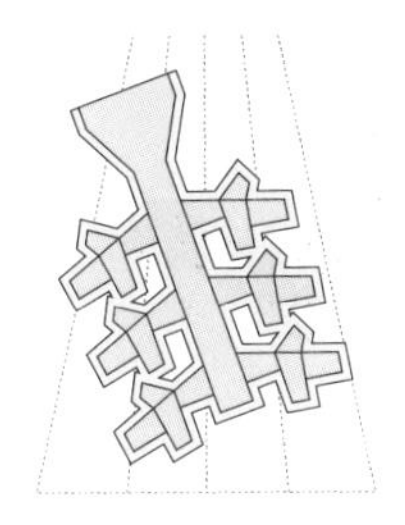

阶段 4：在湿润的陶瓷表面上覆耐火材料

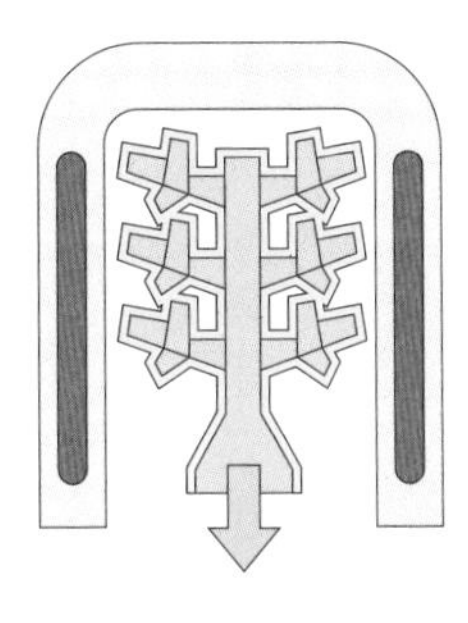

阶段 5：蜡熔化，脱离板模

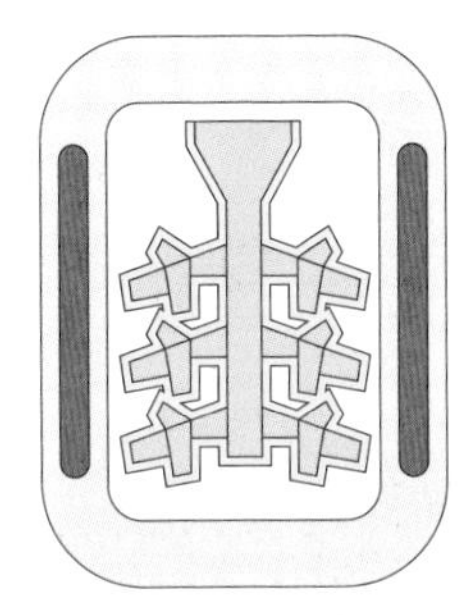

阶段 6：烧制板模

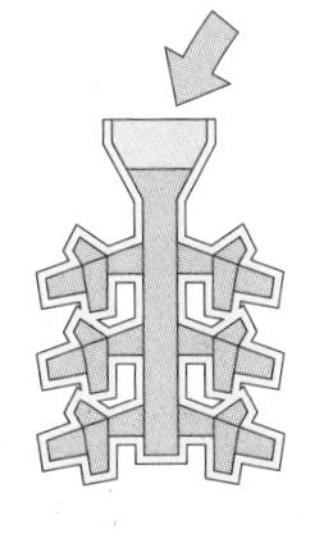

阶段 7：将熔融金属注入高温模腔

阶段 8：从树状模上分离铸件

技术说明

熔模铸造工艺过程包括模具制造、陶瓷模具制造和铸造。

在阶段 1，会形成消耗性模型，在这种情况下是蜡注射。模具通常是铝质的。与传统的注塑成型不同的是这些模具有许多手工组装的零件。蜡在低压下被注入，会出现少量飞边或其他与高压注射技术相关的问题。

蜡件是由浇口和浇道系统连接而成的。在阶段 2，整个组件被安装在中央进给系统上。所有组件都是蜡，因此可以融化并连接在一起。为了提高生产率，每个组件（树状）可以容纳数十甚至数百个产品，这就取决于零件的尺寸了。

在阶段 3 和阶段 4，将组件浸入陶瓷浆料中，然后涂覆细粒耐火材料。主涂层由非常细的颗粒组成，这就确保了壳模内部有较小的表面粗糙度。而涂层数量取决于零件的尺寸和铸造的金属类别。

用越来越粗糙的耐火材料在熔模上用湿浸渍和干抹灰的工艺重复 7 ~ 15 次。在每个循环之间，将壳模干燥 3 小时。

在阶段 5 和 6，蜡模和流道系统是在蒸汽高压炉中熔化的，在 1095 ℃下烧制陶瓷壳。根据所浇注的不同金属，将其从 500 ~ 1095 ℃的窑中移出。

在阶段 7，在壳模仍非常热时将熔融金属倒入。在大多数情况下，直接将金属倒入模具。也可以通过真空来推入熔融金属，或者在压力作用下将其压入模具中。

一旦铸件凝固并冷却，在阶段 8 中会利用冲击和振动将铸件从壳模中分离出来。对于精密的零件，使用化学溶解法或高压水除去外壳。

必须将各个零件从流道系统中取出并清理干净。需要对其进行加工来使其与流道系统接触的表面干净，然后用喷砂（388 页）完成零件的磨削，或者直接作为毛坯铸件，因为其表面粗糙度通常较小。

件浸没在水中，可溶性蜡就可以熔化掉。

注塑蜡仍然是最常用的模料，其他材料和技术包括快速原型蜡（热力喷射发动机）和塑料模型（快速铸造），丙烯酸和机加工或模塑发泡聚苯乙烯（EPS），即泡沫铸塑。实际上，任何可能被烧掉、膨胀系数足够低的材料都适合这模型。

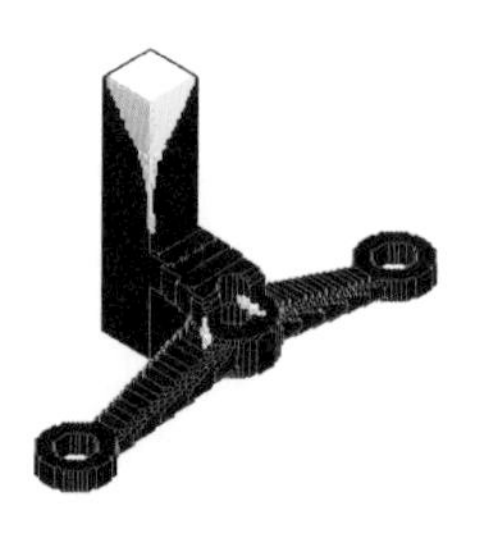
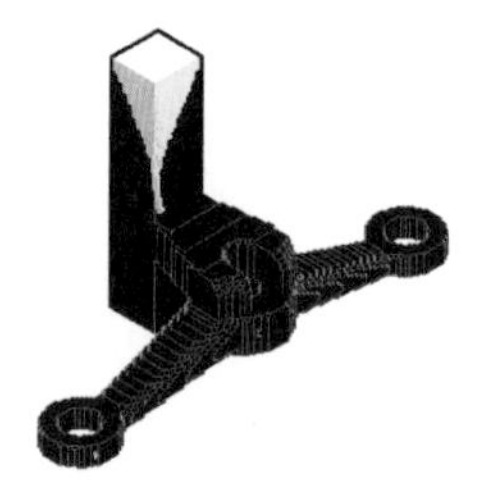

左图

这个模拟图显示了原始零件的潜在问题区。

右图

经过优化的 CAD 模型。这一新的模拟图显示已没有问题区存在。

1

2

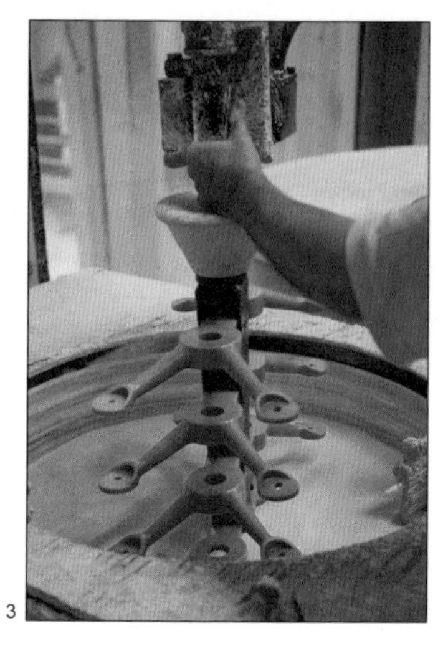
3

有些材料需要比其他材料耗时更长才能被烧掉。蜡已被证实是适用大批量生产和要求表面粗糙度小的模型的最有效材料。

设计注意事项

腔壁不必具有均匀的厚度；有时需要更厚的部分来帮助金属流入模腔。可以通过多个浇口向腔体浇入金属，确保它在复杂的零件周围均匀分布。

零件壁厚取决于合金的种类。对于铝和锌，壁厚通常在 2 ~ 3 mm 之间，然而浇铸壁厚也可以小至 1.5 mm。钢和铜的合金需要更大的壁厚，通常大于 3 mm，但相对于小区域，厚度可能为 2 mm。

铸件应尺寸精确且应尽量压缩加工操作量。然而，内螺纹和长盲孔只能在通过零件上加工的辅助操作完成。

与其他液体成型工艺一样，熔模铸造铸件通常带肋和做增强加固处理以消除冷却时的翘曲和变形。

适用材料

几乎所有的黑色金属和有色金属合金都可以进行熔模铸造。该工艺适合用于铸造无法以其他方式加工和制造的金属，如超级合金。

最常见的铸造材料是碳钢和低合金钢、不锈钢、铝、钛、锌、铜合金和贵金属。镍、钴和磁性合金也可用于铸造。

加工成本

蜡注射工艺存在模具成本。对于具有可拆卸芯段的复杂模具而言，模具成本是适中的。简单的分体式模具往往成本相对较低，并且具有较长的预期使用寿命，因为蜡具有较低的熔化温度且不具有磨蚀性。

加工周期较长，一般在 24 小时以上。

熔模铸造是一种复杂的工艺，需要熟练的操作人员。因此，人工成本可能相当高。

环境影响

在操作中仅浪费少量的金属，而且废料及边角料都可以直接在熔炉中循环使用。熔化的蜡也可以在流道系统中重复使用。

陶瓷外壳不能回收使用，但陶瓷这类材料为完全惰性且无毒性。通过陶瓷过滤法可以捕获铸造工艺中产生的烟雾和颗粒。

→ 应用熔模铸造工艺生产窗户支撑件

CAD

所有零件均是采用 CAD 设计开发的。流动模拟软件用于减少诸如孔隙率等问题。图像序列演示了这个过程。原始零件（左页左图）被逐渐修改优化（左页右图）。潜在孔隙出现区域以黄色突出显示。

熔模铸造

这是建筑行业用于支撑玻璃窗的“蜘蛛”。它们采用不锈钢制成，通常通过电抛光（384 页）加工。

消耗性模型是注塑蜡（图 1），其模具与传统注塑中使用的模具非常相似。这个过程是完全自动化的，但是具有复杂内芯的模具是手工操作的。

模具比最终的金属铸件大 3%，是考虑到蜡收缩 1%，金属收缩 2%。

将铸有 1 个浇口的蜡模组装到流道系统上（图 2）。接口界面用热刀融化并黏合在一起形成一个搭接。

该组件被称为“树状铸件”，可用手将其浸入水基锆石陶瓷溶液中（图 3）。主涂层加工始终是手工操作，因为它对于较小的表面粗糙度来说是最关键和最重要的。将树状蜡转移到一个镀膜室中，为其涂覆精细耐火粉末（图 4），然后将树状蜡悬挂晾干（图 5）。

在这个阶段，陶瓷外壳非常精细，必须用更多的莫来石陶瓷进行二次增强加固。这些是由机器人自动操作的（图 6、7）。每 3 小时加一次涂层。

4

5

6

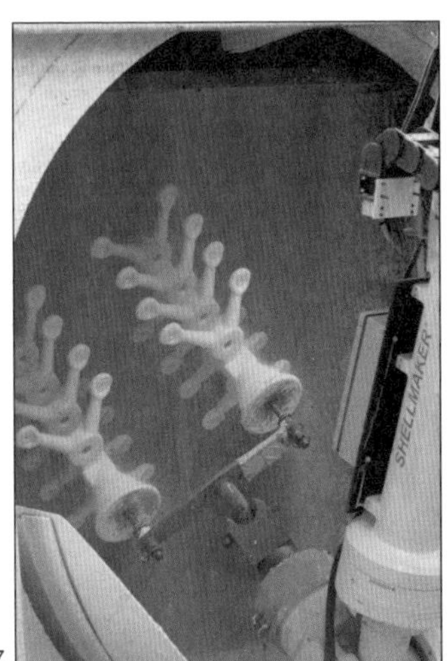

7

增加至少 7 次涂层后，陶瓷外壳变得足够强韧。具有较高熔点的金属和较大零件需要更多的涂层。蜡在蒸汽高压灭菌器中被去除并被循环利用。将空心陶瓷外壳放入 1095 ℃ 的窑中以充分硬化并除去残留的蜡。它是蜡模的精确复制品。

经过 3 小时后，从窑炉中取出陶瓷模具时，它仍处于红热状态（图 8）。在此期间，在坩埚中制备熔化的不锈钢，该坩埚用于将金属浇注到模具中（图 9）。手工操作将金属倒入模具中（图 10）。在浇注熔融金属时陶瓷模具仍保留大量的热量，这促使金属流过最复杂的形状区域。

将模具放置约 3 小时（图 11）待其冷却。用气锤从凝固的金属上分离陶瓷外壳（图 12）。

从流道系统中取出单个零件，将其打磨并抛光即制得成品（图 13）。

8

9

10

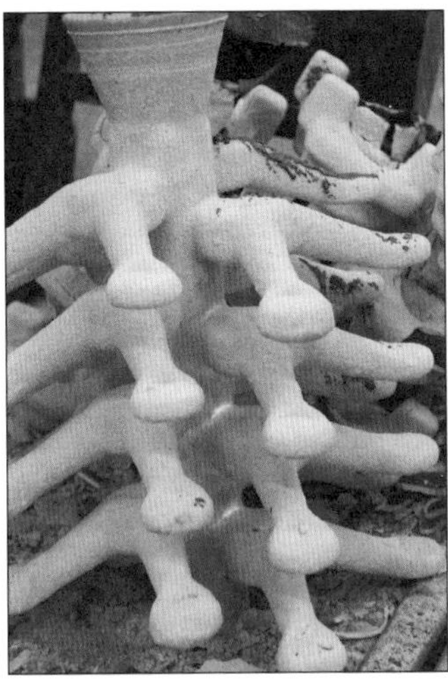

11

12

13

主要制造商

Deangroup International
www.deangroup-int.co.uk

成型工艺

金属注射成型

这种工艺结合了粉末冶金和注塑技术。它适合用于生产钢、不锈钢、磁性合金、青铜、镍合金和钴合金材质的小零件。

加工成本	典型应用	适用性
• 模具成本高 • 单位加工成本低至中	• 航空航天工业 • 汽车工业 • 消费电子工业	• 大批量生产 • 某些应用的小批量至中批量生产
加工质量	**相关工艺**	**加工周期**
• 表面质量高 • 密度高	• 压铸 • 锻造 • 熔模铸造	• 周期短，类似注塑成型（通常 30 ~ 60 秒） • 去毛刺与烧结（2 ~ 3 天）

工艺简介

金属注射成型（MIM）是一种粉末工艺，与粉末注塑成型（PIM）类似，用于加工陶瓷材料和金属复合材料。

它结合了注塑成型的优点和金属的物理特性，可以用于加工复杂的形状、精细的表面细节和精确的尺寸。成型零件具有延展性、弹性和强度，可以像其他金属零件一样进行加工，包括焊接、机加工、弯曲、抛光和电镀。

这种工艺适用于加工小型组件，一般重达 100 g。与传统注塑成型（50 页）一样，金属注射成型主要用于大批量生产，尽管相对其他制造工艺它提供了中小批量生产技术、设计或生产优势。

典型应用

它能够用于加工多种几何形状，因此被许多行业所采用。该工艺的精度和加工速度使其成为航空航天、汽车和消费电子工业制造组件的理想选择。

相关工艺

熔模铸造（130 页）、压铸（124 页）、锻造（114 页）和 CNC 加工（182 页）可用于生产类似的几何形状。事实上，熔模铸造和金属注射成型通常可互换，具体取决于公差和特征的复杂程度。

虽然压铸可以获得与金属注射成型相似的特征和公差，但它只能用于非铁金属材料，而不能用于钢等高熔点金属。锻造通常用于较大的组件，通常是重量超过 100 g 的，由黑色金属和有色金属制成，但锻造达不到金属注射成型所呈现的复杂特征和精度。

金属注射成型减少或消除了对二次加工的需求。它能够生产较复杂的精密零件，这些零件在其他任何加工过程中都可能是无法实现的。对于大批量生产而言，二次加工也可能使成本更高。

加工质量

像注塑成型一样，这种工艺所用的高压确保了较小的表面粗糙度、精细的细节复制及优异的重复性。然而，金属注射成型具有相同的潜在缺陷，包括凹痕、熔接痕和飞边。与许多塑料不同，金属制成的零件可以通过磨光和抛光来减小表面粗糙度。

良好的设计将消除对二次加工的需求。这对于合模线处的飞边变得尤为重要，因为该飞边在烧结后变为金属毛刺。毛边在烧结之后通常很容易除去，但是在表面纹理和螺纹中可能

金属注射成型工艺

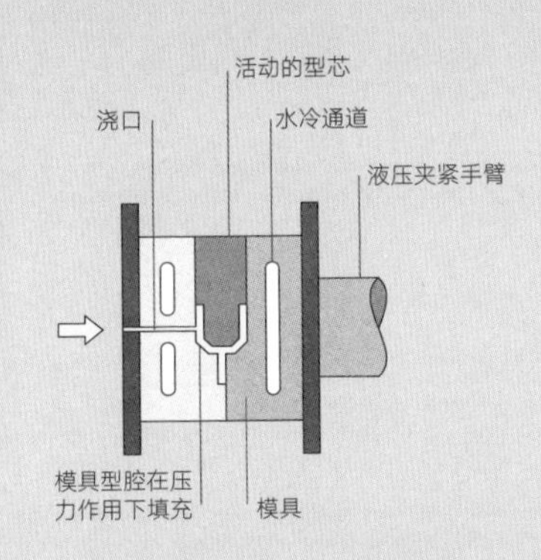

阶段 1：注射成型

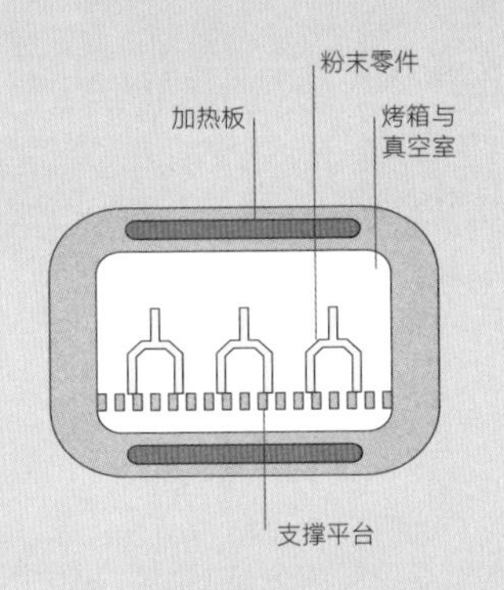

阶段 2：加热与烧结

在阶段 1，注射周期与其他注塑成型工艺大致相同。尽管在加热和烧结之前，模制零件在每个尺寸上大约大 20%。这是为收缩留余地，它发生在黏合剂被去除时。

在阶段 2，将成形坯放在特殊的脱脂烘箱中加热，以蒸发和除去热塑性塑料和蜡黏合剂。模制零件此时处于纯金属中，并且除去了所有的黏合剂材料。

最后一步是在真空炉中烧结零件。这通常以氮气 / 氢气混合物开始，（取决于材料类型）随着烧结温度增加而变为真空。成形坯在烧结期间收缩 15% ~ 20%，以适应在脱脂过程中材料的损失。最终的金属零件具有非常小的孔隙率。

某些零件，特别是那些具有突出特征的零件，由专门设计的陶瓷支撑板支撑，以便它们在高温下不会下垂。带有平板底座的零件通常不需要额外的支撑。

技术说明

细金属粉末，颗粒直径不大于 25 μm，与热塑性塑料和蜡黏合剂混合。球形金属颗粒大约占混合物的 80%。制造商自己经常配制这种原料，但具体的成分比例可能是保密的。

对于金属注射成型而言，注塑机经过稍微改进以适用于塑化粉末复合材料。

会有问题。将螺纹中的平坦区域考虑进去和对非关键区域中的分割线进行定位可以减少这些问题。

烧结后，金属注射成型零件几乎全部致密，具有各向同性的特性。换句话说，孔隙率非常小。这确保了金属零件的结构完整性和延展性（参见上面的工艺流程图，阶段 2）。

设计机遇

金属注射成型的设计机遇和考虑因素与注塑成型密切相关，而不是与传统的金属加工相关。例如，金属注射成型可以减少传统金属加工的组件数量和后续二次加工，因为它可以在单一操作中加工复杂的几何形状。模具有活动的型芯和拧松的螺纹，使得包含内螺纹、底切与盲孔成为可能。

复杂的模具因为包括活动的零件，可能会大幅增加模具成本，但是若它消除了金属注射成型零件的二次加工，则额外的成本可以抵消，特别是在大批量生产的情况下。

没有任何额外的成本，纹理和其他表面细节可以被纳入成型过程中，消除修整操作。

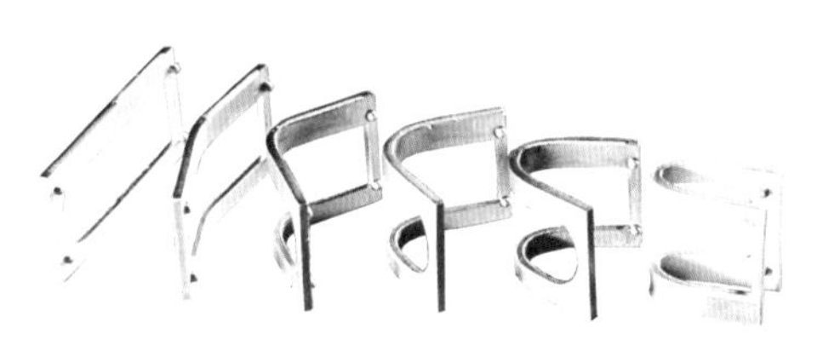

上图

这些弯曲的样品表明金属注射成型材料的结构完整性和延展性。

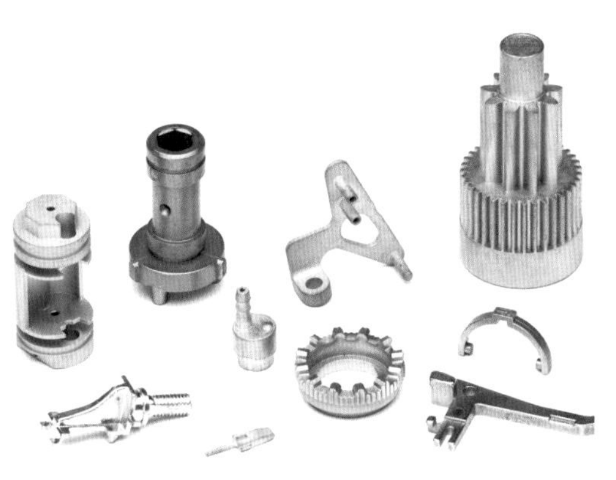

下图

这些零件均采用金属注射成型工艺制造。

1

2

3

可以将孔和凹槽模制到金属零件中，并且生产深度与直径比达到10 ：1 的零件是可行的。

设计注意事项

与传统的注塑成型一样，当指定金属注射成型时，制造商参与开发过程至关重要，以确保该零件能够充分利用金属注射成型工艺的全部优势。

该工艺的一个重要考虑因素和限制因素是零件的尺寸。零件一般为 0.1 ~ 100 g，或长达 150 mm。这种尺寸限制涉及烧结操作，以去除塑料基体并使零件显著收缩。这是因为在加热和烧结过程中，大型零件和厚壁部分更容易扭曲。

壁厚一般在 1 ~ 5 mm 之间，但 0.3 ~ 10 mm 的壁厚也可以生产出来，只是如此极端的尺寸可能会导致问题。像注塑成型那样，壁厚应该保持不变。

为了保持均匀的壁厚并将材料消耗维持在最低限度，必须挖空零件，做出凹槽、盲孔甚至通孔。

内角是应力集中的根源，最小半径应为 0.4 mm。

外角可以是尖锐的或弧形的，取决于设计的要求。除了长平面之外，通常不需要起模角度，这使设计师的工作更容易。

适用材料

金属注射成型最常用的金属材料是黑色金属，包括低合金钢、工具钢、不锈钢、磁性合金和青铜。铝和锌不适用，并且这些材质的零件通常可以制成压铸件。

应用金属注射成型工艺加工一个窗锁机件的钝齿

复合金属粉末、热塑性塑料和蜡黏合剂被制成注塑成型用颗粒(图1)。金属粉末非常细,颗粒呈球形,形成最终致密的烧结结构。

注塑成型设备类似于用于注塑的注塑设备(图2)。混合材料不像热塑性塑料那样流动。模具一般由工具钢加工而成,具有活动的型芯、嵌件和复杂的喷射系统以形成复杂的形状(图3)。当从注塑设备中取出时,这些零件是暗淡的灰色(称之为"生坯"状态),并且由于其金属含量高,它们十分沉重。它们被移动到在脱脂烤箱中堆叠的支撑托盘上(图4、5)。这个阶段通常是手动操作的,但如果数量合适的话是适用于自动化的。

在脱脂烘箱中完全除去黏合剂,然后高温烧结使金属颗粒熔合在一起。

成品零件具有明亮的光泽(图6)。它们是固态金属,孔隙率非常小,金属注射成型零件具有良好的力学性能,比传统烧结组件更坚固,且不那么脆。

4

5

6

加工成本

模具成本与塑料注塑成型模具非常相似。金属注射成型材料的成本通常很高,这是由于要对其加工和预处理以使其适合用来进行操作。

注射周期很短。像注塑成型一样,零件可在 30 ~ 60 秒内成型。与注塑成型不同的是,金属注射成型零件需要将黏合剂去除后再进行烧结,通常需要 2 ~ 3 天,因为脱脂时间为 15 ~ 20 小时,再加上几个小时的烧结。注塑成型的人工成本很低,因为它通常是完全自动化的。然而,金属注射成型需要烧结,这确实增加了手工操作,也相应增加了成本。

环境影响

注塑成型过程中产生的废料可以直接回收利用。一旦材料已经被烧结,它就没那么容易被回收利用,但是由于零件生产精度高且可重复,废品率在这个阶段是很低的。

塑料黏合剂在脱脂操作过程中蒸发并被收集在废物收集器中,不会产生任何环境问题。

主要制造商

Metal Injection mouldings
www.metalinjection.co.uk

成型工艺

电铸

电铸是一种在不导电的表面上进行电镀的工艺。被电铸的物体可以用作模具或封装。电铸是用于复制板材几何形状的极其精确的技术。

加工成本	典型应用	适用性
• 模具成本低 • 单位加工成本高，部分取决于电铸材料	• 建筑及室内装饰 • 生物医学 • 珠宝、银加工及雕塑	• 单件至批量生产
加工质量	**相关工艺**	**加工周期**
• 非常高：精确复制模具，壁厚相对均匀	• CNC 加工 • 熔模铸造 • 激光切割和雕刻	• 加工周期长（几个小时到几个星期），取决于材料及电铸壁厚

工艺简介

电铸与电镀（364 页）相同，但它是在不导电或无黏附的金属（如不锈钢）表面上进行的。通过用银颗粒层覆盖非导电材料（芯轴）使电铸成为可能。这形成了金属沉积的表面。

该工艺以渐进和精确的方式形成金属层。电铸产品将成为芯轴的完全复制品。它适用于非常小的零件，以及大而复杂的形状。

电铸过程是在溶液中和芯轴上进行的。因此，零件几何形状不受传统

机械问题（如压力）的限制。这意味着完全平坦的表面的制作方式与起伏和错综复杂的雕刻完全相同。

添加肋条、凹槽和浮雕设计特征既不影响加工周期，也不影响电铸成本。

典型应用

由于其卓越的精度，电铸应用于要求尺寸精确的产品加工中。例如，它广泛用于生物医学设备、微型筛网、过滤器、光学设备和剃须刀片加工。

它用于制造复合层压成型（206页）、浮雕和金属冲压（82页）工具。大于 1 m^3 的电铸镍模具可能比 CNC 加工（182页）钢模具更便宜。

装饰应用包括室内配件、雕塑、灯饰、珠宝和餐具。金属薄膜支撑（如口罩和圣餐杯）也是以这种方式制造的，因为电铸可以复制非常精细的细节，适用于小批量生产。

芯轴的例子如模制橡胶和木雕。也可以用于生产电铸或金属封装。

相关工艺

电铸在将芯轴表面复制到亚微米级的能力方面是无与伦比的。它被用于复制全息图。类似的板材几何形状可以通过熔模铸造（130页）制成，电铸有时用于生产熔模铸造所需蜡模的模具。

可应用快速成型（232页）、激光切割和雕刻（248页）、手动雕刻、CNC 加工、真空铸造（40页）和注塑成型（50页）制造电铸芯轴。

加工质量

电铸中使用的金属（镍、铜、银和金）通常非常柔软，除了镍之外，必须形成足够的厚度以生产自支撑结构。金属含量可以被极其精确地控制，例如银电铸零件是100%银，这比925标准纯银零件的含银量要多。

表面处理是芯轴表面的反向精确复制。

设计机遇

芯轴可以由半柔性橡胶制成，因此可以使用单个芯轴生产复杂的形状和凹角。

电铸产品可以用比较便宜的材料制造，例如铜或镍，其沉积速度高于其他金属。一旦制造过程结束，电铸零件就可以电镀，将基材的成本效益和强度与其表面上另一种材料的装饰性和耐磨性相结合。

电铸工艺

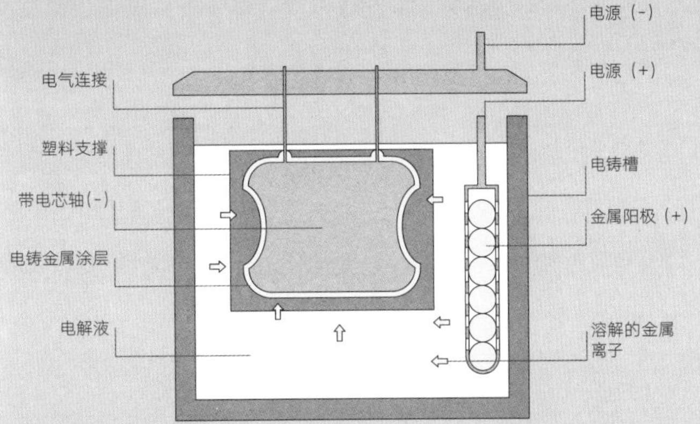

技术说明

电铸和电镀之间的操作差异在于成型操作通常进行得更慢，以提高精度。

芯轴表面的涂层与直流电源相连，这导致电解液中的悬浮金属离子与其结合，并形成一层纯金属。

芯轴通常被设计为可移除和重复使用；它也可以被永久地封装在电铸件中，或被溶解掉。封装几乎可以在任何材料上进行，包括木材、塑料和陶瓷。一个芯轴材料的例子是硅橡胶，耐用且可重复使用。它们被安装在塑料支架上，可在电铸过程中保持形状。刚性塑料可以被模制或机加工，并用于更精密零件的芯轴。

随着电解质在工件表面积聚，电解液的离子含量通过金属阳极的溶解而不断补充，它们悬浮在穿孔导电篮中的电解液中。

这个过程是不确定的，尽管壁厚通常在 5 μm 到 25 mm 之间。处理时间可以是从几个小时到 3 周的任何时间，由计算机控制，以确保高精度和可重复性。

→ 电铸铜

这个硅胶芯轴是一个使用手工雕刻的模制品（图 1）。它是产品的负片，因此电铸时将复制原始的产品。

芯轴上涂有纯银粉末（图 2），它为铜的沉积和生长提供了一个基座。整个表面需要用直流电流充电，因此铜线在芯轴的法兰上远离零件的关键面（图 3）。将芯轴浸没在电铸内电解液（图 4、5）中，电解液通过纯铜阳极供应新鲜离子（图 6）。铜沉积在芯轴的表面上，形成均匀的壁厚。

48 小时后该零件将完全形成(图 7）并具有 1 mm 的壁厚，然后将其从芯轴移除。可以清理并重新使用芯轴。也要清洁电铸零件，并在进行后续处理之前修剪它（图 8）。

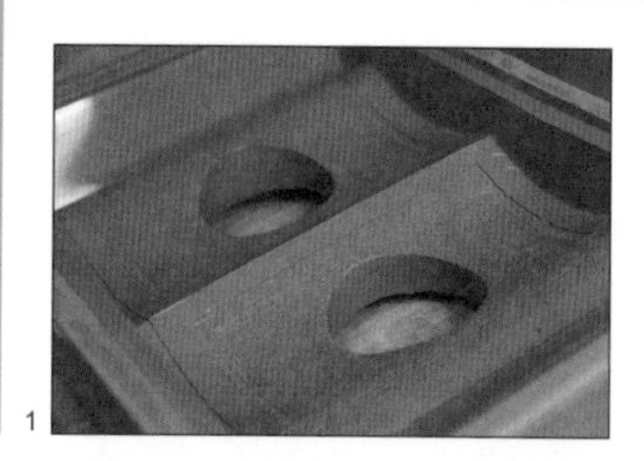
1

2

3

4

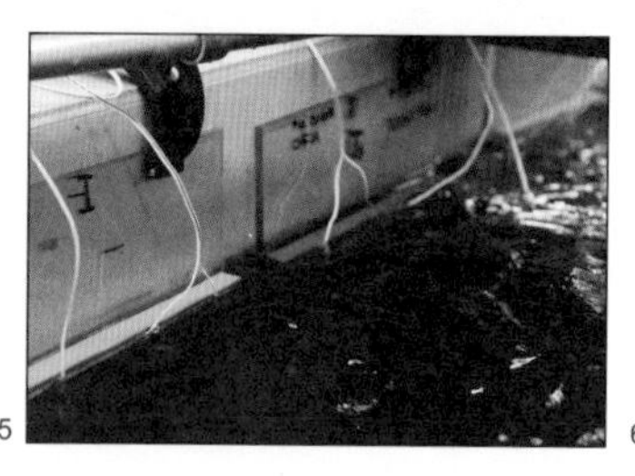
5

6

7

8

主要制造商

BJS Company
www.bjsco.com

电铸可以用于复制用手工或其他任何方法耗时过长的产品，如用电铸多次复制的复杂精细的雕刻品。

设计注意事项

这种工艺的运营成本很高，而且随着零件数量的增加，这种成本并没有显著下降。

电铸零件的壁厚是均匀的。根据应用的要求，厚度通常在 5 µm 至 25 mm 之间。电铸的最大尺寸取决于槽尺寸。通常情况下，这个尺寸高达 2 m^2。但是，也有足够大的槽可以加工高达 16 m^2 的金属零件。在这种尺寸下，尺寸公差减小到 500 µm。在非常大的槽中电铸成型可能需要 3 周才能形成足够的壁厚以满足应用的需要。

适用材料

几乎所有的材料，如木材、陶瓷

涂金的金属封装木材

这遵循与左页案例研究中一样的基本电铸过程，只不过，芯轴完全由一个均匀的金属层覆盖，因此无法重复使用。永久封装的芯轴经常被用作模型，以制造用于后续电铸操作的可重复使用的芯轴。

对原始的木雕（图1）进行喷射，这样它就具有银导电表面（图2）。喷枪有两个喷嘴，给物体喷上水基硝酸银和还原剂。它们结合、发生反应，留下一层纯银薄膜（图3）。这与玻璃镜像过程相同。

然后将金属封装芯轴准备好，通过电铸加工涂金。加工完成后，选择性地抛光零件以突出雕刻细节（图4）。

1

2

4

3

和塑料都可以用电铸成型或用金属包封。任何不能用作芯轴的材料都可以用硅胶复制，这样也适用于电铸工艺。

加工成本

模具成本取决于芯轴的复杂程度。一些芯轴直接由雕刻原件（例如木头或金属）制成，而另一些则是专门为电铸而制造的，会更贵。

周期取决于电铸的厚度，也由沉积速率、温度和电镀金属决定。

零件上的铸壁厚度对于银是每小时约为 25 μm，对于镍每小时约为 250 μm。对于电铸来说，沉积速率将影响质量：较慢的过程比较快的过程倾向于产生更精确的涂层厚度。

劳动力成本从适中到高，取决于涉及的精加工。一些零件需要高质量的表面处理，这往往是一项手工作业。

环境影响

电铸是一种加成工艺而不是还原工艺。换句话说，只需要使用所需数量的材料，浪费较少。

但是，在这个过程中使用了大量有害化学物质。这些物质都是经过提取和过滤严格控制的，以保证最小的环境影响。

主要制造商

BJS Company
www.bjsco.com

成型工艺

离心铸造

离心铸造成本低廉，适用于铸造金属、塑料、复合材料和玻璃。由于模具成本非常低，这种工艺被用于原型制作，以及数百万个零件的批量生产。

加工成本	典型应用	适用性
• 模具成本较低 • 单位成本低，取决于所选材料	• 浴室配件 • 珠宝 • 原型和模型制作	• 单件至大批量生产

加工质量	相关工艺	加工周期
• 很好地复制精细的细节和表面纹理	• 压铸 • 熔模铸造 • 砂型铸造	• 周期短（一般为 0.5 ~ 5 分钟）

工艺简介

离心铸造涵盖了一系列成型液态材料的旋转工艺。通过高速旋转，材料被迫流过模腔。模具材料——硅胶或金属——区分了离心铸造的两种主要类型。可以在硅胶模具中铸造几克至 1.5 千克的小零件。该技术对于从单件生产到批量生产任何数量的小零件都具有成本效益，因为模具相对便宜且制造速度快。铸造材料包括白金属合金、锡、锌和塑料。

更大的产品和更高熔点的材料

离心铸造工艺

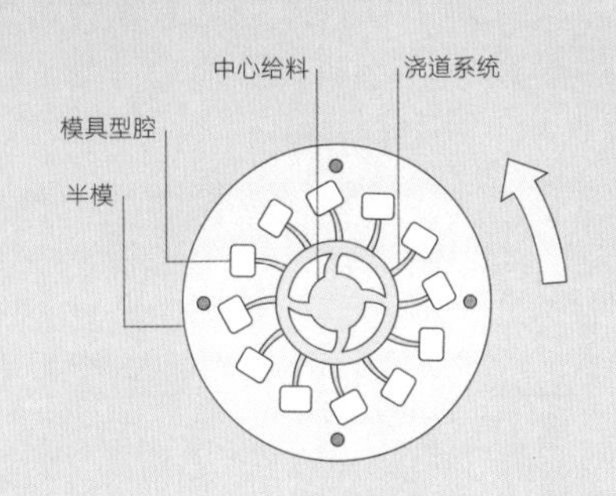

水平多腔铸造

中心给料
模具型腔

水平单腔铸造

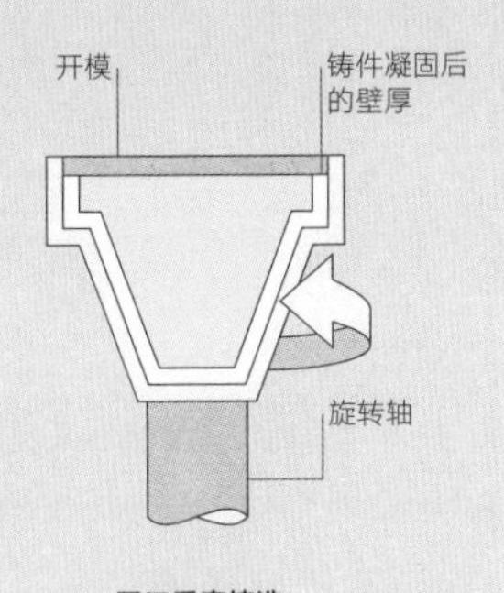

开口垂直铸造

技术说明

用于离心铸造的模具是硅胶或机加工金属的。硅胶模具用于生产小而不对称的零件。金属被用来铸造高熔点材料和较大的零件。由于旋压工艺的性质，大型模具只能生产旋转对称的零件。硅胶模具非常具有成本效益。模型可以被推入硅胶中形成模腔，也可以被加工。

上图所示的两种水平铸造技术使用的是由硅胶或金属制成的模具。熔融材料沿垂直的中央进料芯进入模具。随着模具旋转，金属被迫沿着流道系统进入模腔，在两个半模的接缝之间形成细小的飞边。浇道可以被集成到模具中以促进空气流出模腔。

垂直铸造方法与旋转成型相似。不同的是离心铸造模具绕着一个轴旋转，而旋转成型模具则绕着两个轴或更多轴旋转。在操作过程中，在模具的内表面形成一层熔融材料，从而形成薄片或空心几何形状。

（钢、铝和玻璃）都可以采用此工艺，在金属模具中铸造。

通常为围绕旋转轴对称的产品选择这种技术，它们的直径可达 1 m 或更大。零件的形状和复杂性受到工艺本身的性质限制。

复合材料和粉末也在金属模具中铸造。该技术与旋转成型（36 页）类似，不同之处在于模具仅绕 1 根轴旋转，而不是 2 根轴或更多轴。

典型应用

硅胶模具用于为各个领域生产原型、模型和大批量生产零件。最大的应用领域是珠宝、浴室配件和建筑模型。这些产品在硅胶模具的尺寸限制范围内，低熔点的金属也具有足够的强度以进行离心铸造。

金属模具用于铸造金属压力容器、飞轮、管道和玻璃餐具。

相关工艺

无论使用何种材料，这都是一种铸造工艺，而且有许多类似工艺可用于加工一系列材料，例如金属铸造，包括砂型铸造（120 页）、压铸（124 页）和熔模铸造（130 页）工艺。通过注塑成型（50 页）、真空铸造（40 页）和反应注射成型（64 页）工艺，塑料可以形成类似的形状。同样，类似的玻璃器皿可以通过陶瓷压模成型（176 页）和玻璃吹制（152 页）工艺制造。

将离心铸造与所有这些工艺区分开来的特性是，离心铸造用于生产熔点低于 500 ℃的材料制成的小零件，成本较低。较大零件和较高熔点材料的模具成本也可能较低，因为离心铸造是一种低压工艺。

加工质量

高速旋转模具会迫使材料流过小模腔。表面细节、复杂的形状和薄壁部分被很好地制造出来。在小零件中，250 μm 的公差是可以实现的。

离心铸造是一种低压工艺，对铸件的质量既有好处也有害处。例如，材料若没有填充到模腔中（如注塑成型和压铸），零件会更加多孔。该工艺往往用于生产不必承受高负荷的零件。低压的好处是，当零件冷却和收缩时变形较小。

离心铸造工艺生产的大型金属零件具有较硬的外表面，因为较高浓度且较大分子量的分子在离心力作用下被迫流到型腔的外围。

设计机遇

设计师的主要机遇与硅胶模具离心铸造有关。这项技术可以在单个循

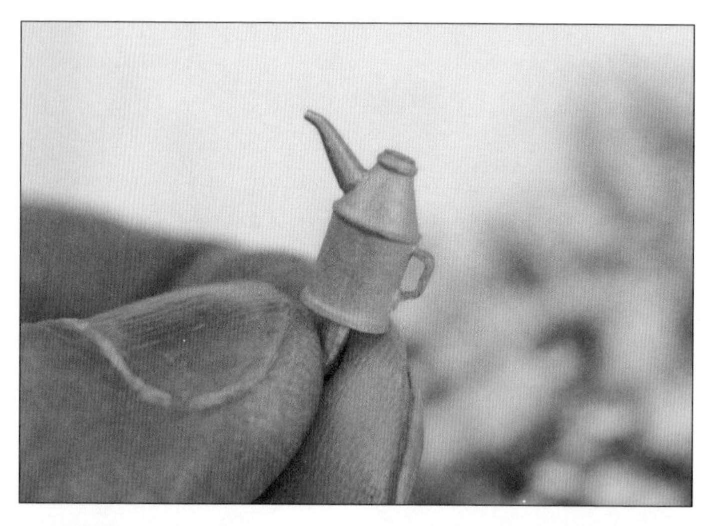

上图

小零件，例如 40 ：1 的小比例铁路模型油壶，采用离心铸造工艺加工。

下左图

12 ：1 比例的锡合金轮子模型，是 Raleigh 汽车模型的一部分，非常精细。

下右图

多腔硅胶分体式模具，一个周期可生产 35 个金属零件。

环周期中生产 1 至 100 个零件。

大型零件围绕中央核芯铸造而成。通过模具单独的浇口加料给放置在中央核芯周围的小型零件，因此可以将多个零件铸造在一个模具中（右页图）。

使用半刚性有机硅意味着可以铸造出硬模具不具有的复杂细节和凹角。多芯可以手工插入，以形成即使是硅胶也无法达到的形状。

由于离心铸造是一种低压工艺，壁厚的阶跃变化不会引起严重的问题。此外，可以将熔融材料从多个点供给，以充填零件较大部分之间的小壁段。

与其他的金属铸造技术一样，金属零件可以用带嵌件和可拆卸芯件的模具模制，也可以抛光、电镀、涂漆和加粉末涂层。

设计注意事项

在硅胶模具中，壁厚一般为 0.25 ~ 12 mm，而在金属模具中，壁厚会更大。

用有机硅模具离心铸造生产的金属具有低熔点。因此，它们不会像以其他方式形成的金属那样坚固和有弹性。为了克服这个问题，可以增大壁厚和增加零件的肋。

适用材料

硅胶模具可用于浇铸一些塑料，包括聚氨酯（PUR）。金属材料包括白金属合金、锡和锌。

金属模具用于加工大多数其他金属、粉末（金属、塑料、陶瓷和玻璃）及金属基复合材料。

加工成本

硅胶模具的成本非常低，特别是多腔模具。金属模具更贵，但对于其尺寸来说仍然相对便宜。

低熔点金属和塑料的循环周期为 0.5 至 5 分钟。而根据材料的厚度，玻璃制品可能需要数天才能退火。这种工艺的劳动力成本通常比较低。

环境影响

所有废金属、热塑性塑料和玻璃都可以直接回收利用。小零件生产所需的能源非常少，而多腔模具则具有成本效益并可减少材料消耗。

白金属合金和锡是铅的合金。一个例外是英国标准锡，它不含铅。尽管铅是一种天然存在的材料，若量足够大则是一种污染物。例如，如果摄入足够多的话，它会引起神经系统问题。因此，铅不应用于饮用或食用产品的设计。

运用离心铸造工艺生产一个锡材料的比例模型

这个铸造的锡零件是相当大的（图 1），因此每个模具一次只能生产 1 个零件。硅胶模具与核芯组装在一起（图 2），这样能够形成凹角。将模具的两半组装在一起并定位，并在交界面上形成突起和与之匹配的凹槽（图 3）。

将模具放在旋转台上并夹在两个金属圆盘之间（图 4）。在旋转过程中它被密封在一个盒子里，以便可以收集有毛边的金属。模具高速旋转。在温度 450 ℃以上时（图 5），将锡合金浇入中央进料芯。锡合金进入模具。离心力推动它通过流道系统，它开始快速地冷却和固化。一旦金属充满了模具，旋转就停止。

静置 3 分钟后将半模分开，并将铸造金属件取出来（图 6）。它仍然非常热，因此要将它放置到一侧，待其冷却到合适的温度。从熔融状态到固态它将收缩大约 6%。离心铸造是一个低压过程，因此该零件在冷却时不太可能变形。

1

2

3

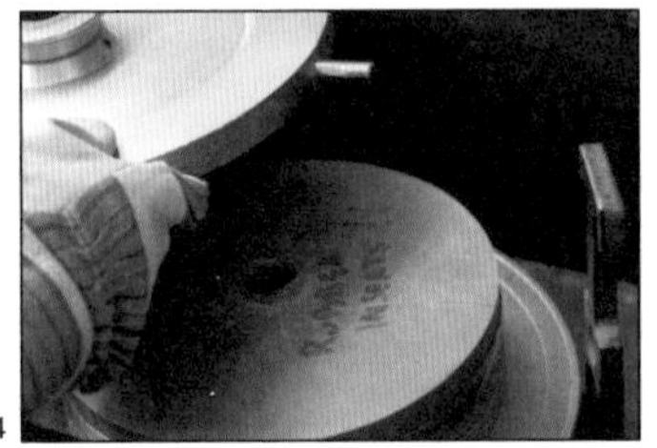

4

5

6

主要制造商

CMA Moldform
www.cmamoldform.co.uk

成型工艺

折弯成型

这种简单且通用的工艺用于弯曲金属板材，以制作原型和批量生产，可以成型一些几何形状，包括折弯、拉伸和片状。这种工艺也被称为弯曲成型。

加工成本	典型应用	适用性
• 无标准模具成本 • 单位成本低至中	• 消费性电子产品和家用电器 • 包装 • 汽车及其他交通运输工具	• 单件至大批量生产
加工质量	**相关工艺**	**加工周期**
• 折弯精度高，误差在 ±0.1 mm	• 挤压成型 • 金属冲压 • 辊压成型	• 折弯的周期为每分钟 6 次折弯 • 机器设置时间较长

工艺简介

对于小批量到中批量的金属加工，折弯机是十分必要的。与切割和焊接设备配合使用时，折弯机适合制造包括折弯、拉伸和片状的产品。折弯机通常手工操作，用于单件生产、小批量生产和多至 5000 件的大批量生产。

使用液压缸冲压，使金属沿着凸模和凹模之间的单一轴线弯曲。可用许多标准的凸模和凹模生产出不同角度和圆周的折弯（右页图），但金属折弯的路径只能是直线。

典型应用

折弯机是一种通用的机器，它能够弯曲长达 16 m 的薄件和厚件。可制作的产品包括货车专用线、建筑用金属件、室内用品、厨房用具、家具、灯具、原型和一般性结构金属件及备件。

相关工艺

这一工艺的局限性在于批量生产的零件小于 5000 件。每次折弯都是一次操作，在每次折弯前机器都需要重新设置。但是，对于现代计算机辅助设备而言，弯压的过程不长，每秒生产量大。因此，在通常情况下，为了减少大批量生产中的操作次数及时间，必然会增加相应的模具成本。

金属冲压（82 页）可以在单次操作中生产具有波浪轮廓线的复杂

折弯成型工艺

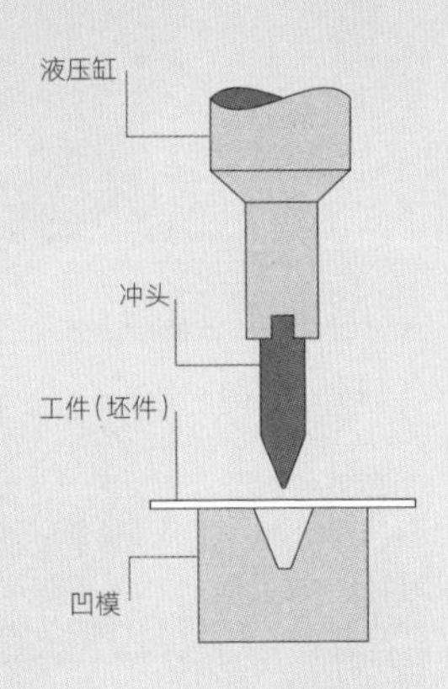

阶段 1：加载

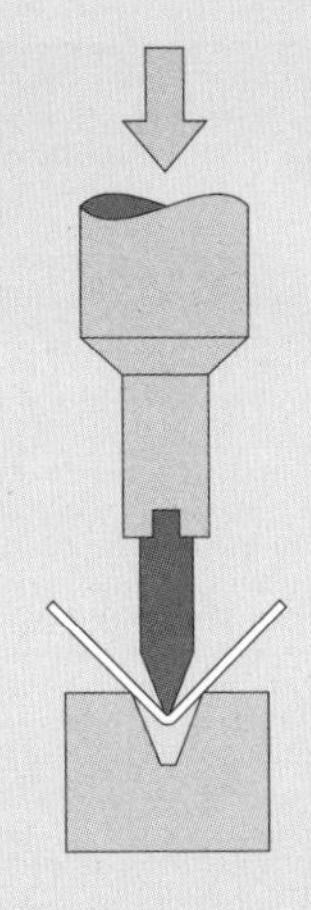

阶段 2：悬空折弯

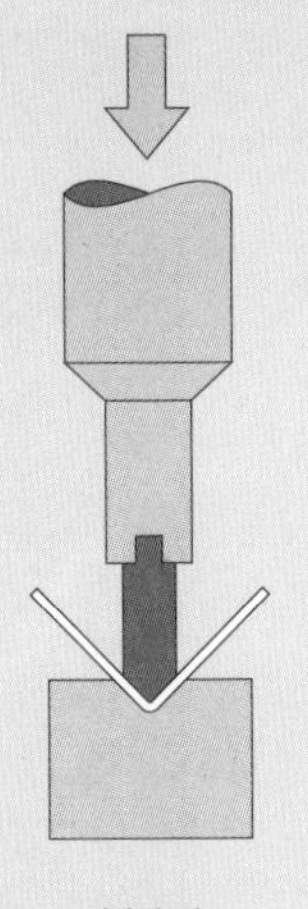

底部折弯

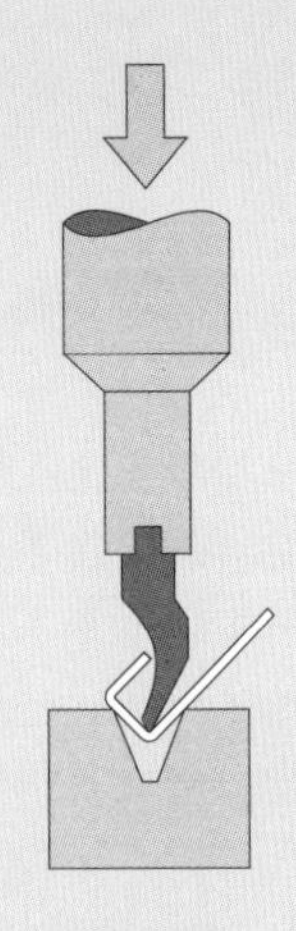

鹅颈形折弯

技术说明

折弯机是由液压缸所驱动的，在垂直方向施力。其吨位的大小由四个因素决定：折弯长度、板材厚度、延展长度和弯曲半径。增加凹模的宽度会增加弯曲半径的尺寸，并减少成型所需的吨位。一个标准的 100 吨折弯机可将 3 m 长的 5 mm 厚的板材压入一个 32 mm 宽的凹模内。窄凹模需要更大的吨位。

阶段 1，将事先备好的工件放在凹模上。在阶段 2，冲头由液压缸驱动，向下迫使工件折弯，每一次折弯需几秒钟。在两次折弯的间歇，计算机辅助设备需要复位。也就是说，设备在移位进行下一次操作前，同一批工件使用同一种折弯成型。

折弯的几何形态取决于冲头和凹模的类别；它们有很多的种类，如悬空折弯模、用于底部折弯的 V 字模、鹅颈模、锐角模和旋转模。可对模具做激光硬化处理提高其耐用性。

悬空折弯用于一般性的工作，如精密金属加工；因为操作过程中需要更大的压力，底部折弯和与之相配的凹模（也称为 V 字折或模压）则用于更高精度的金属加工。因为常规的模具无法做到，鹅颈模用于折弯凹角。

形态。金属冲压工艺的设计与折弯成型的设计截然不同。

金属折弯与折弯成型相似：两者都加工薄板材，使之形成小角度的折弯。金属折弯机通常与板材加工生产线配合使用。它可生产壁较薄的金属外壳，如包装和电子产品外壳。可制作的几何形包括正方形、长方形、五边形、六边形和锥形。

辊压成型（110 页）与挤压成型相似，将板材加工成连续且壁厚不变的形态。辊压成型的优点在于能加工几乎所有的金属材料，而挤压成型能够生产具有不同壁厚的中空形态。

加工质量

将板材折弯增加它的强度，同时利用金属的延展性及强度，生产出刚度更高和更轻便的零件。

加工设备由计算机控制，可将精度控制在 0.01 mm 以内，可以对任何的给定零件进行预编程。

即便如此，折弯成型的美观度在很大程度上由操作者的技术水平，以及操作者对某一特定设备的使用经验所决定。

设计机遇

折弯机可使 8 m 长的板材连续

制作生产许多不同形状的折弯，无模具成本，使用如图所示的各种标准冲头即可。

弯曲；理论上，与锚机配合使用，可以加工 16 m 长的板材。在使用悬空折弯模时，需要时推下冲头，可快速折弯板材，从而形成一系列的角度。锐角模可以使工件折弯至 30°。分段式模能够加工特定长度的弯曲，也就是说，可同时制造出多个弯曲。

折弯机可生产出长的、锥形的、分段式的轮廓，这是挤压成型或辊压成型无法实现的。

设计注意事项

折弯成型的主要局限在于只能生产出直线弯曲。对于延性物料，弯曲内半径大约是材料厚度的一倍；而对于硬质材料，弯曲内半径大约是材料厚度的三倍。弯曲余量（也称为延展余量）用于计算工件成型后的尺寸。通常来说，加上穿过材料厚度中间的圆弧的长度，可计算出平展后的净成型尺寸。

冲头必须沿着整个弯曲施力。中空的零件是通过加工折弯后的片状几何形状所产生的，也可以使用两个接近 90°的弯曲围成，它们形成一个底切特征。

可使用具有悬垂特征的冲头；它们能够下到底切且沿着整个弯曲施加力。

如果金属零件是冷成型的，最大厚度（与设备的加工能力有关）大约是 50 mm。除此之外，当材料的表面超出延展的范围时，会断裂。对弯曲部位进行加热，意味着可以折弯更厚的工件，其局限性取决于设备的加工能力。最大尺寸通常受限于板材的尺寸，例如街灯，当长度达到 16 m 时，必须折弯。

1

2

3

4

5

适用材料

几乎所有的金属都可以使用折弯成型工艺，包括钢、铝、铜、钛。延展性强的金属更容易弯折，因此可以被加工成更厚的零件。

加工成本

标准模具可用来加工制造一系列的弯曲形状，如悬空折弯模能够生产一系列角度，甚至是锐角度数较小的弯曲。但是它的精度小于底部折弯 V 字模。特殊模具会增加单位成本，这取决于弯曲的尺寸及复杂程度。

现代计算机辅助设备每分钟折弯 6 次。设置则需要较长的时间，但是一位熟练的操作者会极大地减少所需的时间。

对于人工操作而言，生产高精度的零件需要高超的技艺与经验，故人工成本高。

环境影响

折弯成型是一种有效利用材料和能源的工艺。在前期准备（如金属坯件）和打磨过程中会产生废弃物，但在折弯的过程中，无废弃物产生。

→ 铝制外壳的折弯成型

通过使用转塔冲压（260 页）、去毛刺、截断或者激光切割（248 页），准备好需要折弯的铝板。在此案例中，使用转塔冲压机对 3 mm 的铝板进行切割。在折弯前，尽量将准备工作做充分，这样可以会更快更容易地将铝板折弯。

铝板可以批量处理（图 1），因此工厂能够及时满足客户需求。

在悬空折弯中，使用标准工艺设备，将铝板插入计算机辅助的制动器上（图 2），确保零件在折弯前精准定位。冲头的下行冲程应是流畅的，以避免给材料以不必要的压力，这一过程几秒钟即可完成（图 3）。将这一过程重复一次，形成第二个 90°弯曲（图 4、5）。

因为伸出部分的长度，无法使用传统的冲压进行第二次弯折（图 8、9）时，使用鹅颈形折弯（图 6、7）。

接缝处的设计，应使冲头尽可能容易地接触到合模线，这样弯折处不会离边缘过近（图 10）。例如，偏离一定角度的弯曲需要使用对模成型以确保其精度。

最后，接缝处使用钨极氩弧焊焊接后进行打磨、抛光以备喷漆（图 11、12）。

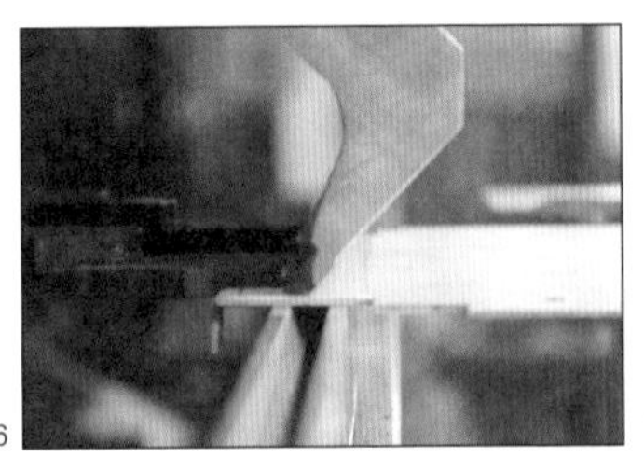
6

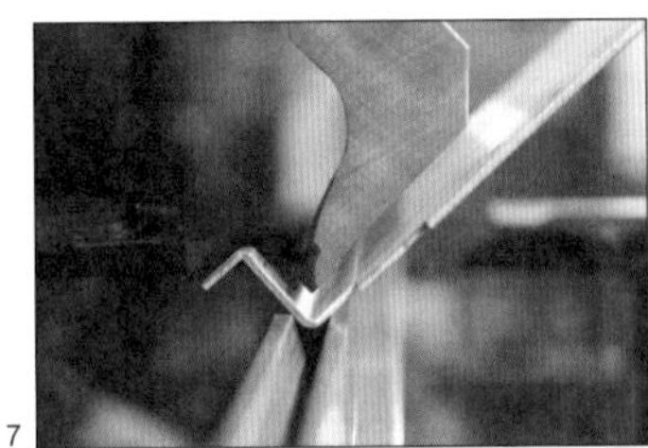
7

8

9

10

11

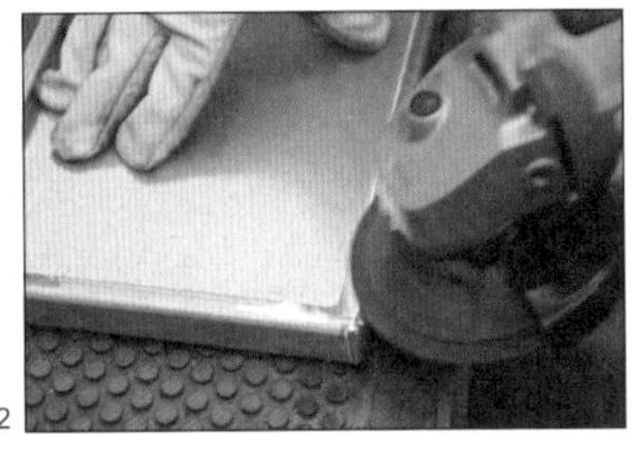
12

主要制造商

Cove Industries
www.cove-industries.co.uk

成型工艺

玻璃吹制

用于成型空心开口的玻璃容器，兼具装饰性和功能性。在此工艺中，将气泡吹入聚在吹管一端或被压入模具中的熔融玻璃中。

加工成本	典型应用	适用性
• 对于机械化生产，模具成本高；对于人工玻璃吹制，模具成本低 • 机械化生产，单位成本低	• 食物和饮料的包装 • 药品包装 • 餐具和厨具	• 单件至大批量生产
加工质量	**相关工艺**	**加工周期**
• 表面精度高，品质感强	• 玻璃压制成型 • 吹塑成型 • 水射流切割	• 如果使用机械设备，周期短 • 如果人工吹制玻璃，周期长

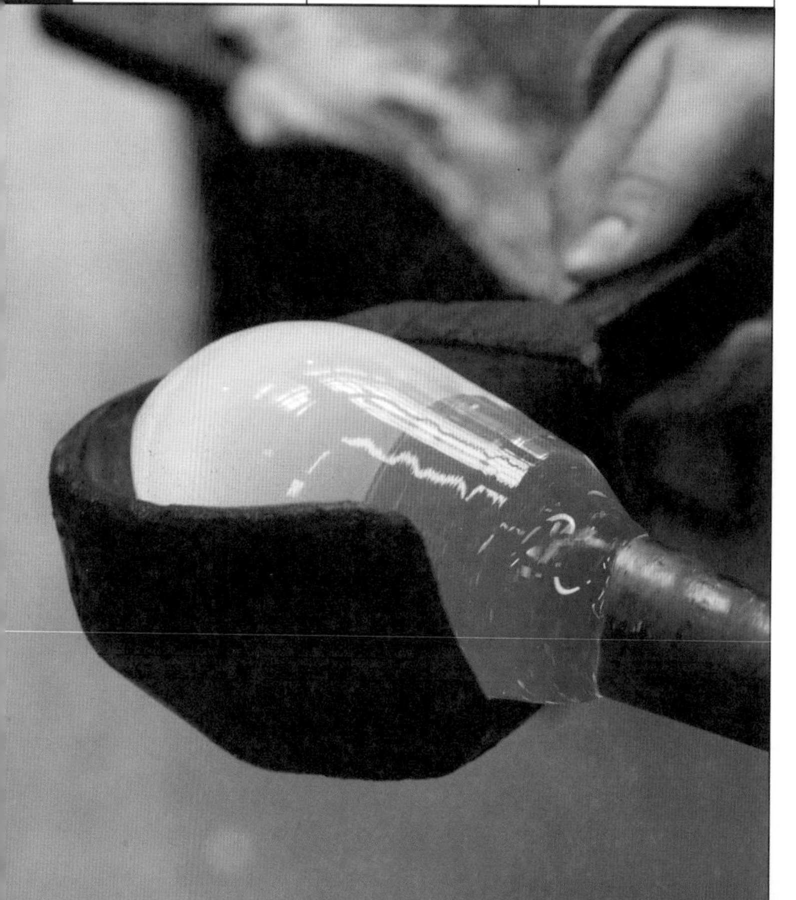

工艺简介

在过去的几个世纪中，使用玻璃吹制法制作了大批的家用和工业用产品。今天我们所使用的玻璃吹制产品主要是由两种方法制作而成的。第一种方法被称为“玻璃工艺”，可以一次性生产兼具艺术性的产品。第二种方法是机械化生产，它分为两大类：机械吹 - 吹法和机械压 - 吹法。人工吹制的历史已长达 20 个世纪。在铁制吹管发明前，使用易碎的型芯制作中空的容器，在玻璃固化后取出型芯。高产的机械化方式使用压缩空气将熔融的玻璃吹入冷却的模具，极大地缩短了生产加工周期。

典型应用

玻璃吹制适用于各种器皿，其中包括餐具、厨具、食品和药品的包装，以及储物罐和玻璃杯。玻璃器皿是盛放耐化学性和对卫生要求高的物品的理想容器。

相关工艺

许多之前使用玻璃吹制的包装现在都使用塑料吹塑成型（22 页）。这一工艺可用于生产家用、药用、农用和工业用容器。陶瓷压模成型（176 页）用来制作开口或片状的几何形态，而水射流切割（272 页）和玻璃切割（276 页）用于改变板材的形状。

技术说明

人工吹制玻璃分为几个阶段，且玻璃吹制的温度需要超过 600 ℃。因此，整个过程所需要的材料都要预先准备好，以减少时间和燃料的浪费。

在人工吹制玻璃的过程中，所需的玻璃通常为钠钙或水晶玻璃。炉缸内的温度应维持在 1120 ℃以上，通过窑炉旁的小孔可以感知温度。大约每 18 个月，需要移出炉缸重新添加燃料。添加燃料时，温度会下降。玻璃表面会随着时间会生成一层皮，皮会定期剥落。

人工吹制玻璃工艺

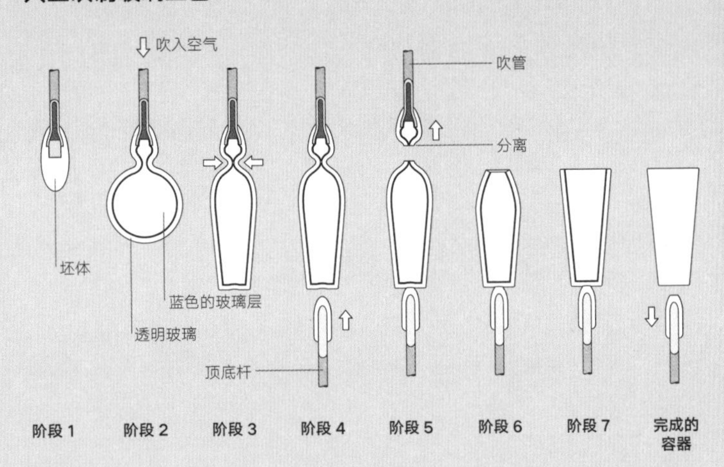

在阶段 1，将吹管前端在小窑炉中预热，将其温度升高至 600 ℃以上。当它炽热发光时，将一小块有色玻璃粘在吹管的端口。当温度介于 35 ~ 45 ℃之间时，将粘有有色玻璃的吹管前端伸入熔化玻璃的炉缸内。转动吹管 4 次，使熔化的玻璃汇集到吹管前端，并使玻璃均匀地覆盖在吹管上。在整个过程中，持续转动吹管以防止玻璃垂落。

将热玻璃坯在具有抛光金属表面的滚料桌上滚动。通过滚动对玻璃进行塑形。

在阶段 2，用吹管吹入空气，并将其周期性地插入窥视孔中，以保证温度在 600 ℃以上。使用燃气室来保持玻璃处在工作温度，因为若玻璃的温度降到 600 ℃以下，再次加热时，它的温度会激增，导致它碎裂。

可以运用多种方式对熔化的玻璃进行标记和装饰。可以将有色玻璃和银箔滚到玻璃表面，然后用一层透明玻璃将它们封存在零件里。在玻璃坯的表面上将玻璃彩线拖拽以形成图案，在工艺上被称为“拉丝”。

吹制玻璃时，需要使用多种工具对玻璃进行塑形。准备坯体和玻璃塑形时，需要木块和纸板。将木块浸在水中，这样木头直接接触玻璃表面时不会被点燃。向纸板上洒水，以相同的方式使用。在阶段 3，可以使用模具或轮廓板对玻璃进行准确的塑形。利用钢钳（弹簧金属钳）减小玻璃器皿的直径。利用模具控制玻璃的塑形，如直边容器。

在阶段 4，将玻璃件移到铁杆（顶底杆）上，顶底杆是顶端粘有玻璃聚合物的钢条。在工人的操作下，将玻璃件的底部粘到顶底杆上。

在阶段 5，将玻璃器皿从吹管上分离出来。在阶段 6 和阶段 7，对开口进行塑形。将完成的玻璃件放入退火窑中。

退火是一个用时较长的玻璃降温的过程。这一过程至关重要，因为玻璃不同厚度处的冷却速度不同，会由于应力聚集而导致玻璃碎裂。通过退火处理会逐渐释放这些应力。

加工质量

玻璃是一种品质感强的材料，因为它既有装饰性又具有高强度。某些种类的玻璃材料能耐高热、低温和骤然的温度变化。

表面的缺陷和原材料的杂质会使结构弱化。回火可以使表面的缺陷最小化，将循环利用的碎玻璃和玻璃配料放一起小心搅拌、加热，可以保证成品质量高。

设计机遇

因为人工吹制玻璃不存在批量生产所具有的局限，玻璃工人有很多种方法创作和处理玻璃的形态与表面，以达到令人赞叹的效果。

一种被称为“格拉尔”的方法，用于制作复杂的玻璃表面图案和肌理。这种方法是在棕色的冷却坯表面蚀刻一层颜料，加热玻璃坯，再涂一层玻璃。当把热坯放入温水后，再次加热，在玻璃的表面可制作出裂纹层。水的作用在于以裂纹覆盖表面。

用针把熔化的坯体刺破，然后用另一层玻璃将小空气泡封入玻璃器皿的壁内。可以在坯体的表面勾勒有色玻璃，或者将有色玻璃件在另一个

案例研究

→ 在模具中进行人工玻璃吹制

这件玻璃容器由彼得·弗朗杰（Peter Furlonger）在2005年设计，由国家玻璃中心（National Glass Cente）的工作室团队所吹制。

将吹管预热至红热状态，大约为600 ℃。然后把一块彩色玻璃粘在吹管的端部（图1）。将吹管放入火焰窥视孔中直至达到工作温度，然后在抛光的钢板上滚动（图2）。将彩色玻璃浸入炉缸中的熔化玻璃中。炉内温度保持在1120 ℃以上，透明玻璃会均匀覆盖在彩色玻璃上（图3）。将热玻璃放入在水中浸过的樱桃木制成的模具中塑成坯体（图4）。

将这一过程重复多次，直至吹管的端口有足够多的可供下一阶段使用的玻璃。吹制者不停地前后转动热玻璃，确保玻璃不会垂落或变形。

将热玻璃坯体放入装有蓝色粉末玻璃的盘中（图5）。这种方式可增添色彩，增加喷砂表层厚度。

窥视孔用于维持玻璃的温度在600 ~ 800 ℃之间（图6）。玻璃在该温度下像黏黏的太妃糖，很容易塑形（图7）。

玻璃坯体经过吹制和加热塑形，待大小合适，而且壁达到一定厚度，才能成型（图8）。

在吹制的过程中，玻璃的温度必须高于600 ℃，这样才能加工；如果温度不够高，则无法对玻璃进行塑形。

将模具在小窑炉中预热，直至温度达到500 ~ 600 ℃。将吹好的玻璃坯体放入模具中，一边旋转一边吹制，使玻璃坯体靠在温度较低的模具壁上，会使玻璃逐渐冷却（图9）。玻璃冷却后，不再是红热状态。吹制者用喷灯在容器的外表面制作出金属效果（图10）。这种效果可增强表面的喷砂效果。

玻璃坯体此时已形成最后的形态。将玻璃坯体剥离，切割成固定的规格（图11）。在喷砂抛光表面之前，需要先对吹制好的容器（图12）进行退火处理。

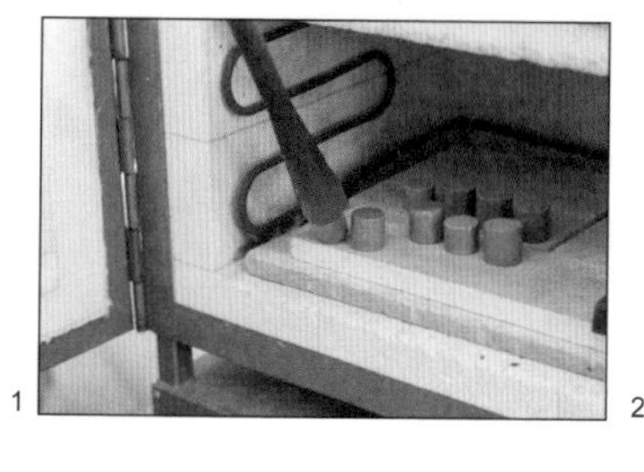

1

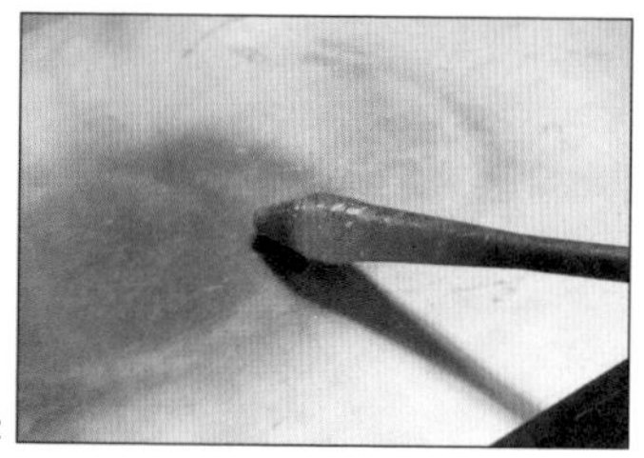

2

平面上滚动创作出可控且美丽的图案。

机械化的方法用于大批量生产，可以制作出很精细的细节，如螺纹和浮雕标志。容差微小且可重复性强。

设计注意事项

人工吹制玻璃在尺寸上有限制，这取决于火焰窥视孔的尺寸和吹制者的驾驭能力。在此过程中需要两个人，因此人工成本高。吹制一个通常的玻璃件需要20分钟，更为复杂的工艺会极大地增加操作所需的时间。而制作者的经验会影响完成的效果及生产效率。

大批量生产的玻璃吹制品必须经过设计以适应生产线。模具成本高，且需要复位时间，这意味着此种加工方法只适合于产量多于10 000件的情况。

设计师必须考虑成品的应力集中问题。顺滑的形态会最大限度地减少应力。当有必要时，仍可制作小半径。比如，螺旋盖的设计可能会出现问题，设计师一般会采用5°的起模角，但当制作圆形或是椭圆形时，则不是问题。建议玻璃件尽可能保持对称，颈部居于中心，因为产品要适应常见的生产、灌装和贴标签的流水线。

适用材料

在大批量生产时，最常使用钠钙玻璃，是由石英砂、苏打粉、石灰石和其他添加剂制作而成的。灯罩、餐具、雕花玻璃、水晶玻璃和装饰性物品通常是由铅碱玻璃制作而成的。硼酸盐玻璃用于制作实验室设备、高温照明设备和炊具。

3

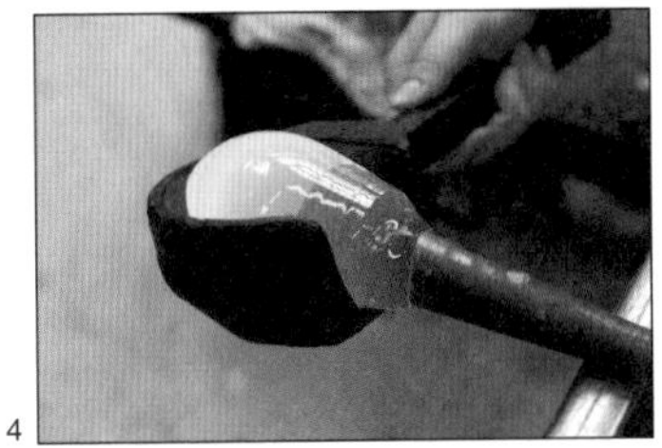
4

5

6

7

8

9

10

11

12

主要制造商

The National Glass Centre
www.nationalglasscentre.com

1

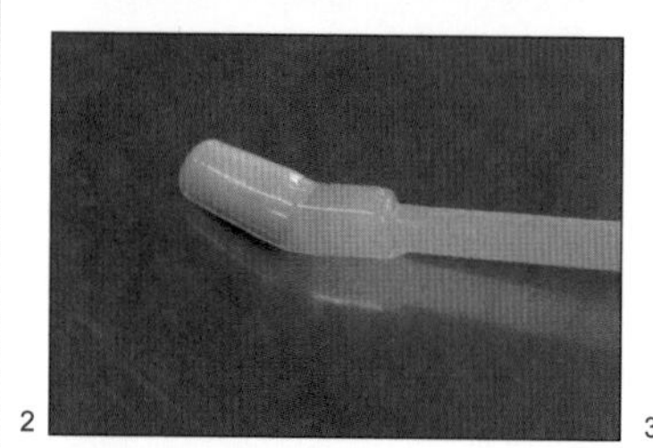
2

3

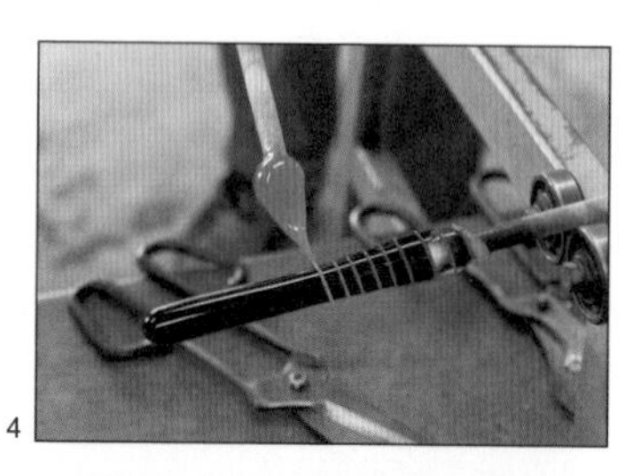
4

5

6

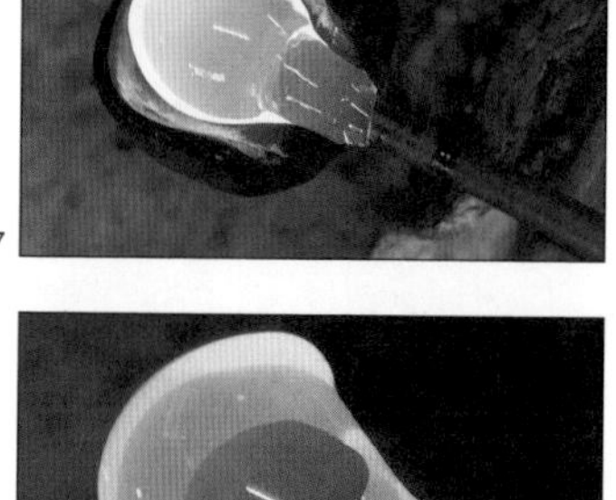
7

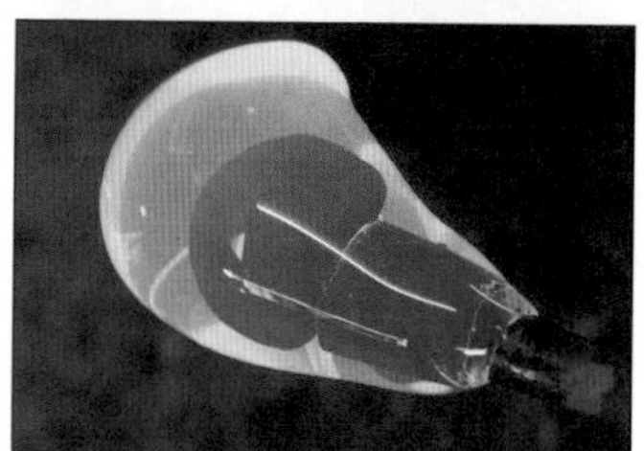
8

9

加工成本

机械化生产方法的模具成本高。但人工吹制玻璃的设备成本低，因此模具成本低，甚至没有成本。对于不同的产品，人工吹制玻璃通常使用一样的工具，如金属钳、纸模具、樱桃木模具和软木桌。

制作的时间由玻璃制作所需的准备时间和退火所决定。机械化成型周期短。彼特森·克拉克（Beatson Clark）可以每天生产超过 15 000 个玻璃容器（参见 159 页案例）。另一方面，人工吹制玻璃是一个相对较慢的过程，需要更高的技术和更多的经验。每一件产品的吹制需要 5 分钟到 2 小时，取决于所需的阶段数。

机械化方法所需的人工成本低，而人工吹制玻璃，因为需要高超的技艺，人工成本相对较高。

环境影响

玻璃是一种持续使用时间长的材料，可用于制作理想的可重新充填的包装，特别是用于食品和饮料的包装。玻璃包装的使用寿命远超过产品本身。成功的重装系统，如芬兰的饮

具有彩色效果的人工吹制玻璃制品

彼得·莱顿（Peter Layton）以在玻璃上使用色彩制作动感而迷人的作品而知名。下面这件作品由他本人设计，莱恩·罗（Layne Rowe）吹制；它展现了伦敦玻璃吹制（London Glassblowing）工作室所使用的丰富工艺技术的一部分。

需要在一个小气窑炉内将顶底杆、吹管事先预热（图 1）。将一块透明玻璃凝块和一小块白玻璃粘在顶底杆的一端（图 2）。将白玻璃加热至 800 ℃左右后，在滚料桌上将其加工成细长的滚轴状。此时，一块熔化的红色和透明玻璃聚集在顶底杆上，并在白玻璃上流动（图 3）。堆叠的彩色玻璃分层，将使最终的成品呈现层次感。

在滚料桌上加工堆叠的玻璃，然后晃动，通过重力拉伸玻璃。将细丝状的蓝色熔化玻璃以螺旋线的方式缠绕在堆叠玻璃的表面（图 4）。因为所有的玻璃都处于红热状态，在这个阶段很难区分颜色。

此时，形成的玻璃凝块的核心为白色，其上覆盖着红色和透明玻璃，表面缠绕着蓝色的螺旋线。为了进一步凸显图案，在顶底杆上缠绕熔化的玻璃块，将螺旋的图案从垂直转为螺旋方向（图 5）。在滚料桌上加工混色的坯体，使用樱桃木模具制作出统一、稳定的形状。现在可以看到玻璃内的螺旋形图案（图 6）。将玻璃坯体转移到吹管上，伸到炉子内坩埚中，在木块或模具中透明玻璃在图案上形成一个涂层（图 7）。

聚集和成型的过程要反复 2 ~ 3 次，直至吹管末端有足够多的可吹制的玻璃（图 8）。吹制的过程中玻璃块不断膨胀，其上的图案也不断放大。在吹制的过程中，不停地转动坯体，使用潮湿的纸板使玻璃呈现想要的形态（图 9）。在整个过程中，在火焰窥视孔处（图 10）的温度应高于 800 ℃，玻璃的温度应维持不变。

当吹制完成时，坯体被转移到顶底杆上（图 11）。在顶底杆上加工可使玻璃吹制者进一步改变坯体形状；如拉伸至管状或在软木桌上拉平。在此案例中，吹制者制作的是一个碗，因此需要扩大边缘的直径。可以用钢钳拉长热玻璃（图 12）。在此过程中，吹制者始终在火焰窥视孔处，将玻璃件移进移出，以维持所需要的工作温度。当碗制作完成后，将碗从顶底杆上剥离，放入退火窑炉，进行 36 小时可控冷却（图 13）。

10

11

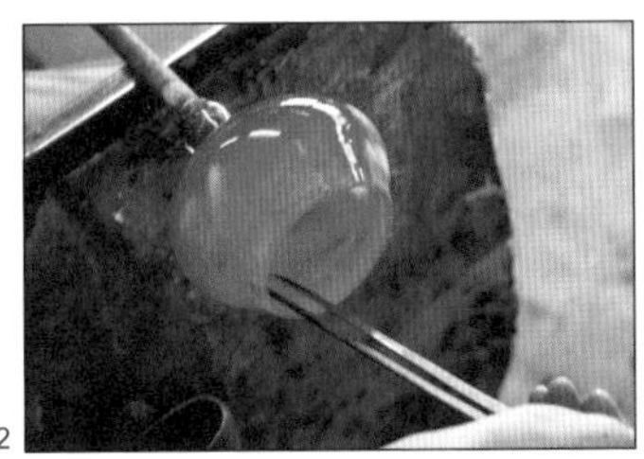

12

13

主要制造商

London Glassblowing
www.londonglassblowing.co.uk

料瓶和英国的牛奶瓶，在回收前可重复利用数十次。

在制造过程中，所有的废弃玻璃均可直接回收。因为玻璃可以经过多次熔解和再制造而无须降解，所以玻璃是理想的回收材料。尽管如此，仅在英国，每年仍有超过 100 万吨的玻璃容器被当作垃圾填埋。

玻璃吹制是能源密集型产业，这将对环境造成影响，因为玻璃的原材料主要是氧化物，在生产的过程中会进入大气。因此，近几年仍在致力于如何降低能源消耗。通过改进熔炉的设计和制作技术，能够减少能源的使用量，降低生产成本。

机械吹制玻璃工艺

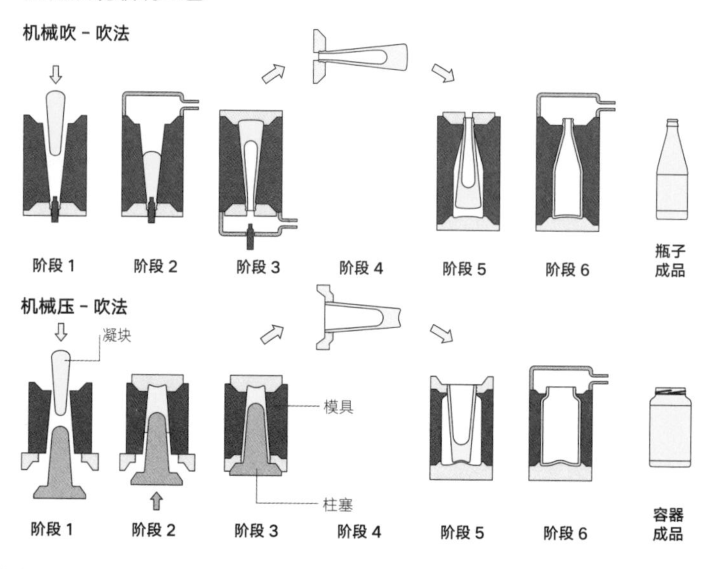

技术说明

机械吹制玻璃过程从混合工段开始。在混合工段中将原材料进行混合。在这个阶段，用添加剂增加颜色，或者加入漂白剂制作透明的玻璃。把混合物与玻璃碎片一起放入 1500 ℃的熔炉内，形成同质的熔化物。从炉中把玻璃取出，缓慢地冷却使之降至工作温度，大约为 1150 ℃。这一过程持续大约 24 小时。

符合条件的玻璃从炉窑前炉底部流出，被切成块。将凝块装入下面制作瓶子的机器。可以采用两种不同的成型法，吹 - 吹法或压 - 吹法。除了（在成型前）坯体是采用压制还是吹制外，两种方法在本质上是一致的。

压 - 吹法更适合广口瓶，而吹 - 吹法用来制作有细颈的容器。

在阶段 1，熔化的玻璃凝块通过导轨进入坯体模具。在吹 - 吹法的阶段 2，压料柱塞升高，把颈部压入熔化的玻璃内。在阶段 3，通过模具把空气注入已形成的颈部。在压 - 吹法中，这一切都是由压料柱塞完成的。在阶段 4，打开模具，取出部分形成的容器，并旋转 180°。在阶段 5，将瓶子移到第二个吹制模具中。在阶段 6，通过颈部注入空气，将容器吹制成最终的形态。在开模取玻璃前，玻璃在模具中降温。然后，经过“热端”表面处理，给容器涂一层涂层，使玻璃在使用期内具有一定的强度。用传送带将容器送入退火窑，以消除积聚的应力。在退火窑的“冷端”进行第二次表面处理，以提高产品对刮擦的耐受力。每一个容器都要经过严格的检查，包括侧壁和底部扫描、压力测试、钻孔测试和密封面的平整性测试。

利用机械吹制玻璃工艺制作啤酒瓶

使用吹 - 吹法制作 500 mL 的啤酒瓶。主要原料为石英砂，占成品的 70%。石英砂在工厂内堆积成山（图 1）。混合不同的原料，并熔解形成熔融状态的玻璃。在熔炉内经过足够长的时间后，符合条件的玻璃从炉窑的底部流出，并被切成块（图 2）。

凝块沿着轨道进入模具。在模具中，熔融玻璃沉降形成瓶颈。将成型的坯体（图 3）转移到串联的吹制模具中（图 4）。将新制作的坯体移出时，机械臂将坯体旋转 180°（图 5）。闭合模具后，坯体中充满压缩空气，使熔化的玻璃碰触冰凉的模具壁（图 6）。

16 个吹制模具全年持续生产瓶子（图 7），将瓶子传送到流水线上。流水线将热的玻璃制品（500 ℃）送入燃气退火炉进行冷却。从退火炉中取出瓶子，送往测试与检查区（图 8）。最后，瓶子成品下生产线，进入自动包装机（图 9）。

1

2

3

4

5

6

7

8

9

主要制造商

Beatson Clark
www.beatsonclark.co.uk

成型工艺

烧拉工艺

烧拉工艺用于空心玻璃容器的烧制成型，产品质量取决于烧制过程中对温度的控制和操作者的熟练程度。产品范围广，从珠宝到复杂的科学实验设备。

加工成本	典型应用	适用性
• 无模具成本 • 单位成本中至高	• 艺术品 • 珠宝 • 实验室设备	• 单件至批量生产
加工质量	**相关工艺**	**加工周期**
• 表面精度高，很大程度上取决于操作者的经验和技巧	• 玻璃压制成型 • 玻璃吹制	• 周期中至长，取决于成品的尺寸和零件的复杂度

工艺简介

烧拉工艺随着150年前煤气喷灯的出现而产生。现在这一工艺用于玻璃加工，制作既有功能性又具装饰性的产品。

该工艺为热成型工艺：硼硅玻璃在800 ~ 1200 ℃成型，钠钙玻璃在500 ~ 700 ℃成型。操作者需要丰富的经验和娴熟的技术才能处理好热玻璃，因此该行业是现今为数不多的仍存在学徒培养的行业之一。

烧拉工艺从以下两种方法中选择

烧拉工艺操作

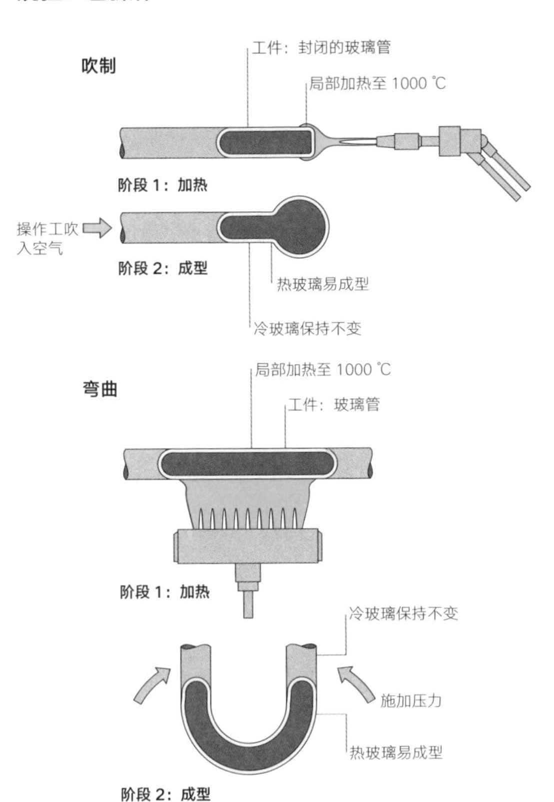

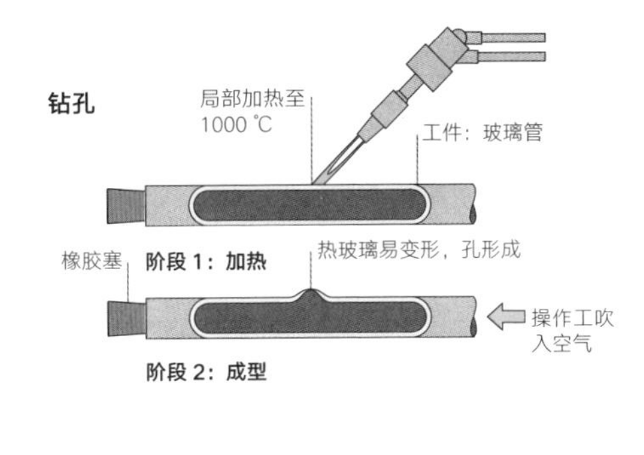

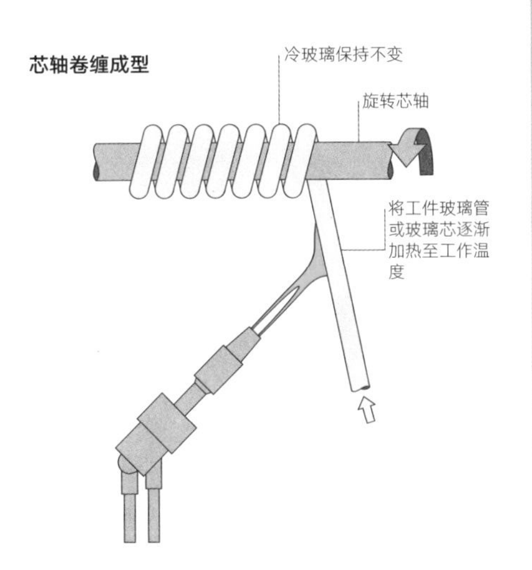

其一来操作：钳工或车削。钳工能够创作出错综复杂且不对称的形状，而车削适合制作围绕旋转轴对称的工件。

钳工通常限于 30 mm 直径的管状体。对于操作工，手持较大的物体操作是不现实的。车削适合用于制作管状直径较大的物体（大到 415 mm）。

典型应用

烧拉工艺是制作某种特定种类的科学仪器和精密玻璃器皿的唯一方法。当结合铸造和磨削工艺时，烧拉工艺可以制作从试管到工艺复杂的玻璃器皿等各种产品。

许多行业利用烧拉工艺的多功能性制作原型和工厂固定设备。它也可

技术说明

尽管钳工和车削使用不同的方法，但所用的基本技术是一致的，如吹制、弯曲、钻孔、芯轴卷缠成型。

天然气和氧气的混合物经过燃烧可达到烧拉工艺所需的温度。或者，选择丙烷代替天然气，燃烧的温度更高，缩小了玻璃成型的温度范围。对于硼硅玻璃，工作温度为 800 ~ 1200 ℃。在此温度范围内，硼硅玻璃拥有像软化口香糖般的柔韧性。工件的所有部分必须保持同一温度以避免破裂。

可以通过滚动、吹制、扭动、弯曲等方式加工玻璃或将玻璃塑造成想要的形态，如果需要的话，也可以实现比较精确的形态。所需要的工具与玻璃吹制的工具相似：使用不同的模型对热玻璃进行加工塑形和滚料处理。使用钨镊子在表面拉伸玻璃或钻孔。在彩色玻璃表面画图案或者在热玻璃上用金属叶片装饰点缀。

使用这种方法制作的玻璃制品必须放入窑炉中进行退火处理。对于硼硅玻璃，窑内的温度要提升到大约 570 ℃，持续 20 分钟，之后慢慢冷却至室温。这个过程对于释放积聚在玻璃内部的应力是至关重要的。对于非常大的玻璃制品，如艺术品，需要几周时间进行退火处理。

案例研究

→ 使用钳工法制作冷凝分馏头

冷凝分馏头（可取下的替代模块）是一种用于特定蒸馏过程的科学仪器。这个案例说明了用于制作该产品的一部分技术。如同其他的玻璃烧拉工艺，分馏头是从一系列的玻璃管开始，然后将玻璃管切割成合适的长度以制作整体结构。

玻璃烧拉工人使用工程图（BS 308）以确保产品的精度（图 1）。取出分馏头的第一个部件加热至工作温度，直至发出樱桃红色的光（图 2）。当足够热时，玻璃如同口香糖般，可拉伸和操作。使用钨镐来弯曲和封闭玻璃管的端口（图 3）。从冷端口将空气吹入玻璃管，将玻璃管的热端口吹成均匀的气泡状（图 4）。在每一个阶段，都需要对照图纸检查各个零件的精度（图 5）。

将吹制的玻璃管放回火焰中，使用钨镐制作孔（图 6），使用钨铰刀钻扩孔口（图 7）。同时，将分馏头的另一个部件烧至工作温度（图 8），在不降低壁厚的情况下拉伸玻璃管（图 9）。在其周围加热，将热玻璃推回，做成肋状（图 10）。这有助于将第二个部件安装在前一个部件上。固定好后，将两个部件同时加热，使玻璃熔化，从而连接在一起（图 11）。向玻璃管内吹气——气压起到芯轴的作用，以防止玻璃壁的破裂，在颈部制作小角度的弯曲。然后再用手弯出形状（图 12）。这个相对简单的组件（图 13）构成了分馏头的一小部分。

以用于珠宝行业制作珠子和其他装饰物。建筑师和画家同样使用这种工艺制作灯具、雕塑和他们设计的功能性零件。

相关工艺

烧拉工艺需要很高的技术；即便是简单的形状也需要大量的时间制作。适合玻璃吹制（152 页）或陶瓷压模成型（176 页）制作的几何形态同样也可以使用烧拉工艺，只要制作量与设备成本相匹配即可。

加工质量

产品的质量在很大程度上取决于烧拉工人的技术。在操作过程中，每一次成型、切割和连接，都必须小心地加热和冷却。即便是微小应力也会导致玻璃损坏或碎裂。烧拉后的产品必须经过退火处理，以保证玻璃件稳定无应力。

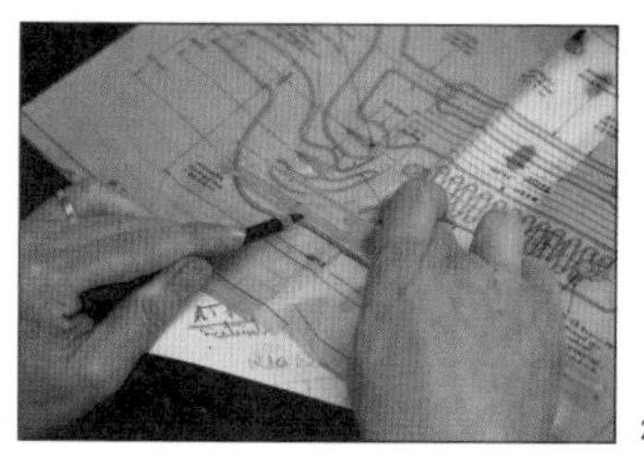
1

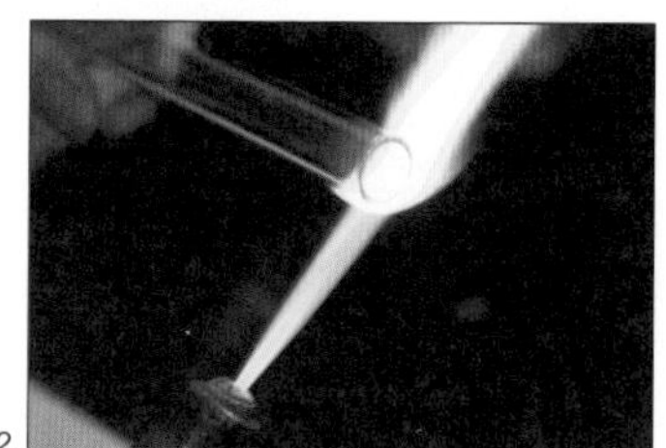
2

设计机遇

产品的尺寸、几何形态和复杂度都没有限制，设计师的想象力可以充分得到发挥。烧拉工艺适合生产精密的功能性器皿和装饰性艺术品。

设计注意事项

使用烧拉工艺制作的产品都是玻璃管与玻璃棒的组合。

玻璃必须有相等的膨胀系数（COE）才能熔合。膨胀系数是玻

3

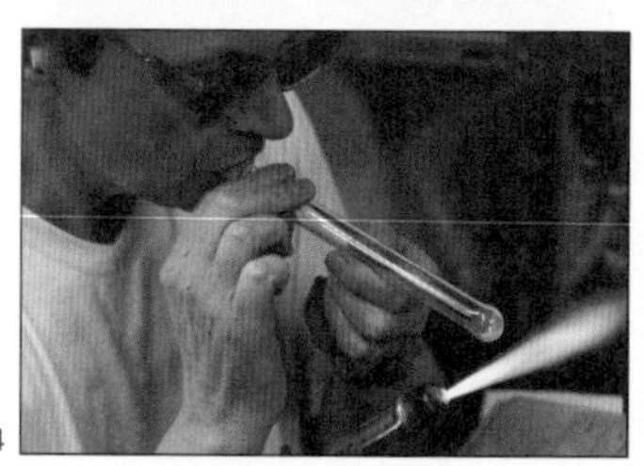
4

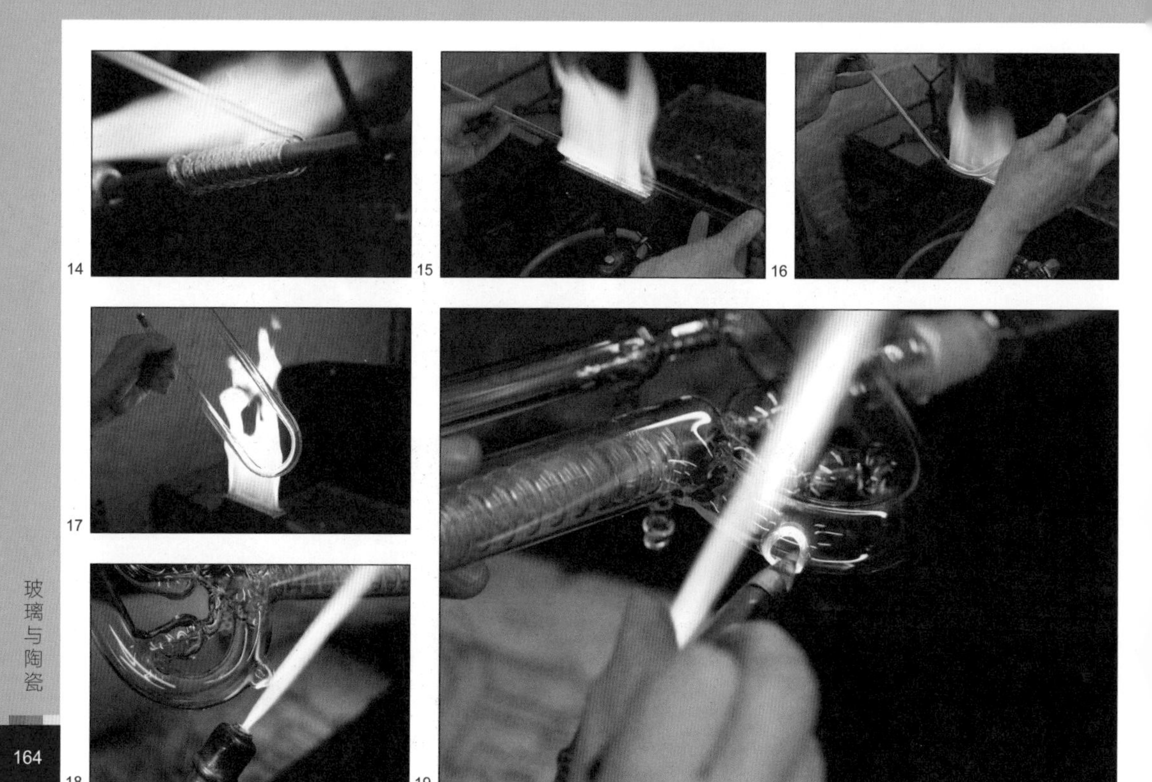

14 15 16 17 18 19

璃分子在加热和冷却的过程中膨胀和收缩的比率。因为材料内积聚的应力不同，具有不同膨胀系数的玻璃件会破损或碎裂。

不同类型的玻璃具有异质性：它们具有不同的色彩、操作温度和价格。烧拉工人会建议设计师哪种玻璃最适合他们特定的应用。

适用材料

所有种类的玻璃都可以使用烧拉工艺塑形，其中主要的两类是硼硅玻璃和钠钙玻璃。硼硅玻璃是一种“硬玻璃”，主要的品牌有Pyrex®、Duran®和Simax®。它非常耐化学品的腐蚀，因此是实验室设备、药品包装盒和储存罐的理想材料。另一方面，钠钙玻璃可以用于制作家居用品，如包装、瓶子、窗户和灯具，被称为“软玻璃”，它的熔点较低。钠钙玻璃价格不高；不同于硼硅玻璃，一旦退火后不能修复或重塑。常见的艺术玻璃制品之一是在意大利米兰制作的莫雷蒂玻璃。

加工成本

通常没有模具成本，且周期长短适中，具体取决于产品的尺寸与复杂度。退火过程通常需要过夜，长达16个小时。这取决于材料的厚度，有时可能需要更久的时间。非常厚的玻璃可能需要几个月的时间退火，因为在这种情况下，温度每天只能下降1.5℃。

人工成本高是因为它对技术水平的要求高——烧拉工艺复杂，因此不适合自动化。有可能运用玻璃吹制和压制成型工艺来制作标准件，运用烧拉工艺打磨或组装标准件，以此缩短周期和减少人工成本。

环境影响

玻璃废料由供应商回收，因此在生产过程中不会浪费玻璃。

要使玻璃达到工作温度需要大量的热量。天然气和氧气的混合物经过燃烧后产生热量。燃烧的过程无毒，但玻璃在加热的过程中太过明亮，必须戴防护眼镜。防护镜配有钕镨镜片，可以滤掉明亮的黄色钠焰，预防白内障。护目镜也能够让工人看清正在做的东西。

使用带有石墨涂层的轴芯制作玻璃螺旋体。玻璃在轴芯上成型前必须达到最佳温度；如果太热，玻璃可能延展而非弯曲。这样的操作需要操作者具有高水平的技艺和经验。在轴芯上成型前，玻璃管受热后会微微下垂（图 14）。

用另外一根玻璃管制作 U 形管，需要较大的加热区（图 15）。扩大加热区域，确保U形管弯曲直径较大。当玻璃达到适当的温度时，徒手小心地弯曲玻璃（图 16）形成最终的弯度（图 17）。

分馏头的各部分已经基本完成，可以开始装配。这个过程包括加热、钻孔，然后利用火焰将各部分连接起来。先加热一个较小的区域（图 18），然后进行吹制，使玻璃延展到可以用钨镐将其移出。用钨铰刀把孔开到准确的大小（图 19）。用火焰将玻璃管切割成合适的长度（图 20），作为需要连接到组件的扩展部分。打开端口后，修整好端口的边缘（图 21、22）。将两个组件放在一起后加热，直至玻璃熔合（图 23 和 24）。一个完整的分馏头的制作从开始到结束（图 25）需要 4.5 小时。

20 21 22 23 24 25

主要制造商

Dixon Glass
www.dixonglass.co.uk

1

2

3

4

5

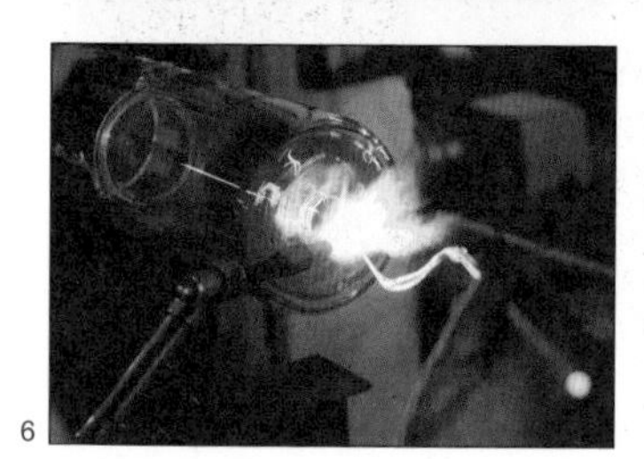

6

7

主要制造商

Dixon Glass
www.dixonglass.co.uk

→ 利用车削工艺制作三层反应器

运用车削工艺可以精确地制作大工件和小工件。条件是工件相对某一固定轴对称（最后的工件可能有其他的不对称部件）。

首先将一个大的管状部件逐渐加热至工作温度，同时旋转的速率为60转/分（图1）。利用小范围的强热和碳棒模具，塑形最内层的颈部（图2）。将玻璃管分为两半，使用另一种碳棒模具开孔（图3）。这样形成反应器的两层，然后在车床外组装（图4）。在组装的过程中，要不断旋转以确保受热均匀。

用一根玻璃棒把热玻璃从熔化区挑出（图5），然后钻一个孔（图6）。开孔后，用碳棒模具将两部分熔合（图7）。对于第三层和最后一层，重复该过程。

当反应器的三层都连接好后，同钳工方法一致，利用气焊炬的热量将一个延伸管熔化，安装在底部（图8）。利用钻孔和连接的方法，将一些额外的部件组装在反应器的最外层（图9、10），制作出半成品（图11）。

8

9

10

11

成型工艺

陶瓷拉坯成型

在陶工的转盘上制作沿旋转轴对称的陶瓷制品。每一件器物的风格、形态和功能都因制作它的陶工而有所差异，每个工作室都适应和发挥出各自的技巧。

加工成本	典型应用	适用性
• 无模具成本 • 单件费用低至中	• 园艺用品 • 厨具 • 餐具	• 单件至小批量生产
加工质量	**相关工艺**	**加工周期**
• 因为全程手工操作，每件产品会有细微差别	• 陶瓷注浆成型 • 陶瓷压模成型	• 周期适中（15 ~ 45 分钟），取决于成品的尺寸和复杂程度 • 烧制时间可达 8 ~ 12 小时

工艺简介

拉坯（又称为转坯）用于制作轴对称的板状或中空的形体。它常与其他工艺一起使用以制作更为复杂的产品，如把手或底足。

在过去的几个世纪中，陶瓷拉坯成型在世界各地用于制作形态各异的产品。这一工艺依赖制陶者的技术制作质量高且统一的产品。

典型应用

一般来说，陶瓷拉坯成型用于制作单件或小批量生产的园艺用品，如花盆和喷泉，也可以制作厨具和餐具，如罐、水壶、花瓶、盘和碗。

相关工艺

陶瓷注浆成型（172 页）和陶瓷压模成型（176 页）需要使用模具，因此相对于拉坯成型，更适于制作统一的产品。

加工质量

因为全程手工操作，所以单件之间因制陶者的手艺及材料本身会产生细微的差别。陶土是最常使用的陶瓷材料。它脆弱且多孔，需要上釉以防水。因为陶土会吸收水分，所以陶土制成的园艺用品在严寒时容易碎裂。

设计机遇

这种工艺的本质决定了所有加工

拉坯工艺

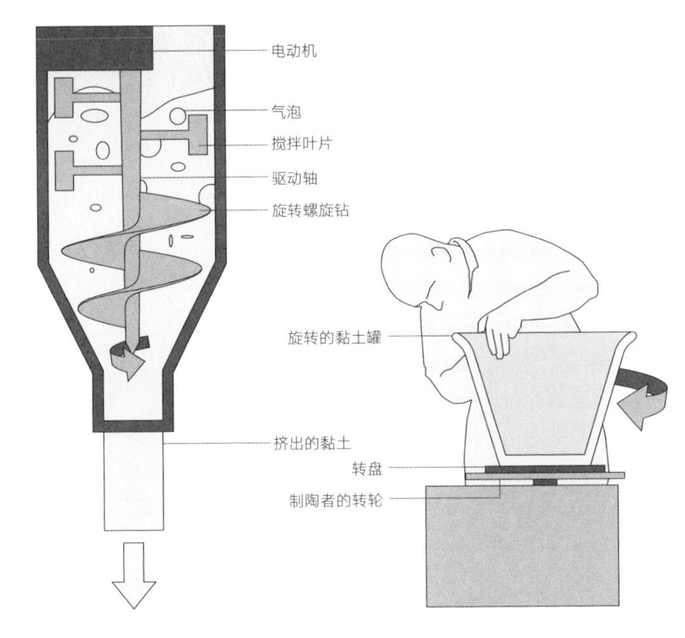

阶段 1：搅拌　　阶段 2：拉坯

的器具都是轴对称形态的。当制作不对称形态时，拉坯需要和其他技术（如手工、雕刻和印压）相结合。可以先拉坯，然后再添加把手、足底、壶嘴及其他装饰物。

设计注意事项

器件的大小由制陶者的技艺、拉坯机的质量、壁厚以及窑炉的大小决定。壁厚的范围为 5 mm 到 25 mm。

适用材料

黏土材料包括陶土、炻器土和瓷土，可以在拉坯机上拉制。瓷土是最难拉制的材料，陶土则是最容易拉制的，因为它更为坚固且可塑性强（参见陶瓷注浆成型）。

加工成本

陶瓷拉制工艺，无模具成本。周期适中，但这取决于器件的大小和复杂程度。例如，简单的器件 15 分钟内就可以拉制完成，而高器形或大器形可能需要多个阶段完成，这会延长生产周期。烧制的时间相对较长，这取决于器件是素烧后上釉烧，还是一次性烧制。

人工成本适中，每一位制陶者需要高水平的技艺才能拉制出精细的器件。

环境影响

在制陶的过程中，没有产生任何有害废物。任何在拉制过程中所产生的残余物都可以直接回收利用。一旦烧制，除非需要特殊的效果，废弃物无法重新参与拉坯。例如，有些工作室混合半干黏土、烧制过的黏土与未加工的黏土，以制作出斑点状和装饰的效果。

烧制的过程为能源密集型，因此每次烧制时都需要将窑炉装满。一次性烧制可以减少对能源的消耗。

技术说明

在阶段 1，拉坯工将黏土放入练泥机内。该过程有两个主要的作用：充分搅拌以备拉坯，移除黏土中的气泡。有些练泥机中配有真空泵，可以移除更多的气泡。练泥的工作一般在早上进行，1 个小时左右，就可以做出足够 1 天拉坯的用泥量。在拉坯前，用手把泥做成楔形，以提高材料的一致性。

在阶段 2，确定好用泥量后，将泥摔到转盘上，而转盘就放置在拉坯者的转轮上。将泥球放置在转盘的中心。一般情况下，转盘由电动机驱动，但也有脚动式转盘。

当转盘旋转时，陶工逐渐将黏土向上拉，制作出具有均匀壁厚的圆柱体。为了保证壁厚均匀和应力均一，拉坯必须以这样方式开始，即便此后它将被制作出不同的形态。

将转盘和坯件从转轮上取下，风干 1 个小时，或者直到黏土呈半干状。气候和环境温度会影响黏土变干所需的时间。此时，可以修坯，移除多余的黏土，然后与其他零件，如足底、把手或底架，组装在一起。

烧制的过程与陶瓷注浆成型和压模成型的烧制过程一致，可进行一次性操作，称为“一次性烧制”。有着精细特征的物体，如有把手的茶杯，需要先进行素烧，以降低烧釉时开裂的风险。

→ 拉坯制作花盆

尽管工作室备有混合好的黏土（图 1），仍需要在练泥机里将黏土重新练过，用手做成楔形。将压出的泥称出预定的分量，用手揉出均匀的黏土以备拉坯使用（图 2）。不断摔打黏土，可增加黏土的密度以便塑形。

将预先备好的黏土猛摔到转盘上。这一动作使得黏土的底部密度更大，增强黏土的黏性。旋转黏土块，用手将它居中，直到黏土块为轴对称，就可以开始拉坯了。陶工先将它制成甜甜圈状（图 3），然后向上拉，制作成一个壁厚均匀的圆柱体（图 4）。当圆柱体到达想要的高度时，开始进行塑形。但是如果陶罐太高，很难一次塑形成功。在这个案例中，需要加第二层。陶工的技术使得他们能够拉出比一次性拉坯允许高度还高的器皿，但是这需要高超的技艺，因为下半部分必须要与上半部分准确地对接。

将第一部分的外表面（图 5）弄平滑，使用平刀将端口刮平。检查端口的高度和直径（图 6），然后用气焊枪使黏土硬化到足以自支撑（图 7）。当黏土半干时，对端口进行第二次修整（图 8）。

制作陶罐的第二部分。准备好转轮（图 9），将第二个黏土球摔到转盘上。第二部分与第一部分的拉制过程一样，直到第二部分的直径与壁厚与第一部分的端口一致（图 10）。但是第二部分的底部并不是很结实。将它倒置，小心地放在第一部分的顶端（图 11）。两个部分对齐后连接在一起。将转盘从第二部分的底端移走，陶工将接缝处弄平滑，继续将陶罐向上拉（图 12）。

将完整的陶罐坯放在空气中晾干，直至干透。陶罐是一次性烧制的，需要在素烧前施釉。使用移液管上湿釉（图 13）。再将陶罐放入窑中，在 945 ℃的温度下烧制 8 ~ 12 小时（图 14），然后将它从窑炉中移出（图 15）。

1

2

3

4

主要制造商

S. & B. Evans & Sons
www.sandbevansandsons.com

5
6
7
8
9
10
11
12
13
14
15

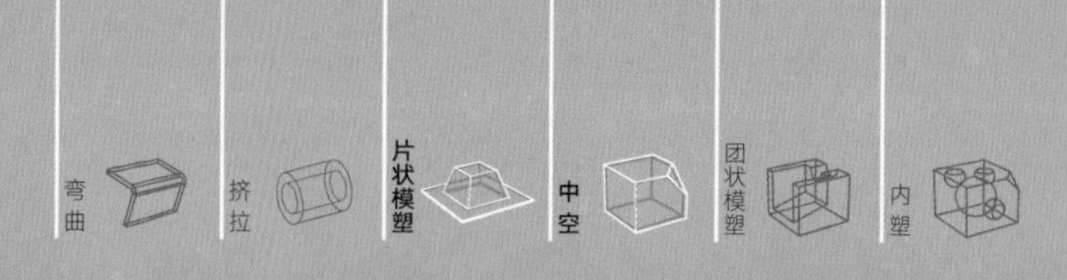

成型工艺

陶瓷注浆成型

可以使用这种通用的陶瓷生产技术制作同样的、具有均一壁厚的中空形体。可以用于制作许多相似的家居产品，而这一工艺仍需要大量的手工操作。

加工成本	典型应用	适用性
• 模具成本低 • 单位成本中至高	• 浴室白色陶瓷器具 • 厨具和餐具 • 灯具	• 小批量至大批量生产
加工质量	**相关工艺**	**加工周期**
• 表面质量取决于模具、釉料和操作者的技术	• 陶瓷拉坯成型 • 陶瓷压模成型	• 周期适中（0.4 ~ 4 小时），取决于成品的尺寸和复杂程度 • 烧制时间长，可达 48 小时

工艺简介

陶瓷注浆成型是制作相同产品的理想方法。一件石膏模具在更换前，可以制作 50 件产品，而自动注浆技术能够制作上千件产品。许多家居产品和餐具都是使用注浆技术制作而成的。

陶瓷泥浆是经过精细研磨过的黏土、矿物、分散剂和水的混合物（颗粒的尺寸大概为 1 μm）。以往，泥浆的种类取决于工厂的位置，因为会使用当地的黏土。

黏土是用来描述适合做注浆的陶瓷材料的通用术语。常见的黏土材料包括陶土、赤陶土（特色为红橙色，但其颜色随着地域的不同而有所差异）、米黏土（一种由白色的康沃尔郡黏土与透明釉混合而成的黏土）、炻器土和瓷土（细腻、高质量的材料，在高温下烧制，以提高亮白度，有时是透明质地）。

典型应用

注浆成型用于制作大量的不同种类的家居产品，如水盆、灯具、花瓶、茶壶、水壶、盘、碗、小雕像，以及其他用于浴室、厨房和餐桌的实用和装饰性的物件。

相关工艺

陶瓷拉坯成型（168 页）适用于片状几何体。然而，拉坯常用于单件或小批量生产的特殊产品的制作。陶瓷压模成型（176 页）与陶瓷注浆成型一样，尽管产量高且具有可重复性，但是它的应用也只限于片状几何体。

加工质量

成品的最终品质在很大程度上取决于操作者的技术。注浆成型所使用的材料通常情况下相对脆弱且多孔，这意味着它们不会太结实，在重压下易碎裂而非变形。陶土、赤陶土和米黏土多孔，需要施釉以防水。另一方面，炻器土和瓷土虽然相当易碎，但仍具有较好的力学特性。

设计机遇

注浆成型工艺用于制作一系列既简单又复杂的三维片状或中空的几何形体。简单的形态可以一次浇注成型，无须组装，如有把手或壶嘴的圆锥形或直边水壶可以一次成型。相反，有底切或其他复杂细节的物体需要分多个部分成型，然后再进行组装，或者在多组件的模具中成型。考虑到成本，尽量避免组装的操作，但是有时组装无法避免。因此，从工艺的角度看，产品的设计极为重要。

注浆成型工艺

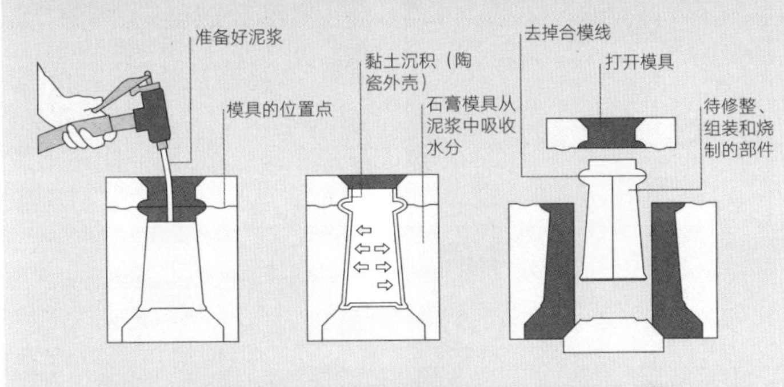

设计注意事项

注浆成型工艺需要多孔的石膏模具，以吸收泥浆中的水分。泥浆的黏稠度必须合适，石膏模具充分干燥，以便两者协同工作。

石膏模具的设计和结构会对注浆的质量产生影响。石膏模具通常是由标准模具直接制作而成的，标准模具由黏土、木材、橡胶等材料制作而成。计算出模具的分割线以优化生产和减少组装操作。

缩水率为总体积的 8%，也与材料的类型相关。起模角通常不是问题，因为模具主题是向内的曲面。

注浆物体的尺寸受限于某些实际条件，如材料的重量和易碎性。用陶瓷注浆成型工艺制作大件（如淋浴盆）是可行的。

适用材料

黏土材料，如陶土、赤陶土、米黏土、炻器土、瓷土，可以用于注浆成型。这些相容的陶瓷材料的主要成分是黏土，它是一种可以从地表挖到的天然材料。

水与多种矿物质混合形成不同类型的泥浆。在泥浆中加入反凝剂，会减少泥浆流动所需的水量。反凝剂可使黏土颗粒在水中保持悬浮状态，降低成品的孔隙率。

技术说明

在阶段 1，准备好干净的模具，模具上面不能留下任何之前的泥浆残留。对于精细模具和小细节，可以使用细粉尘，以保证注浆和开模的成功。因为泥浆是较重的材料，它的重量是水的两倍，所以用橡皮筋将模具固定好，确保模具安全，能够承受适度的内部压力。

同时，将黏土、硅酸钠、苏打粉和水混合，制作泥浆。泥浆的黏稠度是注浆成功的基础。泥浆必须经过充分的搅拌，无结块。在模具里注满泥浆，静置 5 ~ 25 分钟。泥浆在模具中的时间长短和环境温度决定壁厚。

在阶段 2，石膏模具从泥浆中吸收水分，黏土片晶堆积在模具壁上，形成陶瓷沉积（壳）。当壁厚达到预期时，将多余的泥浆从模具中倒出。静置 1 ~ 24 个小时，确保坯体半干，可从模具中移出。

在阶段 3，将半干的坯体小心地从模具中取出，修补，去掉合模线。

下一阶段为坯体的表面处理。将坯体在空气中晾干，直至可以自支撑，并能够经受手工处理。时间的长度取决于天气条件，热天会使黏土干得快。之后，对坯体进行切割、组装和修饰，在此过程中，坯体被进一步晾干，直至陶瓷变为白色，成为“陶坯”。现在可以对坯体进行素烧，进一步去除其中的水分。在窑中素烧需要超过 8 个小时。坯体的温度上升至 1125°C，在冷却前，保持此温度 1 个小时。

在第一次烧制后，装饰余下的表面，如施釉和手绘。将素烧过的作品进行釉烧，过程与素烧相同。当从窑炉中移出以陶瓷注浆成型工艺生产的成品时，它是防水且坚硬的。

1

2

3

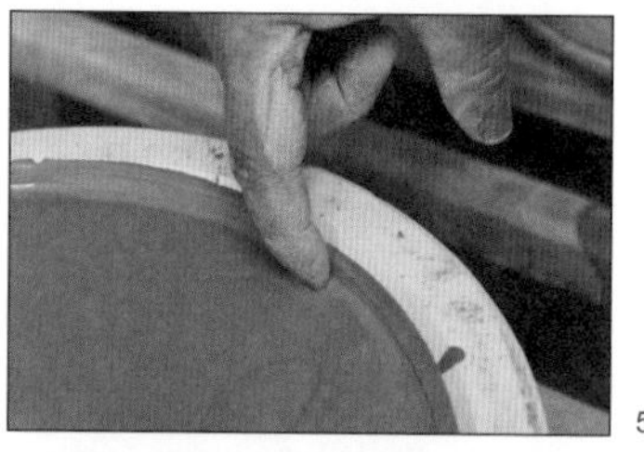
4

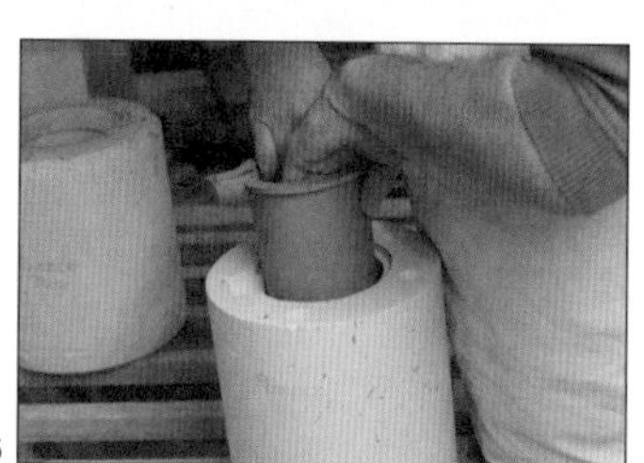
5

6

7

8

加工成本

模具成本低。石膏模具通常是由橡胶或黏土标准模具制作而成的，这需要很高的技术。在设计上，模具不仅必须无底切，同时零件应该尽量少。为了确保制作周期，理想的情况是石膏模具由 2 ~ 3 部分组成。

人工成本中到高，取决于所需的技术水平的高低。手工制作费用最高，也决定了成品的成本。

环境影响

在注浆的过程中，会产生 15% 的浪费。大多数的边角料可以直接回收重新制作成泥浆。如果坯体已经烧制，那么陶瓷将无法被再次回收。在陶器成型的过程中，不会产生有害的副产品。

9

运用注浆成型工艺制作七巧壶

在制作七巧壶的过程中共使用了三件模具。每件模具都是事先清洗过准备好的，且模具的底部和模具主体部分的放置点都要经过检查确认（图 1）。向每个模具中依次灌入由陶土制成的泥浆，直到泥浆升高至模具的边缘为止（图 2）。将模具静置 15 分钟，或者静待壁厚达到一定的厚度。将剩余的泥浆从模具中倒回盆内，盆中的泥浆可循环使用（图 3）。将浇注的泥浆在模具中静置 45 分钟，石膏模具会不断从泥浆中吸收水分，直至坯体半干（图 4）。开模时需要十分小心，确保坯体保持其形态（图 5）。在进行下一步的工作前，将坯体在空气中晾干（图 6）。

用异形穿孔器在七巧壶的表面打孔（图 7）。虽然是手工制作，但是在坯体上轻轻做出花瓣图案使之看起来图案相似。使用泥浆将不同部件组装在一起，作为一个整体进行素烧。组装的过程包括插入和安装内层（防水层），在缘口处使用泥浆将内外层黏合（图 8、9），以及为七巧壶安装壶把（图 10）。

素烧后，施一层奶白色釉（图 11）。釉呈蓝色，这样操作者可以看出哪里施过釉。最后，将七巧壶放入窑炉中进行釉烧，这一过程持续 8 个小时（图 12）后，将烧好的七巧壶从窑炉中取出（图 13）。

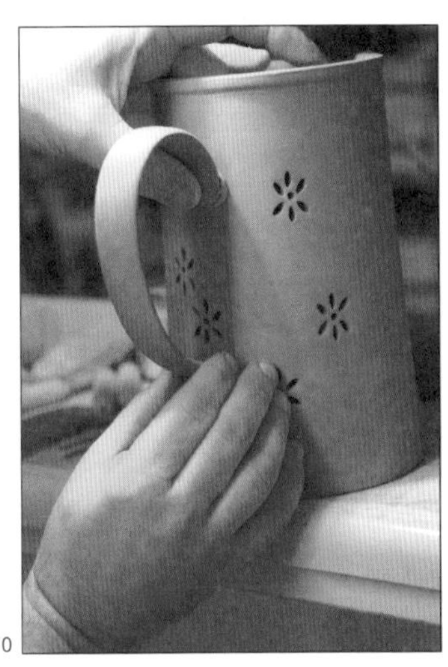

10

11

13

12

主要制造商

Hartley Greens & Co. (Leeds Pottery)
www.hartleygreens.com

成型工艺

陶瓷压模成型

塑性挤压成型、内旋与外旋成型是利用永久性模具制作大量相同陶瓷品的工艺。这些工艺用于制作厨具和餐具，包括壶、杯、碗、碟和盘。

加工成本	典型应用	适用性
• 模具成本低至中 • 单位成本低至中，取决于手工水平	• 厨具和餐具 • 水槽和洗手盆 • 瓷砖	• 小批量至大批量生产
加工质量	**相关工艺**	**加工周期**
• 表面质量高	• 陶瓷注浆成型 • 陶瓷拉坯成型	• 周期短（1～6 件 / 分钟），取决于自动化程度 • 烧制时间长，达 48 小时

工艺简介

使用永久性模具，黏土被压成片状几何体。通过压缩使黏土具有均匀的壁厚。压模成型用于大批量制作常用的陶瓷餐具和瓷砖。

用于陶瓷压模成型的两种主要工艺为内旋成型（或外旋成型，模具与器件的外表面而非内表面接触）和塑性挤压成型。内旋与外旋成型用于制作轴对称几何形体，既可以自动化，也可以手工操作。塑性挤压成型用于制作对称形状，可以制作椭圆形、正方形、三角形和其他不规则形体。

典型应用

使用陶瓷压模成型可制作餐具（例如盘、碗、杯和杯托、碟和其他厨具和餐具）、水槽和洗手盆、珠宝和瓷砖。

相关工艺

陶瓷拉坯成型（168 页）和陶瓷注浆成型（172 页）用于制作相似的产品和几何体。与它们不同，压模成型大批量制作同样的产品，且加工周期短。

加工质量

用于压模成型的陶瓷材料易碎且多孔（参见陶瓷注浆成型），表面通过施釉而似玻璃，有防水的作用。

采用塑性挤压成型和内旋成型可以制作高质量的表面。与陶瓷注浆成型和拉坯成型相比，压模成型的优点在于可以制作出均一紧实的坯体，因此不会产生卷曲的现象。

设计机遇

塑性挤压成型和内旋成型可用于制作大多数用两件式模具浇注制作的形态。使用模具提高了产品的重复性和均一性。因此，即便是较高的物体也可以通过最少的工艺过程轻易地制作完成。手工操作，如添加把手和壶嘴，需要操作者具有较高的技术水平。

塑性挤压成型的优点在于能够制作非轴对称的形状。许多设计特性（如把手和装饰部分）可以直接通过印压添加到坯体上，这样会减少或消除组装和切割的工序。压印出坯体，然后进行一次性切割，会极大地减少生产所需的时间。

设计注意事项

塑性挤压成型所用的两件式模具的公差必须微小，以保证生产的准确性和均一性。

与之相比，内旋成型使用单一模具和模板工具对黏土进行塑形。这意

内旋成型工艺

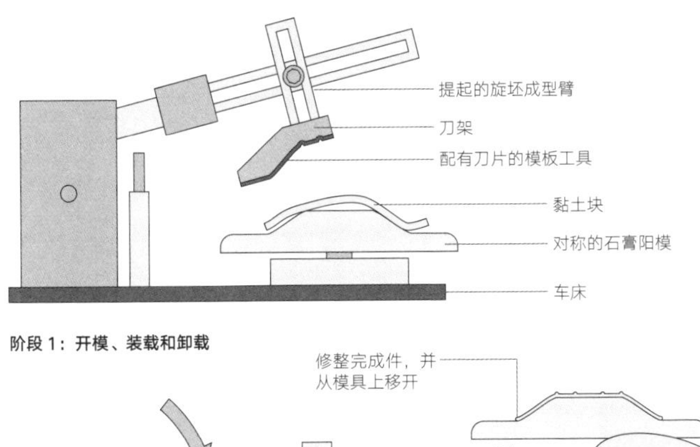

阶段 1：开模、装载和卸载

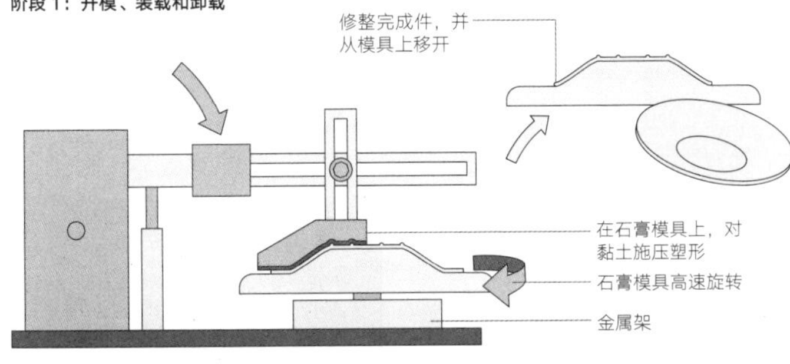

阶段 2：关闭模具

技术说明

在内旋成型中使用石膏阳模，而在外旋成型中则使用石膏阴模。在阶段 1，将模具装到金属架上，金属架与高速旋转的电动机相连。将一块混合好的黏土放在干净的模具上，再将旋坯成型臂放到黏土上。模板工具配有刀片，且针对不同的模具形态，刀具也有所不同。模板工具将黏土压成轴对称的模具形态。模板工具对黏土的一面塑形，而模具则对另一面塑形。这一过程非常快，不到 1 分钟就可完成。

当最后的形态完成后，将边缘切掉，将模具和黏土从金属架上取下。将黏土坯件放置在模具上，直到干透再移走。如果直接移走坯体，因为黏土仍十分柔软，坯体会产生形变。晾干时间取决于天气状况和环境温度，高温环境会使黏土干得较快。如果需要额外操作，如冲孔或组装，那么将坯体移至阴模。

味着内旋成型更适合原型制作和大批量生产。

塑性挤压成型模具所产生的热量使得黏土在压制过程结束后呈半干状，这意味着坯体可以从模具上立即取下。而内旋成型件需要放在模具上晾干。这会引发一个问题，为了制作多个产品，需要使用多件模具，而这就需要较大的存储空间。

坯体的缩水率为 8%，但也与所使用的材质类型相关。

适用材料

黏土材料包括陶土、炻器土和瓷土，可以用于压模工艺。不同于陶瓷注浆成型，黏土在过程中无须掺水。而在印压的过程中，材料需要保持一定的湿度。用于塑性挤压成型的黏土则更硬些。

加工成本

因为使用单面的模具，所以内旋成型的模具成本较低。对于大批量生产，因为黏土需要放置在模具上晾干，所以需要多个模具。

塑性挤压成型使用可拆分的模具，其成本是内旋成型的 10 ~ 20 倍。然而，它比内旋成型的产量高，周转率更高，循环次数更多（大约 10 000 次）。

塑性挤压成型的周期短，而内旋成型则较长。自动化的过程会缩短压模的生产加工周期。

手工操作的人工成本高；如果使用自动化技术，成本相对低。

环境影响

在所有的压模操作中，废料呈干透状，可以直接回收。使用模具可以精确地翻印坯体，减少由于不一致而导致的浪费。在这些陶瓷成型过程中不会产生任何有害的副产品。

烧制过程是能源密集型的，因此每次烧制时都需要装满窑炉。

案例研究

→ 运用内旋成型工艺制作盘子

如果使用这一工艺制作许多相同的坯体，那么需要多个石膏模具（图1），因为坯体需要放置在模具上直至干透。每一个模具都需要单独制作。

为了印压每一个坯体，将一大块混合好的黏土放在内旋轮上，然后让内旋轮旋转，直到黏土展开，形成一张均匀的松饼状的圆饼（图 2）。将黏土圆饼移到石膏模具上（图 3）。将旋坯成型臂放在黏土上，对外侧的表面进行塑形，同时模具对内侧表面进行塑形（图 4）。当坯体仍在模具上旋转时，修整边缘，使之形成完美的对称形态（图 5）。将模具和坯体同时取下，晾干坯体，然后再从模具上取下进行素烧（图 6）。

在这个案例中，使用工具进行镂空。几个小时盘子晾干后，将盘子移到阴模上。在对边缘进行镂空时，不会造成坯体形变（图 7）。当剩余水分被消除后，可对坯体进行素烧。在窑炉中素烧需要 8 个小时。坯体的温度升高，在 1125°C 温度下持续烧

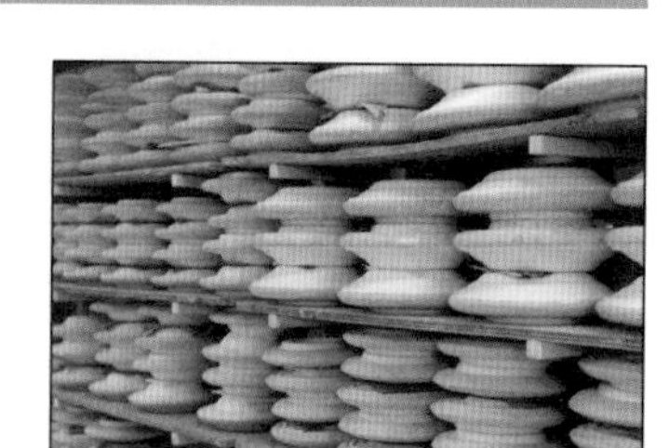
1

2

3

4

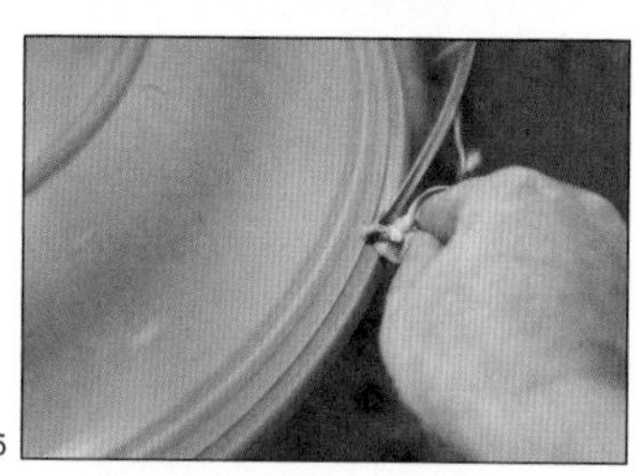
5

6

制 1 个小时，然后再缓慢降温。

第一次烧制后，完成表面装饰，如施釉、手绘（图 8）。将素烧过的器件放置在特定的位置，然后用同样的方式进行釉烧（图 9）。当制成的陶瓷盘子从窑中移出时，盘子变得防水且质地坚硬（图 10）。

7

8

9

10

主要制造商

Hartley Greens & Co. (Leeds Pottery)
www.hartleygreens.com

技术说明

这一过程为自动化过程，利用液压使坯体成型。每一件产品都是一样的，在固定容差内被生产出来。模具通常是由石膏制成的，尽管石膏模使用寿命有限。压铸可以制作一个大坯体或多个小坯体。

在阶段 1，将一块混合好的黏土放入下模。在阶段 2，在 69 ~ 176 N/cm^2 的压力下，使上、下模闭合。压力通过模具均匀地分布在黏土上，生产出均匀的坯体。在压制的过程中，模具吸收黏土中的水分，加速变干的进程。上、下模闭合时，模腔的边缘会将坯体上多余的黏土切除。塑性挤压成型比内旋成型更快，每分钟可完成 6 次压模。

当压模结束后，模具分开，坯体被从多孔模具中压出的蒸汽顶出，从模具中分离出来。坯体可自支撑，压模结束后可立即脱模。

塑性挤压成型工艺

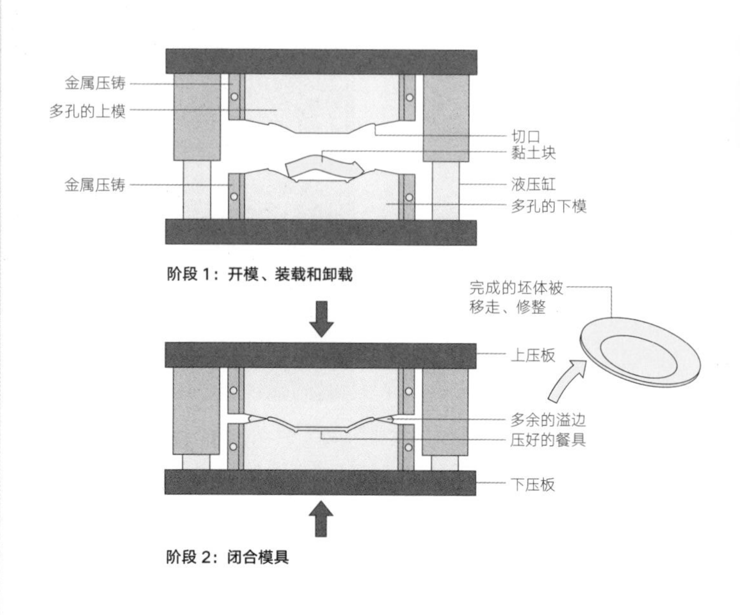

案例研究

→ 用塑性挤压成型制作两个盘子

塑性挤压成型所需的黏土需要比内旋成型稍硬些。从泥料中取出混合好、称过重的黏土（图 1）。将黏土放入下模模腔中（图 2），闭合模具（图 3）。压力使黏土在模腔延展，挤出去的部分在边缘处形成溢边（图 4）。当模具闭合时，模腔的边缘相接触，切掉溢边。

打开模具，移除多余的溢边。被移除的材料可循环使用（图 5）。气压从多孔的石膏模具中冲出（图 6），立刻将坯体推出。当脱模时，坯体可自支撑，因为在压模的过程黏土脱水，坯体干透，可以直接进行素烧。当坯体表面密实且均一时，可为压模后的坯体施釉或增加其他装饰。

1

2

3

4

5

6

主要制造商

Hartley Greens & Co. (Leeds Pottery)
www.hartleygreens.com

成型工艺

CNC 加工（数控加工）

使用 CNC 加工工艺，将 CAD 数据直接导入工作台。CNC 加工全程由铣床、车床和刳刨机完成，特点是快速、精度高和产品品质高。

加工成本	典型应用	适用性
• 模具成本低 • 单位成本低	• 汽车 • 家具 • 工具制造	• 单件至大批量生产
加工质量	**相关工艺**	**加工周期**
• 表面质量高，取决于 CNC 加工中的研磨和抛光工序	• 电火花加工 • 电铸 • 激光切割	• 周期短，具体由成品尺寸和 CNC 加工操作步数所决定

工艺简介

CNC 加工工艺包括一系列的过程和操作，如铣削、镂铣、车削、钻孔、刨边、铰孔、雕刻和切割。这一工艺用于不同行业的金属、塑料、木材、石材、复合材料和其他材料的成型。CNC 加工的名称与使用是与不同行业的传统材料值相关联的。例如，CNC 木材加工受木材的纹理、成熟度和翘曲度的影响。与之相比，CNC 金属加工与粗糙度、容差和热影响区相关。

CNC 加工工艺

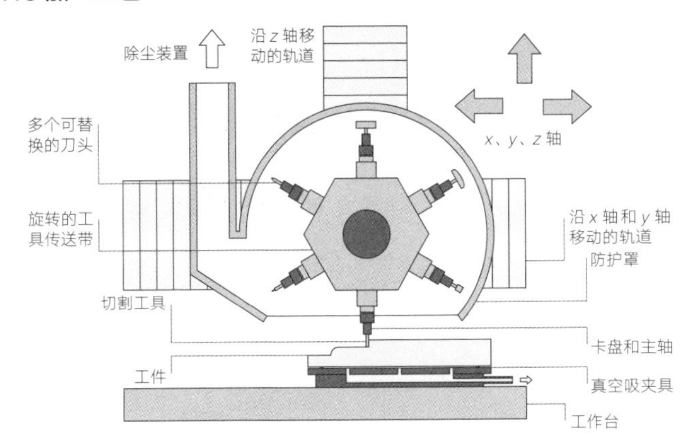

配有刀具转盘的三轴 CNC 加工

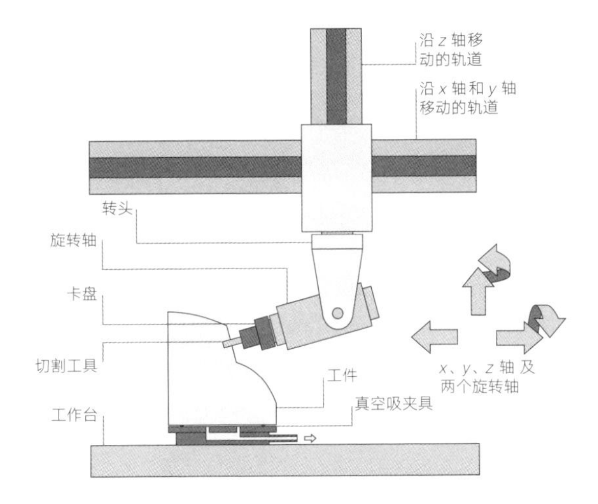

配有可替换刀头的五轴 CNC 加工

CNC 设备操作所需的轴数决定了要切割的几何形态。也就是说，一个五轴设备比二轴设备有更大的活动范围。操作的类型同样决定了轴数。例如，一台车床只有两个活动轴（沿着工件长度方向的位置和切割的深度），而雕刻机可以在五个轴上活动（x、y、z 轴及两个旋转轴）。其中 x 轴和 y 轴是典型的水平方向，z 轴是竖直方向，两个旋转轴分别是竖直和水平方向的，能够 360°移动。

CNC 加工原则可应用于许多其他的工艺，如超声、熔焊和塑料成型。

典型应用

绝大多数的工厂都会配备某种形式的 CNC 数控机床。对于原型制作和大批量生产线，CNC 都是基本组成部分。因此，在制造业中有着多样且广泛的应用。

CNC 机床用于基本的操作，如制作极小容差的样机、制作工具和雕刻木头。然而，CNC 也用于二次加工和后期成型，包括移除多余材料和钻孔。

技术说明

在不同种类的 CNC 数控机械中，CNC 铣床和 CNC 雕刻机基本上是一样的。而另一方面，由于旋转的是工件而非工具，CNC 车床有不同的操作方式。对于相似的工具和操作，木材加工和金属加工领域可能使用不同的名称。名称和操作可追溯到使用特殊工具和设备进行手工制作的时期。

大多数现代 CNC 数控机械有 x 轴和 y 轴轨道（水平方向）和一个 z 轴轨道（竖直方向）。有些老版或重新检修的机器，只有 x 轴和 y 轴。除此之外，研发中的 CNC 机器人占有独立的空间，可以在空间内自由移动，而不是被固定在有轨道的工作台上。新的技术依赖于不同工件的编程数据。因此，CNC 加工可以对每一个工件进行定位加工和组装操作。

在切割过程中，会使用到许多不同的工具，包括刀具（侧面或正面），槽钻（沿轴切割，以及从断点开槽或做断面），圆锥形、异形、楔形和笛形钻，球头铣刀（球头，对于三维曲面和挖空操作最为理想）。与之相比，CNC 车床使用一点切割，因为它是旋转工件。

有多种方式更换切割工具，下面举两个例子。三轴 CNC 机床配有工具传送带，其上有一系列的工具和钻孔机。这极大地加速了切割的过程，工具的更换是即时的。五轴的 CNC 机床只有一种工具。在两种 CNC 机床上，工具可以手动更换，但是很少这样操作。在大多数情况下，有一个分开的卡槽，在其中装载着一系列的工具，CNC 头会自动定位和使用这些工具。

→ CNC 雕刻英国温莎椅

CNC 加工工艺可以用于切削和成型一系列材料。在这个案例中，使用该工艺制作山毛榉温莎椅的各个部件。Ercol 是制作传统及现代木制家具的制造商，结合了手工与新技术。这种结合相当有趣，它显示出 CNC 加工工艺与其他的工艺协同工作的巨大可能。

CNC 镂铣椅座

长木板容易翘曲和扭曲。因此，先将用于制作椅座的板材切成较小宽度的木板，再将木板翻转，然后在对接接头处将它们黏合（图 1）。木板的每一部分平衡其周边的力。将长木板切割成合适的尺寸，加载到 CNC 机床的工作台上（图 2）。将加工件牢牢地推到真空夹具内，这样可以有效地固定工件。

三轴 CNC 车床使用槽钻切削座椅的外轮廓（图 3）。之后，工具传送带旋转，使用一个单独的切削工具对边缘进行轮廓处理(图4)。然后，使用碟状切削器处理座椅的表面，制作出需要的人机形态（图 5）。这一过程不到 2 分钟。然后将座椅从真空夹具中移走。在真空夹具的外围设置一个密封圈，它使得表面的凹槽处于真空状态(图6)。这是一种非常快速有效的夹紧同一零件并持续运转的方法。因座椅没有完全完成，故将其堆叠起来以待二次操作（图 7）。

组装时需要钻孔，但是三轴 CNC 机床仅能够制作垂直的孔。因此，将座椅加载到五轴 CNC 机床，从正确的角度在椅腿和椅背部打孔，以便组装。

1

2

相关工艺

相比其他工艺，CNC 加工有着多样且广泛的应用。对于模具制作，最有效、最经济的方式是制作出大约 1 m^3 的产品。任何较大的电铸（140 页）镍会更具成本效益。

激光切割（248 页）适用于金属、塑料和其他材料的切削成型。它快速、精准，更适于某类应用，如聚甲基丙烯酸甲酯（PMMA）板材切削。电火花加工（254 页）适用于金属的切削成型，尤其是不适合应用机加工的凹面。

CNC 加工同样适用于原型制作和小批量零件的生产，这些样机和零件也可以使用蒸汽弯曲成型、压铸、熔模铸造、砂型铸造和注塑成型制作。

加工质量

该工艺能够制作出品质高且具有精密公差的零件。CNC 加工能够精准加工二维、三维曲线和直线。由于操作速度的关系，CNC 加工会在切削的过程中留下可察觉的痕迹，但对工件进行砂磨、磨削或抛光，可以减少或消除痕迹。

设计机遇

CNC 加工可以直接利用 CAD 数据制作三维形态。在设计的过程中，CNC 加工非常有用，特别是对于样机制作，以及零件的设计与生产之间的过渡。

为了制作样机，有些 CNC 加工设备大到足以容纳一辆真实的汽车（或者更大，尺寸大到 5 m×10 m×5 m）。能够使用此方法加工许多不同的材料，如泡沫和其他模型制作材料。

在操作中，简单和复杂形态、直线和曲线之间没有差别。在 CNC 加工中，它们是一系列需要连接的点。这为设计提供了无限的可能性。

3

4

5

6

设计注意事项

大多数的 CNC 加工基本完全自动化，很少需要操作者的干预。这意味着，一旦开始，加工过程将持续，不中断。在 CNC 机床能够自动更换工具的情况下，对于设计师而言，最大的挑战在于如何利用可用的设备使设计的零件能够在同一工厂内被加工出来。

对于不同几何形态的零件，需要使用不同的切削头或者不同的操作，按顺序使用多种机器。一旦启动，CNC 加工会非常准确、快速地重复一系列操作。改变设置会产生过程中的最大费用。分包商常常会把设置时间所产生的费用与单位成本分开计算。通常来说，加工较大的零件、复杂的形态、较硬的材质，成本更高。

7

用 CNC 车床车削椅腿

椅腿和椅背的辐条为轴对称形态，可以在 CNC 车床上加工制作。将切割好的木材装入自动给料器（图 8）。然后，依次将木材装入机床中央（图 9）。这个部位是“活的”，随着工件旋转（当它们静止的时候，它被称为静点）。每一个工件在车床的头座和尾座之间高速旋转（图 10）。有较大交叉部分的工件旋转加工周期较长，因为它的外边缘会相应旋转得较快。

使用刀头切出单一且平滑的弧线，刀头雕刻工件就如同连续刨花（图 11）。这些图片展示了椅腿的成型过程。椅腿需要二次的切削操作，在椅腿的顶部制作托架部分，将椅腿安装在椅座上（图 12）。

为了安装椅腿的横梁部分，需要钻出竖直的孔（图 13）。将成型的椅腿放入箱内以待批量装配（图 14）。在其顶端，仍留有一个在组装前才移除的“提手”。

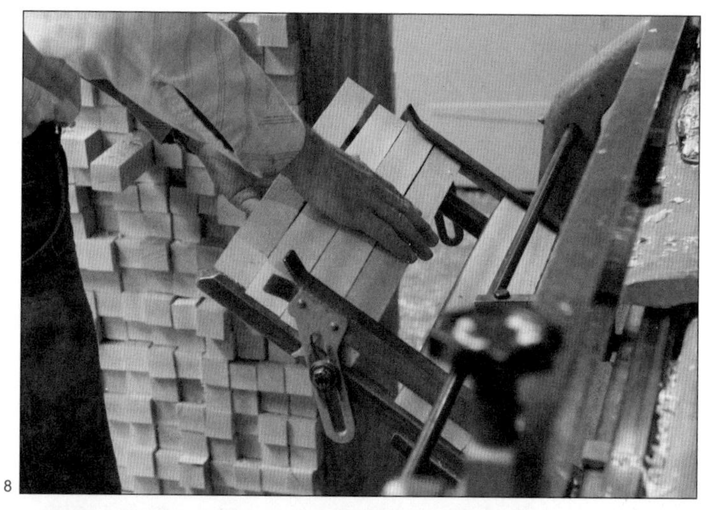

8

9

适用材料

可以使用 CNC 加工工艺加工大多数材料，包括塑料、金属、木材、玻璃、陶瓷和复合材料。

加工成本

模具成本最小，只限于夹具和其他夹紧装置。有些工件适合在台钳上夹紧，因此无模具成本。

当机器设置好后，加工速度快，基本无须操作者参与，因此人工成本最低。

环境影响

这是一个削减的过程，在操作中会产生废弃物。现代 CNC 系统拥有非常复杂的除尘装置，可以收集所有的废弃物，以供循环利用，或者焚烧废弃物获取热量和能源。

利用切削工具，可将能源直接用于工件的某一特定部位，因此浪费的能源很少。产生的粉尘有可能有害，特别是某些材料的粉尘混合后具有挥发性。

10

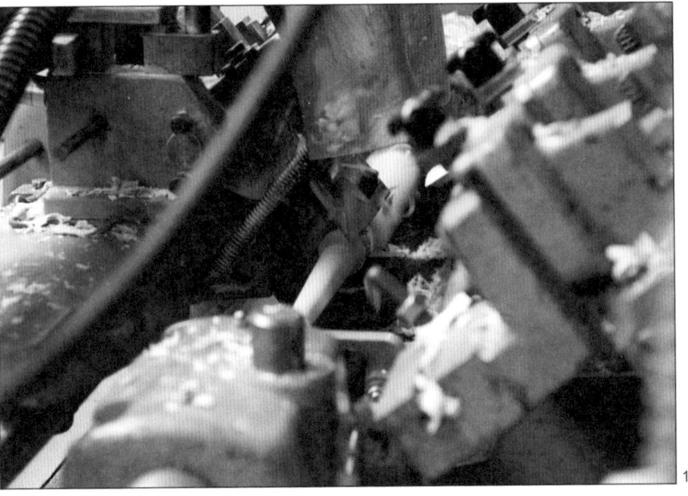

11

12

3

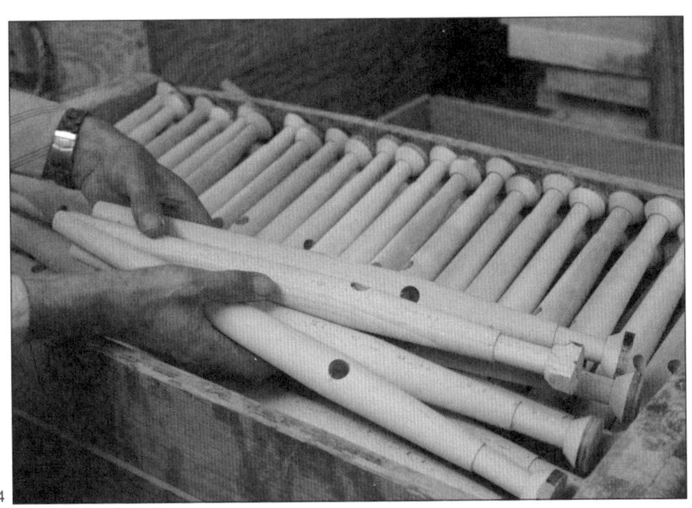

14

15

组装英国温莎椅

每一把椅子都手工组装，因为木头是“活”的材料，它会移动、破裂，所以，需要检查每一个零件。在每一个接缝处使用黏合剂，黏合剂会进入到木质纹理中，使得各个零件之间形成联结。

用棉棒头将黏合剂填入每一个接缝处（图15）。仔细地将椅腿和横梁组装在一起（图16）。当椅腿穿过椅座时，将一块楔形物插入椅腿端面以加强联结（图17）。当黏合剂固化后，使用带式砂磨机或者某种形状的磨块将多余的部分从椅座上移除（图18）。砂磨同样也可以减小CNC加工时切削形成的表面粗糙度。

同时，每把椅子的靠背需要采用蒸汽弯曲成型。用CNC车床车削出竖直的辐条，然后将相关的零件黏合起来。

在椅腿、椅座和椅背组装好后（图19），在接缝处黏合和加固，椅腿的部分处理也是如此。将椅腿切割为同样的长短，然后对组装好的椅子表面进行打磨处理（图20）。

16

17

18

19

20

主要制造商

Ercol Furniture
www.ercol.com

成型工艺

木材层压成型

用模具成型加工浸有或涂有强力黏合剂的多层胶合板或实木板，形成坚固轻质的结构。

加工成本	典型应用	适用性
• 模具成本低 • 单位成本适中	• 建筑 • 工程木材 • 家具	• 单件至中批量生产
加工质量	**相关工艺**	**加工周期**
• 成品表面质量高	• CNC 加工 • 蒸汽弯曲成型	• 成型加工周期中至长（最长可达 24 小时）

工艺简介

将两层或多层的材料黏合形成层压结构的工艺中并没有任何新技术。然而，由于开发出更有黏性、防水性和耐高温的黏合剂，可以用层压木板制作可靠性高的轻质结构。因此，在设计和建筑中，具有更多的创新机会。木材层压分为三种：实木、木片和胶合层压。

实木折弯是一种冷压过程，一般情况下限于单轴，包括弯曲一段段木材和使用黏合剂进行层压。它是一种典型的建筑构件成型方法。为了形成一个较小的弯角半径，可在木材上切槽，在弯曲的部分锯出与弯曲方向相垂直的槽。层压是锁定弯曲的一种方法。槽口折弯是一种有效的模型制作工艺，因为可在无须高压甚至无须工具的情况下对木材的实心部分或胶合板进行折弯。事先做好板材上的槽口就是为了折弯。

木片技术通常用于制造建筑用工程木材，如承载梁、桁架和屋檐。这些产品是通过高压和有穿透性的黏合剂将木片永久性地黏合在一起而形成的。

对于设计师而言，胶合层压是一种让人兴奋的工艺。过去的几年中在家具行业，设计师们曾大量使用该技术，例如阿尔瓦·阿尔托（Alvar Aalto）、瓦尔特·格罗皮乌斯（Walter Gropius）、马塞尔·布劳耶（Marcel Breuer）、查尔斯·伊姆斯（Charles

木材层压成型工艺

槽口折弯

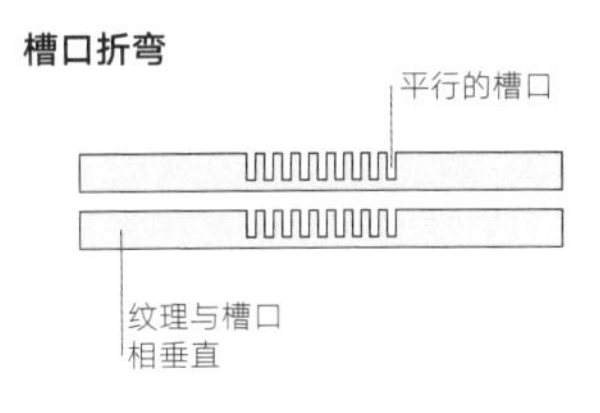

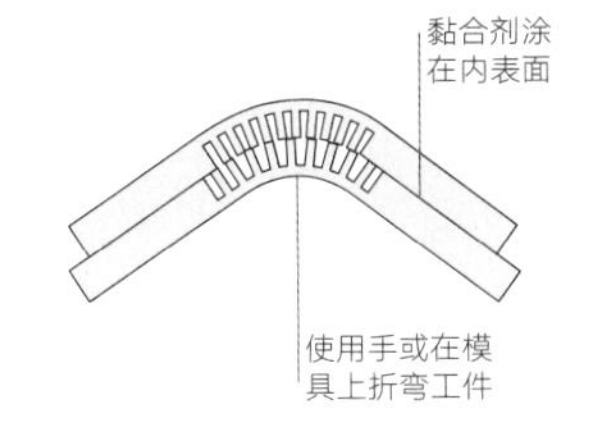

实木层压

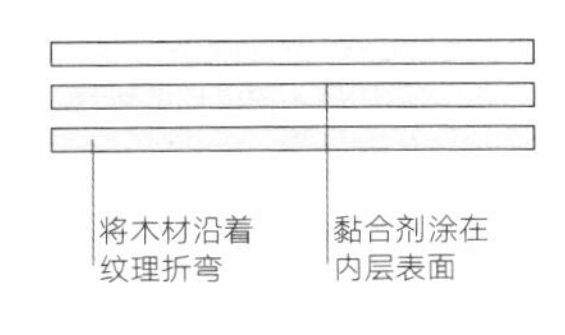

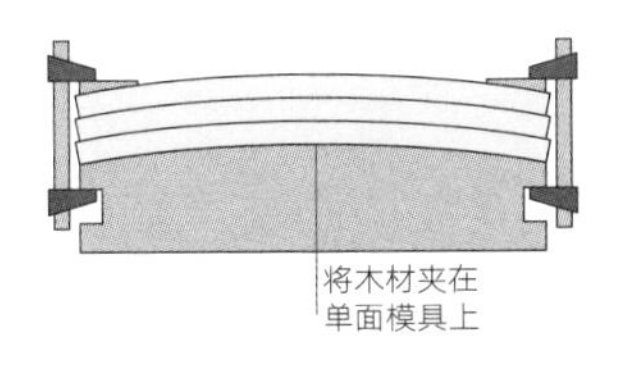

胶合层压

贴面胶合板

核心层胶合板（纹理方向交替）

黏合剂涂在内层表面

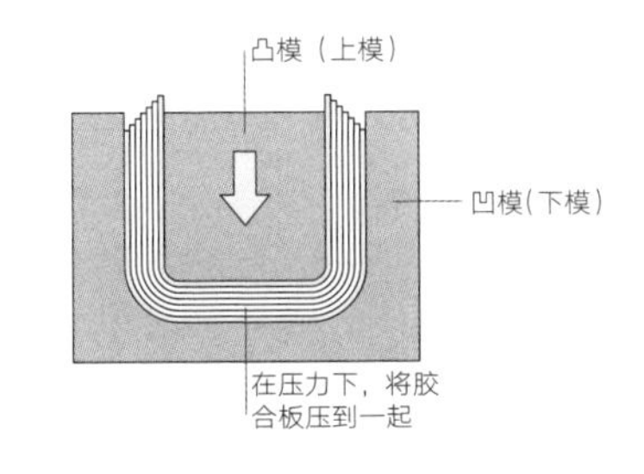

Eames），最近安积伸·安积朋子（Tomoko Azumi）和 B&O（Barber Osgerby）也在使用。配合真空模具或分体式模具，使用单一模具层压成型胶合板。黏合剂可以在低电压加热、辐射加热、射频或室温等情况下固化。

典型应用

依赖黏合剂，木材层压成型工艺可以用于制作室内外使用的各种产品，如家具、建筑用产品。

木片和实木应用包括工程用木材产品，例如桁架、横梁和屋檐。而胶合层压和槽口折弯用于制作一系列产品，包括座椅、储物用品和房间的隔板。

相关工艺

近几年，胶合层压被其他复合材料和金属工艺所替代。例如，轻型飞机曾使用压层胶合板制作，如今则使用碳、芳纶、玻璃、热固性树脂的高科技复合材料制作，随着技术的不断进步，这在经济效益上是可行的。

对于其他应用，CNC 加工技术（182页）可替代木材层压成型技术。蒸汽弯曲成型（198 页）可用于实木的成型。在制作上，这两种工艺的结合会带来更高的灵活性。

加工质量

尽管木材层压成型件质量高，但是零件常需要抛光和砂磨的操作。零件的整体性取决于木材的等级和黏合剂的强度及分布。木工需要有技术的工人，这些工艺都是如此。

不同于使用蒸汽弯曲成型制作的，用层压成型制作的曲线形态回弹最小，而且比锯齿状曲线的强度更

技术说明

槽口折弯

在这个过程中，可以使用带锯、台锯或雕刻机在板材的单面切割平行槽口。槽口的厚度一般为木板厚度的 1/3 ~ 3/4。局部减小板材的厚度以增加板材的可塑性。如果槽口较密，可以制作出平滑的曲面。由示意图可见，将两个有槽口的板材弯折，通过黏合板材掩盖槽口。槽口也可以使用厚胶合板掩盖。

实木层压

实木层压一般用于制造折弯半径较大的成品。因此，它通常用于增强某一段木材的强度。先将木材切割成几段，黏合，再制作成需要的形态。层压能很好地避免板材收缩和形变，这对于建筑项目至关重要。当木板是从同一原木上切割下来时，为了维持张力和压力间的平衡，避免成型后的翘曲变形，需要将一块木板反过来叠放在另一块上。

胶合层压

胶合层压可以采用多种方式实现，如单侧模具成型、真空成型、组合模具成型。所有的方法都使用相同的原则：胶合板中的黏合剂在压力下使得奇数层彼此垂直层压。木板是黏合剂的基质，它决定了压层的强度。

将黏合剂涂在每张胶合板的正面，然后把胶合板放在上一张的上面。铺层是对称的，芯是由奇数层组成的，贴面材料相似且厚度相同，这样可以确保板材不会翘曲。使用该方法制作的板材抗收缩、翘曲和扭曲。

→ 胶合层压的制备

制备的方法与所有胶合层压加工工艺是一致的。胶合板表面的纹理要匹配，这取决于木材的纹理。纹理匹配的意思是，从原木上取下薄木片，将它们一个接一个地摆放在一起。在纹理匹配的过程中，薄木片（像一本书似的）摊开后紧挨着排列，呈现出成对且重复的图案。复杂且弯曲的纹理通常匹配在一起，以避免看上去太过“杂乱“，而直条纹的木片通常错开配对。

在这个案例中，胶合板表面的纹理已经匹配好（图 1）。在表面刷一层热熔的黏合剂（图 2），用连续的玻璃丝在反面将薄木片黏在一起。黏合的部分需要在适当的位置上保持不动，直到薄木片在压层的过程中永久黏合。

胶合板的核心层通常为从桦树原木上旋转切割（剥）下来的等级较低的木板。这种方法可制作较大的长薄木片。在裁切机上，将薄木板切割成合适的尺寸（图 3）。在胶合板的每一层刷一层脲醛胶（图 4），然后将薄木板堆叠在一起以备压层。

1

大，因为每一层的纹理与曲线的方向对齐，不会缩短。

设计机遇

与其他木工工艺相结合，层压为设计师提供了更大的创作空间。但是，设计师应该知道这种方法存在模具成本，会影响模型制作的成本。简单的木制小模具成本低，而大批量的胶合层压需要金属模具。

实木层压受限于简单弯曲，通常是沿着单一的轴弯曲。胶合层压通常也受限于沿单一轴弯曲。然而，浅盘状形体可以使用常规的胶合板。2002 年丹麦公司 Cinal 开发出一种独特的弯曲层压技术，可以制作较深的盘状。

将木板切割成条状或板状并将其黏合在一起，极大地提高了木材的强度、抗收缩性、抗扭强度和抗翘曲性。在结构中使用简单的曲线可以进一步增强其强度特性。

设计注意事项

层压胶合板的结构是由核心层所组成的。在某些情况下，核心层上覆盖贴面，形成产品的最终外观。层压成型依赖压力和张力的平衡，因此成品结构很大程度上会影响材料的稳定性和强度。胶合板是由奇数片薄木片所组成的，纹理方向交替。换言之，如果压层结构的一面使用装饰贴面，那么一张相似的薄木板必须黏合到反面，以达到结构的平衡。第二张薄木板无须是同一级别的，在某些情况下，如果不可见的话，甚至可以是不同品种的。

最小的内半径由单板厚度决定，而不是由木板的数量或总体厚度所决定。这意味着，即使是具有较大厚壁的零件也可以形成较小的内半径。每张单板的厚度一般为 1 ～ 5 mm。

适用材料

构成这种复合材料的两种材料是木材和黏合剂。使用的黏合剂主要有两种类型：室内用的脲甲醛和户外用的酚脲醛。

被切割成单板或实心木板的任何木材都可以进行层压。木材必须没有缺陷，如木节，以确保纹理均一。弹性较高的木材包括桦木、山毛榉、白蜡木、橡木和胡桃木等。然而，大多数的其他木材也可以进行层压。即使是密度适中的纤维板（MDF）和胶合板也同样适用于层压成型工艺。较厚的这类板材的处理方法同木板，要开槽。

压缩木材，称为 Bendywood®，在无高压情况下可高强度加工，这使得层压产品可以实现更大的设计自由度。

加工成本

木材层压成型的模具成本低至中。以木材为基础的产品，如定向刨花板（OSB）、胶合板及实木，可以用来制作模具，通常可持续生产数百件产品。对于大批量生产，木制模具可以用铝或钢模具代替。

循环周期可能较长，这取决于黏合剂的固化系统。RF 黏合剂固化一般需要 2 ～ 15 分钟；辐射热固化需要 10 分钟到 1 个小时；室温固化的

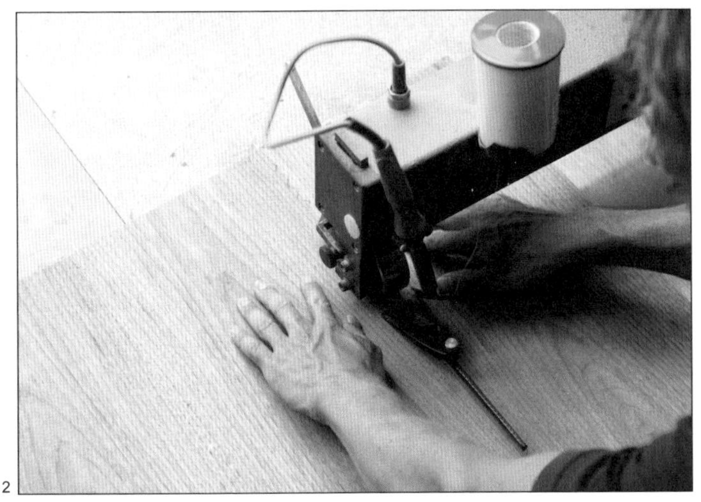
2

3

4

时间最长。刚固化好的产品需要放置7天以上才能完全硬化变干。

为了确保质量一致，需要操作者具有高水平的技能。因此，就人工操作而言，人工成本高。自动化过程快，人工成本就低。

环境影响

各种层压工艺需要不同数量的能源。例如，在室温下，在模具上手工层压不需要任何能源，而利用 RF 或热能的层压则需要能源，但这会显著加速生产过程。

下脚料的二次成型，会伴有废料产生。燃烧下脚料，对能量进行回收，或者重复利用下脚料。在某些情况下，燃烧下脚料产生的蒸汽可以加热黏合剂并加速其固化。

这些工艺通常对环境影响较小，尤其是本地取材或使用再生材。

主要制造商

Isokon Plus
www.isokonplus.com

案例研究

→ 运用冷压工艺加工 T46 桌

T46 咖啡桌是由海因 · 施托勒（Hein Stolle）于 1946 年设计的，但是直至 2001 年才开始生产。T46 咖啡桌为单体结构，由连续层压板形成。将切割好的桦木板装入冷压机中（图 1）。手动操作螺丝刀，将插塞（上模）拧进压模（下模）（图 2）。这种方法会产生大量的压力，使加工更为有效。由于该过程为冷压，将桌子放置在模具中 24 小时，直至黏合剂完全固化。然后，将其从模具中移走（图 3）。先使用五轴 CNC 雕刻机切割，然后打磨。最后，在桌子上喷涂亚光漆（图 4）。

1

2

3

4

主要制造商

Isokon Plus
www.isokonplus.com

案例研究

→ 应用冷压成型工艺制作 Isokon 长椅的扶手

马塞尔·布劳耶于 1936 年设计了 Isokon 长椅，它包括各种层压件。本案例描述了扶手的生产过程。它的形状过于复杂，无法在单一模具中成型。先将桦木板切成略大于最终形态的木条，这样为之后的修整和打磨留有余地。将木板夹在两层铝板中间，装入冷压模具中（图 1）。在冷压的过程中确保铝片不损伤贴面。木板上的夹具逐渐收紧，直到黏合剂从压片中渗出（图 2）。包括多个部分的模具组合便于拆卸（图 3）。在将模具放置 24 小时后，取出零件，进行修整、组装和打磨。最终产品用红色织物装饰（图 4），被放置在可移动的坐垫上。

1

2

3

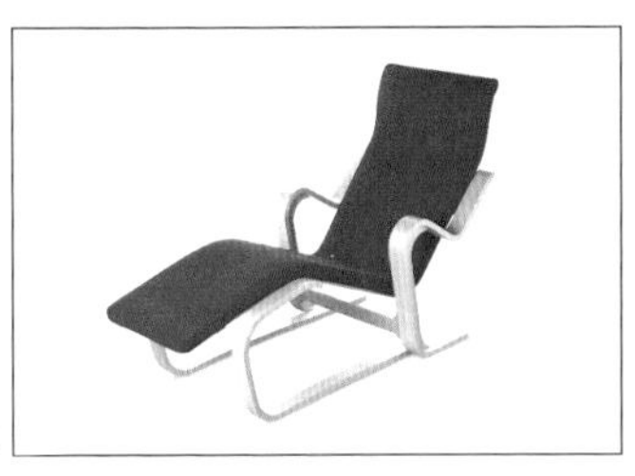

4

主要制造商

Isokon Plus
www.isokonplus.com

案例研究

→ 射频层压制作飞行凳

飞行凳是由B&O于1998年设计的。它是由Isokon Plus在组合模具中制作的，制作期间使用了RF加快黏合剂的固化。

用黏合剂制备桦木芯板和核桃木贴面。将它们放入金属面的模具内（图1）。在施加最大压力前，插入一个铜圈连接金属模具(图2)。激活RF，通过刺激分子使黏合剂的温度升到大约70℃。这加速了固化的过程，使得可在10分钟内从模具中取出零件。零件脱模（图3）后被放置在夹具中，直至冷却，这样可以减少回弹。然后对飞行凳进行修整、打磨、上漆。

在2005年，制作了一系列的潘通色特殊版（图4）。

1

2

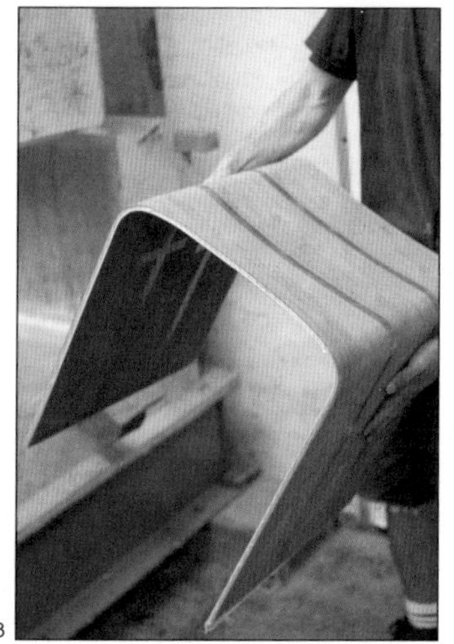

3

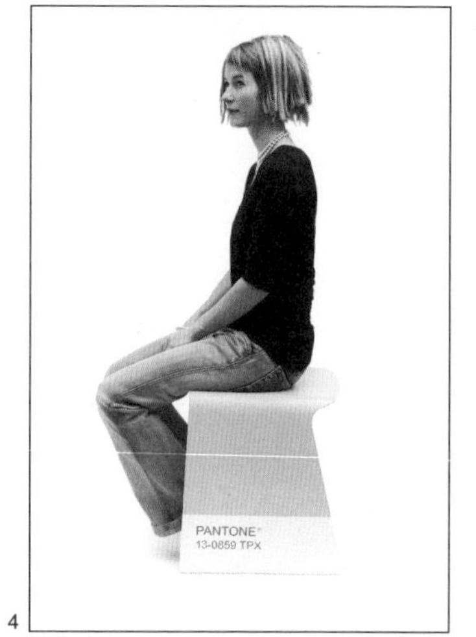

4

主要制造商

Isokon Plus
www.isokonplus.com

→利用袋压法制作 Donkey3 收纳单元

在此过程利用真空将零件压在单面模具上，降低成本的同时增加了弹性。只有像 Donkey3 底座这样的浅几何体可以用此方法成型。本产品是 2003 年信和安积朋子设计的，是由埃贡·里斯（Egon Riss）在 1939 年设计的 Isokon Penguin Donkey 发展而来的。

制备好几张桦木单板，在每层的表面上涂上黏合剂。然后将这些单板放置在单面模具上（图 1）。将橡胶密封圈拉伸到零件上(图2)，真空使得层压件形成模具的形状。使用加热器将模具的温度提高至 60 ℃，这会缩短周期。20 分钟后，待黏合剂完全固化，从模具上取下零件（图 3）。最终产品是上过漆的（图 4）。

1

2

3

4

主要制造商

Isokon Plus
www.isokonplus.com

蒸汽弯曲成型

某些木材在蒸制和软化后适合在模具上弯曲成型。此工艺结合了工业制造技术和手工工艺技术，用于生产弯角小且多轴弯曲的实木。

加工成本	典型应用	适用性
• 模具成本低 • 单件费用中至高	• 船舶 • 家具 • 乐器	• 单件至大批量生产

加工质量	相关工艺	加工周期
• 由于纹理的定向排列，其表面质量和硬度都很高	• CNC 加工 • 木材层压成型	• 加工周期长（最长可达 3 天）

工艺简介

在 19 世纪 50 年代，迈克尔·索耐特（Michael Thonet）生产的 14 号椅（又被称为 214 号）使得曲木生产开始工业化。当时，许多其他制造技术正经历类似从手工制作向机械化生产的转变。在 18 世纪蒸汽机的发明的推动下，这一时期被称为工业革命时期。迈克尔·索耐特是大批量生产的先驱者，在最初生产的 50 年中，14 号椅的销售超过 5 亿把。

蒸汽弯曲成型仍然广泛应于用家具、船舶和建筑。它仍旧是将实木弯曲成单轴或多轴的最有效的技术。其他技术（如层压）不需要如此高质量的木材，木材只为黏合剂提供了基质。

典型应用

蒸汽弯曲成型通常用于生产家具、船舶和各类乐器。

相关工艺

CNC 加工技术（182 页）和木材层压成型（190 页）可以用来制造相似的几何形态，蒸汽弯曲成型特别适用于对实木的美感和结构有要求的应用。

加工质量

曲木的基本特性是纹理沿着整个长度连续不断。如果不是单轴弯曲，木材将沿着纹理扭转。也就是说，沿着整个木材的长度，纹理仍在同一平面上。这会增加弯曲的强度，并使回弹最小化。相比之下，木材锯开的剖面会在长度方向上切断纹理，这会削弱整个结构。

高品质的木材是蒸汽弯曲成型必不可少的条件。虽然实木可能开裂，但不会分层。当木材有缺陷（如木材中有木节、腐烂或不均匀的纹理）时，弯曲时通常会发生开裂。即使使用同一夹具，没有两块曲木是相同的。因此，蒸汽弯曲成型不适合对精度要求较高的应用。

设计机遇

曲木的主要优点是它的强度，这意味着零件较轻。

木材设计既需要了解生产工艺，也需要了解材料本身。木材是一种可塑性强的材料。不同于许多塑料、金属和玻璃制作工艺需要昂贵和复杂的设备，木材可以用来在车间内制作原型甚至批量生产。

木材蒸汽弯曲成型的设备很简单：塑料管、金属容器和炉子，因此适合快速、低成本地制作产品原型来验证设计想法。

对于复杂的弯曲和连续形态，可以分别对单件进行热弯，再将其拼接

蒸汽弯曲成型工艺

环弯曲

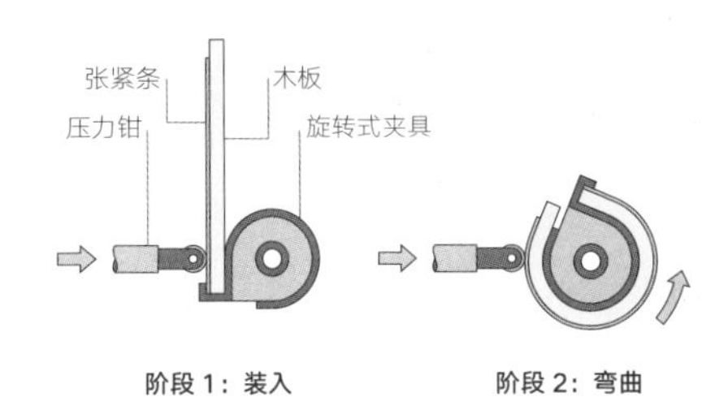

阶段 1：装入　　阶段 2：弯曲

开口弯曲

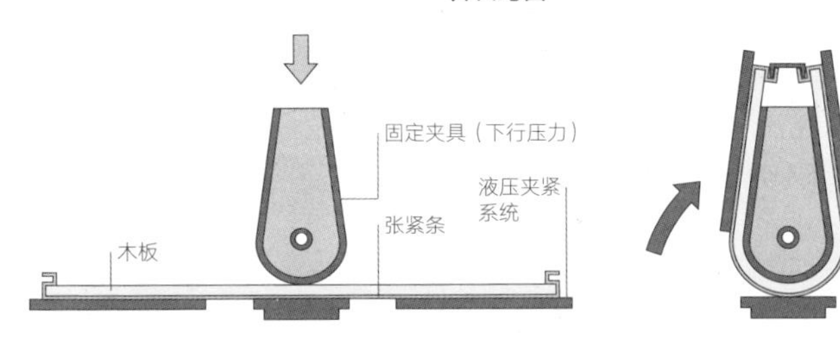

阶段 1：装入　　阶段 2：弯曲

组装，这样几乎可以生产任何形状。唯一的限制因素是成本。

设计注意事项

现代的生产技术使得回弹最小化，而一致性最大化。木材是一种可变的材料，没有两件是相同的。因此，必须考虑组装时能够具有一定的灵活性。运用蒸汽弯曲成型工艺制造的零件需要固定，否则，随着时间的推移，它会逐渐恢复原态。例如，一把伞柄将逐渐伸直，因为弯角小而末端没有固定。

所有的轮廓切割（木材长度的成型）必须在弯曲前进行，因为它比加工已经弯曲的工件更容易、更经济。然而，简单的形态改变和接缝可以在弯曲后进行。

曲木的横截面通常为正方形或圆形，这样的形状易于弯曲。复杂的形态和起伏则需要避免。常使用锥形来辅助弯曲的过程。例如，在小弯角处最好使用薄片，而对于接缝处则需要使用厚片。最小热弯半径取决于木材的尺寸和种类。

适用材料

硬木材料比软木材料更适合蒸汽弯曲成型工艺，某些硬木比其他种类的木材柔韧性更好。山毛榉和白蜡树由于兼具紧密的纹理和良好的弹性被广泛应用于木制家具的制造。橡木由于硬度高、耐用、适合户外使用被广泛应用于建筑。榆木、白蜡树和柳树因具有交错的纹理且兼具质轻和防水性被广泛应用于船舶制造。枫树因兼具装饰性、耐用性和弯曲性被广泛应用于木制乐器的制造。

其他适合蒸汽弯曲成型的材料包括桦木、胡桃木、落叶松、山胡桃木和杨树。

加工成本

模具成本低。工艺的每个阶段的时长为：浸泡（24 小时），蒸（1 ~ 3 小时），最终干燥（24 ~ 28 小时），因此蒸汽弯曲成型的周期非常长。

根据所需的工艺水平，人工成本中到高。

环境影响

蒸汽弯曲成型是一种对环境影响小的工艺。木材通常来源于当地。例如，索耐特购买了距离工厂 113 km 半径内的所有木材。实木弯曲比层压和机械加工产生更少的废料。

技术说明

基本上有三种主要的弯曲技术。第一种是手工操作，沿多个轴弯曲，可以采取许多不同的形式。其他两种是动力辅助的，用于单轴弯曲。环弯曲用于制造封闭圆环，如座椅框架和扶手，而开口弯曲适用于开放性曲线形体的成型，如座椅的靠背。

所有工艺的工作原理都是一样的：在阶段 1，通过蒸汽将木材软化，在阶段 2，在夹具上固定，利用夹具成型。

木材是由木质素和纤维素组成的天然复合材料。为了使木材具有足够的柔韧性，连接纤维链的木质素，必须被软化（塑化）以降低其强度。这一步骤通过热机械蒸汽处理来实现。一旦木质素足够柔韧，就可以开始加工木材。将木板固定在适当的位置上，木质素在干燥室中进行硬化。整个过程需要几天时间，具体时间取决于木材的尺寸和类型。

所有的过程都依赖于张紧条，张紧条被固定在木板的外边缘上，以尽量减少弯曲边缘的拉伸。因此，通过压缩完成弯曲成型。

1

2

3

4

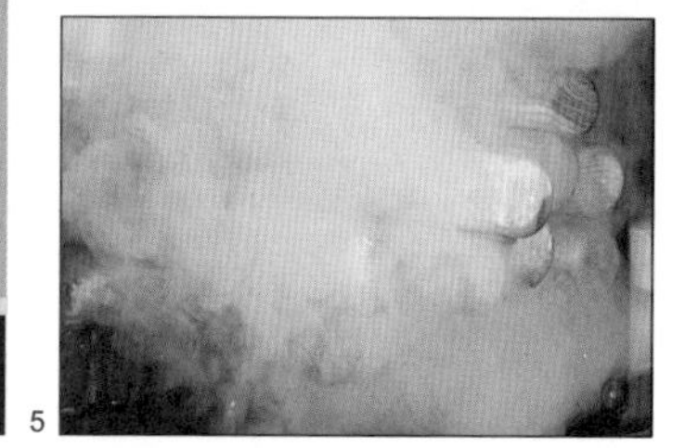
5

6

7

8

运用蒸汽弯曲成型工艺制作的 Thonet 第 214 号椅

经典 Thonet 214 号椅由索耐特在 19 世纪 50 年代设计，是该公司第一款大批量生产的椅子。它有两个版本，有扶手型和无扶手型（图 1）。到目前为止，该椅子比其他家具制作的数量更多。

椅子是由距离制造商 113 km 远的山毛榉树制作的。当木材交付时，干燥木材直至木材的含水量达到 25%，这种状态被称为"半干"(图 2)。在这种状态下，木材被切割成合适的长度，因为半干的木材比干燥的木材更容易切割。在车床上弯曲半干的木材（图 3）。方形或圆形截面的部件浸在 60 ℃的软化水中浸泡 24 小时。然后在 104 ℃的压力室（60 kPa）蒸 1 ~ 3 小时（取决于木材的尺寸）（图 4、5）。这样的热处理确保木质素结构充分塑化以进行弯曲。

当木质素塑化后，压缩木材。但是如果拉伸的长度超过 1%，木材会很快被撕裂。因此，椅腿和靠背可以由两位操作者手动弯曲，并使用夹钳将其固定在张紧条内（图 6）。张紧条有两个功能：它能阻止外部纤维拉伸，并且能控制木材的扭曲。当将曲木夹入金属夹具时，工人的动作需要同步（图 7）。将夹具中的部件放在温度为 80 ℃的干燥室内两天。木材干燥至大约 8% 的含水率所需的时间取决于木材断面的大小。

从夹具中取出部件，以便可以重复使用（图 8）。用铅笔标注出木材的中心，在弯曲时在夹具上对准标记点。这很重要，因为部件已经锥化，无法对准的部件在组装成最终的成椅时会成为废品。

除了上面提到的手动弯曲外，还有两种不同的动力辅助方法：环弯曲和开口弯曲。214 号椅的座位和扶手采用圆形热弯加工。与手动弯曲一样，扶手处的木材在张力下保持不动，以避免外部纤维的拉伸（图 9 ~ 11）。一旦弯曲件锁进夹具，将部件移入干燥室 2 天，然后再从夹具中取出，部件仍保持其弯曲的形状（图 12）。

9

10

11

12

主要制造商

Thonet
www.thonet.de

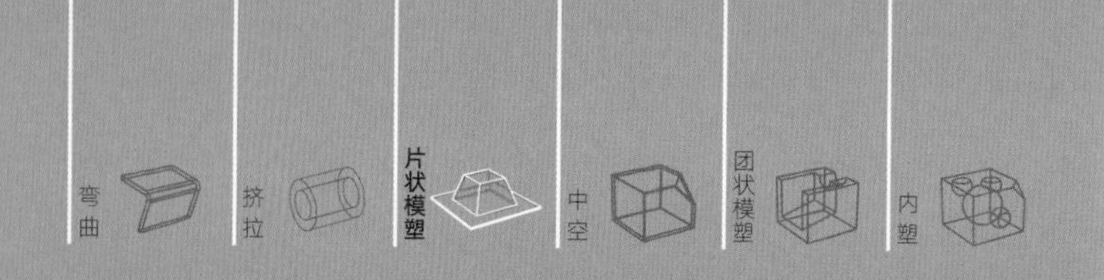

纸浆模塑成型

纸浆模塑包装是完全由造纸工业产生废料制成的。因为回收的材料只需要加水即可，制造过程环保。

加工成本	典型应用	适用性
• 模具成本由低至中 • 单件费用由低至中	• 可降解花盆 • 包装	• 大批量生产
加工质量	**相关工艺**	**加工周期**
• 可变	• 压铸 • 发泡聚苯乙烯成型 • 热成型	• 周期短（5 ~ 10 次 / 分） • 干燥时间 15 分钟

工艺简介

纸浆模塑成型制品是一种常见的材料。虽然它主要用于鸡蛋盒的制作，但它也广泛用于水果、医疗产品、瓶子、电子设备和其他产品的包装。它用于外壳和衬里，以保护和分离盒子内的物体（左图）。

纸浆模塑成型包装为工业和消费后的纸类废弃物提供了一个有益的出口。碎纸片、卡片与水混合，打浆，成型。可以重复使用或循环使用，完全可生物降解。风干的纸浆模塑制品的表面只有一面是光滑的。成型后通过湿压或热压可提高表面的质量。

典型应用

纸浆模塑成型制品的主要用途是包装。当然也有例外，如可降解花盆，甚至灯罩。

相关工艺

发泡聚苯乙烯成型、热成型（30页）和模切瓦楞纸（266 页）都用于类似的应用。

除了其环境效益外，纸浆具有许多其他的优点：重量轻，可提供缓冲和保护作用，防静电，模塑（增加其功能性），而且相对便宜。

加工质量

纸浆由天然成分组成，本质上是一种可变材料。即便如此，纸浆模塑成型制品一般也可以精确到 0.1 mm。

纸浆模塑法

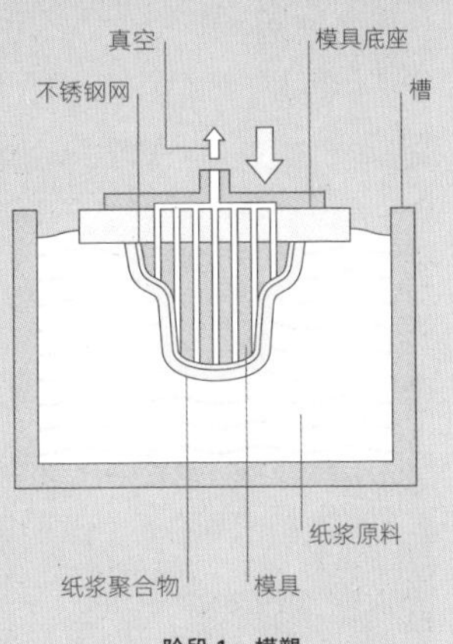

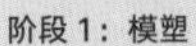

阶段 1：模塑

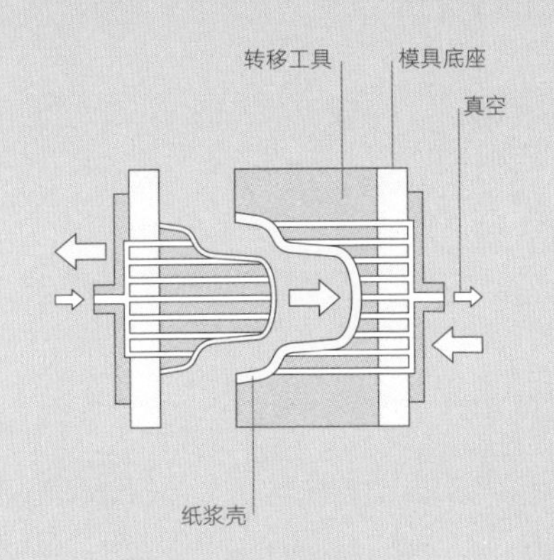

阶段 2：转移

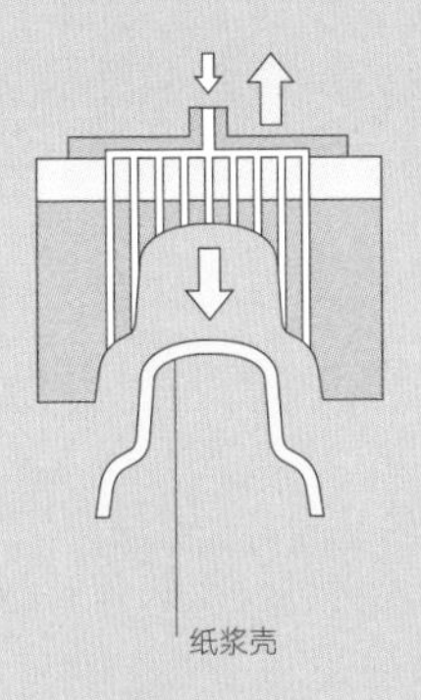

阶段 3：脱模

技术说明

模具是典型的机械加工铝制品，精细的不锈钢网覆盖其上（上图），它像筛子一样，将水从木纤维中分离出来。模具上布满小孔，小孔之间相距大约 10 mm，小孔是将水抽走的通道（中图）。

浆料是 1.4% 纸浆纸和水的混合物。在阶段 1，将模具浸泡其中，不断搅拌以保持混合物的均匀。利用真空，将浆料中的水分抽走，模塑成型在模具上发生，纸浆壳开始干燥。模具在浆料中浸泡足够长的时间后，会形成足够的壁厚，一般为 2 ~ 3 mm。真空是恒定的。在阶段 2，从纸浆槽中取出时，真空将纸浆固定在模具表面上。

在阶段 3，纸浆壳脱模放到转移工具内，继续使用真空。一般来说，模具为聚氨酯（PUR），加工 PUR 比加工铝更为便宜。转移工具将含有 75% 水分且能自支撑的纸浆壳放到传送带上。然后，将纸浆壳放入烤箱中烘干大约 15 分钟。压入热模具中，进行快速干燥。

添加一种叫作蜂蜡的添加剂，可制作出防油防水的纸浆模塑成型制品。

在干燥循环中，通过湿压和热压，可减小模塑的表面粗糙度。使用这种技术可以压印标志和精细的文字。或者，在空气干燥的最后阶段对零件进行热压。这种技术符合成本效益，可替代传统的热压技术。它需要多达 4 套工具以适应逐渐收缩的纸浆模塑。

设计机遇

与相关工艺相比，纸浆模塑成型的主要优点是对环境的影响。

本质上，纸浆包装是将板状加工成几何片状。因此，它通常不是一种增值的材料。然而，它可以上色、印刷、覆铝箔和压花。纸浆包装在自然情况下为灰色或棕色，这取决于浆料。棕色的纸浆通常是由优质的工艺纸制成的，而灰色的纸浆则是由回收的新闻纸做成的，不如棕色纸浆坚

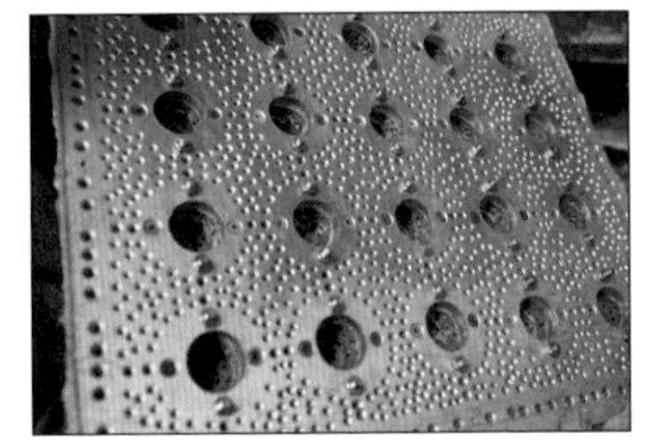

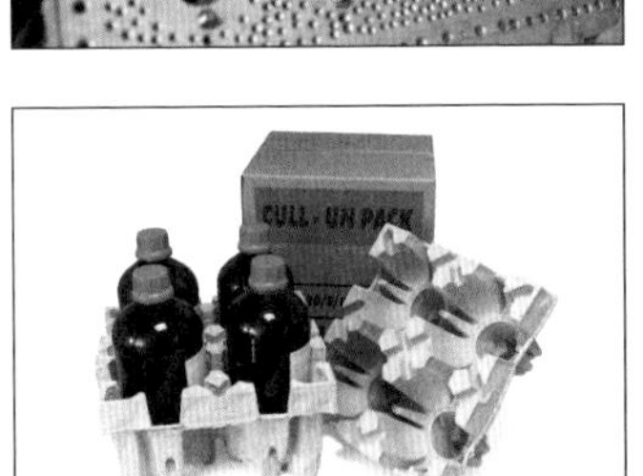

上图

模具的表面覆盖着不锈钢网。

中图

模具上布满孔，水通过孔，纸浆模塑制品成型。

下图

CULL-UN 包装是 UN 认证的运输危险化学物的包装。纸箱里的东西从 4 m 高处掉在钢板上也不会碎裂。

→ 纸浆模塑包装

卡伦包装公司（Cullen Packaging）公司生产的瓦楞卡片废料是纸浆生产厂的原料（图1）。将预设量的纸浆装入大桶，与水混合，用旋转叶片逐步地进行打浆。整个过程进行缓慢，防止纸浆的纤维长度缩短。

浆料含有 4% 的水分，经过一系列的步骤后，去除杂质，使其处于可成型的状态（图 2）。

将模具安装在旋转臂上，模具通常以串联的形式工作（图3）。重要的是，这些模具都需要大致相同的纸浆量，以保持纸浆在浆料中分布均匀。模具浸入浆料中大约 1 秒钟后（图 4），其上会覆盖一层厚厚的棕色纸浆层（图5）。部分干燥的纸浆壳脱模后可放在转移工具上。转移工具的作用是将易碎的纸浆壳小心地放到传送带上（图 6）。

将纸浆模塑送入燃气加热炉（图 7）。在模塑的周围，热空气（2000 ℃）缓慢地流通使模塑干燥。15 分钟后，完成的纸浆壳堆放在运货板上以备运输（图 8）。

1

2

韧、有弹性。

空气干燥成型的模塑一面光滑，一面粗糙。粗糙面无法制作出光滑面上的细节。湿压可以减小表面的粗糙度。热压可以减小表面的粗糙度，降低渗透性。标志和其他的细节可以压制在部分干燥的模塑上。

设计注意事项

纸浆由纤维素和木质素（木材的两种主要成分）结合而成。无须额外的黏合剂、连接物或其他成分去强化这种天然的复合材料。因此，增大壁厚、设计加强肋可以增加其强度。无论是干的还是湿的状态，加强肋都为零件提供了额外的强度。这对于风干成型的模塑尤为重要。成型几秒钟后必须能够自支撑，因为它们堆积在传送带上时至少仍有 75% 的含水量。

当完全干燥时，加强肋对于包装内的物体提供了额外的支撑，如缓冲、加强强度和摩擦配合。根据设计需要，材料的厚度为 1 ~ 5 mm。纸浆模塑可达 400 mm×1700 mm，165 mm 深。立式浸入机可以使产品的高度超过 165 mm。

起模角对于这一过程至关重要。模具沿着单一方向合拢，没有可以调整的空间。因此，脱模的零件必须沿轴线取出。每面的起模角通常为 5°，但这取决于模具的设计。必须谨记，从模具中取出时，成型的零件含有 75% 的水分，因此非常柔软。

零件通常堆放在运货板上，由于具有起模角，零件可以密集地堆放在一起，节省昂贵的运输费用。

适用材料

此工艺是专为纸浆模塑而设计的。可以是工业或消费后的废料，或者是两者的混合物。

可以将其他纤维混合物（如亚麻）与废纸材料混合，进一步减少产品对环境的影响。添加的纤维会影响零件的美感和强度。

加工成本

模具成本一般较低，但取决于模具的复杂度。湿压与热压需要额外的模具。随着纸浆模塑的干燥，它会收缩。因此热压时，有时需要多套模具。每多一套模具会使初始成本大概增加一倍。

周期短。有些机器能够每分钟运转 10 次。然而，更常见的是每分钟大约制作 5 个模塑。干燥时间延长了生产的周期，增加大约 15 分钟。热压较快。

劳动力成本相对较低，因为大多

3

4

5

6

7

8

数操作为自动化操作。

环境影响

这种一次性包装工艺极其环保，因为它使用了100%的可循环再利用的材料，并且可以完全生物降解。在上面的卡伦包装公司案例中，纸浆几乎是由瓦楞纸板生产设备的副产品制作而成的，这些副产品可以从垃圾填埋场得到。

生产过程中产生的废料可以直接回收，平均为3%。用于生产的水可以不断循环利用，降低能耗。

主要制造商

Cullen Packaging
www.cullen.co.uk

成型工艺

复合层压成型

运用复合层压成型工艺，可以将坚固的纤维和硬质塑料组合成轻而坚固的产品。将一系列的材料进行组合，应用于生产适合高性能要求的零件。

加工成本	典型应用	适用性
• 加工成本中至高 • 单位成本中至高，取决于表面复杂程度和性能	• 航天 • 家具 • 赛车	• 单件至批量生产
加工质量	**相关工艺**	**加工周期**
• 高性能、轻质产品	• 团状模塑成型和片状模塑成型 • 注塑成型 • 热成型	• 周期长（1 ~ 150 小时），取决于零件的复杂程度和大小

工艺简介

复合层压成型工艺广泛应用于赛车、飞机和帆船等零件的加工生产过程中。

主要包括三种典型的层压技术：湿铺成型、预浸料（短期预浸树脂）成型和树脂转移模塑成型（RTM，也称为树脂灌注）。所使用的树脂通常是热固性的，因此通常在室温下固化。在湿铺成型技术中，材料被浸入含有增强纤维的机织物中，然后再放入模具中。对于加工精密产品而言，

在固化阶段用于施加热量和压力的环节会用到高压釜。

预浸料成型是最昂贵的复合层压工艺，因此仅用于对性能要求很高的零件加工中。预浸料由蘸有树脂的机织纤维增强垫形成。树脂的数量经过精确的计算，因此每层的层压都会表现出最佳的性能。在高压釜内对成型件加压固化之后减轻了它的重量，提高了它的强度。

RTM 用于较大批量的生产。通过对模具分体、加热和加压等工序的应用，以及对各个专业化生产领域的人工细分，该工艺成型件的单价随着产量的上升而下降。

典型应用

之前复合层压成型还只限于小批量生产。RTM 技术的出现实现了同一产品数以千计的批量生产。这些工艺在汽车零件和车身的生产及航空航天工业中得到了广泛的应用。

由于手工层压工艺的成本较高，所以该技术通常局限于高性能产品的加工。然而，设计师一直渴望发挥碳纤维和其他复合材料的巨大潜力，偶尔也会在家具之类的家用产品上使用。相较于碳纤维，玻璃纤维要便宜得多，是这种工艺应用的首选材料。

高性能应用包括赛车、船体和帆船设备、飞机的结构框架、卫星天线、放热设备、自行车架、摩托车零件、登山设备和独木舟等的生产。

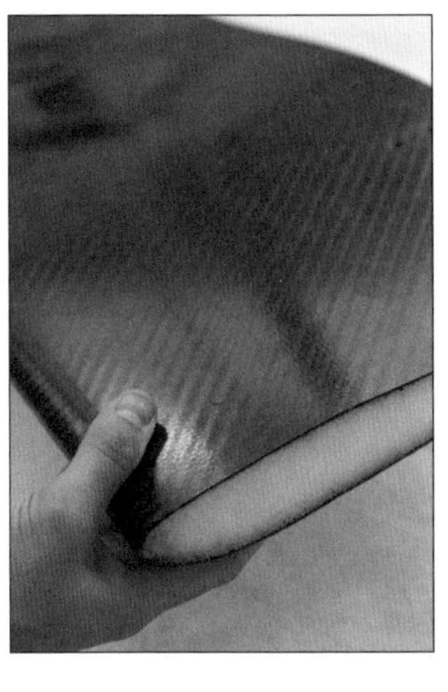

左上图

Nomex® 蜂窝芯用于提高复合材料层压板的强度和抗弯刚度。

左下图

Nomex® 蜂窝芯被层压进 Kevlar® 芳纶纤维环氧树脂里面，具有优异的强度和较轻的重量。

右图

将数控加工好的聚氨酯（PUR）泡沫封装在碳纤维增强环氧树脂中，制成轻型空气动力赛车扰流板。

相关工艺

复合层压成型在通用性和性能方面都是无与伦比的。可生产类似几何形状的工艺包括团状模塑料成型（DMC）和片状模塑料成型（SMC）（218 页）、注塑成型（50 页）及热成型（30 页）。用于生产相同几何形状的金属加工工艺包括钣金加工、超塑成型（92 页）和金属冲压（82 页）。

DMC 和 SMC 缩小了注塑成型与复合层压工艺之间的差距。

加工质量

产品的力学性能由材料与铺放方法共同决定。用这些工艺加工时都使用长股增强纤维。所使用的树脂包括聚酯、乙烯基酯、环氧树脂、酚醛树脂和氰酸酯。这些树脂都是热固性的，分子结构间交联，因此这些树脂都有很高的耐热性和耐化学腐蚀性，具有较强的抗疲劳强度和耐冲击性，刚性也非常高。用压力固化层压板时产生的孔隙率是最小的。

除 RTM 以外的工艺都使用单面模具，因此加工的器件只有一面是光滑的。通过将两个三维板材几何体结合在一起，三维中空零件由完整的模制完成。使用胶衣可减小湿铺层和 RTM 产品的表面粗糙度。

设计机遇

这些工艺可以用于多用途的玻璃纤维产品、碳纤维和芳纶纤维等高性能零件。应根据预算和零件的特性来选择层压的材料和方法，这些工艺适用于各种不同的原型制作和生产应用。

纤维增强材料通常是玻璃、碳、芳纶或复合材料。不同材料可提供不同的强度特性。编织的方向将影响零件的力学性能。对于高性能产品，在制造之前使用有限元分析（FEA）

复合层压成型工艺

湿铺成型

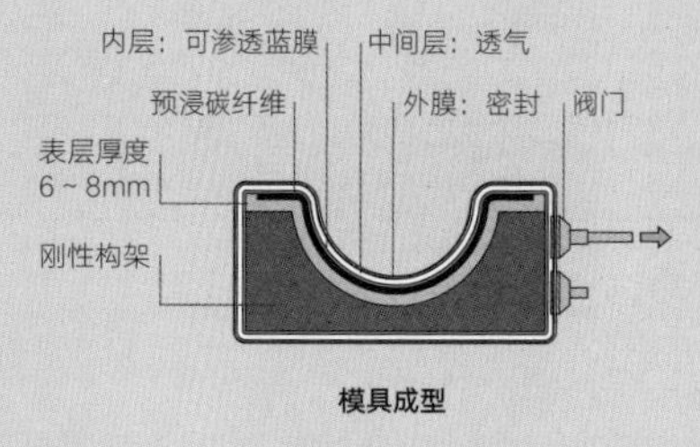

模具成型

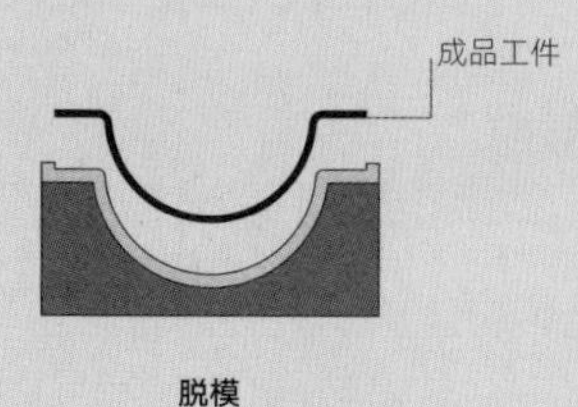

脱模

预浸料成型

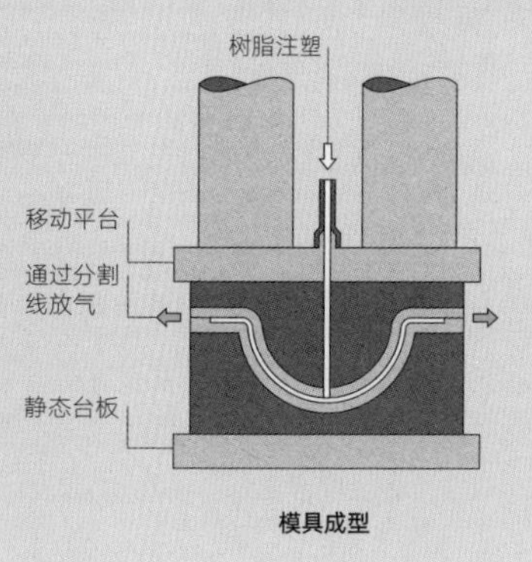

模具成型

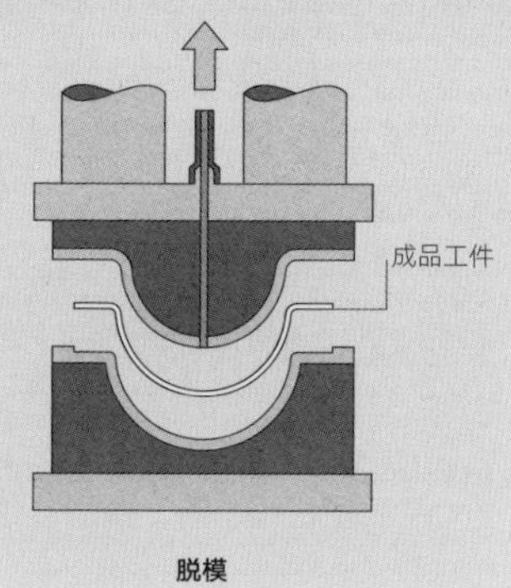

脱模

树脂转移模塑成型

树脂注塑

移动平台

通过分割线放气

静态台板

成品工件

模具成型

脱模

技术说明

三种主要的复合层压成型分别是湿铺成型、预浸料（短期预浸树脂）成型和树脂转移模塑成型。

所有类型的织物和热固性树脂都可以采用湿铺成型，这是所有层压方法中最不精确的。模具是单面的，由刚性框架支撑的复合材料组成。模具在铺设过程中不仅具有强支撑性，而且还具有足够的柔性以允许在固化后将模具去除。

湿铺层通常从凝胶涂层开始，胶衣是一种热固性树脂（与层压工艺相同），在层压之前涂抹或喷涂到模具表面上。这种热固性树脂是厌氧的，也就是说理想的模具表面固化过程应在无氧环境中完成。

在凝胶层上铺上机织纤维增强垫，然后涂或喷热固性树脂。重要的

进行计算。某些织物具有更好的悬垂性，因此可以形成更深的轮廓。然而，纤维的排列是至关重要的，若存在5°的移动偏差，纤维的强度则会降低20%。

芯材用于增加零件的硬度，从而增加扭转强度和弯曲刚度。其作用是保持复合材料表层的完整性，并且使壁厚成固定阶数变化成为可能。例如：DuPont™Nomex® 蜂窝（芳纶板的商标）、泡沫和铝蜂窝（207 页图）。

设计注意事项

碳纤维和芳纶纤维都非常昂贵，应尽量减少材料消耗，同时最大限度地提高应用强度。壁厚限制在 0.25 ~ 10 mm（任何厚度的增加和放热反应都可能太危险）。碳纤维一般是 0.5 ~ 0.7 mm，只在需要提高材料密度的区域使用。

虽然可以造出多个大件产品，但是表面积应限制在 16 m^2 以内。

手工铺装方法劳动强度大，成本高。每个产品可能有 1 到 10 层纤维增强层，每层都是手工操作。一个复杂的产品可能由数十个零件构成，这使其加工成本非常昂贵。

为了确保模具与材料有相同的膨胀系数，模具应由与待加工工件相同的材料制成。壁厚通常为 6 ~ 8 mm。

当模具与待加工工件连接在一起时，纤维增强件就会重叠。案例研究说明了两种方法来完成这一技术要求高又耗时的过程。为了最大限度地提高强度，层压板的每一层都在不同的点上重叠，以形成交错的搭接。

适用材料

纤维增强材料有玻璃纤维、碳纤维和芳纶纤维（芳族聚酰胺）。

玻璃纤维是一种耐热、耐用、拉伸强度好的通用复合材料。应用范围广，相对便宜。无纺布材料是最便宜的，被称为短切毡（209 页左上图）。编织纹理包括平纹（称为 0 ~ 90），

是要实现树脂与纤维的适当平衡。滚筒用于去除气孔。

预浸料铺设更加耗时、更加精确和昂贵。这是加工碳纤维最常用的方法。这种方法不需要胶衣，因为加上胶衣会增加重量；相反，碳纤维被切割成预定的图案，这些图案被放置在预浸模具中。由于纤维是黏性的，它们可以粘在一起形成没有孔隙的层压材料。

铺设后，整个模具覆盖 3 层材料。首先是一层蓝色可渗透薄膜，中间层是透气膜。这两个封在一个密封膜中抽真空。这些层确保了整个表面区域可以均匀地抽真空，因为如果在一层薄膜下抽真空，不同层的材料就会粘连并且留有气泡。

把预浸层叠置于高压釜中，将压力升高至 414 kPa，温度升高至 120 ℃，时间约 2 小时。使用芯材时，压力和温度降低。

RTM 使用匹配的模具可生产双面质量很高的零件，称为“双 A 面”。模具通常由金属制成。大于 1 m^3 的模具通常是电铸成型，因为在这个尺寸下，该工艺比机加工便宜，并且能够生产表面积高达 16 m^2 的零件。

模具预热，然后将纤维增强材料放入其中。关闭模具并施压，注入树脂。可以在真空下（树脂灌注）通过模具对树脂进行水洗，也可以在模制之前简单地倒入树脂。

由于 RTM 基本上是湿铺工艺，所以玻璃纤维制品需要胶衣。大批量生产时，使用热塑性 - 热固性树脂组合可以生产出高质量的加工件，因为当热固性树脂冷却和收缩时，热塑性塑料取代其位置并形成表面粗糙度较小的表面。

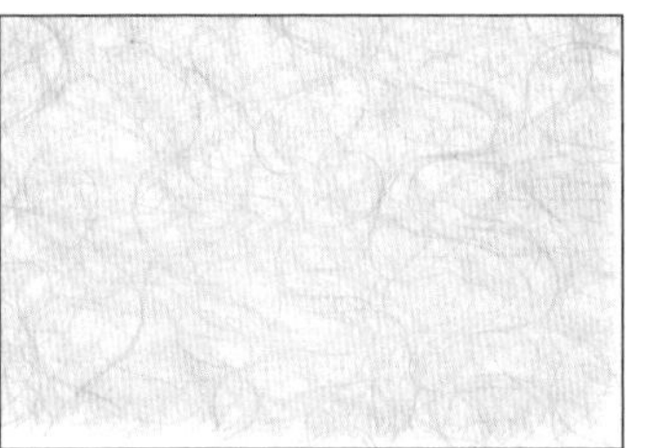
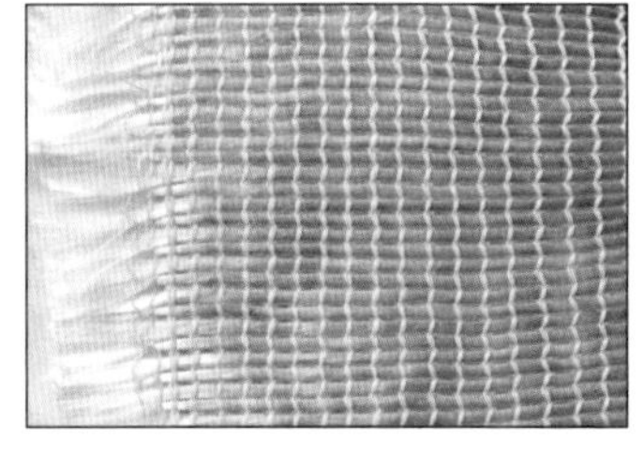
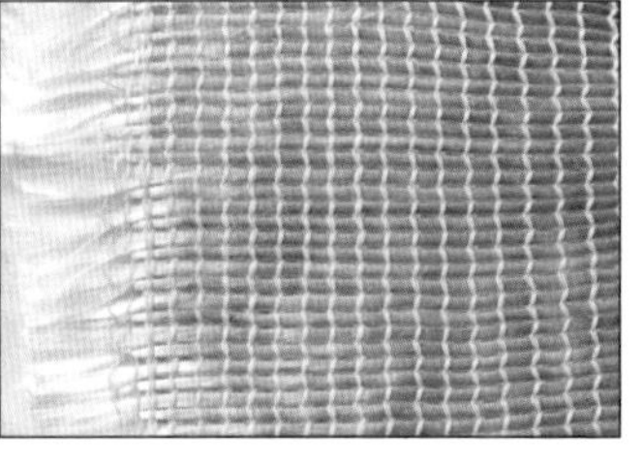

左上图

用于湿铺和树脂转移模塑工艺的通用玻璃纤维短切毡。

右上图

有特殊用途的单向玻璃纤维编织物。

左下图

碳纤维斜纹织物是一种高性能的织物。

右下图

Kevlar® 芳纶和环氧树脂复合材料具有很好的耐高温性。

斜纹和特殊纹（右上图）。对于较大的表面积，将玻璃纤维直接切割并喷涂在模型表面产生一种和短切毡相似的材料。

碳纤维比玻璃纤维具有更高的耐热性，更优的拉伸强度和耐久性。当与精确数量的热固性塑料结合时，具有优异于钢材的强度重量比。

芳纶纤维（右下图）通常由 DuPont ™的商标 Kevlar® 这一名称表示。因为没有其他可行的方法来制造，所以芳纶纤维只能用作初纺纤维或板材。它具有非常高的耐磨性和耐切割性，以及优越的重量强度比和耐温性。

由于复合层压成型技术在汽车工业中越来越重要，在材料方面有了许多重大改进，例如由玻璃纤维和聚丙烯（PP）编织而成的材料。将复合材料装入加热的模具中压制，使 PP 熔化并在玻璃纤维增强物周围流动（210 页上图），形成坚固质轻的零件。

加工成本

因为模具制造是一个劳动密集型的工序，所以其制造成本取决于产品的大小和复杂程度，一般在中等到较高的范围。模具的制作与层压产品相同。因此，必须制定一个主模（模式），几乎可以用任何材料来制成模具进行填充，然后喷涂和抛光以产生所需的表面。

加工周期取决于零件的复杂程度，小的零件约 1 小时，大而复杂的零件可能需要耗费 150 个小时左右。

复合层压成型对技术要求较高，并且是劳动密集型的加工过程，所以人力成本很高。

左图

把PP和玻璃纤维编织成一种新型复合材料，然后使用树脂转移模塑技术将其制成坚固质轻的板材。

右图

像这种刚性模塑玻璃纤维增强PP板材已经开始取代汽车工业中的金属板。

环境影响

复合层压材料可以减轻产品的重量，使燃料消耗降到最低。但是在生产过程中使用了有害化学品，因此不能回收任何切割物或废料。

为了避免与材料接触过多和潜在的健康危害，操作人员必须穿防护服。

为了减少生产过程对环境的影响，相关人员也在不断进行新材料的开发。在某些情况下，热塑性塑料正在取代热固性材料。

案例研究

→ 运用湿铺成型工艺制作飘带椅

飘带椅（图1）是由安塞尔·汤普森（Ansel Thompson）于2002年设计的。主要由乙烯基酯、玻璃、芳族聚酰胺增强材料和PUR泡沫芯构成，加工耗时约1天。制作顺序：模具制备，上脱模剂，覆盖胶衣，层压，固化，脱模，最后修整。

准备好模具（图2）。由于椅子的形状复杂，为了容易脱模，要把模具设计成分开的几个部分。因为模具的表面粗糙度最终会在零件的外表面上反映出来，所以在前期准备时，模具表面处理要特别小心。模具的各部分组装完成之后，用软布涂上脱蜡剂（图3）。这种试剂的作用是防止凝胶涂层与模具表面黏合。

用胶带将边缘贴好，确保模具闭合（图4），然后涂上凝胶层，再去掉胶带（图5、6）。

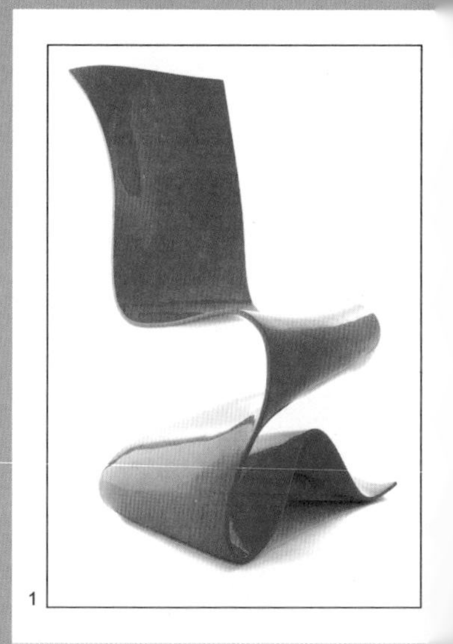

1

2

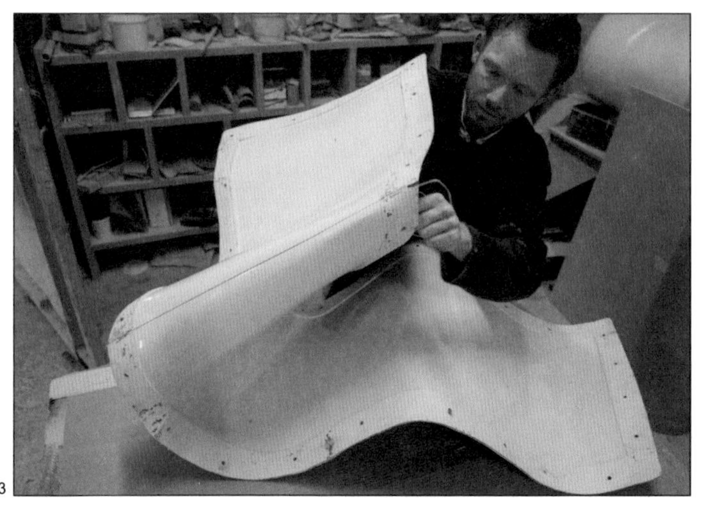
3

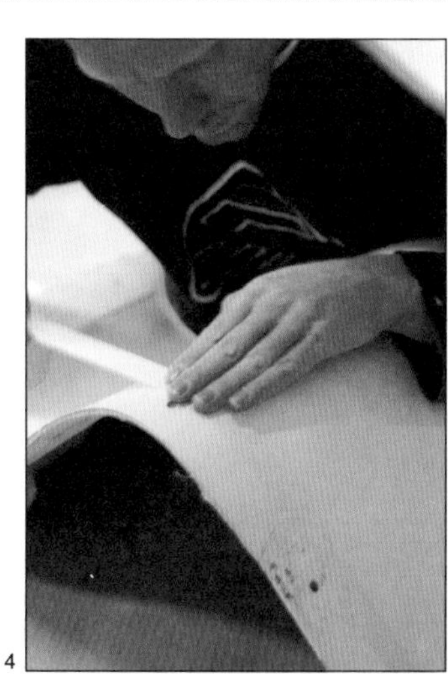
4

5

6

把玻璃纤维片或芳纶纤维片（二者任意一种均可）切割成适合椅子的形状（图7），铺在凝胶层上，再把VE（乙烯基酯树脂）涂在纤维片上（图8），用滚轴刷压出空气（图9）。

在纤维片铺设过程中要确保接缝不能重叠，以免接缝处连接不牢固（图10）。然后在座椅内部铺上一层芳纶纤维，以增加椅子的弹性和强度（图11）。

7

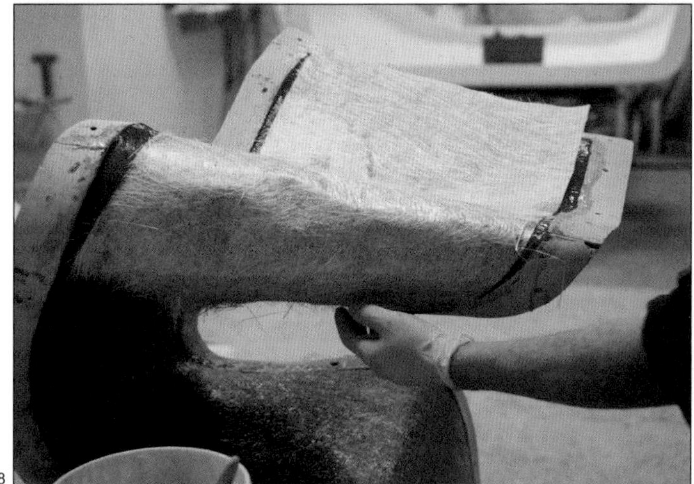

8

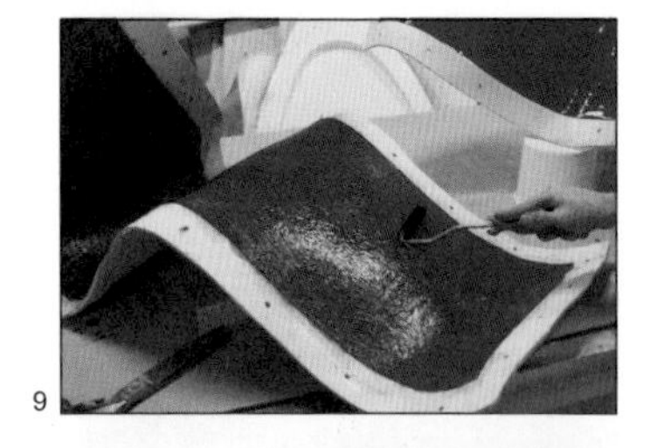

9

10

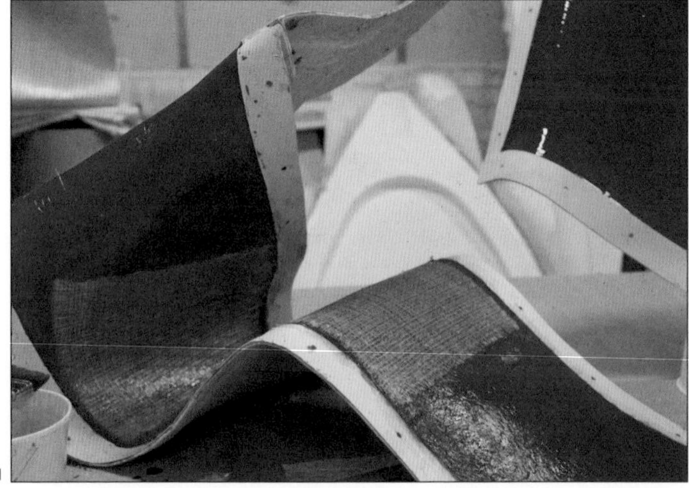

11

沿着边缘（胶带粘贴处）用螺栓固定模具（图12），随着螺栓的拧紧，多余的树脂会被挤出。模具的设计使得材料的重叠可以形成牢固的连接。在夹紧的同时，将PUR泡沫注入模腔内，使纤维片更好地与光滑的模具表面结合，从而减小表面粗糙度。PUR还能通过支撑复合壁较薄弱的部分来增加椅子的整体强度。

大约45分钟后，乙烯基酯（VE）完全固化，模具分离（图13）。修整，抛光，完成（图14）。

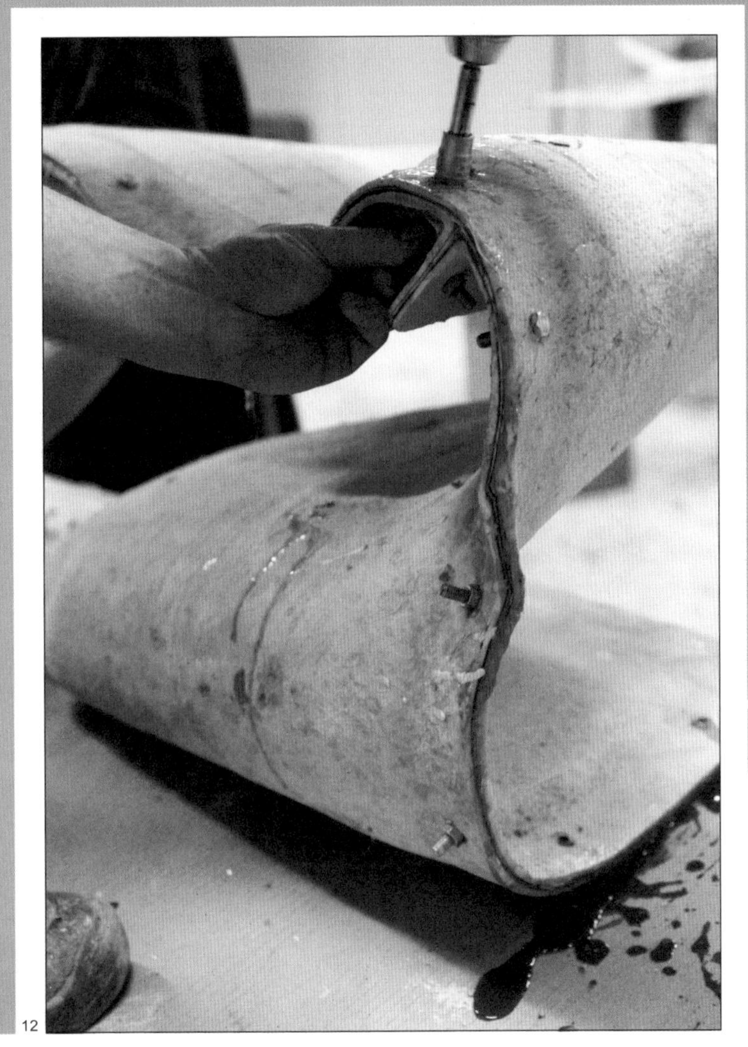

12

13

14

主要制造商

Radcor
www.radcor.co.uk

→ 碳纤维赛车设计

预浸碳纤维用于生产高性能赛车，如由洛拉汽车公司制造的Lola B05/30三级方程式赛车（图1）。整车的结构（图2）与设计和制造环节紧密相关。像赛车这种高性能产品必须设计成尽可能轻便同时能够承受最大负载的形态。工程师的职责便是将碳纤维的性能应用推向极限。

设计和生产赛车大约需要8个月。通过详细设计，有限元分析FEA和受控测试，可以直接从CAD图纸开始生产零件。在车架CAD图纸上（图3），采用有限元分析软件对结构进行应力和应变的测定（图4）。这有助于工程师在设定参数范围内计算出最优结构。

为了确保计算所得参数的正确性，关键零件在成型之后，还要进行测试。碰撞试验是在汽车的鼻锥上进行的（图5）。鼻锥呈黄色，与车架结构相连。该部分的作用是在正面碰撞中减缓汽车的加速。

以每克碳纤维的能量吸收量来衡量测试成功与否。图像显示了碳纤维是如何撞成碎片的。每块碎片都吸收了少量的冲击力，因此碎片越小，工程设计就越成功。

包括碳纤维车轮在内的精密的汽车零件，以50%的比例在风洞中进行测试（图6）。这有助于解决空气动力学、平衡及调谐问题。

1

2

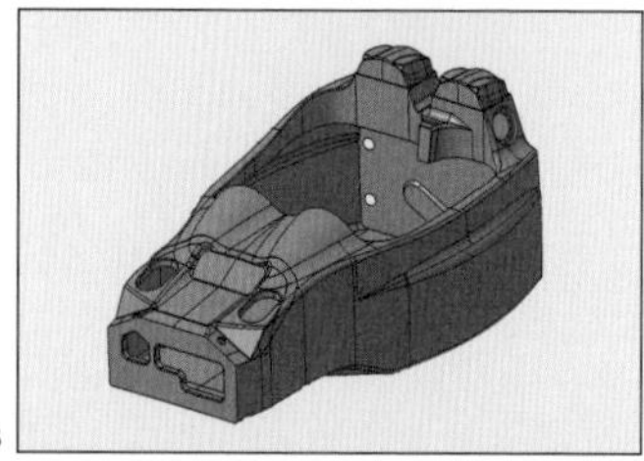

3

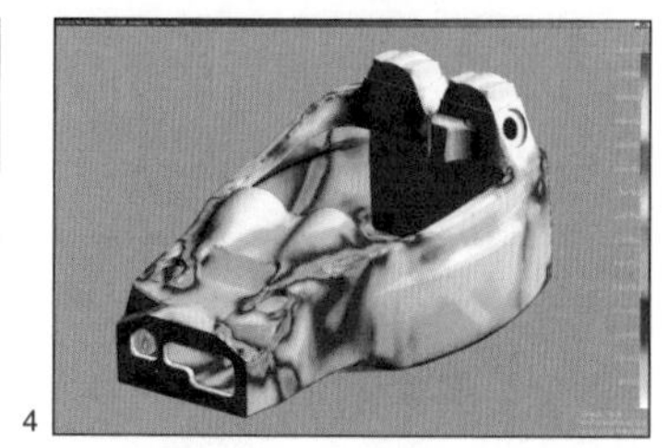

4

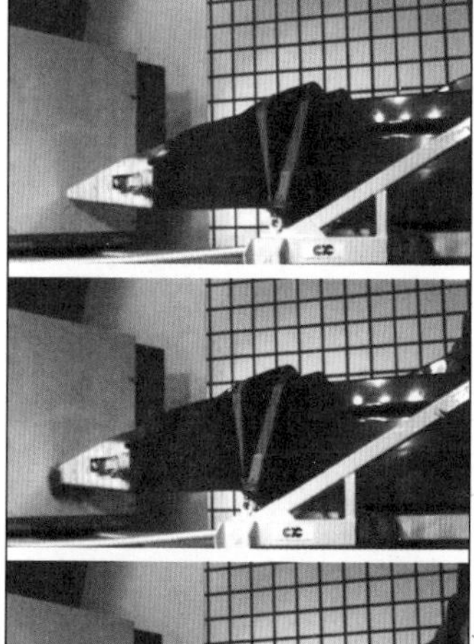

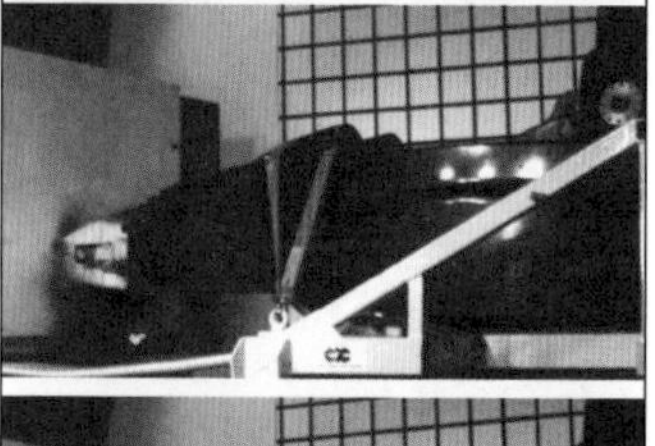

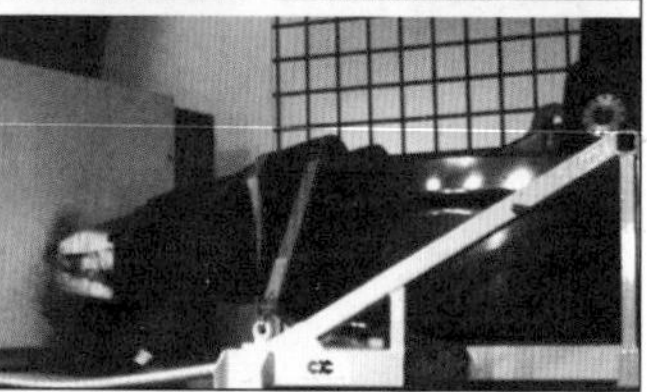

5

6

主要制造商

Lola Cars International
www.lolacars.com

用于滚箍后缘的预浸碳纤维铺层

这个案例研究展示了一部 Lola B05 / 40 赛车（图 1）的一小部分零件的加工。总的来说，这辆车由数百个碳纤维组件组成。

设计人员完成铺设手册后即开始生产。该手册介绍了每个零件的生产要求，包括模型轮廓、层压数和生产顺序。本案例研究涵盖了滚箍后缘的生产，它是由一个简单的分裂模具制成的，因此相对简单。车架结构等部分（左页）包含许多不同的零件，在不同的阶段固化并包含芯材。铺设手册确保每个零件都是根据设计要求制造的。

碳纤维原材料通过套件切割器修剪，切割器的功能类似于 x-y 绘图仪（图 2）。碳纤维的两面都敷有塑料保护膜。这层薄膜仅在将碳纤维原材料放置于切割器之前剥下（图 3）。模具分成两部分（图 4），两部分分别铺设碳纤维。碳纤维材料在两模型零件相接触的面由下向上铺设（图 5）。铺设的每块碳纤维都要修剪（图 6），在铺设下一块之前，要在两块相接处留出一部分重叠，这样才能使相接更加牢固。

1

2

3

4

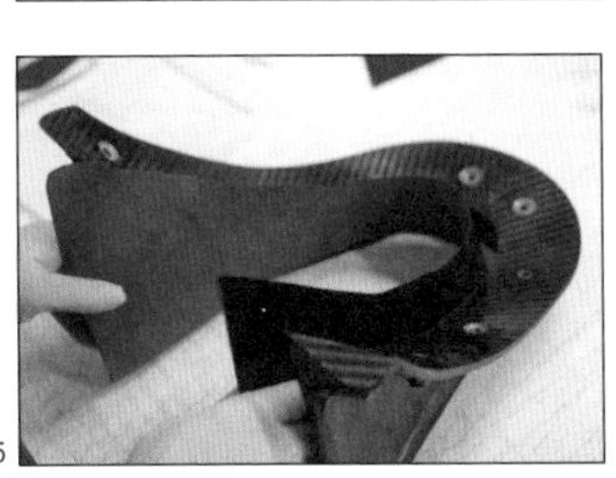
5

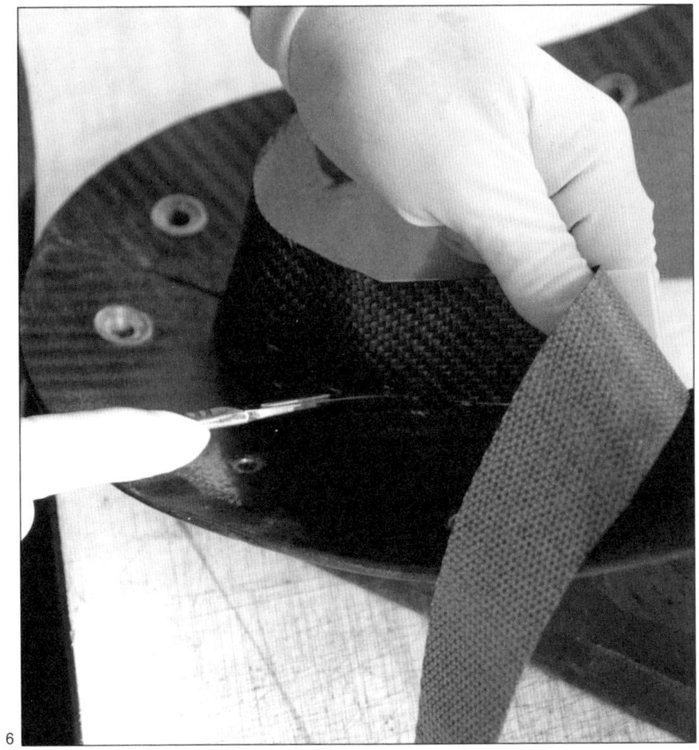
6

模具的第二部分也以同样的方式铺设。每片碳纤维都被剪裁成适合模型的形状（图 7）。用轮廓工具按压碳纤维覆盖层的转角处，使模型转角紧贴于模具（图 8）。模型表面铺设三层碳纤维，并将模具的两半结合在一起（图 9）。用轮廓工具按压，使这些层在相接处重叠（图 10）。

当所有层都铺完时，整个模制品和模具都覆盖一层可渗透的蓝色薄膜（图 11）。然后覆盖一层透气膜（图 12）。再将模具放在淡粉色密封膜内（图 13）。由此产生的“三明治”结构能够在模具上抽真空，从而使多层碳纤维叠层压到模型表面（图 14）。

然后将真空模具放置在高压釜（图 15）中，加热加压固化树脂。高压釜的尺寸限制了零件的尺寸，较大的零件只能在烘箱或室温环境下固化。

因为固化的过程大约 2 个小时，所以许多模型被同时放入高压釜中进行固化。固化完成后，移出零件（图 16）。在 Lola 汽车车间（图 17），为了在生产一台汽车的过程中达到各工种高效配合的目的，20 台层压机同时工作，最终汇集所有零件组装出一辆完整的汽车（图 18）。

7

8

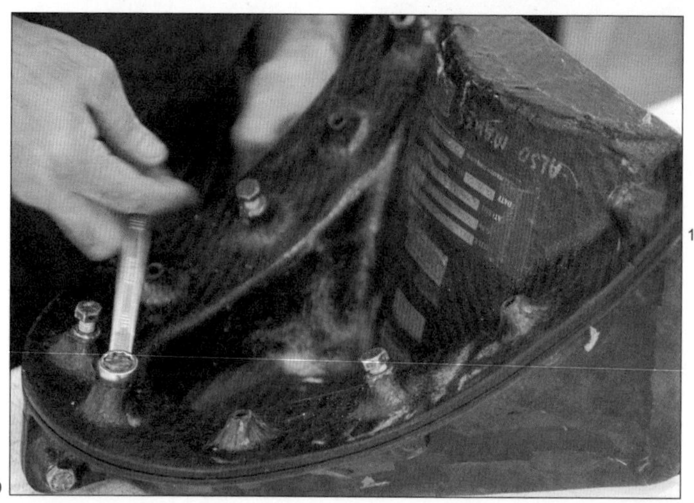
9

10

11

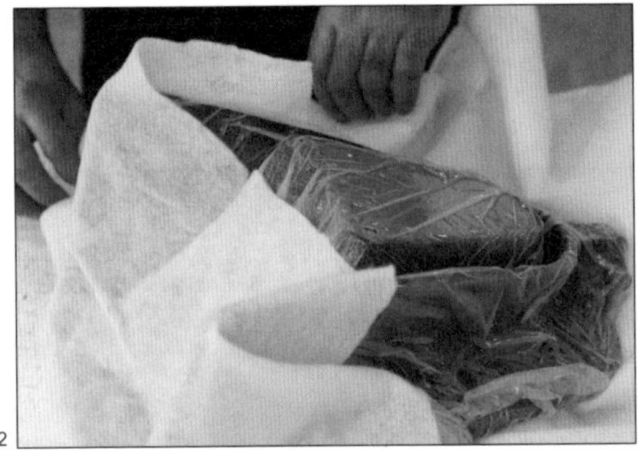
12

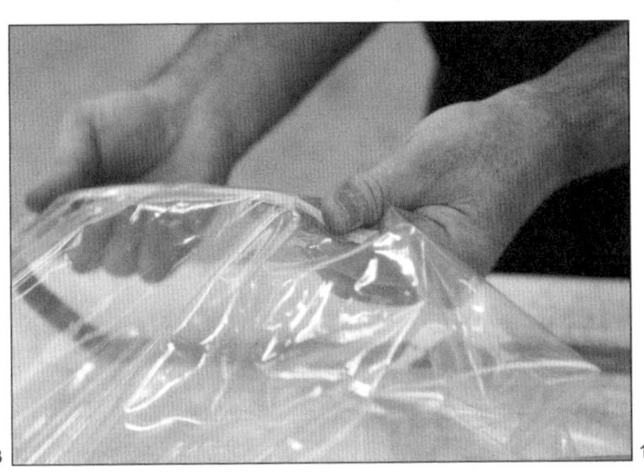
13

14

15

17

16

18

主要制造商

Lola Cars International
www.lolacars.com

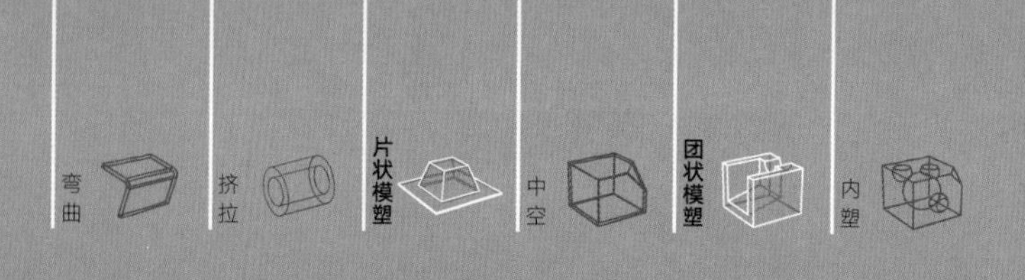

团状模塑料和片状模塑料成型

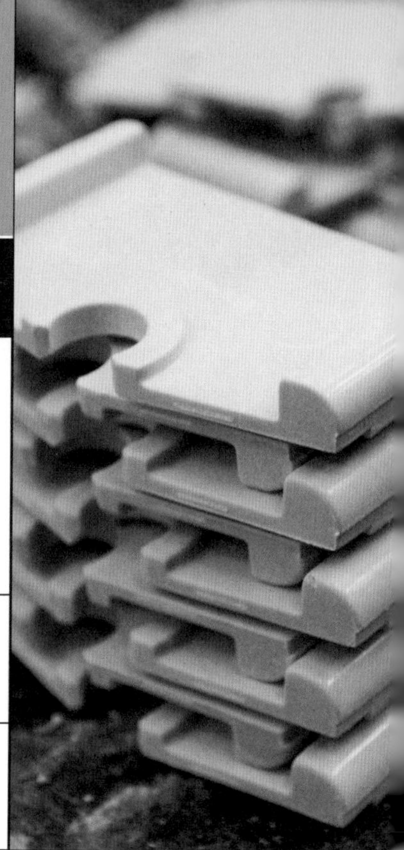

压缩成型用于将团状模塑料（DMC）和片状模塑料（SMC）加工为结构性零件和轻质零件。这些工艺弥补了复合材料层压和注塑成型的不足。

加工成本	典型应用	适用性
• 模具成本适中 • 单位成本低（材料成本的 3 至 4 倍）	• 汽车 • 建筑和施工 • 电气和电信	• 中批量至大批量生产
加工质量	**相关工艺**	**加工周期**
• 高强度长纤维零件	• 复合层压成型 • 压缩成型 • 注塑成型	• 周期为 2 ~ 5 分钟

工艺简介

结合压缩成型技术，DMC 和 SMC 在汽车车身和电子产品结构外壳的生产中已被用来替代钢铁和铝等材料。

DMC 和 SMC 通常是玻璃纤维增强热固性材料，如聚酯纤维、环氧树脂和酚醛树脂。DMC 也被称为 BMC（块状模塑料）。也有其他热塑性塑料替代品，如 GMT（玻璃纤维毡热塑性塑料）、纤维增强聚丙烯（PP）。其他类型的增强材料包括芳纶纤维和碳纤维。近年来，对具有合适性能的天然材料进行了试验，试图减少这些材料对环境的影响。

DMC 是压缩成型为块状。与此不同，SMC 是压缩成型为具有均匀壁厚的轻质板材组件。在 SMC 中纤维长度较长，原料针对不同结构的织物有不同的编织方式。这与层压复合材料类似，具有显著的机械强度优势。

一种被称为挤压成型的工艺被用于生产连续长度的纤维增强复合材料。拉挤压成型不是将材料压缩，而是将纤维拉过盛有热固性树脂的槽，纤维蘸有热固性树脂之后，固化形成类似于挤出的连续型材。挤压成型是纤维缠绕成型（222 页）和连续型材挤出之间的连接工艺。

典型应用

这些材料可以批量生产，因此适用于多种行业。

热固性复合材料对电介质振动具有很高的回弹性，机械强度高，耐腐蚀和耐疲劳。这些特性使 DMC 和 SMC在电气和电信应用中非常有利。适用于电气外壳、绝缘板和阀瓣等零件的加工。

DMC 和 SMC 以其大体积、高强度和轻质等特性用于汽车零件的加工，适用于车身面板、密封框架和壳体、发动机罩和结构梁等零件。电动汽车之所以使用这些材料，是因为它们结合了机械强度和高介电强度。

在建筑和制造领域，DMC 和 SMC 适合做门板、地板和屋顶材料。以其耐用的性能，被广泛用于公共空间的家具和标牌制造中。

相关工艺

类似的产品可以通过注塑成型（50 页）和复合层压成型工艺来制造。增强注塑产品的结构性能较差，因为其纤维长度相当短。

加工质量

这是一种质量非常高的工艺。许多特性可以归因于材料，如耐热性和

压缩成型 DMC 成型工艺

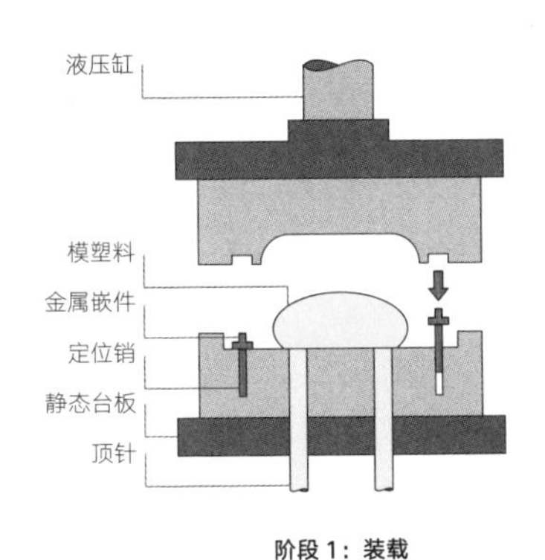

阶段 1：装载

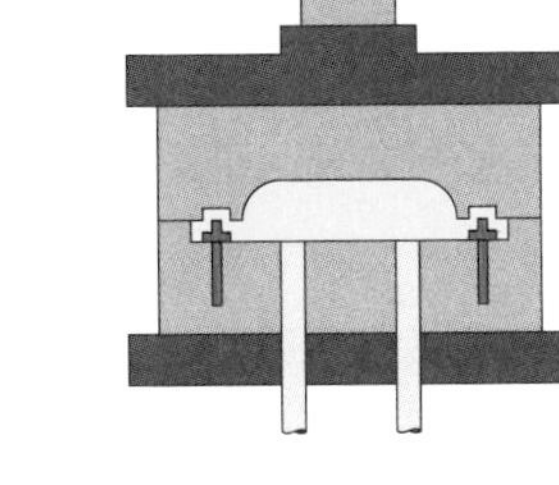

阶段 2：成型

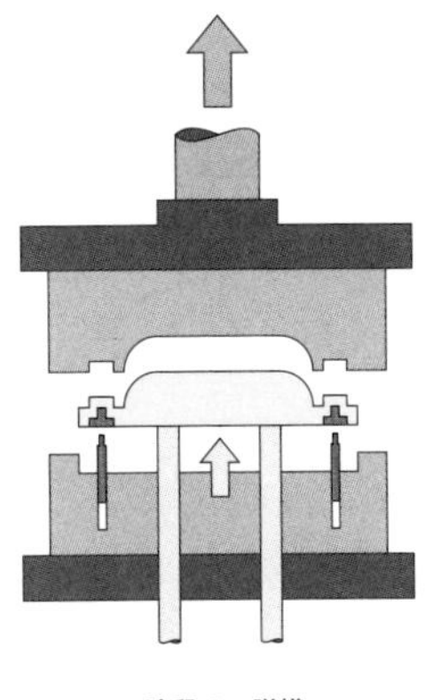

阶段 3：脱模

电绝缘聚酯或酚醛树脂。热固性塑料更具有结晶性，因此不仅耐热性更高，而且对酸和其他化学品也有抵抗力。

表面粗糙度非常小，细节的再现也非常好。对模腔中的材料进行压缩，而不是注射，产生的材料应力小，零件不易变形。

设计机遇

为了减轻加工件的重量和最大限度地提高加工效率，纤维增强材料的类型和长度可以根据应用的要求进行选择。

金属嵌件和电气元件可以二次成型，从而减少二次操作。

DMC 成型不会出现壁厚不均的问题。

设计注意事项

因为 DMC 和 SMC 中的热固性树脂的颜色有限，所以对零件的上色只能通过后期喷漆（350 页）的方式进行。

与注塑成型一样，应用压缩成型工艺时需要考虑许多设计因素。如果模具和喷射器系统都经过精心设计，起模角度可以减小到 0.5°以下。

在 400 吨压力机上，零件的大小可以是 0.1 ~ 8 kg。尺寸的大小受到施加在整个表面区域的压力限制，压力大小受零件几何形状和设计的影响。影响零件尺寸的另一个主要因素是在加热和固化过程中从热固性材料中排出多少气体。这在模具设计中起着重要的作用，模具设计中可以利用排气口和肋条的巧妙安排来消除气体。

壁厚为 1 ~ 50 mm。受热固性反应的放热特性限制，厚壁部分容易起泡和产生其他缺陷，这是催化反应的直接结果。减小壁厚和减少材料消耗通常得到的模型结果会更好，因此大体积零件会被挖空或添加嵌件。但有些零件需要厚壁，例如必须承受高水平电介质振动的零件。

技术说明

示意图说明了压缩成型 DMC 成型工艺。SMC 成型工艺也是类似的工艺，只不过它是用于板材型材，而不是块状材料。模塑料是纤维增强材料和热固性树脂的混合物：DMC 由短切纤维增强材料制成，而 SMC 含有纤维增强织物板材。

两者的操作顺序相同，包括装载、成型和脱模。在阶段 1，将一定量的 DMC 或 SMC 加载到下部模具中的模腔中。把带有定位销的金属嵌件插入槽中。方向与脱模方向一致，否则零件无法从模具中脱模。在阶段 2，液压缸逐渐被压入模具型腔。这是一个稳定的过程，可确保整个模腔内材料的均匀分布。热固性材料在大约 115 ℃时塑化，当达到 150 ℃时需要 2 ~ 5 分钟才能固化。在阶段 3，模具的部分依次分开。如有必要，用起模杆将零件从下部或上部的模具上卸下。这是一个简单的操作，并且适合生产复杂的零件。尽管通常 1500 kN 是极限，该加工过程通常也在 400 ~ 4000 kN 的高压下进行。零件的大小和形状将影响所需的压力量。更大的压力将确保更小的表面粗糙度和细节的再现。

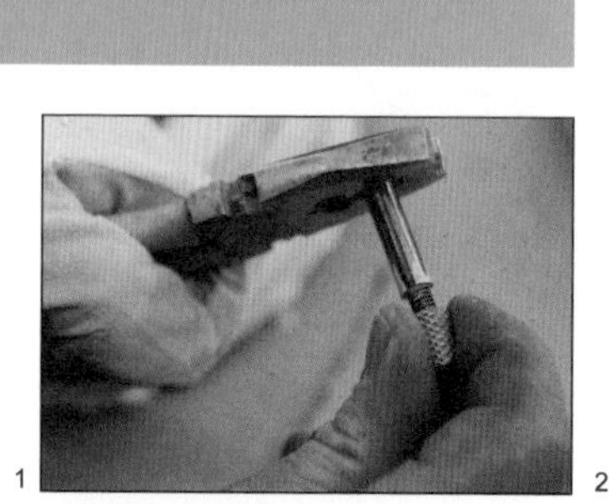
1

2

3

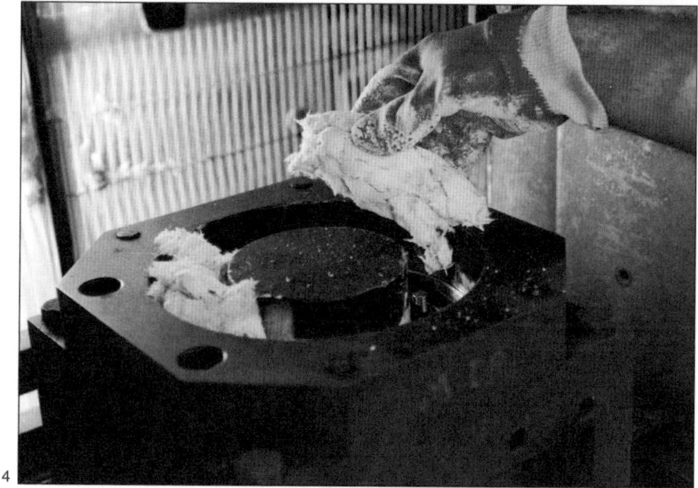
4

适用材料

以这种方式成型的热固性材料包括聚酯纤维、环氧树脂和酚醛树脂。热塑性复合材料通常是 PP。因为这些材料必须经过塑化和成型等过程，所以成型过程是不同的。

纤维增强材料可以是玻璃纤维、芳纶纤维、碳纤维或天然纤维，如黄麻、棉花、碎布和亚麻等。其他填料包括云母和木材。各种纤维增强材料和填充材料用于提高零件的强度、耐久性、抗裂性、电介质回弹性和绝缘性能。

加工成本

因为施加的压力较小并且模具趋于简单，所以模具成本通常比注塑成本更低。

周期为 2 ~ 5 分钟，具体时间取决于零件的大小和固化时间。

劳动力成本适中，因为这个过程需要大量的人工输入。

环境影响

由于所使用的热固性塑料需要更高的成型温度，通常为 170 ~ 180 ℃，它们的分子结构又是交叉的，不可能直接回收它们。因此，任何环节所产生的诸如碎末、废料等，都必须经过处理才能丢弃。

运用压缩成型工艺制作的“8”定位销

这是 DMC 压缩成型。在准备阶段，将金属嵌件拧到定位销上（图1）。金属嵌件的表面施以滚花工艺以增加二次成型的强度。把这些销装入上部模具（图 2），把金属嵌件装入下部模具。将基于 DMC 技术确定重量的聚酯和玻璃纤维加载到模具中（图 3、4）。

把模具的两半合在一起，迫使聚酯填充模腔。固化后，模具分离，露出成型的零件（图 5）。固定在金属嵌件上的定位销还留在零件上（图 6）。

将定位销从金属嵌件上拧下（图 7），手动拆下工件，去除毛边（图 8）。完成的零件堆叠放好（图 9）。

5

6

7

8

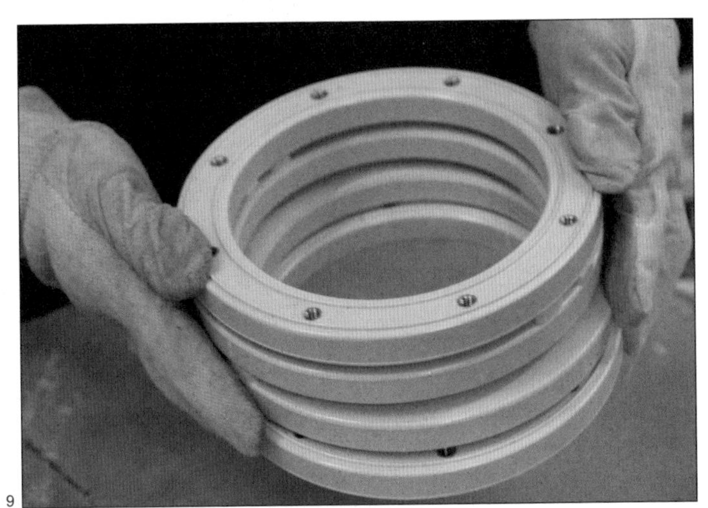
9

主要制造商

Cromwell Plastics
www.cromwell-plastics.co.uk

成型工艺

纤维缠绕成型

将蘸有环氧树脂的碳纤维单丝层层缠绕在确定形状的芯轴上，可获得碳纤维的极限强度特性。芯轴可以移除重新使用，也可以不移除，永久封装在里面。

加工成本	典型应用	适用性
• 根据尺寸的不同，模具成本低至中 • 单位成本中至高	• 航空航天 • 汽车 • 深海潜水器	• 单件至批量生产
加工质量	**相关工艺**	**加工周期**
• 表面粗糙度小 • 高性能、轻质产品	• 三维热层压 • 复合层压 • DMC 和 SMC 成型	• 小型零件的周期适中（20 ~ 120 分钟）；大型零件可能需要几周时间

工艺简介

为满足纤维增强复合材料的高性能要求，纤维缠绕成型工艺通常用于生产连续型材、板材和空心型材。它们由缠绕在芯轴上的连续纤维制成。该纤维涂覆有热固性树脂，以生产高强度和轻质的型材。

纤维（通常为玻璃纤维、碳纤维或芳纶纤维）作为包含一定数量的纤维单丝的丝束来应用。例如，12k 丝束有 12 000 股，24k 丝束有 24 000 股。

有两种主要的缠绕类型："湿缠绕"和"预浸缠绕"。在使用前，湿缠绕将纤维丝束通过盛有环氧树脂的槽，然后缠绕。预浸缠绕使用预先浸渍环氧树脂的碳纤维丝束，可直接应用于芯轴而无须任何其他准备工作。

典型应用

纤维缠绕成型产品可用于航空航天、深海和汽车行业的高性能零件加工。例如：风力涡轮机和直升机的叶片、压力容器、深海潜水器、悬架系统、扭转驱动轴和航空航天领域应用的结构框架等。

相关工艺

纤维缠绕成型用于生产小批量的圆柱形零件。DMC和SMC成型（218页）可以生产更大批量的零件。复合层压成型（206页）用于生产类似零件。纤维缠绕成型的优点是，在生产过程中股线的方向可以从0°至90°进行精确调整。在复合层压成型工艺中，纤维束丝被编织成经纬方向交织的垫子。

北帆公司（North Sails）开发的三维热层压（3DL，228页）类似于纤维缠绕成型。不同之处在于，该工艺是将纤维束丝放置在静态模具上，这种铺设方法被称为胶带平铺。在这种情况下，模具可以非常大，最大可达400 m²。3DL最适合薄片零件，

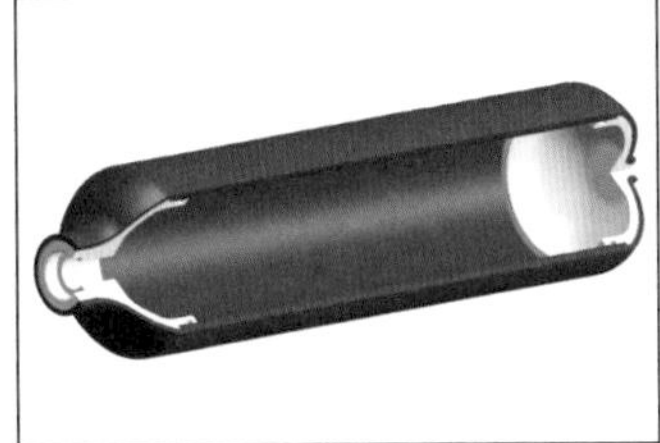

上图

纤维缠绕成型后的CNC加工，可以生成非常精确的表面尺寸。外表面上的管、凹槽和圆锥可以采用这种工艺。

下左图

光滑的表面是一种耐高温或耐化学腐蚀的胶衣。

下右图

该压力容器有用碳纤维复合材料缠绕的铝衬里。

而纤维缠绕成型更适合加工空心零件。

加工质量

有四种主要类型的抛光："纤维缠绕"抛光、胶带铺设抛光、机加工抛光和环氧胶衣抛光。"纤维缠绕"抛光没有特殊处理要求。胶带铺设抛光可产生光滑的表面，其原理与复合材料层压中的真空包装相同，但在胶带铺设抛光工艺中表面粗糙度更易控制。在要求精确公差的地方需要机加工表面抛光（上图）。使用环氧凝胶涂层可以获得光滑柔顺的抛光表面（下左图）。

硬度是由铺层厚度和管径决定的。

纤维缠绕成型工艺是电脑控制的，可以使其精确值达到100 μm以内。纤维缠绕的角度将决定该缠绕层是否提供纵向、扭转（绕转）或圆周（箍）等方向的强度。

设计机遇

设计师运用该工艺的情况一般为加工圆柱形和中空的零件。像椭圆球

纤维缠绕成型工艺

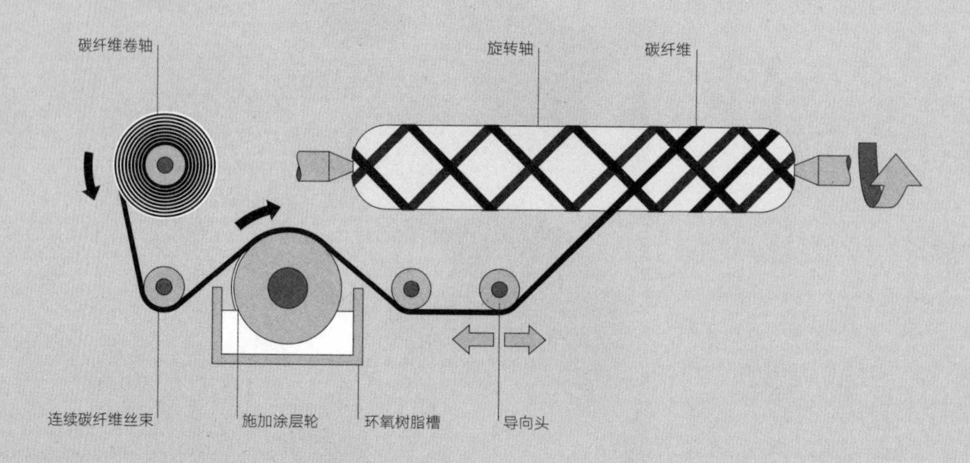

技术说明

碳纤维丝束通过导向头转移到旋转轴上。当旋转轴转动时，导向头沿旋转轴移动，将碳纤维丝束引到曲面重叠的模型上。

丝束的宽度根据所使用的材料和所需的层厚来选择。

纤维丝束是连续的，只有在装载新的碳纤维卷轴时才会断开。这是湿铺工艺——纤维增强丝束在涂覆轮上通过盛有环氧树脂的槽，蘸取环氧树脂。

导向头从旋转轴的一端移动到另一端并返回到起点，便完成一次完整的缠绕包覆。相对于旋转轴的转速，导向头的速度决定纤维丝束缠绕的角度。根据要求不同，一次缠绕可以有几个不同的丝束角度。

可以通过将丝束集中在小面积上来制造凸起。这些凸起或者用于增大局部区域强度，或者用于形成可精确加工的更大直径。

形、边缘锐利和侧面扁平等非旋转对称的零件，同样可以应用纤维缠绕成型（225 页上图）。

平行的旋转轴和锥形旋转轴可拆卸重复使用，而两端封闭的三维中空制品可以通过将纤维丝束缠绕在空心衬垫上制成，该空心衬垫不可拆卸，是最终产品的一部分（227 页上图）。这种技术被称为空心缠绕，用于生产压力容器、外壳和悬架系统。

除了形状之外，缠绕在衬垫上的好处包括形成气密的表皮。

设计注意事项

该工艺适用于小批量生产，成本较高，提高加工数量，单件成本会相对降低。尽管如此，原材料成本也非常昂贵，因此在加工过程中，要尽可能用最少的材料，实现最大的强度。

边平行的零件可以做得很长，然后切割成小单位的成品。纤维缠绕通常长度不超过 3 m，直径不超过 1 m。该加工工艺也可以生产更大件的产品，只是耗时较长。比如，太空火箭，可能需要几周才能完成。

在衬垫上缠绕会增加工艺成本，因为每个周期都会制造一个新衬垫。通常用于要求苛刻的产品，因此衬垫通常采用电子束流焊（288 页）焊接高级铝或钛来加工。

缠绕在空心衬垫上生产的零件有内面角和外面角，如瓶颈轮廓。考虑到产品性能会受到影响，通常不建议在半径小于 20 mm 的外面角上卷绕。内面角的半径则没有限制。

适用材料

纤维增强材料的类型包括玻璃纤维、碳纤维和芳纶纤维。在复合层压

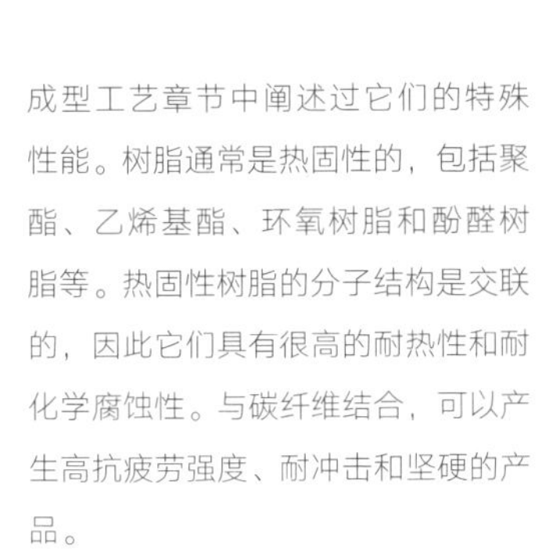

成型工艺章节中阐述过它们的特殊性能。树脂通常是热固性的，包括聚酯、乙烯基酯、环氧树脂和酚醛树脂等。热固性树脂的分子结构是交联的，因此它们具有很高的耐热性和耐化学腐蚀性。与碳纤维结合，可以产生高抗疲劳强度、耐冲击和坚硬的产品。

加工成本

模具成本低到中。

封装芯棒会增加成本。

小零件的缠绕周期为 20 ~ 120 分钟，非常大的零件要花几周时间。固化时长取决于树脂种类，通常为 4 ~ 8 小时。

虽然缠绕过程是计算机控制的，但是人工投入也很高，因此劳动力成本为中到高。

环境影响

复合层压材料可降低产品重量，从而降低能源的消耗。

操作人员必须穿上防护服，以避免与材料接触造成健康危害。

热固性材料不能回收利用，因此必须处理废渣和废料。为了减少该过程对环境的影响，新的热塑性塑料正在开发中。

上图

非圆形型材适用于长丝缠绕，如风力涡轮机和直升机的叶片。

下图

该飞轮由三部分组成：内衬为玻璃纤维，其余两层为碳纤维。

→ 应用纤维缠绕工艺生产赛车传动轴

传动轴用于将汽车发动机的动力传到车轮上。一般这些零件由金属制成，但使用碳纤维复合材料时，其重量最多可降低 65%。运用有限元分析（FEA）技术可确定产品制造前的应力和应变。在计算机生成的图像中可以看到分析的结果，从而确定缠绕所需的丝束角度和缠绕层数。

旋转轴是一个截面为轴对称形状的管子，可移除，也可重复使用（图 1）。碳纤维丝束由线轴供给（图 2）。不同的线轴可以同时缠绕多种纤维复合材料，也可以同时缠绕多股同一种材料。当纤维通过涂覆轮时被涂上环氧树脂（图 3）。

应用角度从 90°到接近 0°。轴的末端是锥形，以便有合适的张力拉动丝束，而不会沿着芯轴以较小的角度滑动（图 4），当丝束缠绕角度接近或达到 90°时也没问题（图 5）。在这种情况下，用塑料胶带将碳纤维密封到旋转轴上（图 6）。胶带从碳纤维中挤出多余的环氧树脂，确保产品的高质量和光滑的表面。未固化时切掉多余部分（图 7），复合材料固化后就可以取出旋转轴了。

将缠绕好的组件放入烘箱中，在高达 200 ℃的温度下固化 4 小时。由于烤箱内的温度是高低交替的，整个固化过程大概需要 8 个小时。固化过程中会在胶带表面形成树脂滴（图8），剥离胶带后，树脂滴也会被一并去除。

将固化的复合材料从旋转轴上取下（图 9）。因为金属比碳纤维膨胀系数大，所以可以在旋转轴上拆下固化的复合材料圆筒。

轴的端部以精确的尺寸切掉，将机加工的金属件组装到端部（图 10），用热固化黏合。

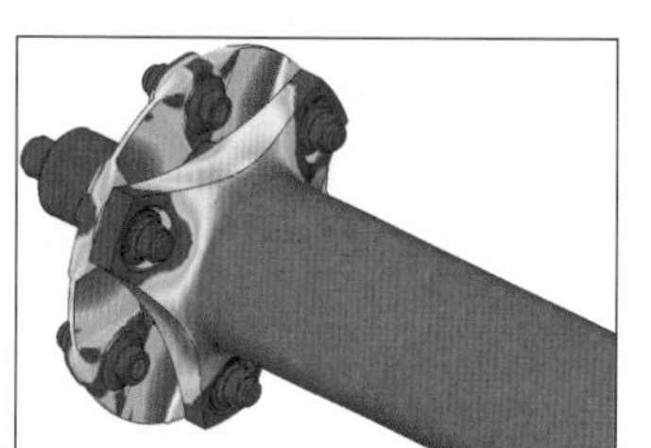

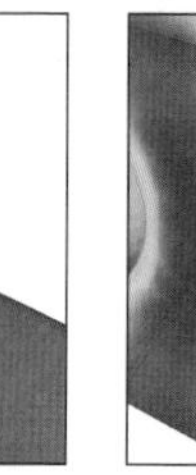

1

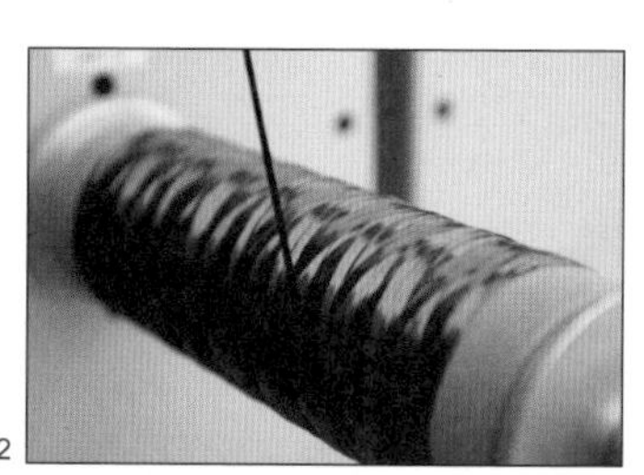

2

3

4

5

6

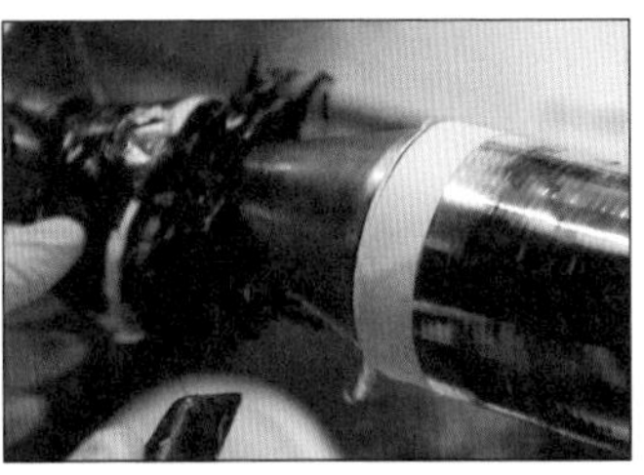

7

8

9

10

主要制造商

Crompton Technology Group
www.ctgltd.com

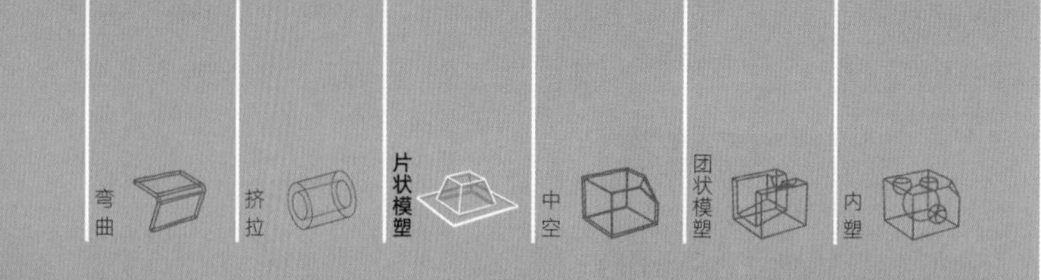

三维热层压（3DL）

这项技术由北帆公司研发，用于生产超轻型、无接缝三维船帆。取代传统的切割、拼接和粘贴的方法，增强纤维覆盖于船帆的整个表面。

加工成本	典型应用	适用性
• 模具成本非常高 • 单位成本非常高	• 船帆	• 单件至小批量生产
加工质量	**相关工艺**	**加工周期**
• 非常高的强度重量比	• 复合层压成型 • 纤维缠绕成型 • 缝合	• 周期为 5 天

工艺简介

第一个三维层压帆由北帆公司的卢克·杜波依斯（Luc Dubois）和博代（J.P. Baudet）在 1990 年制成。从那时起，在沃尔沃环球帆船赛和美洲杯 2 号大型帆船大奖赛中几乎所有的赛艇都采用了这种工艺制作的船帆。

船帆有特定的三维“最佳航行形状”。在传统的制帆技术中，将帆布切割成特定的形状，通过缝制或粘贴得到船帆的“最佳航行形状”。使用 3DL 技术制作船帆，不用切割拼合就可达到“最佳航行形状”。这种技术生产的船帆的重量比传统技术生产的要轻 20%，同时也更耐用，并且无缝。

3DL 结合了复合层压成型（206 页）和纤维缠绕成型（222 页）技术的优点。在计算机控制的模具上形成三维片状几何形状。纤维增强材料（芳纶纤维或碳纤维）沿着预先确定的应力线方向单独铺设。它们夹在涂有特殊黏合剂的 PET 塑料薄片之间。

3DL 制造工艺是一个漫长的过程，行业内的需求非常高。因此，开发了三维缠绕层压（3Dr）作为连续生产的方法。3Dr 工艺制帆并没有用到许多大型的三维模具，而是在一个单一的滚筒上进行的。通过操纵滚筒的形状来制作无缝拼接的三维船帆。该工艺是非常新的技术，仍在不断完善中。

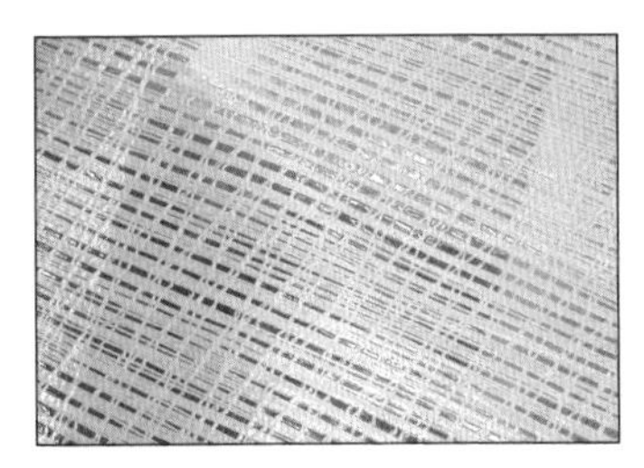
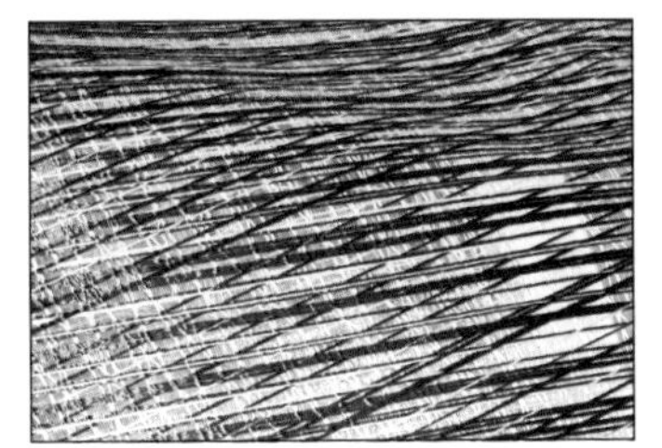
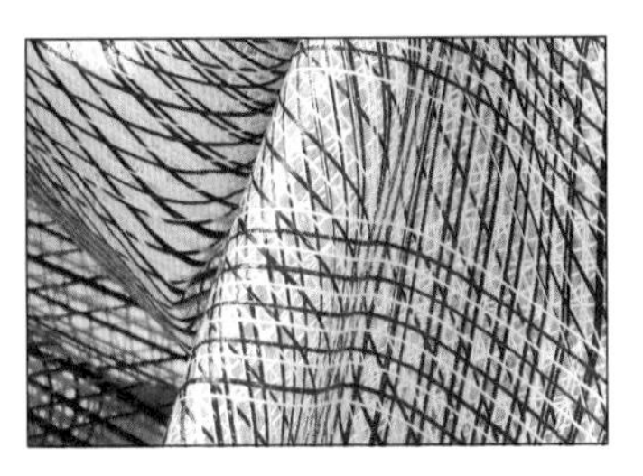

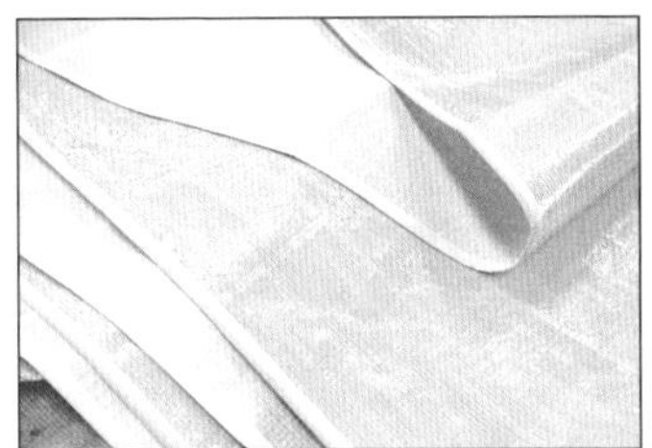

纤维布局

高性能纤维的任何组合形式，都可以通过 3DL 和 3Dr 工艺来进行层压处理。纤维的数量、种类和方向都可以通过这两种工艺调整到适应性能要求的水平。纤维类型包括芳纶纤维、碳纤维、聚酯纤维和其他高级的纱线。上面三张图，从左至右依次为 600 系列、800 系列和 800 系列。下面两张图，从左到右分别是 900 系列和 TF1 系列。

典型应用

尽管这些层压工艺目前仅用于制帆，但它们有潜力被开发应用于其他产品领域，如高空气球、飞艇、张力结构、临时结构和充气结构。

相关工艺

3DL 和 3Dr 是为数不多的能够生产大且无缝形状的工艺。而圆形、圆锥形、椭圆形和类似的形状可以通过纤维缠绕成型、复合层压成型和缝合（338 页）等技术来制作。纤维缠绕成型通常限于长度不超过 3 m、直径不超过 1 m 的结构，但也会有例外。

加工质量

运用 3DL 工艺制作的帆可以发挥特殊的功能。它们可以在强风中保持形状不变，耐用，重量轻，并且产生最小阻力。

用来固化模具上的层压板的技术为航天真空技术和压力技术。这两种技术的运用可以确保即使在极端荷载作用下复合层压材料也不会分层，热成型聚对苯二甲酸乙二醇酯（PET）塑料保持纤维与帆的应力方向一致。

设计机遇

目前，设计师运用该工艺的机会有限，因为该工艺仅限于制作船帆。相信在不久的将来，其他行业也有可能会用到这类工艺。

特定的纤维布局和复合层叠方式可提供不同程度的性能（请参见上面的图片）。600 系列由高模量芳族聚酰胺纤维制成，沿着应力线铺设，以保持形状和耐久性。悬链线产生的流动形状将应力区域与光滑、流动的纤维增强线相连。800 和 900 系列将碳纤维与芳纶纤维结合起来，以减轻重量和降低拉伸形变。外表面可以使用不同的薄膜，以防止撕裂和刮擦，并提供紫外线稳定性。在 TF1 系列的外表面上使用平纹编织聚酯（俗称塔夫绸），以增加耐用性。

设计注意事项

在 3DL 中使用的材料和制造工艺非常昂贵，因此仅限于高性能产品的加工。

船帆应设计为在张力下很坚固。因此，该工艺不适用于需要抗压缩的应用。

船帆没有统一的壁厚，厚度根据预期的应用而变化。最小壁厚受 PET 薄膜和纤维增强材料厚度的限制。

适用材料

两层外层膜是涂有特殊黏合剂的 PET 薄膜。纤维增强材料为碳纤维、芳纶纤维、聚酯纤维或三种材料的混合物。

加工成本

模具成本很高。制作船帆“最佳航行形状”的阳模是由电脑控制和调整的。这种阳模的尺寸非常大，最大可达 400 m^2。

由于长时间的固化过程，周期长达 5 天。

因为生产可靠的高性能产品所需的技术水平较高，所以劳动力成本很高。

环境影响

该工艺制作的船帆可以最大限度地减少材料的消耗和减轻自身重量。

TP 52 型赛艇上运用 3DL 工艺制作的船帆

TP 52 型赛艇（图 1）配备了北帆公司运用 3DL 工艺制作的复合材料船帆。因为每艘船的状况不同，所以每艘船的风帆都需要稍微不同的形状，该制作过程就是从定制风帆设计（最佳航行形状）开始的，大小从 10 m^2 到 500 m^2 不等。模具的形状是由电脑控制的，因此可以调整许多不同的风帆形状（图 2、3）。

PET 薄膜铺设在模具上（图 2），并用张力带拉紧。在电脑控制的龙门架上采用六轴铺设碳纤维束（图 4）。滑动吊带上的操作者检查船帆的铺设质量（图 5）。

将 PET 薄膜和铺设好的碳纤维束进行真空包覆并保持施加压力。然后操作者在帆上移动，使用导电加热系统（图 6）或红外加热系统（图 7），对模具表面进行加热，从而形成复合层压材料。具体运用哪种加热系统取决于铺设的纤维材料。对完成的复合层压材料在固化后进行检查，再静置 5 天，以确保黏合剂达到完全黏结的强度。

当黏合剂完全固化后，风帆制造商会采用传统的切割和缝纫技术来增加角部加强件、帆布口袋及打孔眼等其他细节加工。

1

2

3

4

5

6

7

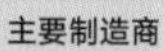

主要制造商

North Sails
www.northsails.com

三维层压工艺

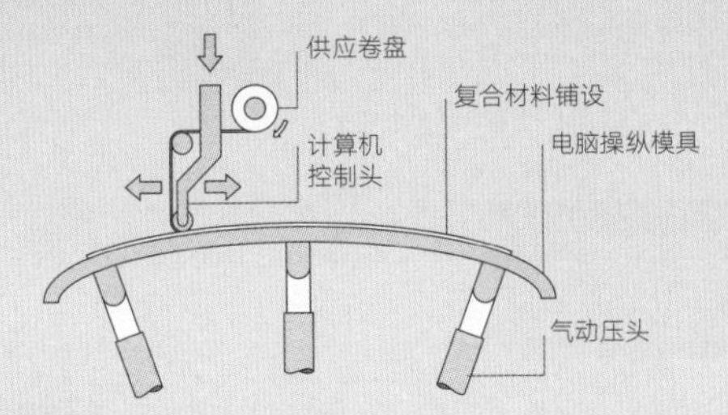

三维旋转层压工艺

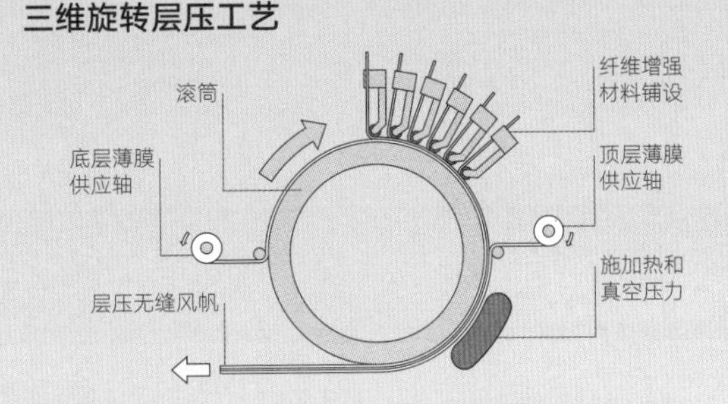

技术说明

每个风帆都有独特的三维形状。设计师通过一系列气动冲压装置将计算机生成的 CAD 数据转移到模具表面。模具的形状将决定制造船帆的“最佳航行形状”。

将涂有专门研发的黏合剂的 PET 薄膜绷在模具上。这种黏合剂是北帆公司的合作伙伴专为该公司的 3DL 工艺研发的。纤维束通过由计算机控制的高架龙门架引导的纤维铺放头铺放。它在 6 个轴上运行，因此纤维束的铺放按照预期的位置进行，可以精确地契合模具的轮廓。当纤维铺设到模具上时，黏合剂就会粘到纤维上，这有助于将它们保持在相应的位置上。

将第二层薄膜铺在纤维的上面，并在真空袋中以约 8.6 N/cm^2 的压力强制层压。然后加热固化黏合剂。固化后，将复合层压之后的船帆从模具中取出放在地上，进行为期 5 天的静置固化，以确保黏合剂完全固化且不会分层。

与 3DL 使用静态水平模具不同的是，3Dr 的工艺过程是在滚筒上进行的，这样可以使帆更快地装配在一起。复合层压船帆随着滚筒的旋转进行制作，并在制成后完全脱离滚筒。滚筒的形状由计算机调节以产生双向曲率，从而制造出帆的“最佳航行形状”。

案例研究

→ Melges 24 赛艇上的 3Dr 船帆

北帆公司最新的制帆技术是使用旋转模具制作船帆，这是一种更加快速且成本相对较低的制帆工艺。Melges 24 赛艇配有 3Dr 层压帆（图 1）。

滚筒包含大约 2000 个制动器，这些制动器将船帆塑造成“最佳航行形状”的复杂曲面。计算机调节操纵滚筒的形状以适应船帆长度方向上的形状变化。利用高斯曲率原理，筒形曲面在两个方向上同时弯曲（图 2 ~ 4）。

纤维束铺到预先铺覆在滚筒上的 PET 膜上（图 5）。当把船帆从旋转鼓上拿下来后，三维船帆就制作好了。熟练的船帆制作者最后再进行帆面整理工作。

1

2

3

4

5

主要制造商

North Sails
www.northsails.com

成型工艺

快速成型

这种逐层叠加的工艺可用于单件原型成型或直接用 CAD 数据进行小批量生产。这种方法不涉及模具，不仅有助于降低成本，而且对于设计师来说也有很多优点。

加工成本	典型应用	适用性
• 无模具成本 • SLS 最便宜，DMLS 最贵	• 汽车、F1 赛车和航空航天 • 产品开发和测试 • 工具	• 单件、原型和小批量生产
加工质量	**相关工艺**	**加工周期**
• 细节质量高，表面粗糙度小	• CNC 加工 • 电火花切割 • 熔模铸造	• 流程长，但由于不使用模具，数据直接从 CAD 文件中获取，周转很快

工艺简介

快速成型是将非常薄的粉末或液体层熔合在一起来制作简单或复杂的几何形状。该工艺首先从一个被切成横截面的 CAD 模型开始。每个横截面都被激光映射到快速成型材料的表面，激光将材料颗粒熔合在一起。许多材料都可以用这种方式成型，如聚合物、陶瓷、蜡、金属甚至纸张等。

接下来会集中介绍三种主要工艺：立体光刻成型（SLA）、选择性

激光烧结成型（SLS）和直接金属激光烧结成型（DMLS）。SLA 是应用最广泛的快速成型工艺，能够产生表面粗糙度小和尺寸精度高的产品。

这些工艺主要用于设计开发和原型设计，以减少产品上市所需的时间。然而，也可以用来生产对精度要求较高的产品。

典型应用

SLA 工艺具有较大的加工公差，因此它非常适合在选择具体生产方法之前用于生产尚未选择适合生产形式的测试产品。

因为 SLS 工艺所用的材料具有与注塑零件相似的物理特性，所以通常选择该工艺来生产功能性原型和测试模型。

DMLS 适用于注塑和吹塑模具、注蜡和冲压工具。该工艺通常用于生产汽车、F1 赛车、珠宝、医疗和核工业的零部件等功能性金属原型和小批量生产零件。

相关工艺

传统的 CNC 加工是运用去除原料的形式进行成型，而快速成型工艺则是只制造所需要的部分。机械加工可以生产非常精密的零件，但比较耗时耗力。快速成型可以通过底切的方式生产内部形状复杂的零件，不过比较耗时，所用机器也很昂贵。

电火花加工（254 页），即材料通过模具与工件之间产生的受控电弧（火花 ） 进行切削。该工艺主要用于加工 CNC 工艺无法加工的凹形轮廓。

熔模铸造（130 页）具有快速成型的几何优势，因为陶瓷模具加工成本较低。

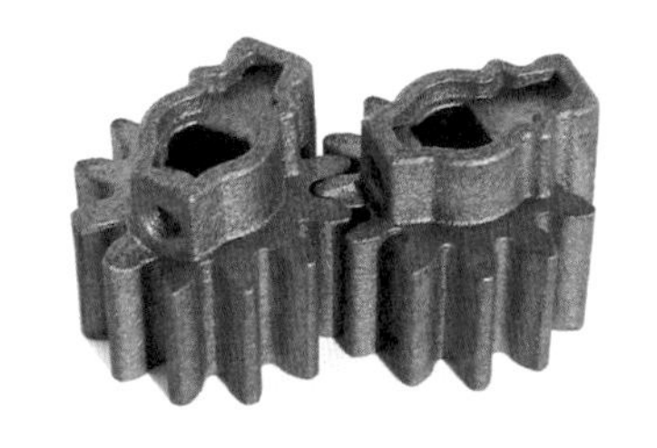

上图

采用 SLA 工艺制造的带有活动铰链和卡扣的聚丙烯（PP）模拟零件。

下左图

DMLS 工艺适合用于制造汽车工业用镍 – 铜电动座椅调整齿轮。

下右图

SLS 工艺制造的碳纤维填充尼龙叶轮。

加工质量

在所有快速成型工艺中，SLA 工艺可以产生表面粗糙度小和尺寸精度高的产品。所有这些逐层叠加的工艺都能达到精确的加工尺寸：SLS 可产生 0.1 mm 厚的层，精度控制在 ±0.15 mm 之内；SLA 可产生 0.05 ~ 0.1 mm 厚的层，精度控制在 ±0.15 mm 之内；DMLS 可产生 0.02 ~ 0.06 mm 厚的层，精度控制在 ±0.05 mm 之内。

分层制造三维模型的一个特点就是模型的层叠痕迹在锐角面上是很明显的，因此所有的零件从机器中拿出来后都需要进一步精加工。例如，通过对 SLA 加工的透明环氧树脂进行抛光处理，表面可以获得和玻璃一样小的粗糙度。

微观建模可用于生产复杂且精密的零件（最大尺寸可达 77 mm×61 mm×230 mm）。这种成型工艺可以产生 25 μm 厚的层，这几乎是肉眼看不到的，因此也免去了表面抛光处理等操作。

立体光刻成型工艺（SLA）

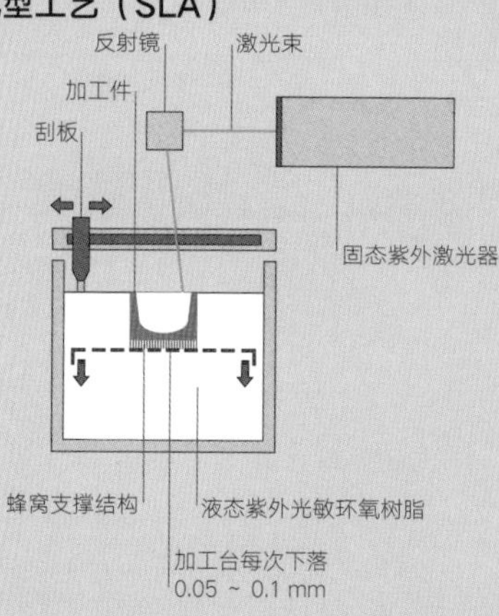

选择性激光烧结成型工艺（SLS）

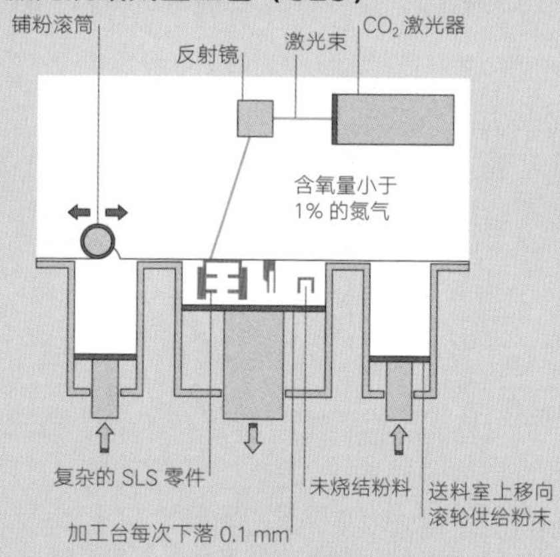

技术说明

立体光刻成型

所有这些快速成型工艺都是从一个被切成横截面的 CAD 图纸开始的。每一个横截面代表构成模型中的一个层，对于立体光刻成型，层的厚度通常介于 0.05~0.1 mm 之间。模型由计算机引导的紫外激光束在反射镜作用下在液态紫外线光敏环氧树脂的表面一层一层叠加而成。紫外线精确地固化它所接触到的树脂。成型开始时，加工台在液面下一个确定的深度，聚焦后的光斑在液面上按 CAD 图纸的数据逐点扫描进行固化。当一层扫描完成后，未被照射的地方仍是液态树脂。升降台带动加工台下降一层高度，刮板在已成型的层面上刮过以待填充的新液态树脂与固化的树脂黏结，然后再进行下一层的扫描，新固化的一层牢固地粘在前一层上，如此重复直到整个零件制造完毕，得到一个三维实体模型。

选择性激光烧结成型

这种层状堆积制造工艺也是由被切成横截面的 CAD 图纸开始的。每个横截面都代表构成模型的一个层，厚度一般在 0.1 mm。由计算机控制的反射镜引导 CO_2 激光器发射的激光束将细尼龙粉末烧结成厚度为 0.1 mm 的固体层。在加工区域内用铺粉滚筒均匀地铺上一层细尼龙粉末材料，然后根据 CAD 数据扫描轨迹，用激光在粉末材料表面绘出所加工的截面形状，热量使粉末材料熔化并在接合处与已烧结层黏结。当一层扫描完成后，重新铺粉，烧结，这样逐层进行，直到模型形成。没有被烧结的粉末在烧结好的材料周围，随着建造过程的进行，没有被烧结的粉末可以对烧结好的模型起到封装和支撑作用，整个过程在小于 1% 含氧量的氮气中进行，以阻止尼龙粉末在被激光束加热时氧化。

设计机遇

快速成型技术有许多优点，例如缩短产品上市时间，降低开发成本，更重要的是这些技术可以以精确的尺寸制造以前不能实现的复杂结构的零件，并且在成型之后不需要进行其他任何步骤的细化加工。这些优点为设计探索和设计机遇提供了无限空间。

运用 SLS 技术制成的产品与注塑成型制成的产品有相似的物理特性。因为零件可以用活动铰链和卡扣来制作，所以这个过程非常适合功能性原型的开发制造。

SLA 技术适合用于加工透明、半透明和不透明的零件。表面粗糙度可以通过抛光和喷漆减小。SLA 材料与传统热塑性塑料相似，因此 SLA 适合制造具有最终产品视觉效果和物理特性的零件。

DMLS 提供了加工铝制零件的替代方案。DMLS 的优势在于它可以生产非常精密的零件（±0.05 mm），表面粗糙度小（层厚可以精细到 0.02 mm），最终形成的产品为 98 % 致密金属。因此，DMLS 零件具有良好的机械强度，适用于模具和功能性金属原型。

设计注意事项

对于这些工艺来说，主要的限制因素是机器的大小：

SLS 最大加工件尺寸为

直接金属激光烧结成型工艺（DMLS）

直接金属激光烧结成型

用于烧结金属合金粉末的 250 W 的 CO_2 激光束，在加工中会产生相当大的热量。将零件消耗性的第一层锚定在钢板上，以防止由不同的收缩率引起的变形。这一层的存在也意味着当零件加工完成后，零件也更容易移除。在烧结过程中，输送室上升以在刮片的路径上均匀供应金属粉末，从而将精确的层厚分布到加工区域。当金属合金的每层被烧结到工件表面时，加工台就会逐渐降低。整个过程在小于 1% 含氧量的氮气中进行，以防在加工过程中金属粉末被氧化。

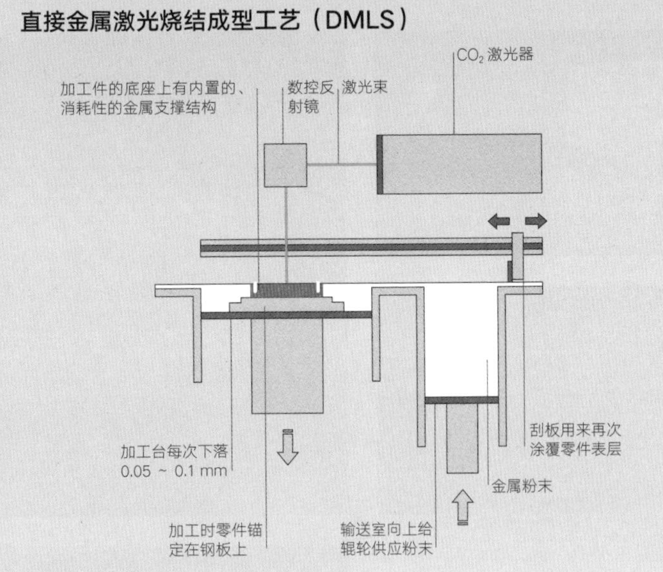

350 mm×380 mm×700 mm；SLA 最大加工件尺寸为 500 mm×500 mm×500 mm；而 DMLS 最大加工件尺寸为 250 mm×250 mm×185 mm。

零件的方向会影响其力学性能——在特定几何形状中填充丝束材料可以产生较好的强度。为了保障加工精度，必须考虑常规尼龙粉末中由 SLS 技术生成的零件的定位方向。例如，生产一个圆管时需要垂直加工，如果在水平方向加工，圆管的横截面将会产生轻微的变形，使圆管变成横截面为椭圆形的圆管。大型平面零件应该放在斜面上进行加工，如果放置在水平面上加工，零件本身会承受太多应力，将导致零件翘曲。

为了确保强度和受力均匀，在生产时，活动铰链总是在水平面上加工，如果垂直，这些构成铰链的层就会太短而无法承受开合的压力，从而产生废件。在 SLS 加工中，因为非烧结粉末包裹支撑烧结零件，所以可以同时在不同的平面上加工多个零件。相比之下，SLA 和 DMLS 工艺加工零件时则需要支撑，并且底切必须与平台绑定。因此，这两种工艺不能同时加工太多的零件，底切也更难以实现。

适用材料

SLS 工艺与各种尼龙基粉末兼容。尼龙 11 的耐热性高达 150°，因此可用于生产适合特殊工作环境的功能性原型。已经开发出碳填充和玻璃填充的材料来生产结构零件。碳填充材料 Windform™ XT 是为制造风洞专门设计的，具有良好的抗风性和抗震性。另外这种材料还具有优异的力学性能和较小的表面粗糙度，也是 F1 赛车和航空航天部分设备的理想材料。在 SLS 工艺中新开发的材料包括类似橡胶质量同时具有整体统一颜色的粉末，这可以减少成型后的颜色处理操作。

SLA 工艺使用的主要材料为液态环氧树脂聚合物，这些聚合物按照模仿的热塑性塑料类型来分类。一些典型的材料包括丙烯腈 - 丁二烯 - 苯乙烯（ABS）模拟物、聚丙烯（PP）/ 聚乙烯（PE）模拟物和无色透明的聚对苯二甲酸丁二醇酯（PBT）/ ABS 模拟物。在 SLA 工艺中已开发出可承受 200 ℃高温的材料。

DMLS 工艺与专门开发的金属合金兼容。例如，镍 – 铜合金比铝稍硬一点；钢合金与低碳钢具有相似的特性。

加工成本

没有模具成本。

快速成型的成本在很大程度上取决于加工时长。尽管周期长，但这些工艺不需要任何准备或进一步工艺处理，因此周转迅速。如果多个产品同时加工，则降低了单个零件的成本。SLS 粉末是自支撑的，因此可以同时加工若干组件以降低成本。

加工时长受工艺和层厚选择的影响，通常 SLS 机器可生成 0.1 mm 厚的层，每小时可加工 2 ~ 3 mm; SLA 机器每小时可加工 1.2 ~ 12 mm; 而 DMLS 机器每小时

1

2

3

可加工 2 ~ 12 mm。SLS 的一个缺点是零件必须放置冷却，这可能会将加工时间最多增加 50%。

劳动力成本适中。SLS 工艺加工通常比 SLA 工艺加工便宜，因为 SLS 工艺不需要太多成型之后的处理。DMLS 工艺加工的零件通常通过电火花从钢板上切割下来，然后抛光。由于加工的产品不同，这个过程可能比较长。

4

环境影响

在快速成型过程中除了碳填充粉末之外，产生的所有废料都可以回收。因为快速成型是计算机数据控制机器将热能直接送到所需的精确点，所以这些工艺达到了能量和材料的有效利用。

5

运用 SLA 工艺制作 PE 零件

快速成型机可以彻夜自动工作。格式为 stl 的文件中的 CAD 数据引导紫外激光器运行（图 1）。SLA 零件在透明环氧树脂中是看不到的（图 2）。先制造外轮廓形状（图 3），然后填充材料（图 4）。激光器每次扫描，都会将厚度为 0.05 ~ 0.1 mm 的材料熔合到前一层上，升降台带动平台下降一层高度，刮板在已成型的层面上刮过以备与下一次固化的新材料黏结，然后再进行下一层的扫描（图 5）。完成后的零件需要排干，然后与其他未固化的残留物一起从箱中取出（图 6）。加工件与平台分离（图 7），与支撑结构的连接需要小心拆卸（图 8）。使用醇基化学品（异丙醇）来清除未固化的树脂液体和其他残留（图 9），然后将零件在强紫外光下充分固化 1 分钟（图 10）。加工层的痕迹在成品件上也可以看到（图 11），可以用喷砂、抛光或喷漆去除。

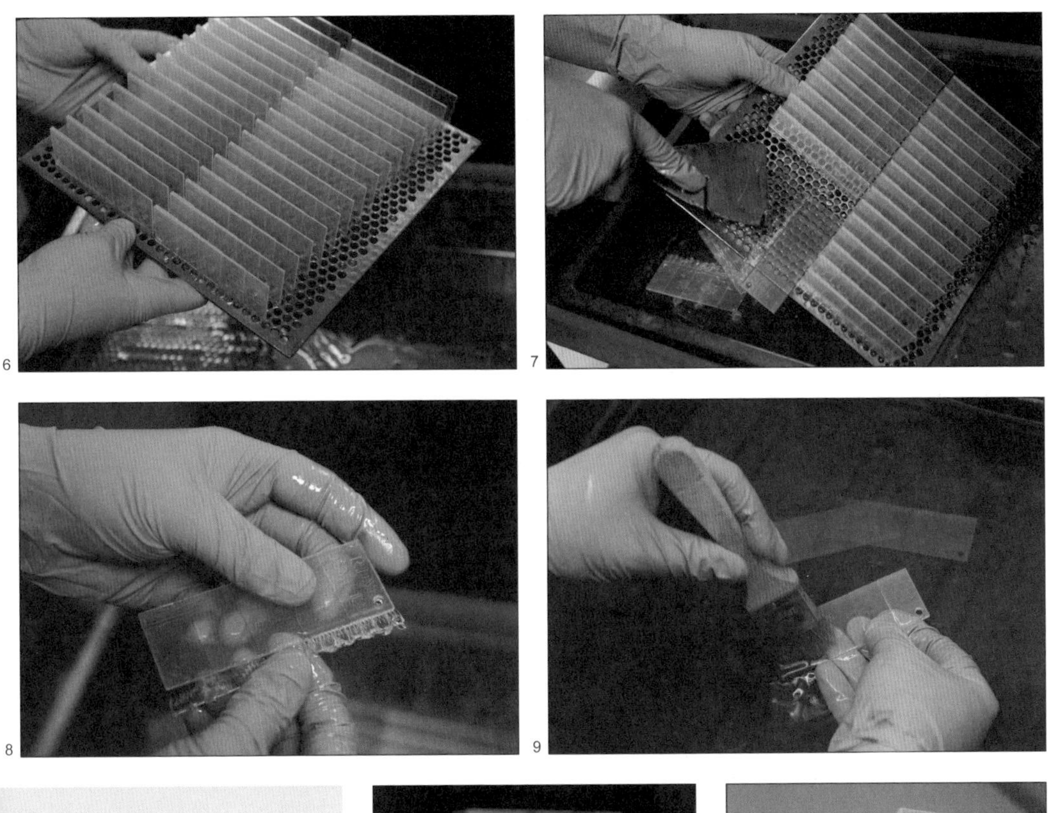
6 7 8 9

10

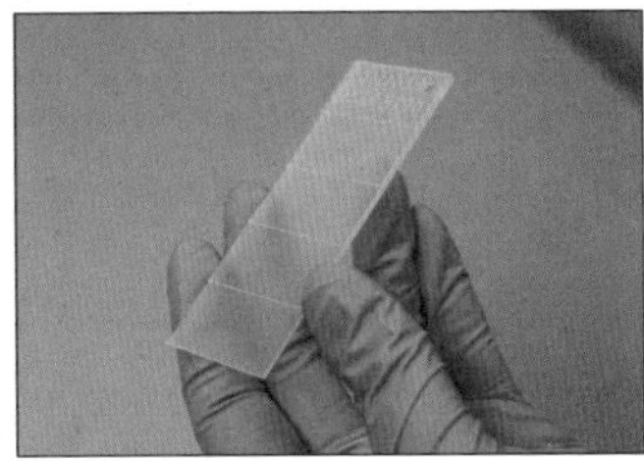
11

主要制造商

CRDM
www.crdm.co.uk

→ 运用 SLS 工艺生产零件

SLS 工艺发生在含氧量低于 1%、氮气含量高的密封的大气环境中。工作环境温度保持在刚好低于聚合物粉末熔点的 170 ℃，因此激光一旦与表面颗粒接触，温度就会升高约 12 ℃，颗粒也就立刻熔合（图 1）。烧结之后，供料室向上移动以将粉末输送到辊轮，辊轮将其铺在加工区域的表面（图 2），用均匀的粉末层覆盖零件（图 3）。

整个加工过程从 1 小时到 24 小时不等。加工结束后，平台抬起（图 4），将非烧结粉末和烧结零件共同推入透明的丙烯酸容器中。粉末块在清理室中清理，将加工好的工件慢慢掘出（图 5）。轻轻擦掉包裹在成型零件周围的非烧结粉末，再拆下单个零件进行清洁（图 6）。去除掉大部分多余粉末之后（图 7），用细磨料粉末喷射（图 8）。最后得到的加工件就是计算机数据模型的制成品，可精确到 150 μm（图 9）。

主要制造商

CRDM
www.crdm.co.uk

1

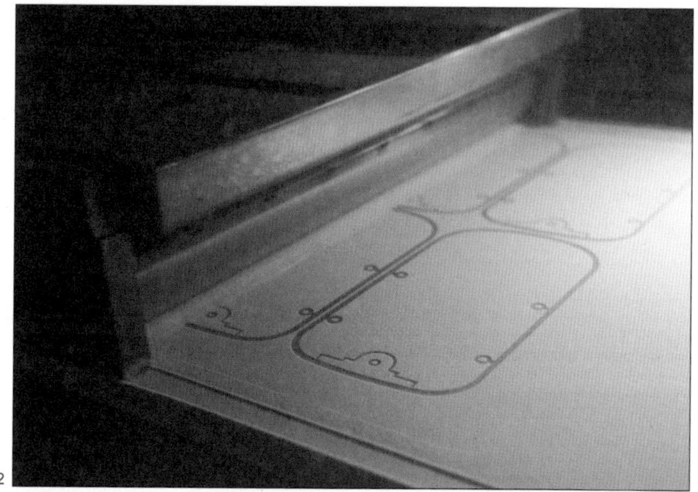

2

3

4

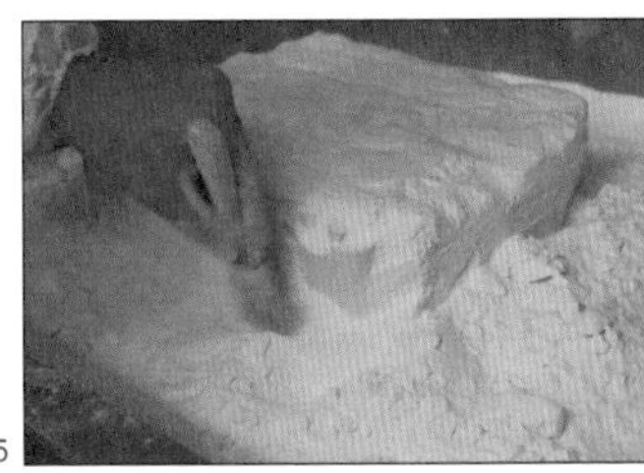
5

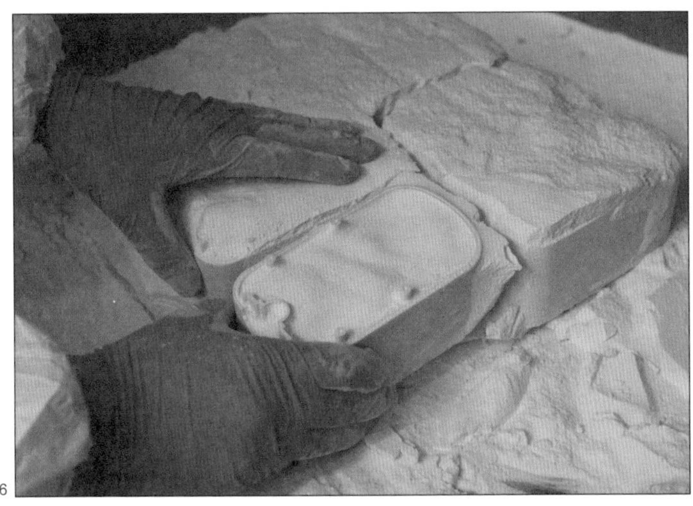
6

7

8

9

→ 运用 DMLS 工艺生产零件

DMLS 工艺根据格式为 stl 文件中的数据加工金属零件。为了提高效率，加工的每一层都没有被激光完全填充。零件分为外层、内层和核心三个主要部分。金属粉末在这 3 个层上每铺设 1 次，外层都将会被烧结 3 次，内层烧结 2 次，核心只烧结 1 次。从典型的 DMLS 加工件的横截面可看出，外层、内层和核心的颜色都不一样，可以清晰地分辨出来（图 1）。

精确设置厚度为 13 ~ 45 mm 钢制加工台（图 2）。具体厚度取决于要在其上加工零件的深度。

用于形成该零件的金属细粉末是直径为 20 μm 的镍 － 铜合金颗粒。粉末被筛分到输送室中，然后均匀分布在整个加工区域，准备首次激光烧结（图 3）。当加工区域准备好开始烧结时（图 4），CO_2 激光束通过数控系统沿相应路径在加工区域进行烧结（图 5）。激光每烧结一层后，新的粉末层就会铺在加工区域（图 6）。

加工完成后，抬起平台（图 7），刷掉多余的粉末（图 8），拆除钢板，零件和钢板还有部分连接（图 9）。最终通过电火花切割将其从钢板上

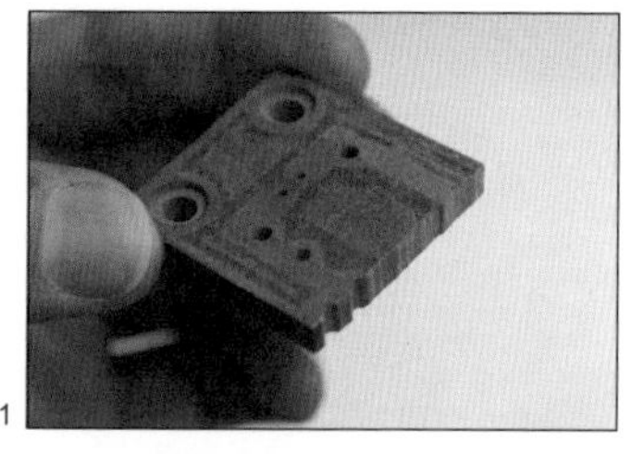

1

2

3

4

取下（参见电火花加工，254页）。

加工好的零件将用作注塑模具的嵌件，寿命为20 000 ~ 30 000次/件。用较硬的金属合金粉末制作的模具零件的寿命可达100 000 ~ 200 000次/件。

5

6

7

8

9

主要制造商

CRDM
www.crdm.co.uk

2 切削工艺

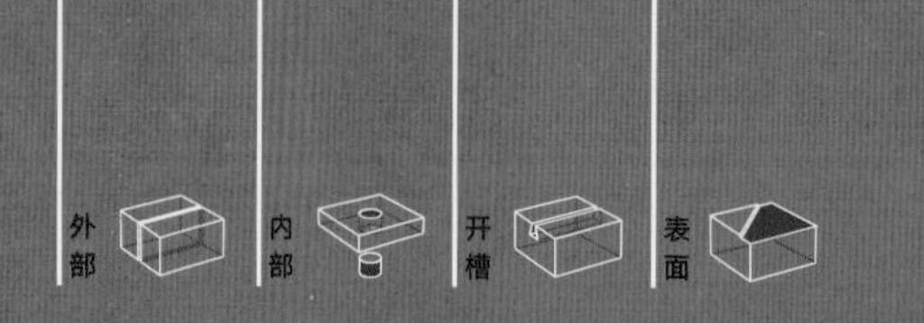

光化学加工

在光化学加工中，无保护的金属通过化学方法被溶解。为了同时切割和雕刻零件，设计了保护膜，这样既能做装饰，也具有功能性。

加工成本	典型应用	适用性
• 模具成本很低 • 单件成本中至高	• 航空航天 • 汽车 • 电子产品	• 原型至大批量生产
加工质量	**相关工艺**	**加工周期**
• 高精度，可控制在材料厚度的 10%以内	• 磨蚀性爆破 • CNC 加工与雕刻 • 激光切割	• 加工周期适中（每小时 50 ~ 100 µm）

工艺简介

这种化学切割工艺主要用于铣削和加工金属薄片，也被称为化学冲切或光加工。装饰性化学切割被称为光蚀刻（392 页）。

光化学加工有三个主要功能：减轻重量、蚀刻和切割（也称压型）。它以化学的方式去除表面材料，并能在大多数金属上形成标记。切割加工能够精确到材料厚度的 10%以内，因此适合技能性应用。压型是通过同时腐蚀材料的两面来实现的。这种工艺仅限于厚度为 0.1 ~ 1 mm 的金属箔和金属薄片。但是只有厚度在 0.7 mm 以内的板材才能保证精度。

典型应用

该技术应用于航空航天、汽车和电子工业等领域。

可以通过将一薄层铜涂覆在塑料（通常为聚碳酸酯）板上制成电路板，然后通过化学方法去除金属区域，以形成电路板的正片。

其他产品包括制模网、控制板、格板、网格、丝网、电子零件、微型金属零件和珠宝。

相关工艺

激光切割（248 页）和激光雕刻用于生产类似的产品。然而，激光加热工件会导致非常薄的金属零件变形。激光加工通常适用于较厚的材料，而较厚的材料对于光化学加工而

光蚀刻工艺

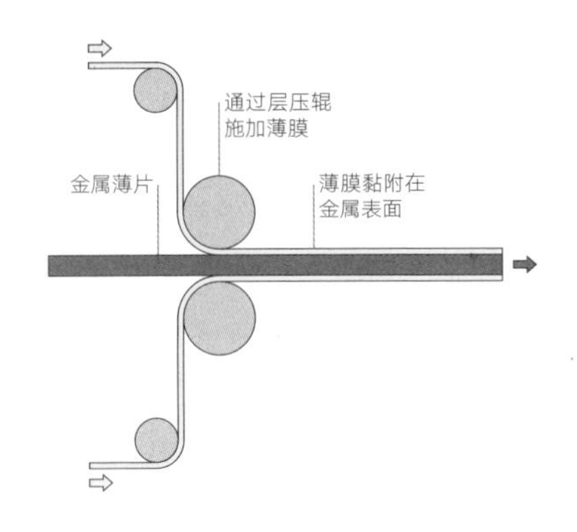

阶段 1：施加光敏抗蚀薄膜

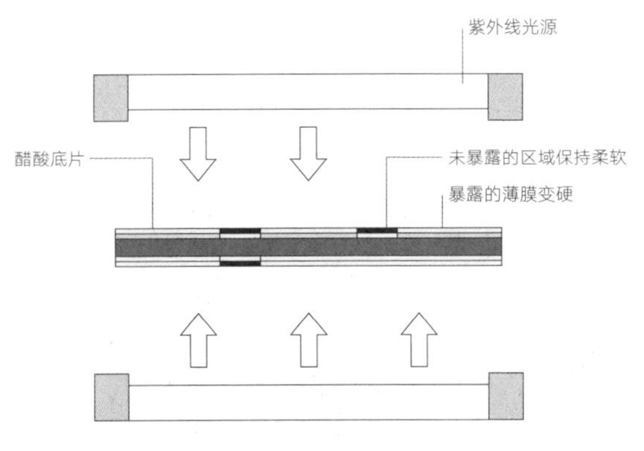

阶段 2：紫外线照射

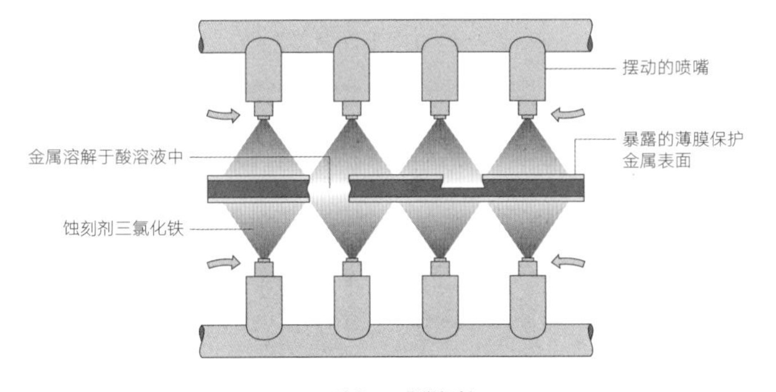

阶段 3：化学切割

技术说明

在阶段 1，金属工件需要经过细致的准备，因为它必须洁净、无油，以确保薄膜与金属表面之间良好的黏合力。光敏抗蚀薄膜通过热辊层压或浸涂工艺（68 页）得以应用。在这个情况下，薄膜就被热辊层压到了金属上。涂层被应用到工件的两侧，因为每个表面都将暴露在化学加工工艺中。

在阶段 2，预先准备好醋酸底片（模具），并且用 CAD 或图形软件的文件打印。将底片施加到工件的任意一侧，然后将组合工件抗蚀薄膜的两侧和底片都暴露在紫外线下。每一面的图案不同，因此在图案不相遇的地方，只会蚀刻掉板材厚度的一半。柔软的、未暴露的光敏抗蚀薄膜在化学显影过程中被去除。这个过程将要被蚀刻的金属区域暴露出来了。

在阶段 3，金属片穿过一系列摆动的喷嘴，以进行化学蚀刻。摆动是为了确保大量氧气与酸混合以加速该过程。最后，在烧碱混合液中将光敏抗蚀薄膜从金属制品表面去除，完成的蚀刻图案就可以显现出来了。

言是不切实际的。

CNC 加工（182 页）和 CNC 雕刻（396 页）也会产生导致工件变形的热影响区（HAZ）。

光化学加工雕刻会产生与喷砂（388 页）表面相同的表面粗糙度。

加工质量

这种工艺会产生无毛刺的边缘，且精度可控制在材料厚度的 10% 以内。光化学加工的另一个优点是无热量、无压力、无工具接触，因此该工艺几乎不会导致工件变形，最终形状不受制造中压力的影响。

化学过程不影响金属的延展性、硬度、金属结构的晶粒。表面为亚光，但可进行抛光（376 页）。

设计机遇

光化学加工用于划线、铣孔、去除表面材料和压制整个零件（冲裁）。

案例研究

→ 光化学加工黄铜丝网

使用图形软件准备设计底片（图1），展示化学加工工艺是如何工作的。左边的图是工件的背面，右边的图是工件的正面。双面同时蚀刻，两侧都是黑色的区域将被切割（压型）。仅在一侧的黑色区域将被半蚀刻。

将底片印在醋酸纸上（图2）。然后将 0.7 mm 厚的黄铜片在 10% 的盐酸浴中脱脂。将其清洗并干燥，然后分别在两面上压光敏膜（图3）。该操作需要在暗室中进行以保护薄膜。

将有涂层的工件放入丙烯酸夹具中（图4）。将底片对齐并安装到夹具的每一侧。将组件置于真空并暴露于两侧的紫外线下（图5）。未暴露的感光膜在显影过程中被洗掉（图6）。

化学加工的第一阶段（图7）结束之后，重复该过程，直到化学物质蚀穿整个材料（图8）。0.7 mm 厚的黄铜可能需要 25 分钟，而黑色金属则需要更长的时间。

最后，从黄铜片上取下黄铜丝网，并修剪连接工件的接头（图9）。

这些不同的功能操作可在加工过程中同时进行。切割的类型由防护膜的设计决定，即由光敏抗蚀薄膜决定。

划线可以加工成折叠线。改变划线的宽度将决定折叠的角度，这对模具制作和其他辅助操作尤其有利。

通过从两侧化学性切割的板材来获得整个零件的压型。两侧不匹配的线条将成为某一侧的表面标记。因此，对板材的压型和修饰（或刻画）可在单次操作中完成。

光化学加工适合原型和大批量生产。工具设备成本很低：底片可直接来自 CAD 图纸或艺术作品，而且能持续数千个周期。这意味着小的变化并不昂贵，可在设计之初进行调整。因此，这种加工工艺更适用于设计中的实验阶段。

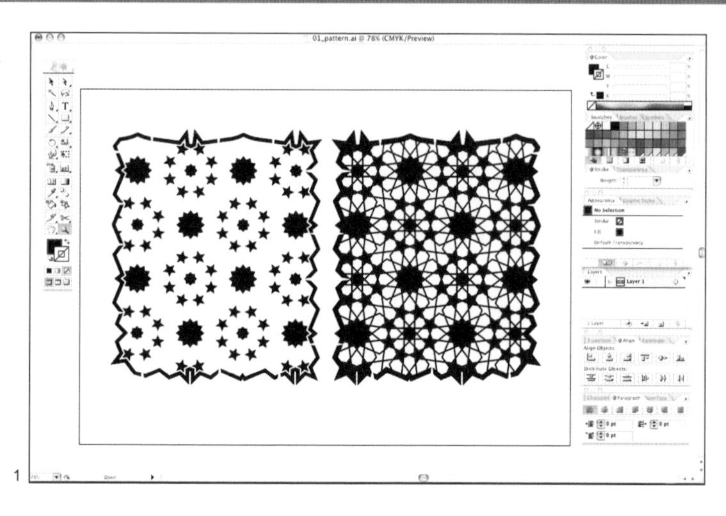

1

设计注意事项

图案的复杂程度会受到材料厚度的限制：只要最小的细部尺寸大于材料厚度，就可以加工出任何形状。内外半径、孔、槽和条等的最小尺寸须达到材料厚度的 1.5 倍。

尽管可以对任何厚度的板材进行光蚀刻，但是厚度为 0.1 ~ 1 mm 的板材和箔片只能使用光化学加工。超过 1 mm 厚的材料将出现化学加工过程中导致的可见的或凹或凸的边缘轮廓。

接头是压型设计的重要组成部分。它们将零件连接到工件上，在零件被切割时保持零件在原来的位置上。接头使得操作变得简单，特别是在零件非常小的情况下或电镀（364 页）等二次加工中，以及平板包装中。接头的形状是 V 形的还是平行的，是由二次加工来确定的。V 形接头用于手动分离，而平行接头适用于冲压或机加工的零件。V 形接头可以沉入零件的轮廓中，移除时没有毛刺。接头的尺寸可以是材料厚度的一半，最小的为 0.15 mm。

适用材料

大多数金属都可以进行光蚀刻，如不锈钢、低碳钢、铝、铜、黄铜、镍、锡和银。其中铝最易加工，而不锈钢最难加工，需要更长的时间进行蚀刻。

玻璃、镜子、瓷器和陶瓷也适用于光蚀刻，但需要不同的光刻胶和化学蚀刻物质。

2

3

4

5

6

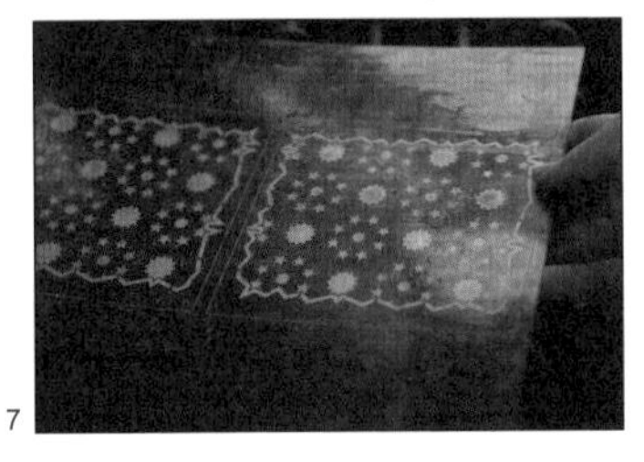
7

8

加工成本

唯一需要的工具就是底片，可以直接用 CAD 数据或其他图形软件的文件打印。

周期长短适中。在同一板材上处理多个零件会大幅缩短循环时间。

劳动力成本适中，主要取决于光化学加工过程的复杂性和持续时间。

环境影响

在操作期间，从工件上去除的金属溶解在化学蚀刻剂中。而边角料和其他材料都是可回收利用的。光化学加工是一个缓慢的、可控的过程，很少有废弃物。

用于蚀刻金属的化学品约三分之一是三氯化铁。需要用烧碱来除去使用过的保护膜。这两种化学物质都是有害的，操作人员必须穿防护服。

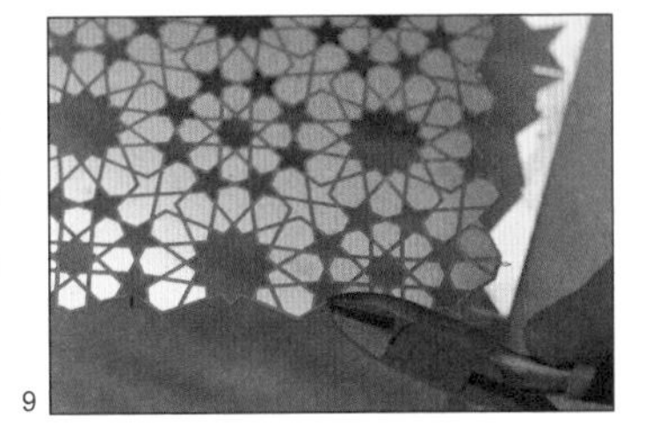
9

主要制造商

Mercury Engraving
www.mengr.com

外部 内部 开槽 表面

切削工艺

激光切割

这是一种高精度的数控加工工艺，可用于切割、蚀刻、雕刻和刻画各种金属、塑料、木材、纺织品、玻璃、陶瓷和皮革等板材或片材。

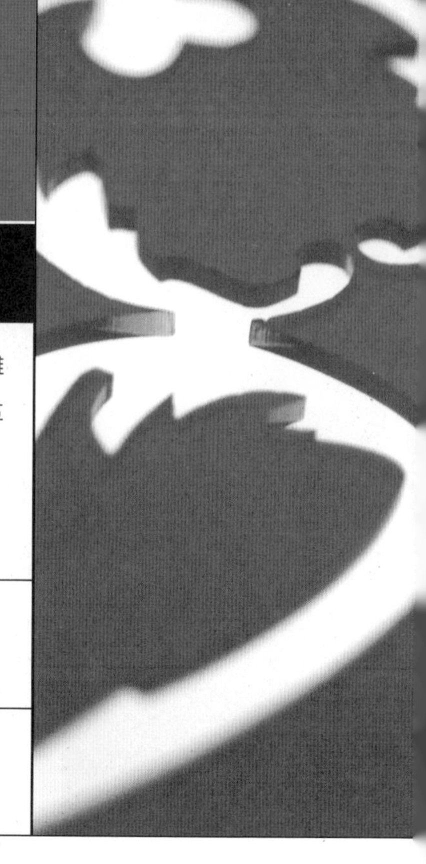

加工成本	典型应用	适用性
• 无模具成本 • 单件成本中至高	• 家用电子产品 • 家具 • 模型制作	• 单件至大批量生产
加工质量	**相关工艺**	**加工周期**
• 高品质表面 • 加工精密	• CNC 加工与 CNC 雕刻 • 冲压和冲裁 • 水射流切割	• 周期较短

工艺简介

这种工艺使用的两种主要激光类型是 CO_2 和 Nd:YAG，都是将热能集中在 0.1 ~ 1 mm 范围内来熔化或汽化材料。两种激光切割都为达到精密公差高速进行，并生成有高精度边缘的精密零件。它们之间的主要区别在于 CO_2 激光器会产生 10 μm 的红外波长，而 Nd:YAG 激光器产生更通用的 1 μm 的红外波长。

典型应用

应用多种多样，包括模型制作、家具、家用电子产品、时装、指示牌和奖牌、售货设施、影视设备，以及展览品。

相关工艺

CNC 加工（182 页）、水射流切割（272 页）及冲压和冲裁（260 页）均可对某些材料产生相同的效果。然而，激光切割工艺的优点是可切割热塑性塑料，而不需要再精加工；切割过程产生了光滑的边缘。激光切割也可用于刻画和雕刻，因此在某些应用中可与 CNC 雕刻（396 页）、喷砂（388 页）和光蚀刻（392 页）相媲美。

加工质量

材料的选择将决定切割的质量。某些材料（如热塑性塑料）在切割时具有非常小的表面粗糙度。激光工艺可为大多数材料加工垂直、光滑、干净和较窄的切口。

设计机遇

加工过程中不会对工件施加压力，因此可以制作出小而复杂的细节，且不会降低零件的强度或扭曲零件。因此，可以用这种方法切割非常薄而精细的材料。

点阵图激光雕刻可在材料表面雕刻出不同切割深度的标志、图像和字体。相应的系统具有很强的适用性，可根据各种文件格式进行雕刻。

设计注意事项

在基于矢量的切割系统中，激光器从一个点到另一个点都遵循一系列的路径。所使用的文件直接从 CAD 数据中获取，并以此划分层，确定每个层的剪切深度。重要的是所有线条都连接在一起，以便激光以连续路径切割。重复的线条也会引起问题，因为激光会将每条线作为切割路径，所以会延长处理时间。

兼容 DXF 和 DWG 等文件格式，其他文件格式可能需要转换。

这种工艺非常适合切割不超过 0.2 mm 厚的薄片材料，也可切割最

激光切割工艺

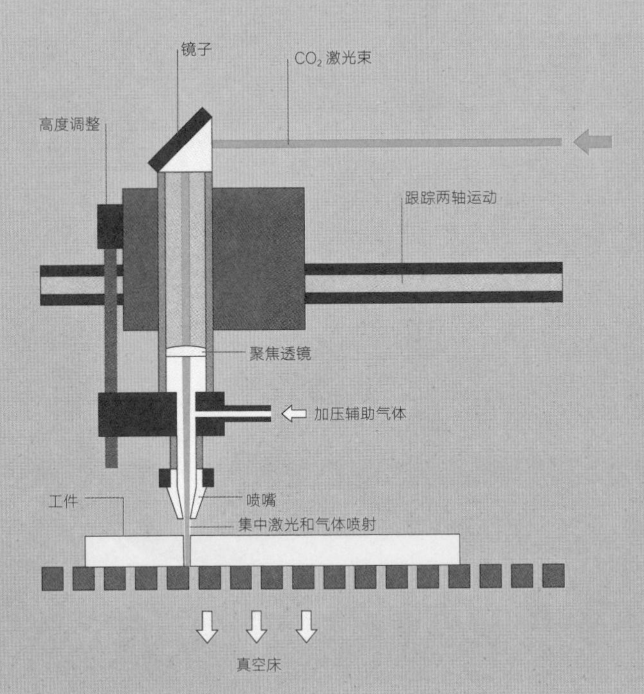

技术说明

CO_2 和 Nd:YAG 激光束由一组固定反射镜导向切割喷嘴。由于其较短的波长，Nd:YAG 激光束也可以被导向具有柔性光纤芯的切割喷嘴。这意味着它们可以沿着 5 个轴切割，因为激光头可以自由地向任何方向旋转。

通过聚焦透镜将光束聚焦为一个 0.1 ~ 1 mm 的精细光斑。可以通过调整透镜的高度，将激光聚焦在工件的表面上。高强度的光束使接触的物质熔化或汽化。沿着激光束路径吹送的加压辅助气体可从切口处移除切割产生的碎屑。

厚达 40 mm 的板材，但较厚的材料会极大地延长加工周期。不同的操作需要不同的激光功率。例如，较低功率的激光（150 W）更适合切割塑料，因为可留下光滑的边缘。高功率激光（1 ~ 2 kW）用来切割金属，尤其是反射和导电合金。

适用材料

该工艺可用于切割多种材料，如木材、单板、纸和卡片、合成大理石、柔性磁铁、纺织品和羊毛、橡胶及部分玻璃和陶瓷。兼容的塑料包括聚丙烯（PP）、聚甲基丙烯酸甲酯（PMMA）、聚碳酸酯（PC）、聚对苯二甲酸乙二醇酯（PET）、碳纤维、聚酰胺（PA）、聚甲醛（POM）和聚苯乙烯（PS）。例如，在金属中，钢比铝和铜合金更容易切割，因为合金不具备较强的光热反射性。

加工成本

该工艺无模具成本，数据直接从 CAD 文件传输到激光切割机。

周期较短，但也取决于材料的厚度。切割较厚的材料需要较长的时间。

加工过程只需很少的人工，但必须生成适合激光切割机的 CAD 文件，这有可能会增加初始成本。

环境影响

精心规划有利于实现最少的浪费，但是很难避免仍然有一些不适合再利用的切屑。热塑性塑料、纸张和金属可以回收，但不能直接回收。

激光切割在某些热塑性塑料上产生了光滑的边缘，因此无须再进行精加工。

案例研究

→ 激光切割、点阵图激光雕刻和激光刻画

激光切割塑料

该图案由安塞尔·汤普森在2005年为Vexed Generation品牌而设计。该系列样品展示了激光切割工艺的多功能性。CO_2激光器的强度和深度可控，以生产各种饰面。激光用于切割半透明的3 mm厚的PMMA（图1）。这是一种相对薄的材料，即使是生产复杂、不规则的外形，激光仍可以快速工作。图2中的图案只用了12分钟就完成了。激光在PMMA材料上留下的是抛光边缘，因此不需要再进行精加工操作。

点阵图激光雕刻

调整激光切割机的强度和深度可以产生有趣的表面处理效果。光栅雕刻仅使用激光功率的一小部分，就可产生深达40 μm的雕刻（图3）。这种形式的雕刻可以在各种材料和表面上进行。例如，阳极氧化铝可以被光栅蚀刻，露出下面的裸铝，而不是被印上去。样品大约需要25分钟才能完成，这比简单的切割操作更费时。

更强大的激光可在材料上雕刻出更深的凹槽。然而，当深度超过宽度时，材料去除的问题可能导致切割边缘的质量较差。

激光刻画

在这种情况下，激光仅使用其电位的3%。激光刻画在切割细节处会产生“边缘辉光”效果（图4），这是由于材料表面上获得的光传播到材料边缘而引起的。激光刻画正如切割边缘，以同样的方式发出光亮。

激光切割木材

在这个例子中，1 mm厚的桦木胶合板被切割和刻画，形成建筑模型的一部分。首先，刻画安排在CAD文件中第一层的表面的细节。其次，激光切割内部形状，最后切割外部轮廓（图5）。整个切割和刻画过程只需要8分钟。零件被拆下后，组装成浮雕般的建筑立面（图6）。

1

2

3

4

5

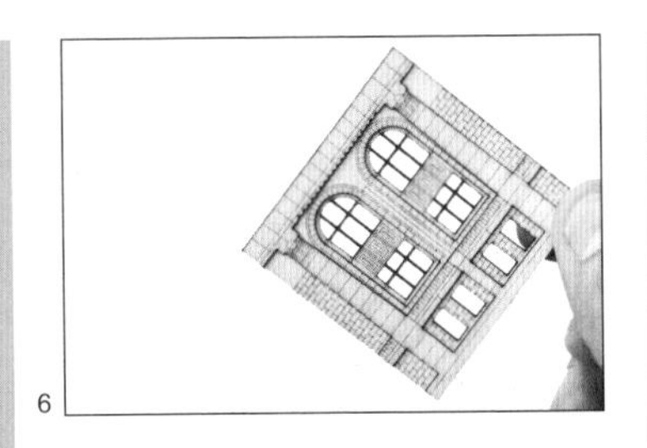

6

主要制造商

Zone Creations
www.zone-creations.co.uk

1

2

3

4

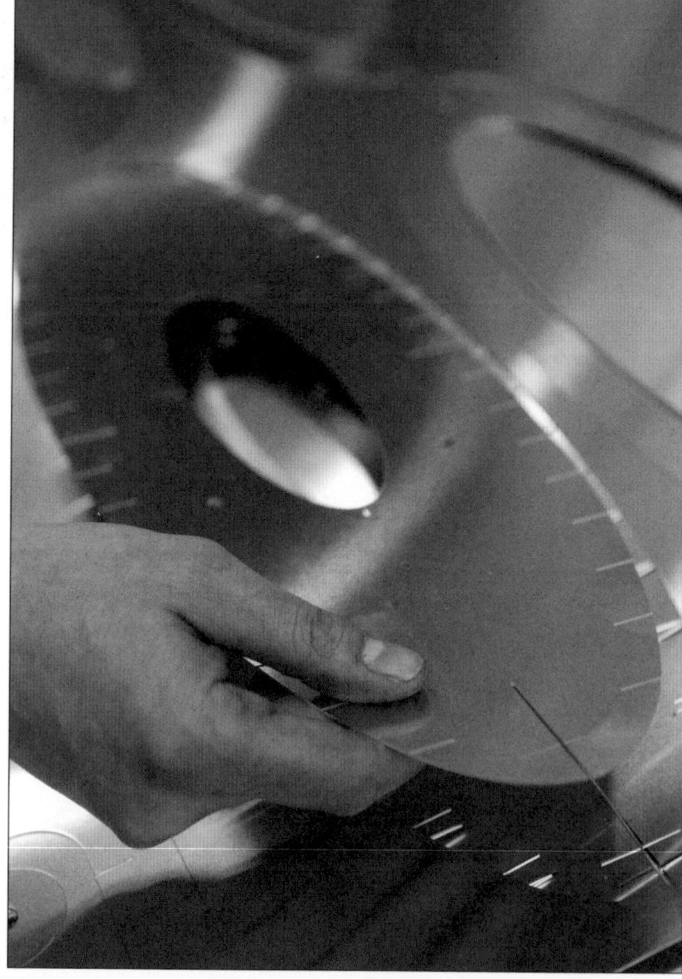
5

主要制造商

Luceplan
www.luceplan.com

激光切割 Queen Titania 卤素吊灯

阿尔贝托·梅达和保罗·里扎托于 2005 年为 Luceplan 设计了 Queen Titania 室内吊灯（图 1）。图中是一个改进版（长 1.4 m），首次生产于 1989 年。

灯的框架让人联想到飞机的机翼。用激光切割一张铝板形成一个个部件后，将部件组装成一个轻质的刚性结构。

首先将一张铝板放入激光切割机中（图 2）。这是一个 Nd:YAG 和氧气切割过程，切割机的工作功率为 600 W。该机器能够切割厚达 25 mm 的钢板和厚达 5 mm 的铝板（图 3）。铝会产生更大的热影响区，因此更难进行激光切割。

激光切割过程很短：每片板材仅需 8 分钟即可切割完毕（图 4）。由这张板材生产的部件不一定会构成整个灯。每批部件可能被制成很多灯，因此这些部件被嵌套在一起，以优化生产，减少浪费。

切割后的零件不需要去毛刺或其他任何方式进行处理，这正是激光切割的主要优点。从板材上拆下每个零件，并悬挂以备组装（图 5、6）。

对称的两部分通过铆接连接组装成灯（图 7、8）。在添加电子和照明组件之前，组装的结构被阳极氧化（360 页）。阳极氧化的目的是确保光洁程度的持久性。未经处理的铝表面不太稳定，并且随时间的变化而变化。其表面是灰色的，滤光片会使之产生鲜亮的色彩。

6

7

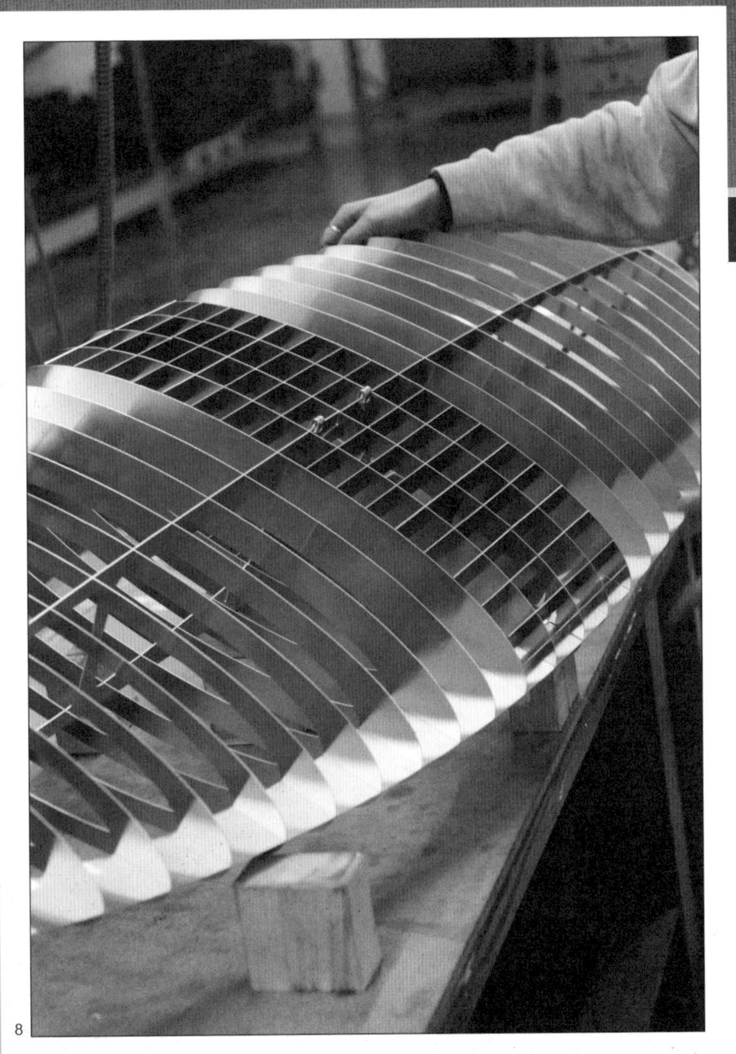

8

外部 内部 开槽 表面

切削工艺

电火花加工

高压电火花腐蚀工件表面或通过蒸发材料切割出轮廓，使得电火花加工成为加工金属的精准方法之一。这种方法将材料从工件上移除，同时产生纹理。

加工成本	典型应用	适用性
• 模具成本低；线切割无模具成本；设备成本较高 • 单件成本中至高	• 航空航天和电子工业的精密金属制品 • 模具制作	• 单件生产和现有金属制品的修改调整 • 小批量生产
加工质量	**相关工艺**	**加工周期**
• 精准控制的表面粗糙度和纹理	• CNC 加工 • 激光切割 • 水射流切割	• 周期长

工艺简介

电火花加工（EDM）已经彻底改变了模具制造和金属原型加工。这种工艺加工精度高，可以用来加工金属并形成表面纹理。电火花加工是注塑成型（50 页）和其他塑料成型工艺所用模具最理想的制作方法，模具制作是该工艺最大的应用领域。

EDM 工艺有两种：电火花成型加工（也称为电火花腐蚀）和电火花线切割加工（也称为线蚀）。前者可用于钻孔、加工表面肌理和加工金属

零件深处的复杂几何形状。后者的加工原理类似于热线切割聚合物泡沫，用于加工带有平行或锥形边的内外部轮廓。结合起来，这些工艺可以为金属加工工人提供足够多的施展机会。

典型应用

DEM 设备非常昂贵，因此仅限于需要高精加工、硬化钢加工和其他不适合 CNC 加工（182 页）的金属的应用。已被模具制作行业广泛采用，用于注塑、金属铸造和锻造。也用于模型制作、原型制造和通常不超过 10 个零件的小批量生产。

相关工艺

EDM 通常与 CNC 加工一起使用。用于电火花成型加工的电极（模具）通过传统的金属加工技术进行加工（上图）。但是，复杂的模具有时会使用电火花线切割加工进行切割，也会将两个工序结合在一起（右下图）。

在需要精确和复杂内部特征的应用领域中，电火花成型加工已经取代了数控加工。使用电火花加工，是因为它可以加工出其他工艺难以加工，甚至不能加工的几何形状。工件的内部特征，尤其是硬质金属工件，对于 CNC 加工来说几乎是不可行的，因为它们需要非常精密的切削工具，而且这些工具会很快磨损。

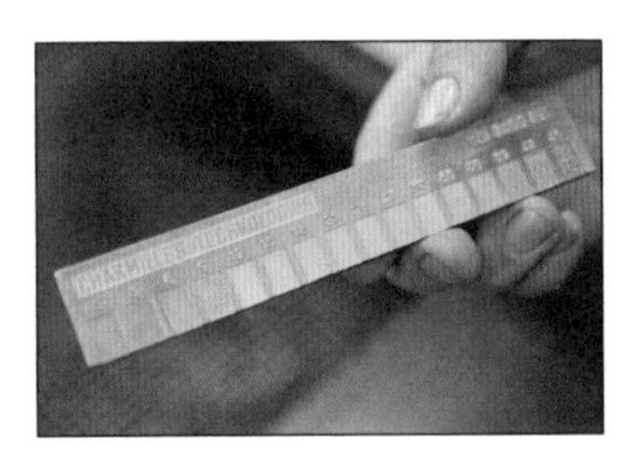

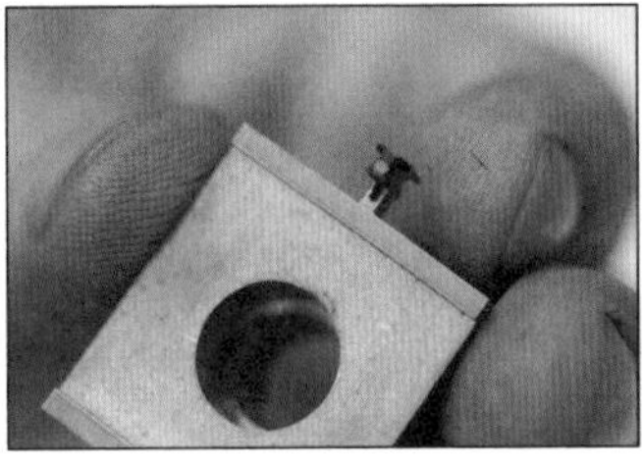

上图

在这些电火花成型加工的模具上，黑色汽化金属的光泽显示出切割面积。

下左图

VDL 量表用于测量表面的纹理。

下右图

这种非常小的放电成型加工的模具是用电火花线切割工艺切割出来的。相对于传统的机械加工，这个零件过于细小、复杂。

电火花线切割加工的替代方案包括水射流切割（272 页）、激光切割（248 页）与高能束流焊（288 页），用于某些成型和钻孔过程。所有这些工艺都有很高的设备成本，因此选择哪一种，主要取决于可用的设备。电火花线切割加工适用于厚达 200 mm 的零件，还要求尺寸精度高、平行切口壁，以及可控的表面纹理。

加工质量

EDM 加工零件的品质非常高，可用于制造注塑成型的模具而无须其他任何精加工操作。表面粗糙度是根据德国工程师协会 VDL 量表测量的（左下图）。VDL 量表与粗糙度平均值（Ra）0.32 ~ 18 μm 相当。如今我们周围的许多塑料产品都是用 EDM 成型和表面加工的模具制作出来的。

表面品质和完成后的纹理由切割速度和电压决定。高电压和高切割速度会产生粗糙的纹理。较低的电压、较慢的切割速度和更多的通过次数，会产生更精细的表面纹理。零件生产可以精确到 5 μm。

设计机遇

对于设计师来说，这种工艺的主要优势就是能够同时切割金属和施加纹理。纹理，包括无光泽的和有光泽的，通常在使用喷砂或光蚀刻技术的机械加工之后施加。DEM 生成的

技术说明

电火花成型加工是将电极（模具）和工件浸没在一种与石蜡类似的轻质油中。这种流体是连续流动的，可以保持工件的温度，并冲洗蒸发的材料。它也是绝缘的，隔离了工作区域，并维持其内部的静电放电。

铜电极（工具）和金属工件紧密接触，引发了电火花腐蚀加工。高压电火花从电极飞跃到金属上。电火花在电极和工件上的最近点之间来回跳跃，形成了连续且均匀的表面材料的去除。

操作中不需要任何压力。电极逐渐下降到工件中；加工速度取决于所需的表面处理，对于非常粗糙的表面处理，其在每分钟 2 mm^3 到每分钟 400 mm^3 以上之间变化。当模具沉入工件时，它会不断搅动，并呈螺旋状下降。这一操作将蒸发的材料从切割区域中冲走，并确保均匀和有效地去除材料。

电火花成型加工工艺

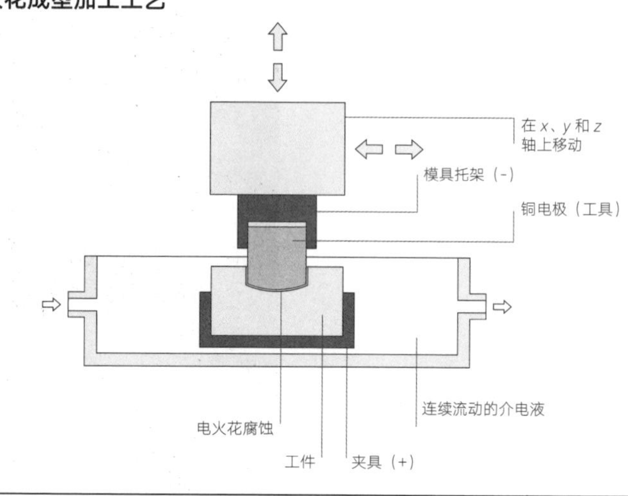

精细的纹理则是由机器设置决定的，无须进一步的工艺操作。

这些工艺可用于生产传统机械加工所不能实现的几何形状。例如，许多电火花线切割机床上的导向头在切割过程中可以独立移动。其优势在于，高达 30°的复杂锥形，也能够极其精准地切割，这是其他加工技术无法实现的。

电火花成型加工可用于生产传统机械加工不能实现的零件内部的几何形状。这是因为负极铜电极可以加工成与腔体不匹配的形状。负电极（模具）在工件中被复制，产生了尖锐的边角和复杂的特征。铜电极（工具）的腐蚀比工件的腐蚀（0.1％）要慢得多，因此小的内部半径和复杂的特征被再现，以与简单几何相同的精度。

电火花线切割加工的使用方式与热线切割聚合物泡沫非常相似，尽管它更精确、加工周期更长。该设备需要高水平的操控技能。

在加工过程中，应力不会施加在电极（模具或电线）或工件上，因为金属不是受力形成的，而是通过高压火花从表面蒸发而形成。除了这种明显的优势，这种加工工艺还具有许多加工优势。例如，多个薄壁零件可堆积起来，进行电火花线切割加工时，能减少加工时间。

设计注意事项

虽然这些工艺可以产生小至 30 μm 的内部半径，但常使用较大的半径以避免应力集中。然而，在大多数应用中内径都不需要大于 500 μm。最小内径也会受到电极线粗细的影响，电极线的直径一般为 50 ～ 300 μm。

可用电火花线切割加工的材料的厚度从 0.1 mm 到 200 mm，取决于设备的功能。电火花成型加工的机床能够产生的深度，会受到汽化金属（黑色粉末）易于冲走的限制，因此最大深度会受到深度与直径之比的影响。非常深的轮廓是可能的，但需要额外的冲洗，这会延长加工周期。

适用材料

许多金属都可以通过电火花成型加工技术成型。材料的硬度并不影响是否采用电火花成型加工处理。包括不锈钢、工具钢、铝、钛、黄铜和铜等在内的金属，通常都是以这种方式成型的。

加工成本

电火花线切割加工不需要模具。但该工艺会持续消耗电极丝，因此必须更换电极丝。

电火花成型加工的模具通常由铜合金制成，可以通过传统的加工工艺或电火花线切割加工而成。模具相对便宜，但对于精密零件而言，每个操作都需要新的模具。

不同的因素都会影响电火花成型加工的周期。在电火花线切割加工

→ 电火花成型加工

这种工艺被广泛应用于模具制作中。除了为注塑成型加工整个型腔外，还经常用于修改现有模具。它也可以用来钻孔或雕刻表面纹理与图形。在这个案例中，Hymid Multi-Shot 正在形成一个直接进入高碳钢表面的空腔（图 1）。除了使用电火花成型加工之外，在硬质金属上加工出复杂而精细的空腔是不现实的。

将铜合金电极（模具）插入夹具中（图 2）。电火花成型机床被编码为模具所需的设置。黑色区域显示了部分暴露于电火花侵蚀的模具。每个模具在更换前只能使用 5 次。如果需要达到 5 μm 以内的极高精度水平，那么每个电火花成型操作都需要加工新模具，包括粗加工模具和精加工模具。

将模具和工件插入并浸没在类似于石蜡的介电液中（图 3）。事实上，石蜡也曾经被用作绝缘液体，直到这种介电液被开发出来。

在粗切削过程中发出电火花和烟雾（图 4）。铜电极带有电流，当它们非常接近工件时，电流跳跃到带相反电荷的工件上。

每秒钟有几千个火花。每个火花都会蒸发掉一小块表面材料。电弧将跳过电极和工件之间的最短距离，确保均匀地去除金属表面。在这种情况下，该过程每分钟蒸发掉约 400 mm^3 的金属，由此产生的表面非常粗糙（图 5）。

在加工的第二阶段要慢得多。在这种情况下，每分钟蒸发掉的金属为 50 mm^3（图 6）。这产生了更精细的表面纹理（图 7）。这是一种很浅的腔体；电火花成型加工也可以用来形成非常深的腔体。

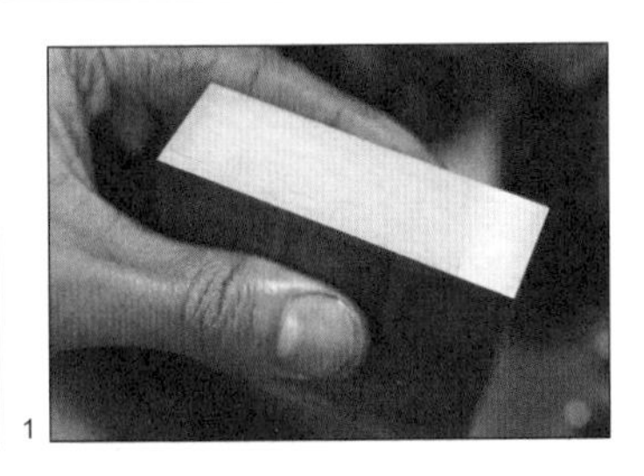
1

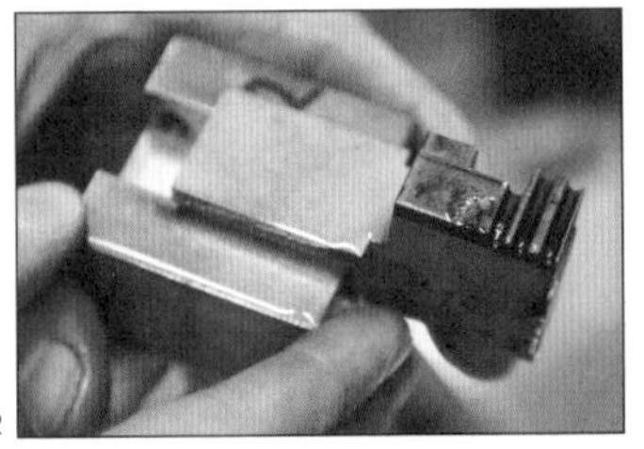
2

3

4

5

6

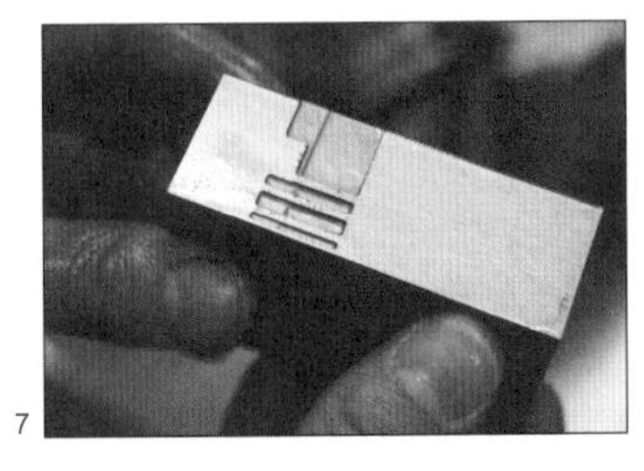
7

主要制造商

Hymid Multi-Shot
www.hymid.co.uk

技术说明

在这种工艺过程中，通常是铜或黄铜的电极线位于供应轴和卷取轴之间。它被充以高电压，随着电极线穿过工件而放电。类似于电火花成型加工，电火花发生在金属之间的最小间隙。每秒有数千个电火花，在金属表面蒸发非常少量的金属。电极线不回收；而是不断更换，以保持加工过程的精度。

这种工艺是浸没在恒温 20 ℃ 的去离子水中。水连续流动，以冲洗废料并通过过滤系统再循环。

上部导丝器可沿 x 轴和 y 轴移动，使切割角度最大可达 30°。

电火花线切割加工

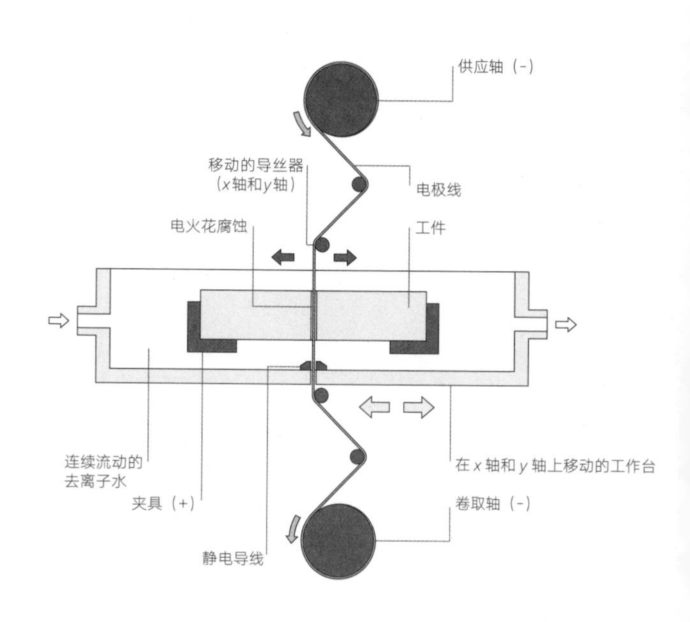

的应用中，周期会受到材料厚度的影响。较厚的材料需要较高的功率并消耗更多的电极丝。例如，一块 36 mm 的硬化钢以每分钟 1.5 mm 的加工速度切割，将会产生均匀的亚光效果。减慢加工速度或增加加工次数，将产生更精细的纹理。缩短加工周期将产生更粗糙的表面。

同样，电火花成型加工的周期由切割面积和所需的表面粗糙度决定。通常，每分钟加工 200 ~ 400 mm^3，则内部几何形状较粗糙。也就是说，这将会产生一个粗糙的表面。之后，使用一种新的模具，切削加工周期就要长得多，每分钟加工 2 mm^3 时，可获得非常精细的表面。因此，精细的表面纹理适合较小的表面积。

由于需要有高水平技能的操作人员和略长的加工时间，该工艺的劳动力成本适中。

环境影响

这种工艺需要大量的能量来蒸发金属工件，而不需要任何的进一步处理，如喷砂（388 页）或光蚀刻（392 页）。

介电液可不断循环再利用，金属电极也适合回收利用。但是，操作过程中会产生烟雾，可能有一定的危险。

→ 电火花线切割加工

与用于形成内部凹槽的电火花成型加工不同，电火花线切割加工用于切割内部和外部轮廓。电火花线保持张力以切割直线。导向头沿着 x 轴和 y 轴并列前后移动，以形成轮廓，也沿着 x 轴和 y 轴独立移动，以形成锥形。电线的作用就像电火花成型加工中使用的铜制模具，电线通常是铜合金的。

在这个案例中有很多切割操作。这一系列图说明了其中的操作，其原理可以应用于其他所有的线切割加工操作。将部分机加工的高碳钢工件（图 1）装入夹具并夹紧固定。钻一个小孔，使电极自动通过（图 2）。

引导头靠近工件以精确定位，工件和电极线都浸没在作为绝缘体的去离子水中（图 3）。一旦淹没，切割过程就开始了（图 4）。这是一个漫长的过程，在这个案例中，以每分钟 1.5 mm 的加工速度切割 36 mm 的工件。这个过程将产生预期的表面效果。

整个切割过程大约持续 2 个小时，之后零件被取出、清理（图 5）。零件的精度可用千分尺来测量（图 6）。在完成的物品上，可以确定切口，即从预制孔到切面电线被切的地方（图 7）：左边是切割前的零件，中间是成品工件，右边是被移除的材料。

1

2

3

4

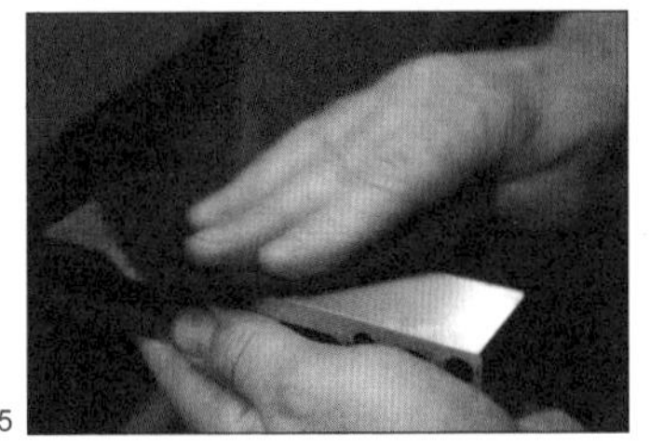

5

6

7

主要制造商

Hymid Multi-Shot
www.hymid.co.uk

冲压和冲裁

圆形、方形和异形孔是使用淬火钢冲头在板材上切割而成的。根据设计的几何形状和复杂程度，工具可以是专用的或可互换的。

加工成本	典型应用	适用性
• 模具成本低至中 • 单件成本低至中	• 汽车和交通工具 • 消费电子和家电 • 厨具	• 单件至大批量生产
加工质量	**相关工艺**	**加工周期**
• 高品质、高精度，但边缘需要去毛刺	• CNC 加工 • 激光切割 • 水射流切割	• 快速循环（每分钟冲压 1 ~ 100 次） • 模具更换非常耗时

工艺简介

冲压和冲裁是金属制品中使用的剪切工艺。它们的基本原理是相同的，名称差异只是表示不同的用途：冲压指的是切割内部形状（下图和右页图），而冲裁是在单次操作中切割外部形状。

使用直径超过 85 mm 的单个模具切割大零件（冲裁）或从工件中心去除大面积的材料（冲压）有些不切实际，因为这样太昂贵了。在这种情况下，围绕切割线的周边多次冲压称

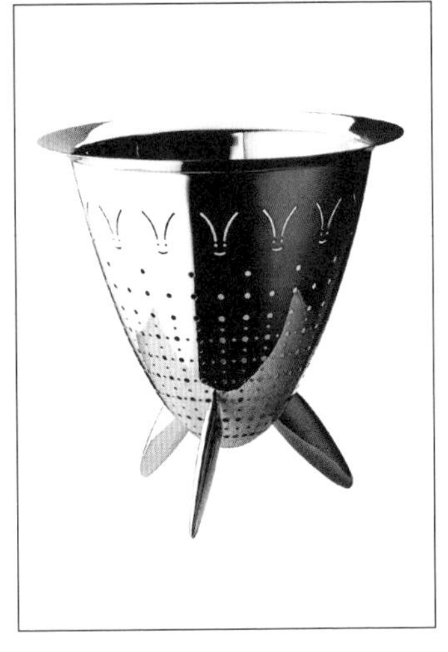

左图

这些金属小人是从阿莱西不锈钢产品中冲出来的，并留下形状完全相同的孔。

右图

Max Le Chinois 滤锅上的孔是在旋转模具上分两步打造而成的，以适应其外形。

为“啃咬”（步冲）。

另一种称为“剪缺口”的操作是从工件外部去除材料。

这些加工方法通常被称为冲压。在生产线上，这些方法通常是结合使用的，如金属冲压中的级进模（82页）。在其他应用中，冲压可能是加工过程的核心，且多是在冲床或转塔冲床上进行的。冲床使用单个模具，通常设置为重复操作。转塔冲床由计算机控制，并装载有多种模具，可以适应复杂多变的操作，包括步冲。螺旋压力机是一种手动操作的旋压机。

典型应用

这些工艺通常生产的产品包括厨房用品，如阿莱西的滤锅、碗和盘子，消费电子和家电外壳，过滤器，垫圈，铰链，分离器，一般金属制品和汽车车身零件等。

这些工艺多用于小批量生产和零件的原型制造，最终通过冲压等工艺成型。

相关工艺

这些工艺只能用于厚度最高达 5 mm 的薄片材料。水射流切割（272页）和激光切割（248 页）则适用于各种材料与厚度。小切口可以通过冲压快速完成，因为每个周期都可以去除大块的材料，而激光和水射流则必须跟踪轮廓。

CNC 加工（182 页）的孔和外形更精确，但也更昂贵。诸如钻孔或铣削之类的加工操作，会产生无毛刺的垂直壁，但加工周期要长得多。

加工质量

剪切动作在切割边缘形成“翻转”并使材料的边缘断裂。这会产生尖锐的毛刺，必须通过研磨和抛光（376页）来清除。通过精细的模具设计和机器设置可以将问题降到最小。

设计机遇

不仅仅是平板可以打孔。冲压、深冲（88 页）、辊压成型（110 页）和挤压金属零件也是合适的。3D 零件需要专门的模具，这会增加投资成本，也需要分阶段进行，因为冲压只能在垂直方向进行。因此，Max Le Chinois（右图），由菲利普・斯塔克（Philippe Starck）设计的阿莱西滤锅，需要两次打孔：一次侧面打孔，一次底部打孔。分阶段对产品进行冲压和旋转，直到整个圆周完成。

可以使用转塔冲头来对零件进行原型加工，无须投资昂贵的模具。通常金属加工厂有许多切割工具，由计算机控制切割型材。

冲压往往被用来给金属零件增加功能，如穿孔或增加固定点。它也用于装饰领域，因为冲孔不必是圆形或方形的。

选择性的材料去除会减轻重量，但不会过多降低强度。因此，通过同一操作对物品进行功能性冲压和选择性材料去除是可行的。

设计注意事项

首先考虑被去除或留下材料的宽度。冲头的直径或宽度应不小于材料的厚度。而且，剩余材料的宽度应该大于材料的厚度。应该尽可能地插入若干固定点，以获得最大的强度。

切出的零件必须通过小接头与材料主体连接。这样，可以确保零件在生产过程中不会移动，但是又要足够脆弱，允许零件被手动分离出来。残留的毛刺须抛光，除非它隐藏在凹处。

适用材料

几乎所有的金属都可以用这种方法加工。常用于切割碳钢、不锈钢、铝和铜合金。

其他材料，包括皮革、纺织品、塑料、纸张和卡片，也可以冲压，但金属加工机械是不适合的。这些材料比金属更柔软、更易切割。在这种情况下的冲压通常被称为模切（266页），是在单个冲程中进行了所有切割的工艺。金属薄板也适合模切。

加工成本

标准件和小模具并不昂贵，但是专用模具和 3D 模具就可能很昂贵，只适合小批量生产。

加工周期很短。每分钟可以冲 1 ~ 100 次，但这取决于加载时间和生产的连续性。更换模具的时间成本可能会很高。

劳动力成本中到高，因为这些工艺需要熟练的操作者来确保高质量的切割。机器的设置决定了切割的质量和加工速度。

环境影响

零件可以非常有效地集中在同一张板材上，以尽可能减少废料。废料几乎都可以被收集和分离回收，因此整个加工过程没有什么废弃物。

去毛刺工艺需要研磨操作，会产生一些废弃物。

冲压和冲裁工艺

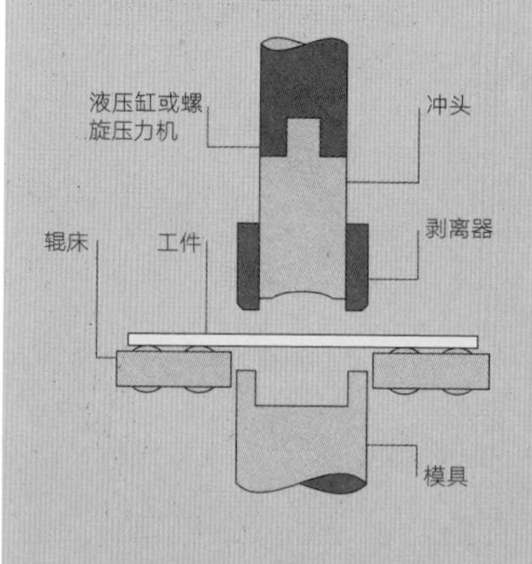

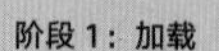
阶段 1：加载

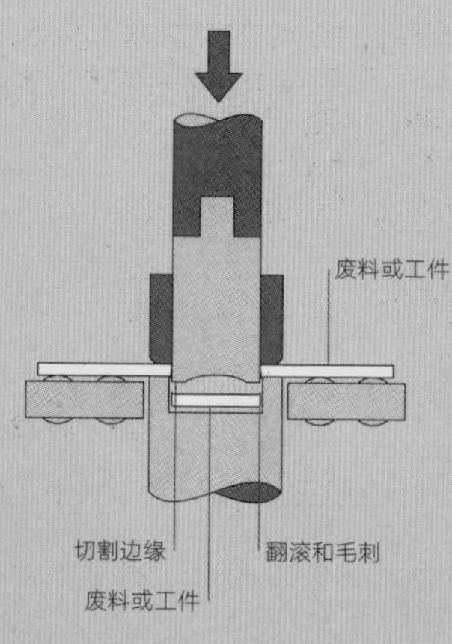

阶段 2：冲压

技术说明

无论是在转塔冲床、冲床还是螺旋压力机上进行操作都是一样的。可以在单次冲压中同时打一个孔、多类孔或多个孔。

阶段 1 中，工件被安装到辊床上。阶段 2 中，剥离器和模具把工件夹紧固定。坚硬的冲头通过它，导致金属在冲头和冲模的圆周之间断裂。模具比冲头稍大，以允许由剪切过程引起的翻滚和毛刺。偏移量由材料的类型和厚度决定，范围从 0.25 mm 到 0.75 mm。因此，孔的侧面不会完全垂直于正面。

一旦切割，冲头即刻缩回，剥离器确保金属被移走。是冲孔材料还是周围材料是废料，取决于其采用的是冲压还是冲裁操作。在这两种情况下，废料都会被收集和回收。

专用模具由许多连接在一起的冲头组成。它们在冲床上同时作业。例如，在阿莱西的案例中，使用这些模具更容易实现复杂的形状。

→ 冲压阿莱西不锈钢开边圆托盘

这个案例研究展示了玛尔塔·桑索尼在 2000 年为阿莱西设计的不锈钢开边圆托盘（图 1）的生产阶段。

托盘是用不锈钢冲压而成的；边缘被修剪和去毛刺。该零件被涂上了一层油膜（图 2）。将托盘一次一个装入模具（图 3、4）。此处的设计将冲压操作分为两个阶段进行。在 150 吨压力机上，单次冲压切削太多。

产品首次打孔后（图 5、6），旋转 90°，再次打孔产生完整的图案（图 7、8）。

托盘从后面冲压，使毛刺出现在平坦的前表面上。这样，可以确保托盘能够被抛光到非常小的表面粗糙度。如果从前面冲压，孔的边缘会有小的撞击影响范围，不能抛光到如此高的水平。

最后将其从模具中取出并抛光（图 9）。

1

2

3

4

5

6

7

8

9

主要制造商

Alessi
www.alessi.com

→ 转塔冲压铝板

转塔冲床装有一系列匹配的冲头和冲模（图 1）。冲头上环绕的橙色部分是脱模器，可以确保冲头从工件上退回。

模组被装载到转塔中，并且它们的位置被编码到计算机引导软件中（图 2）。优化软件以确保所选择的打孔效果最佳。许多不同的模具可以用于单个零件，而且所有这些模具都预先装载到转塔中。更换时间可能很长，而且机器一直不工作，会造成亏损。

零件嵌套在同一张板材上，以尽量减少废品。这些零件的冲压操作不到 2 分钟（图 3）。金属板材在辊床上移动，转塔旋转为每次操作选择相应的模具。

每个循环都会产生一小块废料，废料会被吸入回收篮进行再次循环利用（图 4）。在冲裁操作中，这些金属片就是工件。许多如正方形和圆形的部分，都是直接来自冲压操作。月牙形的部分是通过步冲操作制造的，其中圆形冲头制成具有许多重叠切口的较大直径的孔。

检查和清理切出的部分（图 5）。接头保留坯料，直到它被进一步处理（图 6）。在这种情况下，金属坯料可通过折弯成型（148 页）形成围合状。

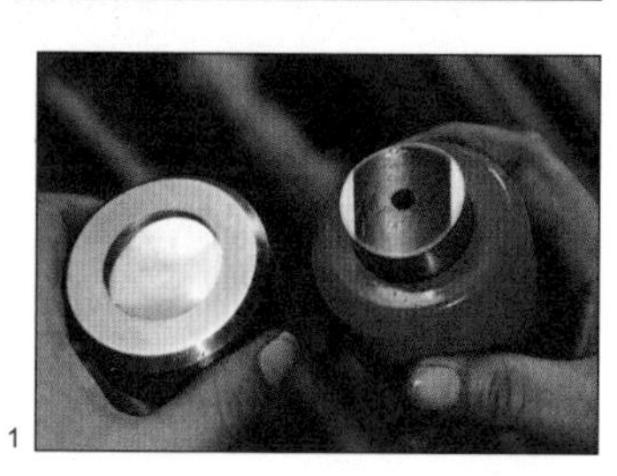
1

2

主要制造商

Cove Industries
www.cove-industries.co.uk

3

4

5

6

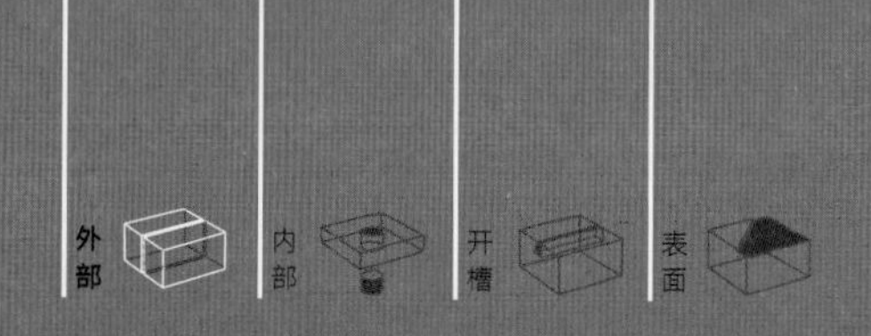

模切

通过模切，薄片材料可以在单次操作中被全切、半切、穿孔和刻画。这是一个快速的加工工艺，在包装行业中大量运用，用于大批量生产纸箱、纸盒和托盘。

加工成本	典型应用	适用性
• 模具成本低 • 单位成本低	• 包装 • 宣传材料 • 文具和标签	• 小批量至大批量生产
加工质量	**相关工艺**	**加工周期**
• 形成高品质的边缘	• 激光切割 • 冲压 • 水射流切割	• 加工周期非常短（每小时可达4000个）

工艺简介

这个工艺也被称为冲裁，是使用安装在木制模具上的钢刀在板材上切出形状。这与冲压（260页）相反，即通过类似的动作从工件上去除材料。

作为线性或旋转操作完成的模切是在大多数非金属片材（包括塑料、纸张、卡片、毛毡和泡沫）上切割复杂净成形的最具有成本效益的方式。它可以把多次操作合并为单次冲压操作。

每个钢刀的深度和形状决定了它是全切还是半切（其中顶层被切穿而支撑层保持完好），对材料进行刻画或穿孔。

典型应用

这种加工工艺主要用于包装行业。线条的数量和角度不会影响加工成本，因此它非常适合形状复杂、细节烦琐的包装系统。许多盒子、纸箱和托盘都是用这种方式制成的。

主要应用领域之一就是剪切标签，包括压敏标签和背胶标签。也应用于其他文具，如塑料和纸质文件夹、信封和宣传材料。照明产品生产也会使用模切。

由于其使用相对便宜的模具，这一工艺尤其适合不足 50 个的小批量加工。

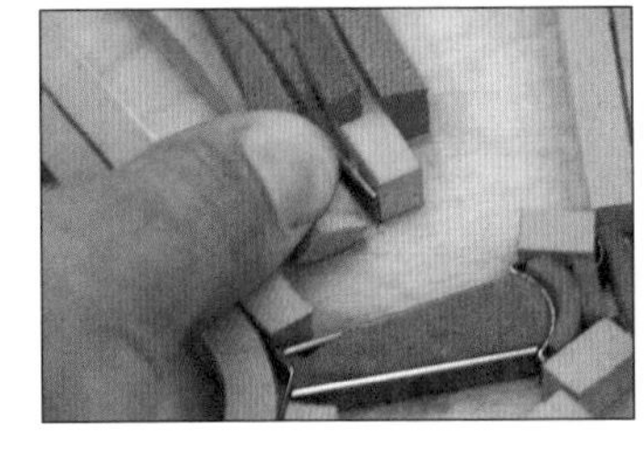

上图

这是用于 Libellule 灯（269 页）的刀模。

下右图

这些刀模是用来大批量生产纸板箱和托盘的。

下左图

围绕锋利刀片的泡沫垫会抵住切割或穿孔的材料。

相关工艺

模切是大多数非金属和非玻璃平板切割应用的首选工艺。金属薄片通过冲压、水射流切割（272 页）、激光切割（248 页）或简单地用剪床，可以被切割成相似的形状。平板玻璃通常采用玻璃切割（276 页）或水射流切割。

加工质量

在模切中使用的模具通常是用激光切割的，非常精确。钢刀磨损很缓慢，使用寿命长。切割的品质也非常高，还可以在大量切割的情况下重复使用。模切动作发生在锋利的切刀和钢切板之间，因此可以实现干净、准确的切割。刻画、半切和打孔同样精确，切割深度可精确到 50 μm。精度还取决于被冲切的材料，例如，波纹材料具有单向核心模式，因此可能会影响划痕弯曲。

有的材料不适合某些切割技术，尤其是半切。切割这类材料可能会导致周边出现光晕，或导致层压材料分层。只有通过测试，才能消除这种美学缺陷。

设计机遇

设计的复杂性不会影响模切的成本，这与包装行业的许多大批量生产工艺有所不同。因此，设计师可以自由地探索如封装、手柄和显示窗等包装领域中的创新结构，而不用担心成本的增加。

产品的尺寸也不会有很大的影响，因为多个小形状可以安装到同一个模具上，以最大限度地提高产量。切割床通常可以容纳最大尺寸为 1.5 m×2.5 m 的板材。

许多材料都可以被模切。这也就

技术说明

模切由三个主要部分组成：刀模、某侧的压力机和被切割的板材。

钢刀被安装在一个木模具中。刀槽通常是由激光切割而成的。如果刀片磨损，则可以很容易更换。钢刀穿过木模具，压在钢制的支撑板上。这样，确保了液压缸中产生的所有能量被引导到切割或刻画操作中。

切割所需的压力取决于材料的厚度和类型。有时也可以同时切割多种板材。一般来说，模切所需的压力在 50 ~ 150 kN 之间，但也有一些模切机能够承受 4000 kN 的压力。

在阶段 1，将板材装载到切割板上，该切割板上升后与刀模接触。在阶段 2，尖锐的刀模切穿了板材，而每个切刀两侧的泡沫材料和橡胶垫对板材施加压力，以防止其卡住。切割动作是即时的，每张板材在几秒钟内就被加工好了。但是，特别紧凑和复杂的几何形状会堵塞模具，在这种情况下，操作人员就需要手动移除材料。

当使用不同的工艺时，如打孔和压痕，通过在切割板上增加一个带肋的条带，可以对某些材料如瓦楞纸板和塑料进行刻画。用于刻画材料的刀模的类型取决于所需刻画的角度和深度。

模切工艺

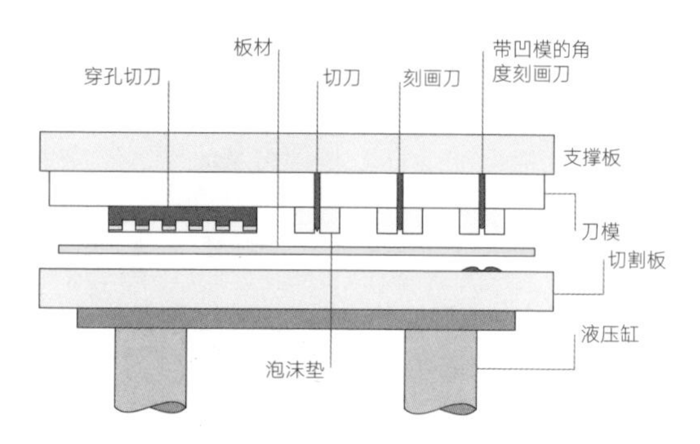

阶段 1：加载

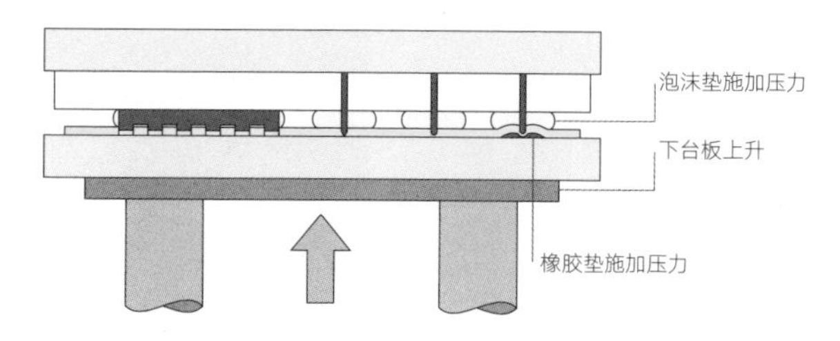

阶段 2：模切

是说，整个包装系统都可以用这种方式成型，包括卡圈和泡沫衬垫。

多个操作是同时进行的。材料可以被切割到特定的深度，精确到微米，如半切割可用于制作贴在背衬膜上的自粘标签。因为这些操作必须非常精确（在 50 μm 以内），所以需要更长的时间来进行设置，且需要熟练的操作者来操控模具。

用板材进行原型的加工通常成本较低。大多数切割操作是数控机床沿 x 轴和 y 轴进行切割，切割器是基于矢量的 CAD 数据被传输到沿 x 轴和 y 轴工作的切割头。使用同样的工艺还可以切割饰面（338 页）的面料压花和复合层压成型（206 页）的纤维增强材料。

设计注意事项

材料的类型将决定切割的厚度。加工形状、复杂程度、精细程度由刀模的生产来决定。刀片可以弯曲到半径为 5 mm。使用异形冲头可切出较小半径的孔。通过以相应的角度将两个刀模连接在一起，可产生急剧的弯曲。

刀片之间的间距限定为 5 mm；间距较小和材料弹出等都会成为问题。薄的部分应该扎厚，以尽量减少脱模问题。

通常，嵌套零件对于减少材料消耗、缩短周期、减少废料和降低成本至关重要。

适用材料

波纹塑料、塑料板、塑料薄膜、自粘薄膜、纸板、瓦楞纸、泡沫、橡胶、皮革、木皮、毛毡、纺织品、金属薄片、玻璃纤维和其他纤维增强材料、橡胶磁、软木、乙烯树脂和杜邦 ™ 特

模切 Libellule 吊灯

这个 Libellule 吊灯（图 1）由 Black & Blum 设计。由于该产品的订单量不足以适应完全的自动化生产，所以它是在手动模切机上生产的（图 2）。为了减轻重量并最大限度地提高生产效率，每片聚丙烯薄片上都会生成两个灯罩（图3）。

每个加工周期结束后都需要操作人员装载和卸载待裁切的片材（图 4），裁切后的裁片很容易从片材上取下（图 5、6）。裁片被取下后，片材成为废料（图 7）。

1

2

3

4

5

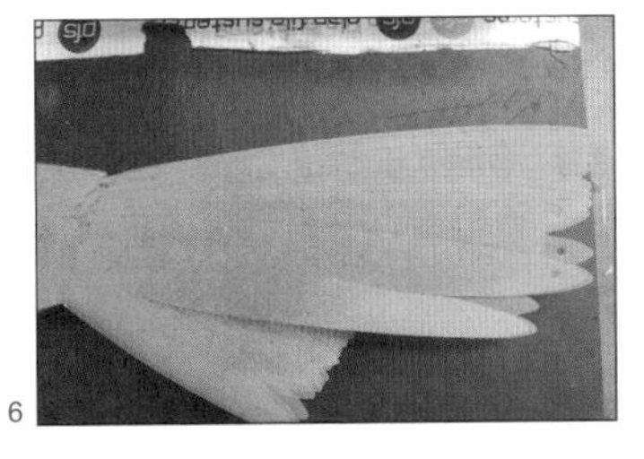

6

7

主要制造商

PFS Design & Packaging
www.pfs-design.co.uk

案例研究

→ 模切和装配一个勾底箱

这种勾底卡纸箱（图 1）产量非常大，其生产是完全自动化的。被称为“勾底”，是因为底部被粘在一起，以便在箱子打开时展开。

模切是制造纸箱最有效的方法，因为在打印和开槽机器上不能产生有角度的切割和刻画。在打印线的末端可以使用旋转刀具生产简单的盒子，也就是能够直角刻画和切割。但是，只要有一个角度需要刻画，就需要使用模切技术，勾底箱的底部正是如此。

这个生产过程需要大量的纸板，每小时需要进料 4000 次（图 2）。纸板在封闭的生产线上被冲切，然后送到折叠生产线（图 3）。整个过程非常单调而快速，就是站立着观看也容易打瞌睡。

杠杆、力臂、滚筒和胶水分配器组合工作，逐步组装出箱子（图 4 ~ 7）。成品箱从印刷机中出来，待黏合剂完全固化后，弄平整就可以准备运送了（图 8）。

这个特定的设置不是很难，大部分机器都是由计算机控制的。因此，只需点击一个按钮它们就进入下一个程序。但是，首次设置这个加工流程仍然是一项费时和需要高度技巧的工作。

1

2

卫强®等材料都适用于模切。

加工成本

模具成本低。模具通常是木制的，磨损非常缓慢。

周期很短。自动化系统每小时可以运行多达 4000 次。每次进料可生产 4 个或更多个零件，这意味着每小时可生产 16 000 个零件。

自动化系统的人工成本很低。手工生产仅限于小批量生产，价格稍高，但操作快速，无须调整或维护。由于故障停机，自动和手动操作中重新设置调试可能会很昂贵。

环境影响

模切会产生边料。但是，当这些形状嵌套在同一板材上时，就可以使切割废料降至最少。材料供应商会回收大多数切割废料。在某些情况下，切割废料也可以由制造商自行回收，例如卡伦包装公司就是使用切割废料作为纸板包装的生产原料（204 页）。

3

4

5

6

7

8

主要制造商

Cullen Packaging
www.cullen.co.uk

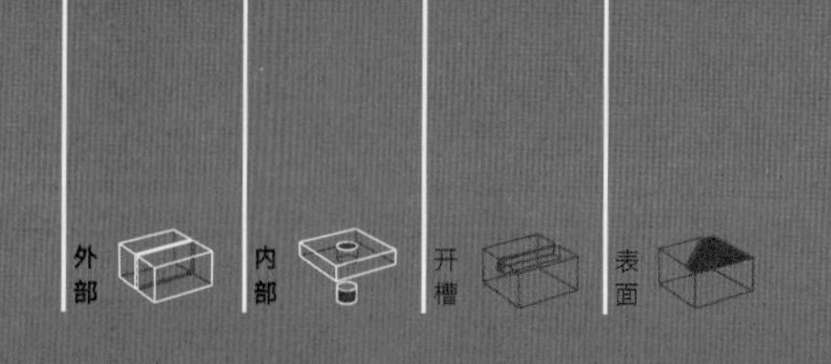

水射流切割

通常与磨料混合的高压水射流能够产生切割作用。它几乎能够切割所有的片状材料，从软泡沫到钛，并且能够切割厚达 60 mm 的不锈钢。

加工成本	典型应用	适用性
• 无模具成本 • 单位成本适中	• 航空航天零件 • 汽车 • 科学仪器	• 单件至中批量生产
加工质量	**相关工艺**	**加工周期**
• 高品质	• 模切 • 激光切割 • 冲压和冲裁	• 周期时间适中，取决于材料的类型和厚度

工艺简介

这是一种冷切板材的通用工艺。自 20 世纪 70 年代以来，一直用于商业化的工业应用领域，而且发展迅速。它使用纯水切割或磨料水射流切割。纯水切割使用的是高达 400 MPa 的压力下的高速水射流。水以超音速喷射侵蚀材料，并产生切割作用。在磨料水射流切割中，尖锐材料的小颗粒悬浮在水的高速射流中，以辅助硬质材料的切割。在这种情况下，切割动作由磨粒执行，而不是水。两者都非常精确，工作的容差小于 500 μm。

典型应用

水射流切割工艺的应用多种多样。与大多数新技术一样，早期主要用于航空航天和先进的汽车行业。但是现在，许多工厂都已经有这种工艺了，而且该工艺已经是这些工厂的重要组成部分。具体的应用有切割科学设备中的复杂玻璃型材、航空航天领域中的钛和赛车用的碳增强型塑料。

相关工艺

由于加工材料的多样性，该工艺与多种加工操作都会形成竞争。激光切割（248 页）、模切（266 页）、冲压和冲裁（260 页）和玻璃切割（276页)都是切割板材的替代方法。激光切割适用于多种材料，但会产生热影响区。模切与冲压和冲裁用于切割各种薄的板材。玻璃切割只适用于薄的材料。

加工质量

水射流技术的主要优点之一是冷加工，因此不会产生对金属最为关键的热影响区。这也意味着沿着切割边缘不会产生变色，还可以用这种方法切割预先印制或涂覆的材料。

纯水射流切割比磨料系统更洁净。在这两种切割操作中，模具和工件之间没有接触，不会产生边缘变形。然而，由于水在深层材料中的流动减慢，压力减小，会产生更粗糙的表面。若减慢加工速度以适应难以加工的材料，会延长加工周期。

设计机遇

这种工艺能够将大部分板材切割成 0.5 ~ 100 mm 厚。材料的硬度将决定最大的切割厚度。例如，切割 100 mm 厚的聚合物泡沫时，阻力很小，但对于最大厚度 60 mm 的不锈钢，加工周期就相当长。从单件到中批量生产都可以承受，因为不存在模具成本。另外，工件的尺寸也不会明显增加成本。因此，水射流切割工艺

磨料水射流工艺

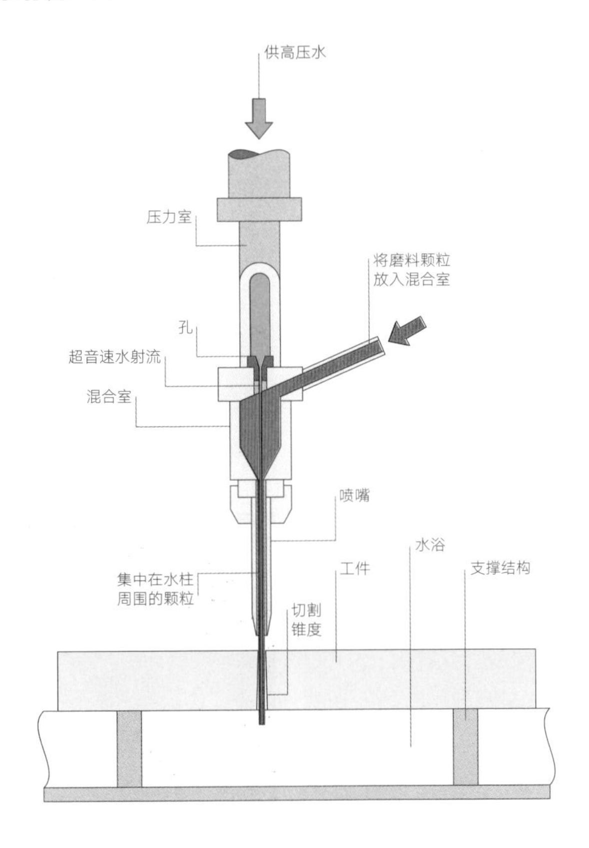

是原型生产和实验性生产的理想选择。材料可以被更换、测试，而不会增加启动成本，因为影响成本的主要因素还是时间。

内外部轮廓可以在同一次操作中切割出来。不需要入口孔，除非材料可能被分层或撞击。该过程不会在工件上产生应力，因此可以加工出小而复杂的轮廓。

设计注意事项

缩短加工周期可以降低喷水过程的成本。尖角和太小的半径会减慢加工速度；喷水刀会慢下来，以避免阻力，这无意中增加了曲线上的切割锥度。另外，会钻出直径小于材料深度的孔。

磨料水射流切割中使用的尖锐颗粒大小与砂纸（120、80 和 50 目）相似。不同的砂粒大小会影响表面粗糙度；细砂粒（大量）的话，加工周期长并产生更小的表面粗糙度。

零件的最终精度由多种因素决定，包括材料稳定性、厚度和硬度，切割床的精度，水压的一致性和切割的加工周期。

由于未切割材料上方零件的重量，在切割过程完成之前，过于轻薄的材料可能会断裂。可以设计接头来避免这种情况，或者插入楔子来支撑零件。接头只是辅助操作，之后必须将其去除。

技术说明

这只是生产水射流切割所需设备的一小部分。在非常高的压力下，自来水从泵和增强器的组合中被供给到切割喷嘴。在压力室中，水压达到 400 MPa。在这个高压下，磨料被迫通过“孔”（直径为 0.1 ~ 0.25 mm）中的小孔。磨料有时也被称为宝石，因为它是由钻石、蓝宝石或红宝石制成的。

在磨料水射流切割中，尖锐的矿物颗粒（通常是石榴石）被送入混合室，并与超音速水接触，从而以非常高的加工速度推向工件。磨粒与水形成了直径 1 mm 的水流束，从而具有切割作用。通过降低切割加工速度或增加水压可以减少切割过程中留下的锥度。相同的技术将减少阻力和其他切削缺陷，尤其是内外径上的问题。

这个过程和纯水射流切割的区别在于添加了磨料颗粒。没有矿物颗粒的，就只有水侵蚀工件。

高速水射流经由工件下方的水浴消散。水是不断筛分、清洁和回收的。

案例研究

→ 水射流切割玻璃

水刀切割机是数控机床，每一个操作都是用 CAD 文件对机器进行编程（图 1）。从 25 mm 的平板玻璃上切割一圆片。切割喷嘴在工件周围缓慢前进以实现干净的切割动作。随着切割的推进，操作人员在切割时插入楔子以支撑零件（图 2）。这幅图清晰地显示了高速喷射水在侵蚀材料时的阻力。切割过程越快，阻力和随后质量下降的影响就越大。

在切割结束后，小心地将零件取出。切割程序的设计确保了完美对称的圆片（图 3）。将圆片放在抛光盘上，对水射流切割工艺形成的表面（图 4）进行抛光（图 5）。最后，在切边上磨一个小倒角即可（图 6）。

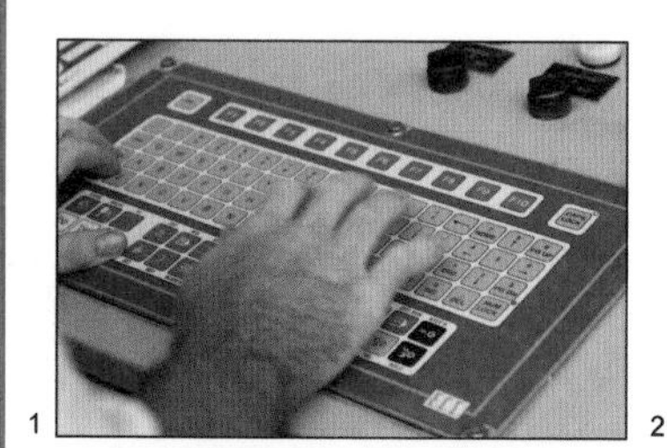
1

2

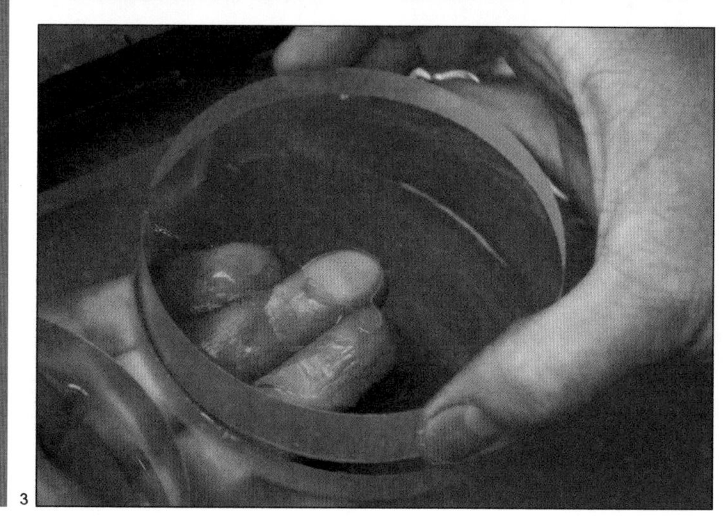
3

适用材料

几乎所有的材料都可以使用这种方法进行切割。过去水射流切割是为了加工木材而开发的。尽管现在已经很少用这种方法切割木材了，但是这种方法对于切割木材和其他天然材料而言，依然可行。

低碳钢、不锈钢和工具钢都可以高精度切割。钛、铝、铜和黄铜适用于复杂的型材，而且与其他切割技术相比，使用水射流切割工艺可以快速切割。

即使是大理石、陶瓷、玻璃和石材等很脆的材料，仍然可以用这种方法切成复杂的形状。

这种方法对切割层压板和复合材料（包括碳纤维增强材料）非常有效。在压力切削条件下，层压零件倾向于分层，而水射流切割工艺不会引起这些问题。

即使是印刷和涂层材料也可以切割，而且不会对其表面造成任何有害影响。

加工成本

无模具成本。

加工周期可能非常长，具体长短取决于材料的厚度和切割的质量。很薄的材料可以嵌套起来，在单次操作中切割，以减少加工时间。

劳动力成本适中，因为需要熟练的劳动力。

环境影响

切口狭窄，因此在操作过程中，很少会浪费材料。大多数材料的切料可以回收或再利用。计算机软件通过将零件嵌套在一起来提高效率，减少浪费。水射流切割不会产生热影响区

4

5

6

或变形，因此这些零件可以相对紧密地嵌套，间隔仅 2 mm 即可。

在此过程中不会产生有害物质或危险的蒸汽。通常从主水源上取水，并进行清洁和回收以供连续使用。

主要制造商

Instrument Glasses
www.instrument-glasses.co.uk

切削工艺

玻璃切割

这是一种切割平板玻璃材料的精确方法。切割轮从 CAD 文件中获得指令，沿 x 轴和 y 轴高速运转，以单件或大批量生产零件。

加工成本	典型应用	适用性
• 无模具成本 • 单位成本低	• 家具 • 玻璃窗格和瓷砖 • 彩色玻璃	• 单件至大批量生产
加工质量	**相关工艺**	**加工周期**
• 高质量的切边，但有一些横向裂纹	• 激光切割 • 水射流切割	• 加工周期短（约 100 m/min）

工艺简介

玻璃切割是应用最广泛的技术，用于厚度从 0.5 到 20 mm 不等的平板玻璃成型和按尺寸切割。既可以用于工业，也可以用于装饰领域：制造商和工匠都使用这种工艺来进行一般的薄板切割操作。

它在计算机引导的二维绘图仪上进行，是一种高速且精确的切割技术。手持划线工具也被广泛使用，尤其是对于简单的、长而直的切割。

玻璃切割工艺

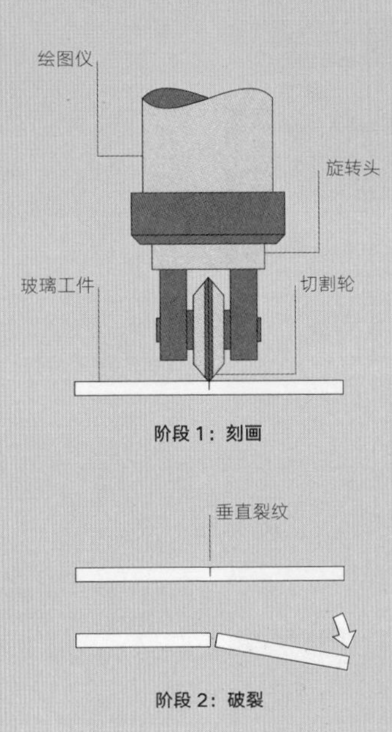

阶段 1：刻画

阶段 2：破裂

技术说明

玻璃切割可通过手工或在计算机引导的二维绘图仪上进行。图示为计算机引导的切割。

硬质合金切割轮附着在旋转头上。当切割轮穿过玻璃表面时，施加低压力给切割轮。这会在切割轮前方形成裂纹。这种裂纹被称为垂直裂纹，通常深度小于 1 mm。

一旦操作完成，从切割床上移除玻璃板。对玻璃施加压力迫使浅裂纹在其深度方向上延伸，使零件脱离玻璃板。这种方法产生了高质量的切边。由切割轮引起的垂直裂纹与这种破裂纹理（左页图）是不同的。

典型应用

显示屏、桌面、镜头、过滤器、防护玻璃罩和玻璃标牌等，这些只是用这种方法制造的诸多产品中的一小部分。

玻璃切割是实现彩色玻璃设计的主要裁切技术。

相关工艺

水射流切割（272 页）和激光切割（248 页）也可以用于切割平板玻璃材料。对于简单的外部轮廓，它们的加工周期都比较长，但能够切割各种不同厚度的材料。玻璃切割适用于厚度不超过 20 mm 的材料。相比之下，水射流切割能够加工厚达 70 mm 的玻璃片。激光切割在切割边缘会产生非常小的表面粗糙度，与其他切割方法相比，加工缺陷更少。

加工质量

玻璃切割技术能够产生干净的切口。但是，如果切割边缘会在使用中暴露出来，则应该抛光。

设计机遇

对设计者而言，这种切割技术的主要优点是加工周期短和通用性。设计可以是原型手绘、尺规绘图或大致轮廓。在生产中，由计算机控制切割轮，将所设计的轮廓切割下来。

薄的材料可以切割为较小的形状。例如，直径小于 5 mm 的圆盘是可行的。

设计注意事项

这种工艺受限于能从玻璃板上切割下来的形状。它可以切割任意长度的简单的直线或曲线，但不能制作内部形状，只能用于外部轮廓。

每次切割必须是从边缘到边缘，或是连续的形状。因此，这种工艺是切割圆盘、矩形和简单的不规则形状的理想选择。但是，轮廓上有凹痕的设计，如月牙形，是不容易制作的。此外，锐角和复杂的形状也不切实际，因为不能把它们从板材中分离出来。

适用材料

所有类型的平板玻璃都可以切割，如浮法玻璃、压花玻璃、有色玻璃、玻璃镜子和二向色玻璃。

加工成本

整个加工工艺无模具成本。

加工周期短，切割加工速度通常为 100 m/min。

采用自动化操作的，劳动力成本较低，而手工加工（如彩色玻璃）的，劳动力成本较高。

环境影响

在这个操作中玻璃不会被浪费：所有的边角料都可回收利用。这是一个对环境影响非常小的过程，运行中仅需要很少的能量。

与水射流切割不同，这个过程不会消除材料的切口宽度。因此，零件可以更紧密地嵌套在一起，进一步减少材料消耗。

1

2

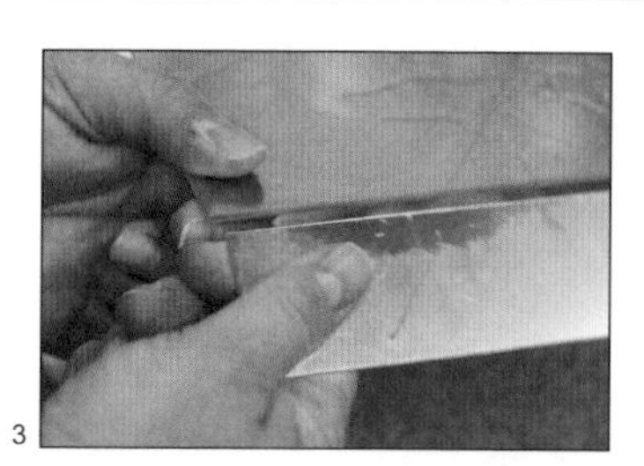

3

案例研究

→ 玻璃切割二向色透镜

在计算机导向的二维绘图仪上切出圆盘。切割之前在切割轮和玻璃上喷射少量的润滑剂（图 1）。

在碳化钨切割轮下形成了一个小的垂直裂纹（图 2）。根据材料的厚度调整施加给切割刀具的压力大小。例如，20 mm 厚的玻璃需要相当高的压力来形成足够大的垂直裂纹，以使切割形状能够在之后被分离、去除。此时裂纹很浅。施加小的压力使裂纹再次“运行”。若有直的边缘，可以手动分离（图 3）。

使用钳子可以使圆形和其他形状的切割部分从玻璃上分离出来（图 4）。玻璃沿着裂缝断裂，形成所需的形状。可以看到由切割轮引起的浅裂纹（图 5）。玻璃切割工艺会导致少量的横向开裂。为了给观者一种合适的比例感，这个样品仅有 3 mm 厚。

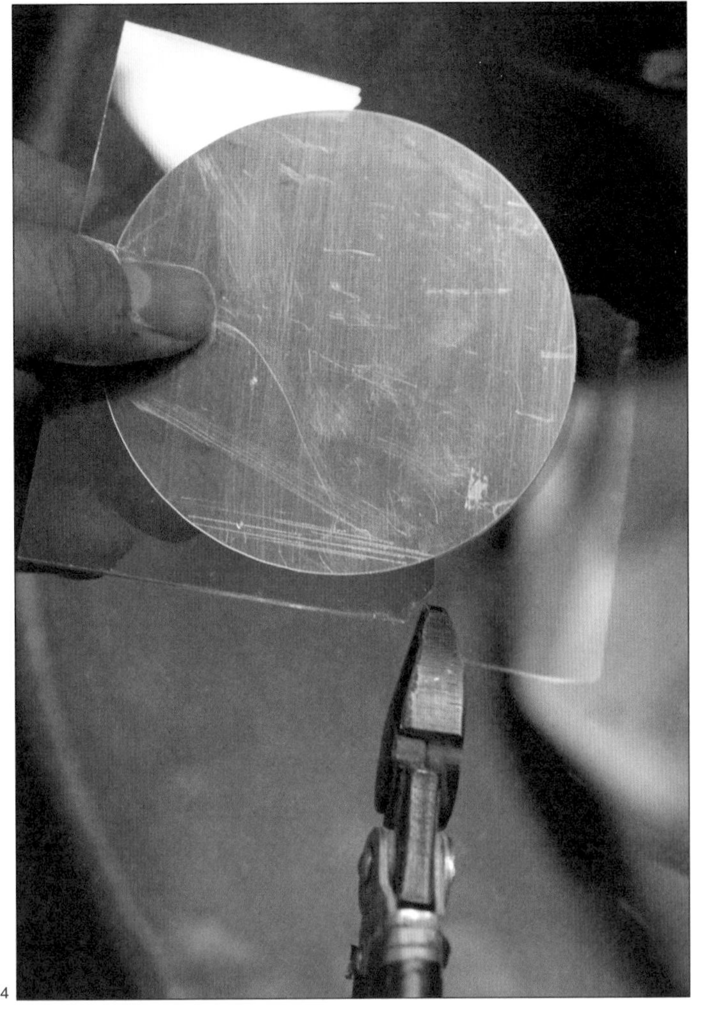

4

5

主要制造商

Instrument Glasses
www.instrument-glasses.co.uk

3

连接工艺

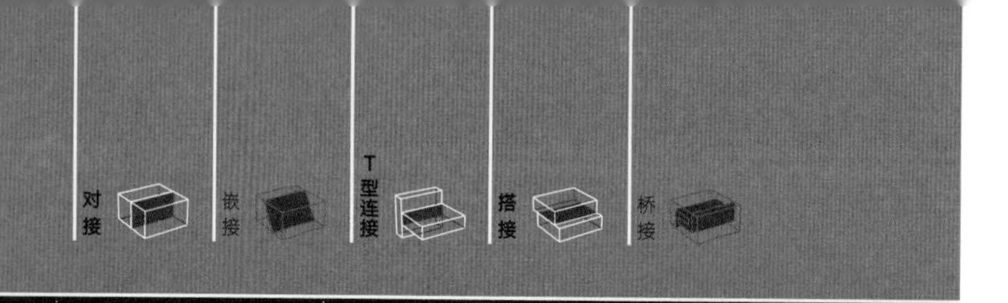

电弧焊

电弧焊包括一系列的溶焊工艺。这些工艺因为靠工件和电极之间形成的电弧来产生热量，所以只能用于连接金属。

加工成本	典型应用	适用性
• 无模具成本 • 单位成本低	• 容器 • 制造业 • 建筑业	• 单件至大批量生产
加工质量	**相关工艺**	**加工周期**
• 高品质	• 摩擦焊 • 高能束流焊 • 电阻焊	• 加工周期可长可短

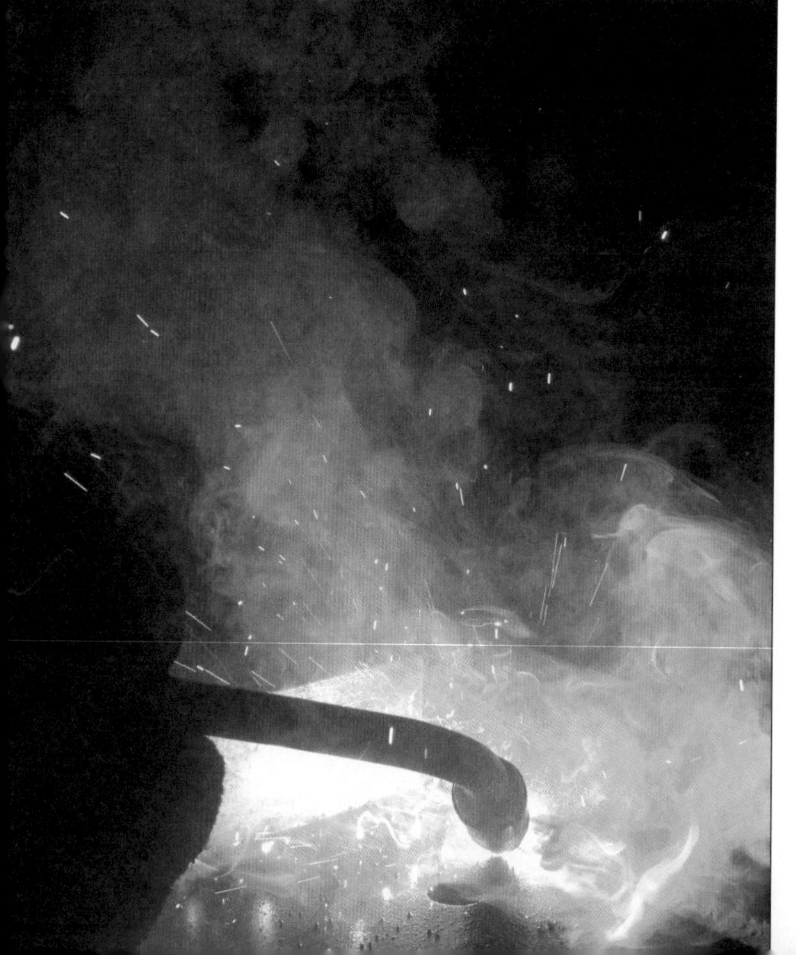

工艺简介

电弧焊最常见的类型有焊条电弧焊（MMA）、熔化极稀有气体保护电弧焊（MIG）和钨极稀有气体保护焊（TIG）。这些焊接工艺在美国分别被称为手工电弧焊（SMAW）、金属极气体保护电弧焊（GMAW）和钨极氩弧焊（GTAW）。电弧焊还包括埋弧焊（SAW）和等离子焊（PW）。

接合面和电极（在某些情况下）熔化形成熔池，熔池快速凝固形成焊缝金属的焊缝。保护气体和熔渣层（在某些情况下）可保护熔化的熔池金属不被氧化，以利于形成“无损”的连接。

MMA、MIG 和 TIG 都可以手工操作。PW 和 SAW 由于设备体积大且复杂，更适用于机械系统操作。但是，有一种微型等离子焊的变体适用于手工操作。MIG 采用连续进给自耗电极和单独的保护气体，因此同样非常适用于自动化操作。TIG 仅适用于特定的自动化应用，如管道的轨道焊接。

典型应用

电弧焊是制造工艺的重要组成部分，广泛应用于金属加工业。不同的焊接工艺适用于不同的应用，由加工数量、材料的类型和厚度、加工周期和位置决定。

在这些焊接工艺当中，MMA 需要相对较少的设备，是最轻便的工

焊条电弧焊工艺

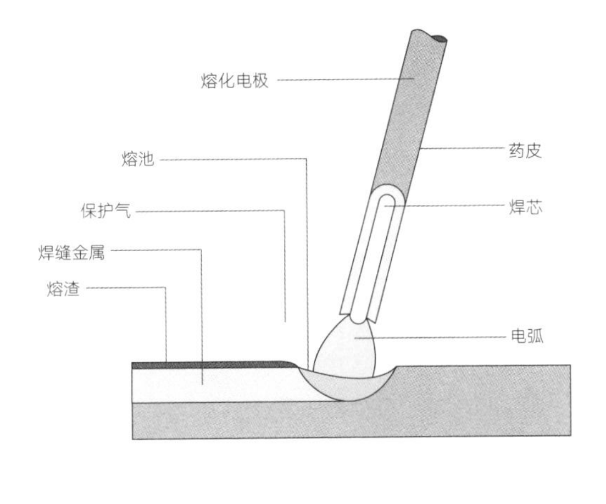

上左图

使用 MMA 工艺焊接的钢接头。

下左图

MMA 工艺使用的药皮电焊条。

上中图

操作者使用 MMA 焊接钢板。

上右图

在工件和药皮电焊条之间形成的电弧。

下中图

使用 MMA 工艺焊接钢管。

技术说明

焊条电弧焊也被称作手工电弧焊，从 19 世纪后期开始使用，但在最近的 60 年里取得了重大发展。现代的焊接技术使用药皮电焊条作为电极，在焊接过程中药皮（助焊剂）熔化形成保护气体和熔渣。采用几种不同类型的助焊剂和电极，它们起到提高焊接通用性和质量的作用。

MMA 产生很短的焊缝后就需要更换电极。更换焊条需要消耗时间，同时由于温度不均匀会在焊缝处产生应力。在下一个焊道产生之前，焊道顶部形成的熔渣必须除去。该工艺不适合自动化和大批量生产。焊缝的品质在很大程度上取决于操作者的技术水平。

主要制造商

TWI
www.twi.co.uk

技术说明

熔化极稀有气体保护电弧焊也被称为半自动焊，与 MMA 的原理相同，通过电极和工件间产生的电弧形成焊缝，并由稀有气体保护。两者的区别是 MIG 通过线轴连续进给焊丝，且保护气体是分开输送的。因此相对于 MMA，MIG 具有较高的生产效率，更灵活，更适合自动化生产。

保护气体有助于电弧等离子体的形成，稳定工件上的电弧，并促进熔化的焊丝从熔滴过渡到熔池中。保护气体一般是氩气、氧气和二氧化碳的混合物。当其中有二氧化碳或氧气时，MIG 也被称作活性气体保护电弧焊(MAG)。有色金属需要惰性的氩气与氦气的混合气体。

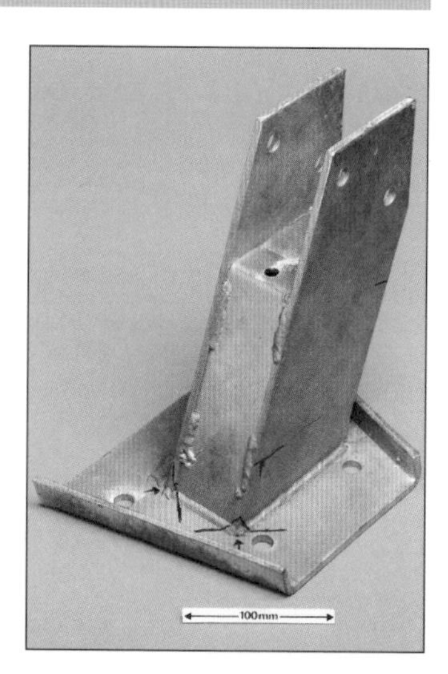

主要制造商

TWI
www.twi.co.uk

熔化极稀有气体保护电弧焊工艺

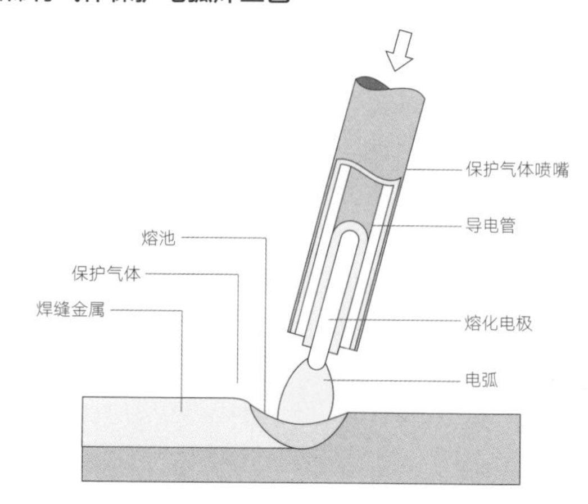

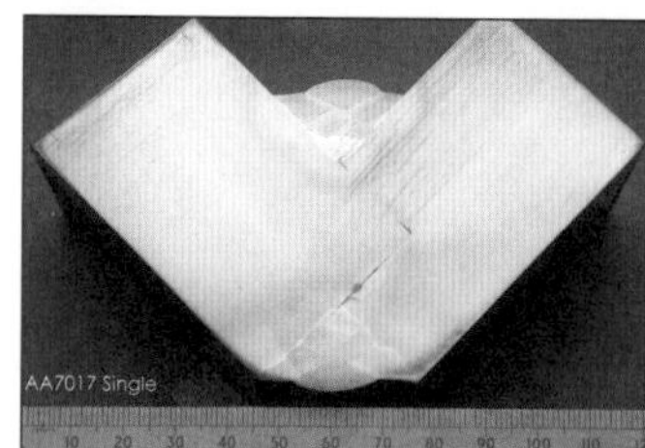

上右图

操作者正在使用 MIG 工艺焊接密封钢管端部。

下右图

使用 MIG 工艺焊接的搭接接头的横截面。

左图

使用 MIG 工艺焊接的 T 型接头实例。

右页图

MIG 的电极，在焊接时也用作焊丝。

艺。该工艺大量应用于建筑工业和其他现场应用，如修理工作。经过改进的 MMA 技术可以用于湿法水下焊接管道，以及其他海上结构的焊接。

MIG 大约占了所有焊接操作的一半，在许多工业领域得到应用。它因焊接快速，能产生清洁的焊缝而被广泛应用于汽车装配。

TIG 以其品质和较长的焊接加工周期，非常适合高精度和高要求的应用。该工艺可以手工焊接或者全自动焊接。

PW 有三种主要类型，并各有不同的应用。微束等离子焊适用于薄片

和网状材料。中电流等离子焊是传统TIG的替代工艺；设备更笨重，但焊缝熔透力更强。小孔型等离子焊具有熔透性高、焊接加工周期短等优点，这意味着它适用于厚达10 mm的板材。

由于SAW的特性，它只适用于水平位置焊接。

相关工艺

最新的熔焊技术包括激光束焊和电子束焊（288页），成为传统焊接工艺的替代工艺，特别是对于需要深熔透的较厚的材料。

其他的焊接工艺，如摩擦焊（294页）、电阻焊（308页）和气焊，是某些应用的替代工艺。胶粘技术正变得越来越先进，没有热影响区，而且连接强度更高，这有时是更好的选择。

加工质量

手工电弧焊的质量在很大程度上取决于操作者的技术水平。MMA、MIG和TIG可以形成精密、干净的焊缝。

自动化焊接产生的接头最干净、最精密。在铝合金金属船甲板上可以看到MIG产生的整洁和连续的焊缝。钢甲板采用SAW。

设计机遇

这些工艺不仅适用于零件的小批量到大批量生产，而且不需要较高的模具成本就可以实现复杂的金属装配。结合气焊、等离子焊和激光切割（248页）等成型技术，可用焊接制造精密的原型。MMA对快速制造钢结构尤其有利，而TIG则可用于制造复杂精密的金属预制件。MMA、MIG和TIG焊接的设备可用于水平、垂直和倒立的位置，使得这些工艺适合手工操作。

设计注意事项

焊接是一个需要眼睛配合的工艺。因此，零件设计需要方便焊接工人或者焊接机器人可以接近焊接接头。焊接接头的几何形状会影响焊接加工周期。熔敷速度和负载持续率（平均每小时焊接量，包括设置、冷却、固定等）被用作衡量工艺效率的指标。

熔敷速度，是指在熔焊过程中，单位时间内熔敷在焊件上的金属量，以kg/h计算。负载持续率是一个百分比，是指设备能够满负荷工作时间的比率。MMA的熔敷速度大约是2 kg/h，负载持续率15% ~ 30%。TIG的熔敷速度大约是0.5 kg/h，负载持续率15% ~ 20%。MIG的熔敷速度大约是4 kg/h，负载持续率20% ~ 40%。SAW的熔敷速度大约是12.5 kg/h，负载持续率50% ~ 90%。

某些金属，例如钛，只能与相同的金属焊接。相比之下，碳钢可以和不锈钢或镍合金焊接，铝合金可以和镁合金焊接。

MIG只能焊接厚度从1 mm到5 mm的材料。PW可适合最大范围的材料，厚度可从0.1 mm到10 mm。

和所有的金属热加工工艺一样，电弧焊接会产生热影响区。所有的焊接都会在焊缝热影响区周围产生残余应力。这些问题是由内部结构变化引起的。残余应力会使材料性能发生变化并容易开裂。

所有这些工艺的工件都需要接地回流到电源，以使电流通过电极并与熔池形成电弧。无论以何种方式涂覆金属工件，都将使金属绝缘，导致焊接困难或者无法进行。同时，如组件和构件可能包含其他元素，将可能被电流破坏，因此，金属触点需安装到焊缝区附近，以创建一条电阻最小的路径，避开组件中易损坏零件，这十分重要。

适用材料

MMA通常局限于钢、铁和镍合金，也有用于焊接铜合金的焊条（电极）。MIG、TIG、PW和SAW可用

钨极稀有气体保护焊工艺

可选的钎料
焊缝金属
气体喷嘴
钨极
保护气体
电弧

NWA2 - (ii)

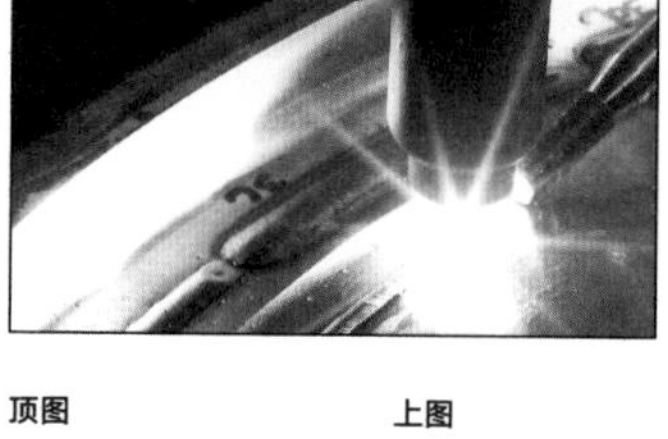

顶图
TIG 焊接的对接接头细节。

上图
正在进行 TIG 操作。

中图
钨电极与工件之间形成电弧，钎料熔化到熔池中。

下图
使用 TIG 焊接金属管。

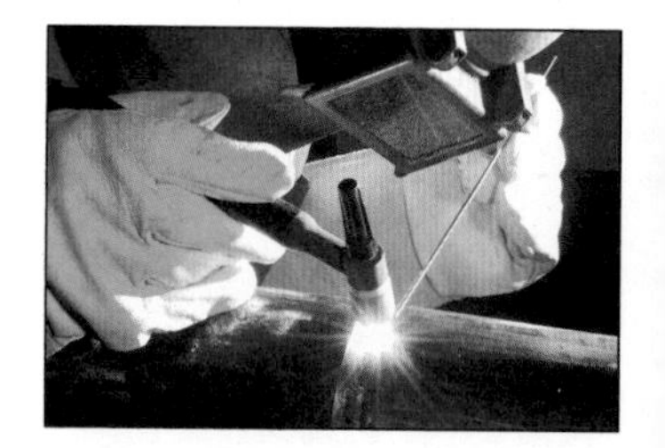

技术说明

钨极稀有气体保护焊是一种精密和高品质的焊接工艺，是加工薄片材料和精密复杂工件的理想工艺。它与其他焊接工艺的主要区别是：TIG 不使用自耗电极；相反，它有一个尖状的钨电极。熔池受到保护气体的保护，钎料可以用来增加熔敷速度，用于较厚的材料。

保护气体通常是氦气、氩气或两者的混合气体。最常用的是氩气，用于 TIG 焊接钢、铝和钛。可以加入少量的氢气以使焊缝表面氧化少、更清洁。氢使电弧燃烧得更热，从而加快焊接速度。然而，它也会增加焊接气孔。氦气比较贵，但有助于电弧燃烧得更热，从而有利于提高生产率。

于黑色和有色金属。

TIG 广泛用于碳钢、不锈钢和铝的焊接，是焊接钛的主要工艺。MIG 通常用于焊接钢、铝和镁。

某些 PW 技术可以用在很薄的薄片、金属网和金属网布上。

加工成本

除非要求使用特殊夹具外，没有模具成本。由于需要频繁更换电极，MMA 的周期较长。MIG 焊接迅速，特别是在进行自动化生产时。TIG 处于两者之间。

由于手工操作需要一定的技能水平，手工操作的人工成本较高。有些自动化工艺几乎不需要人参与，大幅降低了人工成本。

环境影响

焊接过程中持续的电流会产生大量的热量。由于隔热性很差，这种工艺的热效能相对较低。SAW 的电弧隔绝在焊剂层里面，热效率是 60%，相比之下，MMA 的热效率是 25%。该工艺产生的废料很少，但必须移除熔渣。

主要制造商

TWI
www.twi.co.uk

技术说明

等离子焊与 TIG 非常类似，这意味着这个工艺是多用途的，一道焊道就能够焊接从丝网和薄片材直到厚材料的所有物品。

PW 有三种主要的类型，分别是微束等离子焊、中电流等离子焊和小孔型等离子焊。微束等离子焊是以相对较低的电流进行操作，因此可适用于厚度为 0.1 mm 的薄材料和丝网。中电流等离子焊可直接替代 TIG，但熔深更深。小孔型等离子焊接由于功率大、直径小、易于实现，等离子体的温度估计在 3000 ~ 6000 ℃之间，这使得一道焊道就能够穿透厚度达 6 mm 的材料。

等离子焊工艺

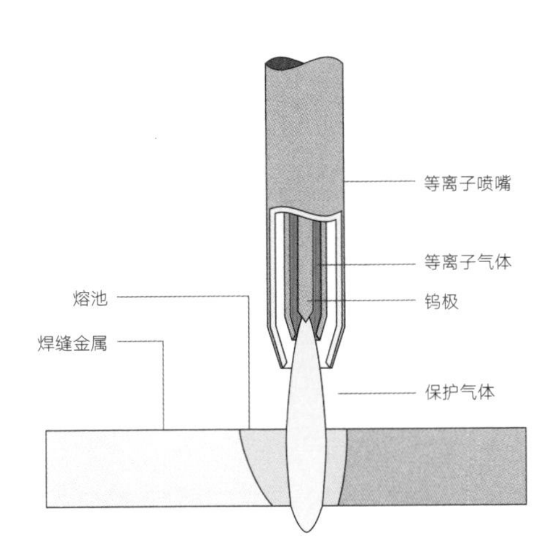

技术说明

埋弧焊和 MIG 一样，通过被连续送进的焊条和工件之间产生的电弧形成焊缝。然而，埋弧焊不需要保护气体，因为焊条被覆盖在从料斗送入到焊缝的一层焊剂里面。覆盖电弧具有许多好处，包括：无弧光辐射，焊接区无飞溅，以及没有热量损失。

当焊枪沿着接头通过时，焊剂铺撒在电弧的前方，未被熔化的焊剂在电弧后面被回收。这是一个复杂的操作，焊接过程中熔池是不可见的，因此它一般是机械化操作。焊剂会影响熔深和熔敷速度，因此，工件必须是水平的，才能保持焊剂层。然而，搭接、对接和 T 型接头都是可行并经常使用到的。

埋弧焊工艺

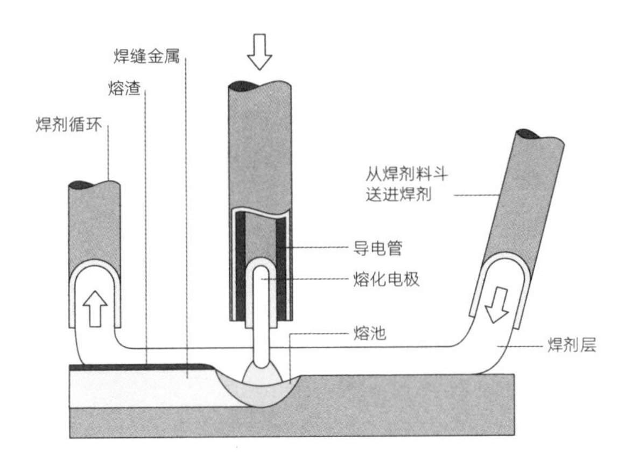

埋弧焊采用固体焊剂，固体焊剂使埋弧焊工艺只能在水平接头，包括搭接、对接和 T 型接头中使用。

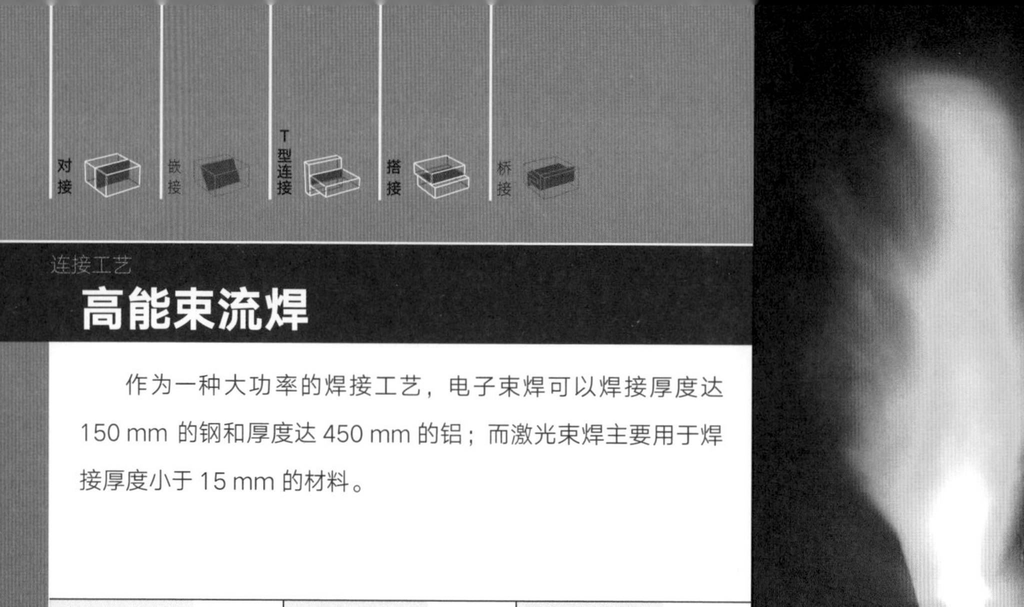

连接工艺

高能束流焊

作为一种大功率的焊接工艺，电子束焊可以焊接厚度达150 mm 的钢和厚度达450 mm 的铝；而激光束焊主要用于焊接厚度小于15 mm 的材料。

加工成本	典型应用	适用性
• 无模具成本 • 设备成本非常高 • 单件成本高	• 航空与航天工业 • 汽车工业 • 建筑工业	• 专门应用至大批量生产
加工质量	**相关工艺**	**加工周期**
• 接头强度高	• 电弧焊 • 超声波焊	• 周期短

工艺简介

像电弧焊一样，高能束流焊通过加热使接合面的材料熔化，接合面的材料熔化后凝固成高度完整的焊缝。与其他焊接工艺的区别是，高能束流焊工艺不需要通过焊条和工件之间形成的电弧来产生热。高能束流焊是利用汇聚的电子流能量产生热。

激光束焊和电子束焊技术能够在工件上形成一个小孔，通过小孔将热传递深入或者穿过接头。事实上，这种加工能力意味着可以用它们来切割材料、加工材料和给材料钻孔，以及将材料焊接在一起。

激光产生光波，而光波汇聚产生的功率密度大于100 W/mm^2。在此功率密度下，大多数工程材料会熔化或汽化，因此激光束焊（LBW）适合焊接一系列材料，包括厚度从1 mm 到15 mm 的大多数金属和热塑性塑料。有许多不同类型的激光技术，包括 CO_2 激光、直接二极管激光和 Nd:YAG 激光，还有 Yb 薄片状激光和 Yb 光纤激光。除了用于焊接，激光也用于切割和雕刻（参见激光切割，248 页）和粉末熔层技术（参见快速成型，232 页）。

电子束在高真空的环境中产生。将发射体（阴极）加热到2000 ℃以上，电子被激发，对于普通的工业电子束枪，速度高达光速的三分之二。高速电子轰击工件表面，立即引起工件发热并熔化，甚至汽化。汇聚的高速电子流在局部位置产生的功率密度高达30 000 W/mm^2。因此，根据材料不同，电子束焊（EBW）能在厚度为0.1 ~ 450 mm 的材料上产生快速、清洁、精密的焊缝。

典型应用

激光束焊在工业领域具有广泛应用，包括铝制车架（例如奥迪A2）、建筑、造船和机身结构。20世纪70年代以来，它已经运用到塑料行业，用于连接汽车、包装和医疗行业中的热塑性胶片、注塑件、纺织品、透明零件。

电子束焊发展于20世纪60年代。多年前，日本已经用电子束焊焊接重型海上设备和地下管道。电子束焊具有穿透厚材料的能力，使得它成为核工业和建筑业的理想工艺。

相关工艺

虽然电子束焊和激光束焊是专门的工艺，但它们正逐渐广泛应用于要求仅用一条焊道连接的零件，这在以前几乎是不可能实现的。

在这个领域没有能与它们竞争的

工艺。然而，可以用电弧焊（282 页）替代高能束流焊来焊接薄板材料。可以使用超声波焊（302 页）替代激光束焊来焊接塑料。

激光束焊可以通过结合电弧焊增加生产的机会。例如，大型结构经常有不可避免的变化的接缝间隙。除非精确排列的接头能与激光束或电子束精确地对准，否则高能束流焊技术不适用。因此，开发了适合造船工业的激光束、电子束和激光电弧混合技术。这样，可以适应接头间隙的变化。高功率激光束焊与多用途的 MIG 组合，提高了接头质量和生产效率。

加工质量

激光束焊和电子束焊工艺均能快速形成均匀和完整性高的焊缝。它们具有优异的熔透性能，因此焊接热影响区比电弧焊的小。高能束流焊的主要优点是能够形成深而窄的焊缝。然而，这意味着熔体区和母材之间存在巨大的温度差，会导致某些金属，特别是高碳钢，产生开裂和其他问题。

在塑料中，激光束焊能产生质量非常高的接头。在搭接的结构中，激光穿透上部的零件，仅影响接合面，绝对不会在任何一个表面留下工艺痕迹。

设计机遇

高能束流焊有许多优点，如提高生产效率，热影响区狭窄和变形小。

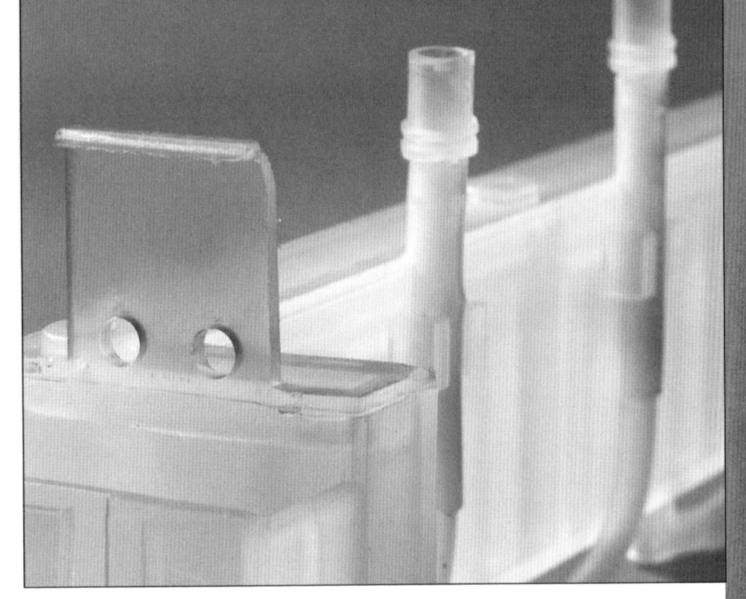

透明塑料打印机墨水盒激光束焊使用 Clearweld® 工艺。

对设计师来说，另一个主要的优点是可以连接不同的材料。例如，电子束焊可以熔合各种不同的金属，以及焊接异种金属。激光束焊可以焊接不同种类的热塑性塑料。影响材料选择的因素有材料的相对熔点和反射率。

现在可以使用 Clearweld®（净焊）技术来焊接透明的塑料制品和纺织品。TWI 公司开发了该技术并获得专利，由 Gentex 公司实现了商业化。这种工艺特别适合于要求表面粗糙度小的应用（上图）。其原理是通过印刷或覆膜将红外吸收介质应用到接合面。这将使接头在暴露于激光束时发热。如果没有红外吸收介质，激光就会穿过透明材料和纺织品。可以在塑料和织物中实现气密性密封。因此，该技术在防水服装中具有潜在的应用前景。

电子束焊是在真空室中进行的。直到最近，工件的大小还受到真空室大小的限制。然而，20 世纪 90 年代开发的减压技术使得移动电子束焊成为可能。现在可行的做法是在一个小的电子束焊装置中应用局部真空，该装置绕接头运行。这有许多优点，如对太大或不适合在真空室焊接的零件可以进行现场焊接。

设计注意事项

这些工艺需要昂贵的设备和运行成本，特别是电子束焊是在真空室中进行的。电子束焊和激光束焊都是自动化生产，在进行任何焊接之前都需要详细的编程。高能束流焊工艺的成本和复杂程度意味着它们只适用于专门应用和大批量生产。

它们的优势是加工速度快：电子束焊可以以高达 10 m/min 的加工速度在厚的材料上产生高度完整的焊缝。

为了有效地进行对接焊接，接头必须过盈配合，并与光束非常精确地对齐。因此，其制备成本高，耗时长，特别是对于大而笨重的零件更是如此。高能束流焊焊接的材料比电弧焊的要厚得多。大功率电子束焊可以用来焊接 1 ~ 150 mm 厚的钢、

技术说明

激光束焊中，通过一系列固定的透镜将 CO_2 激光束、Nd:YAG 激光束和光纤激光束引导到工件上。也可以通过光纤将 Nd:YAG 激光束和光纤激光束引导到焊接或切割头，这具有许多优点。这些激光技术通常在 7 kW 时进行焊接，而该功率适合用于熔焊 8 mm 碳钢，一条焊道的加工速度可达每分钟 1.5 m。这些焊接工艺可用于许多不同的焊接操作，包括轮廓焊接、旋转焊接和点焊。点焊工艺曾有每小时 12 万条焊缝的纪录。

保护气体用来保护熔化区不受氧化和污染。由于 Nd:YAG 激光束波长较短，它同样可以用光纤来引导。激光头可以朝任何方向自由地旋转，这意味着它们可以沿着 5 个轴的方向切割。

激光束通过透镜聚焦，透镜将光束聚焦成一个宽 0.1 ~ 1 mm 的细微的区域。调整透镜的高度，以使激光束聚焦在工件表面上。高度汇聚的光束能够熔化工件的接触面；待接触面固化后，形成均质的连接。

450 mm 厚的铝和厚达 100 mm 的铜。这些工艺不仅仅局限于非常厚的材料，同样可用于精确连接薄片和薄膜材料。

适用材料

许多不同的黑色金属和有色金属可以使用高能束流焊进行焊接。最常见的焊接金属包括钢、铜、铝、镁和钛。然而，由于工件必须具有导电性，所以电子束焊只能应用于金属材料。

铝具有高反射性，但可以用激光束焊和电子束焊进行焊接，某些合金更适用于高能束流焊，如 5000 和 6000 系列铝合金。

钛可以用高能束流焊进行焊接，但是它对氧和氮有很强的活泼性。这意味着焊接更困难，因此焊接成本更高。可以用 TIG 替代激光束焊，但 TIG 比激光束焊慢很多。

激光束焊可以焊接大多数热塑性塑料，包括聚丙烯（PP）、聚乙烯（PE）、丙烯腈 - 丁二烯 - 苯乙烯（ABS）、聚甲醛（POM）和聚甲基丙烯酸甲酯（PMMA）等。

激光束焊工艺

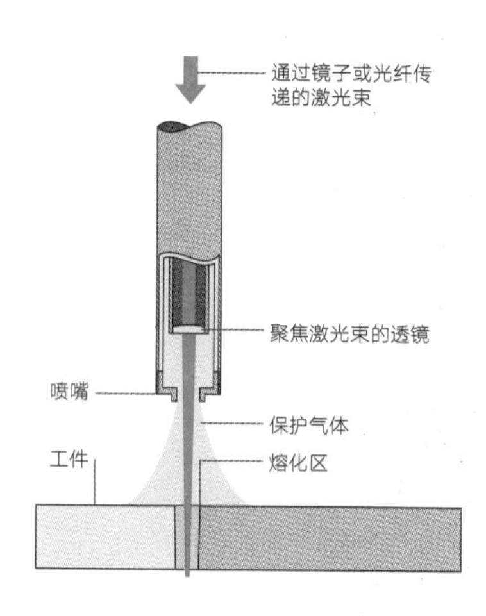

加工成本

没有模具成本，但必须使用夹具以保证焊接工艺的精度。设备成本非常高，尤其是涉及电子束焊工艺。

周期很短，但是安装会延长周期，特别是对于大型而复杂的零件。对于电子束焊，每个零件必须装入一个真空度相当高的真空室，这可能需要 30 分钟。移动低真空技术减少了安装时间，极大地缩短了周期。

劳动力成本高。

环境影响

高能束流焊能有效地将热量传递到工件上。电子束焊通常需要在真空室中进行，以产生密集的能量。最近的技术发展使电子束焊可以焊接厚度达 40 mm 的钢。但是，焊缝质量和宽深比降低了。

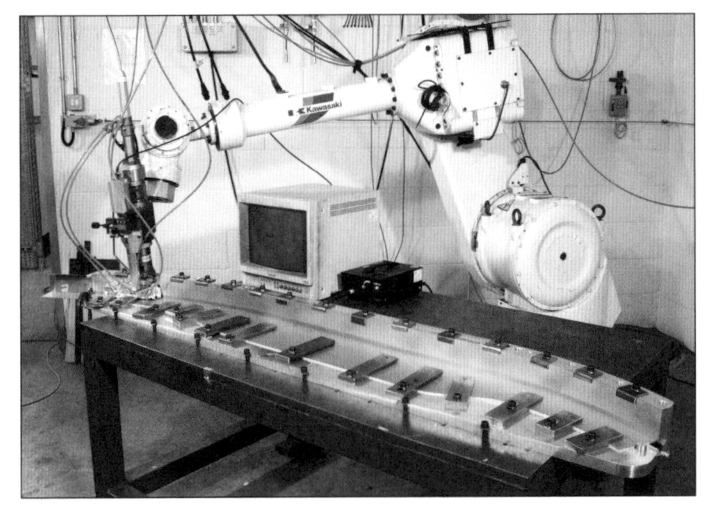

上左图

操作者检查 CO_2 激光束焊设备。

上右图

机器人操作 Nd:YAG 激光器。

中左图

Nd:YAG 激光束焊开始。

中右图

细节图展示了 Nd:YAG 激光束焊的焊枪在使用过程中的情况。

下图

Nd:YAG 激光束焊的焊缝。

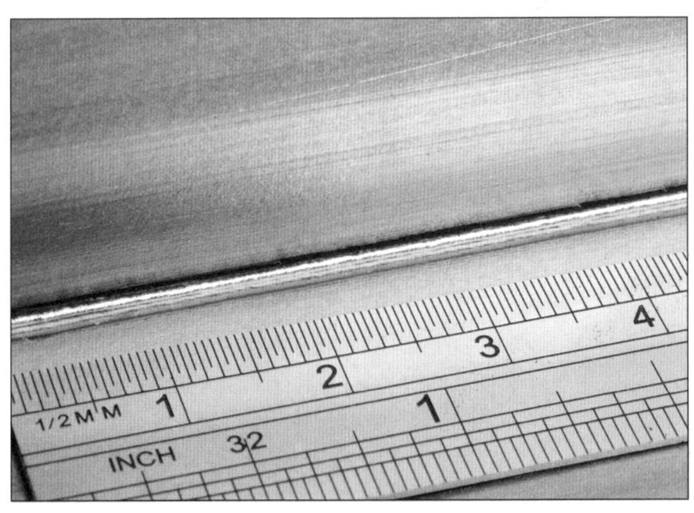

主要制造商

TWI
www.twi.co.uk

电子束焊工艺

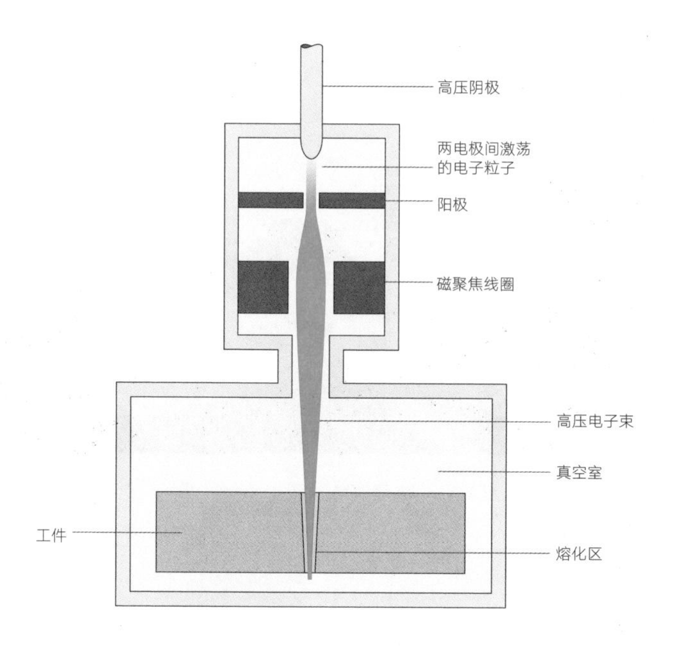

技术说明

钨阴极被加热后发射电子。电子被导入电子枪，并被加速到光速的三分之二。磁聚焦线圈将电子束聚焦，从而影响工件表面。在接触面，电子动能转化为热能，局部区域被蒸发，然后电子束迅速渗透到工件的深处。

电子束焊在 10^{-3} ~ 1 Pa 的真空室中进行。因为大气能使电子束发散，使它失去速度，所以真空度决定了焊缝的质量。

低真空电子束焊在 100 ~ 1000 Pa 的真空室中进行，所需要的能量和时间少得多。因为熔焊是在真空室中进行的，所以熔化区几乎没有被污染，可确保焊缝的高完整性。

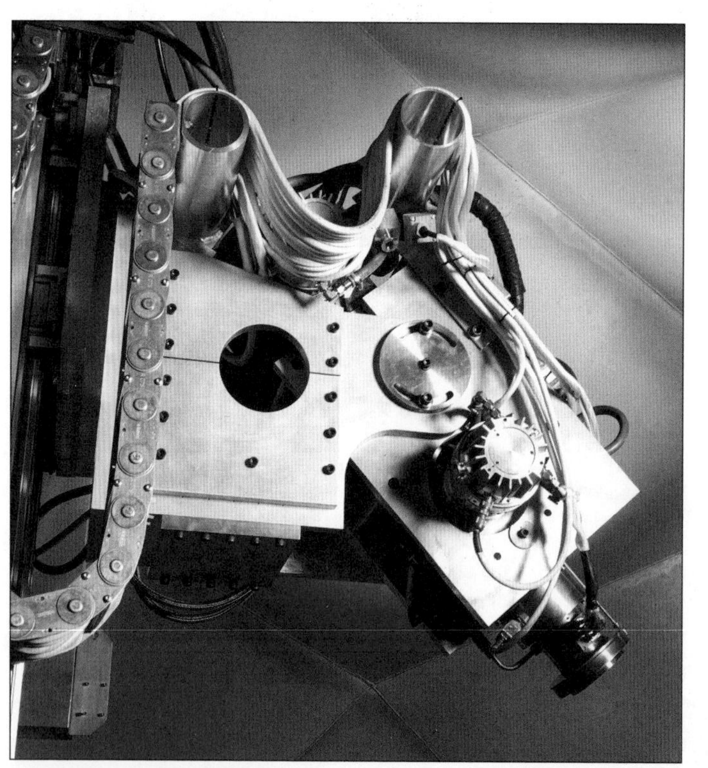

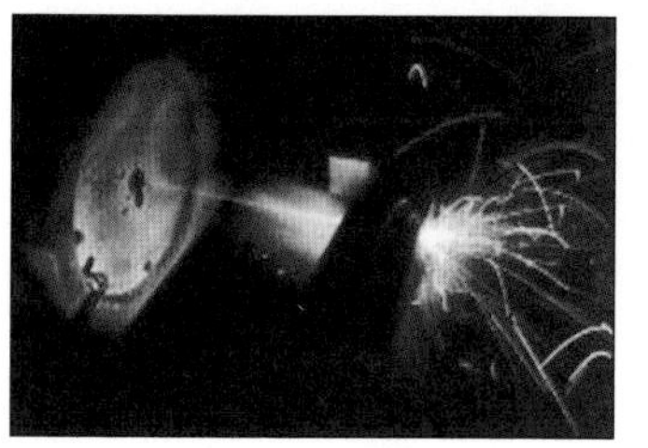

左图

电子束焊的设备。

右图

正在进行电子束焊。

左图

通过下面的标尺显示了电子束焊焊接齿轮的尺寸。

右图

左图电子束焊焊接齿轮的特写。

下图

电子束焊焊接接头的截面显示了深焊缝的完整性。

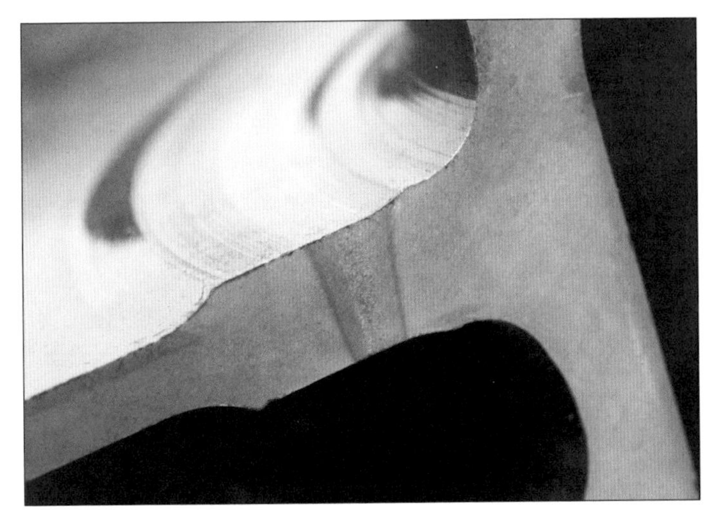

主要制造商

TWI
www.twi.co.uk

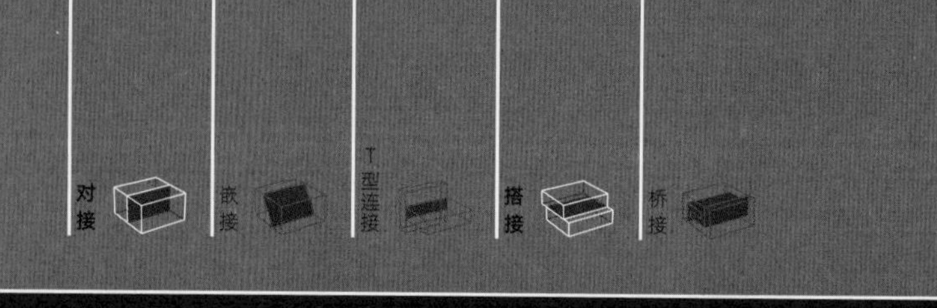

连接工艺

摩擦焊

锻焊使金属形成永久的连接。锻焊主要有四种工艺：旋转摩擦焊（RFW）、线性摩擦焊（LFW）、轨道摩擦焊（OFW）和搅拌摩擦焊（FSW）。

加工成本	典型应用	适用性
• RFW、LFW 和 OFW：无模具成本 • FSW：模具成本低 • 单位成本低至中	• 航空与航天工业 • 汽车与运输工业 • 造船工业	• 大批量生产
加工质量	**相关工艺**	**加工周期**
• 高完整性的气密性密封 • 与基材特性相似的高强度接头	• 电弧焊 • 高能束流焊 • 电阻焊	• 周期长短取决于焊缝大小

工艺简介

这四种主要的摩擦焊工艺可以分为两类：传统工艺包括旋转摩擦焊、线性摩擦焊和轨道摩擦焊；最新的衍生工艺——搅拌摩擦焊。

线性摩擦焊、轨道摩擦焊和旋转摩擦焊通过接头接合面的相互摩擦产生的摩擦热焊接材料。首先使接头产生塑性变形，然后施加轴向压力，迫使材料结合，完成焊接。旋转技术（右上图）是最早且最常见的摩擦焊接技术。在搅拌摩擦焊中，焊缝是通过一个旋转的非熔搅拌针（工具）形成的，该针沿接头前进并混合接合面上的材料（296 页左图）。

典型应用

这些工艺应用主要集中在汽车、运输、造船和航空航天等工业。

在汽车工业中，旋转摩擦焊用于驱动轴、轮轴和齿轮等关键零件的焊接。线性摩擦焊用于发动机配件、制动盘和轮毂焊接。轨道摩擦焊尚未在金属领域实现商业化应用，但在塑料工业领域得到应用（参见振动焊，298 页）。搅拌摩擦焊用于连接平板、薄片型材、合金车轮、燃料箱和空间框架等的焊接。

搅拌摩擦焊的第一个商业化应用是在造船工业中，用于将挤压成型的铝型材焊接到大型结构板中。这对许多行业都有好处：例如，铁路行业中，火车车厢的预制结构构件的建造（297 页中图、右上图和右下图）。搅拌摩擦焊是合适的，因为它在焊接件中几乎不引起变形，即使薄片的长接头也是如此。

近年来，搅拌摩擦焊已被引入消费电子工业，如 B&O 的铝喇叭的制造。

相关工艺

尽管焊接质量相近，但摩擦焊的应用不如电弧焊（282 页）和电阻焊（308 页）广泛。这主要是因为它是一种较新的技术。例如，直到 1991 年，TWI 公司才获得搅拌摩擦焊的专利。还有一个原因是，摩擦焊接是一种特种技术，设备成本极高。

摩擦焊的焊接区的温度不需要在熔点以上，因此这个工艺可以焊接那些不适合使用电弧焊或高能束流焊（288 页）的金属。

摩擦焊焊接塑料被称为振动焊（298 页）。

加工质量

摩擦焊可产生高度完整的焊缝。对接接头的整个接合面熔合。

这些是固态焊接工艺，换句话说，

摩擦焊工艺

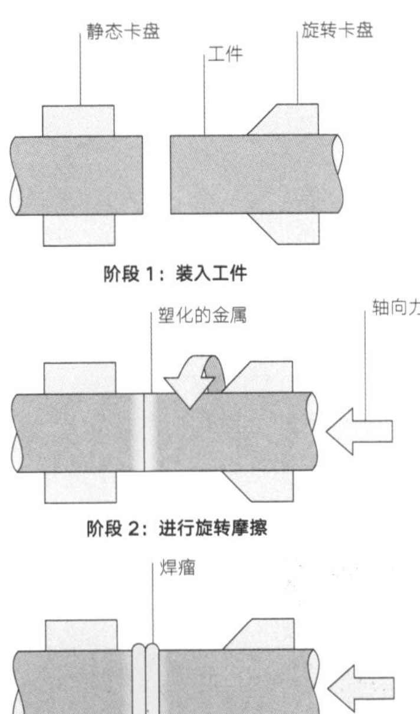
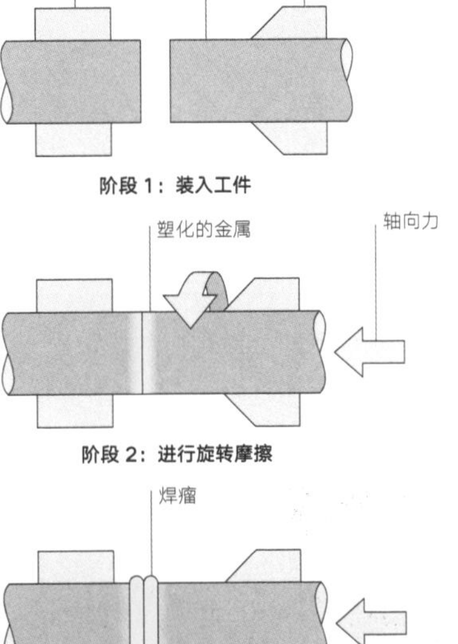

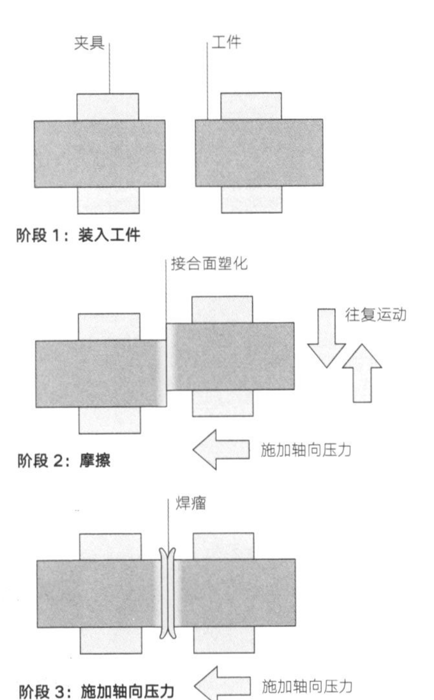

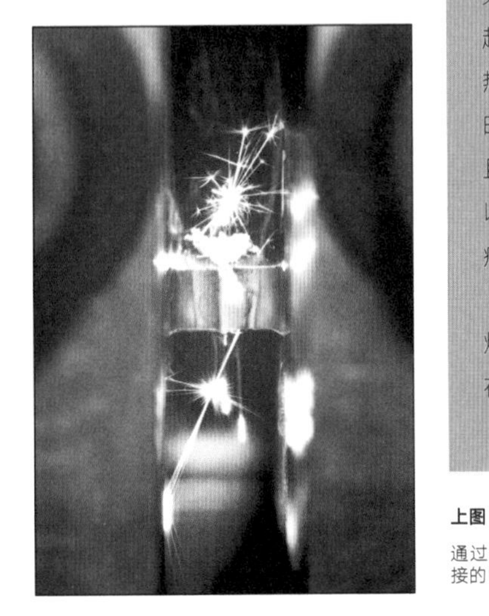

技术说明

旋转摩擦焊至少需要有一个零件关于旋转轴对称。在阶段 1，把这两个工件固定在卡盘上。在阶段 2，其中一个零件旋转，而另一个静止。将两个零件压在一起，两个面之间的摩擦使金属发热并塑化。在阶段 3，在规定的时间——约 1 分钟，旋转停止并且使轴向压力增加到 200 kN 或以上，在连接处圆周周围形成焊瘤，随后可以通过打磨处理掉。

另一种利用储存的能量进行焊接的技术被称为惯性摩擦焊接。在这个工艺中，旋转的工件附着在飞轮上。一旦达到一定的加工周期，飞轮就自由旋转。将零件贴合在一起，飞轮中储存的能量使这些零件充分旋转，最后形成焊缝。除了用于保持管道内径的芯轴外，该工艺与旋转摩擦焊相似。

线性摩擦焊和轨道摩擦焊与旋转摩擦焊原理相同。然而，一个零件相对另一个零件不是做旋转运动，而是摆动。在阶段 1，把这两个工件固定在卡盘上。在阶段 2，通过摩擦加热零件的接合面。在阶段 3，增大轴向压力，直到形成焊缝。

线性摩擦焊的工作频率可达 75 Hz，振幅为 ±3 mm。这些工艺是为那些不适合使用旋转摩擦焊技术的零件而开发的。

上图

通过线性摩擦焊焊接的山毛榉木块。

下图

通过线性摩擦焊制造的喷气发动机的钛叶盘（单片叶片盘）。

技术说明

由于通过混合接头接合面的金属进行焊接，该工艺类似于旋转摩擦焊、线性摩擦焊和轨道摩擦焊。同样，该工艺没有焊丝、保护气体或助焊剂。然而，搅拌摩擦焊不同于其他摩擦焊技术，因为它是使用非熔的搅拌针来混合金属。

搅拌针在夹持器上高速旋转，钻入接缝间隙，并沿着接合面前进，使与之接触的材料塑化。搅拌针使材料软化，而轴肩和背面垫板防止塑化的金属扩散。随着搅拌针向前运动，混合的金属冷却并固化，产生高度完整的焊缝。

虽然搅拌摩擦焊的工具是非熔的，但它们仅运行 1000 m 就需要被更换。有些技术可以同时运行一个以上的工具，以获得更宽的焊缝，或从两边同时焊接，以形成一个更深的焊缝。它们焊接金属的温度比它们的熔点低。热影响区相对较小，因此，即使是长焊缝，收缩和变形也很小。

搅拌摩擦焊工艺

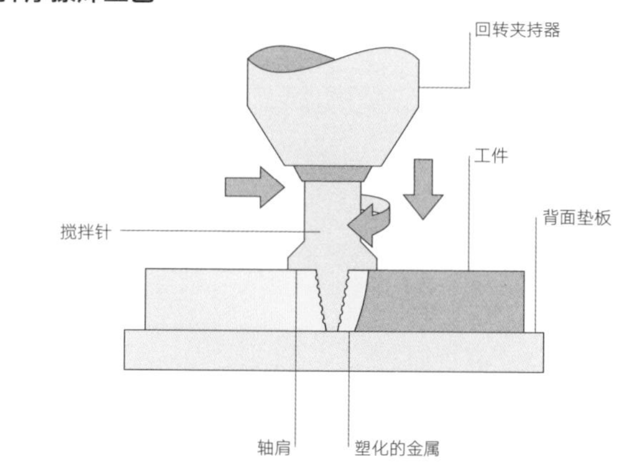

左图
正在使用搅拌摩擦焊工艺焊接铝对接型材。

右图
工具（搅拌针）和用搅拌摩擦焊工艺在铝中形成的对接接头。

设计机遇

由于摩擦焊技术，特别是搅拌摩擦焊，是相对较新的工艺，许多商业机会尚未被完全挖掘出来。

摩擦焊具有很多重要的优点，例如能够焊接不同的材料，而不会失去焊缝的完整性。令人满意的材料组合包括铝和铜、铝和不锈钢。

它还可以焊接不同厚度的材料。搅拌摩擦焊可以用一个焊道焊接多层堆叠材料。

旋转摩擦焊、线性摩擦焊和轨道摩擦焊工艺仅限于在同一焊接平面内相对移动的零件间使用。而搅拌摩擦焊可以通过计算机控制，围绕圆周、复杂的三维焊接轮廓和以任意角度进行操作。总之，这些工艺可以熔合几乎所有接头的外形和零件的几何形状。搅拌摩擦焊还能够生产对接、搭接、T 型接和角接头。它特别适合用于制造那些无法运用铸造或挤出成型工艺的零件，如由几个挤出件组成的大型结构面板。

这些工艺不受重力的影响，因此在需要时可以翻转进行。

设计注意事项

这些技术比较新，摩擦焊的设备成本仍然较高。因此，除非有大批量的生产来证明投资是合理的，否则开发采用这些工艺生产的产品是昂贵的。这也是为什么摩擦焊广泛应用于汽车和造船工业，而在其他领域的应用有限的原因之一。

左上图和左下图

由大卫·刘易斯（David Lewis）设计的，B&O公司的BeoLab铝音箱于2002年发行上市。

中图、右上图和右下图

使用搅拌摩擦焊制造的应用于火车车厢的轻质铝型材。

搅拌摩擦焊适用于厚度为1.2 ~ 50 mm的有色金属材料。如果同时从两侧进行焊接，则可以焊接厚达150 mm的接头。近年来，微摩擦焊接技术已经发展起来，能够焊接厚度薄到0.3 mm的材料。旋转摩擦焊、线性摩擦焊和轨道摩擦焊技术的接头规格限制在2000 mm^2以下。

适用材料

大多数含铁金属和有色金属，包括低碳钢、不锈钢、铝合金、铜、铅、钛、镁和锌都可以使用这种方式进行焊接。

圆管可以使用径向摩擦焊工艺进行焊接。径向摩擦焊是由旋转摩擦焊发展而来的。两者的不同之处在于径向摩擦焊需要一个内部芯轴来支撑焊接区。

近年来，随着线性摩擦焊技术的发展，它可以用来焊接某些木材，如橡木和山毛榉（295页上图）。虽然TWI公司在2005年获得了这种技术，但这种技术仍处在研发的早期阶段。将来，这种技术具有替代传统木材连接技术的潜力。

加工成本

搅拌摩擦焊需要模具，其成本取决于材料的厚度和类型；即使如此，它还是便宜的。这个工艺的成本很大程度上取决于设备和应用的开发。旋转摩擦焊、线性摩擦焊和轨道摩擦焊的周期非常短。因为需要沿着接合面的整个长度运行，所以搅拌摩擦焊是摩擦焊接工艺中最慢的一种。5 mm厚的铝使用搅拌摩擦焊焊接，焊接的加工速度大约是12 mm/s。厚的材料将需要更长的时间。

环境影响

摩擦焊是一种节能的金属焊接工艺。焊接过程中不需添加焊剂、焊丝或保护气体等材料。该工艺不会产生浪费；例外的状况是，搅拌摩擦焊的搅拌针从焊缝的一端运动到另一端过程中会磨损。

主要制造商

TWI
www.twi.co.uk

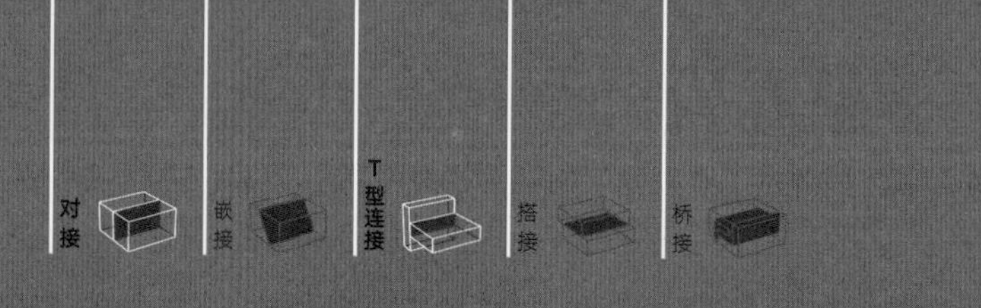

振动焊

振动焊可以使塑料零件产生均质结合。直线或轨道的快速移动会在接合面产生热量，并熔化接头材料，从而形成焊缝。

加工成本	典型应用	适用性
• 模具成本低至中 • 单位成本低	• 汽车工业 • 消费电子 • 包装工业	• 中批量至大批量生产
加工质量	**相关工艺**	**加工周期**
• 高强度均质结合 • 可以形成气密性密封	• 摩擦焊 • 热板焊接 • 超声波焊	• 周期非常短，仅 30 秒

工艺简介

振动焊与摩擦焊（294 页）具有相同的工作原理。零件之间互相摩擦产生的摩擦热使得接合面塑性软化。该工艺以线性或轨道振动焊接方式进行。线性振动焊接采用横向、往复运动，振动只在一个轴上产生。轨道振动焊接在所有方向匀速运动——一个非旋转的偏置圆周运动。振动运动在 x 轴和 y 轴及两轴之间的所有轴上都相同。

典型应用

尽管该工艺通常应用于汽车工业，现在它的应用领域越来越广泛，如医药工业、消费电子和白色家电等领域。

相关工艺

线性摩擦焊焊接金属和线性振动焊焊接塑料是相同的工艺。两者都是在轴向力的作用下进行线性运动，通过零件之间的相互摩擦将零件焊接在一起。对于薄壁和精密的零件，超声波焊（302 页）和某些黏合技术往往是一种可供选择的工艺。

超声波焊通过零件将能量传递到接合面。相比之下，振动焊工艺直接将能量传递到接合面，因此不依赖零件材料的性能传递能量。钎料、废料、着色剂和污染都会影响材料传递能量的能力，从而降低超声波焊的效果，但振动焊不会。

最新的发展包括在焊接前加热接合面，其过程类似于热板焊接（320 页）。总而言之，这些工艺产生了干净、高强度和残渣少得多的焊缝，对于过滤器外壳等产品尤为重要。

加工质量

振动焊可产生很强的结合。可形成应用于汽车工业和包装工业的气密性密封。当某种材料以这种方式连接时，材料完全混合，从而形成均质的结合。

振动焊工艺

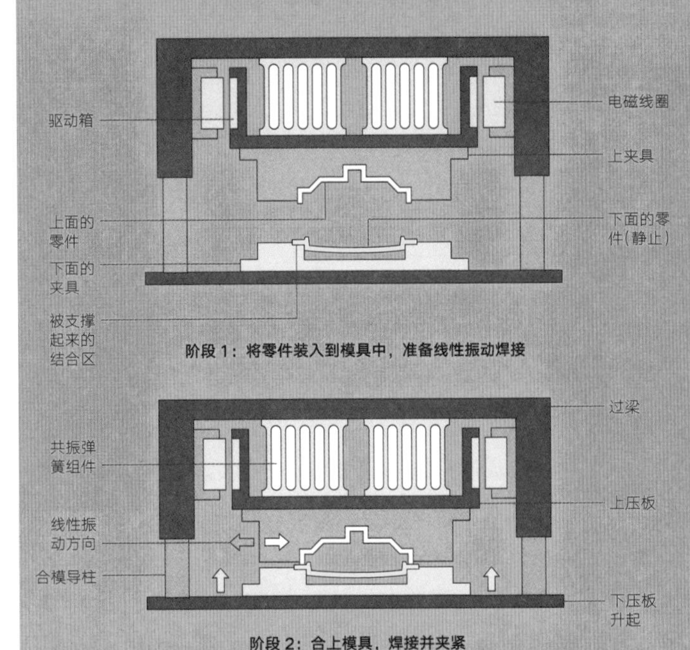

阶段 1：将零件装入到模具中，准备线性振动焊接

阶段 2：合上模具，焊接并夹紧

技术说明

在线性振动的阶段 1，将一个零件放置在下压板上，将要与其焊接在一起的另一个零件放置在上压板上。在阶段 2，熔化塑料所需的热量通过下述过程产生：将两个要焊接的零件压在一起，并使它们以 240 Hz 的频率，0.7 ~ 1.8 mm 的微小相对位移振动；或结合平面在 1 ~ 2 N/mm^2 的力作用下，以 100 Hz 的频率或峰间值 4 mm 的振动产生。

摩擦产生的热量使接合面的塑料在 2 ~ 3 秒内熔化。然后停止振动运动，使零件自动对齐。保持压力直到塑料固化，以使零件永久地结合在一起，并使结合部分的强度接近母材本身的强度。

在轨道振动焊接过程中，运动零件接合面上的每一个点绕静止零件接合面上一个不同的、确定的点运行。接合面上所有点以连续的、恒定的加工周期做同样轨迹的运动。该运动轨道的特性是由三个以相对角度 120°水平排列的电磁体产生的。这些电磁体影响夹具的运动并产生共振。一个电磁铁减少的力是由下一个电磁铁的引力及方向的改变来补偿的。这引起夹具的旋转振动，确保频率为 190 ~ 220 Hz 的相对运动，以及峰间值为 0.25 ~ 1.5 mm 的振幅。

→ 线性振动焊焊接汽车灯

在本案例中，布兰森超声波技术公司正在小批量生产汽车侧灯，同时注塑成型左、右侧的侧灯。将红色反射镜（图 1）放入下压板（图 2）中，然后将侧灯的壳体（图 3）定位在上压板中，壳体通过真空固定在上压板（图 4）。

在焊接时，固定静止零件（本案例中为红色反射镜）的下压板向上靠拢上压板（图 5），以 103 ~ 207 N/cm^2 的压力使零件紧贴在一起（图 6）。上压板的液压或电磁驱动器产生振动。电磁驱动器安装在共振弹簧组件上，以确保在振动结束和聚合物重新固化后零件能够准确地对齐。焊接过程持续不超过 2 ~ 15 秒。然后，在经过计算的夹紧力作用下，再经过 2 ~ 15 秒，零件接合面中的熔融聚合物冷却形成连续焊缝。最后，模具压板分开，露出通过真空固定在上压板的已焊接好的零件。解除真空，取出侧灯（图 7）。这些侧灯经过质量检查（图 8），被包装待运走。

1

2

影响焊接能力的其他因素还包括水分含量和树脂改性剂的添加量。

设计机遇

线性和轨道振动焊接提供了一种在两个塑料零件之间实现永久牢固结合的快速、可控和可重复的方法，省去了对机械紧固件和黏合剂的使用。

这些工艺适合几何形状复杂、大小不同的零件，也可以用来产生四周和内部的焊缝。只要零件能够在同一接合面上做相对运动，就可以采用振动焊。

设计注意事项

振动焊特别适合焊接注塑件及挤出零件。然而，在考虑采用这一工艺时，必须考虑两个基本要求。首先，设计必须允许两个零件能够做相对运动以产生足够的摩擦热；振动平面必须是平的，或至少在 10°以内。其次，设计必须使零件能够被完全固定，以确保有足够的能量被传递到接合面。

线性振动焊接可焊接规格达 500 mm×1500 mm 的零件，但是不推荐用于使用薄壁材料或没有支撑的长壁的产品，因为如果没有模具支撑会发生弯曲变形。

另一方面，轨道振动焊接技术需要的阻尼力比线性振动焊接的小，因此可以用于焊接更精密的产品。它目前适用于直径为 250 mm 的相对较小的零件。

振动焊不适用于工件不能振动的应用，如顶部有活动零件的产品。

适用材料

该工艺适用于热塑性塑料（包括非结晶性的和半结晶性的塑料），并且可以焊接一些聚合物基复合材料、热塑性薄膜和织物。振动焊特别适用于不易通过超声波焊焊接或黏结

3

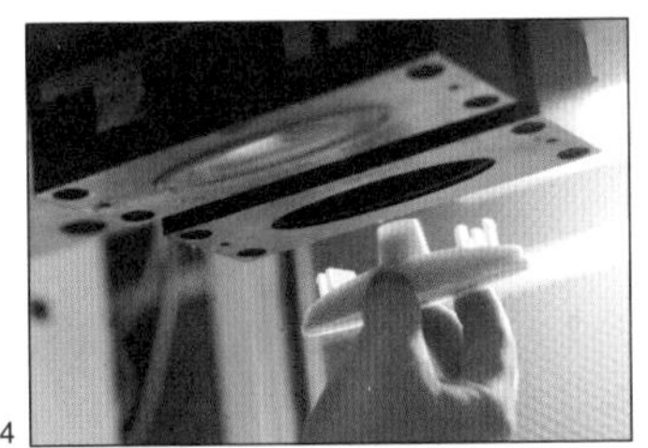

4

5

6

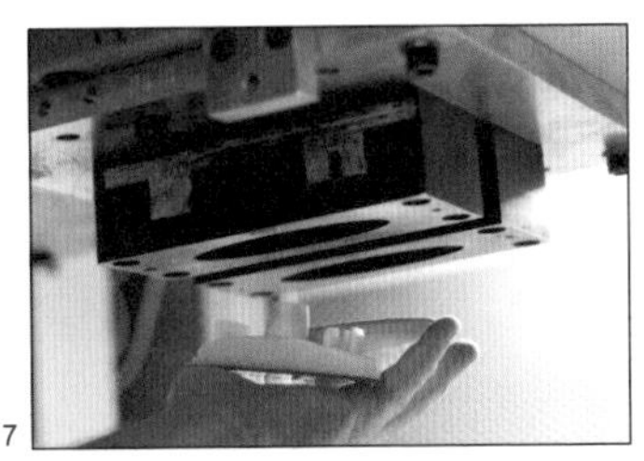

7

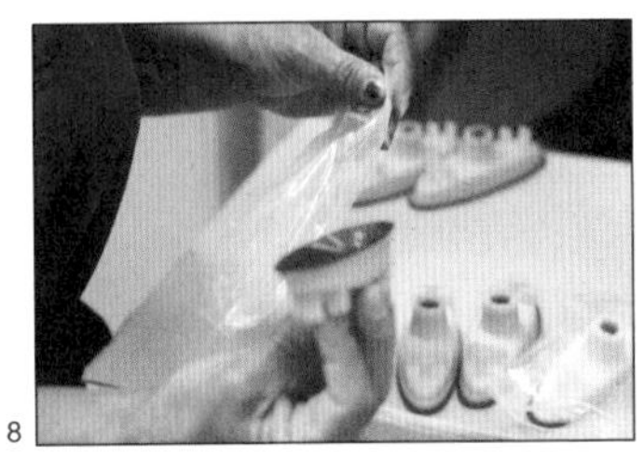

8

的材料，如聚甲醛（POM）缩醛、聚乙烯（PE）、聚酰胺（PA）尼龙和聚丙烯（PP）等。塑料焊接仅限于连接相同的材料。但该规则也有例外，例如丙烯腈 - 丁二烯 - 苯乙烯（ABS）、聚甲基丙烯酸甲酯（PMMA）、丙烯酸和聚碳酸酯（PC）可以两两焊接在一起。

加工成本

必须为每个零件专门设计和制造模具。这增加了工艺的启动成本，特别是当产品由多个零件组成，并需要用这种工艺将它们焊接在一起时。

周期短：焊接一般为 2 ~ 15 秒，夹紧时间相同。同时焊接多个零件可缩短周期。劳动力成本相对较低，尤其是全自动化或集成到生产线生产。

环境影响

形成焊缝不需要添加任何材料。这意味着这种工艺不会产生任何废料。

主要制造商

Branson Ultrasonics
www.branson-plasticsjoin.com

连接工艺

超声波焊

这一工艺利用超声波以高能量振动的形式形成永久的接头。这是最便宜和最快速的塑料焊接工艺，因此是许多焊接应用中的首选工艺。

加工成本	典型应用	适用性
• 模具成本低 • 单位成本低	• 消费电子和电器 • 医疗行业 • 包装工业	• 中批量至大批量生产

加工质量	相关流程	加工周期
• 高质量的永久结合 • 可以形成气密性密封	• 热板焊接 • 高能束流焊 • 振动焊	• 周期短，小于 1 秒 • 自动化和连续操作可以非常迅速地形成许多焊缝

工艺简介

超声波技术包括焊接、型锻、铆接（316 页）、嵌入、点焊、切割、纺织品和薄膜的密封。焊接是使用最广泛的超声波工艺，被广泛应用于各种行业，包括消费电子和电器、汽车、医疗、包装、文具和玩具。

它加工周期短，重复性好，而且非常可控。将电能转换成机械振动是能源的一种有效利用方式。不需要钎料，没有废弃物和污染。超声波用于玩具、医疗器械和食品预处理是安全

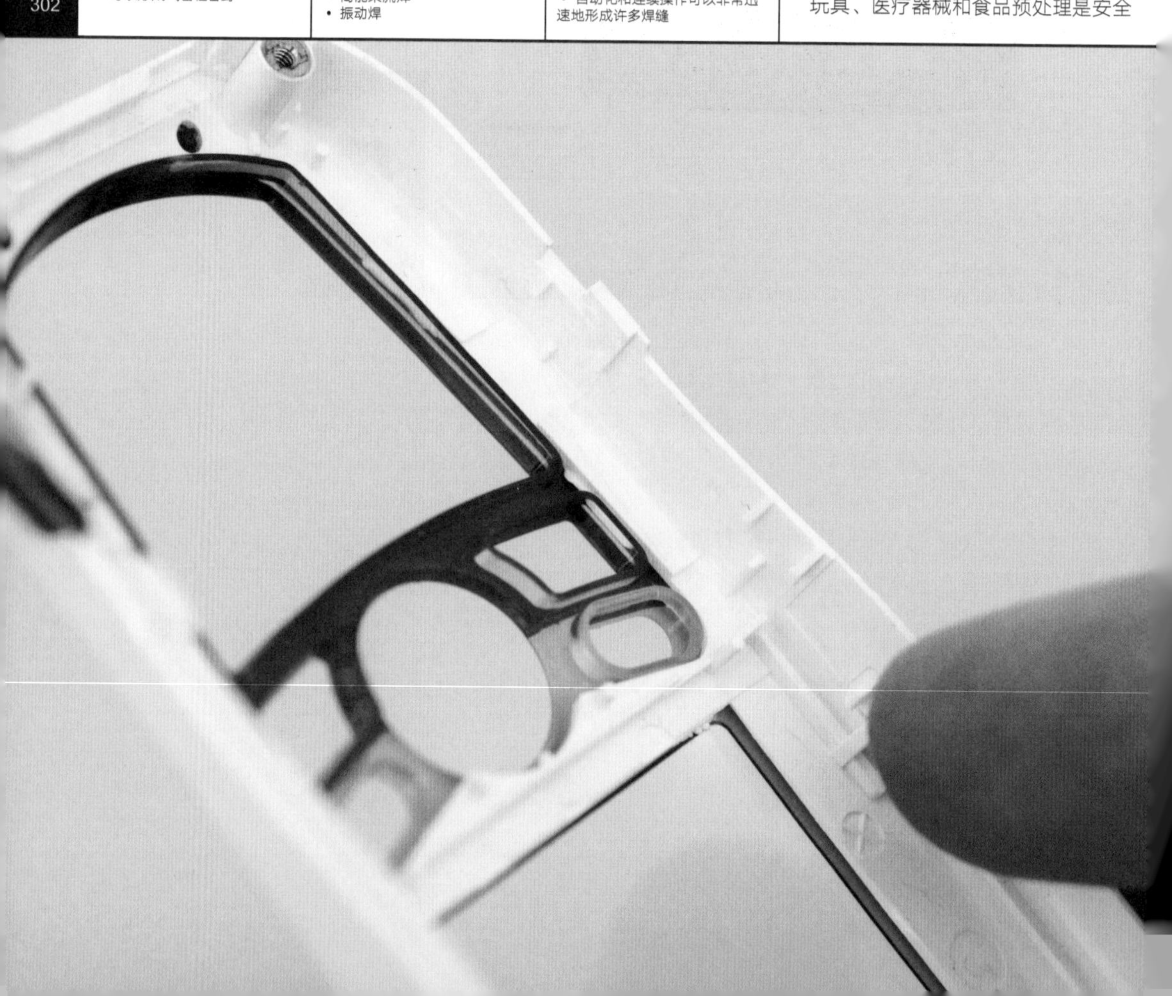

的。使用超声波切割蛋糕、三明治和其他食物，不会将它们压变形。高能振动可以毫不费力地切割硬的和软的食物。它也用于密封饮料盒、肠衣和其他食品包装。

典型应用

超声波焊在许多不同行业的产品中得到广泛使用。包装工业使用超声波来焊接和密封果汁牛奶的纸盒、冰淇淋桶、牙膏管、透明包装、瓶盖和外壳等。

在消费电子产品中的应用包括手机外壳和屏幕、手表、吹风机、剃须刀和打印机墨盒等。在纺织和无纺布行业的应用包括尿布、安全带、过滤器和窗帘。

相关工艺

超声波焊经常作为连接的首选工艺。如果超声波焊不适用，则可以使用热板焊接（320 页）、振动焊（298 页）、激光束焊（参见高能束流焊，288 页）。

加工质量

超声波焊会在塑料零件之间产生均质的结合。接头的强度高，并可以实现气密性密封。

会产生少量焊瘤，但这可以通过精心的设计尽量减少，例如可以将接头设置在不可见的地方，或预备焊瘤凹坑。

上图与左页图

Product Partners 的 TSM6 手机，使用了超声波焊焊接的前壳组件。

下左图

超声波焊焊接对挤压成型的塑料管进行气密性密封，例如用于化妆品包装密封。

下右图

三角形排列的焊道，称为导熔线，注塑在接合面的每一边上，且与接合面互相垂直，以最大限度地提高焊接效率。

设计机遇

超声技术的优点是焊接工艺和技术的可应用范围。例如，超声波焊焊接设备也可以点焊、铆接、嵌入金属零件（称为插入）、锻造和成型接头。

这种多用途的特点赋予设计更大的自由度。例如，像移动电话和 MP3 播放器这些由多种材料组成的产品是不可能采用多色注塑成型（50 页），或采用其他工艺实现的。不能在模具一次性成型的零件可以使用超声焊接以产生复杂、精密和其他难以实现的几何形状。

设计注意事项

对设计人员来说，主要考虑因素是材料类型（使得容易焊接）和零件的几何形状。接头有三种主要设计类型：直接搭接的材料、导熔线和剪切型熔接面（304 页图）。

不同的是，导熔线和剪切型熔接面所塑造的细部有助于实现超声工艺。搭接的接头是最不牢固的，如一端密封的挤压管包装；但对于应用来说却是有效的（下左图）。

导熔线是在接头一侧有孔的焊道材料，通常是三角形排列，并注塑成与焊缝成一条直线排列或与焊缝垂直（下右图）。三角形排列的焊道的作用是尽量减少两个接合面之间的接触面，因此能够将能量最大限度地传到接头。这样，可减少产生焊缝所

超声波焊工艺

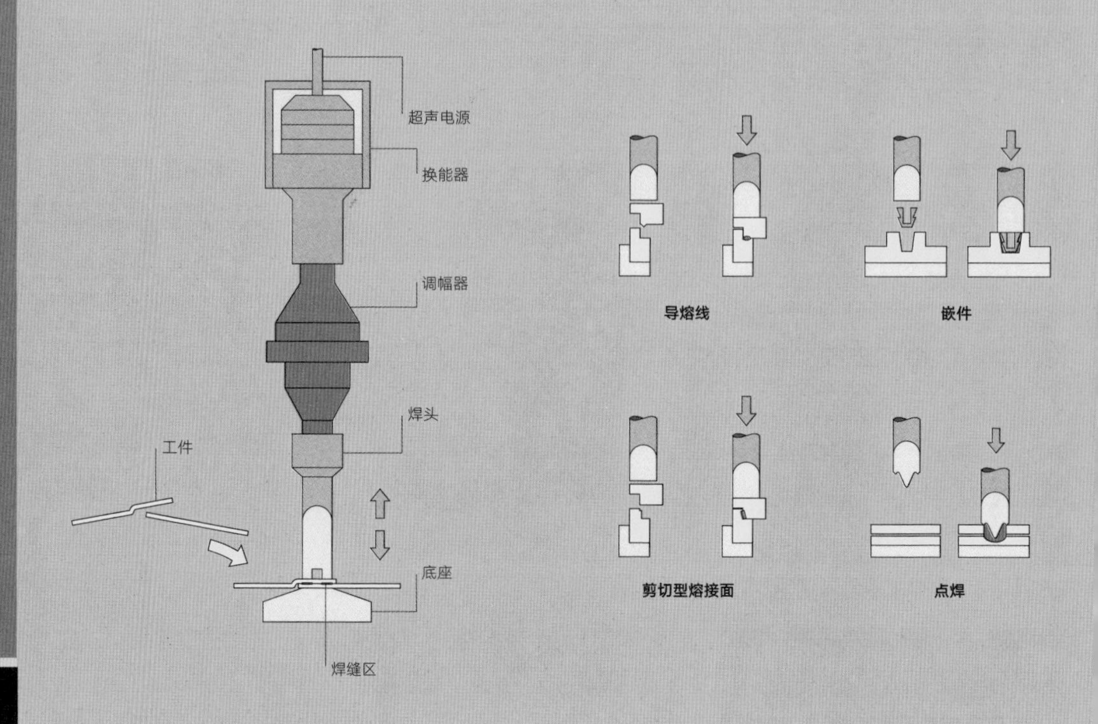

需的能量、焊瘤和周期时间。

另一种方法是剪切型熔接面，它的工作原理与减少接头的表面积以最大限度地提高效率相同。

不同之处在于，不是三角形排列的有孔的小柱子，而是将接头设计成凸肩或台阶形。这个细节将振动能量集中在一条薄薄的接触线上。当零件压在一起时，凸肩向接合面熔合直到整个接合面被焊接起来。

焊头（工具）的大小和形状是限定的，因为焊头必须在合适的频率上产生共振，并且能够承受高振动的能量。焊头一般不大于 300 mm。较长的焊缝可以使用多焊头分段焊接，或作为一个连续的工艺。

接头的设计必须考虑到能将足够的能量传递到接合面上。焊头工具必须与接头保持在一定的距离内。通常，非晶材料对振动的衰减较小，因此可以远距离焊接，这意味着接头与焊头接触点的距离可以超过 5 mm。然而，半结晶和低刚度零件必须接近焊接面，这意味着接头要与接触点在 5 mm 的距离内。

适用材料

所有的热塑性塑料都可以使用这个工艺焊接起来。许多非晶态热塑性塑料，如丙烯腈 - 丁二烯 - 苯乙烯（ABS）、聚甲基丙烯酸甲酯（PMMA）、聚碳酸酯（PC）和聚苯乙烯（PS）都可以和同种材料焊接，在某些情况下还可以和另一种材料焊接。半结晶热塑性塑料，如聚酰胺（PA）、醋酸纤维素（CA）、聚甲醛（POM）、聚对苯二甲酸乙二醇酯（PET）、聚乙烯（PE）和聚丙烯（PP）只能与同种材料进行焊接。

影响同种材料之间焊接或一种塑料与另一种塑料焊接性能的因素有很多。例如，材料必须足够硬才能将振动能量传递到焊接接合面。

非晶材料更适合能量引导型的接头设计，而半结晶材料最好用剪切型熔接面焊接。

可以焊接纺织品和无纺布材料，包括热塑性织物、复合材料、涂布纸和混合织物。

一些金属材料可以使用这种方法进行焊接。然而，该技术更专业，而且应用不太广泛。这些零件以低于熔点的温度进行焊接，因此它也被称为“冷焊”。它的原理类似于扩散结合，这是钎焊（312 页）的一种形式。但是，只要接头安装合适，就不需要助焊剂或进行其他表面处理。

加工成本

焊头必须由高等级的航空铝或钛

技术说明

超声波焊的工作原理是电能通过压电片转化为高能振动。将交流电（欧洲的 50 Hz 或北美的 60 Hz）转换成工作频率为 15 kHz、20 kHz、30 kHz 或 40 kHz 的电流。工作频率由应用决定；20 kHz 应用范围广泛，是最常用的频率。

该转换器由一系列压电片组成，压电片对 15 kHz、20 kHz、30 kHz 或 40 kHz 的频率有阻抗。组成压电片的晶体在带电时膨胀和收缩，通过这种方式，它们将电能转化为机械能，效率为 95%。

机械能被传送到调幅器上，调幅器将振幅修正为适合焊接的振动。焊头将振动传递到工件上。因为焊头必须正确地共振，所以焊头的尺寸和长度是特定的。

超声波振动通过工件传递到接头。接合面摩擦发热，使材料发生塑化。施加压力，促进接合面上的材料混合。当振动停止时，材料凝固形成一个牢固的、均匀的结合。

图中的焊头被制成一定的形状，以将振动能量传送到接合面的选定区域。其他连接技术包括导熔线、嵌件、剪切型熔接面和点焊。在每一个案例中，红色范围表示焊接区域。从表面上几乎看不见，但在显微镜中观察它是透明的（下图）。

制成。尽管如此，模具成本仍然很低。周期非常短。焊接时间通常小于 1 秒。装入和取下零件会稍微增加周期时间。自动化和连续的操作非常迅速，每秒可以产生数道焊缝。

劳动力成本通常很低。模具转换快，工艺可高度重复，无须操作者参与。

环境影响

超声波焊是能源的一种有效利用方式。几乎所有的电能都在接合面处转化为振动，因此热辐射很小。它加工速度快，没有添加其他材料到接头。不存在污染的风险，这使得该工艺适用于食品包装、玩具和医疗产品。

由于没有机械紧固件或黏合剂，超声波焊减少了混合材料、重量和成本。

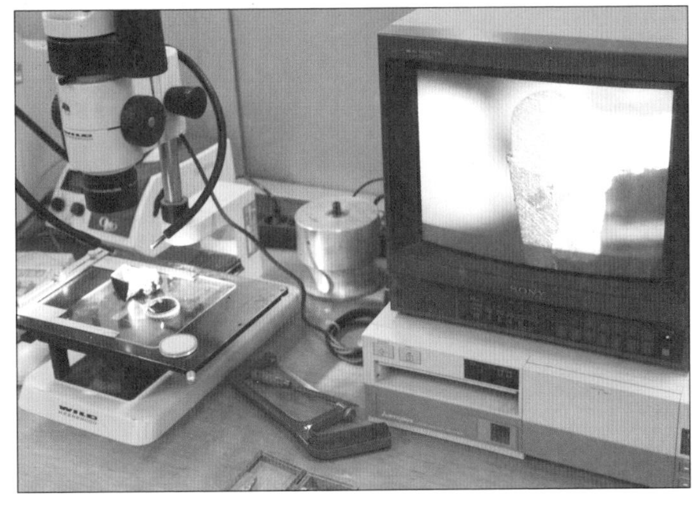

这是一种永久性的连接方式，这意味着零件不能轻易拆卸回收。然而，如果只是相同的材料连接在一起就不成问题。

上图

每一个应用都需要一个新的、由高等级的航空铝材或钛加工成的焊头。

下图

从剪切接头的微观图像中可以看出超声波焊是一种精准、整洁的连接工艺。

→ 超声波焊焊接剪切型熔接面

本案例研究举例说明了超声波焊使用的设备和小型叶轮中的简单剪切型熔接面。

下面的零件使用了剪切型熔接面，使得该产品适合超声波焊。这样，提供了一个几乎没有焊瘤、整洁的外观。这是一个三维立体的形状，但模具适用于每个应用，因此不会增加成本。

调幅器用阳极氧化的铝制成，并经过着色处理，以表示它们的工作频率，分别是 15 kHz、20 kHz、30 kHz 和 40 kHz（图 1）。本案例需要 30 kHz 的频率。能量转化者、调幅器和焊头被螺丝拧在一起，并插入一个垂直的柱状组件中（图 2、3）。

这些零件将要被焊接（图 4）成一个小叶轮。叶轮叶片上有一个小台阶，小台阶是剪切接头的接合面。下面的零件被放置在提供支撑的砧座中（图 5）。上面的零件通过二次成型注塑到一根金属棒上，位于顶部，并且是自动对齐的。

焊头与零件接触，焊接过程在不到 1 秒内完成（图 6）。将具有永久密封接头的成品从砧座取出（图 7）。

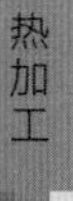

1

2

3

4

5

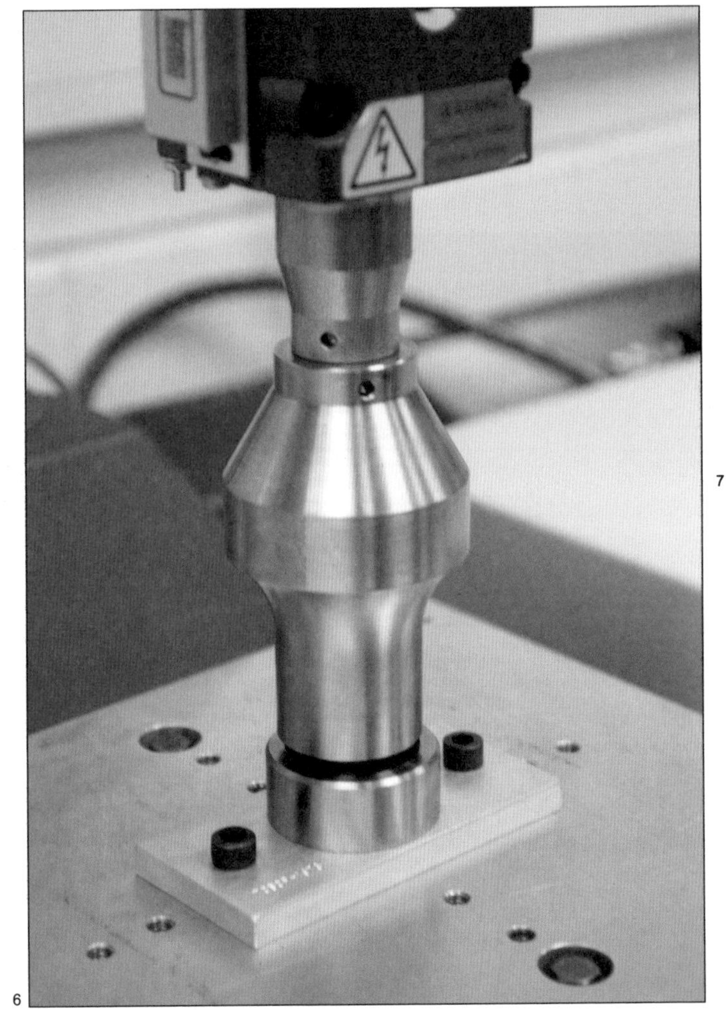

6

7

主要制造商

Branson Ultrasonics
www.branson-plasticsjoin.com

连接工艺

电阻焊

这些是用于在两片金属板之间形成焊缝的快速技术。点焊和凸焊用于装配操作，缝焊焊接是用来产生一系列重叠的焊接熔核，以形成密封。

加工成本	典型应用	适用性
• 模具成本低（如果有模具的话） • 单位成本低	• 汽车工业 • 家具和电器 • 原型	• 单件至大批量生产
加工质量	**相关工艺**	**加工周期**
• 剪切强度高，剥离强度低 • 缝焊可形成气密性密封接头	• 电弧焊 • 摩擦焊 • 铆接	• 周期短

工艺简介

所有的电阻焊技术都是基于相同的原理：高压电流通过两片金属板，使它们熔化并熔合在一起。

顾名思义，这些工艺取决于金属的导电性。集中在两个电极之间的高电压使金属被加热和塑化。在操作过程中施加的压力使熔化区结合并随后形成焊缝。

三种主要的电阻焊工艺分别是凸焊、点焊和缝焊。

这些工艺广泛应用于许多钣金行

凸焊工艺

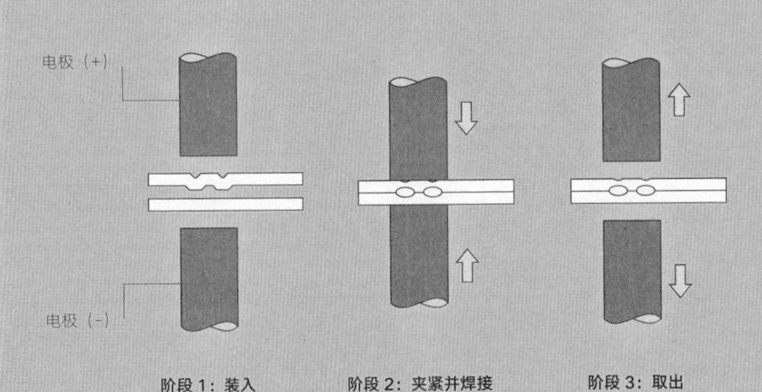

技术说明

凸焊是局部区域的焊接。它可以通过两种方式来实现：一种是在接合面的一侧预加工出凸点；另一种是使用金属嵌件。

与点焊不同，凸焊通过预加工出的凸点或金属嵌件引导电压，该工艺能够同时产生多个焊缝。焊缝的尺寸和形状不是由电极所决定的。因此，它们可以有很大的表面积，不会像点焊的电极那样快速磨损。

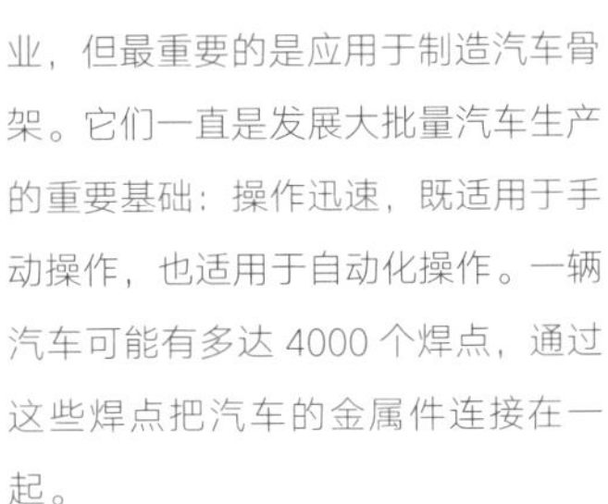

业，但最重要的是应用于制造汽车骨架。它们一直是发展大批量汽车生产的重要基础：操作迅速，既适用于手动操作，也适用于自动化操作。一辆汽车可能有多达 4000 个焊点，通过这些焊点把汽车的金属件连接在一起。

上左图

圆环被放置在下面的电极上，电极用来定位圆环，以确保可重复焊接。

上右图

第二个零件具有定位电压的凸点。它被夹在上面的电极上。

下图

凸焊大约需要 1 秒钟的时间。这两个焊缝几乎同时形成，强度完全相同。

典型应用

其应用广泛，包括汽车、建筑、家具、家电和消费类电子工业。这些工艺可用于原型制造及大批量产品的生产。

应用点焊和凸焊的产品包括汽车底盘和车身、电器外壳、电子线路、网格和线组件。

缝焊应用于诸如散热器、储气罐、水箱、容器、桶和燃料箱等产品上。

点焊工艺

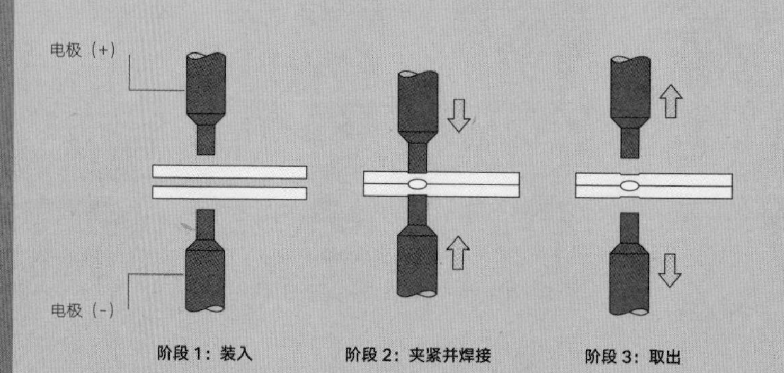

技术说明

点焊是应用最广泛的一种电阻焊工艺。焊接区集中在被两个电极夹紧的金属接头表面。极高的电压使金属塑化，施加压力迫使其结合，并随即形成焊点。

因为焊缝集中在两个电极之间，所以每次操作只能产生一个焊缝。多个焊缝是顺次产生的。

设备一般是通用的，因此这个焊接工艺是最便宜的，最适合进行原型和小批量钣金零件生产。

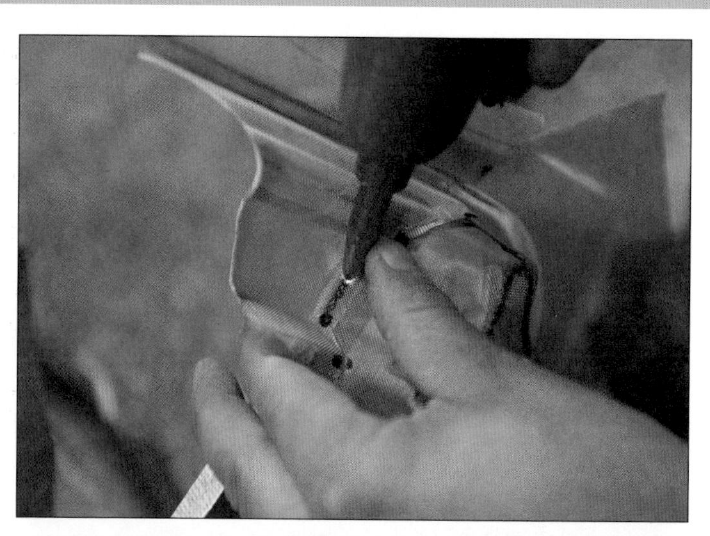

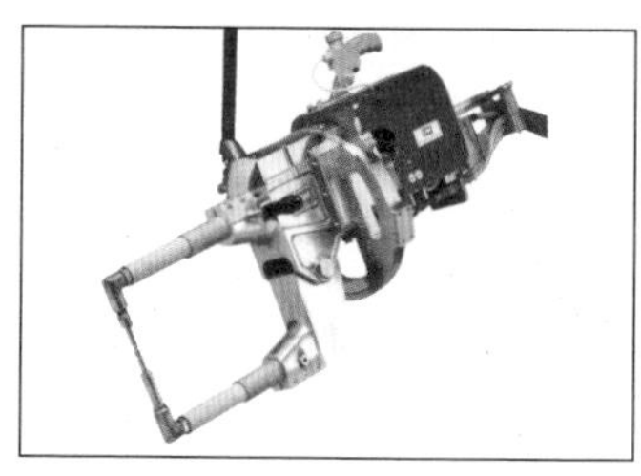

上左图

用手持式焊枪，以及更大的静态下电极点焊不锈钢网。

下左图

焊接网覆盖的纸浆成型工具（202 页）。

右图

像这样的重型手持式焊枪一般用于钣金组装件。大批量的焊接操作应用精密的、计算机控制的机器人系统。

相关工艺

由于操作简单、一致性好、成本低、技术要求低，电阻焊在焊接技术中是一枝独秀的。电弧焊（282 页）和高能束流焊（288 页）需要较高的操作技术水平才能达到相似效果。

需要准备已成型和铆接的接头。电阻焊需预处理的表面很少。大多数金属，无论硬度如何，都很容易形成焊点。在焊接较硬的材料时，需要稍高的阻尼压力，以获得相同程度的结合。

缝焊工艺

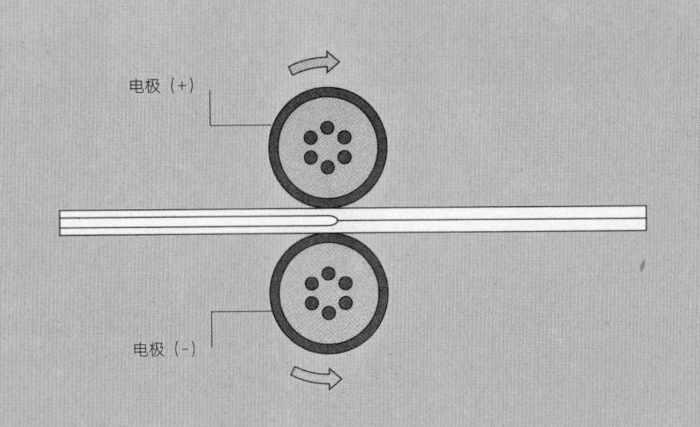

技术说明

缝焊是在两个滚动的电极之间进行连续焊接的一种工艺。在钣金中使用这种技术可以形成气密性密封的接头。

另一种技术是在直线上进行多个点焊。这是通过将滚动电极替换成在圆周上只有一个电极的轮子来完成的，当上部电极和下部电极对齐时会产生焊点。例如，该技术用于大批量金属散热器的生产。

加工质量

焊接质量一贯很高。接头具有较高的抗剪切强度，但可以通过小的局部的焊点来限制剥离强度。

设计机遇

这些都是简单而多用途的工艺。点焊广泛应用于金属板工件的原型加工。其价格相对低廉，可广泛应用各种材料。

不同类型的金属可以连接在一起，但接头的强度可能会受到影响。另外，不同厚度的材料，或多片材料互相叠放也可以焊接在一起。点焊可以焊接 10 mm 厚的组件，但厚度一般限制为 0.5 ~ 5 mm。

设计注意事项

焊缝的位置受焊接设备可到达的范围及电极形状这两个因素限制。典型的手持点焊枪的形状（左页上图）清楚地明确了这种约束。

焊接点必须从薄板边缘到达。焊接设备通常是在垂直轴向上操作，因此必须从上面和下面到达焊接点。即使这样，也可以在受限的空间采用偏置或双弯曲电极进行焊接。

适用材料

大多数金属可以通过电阻焊连接，包括碳钢、不锈钢、镍、铝、钛和铜合金。

加工成本

并不总是需要考虑模具成本：许多接头都可以用廉价的标准模具来焊接。焊接轮廓表面可能需要特殊设计的模具，但一般是小而便宜的。

大多数组件都可以用标准电极（工装）焊接，从而将成本降到最低。然而，某些应用，包括轮廓表面，需要专用的电极。

周期短。点焊一次只能产生一个焊缝，因此一秒左右可产生一个焊缝。凸焊可以同时产生多个焊缝，因此加工速度更快。焊接加工周期受到材料厚度、表面涂料和零件装配的变化影响。

环境影响

大多数电阻焊接工艺不需要消耗材料（如助焊剂、钎料或热喷涂保护气体）。有时需要用水来冷却铜电极，但这通常是连续循环使用的，没有浪费。

该工艺本身不产生废物，点焊不需要任何产生废物的生产准备或二次作业。

对接　嵌接　T型连接　**搭接**　桥接

连接工艺

软钎焊和硬钎焊

这两种工艺都通过熔化相邻两个零件之间的钎料形成永久接头。两种工艺的差别是钎料的熔点不同，软钎焊的熔点比硬钎焊的熔点低。

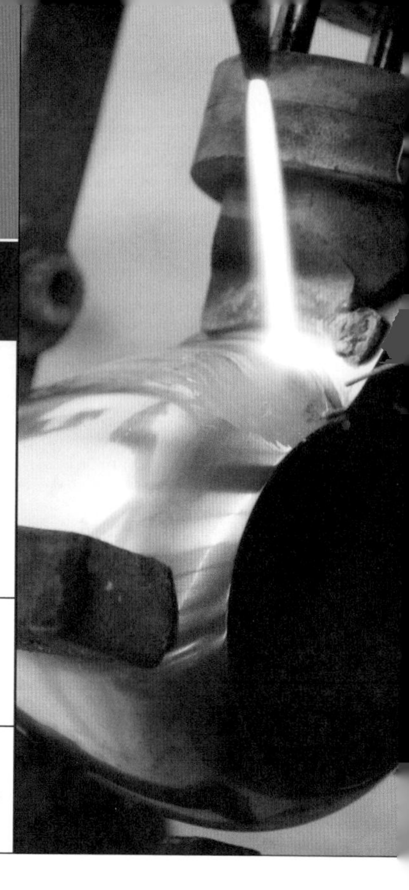

加工成本	典型应用	适用性
• 无模具成本，但可能需要夹具 • 单位成本低	• 电子工业 • 珠宝工业 • 厨房用具	• 单件至大批量生产
加工质量	**相关工艺**	**加工周期**
• 黏合强度高，接近母材强度	• 电弧焊 • 电阻焊	• 周期短（1 ~ 10 分钟，取决于焊接技术和接头的大小）

工艺简介

几个世纪以来这些工艺用于金属加工，如彩色玻璃窗的铅框架的连接和铜雕塑的连接。近年来，已开发出适合用于连接许多金属和陶瓷材料的钎料。最著名的应用是焊接印刷电路板（PCB 板）。传统上，铅基钎料用于许多场合，包括 PCB 板。由于铅和其他重金属对环境的负面影响，现在更广泛使用锡、银和铜基钎料。

钎料的熔化温度是否低于450 ℃决定了这一工艺是软钎焊还是硬钎焊。硬钎焊高于 450 ℃。但工件的熔点总是高于钎料，因此钎料是有色金属材料。

该工艺主要有三大要素：加热、助焊剂和钎料。有几种技术是通过利用这些元素的不同组合来获得一系列的设计机遇。例如，钎料可以一种预制件通过毛细流动、润湿或填缝等形式进入接头。加热方式包括传导加热、炉内加热和火焰加热。助焊剂可保护接头避免氧化。另一种可选择方法是在真空或稀有气体（如氢钎焊）存在的情况下下进行操作。

典型应用

这些都是应用广泛的工艺。最常用的软钎焊是将电子元件焊接到 PCB 板的表面，或通过小孔焊接到 PCB 板上。软钎焊是焊接 PCB 板的理想工艺，因为软钎料是导电的，适合焊接精密的元器件。许多电子零件都是通过手持烙铁进行组装，特别是对于小批量生产的零件。对大批量生产的零件则采用一种称作“波峰焊”的工艺进行生产。在操作中，先将 PCB 板与所有相关组件组装，再预热并浸入助焊剂槽，然后浸入软钎料槽。软钎料润湿了露出的金属接头，并在烘烤后形成一个永久的导电接头。

另一种大批量软钎焊生产的方法被称为回流软钎焊。这种工艺先通过丝网将糊状的软钎料和助焊剂印刷到零件上，然后烘烤。其优点是数百甚至数千个焊点可以通过刮刀一次涂布完成。

软钎焊也大量用于珠宝、家用管道（铜管的密封件）、银器和制作食品的器具、修复和修理工作（重新焊接）。

硬钎焊的强度通常比软钎焊更高，因为硬钎料的熔点比软钎料的高。典型的应用包括工业管道工程、自行车的车架、珠宝和手表。硬钎焊也用于焊接发动机、加热元件、航空航天和发电工业的零件。

软钎焊和硬钎焊工艺

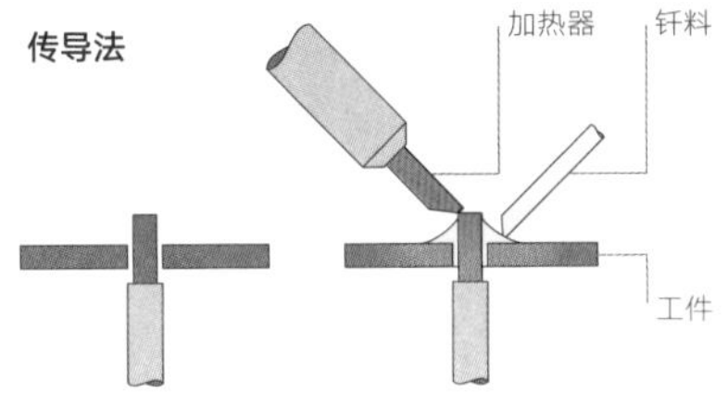

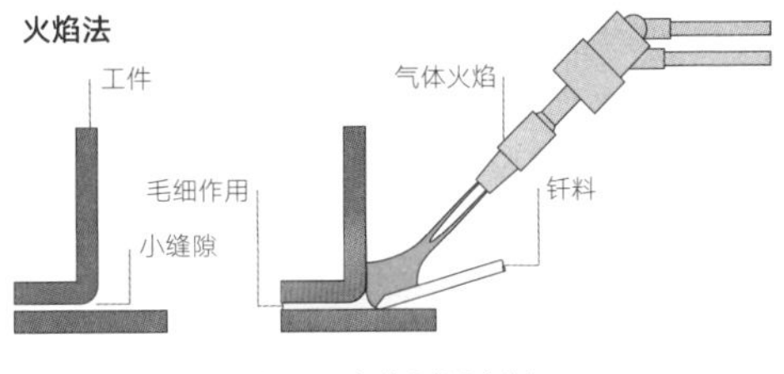

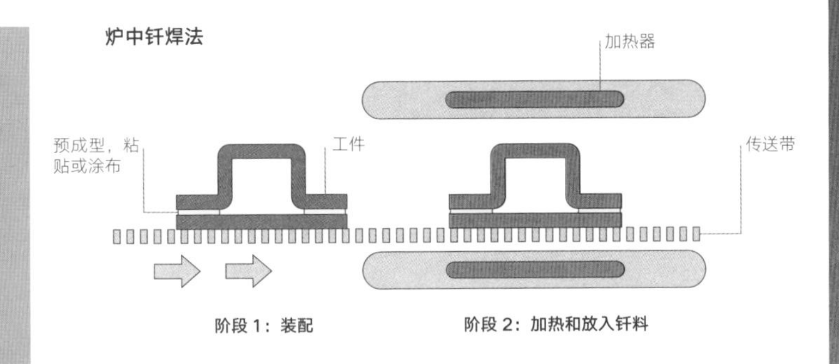

技术说明

软钎焊和硬钎焊由以下要素组成：接头制备、助焊剂、钎料和加热。这三组图说明了加热接头的最常用方法。

有许多不同的技术，但软钎焊和硬钎焊的基本原理都是将工件加热到钎料熔点以上。在这熔点上，钎料熔融，并在毛细作用下进入接头。液态金属钎料与工件形成冶金结合，形成与钎料强度一样的牢固接头。

钎料通常是银、黄铜、锡、铜或镍的合金，或这些金属的组合。因为它们必须在冶金上相容，所以钎料的选择是由工件的材料决定的。

助焊剂是工艺中必不可少的一部分。助焊剂的种类由钎料决定。助焊剂的作用是提供一个干净的、无氧化物的表面，这样钎料就可以在接头周围流动并形成牢固的连接。这通常也被称作表面“润湿”。

润湿是钎料所达到的覆盖范围。它受到材料表面污染和材料表面张力的阻碍。在某些情况下，如回流焊，把助焊剂加入钎料中以帮助润湿。为了促进陶瓷材料表面的润湿，可用电镀（364 页）的方法覆盖上金属，或者以真空电镀（372 页）的方法给非导电材料覆盖上金属。

传导法

传导加热通常用烙铁进行。该图展示了电路板上常见的直通接头。另一种方法是表面安装。在这种情况下，填充材料——软钎料被单独地作为一根焊条或一根焊丝引入接头中。在装配前在工件上涂上一层细薄的钎料和助焊剂同样有效，通过加热钎料聚结形成接头。

火焰法

另一种加热方法是使用气体火焰，通常是氧乙炔。然而，软钎焊可以用低温的燃烧气体如丙烷来进行。与之前的技术一样，将接头加热到所需的温度，并添加钎料。为促进毛细作用必须有大约 0.05 mm 的小间隙。间隙可以更大一些，但这会影响连接的强度。

这并不仅限于手工操作。大批量生产的方法可能会有许多固定并指向工件的火焰，例如某些自行车框架的生产。钎料可以作为预制品或涂层加入，并在强烈的火焰下受热熔化。

炉中钎焊法

上述两种方法都是基于加热工件的局部区域进行焊接。加热炉把整个工件加热到钎料的熔点。这对于同时制造多个接头，大批量生产，以及需要在保护气体中进行硬钎焊的材料，如钛等，都是理想的工艺。

钎料可以作为预制件加入，或者在进行回流焊接时将助焊剂和钎料丝印到接头上。烘烤的时间比其他工艺要长，但可以同时焊接许多零件。

若不使用炉内加热，可以使用一个特定形状的器件来加热，以提高焊接区的温度；这一器件包围着零件而不与其接触。该技术更常用于大批量硬钎焊生产。

相关工艺

像电弧焊一样（282 页），硬钎焊使用热能来熔化钎料。但软钎焊和硬钎焊不会熔化母材，这有益于轻薄、精密和灵敏的零件。电阻焊（308 页）适用于类似的应用，但接头的几何形状不同。

加工质量

软钎焊和硬钎焊加热接头的温度不高于母材熔点，因此金相变化和热影响区很小。接头的外观效果通常令人满意，不需要大量的磨削，虽然硬钎焊通常用黄铜作为钎料，但颜色可以根据母材的需要进行调整。

设计机遇

这些工艺的主要优点是它们不影响母材的金相性能。即使如此，熔融钎料在接合面处可形成完整的冶金结合。

软钎焊和硬钎焊工艺简单，但有许多变化，这使得它们用途广泛，适用于不同材料和几何形状的接头。技术范围涵盖了手工生产和自动化生产，使得这些工艺适用于单件和大批量生产。单件和小批量生产通常使用手持式焊枪和焊条进行，而大批量生产的产品则通过传送带上的炉子进料。

钎料通过毛细作用进入接头。因此，接头不一定要准确地吻合，钎料将填补间隙。熔融的钎料会被准确地引进缝隙，这也意味着可以制造非常复杂和精细的接头。

另外，钎料可以作为预制件插入接头中，通过这种方法，可以同时焊接多个产品或多个接头。

设计注意事项

钎料决定了最佳工作温度，以及软钎焊和硬钎焊的接头强度。

由于对接、T 型和斜接等类型接头的接合面必须尽可能大，一般不适合使用这些工艺。因此，不管配置如何，接合面的设计都是为了提供大的表面积。这可能会影响产品的装饰效果。

在炉内钎焊和真空钎焊中，产品尺寸受到炉腔尺寸的限制。

适用材料

大多数金属和陶瓷都可以使用这些技术进行焊接。金属包括铝、铜、碳钢、不锈钢、镍、钛和金属基复合材料。

陶瓷可以和陶瓷或金属焊接在一起。许多陶瓷可以焊接在一起，但由

案例研究

→ 应用硬钎焊制作的阿莱西 Bombé 牛奶罐

这是由卡洛·阿莱西（Carlo Alessi）于 1945 年设计的 Bombé 牛奶罐（图 1）。至今仍在生产。最初是用金属旋压（78 页）黄铜制造，但现在是采用不锈钢深冲（88 页）制造。用硬钎焊来连接罐口和手柄，虽然使用电阻焊会更快，但仍然采用硬钎焊来保持原始设计的完整性。

首先检查接头，涂上焊剂膏（图 2）。在罐口和罐身之间形成了重叠，以最大限度地扩大要连接的表面积。

它们被固定在夹具上（图 3）。硬钎焊非常快速，约持续 30 秒（图 4）。工艺人员首先用氧乙炔焊枪加热连接区域，当达到相应温度时，加入钎料，使其流入接头界面，形成均匀的焊缝。

几乎不需要表面再加工。从夹具上取下完整的钎焊零件（图 5），经轻微的抛光和清洗，然后包装（图 6）。

1

2

于工艺的复杂性，硬钎焊通常用于工程材料焊接。

扩散焊是一种类似于硬钎焊的工艺，适合用于连接陶瓷、玻璃和复合材料。这一焊接工艺在真空室进行，焊接时将非常薄的薄膜钎料涂敷在接合面上，并施加少量的压力。当温度升高时，施加很小的压力使接头中的分子混合，形成很强的连接。不同类的材料，如金属和陶瓷，可以用这种工艺进行焊接。

加工成本

没有模具成本，但是可能需要夹具支撑装配件。然而，可以通过设计接头来进行定位，以避免抖动。对于大多数火焰钎焊，周期非常短，从 1 分钟到 10 分钟不等。

炉中钎焊的周期可能会更长，但可以对多个产品同时焊接。人工成本通常较低。

环境影响

软钎焊和硬钎焊的工作温度低于焊接温度。因为有缺陷的零件可以拆卸并重新组装，所以很少有废品。

3

4

5

6

主要制造商

Alessi
www.alessi.com

连接工艺

铆接

热塑性铆柱被加热并形成永久的接头。该工艺适合用于焊接不同类的材料，如塑料与金属的连接。主要有两大技术：热铆接和超声波铆接。

加工成本	典型应用	适用性
• 模具成本低 • 单位成本低	• 电器工业 • 汽车工业 • 消费电子工业	• 中批量至大批量生产
加工质量	**相关工艺**	**加工周期**
• 接头强度高，外观多变	• 热板焊接 • 超声波焊 • 振动焊	• 周期短（0.5 ~ 15 秒）

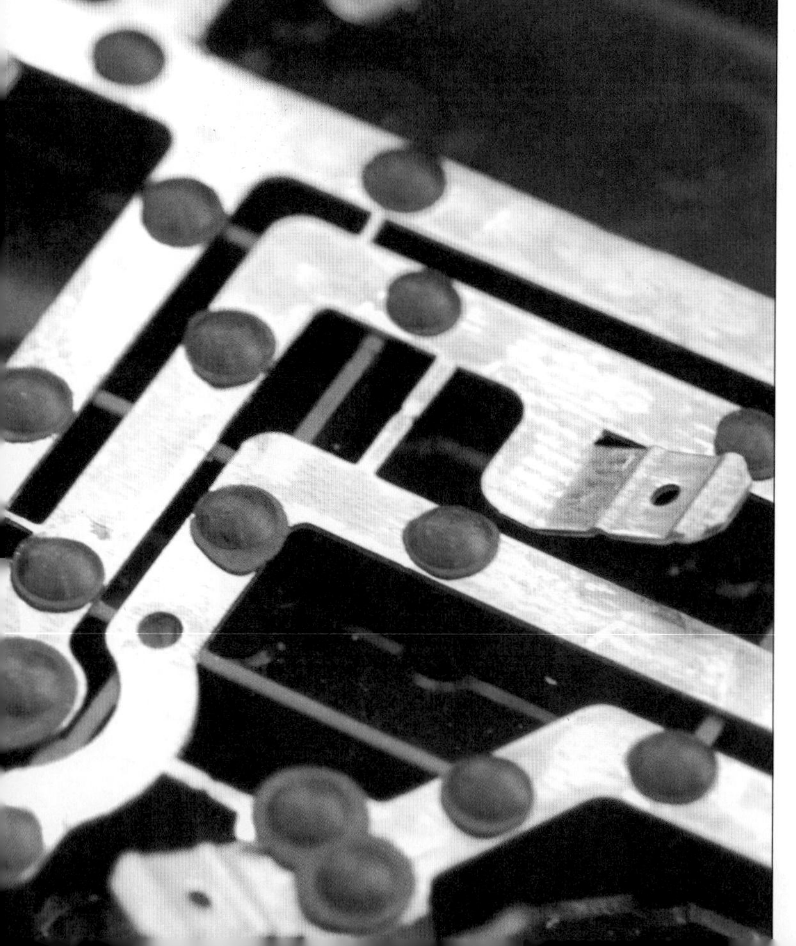

工艺简介

这些都是清洁而高效的工艺，用于注塑成型的热塑性零件与其他材料组装。这些工艺利用了热塑性塑料被加热后重新成型而没有任何强度损失的特点。

接头形状类似铆钉。塑料铆柱在组件上注塑成型，加热后形成一个紧密的装配接头。可以将不同类的材料连接起来，只要其中一个是热塑性材料就可以连接。铆接广泛应用于将金属电路连接到塑料外壳上。

典型应用

最大的应用领域是消费电子工业和汽车工业。在许多情况下，铆接已经取代了像使用螺丝钉和夹钳这样的加工方法。汽车工业中的应用包括控制面板、仪表板和车门衬里。由于螺柱是绝缘的，所以铆接是将电元器件连接到塑料外壳的理想工艺。

相关工艺

如果要将两种相似的材料连接起来，那么可以使用超声波焊接(302页)、热板焊接（320 页）、振动焊（298 页）或其他焊接技术。在没有附加固定装置的情况下，铆接将塑料与金属连接在一起的能力是独一无二的。

加工质量

该工艺将形成永久的连接。接头的强度取决于塑料铆柱的直径和母材的力学性能。

铆接工艺

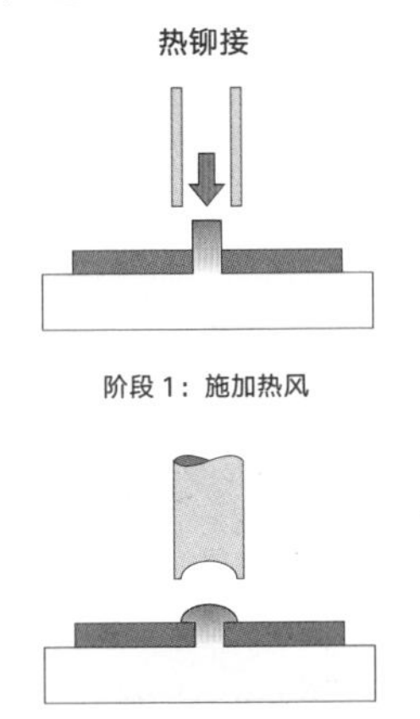

阶段1：施加热风

阶段2：施加冷模头

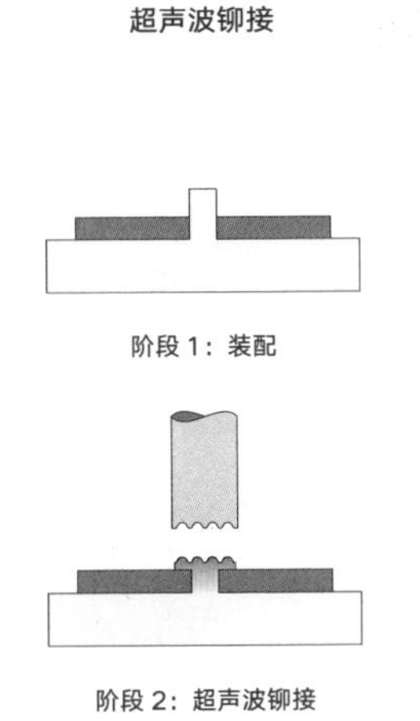

阶段1：装配

阶段2：超声波铆接

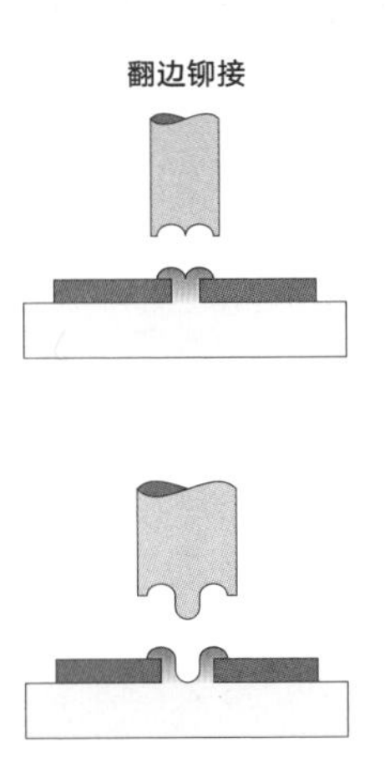

设计机遇

这是一个简单的工艺，省去了诸如螺丝和铆钉之类的消耗品。铆柱通过注塑成型加到零件上，因此不增加成型工艺的成本。

另一种方法是成型卡扣。铆接的优点是，只要其起模方向（模具的动作方向）在同一条直线上就可以注塑多个固定点。如果没有复杂的模具动作，卡扣就很难集成到产品表面。

可以同时加热和成型多个铆柱，以形成焊接区域。可以通过将橡胶密封夹在组件中形成水密性密封。

对铆柱的布局、样式或数量没有限制。在操作过程中施加压力，使接头紧密结合，不受振动影响。

较小的压力就足以形成接头，因此那些无法承受振动的薄壁和脆弱易损零件可以通过这样的工艺连接起来。

设计注意事项

铆柱应该在同一个垂直方向对齐，否则它们就不能在一次铆接中成型。

铆接限于注塑零件（50页）和大批量生产零件。

这些接头通常在内部，因此外观不是主要考虑因素。由于工艺的特点，接头是整洁干净的，但外观效果不可控。

适用材料

这一工艺仅适用于注塑零件。适宜的材料有聚丙烯(PP)、聚乙烯(PE)、丙烯腈-丁二烯-苯乙烯(ABS)和聚甲基丙烯酸甲酯(PMMA)。

加工成本

模具成本低。在装配过程中，需要铝夹具来支撑零件，超声波铆接时要使用焊头（工具）。热铆接采用标准的模具，其设计需要适合铆柱脱模方向。

周期短。超声波铆接可在0.5 ~ 2秒内形成接头，热铆接的周期是5 ~ 15秒。

因为这些工艺通常是自动化生产，所以劳动力成本很低，

环境影响

铆接省去了诸如铆钉、螺丝和夹具等消耗品。

技术说明

热风或超声波振动使热塑性铆柱软化。然后，它形成一个球形、滚花、裂开式或空心的头。调整工具的形状，以适合工艺的要求和铆柱直径。

圆形铆柱通常为0.5 ~ 5 mm。长方形和中空柱尺寸可能更大，但只要壁足够薄就可以铆接。

热铆接工艺分为两个阶段。在阶段1，热空气吹向铆柱。空气的温度由材料的塑化点决定。在阶段2，带有异形头的冷模头压在热铆柱上，同时成型和冷却铆柱并连接材料。

超声波铆接的加工速度更快，只需几秒钟时间。它只需一个操作，即通过超声波振动加热铆柱。当铆柱被加热时，它会软化，并在工具施加的压力下成型。

超声波焊适合于焊接、密封、切割等一系列操作。

→ 热铆接

本案例研究展示了热铆接的典型应用。正在装配的零件是灯具外壳和电气触点。

灯壳被放置在一个模具里面，压制成型的金属触点被放置在铆柱上（图1、2）。

将热风引向铆柱，保持几秒钟（图3）。用冷球形头模具焊接热塑料铆柱（图4）。模头缩回，装配操作完成（图5、6）。

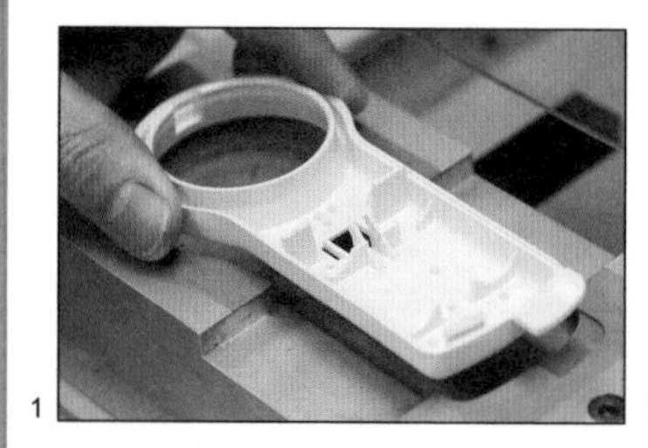
1

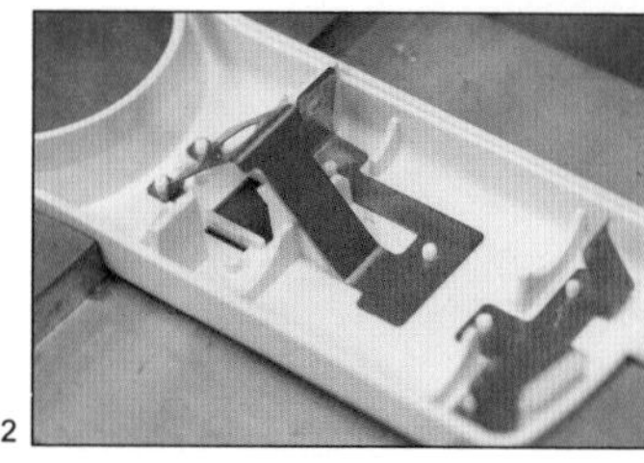
2

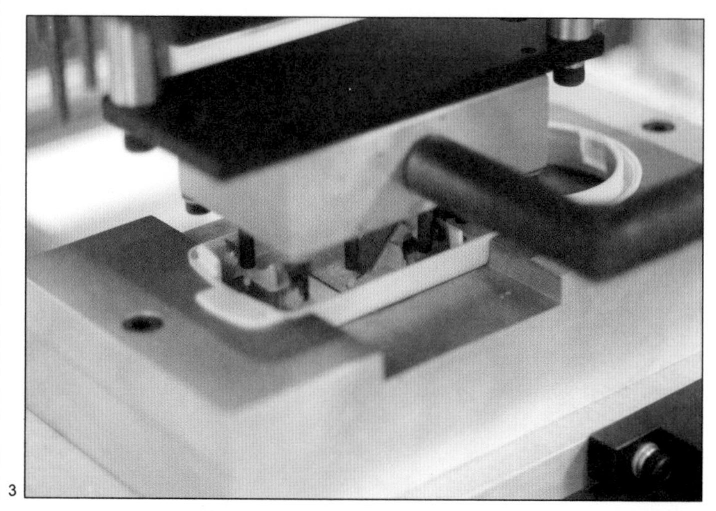
3

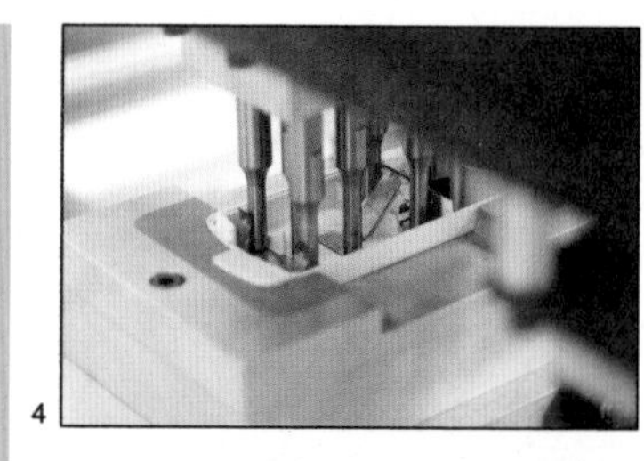
4

5

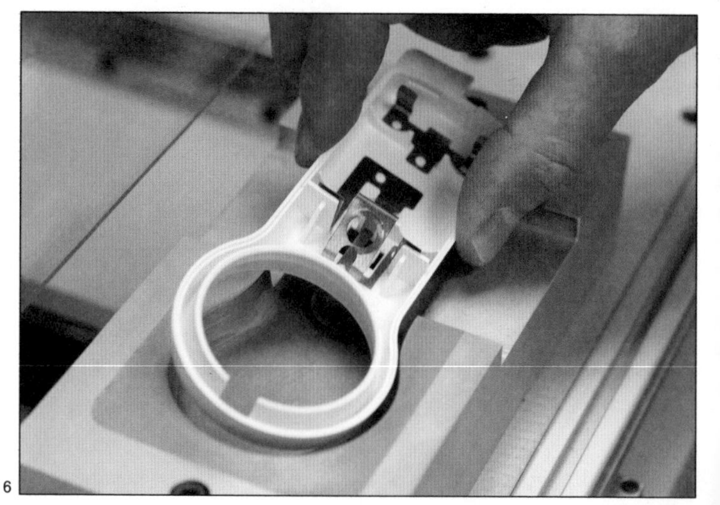
6

主要制造商

Branson Ultrasonics
www.branson-plasticsjoin.com

→ 超声波铆接

本案例应用超声波铆接工艺将橡胶密封圈焊接到注塑成型的零件上。将两个零件装配在一个夹具上（图 1）。矩形的铆柱可以提供更大的焊接面积。

将超声波焊头安装在一个调幅器上并同时工作。焊头的内部将铆柱加工成所要的形状（图 2）。

将超声波焊头压到零件上，并通过振动来加热铆柱（图 3）。超声波振动迅速焊接铆柱，几秒钟后，焊接完成，焊头缩回（图 4）。

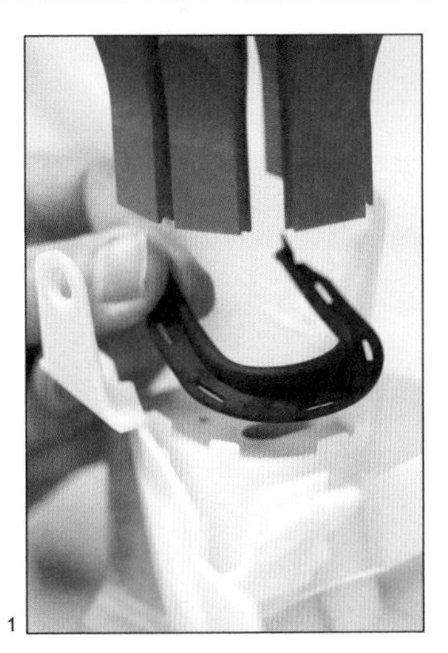
1

2

3

4

主要制造商

Branson Ultrasonics
www.branson-plasticsjoin.com

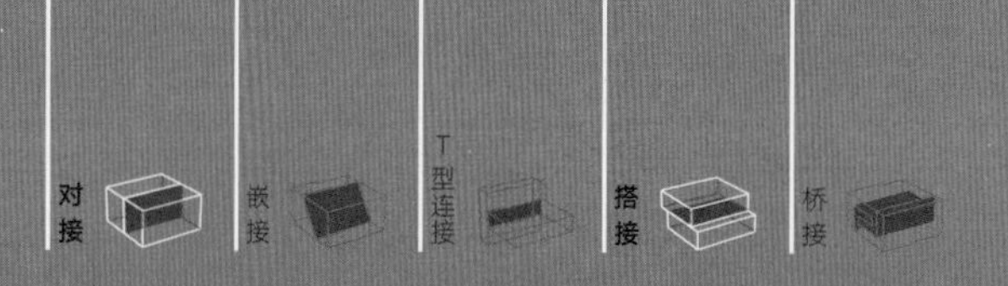

热板焊接

这是一种用于连接材料的简单而多用途的工艺。接合面被加热到材料的熔点以上，从而使材料塑化。然后将零件夹紧在一起形成焊缝。

加工成本	典型应用	适用性
• 模具成本适中 • 单位成本低	• 汽车工业 • 包装工业 • 制药工业	• 小批量至大批量生产
加工质量	**相关工艺**	**加工周期**
• 高品质的均质结合 • 形成气密性密封	• 超声波焊 • 振动焊	• 周期短，用时从 130 秒至 10 分钟不等

工艺简介

热板焊接用于在挤压和注塑成型（50 页）的热塑性零件中形成接头。这是一种非常简单的工艺：接合面被加热直到塑化，然后被压在一起直到它凝固。这也是一种多用途的工艺：焊缝的尺寸只受加热板尺寸的限制，接头轮廓可以是平的，也可以是三维立体的。热板焊接设备既可以是便携的，也可以固定在生产线上。

热板焊接

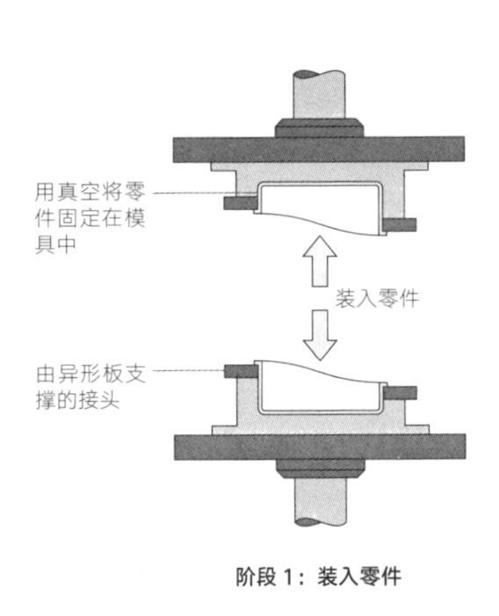

阶段 1：装入零件

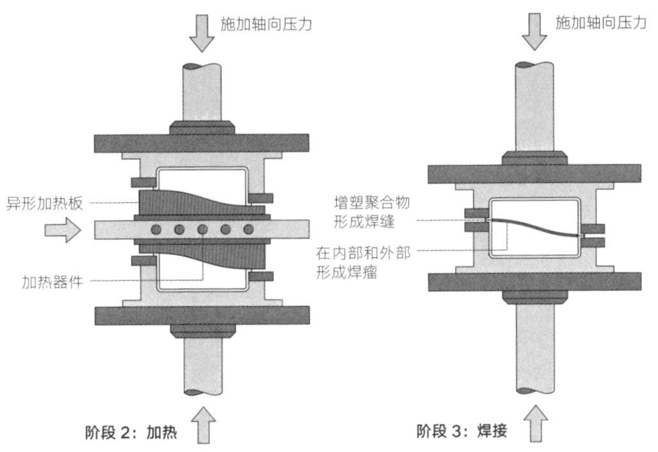

阶段 2：加热

阶段 3：焊接

典型应用

热板焊接应用的最大领域是汽车工业。该工艺还用于某些包装工业和药品制造工业。

相关工艺

类似的接头外形适用于振动焊（298 页）和超声波焊（302 页）。之所以选择这一工艺，是因为热板焊接与其他工艺不同，只需较小的压力就能形成接头，这意味着可以焊接小而精密的零件。

加工质量

焊接强度受零件的设计和材料类型的影响。因为强度根据应用的不同而变化，所以强度很难量化。在焊接操作中，因压力产生的焊瘤往往不需要修剪。可以在焊接区域周围设计一个凸缘以隐藏接头的焊瘤。

因为是局部加热和塑化，每边最多 1 mm，所以工艺不影响工件的结构。

设计机遇

对零件尺寸和几何形状的限制很少；接合面可以非常复杂，还可以在内部和外部都有焊缝。唯一的要求是

技术说明

该工艺由几个阶段组成，可分为装载、加热和焊接三个主要工序。

在阶段 1，将零件装载到模具中，模具通常在垂直轴上工作。它们是由一个小真空装置固定的。模具使接合面对齐，使其能够被非常准确地加热和焊接。

零件和预热的加热板是分离的，加热板在两个零件之间。在阶段 2，零件与加热板接触，从而提高了接合面的温度，并使材料的外层塑化。根据焊接的塑料零件调节温度。一般情况下，温度设定为高于聚合物熔点 50 ~ 100 ℃，因为它必须把塑料加到足够热，使其在形成焊缝之前不会降到熔点以下。最高温度在 500 ℃左右。

加热板表面涂有一层聚四氟乙烯（PTFE）薄膜，以防止在加热的过程中熔化的塑料粘在上面。对于特别黏稠的塑料，加热是不直接接触模具的（采用的是对流加热方式，而不是传导加热方式），但这可能会引发问题。与模具接触的好处是施加的压力可以使加热均匀。非接触式加热效率较低，对于复杂的、起伏的轮廓不适用。聚四氟乙烯涂层在 270 ℃以上开始降解，释放有毒气体。因此，它们只能用于低熔点的塑料，如聚丙烯（PP）和聚乙烯（PE）。

加热板通常是铝制的平板，如图所示，可以做成一定的形状以适应具有三维立体接合面的零件。

在阶段 3，零件与加热板分离，加热板退出，使零件能够结合在一起。施加轴向压力，将塑化接头界面混合以形成均匀黏结。一个预先设定数量的材料被压力去除，产生小的焊瘤。

将这些零件保持在适当的位置，直到聚合物已经充分固化和冷却，以便能够被取出。对于小零件通常加热约 10 秒，然后夹紧（焊接）10 秒。因此，周期最长 30 秒。对于大型零件可能要花费相当长的时间。

→ 热板焊接汽车零件

本产品是热板焊接的一个典型应用。它是汽车盖下水冷系统的一部分。由于可以同时制造内部和外部的焊缝，这是一个相当令人满意的工艺。因为形成焊缝仅需要少量的压力，所以这种工艺适用于薄壁材料。

这个零件由注塑成型的两半组成（图 1）。上半部分和下半部分被装载到各自的夹具中，并由一个小的真空（图 2、3）固定。通过试验确定了所需的压力、加热和焊接时间。工艺自动运行保证了重复焊接的准确性。操作者为这些特定的零件设置程序（图 4）。

在加热板上加热（图 5），使材料的温度比熔点高出 50 ℃。这确保了焊接接头有足够的热量进行焊接。几秒钟后，模具分开，此时取出加热板。然后，将这些零件贴合在一起，保持压力，直到接合面混合并凝固（图 6）。整个过程不超过 25 秒。

模具分离，焊接的产品留在下半部分（图 7）。取出零件并检查。采用这种工艺通常会产生焊瘤（图 8），而且在施加压力时它们会在接头周围聚集。

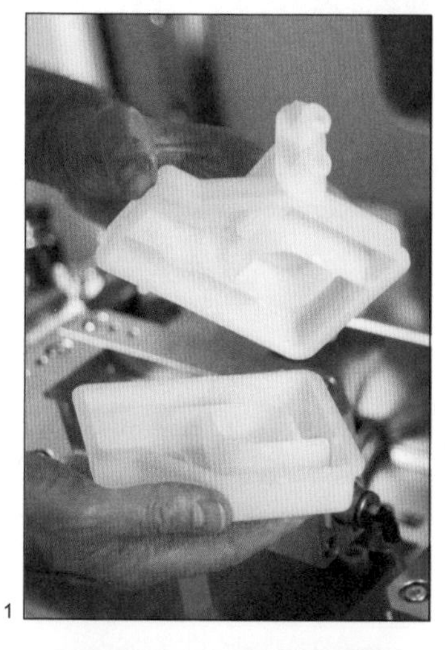

1

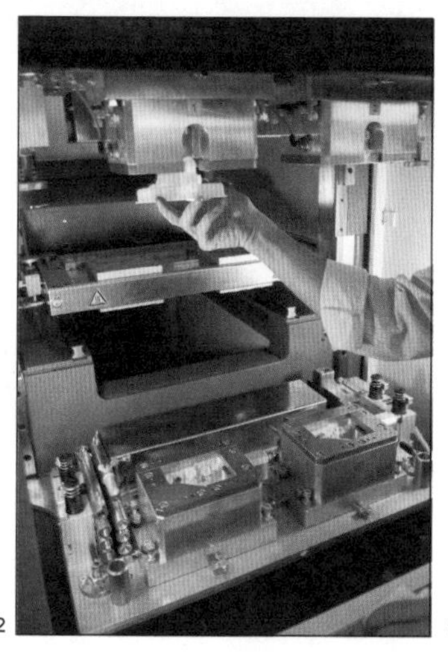

2

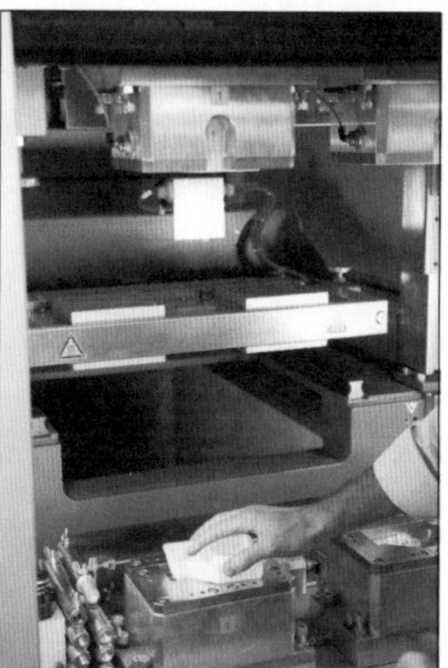

3

加热板可以沿一个轴进入。不同轴向的接头必须进行第二次焊接。

该工艺不特定用于某种热塑性材料，也就是说，不同的材料可以用相同的模具进行焊接，所需要做的仅是调整加热板的温度。

设计注意事项

这一工艺最常用于焊接对接接头。搭接接头可以在简单的零件和型材中使用，但这是一种不太常见的构型。

通过增加焊缝的表面积提高接头的强度。例如，在焊接接合面上加入一个 T 型或直角接头将增加焊接面积。

焊接零件的最大尺寸受设备尺寸的限制，加热板的尺寸可达 620 mm×540 mm，高度最高可达 350 mm。

适用材料

尽管热板焊接仅限于注塑成型和挤压的零件，大多数热塑性塑料都可以用这种工艺连接起来。一些材料，包括聚酰胺（PA），在加热到熔点时会发生氧化，从而会降低接头的强度。

加工成本

因为在焊接过程中需要准确地支撑零件，所以模具成本比较昂贵。零件通常用真空固定，这进一步增加了成本。

通常，周期很短，大约 10 秒。然而，复杂和大的焊缝可能需要相当长的时间，可高达 10 分钟。

热板焊接要么是部分自动化，要么是完全自动化，因此劳动力成本相对较低。

4

5

6

7

环境影响

这种工艺不需要往焊缝添加任何材料，因此在焊接过程中不会产生废料。热板焊接对环境的影响较小。

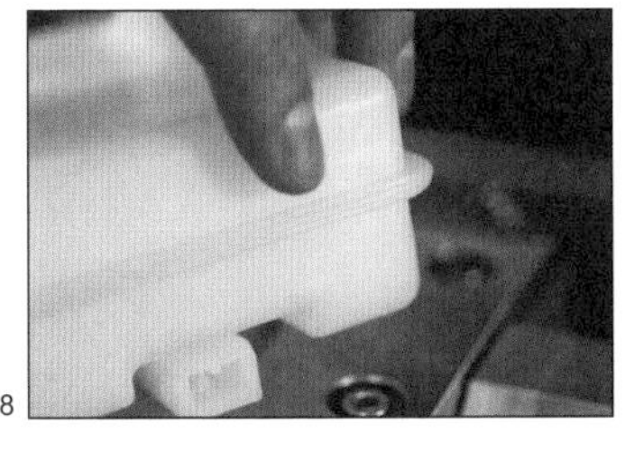

8

主要制造商

Branson Ultrasonics
www.branson-plasticsjoin.com

对接 嵌接 T型连接 搭接 桥接

木工

现代家具由手工和机械制作的接头连接而成。接头有许多不同的类型。木匠为每一种应用选择最结实最美观的连接方式。

加工成本	典型应用	适用性
• 无模具成本；有可能需要夹具 • 单位成本低至中，取决于复杂程度	• 建筑 • 家具和橱柜制作 • 室内装饰	• 单件至大批量生产
加工质量	**相关工艺**	**加工周期**
• 高质量无缝坚固的接头	• 摩擦焊 • 木质框架结构	• 周期长短取决于复杂程度

工艺简介

木工依然是家具和橱柜制造中必不可少的工艺。多年来，工艺和工业相结合，形成了连接结构的多种标准形式。这些连接结构包括对接接头、搭接接头、斜角接头、壳体接头、榫卯接头、M接头、斜接接头、槽榫接头、榫接接头、指形接头、鸠尾榫接头。此外，使用销钉和饼干榫可以加强对接接头。

所有的连接都可以使用螺钉和钉子进一步加固，本节则主要介绍用胶固定接头。（在木质框架结构中使用金属固定装置，344 ~ 347 页。）

连接结构既有功能性又有装饰性。其充分利用了木材的特性。木材具有各向异性，沿着纹理的方向更坚固。当木材变干或从大气中吸收水分的时候，易于收缩或膨胀。因此，连接设计必须考虑天然材料的强度和不稳定性。

连接结构可以是无缝的，甚至几乎看不出来，或者也可以通过对比强调连接结构。这由设计师来决定，然后由技术熟练的木匠实现。

典型应用

木工用于木工行业，包括家具、建筑、室内装饰、造船和制模。

典型的家具包括桌子、椅子、书桌、橱柜和书架等。木工用于建筑行业，如屋顶桁架、山墙、门和窗框。室内装饰包括地板、墙壁、结构和楼梯间。

相关工艺

木工和木质框架结构（344 页）有交叉的部分。在木质框架结构中会大量使用简单木工，特别是连接结构可见时。但是木质框架结构与操作加工周期和连接结构的可靠性相关，经常使用金属固定装置，而不是花时间制作复杂的连接结构。

涂胶的优点在于它能使载荷均匀分布在连接结构上，而且从外面看不出来。

在将来，线性摩擦焊（294 页）可能与传统的胶合技术竞争。

加工质量

连接结构的质量在很大程度上取决于技术。容错率低，但是错误仍无法避免。修复错误而不被察觉是成熟家具木工的重要特征。

木制品在图案（年轮）、气味、触感、声音和温度感上具有独特的特性。高质量的木工制品通常是裸露无装饰的。其他材料，如中密度纤维板，往往隐藏于几层油漆之下。通过反复的喷漆和打磨，可以达到非常小的表

连接结构

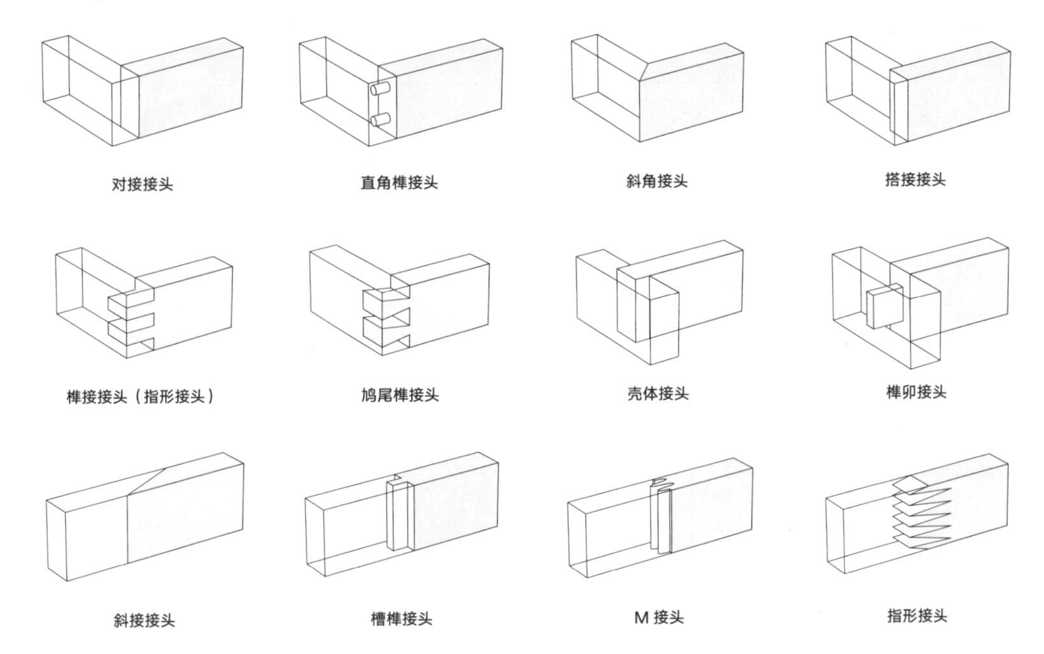

技术说明

上面图片为最常见的连接类型，包括手工制作和机器制作的结构，用于家具制作、房屋建筑与室内结构。

黏合剂有四种主要的类型：脲甲醛（PVA）、聚醋酸乙烯（UF）、聚氨酯（PUR）。脲甲醛和聚醋酸乙烯是最便宜且应用最广泛的树脂。脲甲醛是水性无毒的，多余的部分可以用湿布擦除。聚氨酯和 2 价环氧树脂可以用于其他材料，如金属、塑料或陶瓷。它们可以防水，且适用于室外环境。相对于脲甲醛，它们是刚性的，因此限制了连接件的移动。

对接接头是木工中最简单的形式。准备对接接头成本不高，因为两块木板只需要削减到适合的长度。但是这种接头强度不高，因为黏合面相对小，而且一面是断面。对于所有的固定类型而言，包括黏合剂、钉子和螺钉，断面是最不牢靠的。

对接接头可以使用销钉、饼干榫或金属固定件加强。其优点是藏在接口中。对接接头广泛应用于大批量生产和扁平封装家具。

斜角接头是一种简单且整齐的方法，将两块木板呈直角连接。与对接接头相比，它更为美观，因为它保证了长纹理的连续性，并且隐藏了断面。

搭接接头增大了接口的面积，使得断面的两侧都可以进行黏合。这增加了连接的强度，但同时也需要更多的准备工作。

榫接接头（也称为指形接头）提供了更大的黏合面，是桌子和橱柜中盒子或抽屉的常用连接方式。它是由木工铣床上一系列间隔的铣刀制作而成的，旋转的铣刀用来设定木头的长度和断面。

鸠尾榫接头是榫接接头的变形。凹角切入，在某些方向上可以增加连接的强度。该结构对于抽屉特别有利，因为抽屉从前面被反复地抽拉。

壳体接头是工件中部的搭接接头。常用于书架和橱柜的制作。

榫卯接头用于纵向连接木材。腿是榫，孔是卯。榫通常是在带锯上切割而成的，榫眼（卯）是用凿榫机制作的。凿榫机是一种在凿子中有钻头的机器，凿子能在木头上切割出方孔。也可以手工制作榫眼。榫卯接头有许多不同的类型。

斜接接头、槽榫接头、M 接头和指形接头主要用于连接木板以制作较大的木板。在对接接头方式中，增加了两个板之间的胶合面。

M 接头为机加工，适合大批量生产。可以在高速木工铣床在进行切割。

指形接头使用机械制作，用于连接木材形成连续的形态。它的目的是最大限度地提高胶合面的面积和连接的强度。

上述连接有多种变体，包括截取的角度，连接穿透或不穿透木头。

案例研究

→ 家用桌子中的榫卯接头和 M 接头

这是一张家用餐桌，是由B&O于2000年设计的。它是由实心橡木制成的，使用了一系列的接头设计（图1）。

桌腿是斜角拼接的（图2）。桌腿和桌子的框架是用榫卯结构连接的，这是此类产品使用的传统的且力度最强的连接（图3～5）。桌面部分使用M接头将实木木板连接（图6）。

组装好的桌子上几乎看不见斜接的痕迹（图7）。纹理在桌腿的前部融合，因为桌腿的两部分来源于同一块木材。

1

面粗糙度。

设计机遇

接头有几种主要的功能，包括加长或加宽，改变木纹的方向，以及用于连接出无法使用单一工艺或一块木板完成的形状。

接头应该尽量少使用自然扭曲和有节的木头，减少重量，并增大黏合面积。

木工应最大限度地利用木材。若制作大的平面，如桌面，可以通过斜接或槽榫接头，或使用固定在木板两端的木材的“面包板”端来连接木板，防止翘曲。可利用M接头或指形接头实现木材的长度延长和连续性。架子和柜子可以利用简单的框架进行组装，用销钉和饼干榫加固腿部和对接接头。简单的盒子可以采用对接、斜接、搭接，或者更具装饰性的榫接和鸠尾榫接头制作而成。

对于承重产品，纹理方向的改变有特别的用处。例如，将桌子的框架和桌腿连接在一起，部分原因是，纹理应该朝不同的方向，以达到最佳强度。对于桌子，最常见的连接方式是榫卯结构，因为这会防止扭转。

木工往往与CNC成型（182页）、层压成型（190页）、蒸汽弯曲成型（198页）、木质框架结构和饰面（338页）相结合。接头可能露在外侧，起装饰作用，或者纯粹出于功能的需要。

设计注意事项

木板的尺寸或连接后的木材长度是没有限制的。连接结构的类型和它相对于木材的尺寸是非常重要的考虑因素。若木材切割后成为连接结构，要最大限度地保持木材的强度，这是基本的原则。

例如，榫（榫卯接头）和凹槽（榫槽接头）的宽度不大于木板的三分之一。这可以确保有足够多的材料在连接处起支撑作用。

接头的选择取决于功能性、装饰性和经济因素间的平衡。例如，传统上某些连接结构用于桌腿、门框的连接，或架子和抽屉的制作。对于每一种应用，连接结构都会进行修改与调整。案例研究说明了某些最常用的连接类型及其使用方法。

对于裸露在外的连接，美观很重要。例如盖住斜角接头的断面纹理，通过连续的表面纹理呈现出整洁的边缘细节。榫接和鸠尾榫接头既表现了工艺，又增加了感知价值。

经济因素，例如周期和劳动力成本，往往发挥一定的作用。例如，用对接接头制作的零件比用指形接头和鸠尾榫接头的零件便宜。然而，黏结的接头可能无法像其他连接方法那样提供面积大、强度高的接合面。因此，使用强力黏合胶、销钉和饼干榫，最大限度地提高其强度。

2

3

4

5

适用材料

最适合木工的木材是实木，包括橡木、白蜡木、榉木、松木、枫木、胡桃木和桦木。

木工不限于木材。这些方法可以应用于任何材料，只要材料足够坚硬，可以切割出连接结构。合成材料不需要太复杂的形态，因为它们比木材更为稳定。

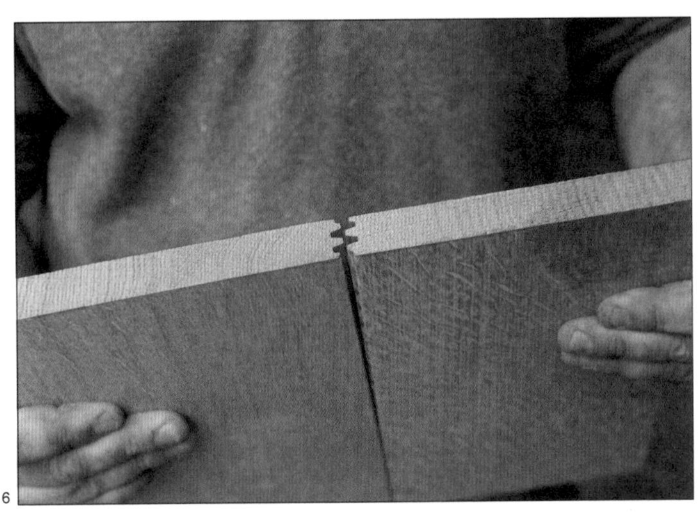
6

加工成本

大多数的应用不需要模具。有些机器制作连接件可能需要工具，以适应木工铣床或雕刻机，但通常很便宜。

周期完全取决于作业的复杂性和操作者的技能。一个连接结构的切割和组装可能需要 5 分钟，但是一个产品有可能需要 15 个不同的连接结构。通常，在产品中应尽可能使用相同或相似的接头，尽量减少它们在机器上的设置和转换的时间。

由于操作者需要一定的技能，劳动力成本往往很高。

环境影响

木材具有许多环境效益，尤其是木料来自可再生森林。木材可生物降解，能够重复使用或循环利用，不会造成任何污染。

连接结构往往是通过切割而形成的，因此废弃物不可避免。常常焚烧粉末、刨花和木屑，以供暖的形式回收能源。

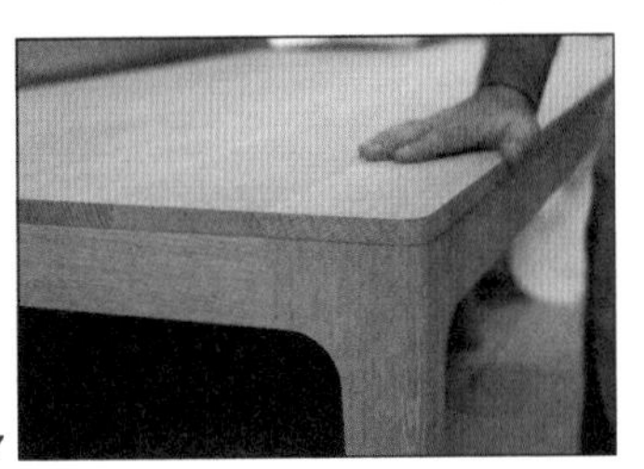
7

主要制造商

Isokon Plus
www.isokonplus.com

→ 利用 M 接头和饼干榫加强床头柜的对接接头

这是一个简单的贴面床头柜。产品的四面贴以实木橡木，橡木被切割成合适的尺寸，且采用切斜面。在对接接头上开槽，并以饼干榫加强。

为了连接 M 接头，各零件朝上放置（连接部分朝下）在桌子上。用胶带将各面连接（图 1），以保持连接结构在组装的过程中保持紧密的状态。在组装前，将饼干榫（图 2）放置在对接接头事先切割好的槽内，然后在所有的连接结构上涂胶（图 3）。

用胶带将四面组装起来，而胶带仍在特定位置上（图 4）。这使得连接结构紧密连接，起到夹子的作用（图 5）。

1

2

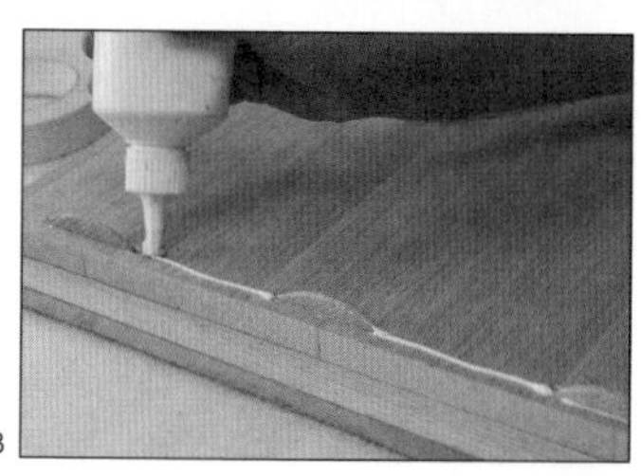
3

4

5

主要制造商

Windmill Furniture
www.windmillfurniture.com

→ 桌子抽屉里的暗榫对接接头

本案例说明了使用暗榫加强对接接头的结构。在零件上钻出精确距离的孔洞（图1）。通常使用有两头的钻头，两个孔在连接结构两侧的距离是一样的。销钉是由山毛榉和桦树制作而成的，因为它们具有合适的硬度（图2）。先给连接结构涂上黏合剂，后将销钉插入连接结构中，捶打进合适的位置（图3）。

1

2

3

主要制造商

Windmill Furniture
www.windmillfurniture.com

案例研究

→ 榫接式托盘

榫接接头通常用于连接托盘和抽屉的侧面。接头用木工铣床切割而成，铣床配有一套匹配的间隔刀具。两侧都使用同一套进行切割，以保证完美匹配（图 1），可以手动组装（图 2）。

将托盘底放置在四面围成的槽榫上，使它呈正方形，然后给成品上漆（图 3）。

1

2

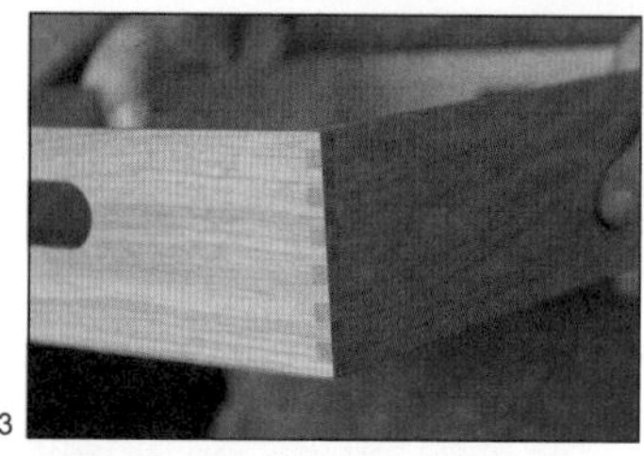
3

主要制造商

Windmill Furniture
www.windmillfurniture.com

案例研究

→ Donkey 书架中的槽榫

这个版本的 Donkey 是 1939 年由埃贡·里斯设计的。它是由桦木胶合板制成的（图 1）。槽榫是一种简单且坚固的将隔板固定到端盖的方法（图 2）。这种连接结构的使用意味着在一次操作中将产品组装黏合。端盖被夹紧在一起，对所有的连接结构施加均匀的压力。

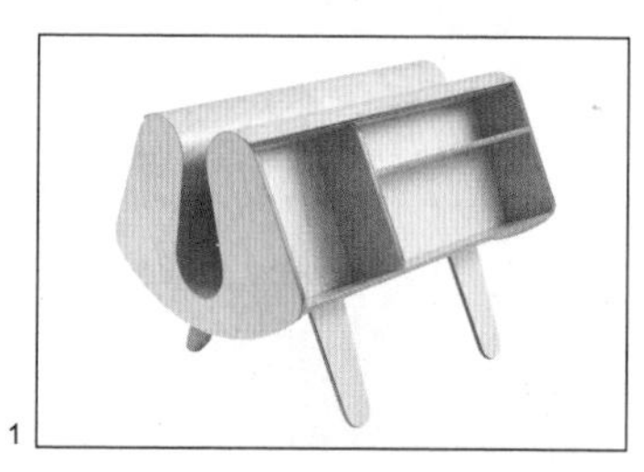
1

2

主要制造商

Isokon Plus
www.isokonplus.com

装饰镶嵌

这是一种简单的木头镶嵌形式，在视觉上区分桌面上的两种贴面（图1）。内板是鸟眼枫木，外板为普通枫木。这类装饰镶嵌是由外国硬木板和果树木板组成的，而且木板被切成细条（图2）。用雕刻机切割出凹槽，用UF黏合剂将嵌条连接在一起（图3）。

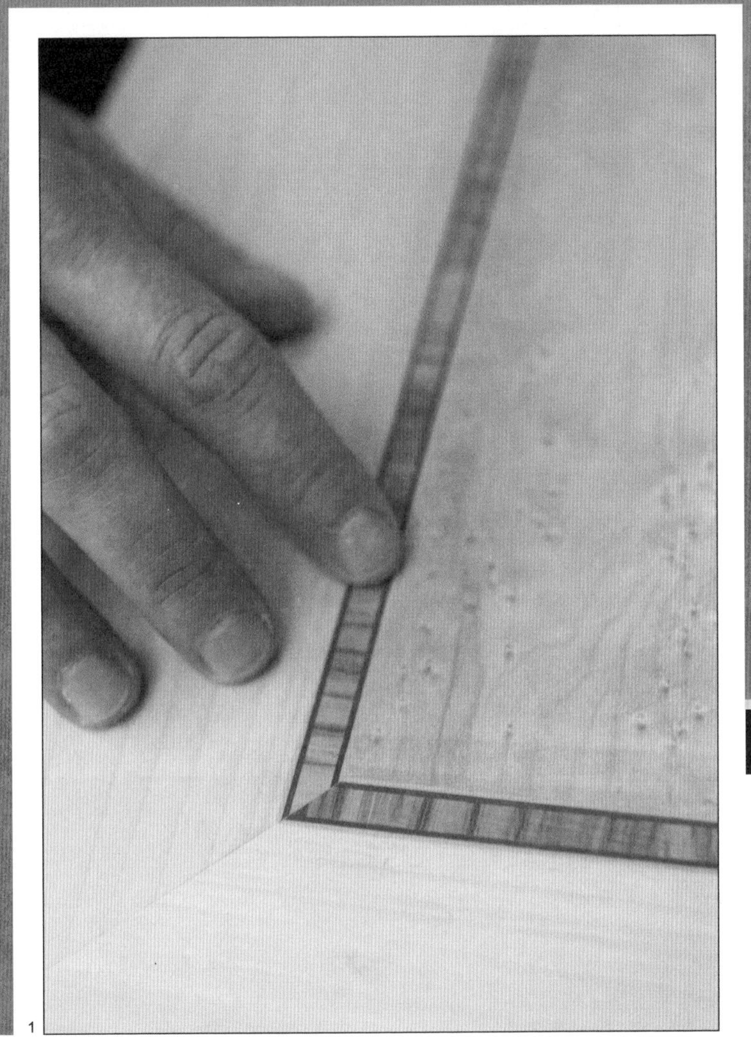
1

2

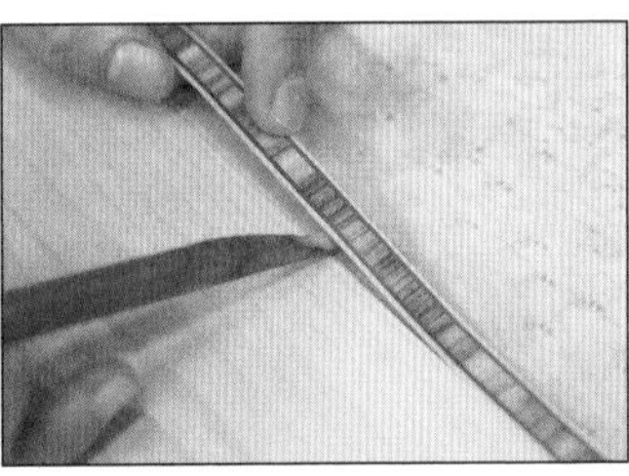
3

主要制造商

Windmill Furniture
www.windmillfurniture.com

编织

编织是一种将一股或一条材料与另一股或一条串上或串下而形成一种交织结构的工艺。对于不同的应用需要调整纤维强度和对齐的方式，以降低重量和材料的用量。

加工成本	典型应用	适用性
• 无模具成本 • 单件费用低，但取决于原材料	• 家具 • 室内装饰 • 收纳箱	• 单件至大批量生产
加工质量	**相关工艺**	**加工周期**
• 取决于原材料	• 蒸汽弯曲成型 • 饰面 • 木材层压成型	• 机器编织速度快 • 手工编织中速到慢速，但取决于零件的尺寸和复杂程度

工艺简介

编织广泛应用于各行各业，包括纺织品、地毯制作、帆船制作和建筑。本节重点介绍建筑与家居装饰品、篮子、栅栏、屏风和垫子中的刚性编织物。刚性编织物不仅可以做成平面的，也可以做成三维自支撑结构。

刚性编织物主要有三种类型：平纹（右页左中图）、斜纹（右页上图）和缎纹（其中经线或纬线都是由5个或更多的垂直股组成的）。缎纹编织物不太牢固，它是由经纱或纬纱

组成的平面，织物密度更大。其他类型的编织，如机制的三轴藤编（上图）和篮子编织（左页图），都是这些技术的组合。

将机织织物编织成板状，然后固定在结构框架上。若要制作成三维形态，可将其放在模具上，涂上黏合剂以保持其形状。

手工编织技术可以追溯到几千年前，与今天非常相似，因为许多技术不适合机械化大批量生产。尽管如此，手工编织产品仍有很大的市场，这些产品在劳动力充足的国家大量生产，因为手工生产仍具有很好的经济效益。

手工编织可以在编织机上（在这种情况下可以进行机械化编织），刚性元素之间（因为使用机器编织，所以无须平行）进行，或者作为一个三维自支撑结构发生。有很多编织技术，包括编辫（一般性编织）、手工藤编、捆扎、夹座织造和卷绕。

上图

斜纹，或人字斜纹，是一种对角图案，由两股或更多股叠加形成。

中左图

平纹是一种简单的一上一下的图案。

下左图

藤条编织。这是最近最流行的方法。它以传统的七步手工艺为基础，形成八角形图案。

下右图

Lloyd Loom 公司生产的尼莫椅是由狄龙（Dillon）工作室在1998年设计的，由一个单一的蒸汽弯曲环组成，编织材料固定其上。

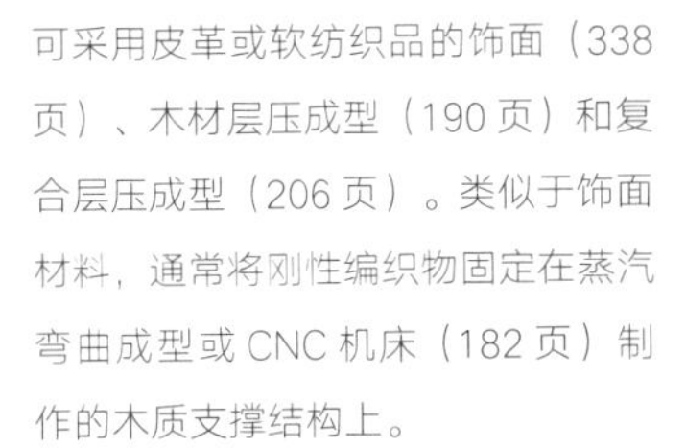

典型应用

编织可用于家具制造的不同领域。典型的产品包括凳子、椅子、桌子、沙发、床、灯、储藏箱、百叶窗和屏风。

使用类似技术和材料的其他产品包括篮子、栅栏、墙壁和地板。

相关工艺

用于家具制作的刚性编织物还可采用皮革或软纺织品的饰面（338页）、木材层压成型（190页）和复合层压成型（206页）。类似于饰面材料，通常将刚性编织物固定在蒸汽弯曲成型或CNC机床（182页）制作的木质支撑结构上。

木材和复合材料层压依靠黏合剂将分层黏合在一起。相比之下，编织材料是通过摩擦力而保持形态的。这意味着编织结构往往更为灵活，会产生永久性形变。优点是编织结构可以在模具上进行塑形，如案例中由Llyod Loom公司生产的尼莫椅（下右图）。

机织的过程

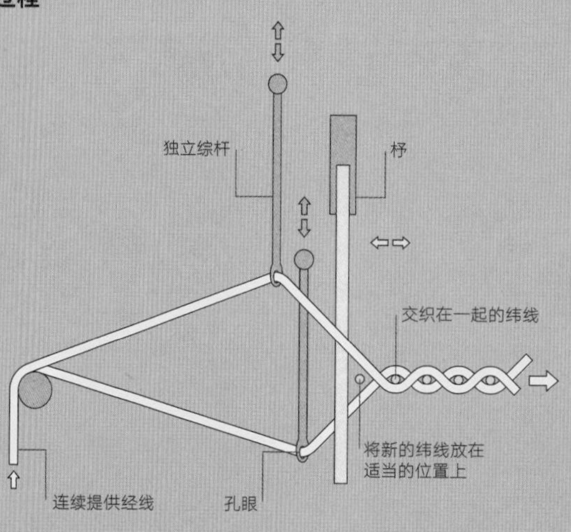

技术说明

在织机上编织刚性编织物，由三个不断重复的动作完成：升降综杆，放入纬线和重击。

每股经线穿过综杆上的孔眼。综杆可以独立或成组操作，综杆可以计算机辅助操作或者通过脚踏移动。综杆的上下移动决定了经线或纬线是否能从上面可见。图案就是这么制作出来的，图案可以非常复杂。图中，综线被分为两组，用于制作席纹图案。纬线被送入经线之间的空隙和杼的前面。杼是一系列的钝刀片，夹在经线之间。它们将每一根纬线紧紧地织在重叠的经线之中。

纬线被杼固定在合适的位置，同时，下综杆向上移，上综杆向下移，这样纬线就被锁在经线之中了。不断重复这一过程以形成下一次的操作。

1

2

加工质量

编织物的质量是由原材料和编织图案共同决定的。几乎所有的现代编织都是在计算机控制的织机上进行的，织机可生产出高质量、可重复的材料。而手工编织物的质量则取决于织工的技艺。

刚性编织物往往不像软性编织物那样紧密交织。材料仅在必要时才使用，纤维之间具有延展性，因此，重量轻且经久耐用。刚性编织物具有透气性，尤其是在炎热和潮湿的气候下。这是床和椅子这类家具的优势所在。

设计机遇

编织结构往往具有多功能性，具有许多与结构和应用相关的可能性。

每种编织物都有不同的外观、悬垂性和坚固性。结合不同的材料，可以实现多种结构性能。这使得编织结构可适用于自支撑和增强性应用。例如，在第二次世界大战中将投放的食品放在编织篮中，然后在外面套上一个编织篮，起到保护的作用，这样在没有降落伞的情况下，食品具有足够的耐摔性，同时节省了有价值的材料。

可以将颜色和图案编织到刚性编织物中。同软性编织物一样，刚性编织物可以作为重复的模块。还可以在上面进行印刷，或者用纯色染色。

将不同类型和厚度的材料相结合，可生产出具有特定承载能力的结构。例如，纬线可以与结构经线缠绕在一起，如同 Lloyd Loom 公司的席纹编织。

手工编织的一个主要优势在于，可以设计编织结构以适应某一特定的承载要求。

纤维的连续性和方向性直接影响编织物的强度。借助以硬质黏合剂增强的软纤维，层压复合材料、纤维缠绕成型（222 页）和三维热层压（228 页）利用这一属性扩大其优势。根据强度要求，刚性编织物的优势在于重量的减轻和与功能匹配的美观度。

→ 编织饰面

本案例研究编织及随后在蒸汽弯曲木质结构上以编织材料编织的饰面。以 Lloyd Loom 公司的伯利（Burghley）椅为例（图 1）。

Lloyd Loom 公司生产自己的纸基编织材料。经线是将牛皮纸条扭成致密的纤维制成的（图 2、3）。在其上涂上少量的黏合剂将它锁在原位。纬线的中心有一根金属线。金属隐藏于纸中（图 4），且是席纹编织的结构元素。

每架织机装有 664 卷捻纸经线（图 5）。织机生产扁平且连续的宽 2 m 的编织材料（图 6）。金属经线沿着边缘折弯，这样可以在适当的位置锁定纬线（图 7）。否则，它们将会展开，在结构纬线的端点处脱落。

将编织材料转移到蒸汽弯曲的结构框架上（图 8）。使用捻纸辫将边缘钉住，使线股牢固，防止磨损（图 9）。最后，在完成的椅子上喷一层保护膜，以延长材料的使用寿命。

3

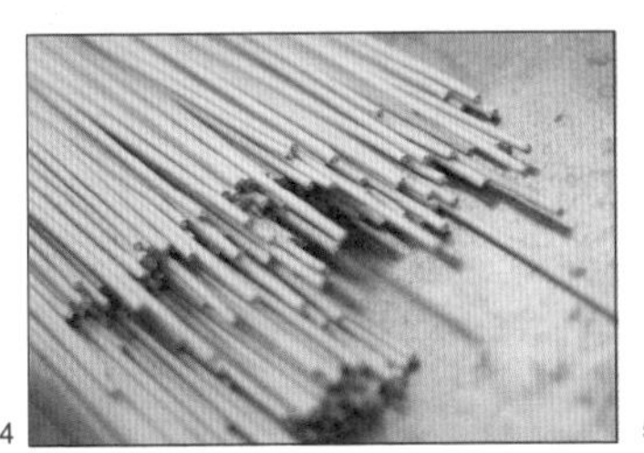
4

5

6

7

8

9

主要制造商

Lloyd Loom
www.lloydloom.com

设计注意事项

手工编织物，包括藤条和柳条家具，费时费力。机织编织物成为一种标准模式。即便如此，仍有很多的选择。编织出的编织物为平板状。它可以弯曲，但通常只在一个方向是致密的，或者可以将它轻轻覆在模具上，使之呈现复杂的形态，但纤维会对不齐，会影响产品的强度和美观。

弯曲的程度是由材料的类型决定的。某些材料，如藤条，可以弯曲成非常小的角度。其他材料则不易弯曲，可能会开裂。这些形状必须用手编织成三维形态，或者用材料片连接而成。

许多用于刚性编织的材料是天然的，因此需要保护其免受自然环境的侵蚀。通常需要喷涂清漆或彩色漆。

1

2

3

适用材料

编织家具传统上是采用天然纤维手工编织的，如藤、柳和竹。大批量的生产方式也可以用金属、纸、塑料和木材生产连续的机织材料。

加工成本

除非编织物通过模具形成，否则就不会产生模具成本。即便如此，模具成本也很低。

加工周期取决于编织物或三维产品的尺寸、形状和复杂程度。

人工成本往往很高，因为它需要操作者具有高水平的技能。编织物被机器编织好后，会被装在产品上，需要较少的劳动力，但是仍然需要训练有素的操作者。

环境影响

这种工艺使用最少量的材料来制造产品。手工编织的方法传统上是使用当地生长的材料，因此不需要长途运输原材料。然而，这些做法正逐渐消失。

机械连接是由相互交织的材料所形成的。因此，材料连接和塑形过程不会因熔解、熔化或者改变材料而产生任何化学物质、毒素或其他有害物。

大多数废料可生物降解，或是可循环利用。

→ 藤编

S32 是由马塞尔·布劳耶设计，由索耐特在 1929 年开始生产的（图 1）。它是历史上产量最大的钢管椅之一。

在织机上预先织出藤片（图 2）。有许多不同的类型和图案，但这种八角形图案是最为流行的。这是对传统七步手工编藤技术的复制。

首先将藤条切成条状，浸泡至少 35 分钟。这可以确保藤条足够柔韧。座椅靠背是蒸汽弯曲成型的，在前面切割出凹槽，藤条可以固定其上。

使用特殊形状的工具将藤条捶打进凹槽（图 3）。然后将藤制塞缝条压入凹槽，以固定编织物（图 4）。用黏合剂将两者固定住。

裁掉多余的材料，将塞缝条拆掉（图 5、6）。将组装件放在温压机中，均匀施压（图 7）。成品椅座靠背堆叠在一起，以备组装到钢管框架上（图 8）。

4

5

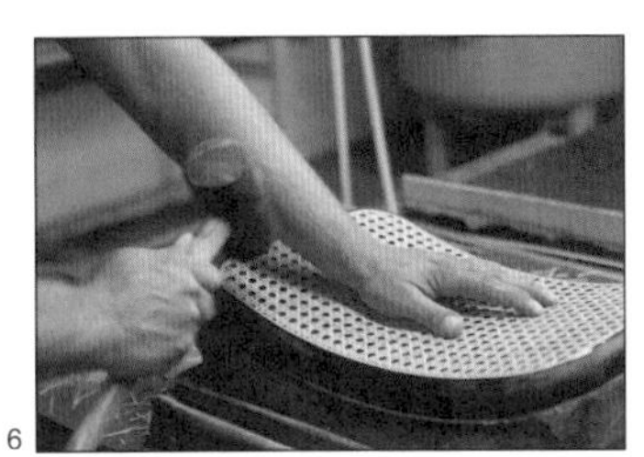
6

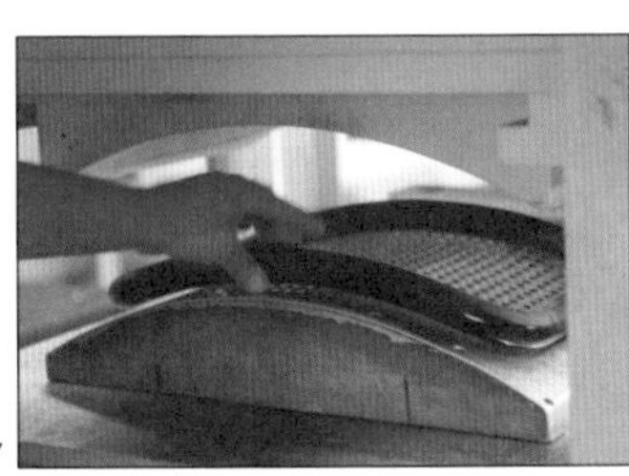
7

8

主要制造商

Thonet
www.thonet.com

连接工艺

饰面

饰面需要操作者具有较高的技艺，而且技艺的水平可以使产品与众不同。它将一件家具中的软、硬零件结合在一起以形成成品。

加工成本	典型应用	适用性
• 无模具成本 • 单位成本低至高，取决于复杂程度和织物的材料	• 家具 • 船舶和汽车的内饰 • 公共交通工具的座椅	• 单件至大批量生产
加工质量	**相关工艺**	**加工周期**
• 高质量，取决于装饰的技术和材料的类型	• 蒸汽弯曲成型 • 编织 • 木材层压成型	• 周期中至长，取决于产品的尺寸和复杂程度

工艺简介

典型的软垫椅由结构框架、泡沫垫和纺织套件组成。沙发和躺椅可能还有弹簧坐垫。弹簧安装在框架上或者悬挂其中。有三种主要的弹簧系统：八向手绑式弹簧、直插式弹簧和弯曲式弹簧。

手绑式弹簧是最昂贵的，质量优良。使用手绑式弹簧极大地延长了生产周期。先制作一个木盒，再在其上拉上带状编织物，后将弹簧手绑到带状编织物，多达 8 次。

直插式和弯曲式弹簧是由机器制造的。直插式弹簧是预制单元，被固定在框架上，而弯曲式弹簧是将连续长度的钢丝弯成某一形状，然后在任一端固定。

结构框架一般使用木材或金属制成。它的强度决定了产品的耐用性。

现今填充物是聚氨酯泡沫材料。它使用反应注射成型（64 页），或者剪切、黏合在一起。现代泡沫材质已经使对弹簧坐垫的需求有所减少，许多当代沙发和躺椅不再有弹簧。相反，泡沫密度的设计提供了最大的舒适度。

覆盖物是织物或皮革，并永久固定在填充物和里面的框架上。

典型应用

饰面在家具和室内设计中应用广泛。它用于制造汽车、船舶、家、办公室和交通工具中的软性家具。每一种应用所需要的材料会因可能的磨损和环境条件而有所变化。

一般来说，饰面产品包括躺椅、沙发、办公椅、汽车座椅及内饰、船内座椅及内饰、多用椅，以及填充墙。

相关工艺

饰面工艺有许多工序。木质框架可以采用木材层压成型（190 页）、蒸汽弯曲成型（198 页）或 CNC 成型（182 页）制作。金属框架可以采用管材弯曲成型（98 页）、切割和焊接制作。使用沿 x 轴和 y 轴切割的切割机，或者手动切割覆盖物，然后缝合在一起，接着涂胶将它固定在泡沫和框架上。

泡沫填充物在框架上成型，或者在框架上剪切黏合。选择反应注射工艺不仅因其量大，而且因为某些形状无法使用其他方法制作，必须模制。

饰面的替代方法包括在木质框架上拉网，将木材、塑料或金属加工成板条，注塑成型（50 页），编织（332 页），以及木板层压。

机缝工艺

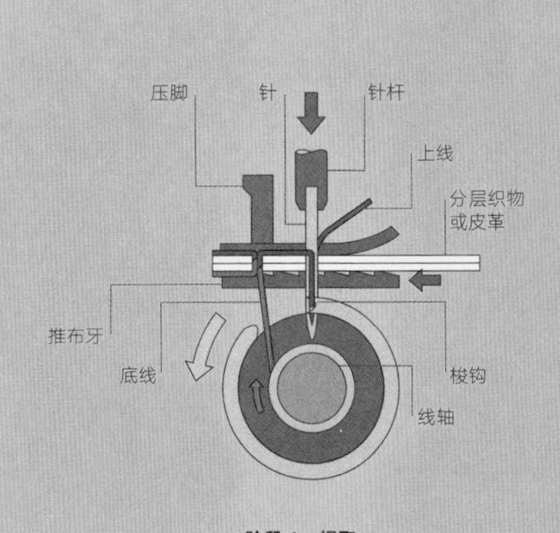

阶段 1：提取

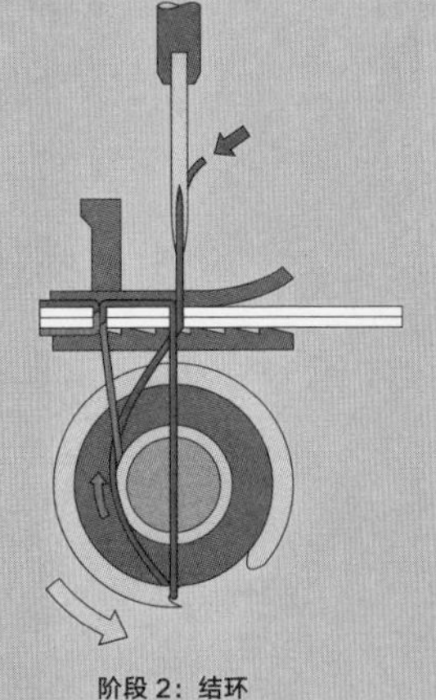
阶段 2：结环

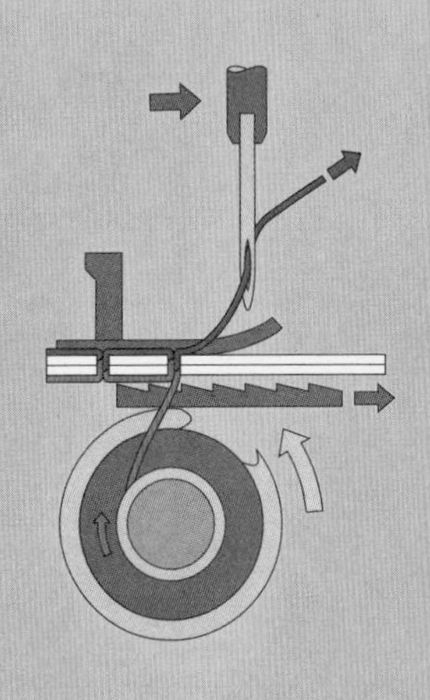
阶段 3：完成

技术说明

机器缝制是机械连接的一种简单形式，需要一系列复杂操作。主要有三种类型：平缝、链缝、环缝。该图说明了平缝的过程，在眼睛椅的案例研究中，它用于连接皮质面。

平缝是一个机械化的过程。一系列由电动机驱动的齿轮和轴会带动针和梭钩同步运动。在阶段 1，上线通过针穿过织物，下线绕在线轴上。针穿过材料层后，立刻停止。在阶段 2，梭钩挑起上线。梭钩在下线后方结了个环，环在线轴的张力下被拉紧。在阶段 3，当梭钩不断旋转时，张力施加在上线上，将它拉紧，形成了一个针脚。同时，推布牙向前跟进，抓住织物，把它拉到下一针要落下的位置上。织物在压脚和推布牙之间移动。工业用缝纫机重复这个过程每分钟超过 5000 次。

链缝或环缝是用一根线缝制的过程。这种方法的缺点在于，如果在任何一点上断线，它就容易断裂。

锁缝或包边，是用多条线在织物边缘缝合的过程。通过在边缘缝制互锁的针脚防止织物磨损。

加工质量

饰面的外观很大程度上取决于工人的技艺。舒适度取决于泡沫和弹簧的质量，而产品的寿命则受框架的刚度和强度影响。

设计机遇

选择泡沫的密度和硬度，以适应产品的需求。将织物或皮革饰面胶接到泡沫上，并可装饰底切和悬垂部分。形状限制取决于纺织品可以剪切和成形的形状；单轴曲线易覆盖在纺织品上，而多轴曲线则需要弹性材

一个高度熟练的操作工使用工业用缝纫机可以每分钟缝出超过 5000 个精准的缝脚。

这款拉扣装饰的切斯特菲尔德皮质沙发的独特凹凸图案是通过将皮革饰面固定在支撑结构上而形成的。

料，或者两种或以上的材料片缝制在一起。

每种产品都必须单独装饰，因此制造商通常要准备单色或小批量生产的颜色。可用的纺织品，就如同你穿的衣服一样，有不同的种类。不同的织物和材料有不同程度的耐用性，而且覆盖物的韧性由产品的应用所决定。例如，一张家用躺椅一般每天只使用 3 ~ 4 个小时，而办公室休息区的使用率则会高很多。

织物具有不同等级的弹性和斜纹。覆盖三维形态所需的织物如果具有轻微弹性，那么需要织物的数量也会减少。然而，织物只能在凸形上使用，因为它会跨过凹形轮廓。

饰面可以采用多种方式完成。可能的细节包括纽扣凹钉、串珠饰和双缝。

设计注意事项

无论什么样子的设计，都应能够通过剪裁和缝制将织物覆在其上。有各种各样的技术用来隐藏织物覆盖物的开口端。传统上，将织物覆盖在产品上，所有的边缘钉在某一面上，通常为产品的底部或背面。然后，再放上一个单独的软垫。凹形也可以装饰，但覆盖物需要用面板、针、绳或黏合剂固定，使得覆盖物能够保持在适当的位置。

成卷的织物通常为 1.37 m 宽。皮革的尺寸有很多种，例如生牛皮为 4 ~ 5 m^2，绵羊皮为 0.75 ~ 1 m^2。

覆盖物材质是决定单位价格的一个重要因素。高价值的材料可以使价格上涨一倍。例如，高级供应商所提供的高质量皮革（如瑞典的 Elmo 皮革）。

适用材料

应用领域（汽车、船舶、家、办公室、教育机构、医疗健康机构或公共交通工具）决定了装饰材料的规格。

合同品级的材料适用于高磨损性应用，包括聚酰胺（PA）尼龙、热固性和热塑性聚酯、合成革、聚氯乙烯（PVC）、聚丙烯（PP）和其他耐磨纤维。

用于低磨损的一般性装饰材料包括皮革、植绒、亚麻、羊毛、棉和帆布。

户外应用材料必须能经受紫外线的照射。合成革和聚碳酸酯（PC）涂层材料都是不错的选择。

加工成本

在此过程中，不产生模具成本，但是在反应注射成型泡沫工艺、木材层压成型或蒸汽弯曲成型中，有可能产生模具成本。

周期相对长，具体取决于工件的尺寸及复杂程度。批量生产无法降低人工成本，但由于购买力的增加，材料成本可能会降低。由于需要操作者具有一定的技能水平，人工成本往往很高。

环境影响

饰面是许多工艺的汇总。因此，一张典型的沙发会包括许多不同类型的材料，它们具有不用的环境影响。

饰面材料的选择会影响产品的环境影响。例如，威廉·麦克多诺（William McDonough）系列面料是由 Designtex 生产的，可生物降解，是在一个封闭的循环工业过程中生产的。在用于装饰前，许多皮革必须经过一系列的鞣制和染色工序，而这些工序对环境有潜在的危害。相比之下，Elmo 皮革公司生产的无铬皮革被称为 Elmo 软皮革。该皮革在生产过程中不会产生任何有害物质。

在装饰的过程中使用皮革会产生更多的废弃物，这就是它如此昂贵的一个原因。网状可以非常有效地用于纺织品，只产生 5% 的废弃物，而皮革会产生高达 20% 的废弃物。边角料有时可以用于小件物品的生产，如手套。

用切割的泡沫装饰

这些图片说明了软垫椅装填泡沫的工艺。用此方法生产椅子的案例为索纳椅，它是由保罗·布鲁克斯（Paul Brooks）设计的（图1）。生产始于2005年。这种技术适用于具有恒定壁厚的几何体；对于复杂而有起伏的形状，如眼睛椅，反应注射成型具有更高的成本效益。

案例研究表明装饰尼奥椅使用了切割泡沫技术。结构是层压木材（图2），泡沫粘在其上（图3、4）。饰面材料在泡沫材料上延展，然后被钉在胶合板衬底上。每个面板都是这样组成的，然后被安装在一起，以隐藏椅子的内部构造。

1

2

3

4

主要制造商

Boss Design
www.bossdesign.co.uk

→ 反应注射成型泡沫椅饰面

眼睛椅是由崔杰基（Jackie Choi）为柏式设计公司设计的，并于 2005 年生产。椅子的饰面材料为织物或皮革（图 1）。

由 Interfoam 生产的聚氨酯泡沫应用了反应注射成型工艺。泡沫由金属结构支撑，饰面材料被固定在塑料或木质面板上。

为这个产品制作饰面是一项费时并需要高超技艺的操作。首先，在泡沫上喷一层薄薄的黏合剂（图 2），然后粘上一层软聚酯或下衬。这有助于完善表面的不光滑处，提升表面的触感（图 3）。

同时，裁剪工人事先准备好皮革（图 4），并仔细制定出一张皮革产生最少边角料的图案摆放方案。如果可能的话，在一张皮料上剪裁所有的图案，然后将其缝制在一起（图 5）。在里面缝制带条以增加强度。可以运用不同的针法和细节；该项目为双缝。图案是经过精心设计的，以便接缝与椅角对齐。

皮革缝制好后，将其从里面翻到外面，套在泡沫的外面，然后喷上黏合剂（图 6）。此刻，黏合剂并不黏，因为它的黏度是由蒸汽引发的。

将皮革饰面拆下，安装到泡沫上（图 7）。使用塑料板将皮革饰面钉在合适的地方，使之成型（图 8）。另一块板单独安装，卡在塑料板上，以隐藏修剪的边缘（图 9）。

皮革饰面现在已经固定到位了。如果要保持其形状，需要将其绑定到咬边上。这需要使用蒸汽和软布解决（图 10、11）。这个过程需要极大的耐心。蒸汽会软化并激活黏合剂，使得皮革饰面被轻柔地拽动，形成想要的形态，黏合剂被涂到泡沫的悬垂部分。

在包装和运输前，需要对椅子进行检查（图 12）。

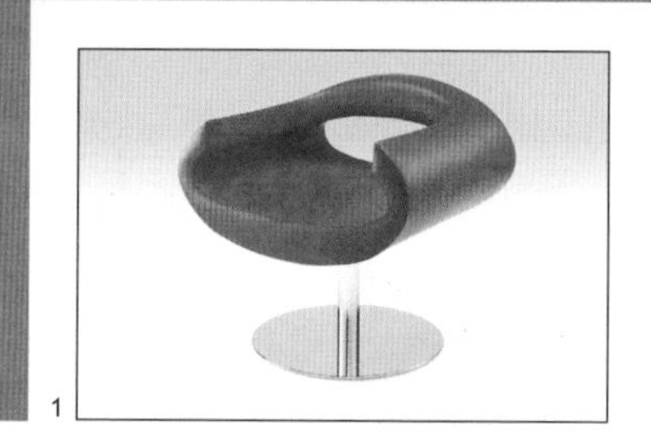
1

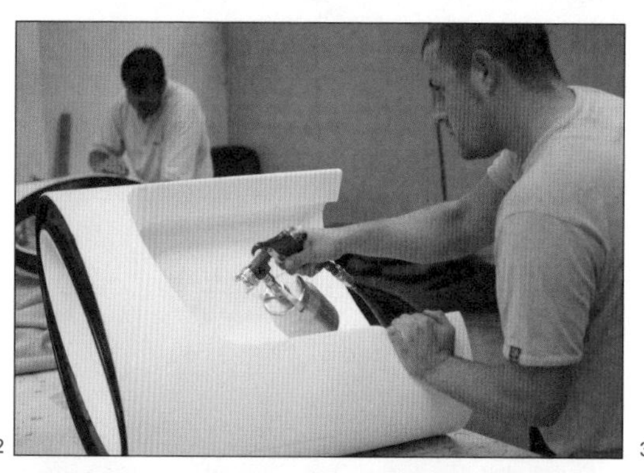
2

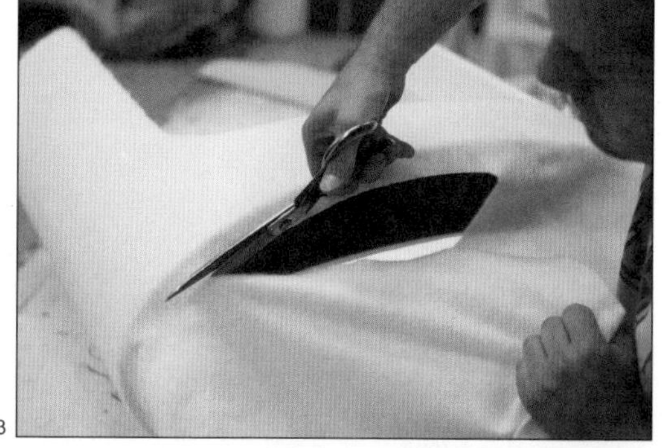
3

4

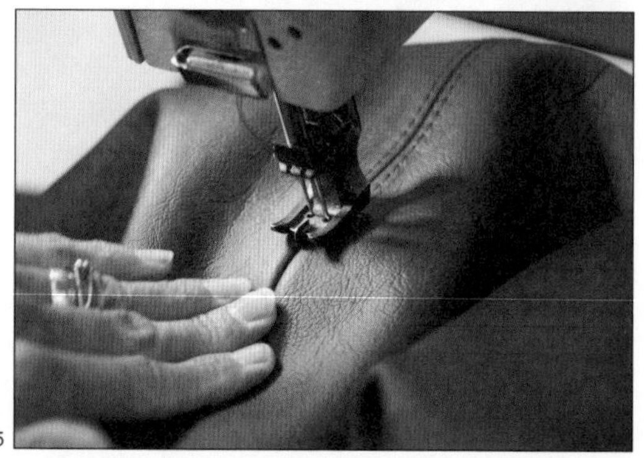
5

6

7

8

9

10

11

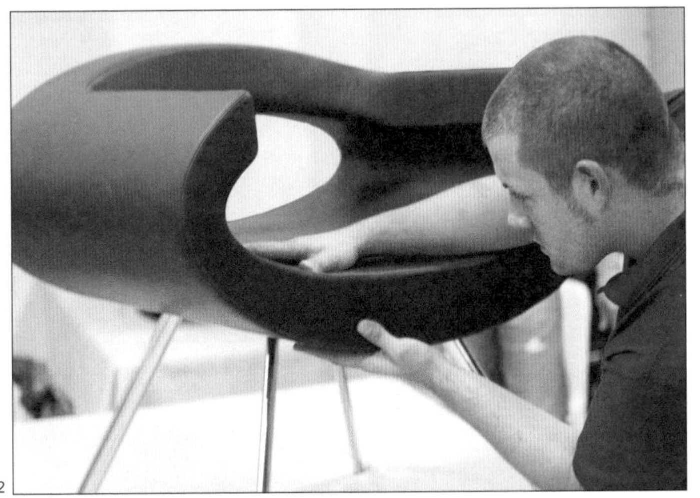
12

主要制造商

Boss Design
www.bossdesign.co.uk

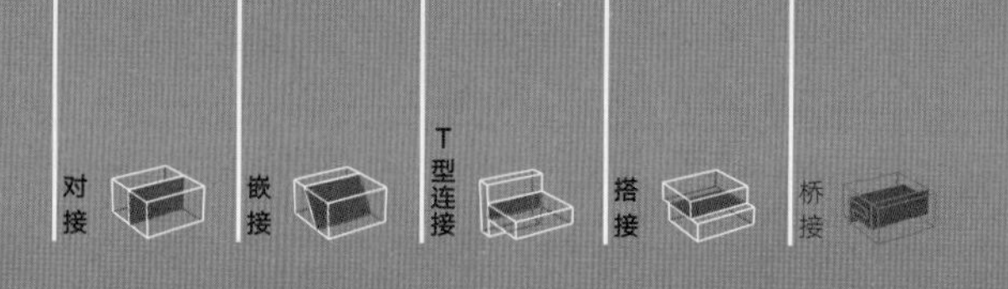

连接工艺

木质框架结构

大型的木质框架结构采用多样的固定方法。软木和工程类木质结构能够跨越较大的跨度。在其他应用中，木质框架结构可用于房屋的建造，其搭建快速且高效。

加工成本	典型应用	适用性
• 无模具成本 • 单位价格适中，取决于复杂程度	• 临时性结构 • 剧场和电影布景 • 木质框架房屋	• 单件至中批量生产
加工质量	**相关工艺**	**加工周期**
• 轻质且耐用	• 木工	• 周期适中（5 ~ 30 分钟）

工艺简介

木质框架结构用于工厂预制的层数少的建筑、室内结构、屋顶、大型围墙和独立式结构。有许多标准化的产品，如屋顶和阁楼桁架，墙板和地板盒。定制结构是为不同应用而生产的，它们可能有不同的功能和装饰需求。

工程木材利用了层压木材的强度与稳定性，包括胶合板、定向刨花板、层叠木片胶合木（LSL）、平行木片胶合木（PSL）和复合工字梁。这些材料可用于不同的组合，以制造符合精度要求的轻质结构。不同的软木则具有不同的强度等级。结构设计师会选择强度合适的木材，以适应不同应用的要求。

可以在 CAD 软件中对建筑和其他大型结构进行模拟，对其进行承重强度及特定位置因素（如风速）的测试。

典型应用

这一领域的技术不断发展，其应用的范围也随之扩大。全世界大约四分之三的房屋结构都是木质的。在气候寒冷的国家，木质框架是最普通的建造形式，因为这是一种快速且高效的建造方法。

一些典型的产品包括厂房、剧院和电影布景、临时建筑物（如展示馆和展览会）、永久性的大型建筑物（包括机场、政府机关和住宅）和建筑物

安装方式

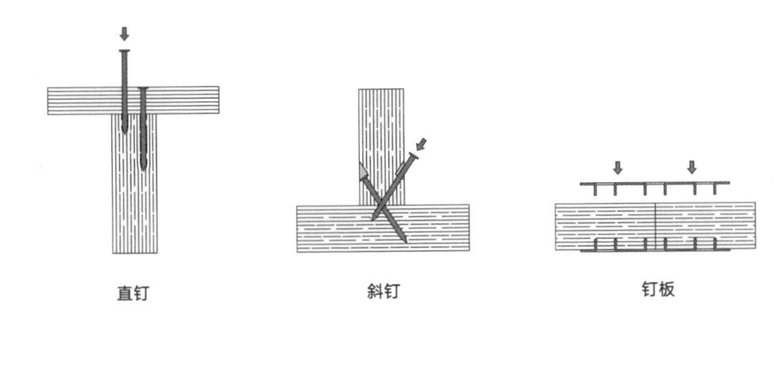

直钉　　斜钉　　钉板

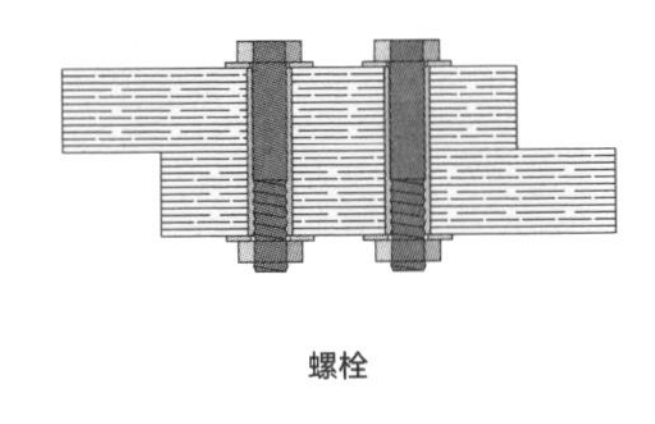

螺栓

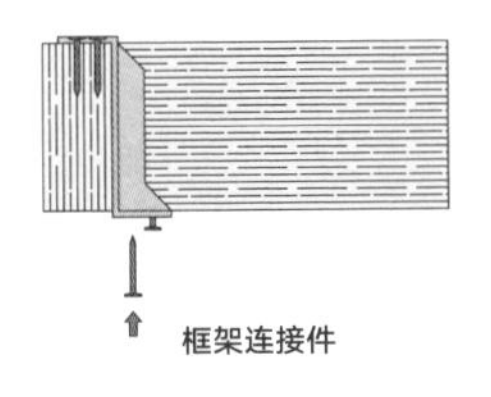

框架连接件

的室内结构（如楼梯井、仓库和大面积的地板和天花板）。

相关工艺

木工（324 页）和木质框架结构的工艺有重合的部分。木工往往使用黏合剂和木质固定件；考虑到加工周期和难易程度，木质框架使用金属固定件。

在英国的建筑业，还有另外两种主要的房屋建造方法，即石砌结构和钢结构。材料的选择决定了建造的方法。由于对环境影响小且加工周期短，木质框架在英国逐渐成为主流的建造方法。

加工质量

木材是一种天然的合成物，由木质素和纤维素组成。这种组成结构有很多优点，但这也意味着设计需要考虑潮湿环境所带来的尺寸变化。在木质框架结构中，利用木材的强度和轻质，使用强力黏合剂形成层压层，形成工程用木材，以达到尺寸的稳定性。

如同其他的天然材质，在图案（年轮）、气味、触感、声音和温度感上，木材有其独有的特性。成品可以将木材裸露在外，凸显其感官特质；也可以将其隐藏起来，这取决于产品需求。

设计机遇

选择用木材建造建筑及其他有很多原因：木材对环境影响较小，质量轻且坚固，价格较低，每一件都独一无二。木材的成型可采用加工塑料或金属的类似工艺，但它会永远保留自然属性。

木质框架结构不限于标准产品。许多结构设计经过改善可呈现最佳性能，尺寸或形状并不会限制设计师。生产商必须有成套的产品，这样使用该工艺制作 10 件或 100 件相同的产品时，成本差异小。

设计注意事项

如果设计合理，木质结构可实现

技术说明

在木质框架结构中会使用不同的固定方式，以适应不同的连接类型。它们通常是半永久性的，如果需要可以移出。

钉子用于 T 型接头和搭接接头。最好是将钉子穿过较薄的材料，钉入较厚的材料。钉子具有明显的机械效率。一般情况下，三分之一的钉子杆应该穿透下层的材料。

因为木材是非匀质材料，所以用钉子连接的连接处的强度取决于钉子插入纹理的角度。当钉子钉入木头时，钉杆将纹理分开。纹理在钉子的周围收紧，形成抓力。钉在横纹上时强度最弱。

对于 T 型接头和对接接头，钉板是有效的。钉板是冲压钢板形成的一排短钉子。虽然无法深层穿透材料，但由于钉子数量多，强度也很大，这样就不需要使用搭接接头了。

螺栓常常需要更多的接头准备。它不像螺丝和钉子是自攻型的，因此需要预先钻好孔，孔的直径需要比螺栓杆稍大。然而，螺栓往往比其他的固定方式更结实，因为它是从两个面固定结合处。

在承重应用中，T 型接头的可替换方法是框架连接件。将这种弯曲的金属固定件钉在合适的地方时，可以为关键区域提供支撑力，减少连接处的压力。框架连接件类似于槽榫（参见木工）。

金属固定件有各种各样的表面处理。它往往是由碳钢制成的，在其外部镀锌是为了延长使用寿命。对于户外的应用，特别是在海岸附近，应该使用不锈钢固定件以避免生锈，因为生锈会产生污点，最终导致连接失效。

大跨度。其承重能力强，悬臂梁结构也是如此。应保证足够的支撑，从而减少承重接合处的压力。例如，由于钻孔会弱化结构，对钻孔会有所要求。

木材是非匀质的，沿着纹理方向的强度强于与纹理交叉方向的强度。尽管它拥有很强的承重能力且在英国用于 7 层高的建筑，但仅能用于低层建筑中的承重件。

木板的强度取决于框架和表皮的组合。因此，木板常用于水平搭建，然后被固定在一起形成三维结构。

在 CAD 软件中计算出机械固定装置的尺寸，以确保足够的支撑力。一般情况下，钉子用于 T 型接头和对接接头，螺栓则用于搭接接头。

适用材料

所有木质产品，包括软木、硬木、贴木板和工程木材，都可以使用。

加工成本

无模具成本：可以使用手工工具进行组装，但是业内发展出了更为复杂的 CNC 组装操作。周期适中。每个框架需要 3 ~ 30 分钟进行搭建。在现场搭建一座典型的木质框架房屋，每天可搭建一层，但是对于大型的复杂的或是具有曲面的建筑物需要更长的时间。

由于技术等级的要求，以及大型建筑对于操作者数量的要求，人工成本较高。

环境影响

与其他方法相比，木质框架结构的一大优势就在于它对环境的影响较小。木材是一种可再生资源。与其他可替代材料相比，木材具有较低的体现能，也就是说，生产、运输、安装、使用、维护及处理所需的能量少于其他建构方法。事实上，木质框架结构比钢筋混凝土的同类建筑的体现能少 5%。木材是可降解材料，可以再利用或循环利用。

1

2

3

4

5

6

7

建造一座木质框架建筑

这座 4 层的木质框架建筑（图 1）的承重结构使用了木工工艺。在外层覆以砖石，砖石层与木质框架不接触，两者间留有空腔。

建筑的结构是在工厂生产的平板。将制作屋顶和阁楼桁架的松树支柱提前切割成合适的长度（图 2）。根据图纸的要求，将它们组装在一起，在连接处的两面钉上钉板（图 3）。用液压机将钉板钉入木材中（图 4、5）。当连接处组装好后，对它们同时施压。每片都需要通过强度测试仪，以确保其结构的完整性，以及其在框架上的位置（图 6）。

使用气动枪将墙板钉在一起（图 7、8）。再次将所有的木材切成合适的长度，包装成一捆以备组装。组装的过程由计算机控制，调整机床和夹具使得每个零件固定妥当。操作者和机器协调工作，钉住连接处。

将定向结构刨花板钉在木质框架的一侧（图 9），因此木板的强度由木质框架和刨花板的组合决定。刨花板可以提高框架的刚度，在无须增加过多重量的情况下，使强度最大。

轻质工字梁是单板层积材和定向刨花板的复合材料（图 10），可以用于制作地板盒。它的宽度为 7.5 m。在工厂组装完成后，再将其拆成基础单元以便运输。

将这些基础单元运往工地，再迅速组装（图 11）。大约需要一天的时间组装完一层。使用框架连接件将工字梁固定在一起（图 12），也可以使用框架连接件将木梁连接到砖石、钢架。

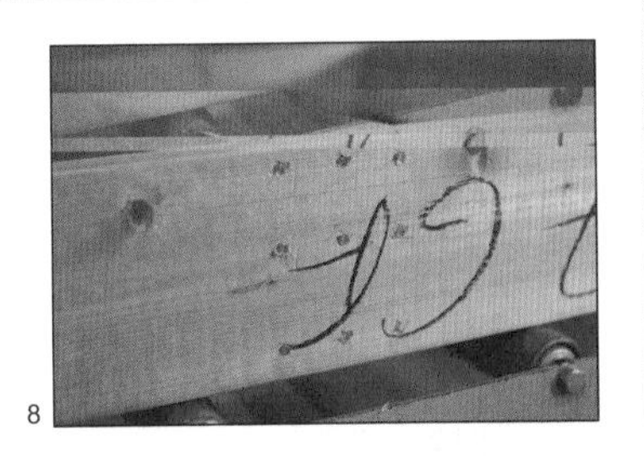

8

9

10

11

12

主要制造商

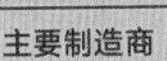

Howarth Timber Engineering
www.howarth-te.com

4

表面处理工艺

表面处理工艺

喷漆

喷漆是将黏合剂、底漆、油漆、亮光漆、油料、密封剂、清漆和磁漆等喷涂在材料表面的一种快速有效的方法。可用的精加工技术和加工过程所需的时间由材料表面决定。

加工成本	典型应用	适用性
• 无模具成本，但可能需要夹具 • 单位成本从低到高，取决于尺寸和漆料	• 航空航天工业 • 汽车与运输工业 • 消费电子及家电产品	• 单件到大批量生产
加工质量	**相关工艺**	**加工周期**
• 因操作者的技术而定	• 水转印 • 粉末喷涂 • 真空电镀	• 周期不确定，根据尺寸、干燥时间和固化时间而定

工艺简介

喷漆是将液体材料喷涂在产品表面的工艺。喷涂材料通常有以下一项或多项功能：填料、底漆、着色、装饰和保护。

经过细致的表面处理、底漆和面漆喷涂可生成高光泽、高强度和彩色的表面。底漆的作用是为高光面漆提供一致的背景色调。面漆是透明的，含有色料颗粒。当面漆喷涂在底漆上时，色料颗粒会置于底漆的表面，这就产生了多层的表面涂层：邻近底

漆的部分色彩丰富，最上层则几乎透明，从而生成了一个有光泽、色彩丰富和强烈的表面。

喷漆大多数时候是手工操作，但在汽车工业、消费电子及家电行业中也大量使用自动喷涂系统。

这些样本是在不同底漆上的一系列 Kandy 色。每一种底漆都可以产生一系列稍有不同的色彩。这些色彩也可以与 Pantone 或 RAL 色卡匹配。

典型应用

喷漆的应用非常广泛，适用于原型制作、维修、小批量和大批量生产。在汽车工业中，它用于喷涂金属制品，而在消费电子工业中，它用于为注塑成型制品着色。

相关工艺

粉末喷涂（356 页）是一种干法喷涂技术，形成的表面与双组分热固性涂料相似，质地均匀，有光泽。它通过静电将漆料颗粒吸附在工件表面。干粉可以收集和回收利用，材料利用率可达 95%。

水转印（408 页）能产生用喷枪和遮蔽膜喷涂过的效果。它是一个浸渍的过程，复制图案和文字要比喷漆快很多。

真空电镀（372 页）本质上就是用纯铝进行喷涂，喷涂的底漆和面漆将铝密封在工件的表面，产生一个可着色的高反光面。

加工质量

该工艺中漆面的质量取决于操作者的技术。除了填料与底漆的混合厚浆之外，喷漆层都是由厚度为 5 ~ 100 μm 的薄层逐渐堆积的。较小的表面粗糙度是必不可少的。

漆面光泽度的等级可分为: 亚光、蛋壳光、半光、缎光、丝光和亮光。

如果漆面的作用只是保护产品表面，那么表面粗糙度可能就不那么重要了。保护性的漆料在工件和外界环境之间形成一道屏障，防止锈蚀，但漆料与表层并不是一体的，因此容易脱皮和剥落。这通常是涂层上的小孔或孔隙作用的结果，它们使工件从底部开始受到侵蚀。

另外，还有一些美观方面的问题，如卵石皮、橘皮效应、流挂和下陷。卵石皮是涂层太干造成的，稀释剂在沉淀和平滑前就蒸发掉了。水性涂料更容易产生橘皮效应，顾名思义，它的表面像橘皮一样，产生原因是漆料在表面上不流动或是油漆稀释剂使

喷涂工艺

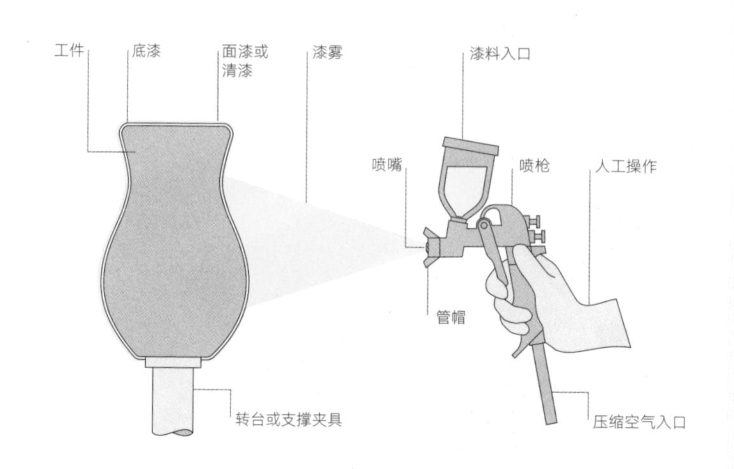

技术说明

喷枪有重力式喷枪、虹吸式喷枪和压送式喷枪，配图展示的是重力式喷枪。它们都是通过压缩空气将漆料雾化。扳机用于控制压缩空气流出的阀门，雾化的漆料从喷嘴喷出，呈圆锥状。将压缩空气从管口吹出，吹到圆锥上，使其形成一个椭圆形。形状可以根据应用类型和所需漆膜的厚度进行调整，这就给予了操作人员更多的主动权。以重叠的方式将漆料喷涂在表面。

虹吸式喷枪的漆壶在喷嘴下方，油漆通过虹吸的方式吸入。压送式喷枪的漆料被装在一个油漆罐里，罐通过一根软管与喷枪连接，油漆被压入喷枪。

常规喷枪操作时，压强约为 345 kPa。这取决于油漆的类型用不当。当湿涂层材料过多时，就会出现流挂和下陷。

设计机遇

漆料的颜色和表面效果几乎没有限制，标准色彩范围包括 RAL 色卡和 Pantone 色卡。

颜色由颜料，即有色材料的固体颗粒提供，可由金属、珍珠、二色性材料、热变色材料或荧光材料的颗粒替换或增强。

可以对整个表面进行喷涂，以产生无缝的效果。另外，还可以用胶带、纸张或硬纸板制成掩模和模板，用于制作不同的颜色、图案、标志和文字。

不同的方法可产生不同的装饰效果。例如，用不同的喷漆方法叠加的颜色和色调会产生分度、阴影和斑点。大理石纹就是将材料挂接在湿的面漆上，并在底漆上拖拽并涂抹而形成的。在图案上涂一层透明的面漆，效果更加显著（350 页图）。

在棉、纸、丝绸或类似纤维材料上喷涂黏合剂可获得绒面。

产品表面还可以采用一种清漆来产生裂纹效果。先将裂纹清漆喷在一种颜色上，然后在该颜色上再喷涂对比色，比如将金色喷在黑色之上。这种裂纹清漆可以让面漆产生裂纹，但不会因为干燥和收缩而剥落，可产生与古老的金箔类似的效果。

设计注意事项

操作者的技艺在很大程度上决定了漆面的效果和质量。只要准备充分且有合适的底漆层，几乎所有材料组合都可以喷漆。

喷漆是在视线范围内喷涂漆料，因此深度的底切和凹陷很难均匀喷漆，这是一个重要的考虑因素。静电技术可以使漆料吸附在表面，但总会有过喷的情况。

适合该工艺的零件没有尺寸限制。如果零件不适合在喷漆室喷涂或不能移动，那就可以现场喷涂。例如，在改装过的飞机库里对大型飞机进行喷漆。

适用材料

几乎所有的材料都可以喷漆，但一些表面需要喷涂一个与工件和面漆都相容的中间层。

含有玻璃成分的磁漆只适用于陶瓷、金属等高熔点材料。

加工成本

加工过程中不需要模具，但在喷涂过程中可能需要夹具或框架支撑工件。

加工周期取决于工件的尺寸、复

和黏度。

漆面通常都不止一层，必要的时候，表面还有填料和底漆。底漆可以提供一个漆料可附着的表面，如使用酸性磷化底漆就可以与金属表面形成良好的结合。一些面漆需要底漆提供有色背景，而不透明的面漆可以直接喷涂。

漆料由颜料、黏合剂、稀释剂和添加剂组成。黏合剂的作用是将颜料黏合在已喷涂的表层上。它决定了面层的耐久性、表面粗糙度、干燥速度和耐磨性。这些混合物可以在水或溶剂中溶解或分散。

清漆、亮光漆和油漆的成分本质上是一样的，亮光漆和清漆可以有颜色或无色透明。

另一种类型的油漆叫双组分漆，顾名思义，它由两部分组成，一部分是树脂，另一部分是催化剂或固化剂。它们是热固性的，通过单向反应与表面结合。因为含有异氰酸酯，所以使用时也是有害的。

水性涂料由颜料和丙烯酸乳液、乙烯基乳液或聚氨酯黏合剂组成，在水中可以溶解或分散。当水蒸发时涂料变干，黏合剂附着在工件上。它们使用灵活，适用于木材和其他易膨胀收缩材料的喷漆处理。

溶剂型涂料（也称为树脂涂料和油基涂料）是由颜料和溶解在稀释剂中的聚酯树脂黏合剂组成。溶剂型涂料干燥缓慢，产生废气和有害的挥发性有机物。

添加剂有快速干燥、防污、防霉或抗菌的作用。

磁漆有两种不同的类型：第一种是油漆和高质量清漆的混合物，能产生高光泽表面；第二种是玻璃质涂层，这种涂层在高温下与工件表面结合。这限制了高熔点的陶瓷和金属材料的表面加工。

杂程度、涂层数量和干燥时间。一个小型的消费电子产品可以在 2 小时内完成；而一辆汽车可能需要几天时间才能完成。自动喷涂非常迅速，产品零件在装配前进行喷漆，就可以避免遮盖保护。

所有的表面涂层完全硬化至少需要 12 个小时。水性涂料和清漆干燥时间为 2 ~ 4 小时，溶剂型涂料干燥时间为 4 ~ 6 小时。

因为是手工操作，所以人工成本很高，操作者的技术将决定最终的表面质量。

环境影响

溶剂型涂料含有挥发性有机物。20 年代 80 年代以来，为了减少挥发性有机物的排放，汽车制造商开始使用水性涂料系统。直到 20 世纪 90 年代末，水性涂料系统才有能力生产出与传统溶剂型涂料一样的涂层。

水性涂料毒性更小，且更容易用水清洗。

喷漆通常在喷漆室或喷漆柜中进行，这样油漆能够被回收和安全处理。使用活水的一个系统能够捕捉到过喷的漆，并将其转移到中心井，为沉淀和分离做好准备。

→ Pioneer 300 轻型飞机喷漆

Pioneer 300（图 1）的配套组件由意大利 Alpi 航空制造（图 2）。机身在喷漆前组装，组件间的接合处被填充、擦洗干净，为底漆提供了一个光滑的表面。掩模用于保护玻璃罩和外机身部分（图 3）。

采用双组分聚氨酯漆进行表面底漆喷涂。为了确保没有阻塞喷嘴的结块、灰尘或其他污染物，油漆必须过滤（图 4）。第一层漆以叠加的方式进行喷涂（图 5）。每一次喷涂都有 50% 的重叠，以保证涂层的均匀。

整个过程在喷漆室中完成，喷漆室可以持续净化空气和保持空气流通。巨型电扇仅需要几分钟时间就可以将喷漆室里的所有空气循环一次。

总共有三层漆需要喷涂和晾干（图 6）。干燥时间的长短取决于固化系统。一旦底漆充分干燥，就可以用砂纸打磨机身（图 7）。先喷涂几层，然后再进行打磨，这样产生的表面更光滑。如果这个阶段面层质量不够好，那就需要喷涂更多层的底漆，不然面漆会暴露出所有的瑕疵。

去除顶层的掩模胶带，为面漆的喷涂做好准备（图 8）。下面是第二层的掩模，用来标记面漆喷涂的部位。边缘也用这种方法交错安排，以避免漆料的堆积，否则掩模的边缘就会产生一条可见的白线。

将每个组件喷上面漆（图 9）。遮挡条纹部分，喷涂第二层有色面漆（图 10、11）。机身组装完毕（图 12），准备连接机翼。

1

2

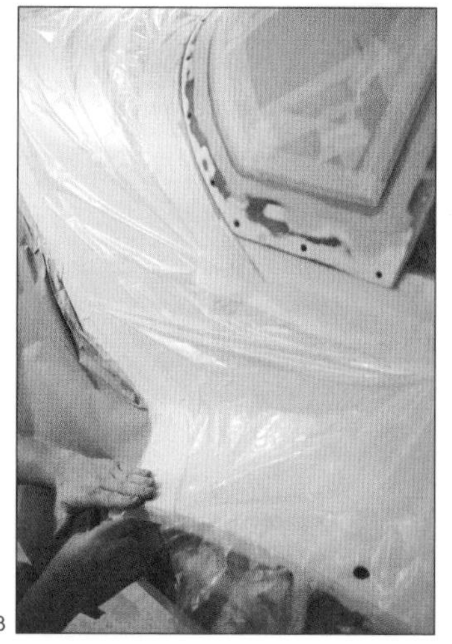
3

4

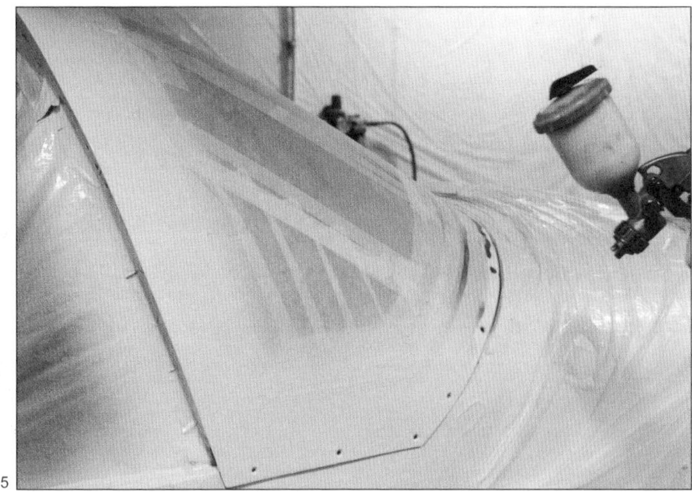
5

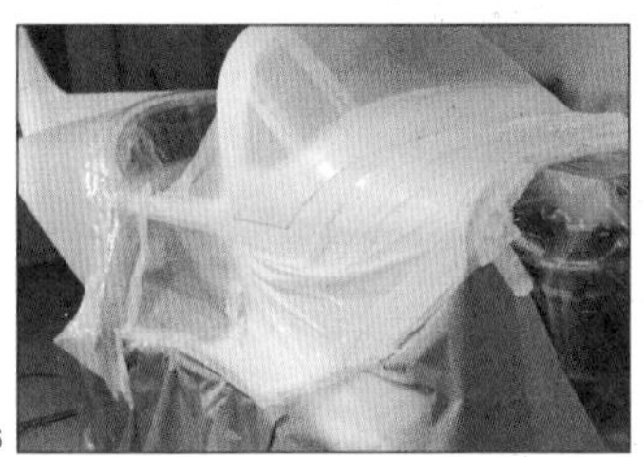
6

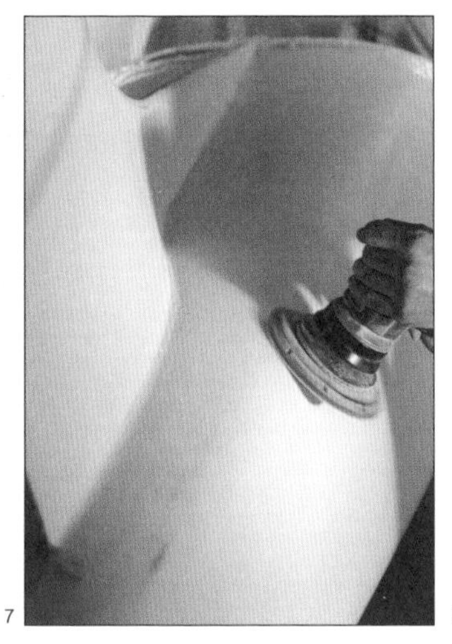
7

8

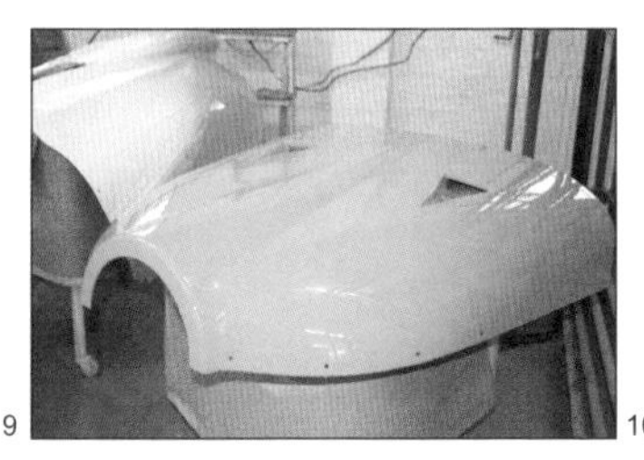
9

10

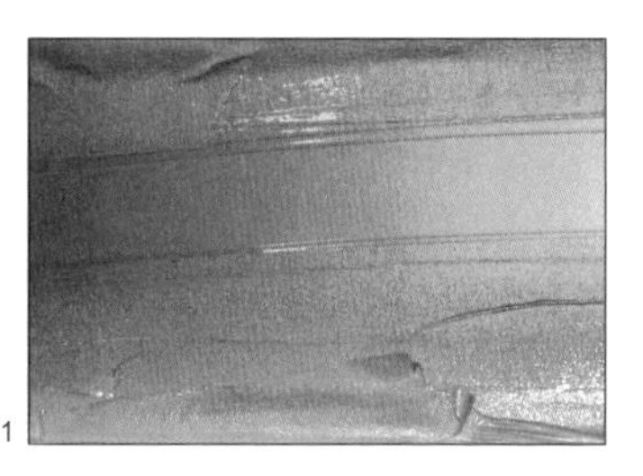
11

12

主要制造商

Hydrographics
www.hydro-graphics.co.uk

粉末喷涂

这是一种通过喷雾床或流化床喷涂各种金属制品的干法工艺。它通过静电将粉末涂料吸附在工件表面，然后在烤箱中固化以产生光亮的保护涂层。

加工成本	典型应用	适用性
• 无模具成本 • 单位成本低	• 汽车 • 建筑结构 • 白色家电	• 单件至大批量生产
加工质量	**相关工艺**	**加工周期**
• 品质高，光泽度好，质地均匀	• 浸渍模塑 • 镀锌 • 喷漆	• 取决于零件尺寸和自动化程度 • 固化时间 30 分钟以上

工艺简介

粉末喷涂主要用于保护金属制品免受腐蚀和损害：高分子聚合物在金属表面形成一层耐用的涂层。高分子聚合物有许多优点，比如，为了适合不同的应用，可以应用一系列鲜艳的色彩和保护特性。此外，粉末喷涂还是一种干法工艺，对环境的影响小。

20 世纪 60 年代，粉末喷涂被开发出来是为了喷涂以窗框为代表的铝挤出制品。建筑师和设计师看好它带来的可能性，因此，对其他金属进行粉末喷涂的需求也在增加，如钢铁。现在，铝和铁是应用最广泛的粉末喷涂材料，许多其他材料的应用也在探索中，使其能够产生更好的表面质量，如塑料和木质复合材料。

粉末可供静电喷涂或流化床喷涂使用，其中静电喷涂更通用。流化床喷涂受到水槽尺寸和颜色批次的限制，非常适合大批量生产，如冰箱里面的金属网架和汽车零件。该工艺常用热塑性粉末涂料。

典型应用

粉末喷涂适合功能性和装饰性的应用。功能性应用包括磨料产品、户外和高温环境下使用的产品，如汽车零件、建筑零件和农机零件。粉末喷涂还用于需要良好耐热性和耐化学药品性的白色家电。除此之外，它还广泛用于室内外家具、家用产品和办公产品。

相关工艺

在有特殊需求的应用或是户外应用中，粉末喷涂经常与其他表面加工工艺一起使用。例如，钢铁制品在粉末喷涂前必须镀锌（368 页），以获得持久耐用的表面。如果没有镀锌的话，在粉末喷涂涂层下面的钢铁会生锈，涂层就会起泡和剥落。

可以代替粉末喷涂的是湿式喷漆法，尤其是双组分热固性涂料十分耐用。如果材料已经进行过喷涂，或者材料不能够承受粉末喷涂烘烤过程中的高温，就可以采用这种方法。

加工质量

通过烤箱烘烤，聚合物涂层固化在工件上，形成光滑、坚固耐用的表面。从本质上来说，粉末喷涂能产生均匀的涂层是因为汽化或流化粉末被静电吸附在工件的表面。涂层越薄的地方电位差越大，促使粉末均匀地堆积起来。

最常用的是热固性涂料，它与双组分环氧树脂或聚酯涂料特征相似。聚合物在烘烤的过程中形成交联，提升了硬度、耐酸性和耐化学药品性。

静电喷涂工艺

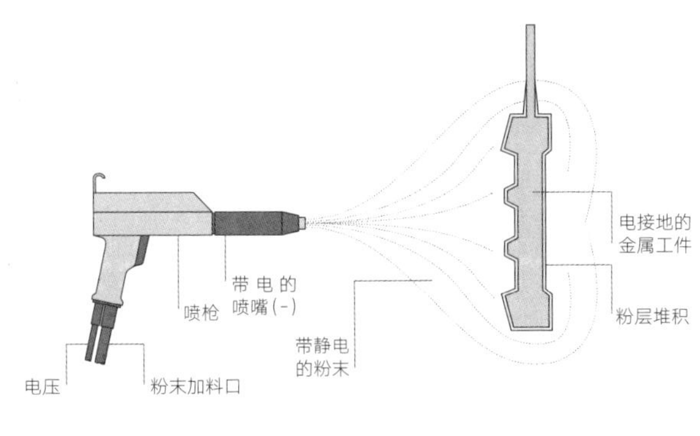

流化床粉末喷涂工艺

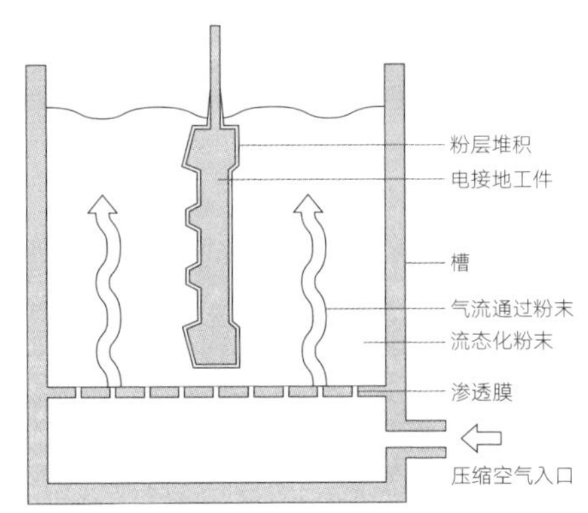

与之相反，热塑性涂料加热后不会产生交联。加热后，干燥的粉末涂料熔化并流过表面，待聚合物冷却再固化后形成一个光滑平整的涂层。

设计机遇

该工艺用于提供保护层和着色。它有很多好处，尤其适用于儿童游乐区或公共家具。颜色范围没有限制，金属的、有斑点的、有纹理的和木纹的表面涂层皆有可能。

粉末中还可以混入许多其他的添加剂，用于提高涂层的抗紫外线稳定性、耐化学药品性、耐热性和耐久性。此外，还可以加入抗菌剂，抑制涂层表面霉菌和细菌的滋生。

热塑性粉末和热固性粉末给设计师和制造商提供了大量的选择机会。原料中可以加入添加剂、黏合剂和颜料，以适应具体的应用。另外，还可将各种各样的聚合物性能应用于标准的粉末喷涂表面。

即使是需要堆积的涂层较厚实，粉末喷涂表面产生下陷的风险也非常小。使用流化床喷涂方法可以获得厚的涂层：将加热的工件多次浸渍在热塑性粉末中进行涂层堆积。静电喷

技术说明

静电喷涂

粉末喷涂的材料由树脂、颜料、填料和黏合剂混合而成。混合物被研磨成精细粉末，使每一个颗粒都包含应用的必要成分。

静电喷涂是最常见的粉末喷涂方法。在该工艺中，粉末被吸入或压入喷枪。空气压力使粉末通过喷嘴，让每个粒子都带有高压负电。负电荷在这些颗粒和电接地的工件之间产生电位差。静电力将粉末流喷向工件，使其环绕并覆盖在背面。带负电的聚合物粉末通过静态能吸附在工件上。工件的所有部分都必须暴露在粉末流中，以确保涂层均匀。

整个操作在喷粉室内进行。通常通过传送带将零件送入和输出，传送带需要电气接地。喷涂之后，工件会在约 200 ℃的烤箱中烘烤约 30 分钟。

流化床粉末喷涂

流化床技术可以在有静电和没有静电的情况下为零件喷涂塑料涂层。

流态化粉末的组成材料跟静电喷涂中使用的材料一样。在流化床喷涂中，粉末被装在一个槽中。空气通过流化床形成动态的类似于流体的粉气混合物。零件被浸在流态化粉末中，粉末吸附在零件表面。像静电喷涂一样，热固性粉末需要在浸泡之后固化。

热塑性涂料常用这种方法。预先将工件加热到热塑性塑料的熔点，然后浸入流态化粉末中，通过接触使粉末附着在工件表面。厚涂层可以用这种方法进行一次浸渍或多次浸渍。越厚的涂层提供的保护能力越高，而且还能使粗糙的表面和接合处更平滑。

在没有静电的情况下，这种工艺改善了金属网架和其他零件的涂层，否则它们由于法拉第笼效应容易在静电喷涂过程中出现问题。

案例研究

→静电喷涂门

这个案例中将一些镀锌钢进行粉末喷涂。做好准备工作是成功的关键。首先，要将零件镀锌以保护金属，然后打磨出更高质量的表面（图1）。

清洁工序在十个水槽中完成。在不同的槽中，逐步对零件进行清洁、脱脂，为粉末喷涂做好准备。装有磷酸锌的槽（图2）在清洁的镀锌表面和热固性粉末之间生成一个中间层。

将金属制品装载到电接地的传送带上，并传送到粉末喷涂室（图3）。在这个案例中传送的是铁门的一部分。基于工厂要求的多样性，这个过程是手动操作的，操作人员在金属制品表面喷涂静电粉末时要做好防护（图4）。

这时候粉末喷涂的表面非常精细，因此无须太多处理。将零件装载到传送带上送入烤箱（图5），烤箱内温度为200℃。热固性聚合物在该温度下发生化学反应，分子链之间形成交叉连接，形成一种持久耐用的涂层。这是一个渐进的过程，持续30分钟左右。

固化的部分有一层漂亮的红色塑料涂层（图6）。它现在是温热的，短时间内就会风干，热固性塑料则完全硬化。

1

涂也能够产生厚的涂层，但是它更耗时，实用性较差。想要用静电喷涂方法和热固性粉末获得薄涂层是非常困难的。

设计注意事项

零件的设计会影响加工工艺的选择。每种工艺适用于不同的材料：热塑性粉末采用流化床技术喷涂，热固性粉末采用静电喷涂，但有时情况并非如此。

静电喷涂是一种广泛使用的通用工艺，许多零件都能用这种方法喷涂。如果零件在静电喷涂中引起法拉第笼效应，流化床喷涂可以为复杂的几何体提供良好的被覆。

工件的表面粗糙度由喷涂前表面的质量决定，但是流化床喷涂形成厚涂层除外。如果准备不充分，铸件表面就会产生纹理。准备工作通过许多清洁槽和蚀刻槽完成，它们为工件表面做好粉末喷涂的准备。要让工件和涂层之间产生充分的结合，这些阶段必不可少，而且还可以保证其寿命。

适用材料

许多金属都可以通过这种方式喷涂，但大多数粉末喷涂是用于铝和钢制品的保护和着色。新技术的出现使得粉末喷涂某些塑料和复合木板成为可能，但技术较新，而且相对专业。流化床喷涂方法还可以粉末喷涂玻璃。

喷涂的材料包括热塑性材料和热固性材料。典型的热固性材料有环氧树脂、聚酯、丙烯酸和这些聚合物的混合物。它们有良好的耐化学药品性和耐磨性，硬度高，耐久性好，更有甚者还能提供抗紫外线的额外保护。

热塑性粉末有聚乙烯、聚丙烯、聚酰胺、聚氯乙烯、含氟聚合物等。这些涂料在粉末喷涂市场中所占的比例很小。使用流化床方法能够堆积厚涂层，提供卓越的性能。

加工成本

没有模具成本，但是设备成本相对高。

加工时间短，因为通常一个涂层就足够。烘烤固化树脂的过程大约会增加半小时。

该工艺过程简单：粉末很容易喷涂，潜在的电位差促进了均匀涂层的产生，因此人工成本很低。

环境影响

与湿式喷漆法相比，粉末喷涂产生的浪费更少，是一种有效利用材料的方法。这一方面是因为静电为粒子充电，另一方面是因为过喷

2

3

4

5

6

的粉末可以收集和过滤。在颜色不变的粉末喷涂生产线中，粉末的利用率可超过 95%。

每一个颗粒都包含树脂、颜料、填料和黏合剂。因此，没有必要让粉末悬浮在溶剂或水中，因为这对操作者和环境都是有害的。

主要制造商

Medway Galvanising Company
www.medgalv.co.uk

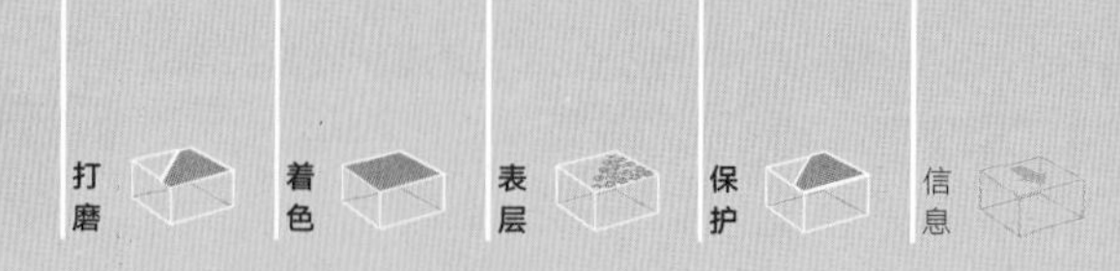

阳极氧化

铝、镁和钛的表面可以通过阳极氧化形成一层保护性的氧化膜。这层氧化膜通常是浅灰色的，但也可以通过电解着色，或用红色、绿色、蓝色、金色、青铜色和黑色等染料染色。

加工成本	典型应用	适用性
• 通常不需要模具 • 单位成本低，但成本也会随着膜厚度的增加而增加	• 建筑物 • 汽车 • 消费电子	• 单件至大批量生产
加工质量	**相关工艺**	**加工周期**
• 品质高，质轻，坚硬	• 粉末喷涂 • 喷漆	• 周期适中（6 小时）

工艺简介

阳极氧化是处理金属表面的一种工艺。工件为阳极，浸在电解液中。在这个过程中，会在金属表面自然而然地生成一层氧化膜。氧化铝是人类所知的硬质材料中最不活泼的，具有保护性和自我修复能力。

阳极氧化主要有三种方法：自然阳极氧化、硬质阳极氧化和铬酸阳极氧化。大多数建筑和交通工具是在硫酸中采用自然阳极氧化或硬质阳极氧化的方法进行阳极氧化的。铬酸阳极氧化则更专业。

自然阳极氧化产生灰色薄膜，厚度为 5 ~ 35 μm，面层可以着色形成一系列生动的效果，如 B&O 的 BeoLab 4000 音箱（右页图）。

硬质阳极氧化生成的薄膜厚度可达 50 μm。因为厚膜的耐磨性和耐热性都有所提高，所以经常用于有更高要求的产品。

典型应用

阳极氧化可对室内外金属起到保护和增强的作用。事实上，在汽车、建筑、休闲和消费电子工业中，大多数的铝都用这种方式处理。

众所周知的有 Maglite 手电筒、苹果 iPod 和苹果 G5 电脑机箱。其他产品还包括岩钉钢环和登山设备、电视、电话、家用电器、控制面板、画框、化妆品包装、商店门头和结构性产品。

相关工艺

喷漆（350 页）和粉末喷涂（356 页）都是在金属表面增加一层其他材料。这些方法的优点是可以得到厚涂层，色彩丰富，维修方便。

铝、镁和钛金属比较昂贵，但其强度重量比优异。阳极氧化能够在不显著增加重量的情况下，提高材料对侵蚀风化的天然抵抗力，因此它是最流行的表面加工工艺。

不锈钢的化学着色也是类似的过程，增强了金属表面自然产生的钝化膜。

加工质量

对铝、镁和钛表面的阳极氧化处理是无与伦比的。它质轻、坚硬，能自我修复和抗风化。阳极氧化膜与底层金属是一体的，因此不会像一些涂层一样脱皮或剥落。它与基础金属的熔点相同，某些色系可保持 30 年。

阳极氧化前表面的粗糙度决定了最终零件的外观。材料来源于同一批次很重要，因为不同批次的材料在色彩效果上会有差异。你不可能再与特定的色卡（如潘通）匹配色彩。

技术说明

阳极氧化主要有三个阶段：清洁和蚀刻，阳极氧化，密封。

在阶段 1，通过清洁和蚀刻槽为工件的阳极氧化做好准备。在化学槽中，工件表面被蚀刻或抛光。蚀刻生成无光泽的面，使准备工作最小化。化学抛光生成适合装饰性应用的高光面。碱液槽和酸液槽是用来中和的。

在阶段 2，阳极氧化在电解液中发生，电解液通常是稀释的硫酸。电流在工件（阳极）和电极（阴极）之间传导。这使氧聚集在零件表面，并与基础金属发生反应生成多孔氧化层（铝生成氧化铝）。操作时间的长短、温度和电流决定了薄膜生成的速度，5 μm 的阳极氧化膜大约需要 15 分钟。

阳极氧化在金属表面上形成了一层氧化膜。整个过程中消耗了少量的基础材料（大约是阳极膜厚度的一半）。这会影响到表面粗糙度。只有薄的涂层才能保持高光泽的效果，因此，它们不适合高磨损的应用。

阳极氧化工艺

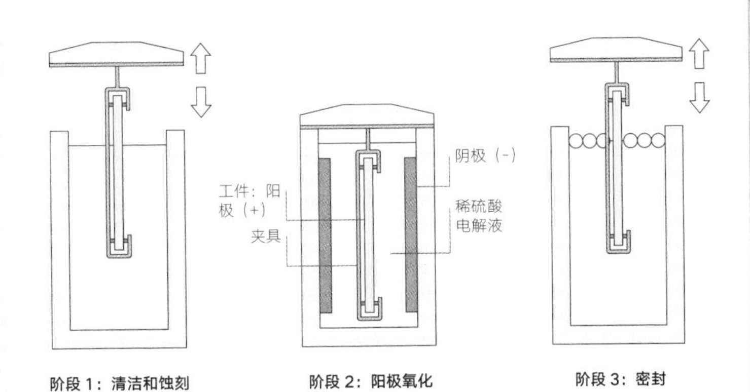

着色主要通过三种方式实现。Anolok™ 法是一种电解着色工艺，适合户外应用。它是在密封之前将钴金属盐沉积在多孔的阳极表面以产生一系列的色彩。这些颜色由光干涉产生。另一种比较普及的技术是用锡代替钴。但是与 Anolok™ 法相比，它所生成的颜色对紫外线的抵抗力较弱。第三种技术被称为“浸染”。它是在密封之前将阳极氧化膜染色。这种方法生成的颜色最广泛，但是抗紫外线稳定性和耐久性最差，因此通常只用于装饰性的和室内的应用。

在阶段 3，多孔膜的表面被密封在热水槽中。密封膜能让产品经久耐用和抗风化。

设计机遇

阳极氧化有许多优点，包括坚硬、易于维护、色彩稳定、耐久、耐热、耐腐蚀，而且无毒。

阳极氧化层绝缘强度很高，因此其上可以安装电子元器件。

阳极氧化可以应用于多种类型的表面和肌理，包括缎面的、拉绒的、浮雕的和镜面抛光的表面。

阳极氧化膜可以通过激光切割（248 页）或光蚀刻（392 页）选择性地去除。阳极氧化通过阳极氧化面与基础金属面间的色彩对比创造图案、文字或标志。

设计注意事项

阳极氧化增加了产品的厚度，但是蚀刻和清洁过程又会去除掉几乎等量的材料。这也取决于阳极氧化系统和材料的硬度，因为越软的材料蚀刻越快。因此，对于具有临界尺寸的零件，必须向做阳极氧化处理的公司咨询。

着色加工决定零件的抗紫外线稳定性。Anolok™ 着色法，通过电解钴金属盐可保证建筑领域 30 年的使用，但色彩仅限于灰色、青铜色、金色和黑色。

色彩会受到金属化学成分变化的

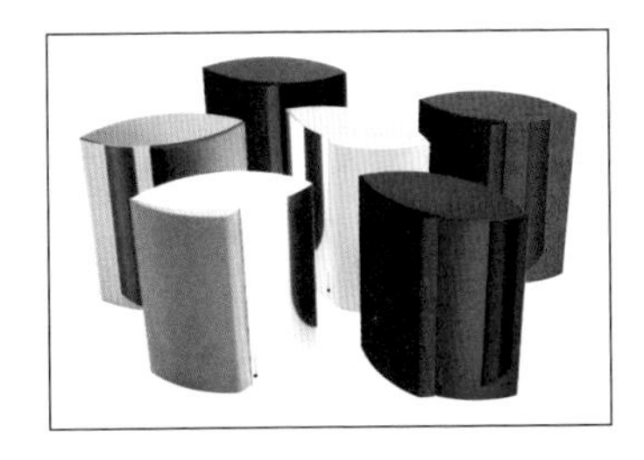

B&O 的 BeoLab 4000 音箱鲜艳的色彩由阳极氧化铝生成。

→阳极氧化汽车内饰

Heywood Metal Finishers 使用 Anolok™ 着色法，该技术用于对室外的和要求高的应用中的零件进行阳极氧化，如建筑工业和汽车工业。与其他工艺不同的是，在着色过程中，钴金属盐沉积在多孔膜上。颜色（灰色、青铜色、金色和黑色）是由光干涉产生的，因此比其他方法生成的更耐用和不易褪色。

在这个案例中，阳极氧化后的铝型材用于汽车（图 1）。可调节的夹具固定住铝型材，它们为适应不同长度的金属而设置（图 2）。

零件在安装时稍稍倾斜，方便化学物质在浸渍后排出（图 3）。阳极氧化一个周期会用到 10 个槽，整个过程需要 6 小时（图 4、5）。

在车间的另一端，正在对一些铝制品进行阳极氧化。它们需要浸在硫酸电解液中 15 ~ 60 分钟（图 6）；浸渍时间越长，产生的膜越厚，通常也更耐磨。最后，用含有添加剂的热水密封它们，水温为 98 ℃。

阳极氧化膜是无毒的，密封后可以立即处理。将零件从夹具上拆下，并进行包装（图 7）。

1

2

影响。对于焊接接头和不同批次金属的制造，这都是个问题。

阳极氧化是一个浸渍的过程，液体必须能够从零件中排出。用于阳极氧化的零件最大尺寸受到阳极氧化槽容量的限制，制造物体上限为 7 m×2 m×0.5 m。

适用材料

铝、镁和钛都可应用阳极氧化。

加工成本

没有模具成本，但在阳极氧化槽中，可能需要调整夹具以适应零件。周期大约 6 小时。

这个过程通常是自动化的，因此人工成本极低。

3

环境影响

阳极氧化中产生的废料是无害的。应对公司进行严格控制，不允许它们的废水或垃圾埋填地中出现污染物。尽管在阳极氧化的过程中采用了酸性化学物质，但没有产生有害的副产品。

对阳极氧化槽进行不断的过滤和循环再利用。溶解的铝以氢氧化铝的形式从清洗槽中过滤掉，然后被安全地回收处理。

阳极氧化层是无毒的。

4

5

6

7

主要制造商

Heywood Metal Finishers
www.hmfltd.co.uk

电镀

电镀是在一种金属表面上覆盖另一种金属薄膜的电解过程。它能在基础材料和镀层之间形成很强的冶金结合，产生具有功能性且耐用的镀层。

加工成本	典型应用	适用性
• 无模具成本，可能需要夹具支撑零件 • 单位成本高，视材料而定	• 消费电子 • 家具和汽车 • 珠宝和银器制作	• 单件至大批量生产
加工质量	**相关工艺**	**加工周期**
• 根据亮度或耐腐蚀性选择镀层材料	• 镀锌 • 喷漆 • 真空电镀	• 周期适中，取决于材料类型和涂层厚度

工艺简介

电镀用于在金属表面产生具有功能性和装饰性的镀层。在电化学过程中，厚度从小于 1 μm 到 25 μm 之间的金属薄层沉积在工件表面。

电镀金属获益于两种材料的组合特性。例如，镀银的黄铜件将黄铜的强度和银持久的光泽结合在一起，降低了成本。

在电化学过程中电镀一些塑料也是可行的，但这不是严格意义上的电镀，其过程稍有不同，因为它只能在塑料表面覆盖化学镀层。这为所需要的材料提供了更强的基础，但是很难产生持久的效果，因为在涂层和基底之间没有冶金结合。

典型应用

珠宝商和银匠大量使用这种工艺，他们用具有合适力学性能的较廉价的材料制作产品，然后给它们镀上银或金，得到明亮、惰性、无瑕疵的光洁表面。典型的例子有戒指、手表和手镯，还有烧杯、高脚杯、盘子、托盘等餐具。

奖杯、奖牌、奖品和其他不会长时间和人接触的东西，可以用铑或镍电镀，以获得更持久光亮的表面。

电镀塑料的例子有汽车零件（变速杆、门配件、按钮）、浴室配件、化妆品包装，以及手机、照相机和 MP3 播放器的装饰。

电镀有许多重要的功能，例如提高卫生水平、易于连接（银和金的焊接）和提高热电的传导率。金一般在重要应用中使用，以提高导电性，确保表面光洁无瑕疵。

相关工艺

电镀是最可靠、可重复和可控制的金属镀层方法。

材料表面覆盖金属的方法还有许多，如喷漆（350 页）、镀锌（368 页）和真空电镀（372 页）。

喷漆技术稳步发展，现在已经有金属含量高的漆，漆面可以像固态金属一样打磨和抛光。这些工艺依赖于金属薄片悬浮在其中的高分子载体。像真空电镀一样，这些表面涂层不会与工件形成冶金结合。

加工质量

电镀的薄膜由纯金属或合金组成。因为每种金属离子与它相邻的金属形成了强大的冶金结合，所以工件和金属镀层之间形成了一层完整的膜。

不能相互镀的金属可以与和涂层和基材兼容的中间层结合。例如，黄铜会影响镀金的强度和耐腐蚀性。因

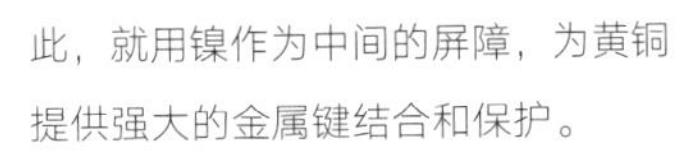

此，就用镍作为中间的屏障，为黄铜提供强大的金属键结合和保护。

表面粗糙度主要取决于电镀前工件的表面粗糙度。金属镀层非常薄，无法覆盖划痕和其他瑕疵。

设计机遇

这种工艺最大的好处就是能够在一种金属表面产生另一种金属的外观、质感和优势，从而可以用较廉价的或是有合适性能的材料制作零件。电镀能为它们提供金属表层，使其拥有令人满意的美学特征。

常见的电镀材料有锡、铬、铜、镍、银、金和铑。每一种材料都有其独特的性能和优势。

铑是铂族金属的一员，非常昂贵。它有持久的光泽，在正常大气条件下不会轻易变暗，而且坚硬、高度反光，对大多数化学药品和酸都有抵抗力，常用于需要较小表面粗糙度的装饰性应用，如奖章和奖杯。

金是一种独特的贵金属，它有明亮的黄色光泽，不会氧化和变暗。电解液中合金的含量将会影响它是玫红色还是绿色。黄金的纯度用开来衡量：24 开是纯金，18 开是含金量 75% 的黄金，14 开是含金量 58.3% 的黄金，10 开是含金量 41.1% 的黄金，9 开是含金量 37.5% 的黄金。许多国家标准，包括美国标准都允许有 0.3% 的负公差，但英国标准不允许。

银比前面提及的金属便宜。它明亮、高度反光，但表面很容易氧化，必须经常抛光或“着色”以保持亮度。银的氧化倾向可用于强调细节，将其放在化学溶液中使其变黑，然后再将凸起的细节抛光成亮银色。这种技术常运用在首饰上以强调浮雕图案。

镍和铜常被用作中间层，因为它们能够提供一定的调平量，能产生明亮的面层。如果它们堆积的数量足够多，就可以覆盖小瑕疵，产生一个用于电镀的光滑表面。作为中间层，它们在电镀金属和工件之间提供了一个屏障。这对那些相互影响或不兼容的金属来说尤其有利。

铜是一种廉价的电镀材料，但很快就会变暗，因此它很少用于面层。

设计注意事项

零件通过与直流电流连接进行电镀，有两种实现方式：零件可以松散连接或是安装在刚性夹具上。对于小

电镀工艺

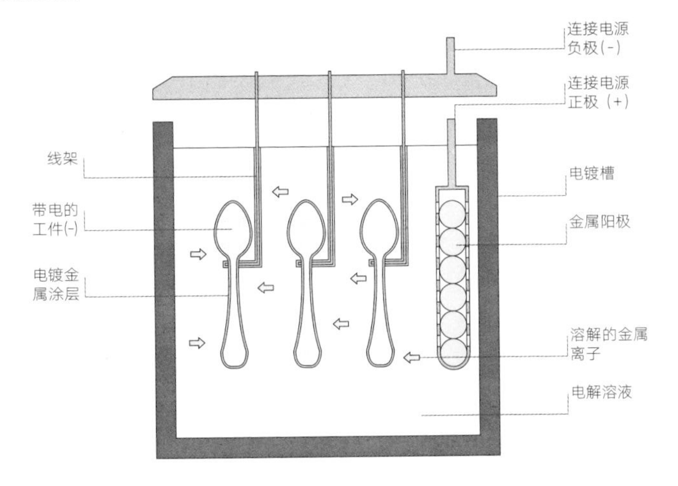

技术说明

该工艺分三个主要阶段：清洁、电镀和抛光。在整个过程中，零件需要安装在夹具上。

清洁阶段首先在热苛性碱溶液中脱脂，然后将零件浸入稀释的氰化物溶液中去除表面氧化物，再在硫酸中被中和。

电镀在电解溶液中进行，电镀金属以离子形式悬浮在电解液中。当工件被浸渍并连接到直流电时，表面就形成了一层电镀的薄膜。沉积的速度取决于电解液的温度和化学成分。

金属阳极悬浮在穿孔容器的电解液中，它的溶解增加了电解液中离子的含量，在工件表面形成一定的厚度。

电镀的厚度取决于产品和材料的应用。例如，镍用作中间层需要 10 μm 厚，而镀金作为装饰性应用时仅需要 1 μm 厚。

电镀之后，零件经过了精细抛光，这个过程叫作“上光”。

批量电镀，松散连接是控制零件的有效方法。零件安装在夹具上时会有一个固定的接触点，这个接触点在电镀之后依然可见。要想接触点尽可能地小，可以找两个小点或在产品不显眼的部分接触工件。

特殊的蜡或油漆可以掩盖表面，掩盖的部分不会被电镀，但是会增加单位成本。

镀铬在汽车和家具工业中被广泛应用，但由于加工过程中重金属含量的影响，正逐渐被取代。目前，还没有任何东西可以与在镍基材上镀铬的亮度和耐久性相媲美。其他金属组合可以实现类似的反射率，但耐用性较差。

适用材料

大多数金属都可以电镀，但是金属的纯度和效能各不相同。

最常电镀的塑料是ABS，它能够承受60 ℃的加工温度，可以作用到表面，在它和化学镀金属之间形成相对较强的结合。

加工成本

没有模具成本，但可能需要夹具支撑零件。

加工周期取决于金属覆盖的速度、温度和电镀的金属。镀银大约每小时25 μm，而镀镍每小时可达250 μm。金属覆盖的速度会影响电镀的质量，加工周期越长，越容易产生精确的涂层厚度。

根据应用的不同，人工成本从适中到高。例如，银器和珠宝的外观和耐用性非常重要，因此它们的加工要求很高。

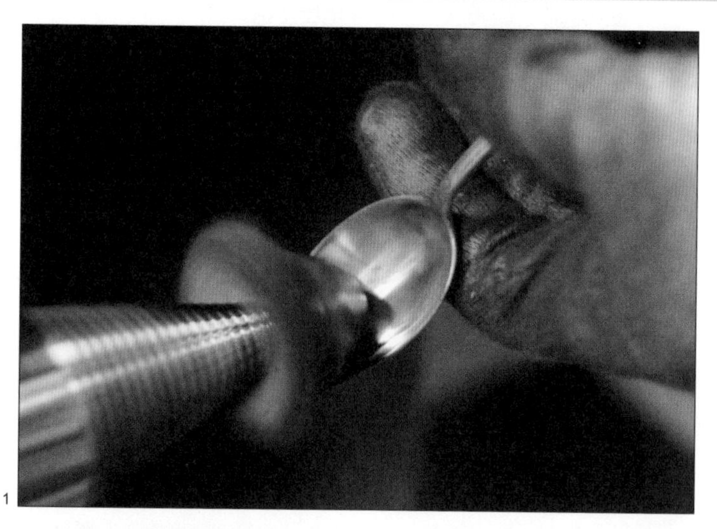

1

2

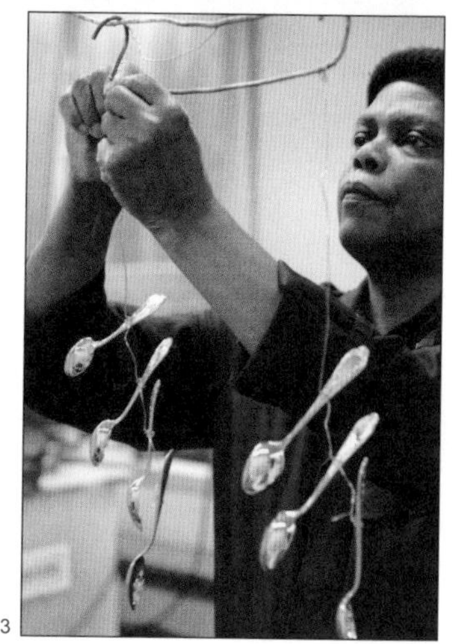

3

环境影响

整个电镀过程中使用了许多有害的化学物质，它们的提取和过滤都经过严格控制，以确保对环境的影响最小。

镀层厚度以μm为单位，整个过程仅用必要数量的材料。

金和银是惰性的，适合各种类型的产品，包括医疗植入物、烧杯、碗和珠宝。镍有刺激性，而且有毒，因此不用于直接接触皮肤的产品。

→ 镍银餐具镀银

产品的表面质量在很大程度上取决于电镀前的表面粗糙度，因此这些镍银勺子被打磨成高光，为镀银做好准备（图 1、2）。

它们用松散的线连接在直流电流上，要完全被一层薄薄的银覆盖（图 3）。在电镀槽中摇动零件，以获得均匀的镀层。如果它们用夹具固定，就会有一个小区域无法电镀。

为了给电镀做准备，金属需要浸入一系列的清洁剂，如稀释的氰化物溶液，在这种溶液中勺子的表面嘶嘶冒泡（图 4）。抛光剂和油脂等污染物的痕迹都被消除干净。

在该案例中，勺子表面电镀 25 μm 厚的银（图 5），这在电镀槽中大约需要 1 小时。整个过程都是电脑控制的，以保证最高的精确度和良好的表面质量。

将电镀的零件进行清洁和干燥（图 6），这时候表面还不是高光的。电镀槽中有时会加入增亮剂以产生更加反光的表面。表面用非常细致的铁粉抛光剂处理，这种抛光剂被称为“红铁粉”。它也应用于“上光”的抛光工艺中，以产生高反光的表面（图 7）。

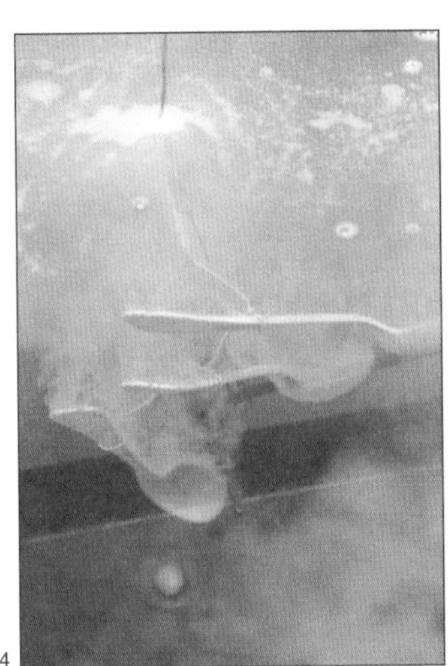
4

5

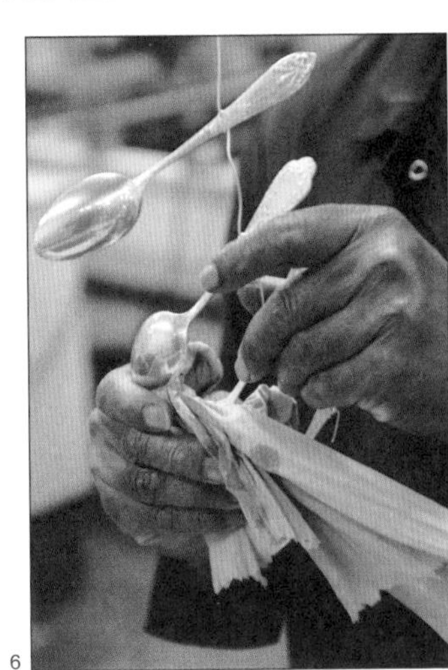
6

7

主要制造商

BJS Company
www.bjsco.com

表面处理工艺

镀锌

这种工艺是将钢和铁在熔融的锌液中热浸镀，使其表面形成合金，提供免受各种元素影响的电化学保护。它在表面产生一种明亮独特的图案，但随着时间的推移会变得单调灰暗。

加工成本	典型应用	适用性
• 成本低	• 建筑与桥梁 • 汽车 • 家具	• 单件至大批量生产
加工质量	**相关工艺**	**加工周期**
• 能提供完美保护 • 外观质量受到钢质量的影响	• 电镀 • 喷漆 • 真空电镀	• 周期短

工艺简介

锌和铁的结合会产生一种非常有效的合金，能够大幅延长钢铁制品的寿命。无保护的金属制品不断被腐蚀，结构被破坏，但是镀锌的金属制品不受这些元素影响，能保持结构的完整性。例如，滑铁卢火车站对维多利亚时代的钢结构屋顶进行了重新镀锌（右页图）。

在镀锌的过程中，锌和铁冶金结合产生一个锌铁合金的面层，面层上再覆盖一层纯锌。因此，镀层与基材是一个整体，中间的合金层非常硬，其强度甚至超过基材。

镀锌可以通过两种方式进行：热镀锌和离心镀锌。它们本质上是一样的，只是在离心镀锌时，零件在存料槽中浸渍熔融锌液中后进行旋转，这样可以去除过量的锌，产生均匀平整的镀层。对于螺纹紧固件和其他需要精确涂层的小零件来说，这种方法特别有利。

镀锌能抵抗破坏性的操作，过去的一个半世纪证明了它能提供持久、坚固和低维护的镀层。镀锌钢可以循环使用，因此它的寿命几乎是无限的。

典型应用

典型应用包括建筑用钢，如楼梯间、墙体、地板和桥梁；农业机械、汽车底盘和家具。

相关工艺

其他用金属覆盖材料的方法有电镀（364 页）、真空电镀（372 页）和喷漆（350 页）。与这些工艺不同的是，镀锌仅限于用锌覆盖钢和铁。

加工质量

当钢铁制品从镀锌槽中移走时，表面的锌是干净明亮的。但随着时间的推移，暴露在大气中的制品会变得灰暗。它很坚固，能保护基材不受氧气、水和二氧化碳的腐蚀。制品在不同情况下腐蚀的程度也不同，在室内使用，每年腐蚀 0.1 µm，在靠近海岸的户外应用，每年腐蚀可达 4 ~ 8 µm。标准的镀层厚度为 50 ~ 150 µm，通常取决于基础金属的厚度。离心镀锌涂层是个例外，在加工过程中，通过粗化表面或向钢中加入硅，以产生更薄或更厚的涂层。

就其本质而言，锌镀层即使被穿透也能保护钢铁。锌比铁更易与大气中的元素发生反应，在外露的区域形成沉积，保护基材免受进一步的侵蚀。

热镀锌工艺

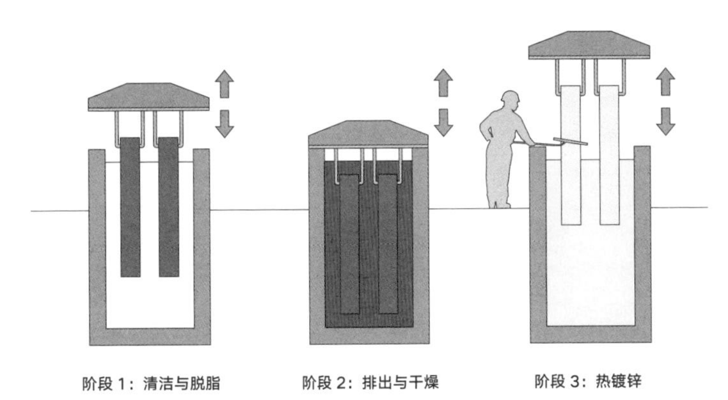

镀锌层的外观也受到钢铁质量的影响，最终的效果可以是明亮有光泽的，也可以是灰暗的，当钢铁中加入的硅含量较高时就会产生后一种效果。

设计机遇

这是一种通用的工艺，可以用于保护直径只有 8 mm 的螺母和螺栓小件，也可以用于保护 12 m×3 m 的大型结构。尺寸大于上述结构的零件，可以在镀锌后再组装。中空容器和敞口容器这样复杂的造型都可以一次镀锌。

设计注意事项

镀锌是用锌覆盖零件的整个表面，可用高温胶带、油脂或油漆遮盖区域。一些中空几何体只能在外部镀锌，而且需要特殊的涂装技术。

镀锌槽的温度保持在 450 ℃，所有的零件都必须能够承受这个温度。另一个重要的注意事项就是潜在的爆炸物，如密封管和盲区。所有的焊渣、油脂和油漆必须预先去除。

适用材料

因为镀锌是依靠冶金结合，所以仅有钢和铁能用这种方式镀膜。

加工成本

该工艺的成本很低，尤其是从长期来看，而且不需要特定的模具，加工时间短。

人工成本适中，表面处理的质量受到操作人员技能的影响。

环境影响

该工艺能将钢铁制品的寿命延长 40 年至 100 年。大家都知道，新生产的钢中有一半是用于替代已被腐蚀的钢，在某些国家，这一成本占到国内生产总值的 4%。镀锌大幅延长了钢铁制品的寿命，减少了它们对环境的影响。

这种工艺有效地利用锌来保护钢铁制品的表面。每次浸渍完成之后，未使用的锌就会流回镀锌槽中以便再次使用。锌可以在不损失任何物理或化学性质的情况下无限期循环使用。

技术说明

热镀锌工艺一般使用 6 个槽。前 4 个槽在清洗和脱脂阶段，零件浸泡在热碱酸中脱脂。然后，再浸到 2 个级进式的盐酸酸洗槽中除去所有的氧化皮和锈。最后，在 80 ℃的水槽中清洗，为镀锌做好准备。

在阶段 2，金属制品被浸在热氯化锌铵中获得清洁的表面，确保在金属制品的内外表面有良好的锌流。

最后，金属制品浸在 450 ℃的热熔锌液槽中。锌与铁结合，形成金属制品表面固有的锌铁合金。在此过程中，不同浓度的锌铁合金层层沉积，其外层通常为纯锌。浸渍过程一般会持续 10 分钟，取决于所需锌涂层的厚度。缓慢地将零件从锌槽中取出，以便多余锌液排出。

伦敦滑铁卢火车站的顶棚在一个世纪前进行过镀锌处理，直到近年才需要进行重新镀锌，处理后可再持续一个世纪。

→ 钢制品热镀锌

首先，清洗零件和检查缺陷，这些缺陷在镀锌过程中可能会出现问题。金属制品以30°角挂到横梁上以便沥水（图1、2）。产品上要设计排水孔，以确保加工过程中溶液排出。将金属制品转移到镀锌设备，依次浸入清洗槽和酸洗槽（图3）。准备工作、清洁程度和基础材料决定了镀锌零件的质量，因此这个阶段对于确保质量的一致性至关重要。倒数第2个槽（图4）含有一种熔剂，金属制品从这种熔剂的蒸汽中移出，为热镀锌做准备（图5）。此时，温度已经上升到80 ℃。

接下来，零件被浸入450 ℃的熔融锌液槽中（图6），锌在接触到冷却的金属时就会喷出。在镀锌过程中，熔融锌液被不断地去除，以去掉任何可能影响镀锌质量的污染物和金属碎片（图7）。

缓慢地将零件从熔融锌液中移出，让表面多余的锌液流回槽中（图8）。锌的利用非常高效，它与金属制品的比例大概是1 ∶ 15。将这些零件从槽中移出，根据客户要求进行风干或淬火冷却（图9），然后装载运输（图10）。

1

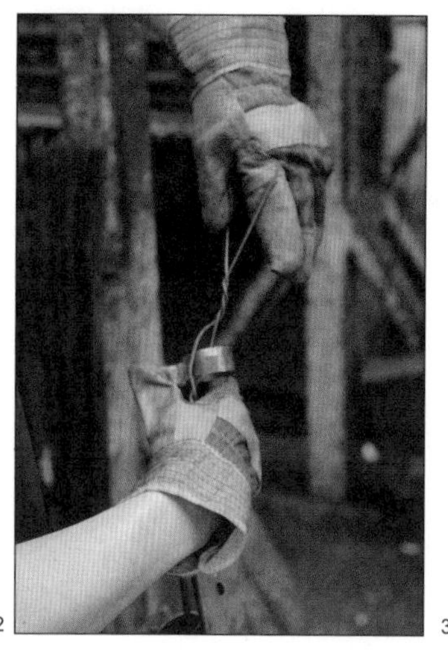

2

3

4

5

6

7

8

9

10

主要制造商

Medway Galvanising Company
www.medgalv.co.uk

表面处理工艺

真空电镀

真空电镀又称物理气相沉积（PVD）和真空喷镀，它能将金属覆盖在各种不同的材料上，制造出阳极氧化铝、铬、金、银和其他金属的外观和质感。

加工成本	典型应用	适用性
• 无模具成本，但需要夹具 • 单位成本适中	• 消费产品 • 反射膜 • 无线电频率屏蔽、电磁干扰和隔热	• 单件至大批量生产
加工质量	**相关工艺**	**加工周期**
• 涂层质量高，光泽度和保护性好	• 电镀 • 镀锌 • 喷漆	• 周期适中

工艺简介

真空电镀将高真空和放电过程结合，在真空沉积室中蒸发纯金属（最常用的是铝），汽化的金属流冷凝在表面，形成一层高光泽的金属层。

它是一种用金属覆盖多种不同材料的方法，材料可以是塑料、玻璃和金属。该工艺没有模具成本，过程可控制、可重复，适用于从单一原型生产到批量生产产品的处理。由合适的材料制作的原型和模型经真空电镀后可给人金属零件的外观和质感。大

真空电镀工艺

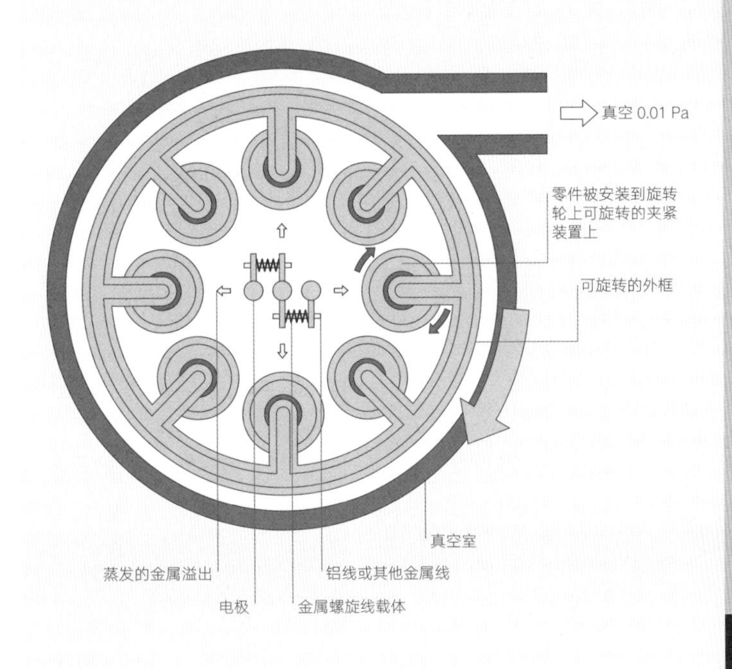

批量生产的金属零件经真空电镀后可增加附加值。

镀层的厚度取决于实际应用。化妆品包装的表面厚度一般小于 6 μm，金属膜的厚度小于 1 μm。对于厚度在 10 μm 到 30 μm 之间的功能性镀层，可以采用等离子蒸发技术无限增加膜的厚度。

典型应用

真空电镀对装饰性应用和功能性应用都适用。装饰性应用包括珠宝、雕像、奖杯、模型、厨房器皿和建筑五金。

镀层也可以是功能性的，它能提供电磁干扰或无线电频率屏蔽，提高耐磨性、热变形和光反射，作为导电表面或隔汽层。典型应用有手电筒、汽车反光镜、机械零件、金属化塑料薄膜和消费性电子产品。

相关工艺

电镀（364 页）、镀锌（368 页）和喷漆（350 页）都是用金属覆盖材料，喷涂导电涂料还适合用作电磁干扰和无线电频率屏蔽。这些工艺之间是密切相关的，喷漆用于将底层预金属化，再用面漆将精细的金属膜密封。喷漆和真空电镀覆盖的材料范围最广。

加工质量

真空电镀通过提高反射率、耐磨

技术说明

首先，将零件进行清洗，喷上一层底漆。底漆有两个主要功能：一是减小表面粗糙度；二是有利于金属蒸汽附着在工件表面。

将零件安装在可旋转的夹紧装置上，整个零件组合悬挂在可旋转的框架内。总而言之，这些零件同时绕着 3 个轴旋转，确保生成均匀的涂层。

真空电镀前电镀室内必须形成真空，室内达到 0.01 Pa 大约需要 30 分钟，时间长短取决于电镀的材料。在真空度较小的情况下也可以进行电镀，但最终的质量会比较差。

真空室内达到正常压力时，电极就会通过铝线（或其他金属线）进行放电，电流和高真空的结合使纯金属瞬间蒸发。它喷出一股金属蒸汽，然后蒸汽凝结在相对较冷的工件表面，冷凝金属附着在底漆上，形成轻薄均匀的面层。

真空电镀膜受到面漆的保护，面漆是无色透明的，但可以通过着色模拟各种金属材料。接下来，面漆会在一个温暖的烘箱里烘烤 30 分钟左右。最终结果是一层金属层夹在两层漆层之间，使得漆面高度反光，而且更加经久耐用。

→黄铜合页真空镀铝

这一过程从喷涂底漆开始（图1）。底漆不仅能强化工件与金属涂层之间的结合，还能使表面更平滑，对于获取高质量的涂层至关重要。一旦喷涂完成，安装在夹具上的零件就会被送入一个温暖的烘箱，以加速底漆的固化（图2）。

大约30分钟后，将带有零件的夹具装载到旋转装置上（图3）。手工装载零件可以进行逐个检查，避免了浪费。零件被夹子固定在装置上，不会影响涂层的质量。每个设计中零件与夹紧装置连接的方法都不同。

在连接正负极的金属螺旋线支架上装上纯度95%的铝丝（图4），再将整个装置放入真空室（图5）。30分钟左右后就可以形成真空。电线中的电流使铝升温并蒸发（图6），变得白热化，铝膜开始在零件上形成。真空电镀过程只需要几分钟。真空室回到正常大气压后，把门打开。

进入真空室的所有东西都有一层薄薄的汽化金属涂层。在这个阶段，未受保护的金属薄膜很容易被消除。因此，应在零件上喷上一层面漆保护金属膜，并与底漆结合。真空电镀前后，零件存在显著差异（图7）。

1

2

性和耐腐蚀性来提高表面质量。它还改善了着色性能，面层可以用各种各样的金属色浸渍。面层的质量由真空电镀前材料表面的质量决定。

涂层只能应用于视线范围内的几何形状上，这意味着电镀的时候零件必须旋转，以获得均匀的镀层，深切和凹口无法进行电镀。真空可以用氩气代替，以获得更强有力的涂层，但这是一种专业的加工技术，实现起来更加昂贵。

设计机遇

真空电镀是一种价格低廉、用途广泛的金属镀膜法。该方法没有模具成本，从模型到产品的转换顺利，这也意味着设计师可以在早期阶段探索产品真空电镀金属后的外观和质感。

真空电镀产生的镀层精细均匀，工件进行多次加工可增加膜的厚度。

鲜艳的颜色可用于复制阳极氧化铝、亮铬、银、金、铜或青铜等。这样做的好处是可以用相对廉价的材料制作产品，然后再通过真空电镀给它们金属的外观和质感。

设计注意事项

镀层的质量受到工件表面质量的影响。换句话说，金属表面的光洁程度跟未涂饰过的表面一样。想要达到预期的效果，那么在金属涂饰之前就应该达到这样的效果。

真空电镀零件的最大尺寸受到真空室大小和零件形状的限制，平面零件在1.2 m×1 m以内，三维零件在1.2 m×0.5 m以内，因为真空电镀的时候它们需要旋转。

适用材料

许多材料都适合真空电镀，如金属、硬质塑料和软质塑料、树脂、复合材料、陶瓷和玻璃。天然纤维因为存在水分，所以不适合真空电镀。

铝是最常用的真空电镀材料，其他可用的金属还有银和铜。

加工成本

没有模具成本，但是在真空室里经常需要用夹具来支撑工件。

周期适中。

这是一种劳动密集型工艺，零件需要喷涂、装载、卸载、再喷涂，这

3

4

5

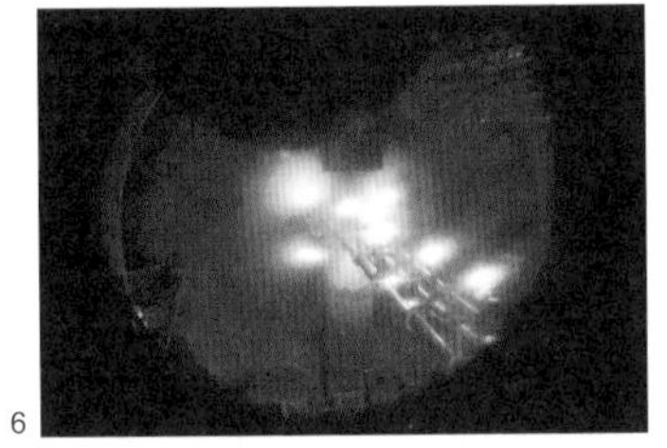

6

7

意味着人工成本相当高，但也取决于零件的复杂程度和数量。

环境影响

该工艺产生的废弃物非常少。喷涂底漆和面漆的效果与喷漆相同。

真空电镀通过提高表面的耐腐蚀性和耐磨性来延长产品的寿命。因为它通常都是一层薄膜，所以整个过程所需的材料非常少，但也取决于具体的应用。

主要制造商

VMC Limited
www.vmclimited.co.uk

表面处理工艺

磨削、砂磨和抛光

在这些机械加工中，材料表面受到研磨颗粒的冲击，表面在粗糙度上可从粗糙到镜面，根据所用技术、研磨颗粒类型和尺寸的不同，还可以产生均匀的纹理或图案。

加工成本	典型应用	适用性
• 大多数情况下无模具成本 • 不规则造型需要模具 • 单位成本取决于表面粗糙度	• 汽车、建筑和航空 • 厨房用品和医疗卫生用品 • 玻璃镜片、储存罐和容器	• 单件至大批量生产
加工质量	**相关工艺**	**加工周期**
• 可以精确到 1 μm 以内的高质量面层	• 喷砂 • 电抛光	• 周期的长短取决于尺寸大小和表面类型

工艺简介

磨削、砂磨和抛光应用范围很广，涵盖了金属、木材、塑料、陶瓷和玻璃制品。研磨颗粒的尺寸、类型及表面处理的方法决定了所获得的表面效果。这些术语描述的是不同的表面切削技术。

磨削是在坚硬的材料上进行表面加工。这一过程能实现一系列的功能，比如为金属清除飞边，为进一步的加工做准备，切割或穿透材料，以及得到精确的表层。磨削有许多不同

机械磨削、砂磨和抛光工艺

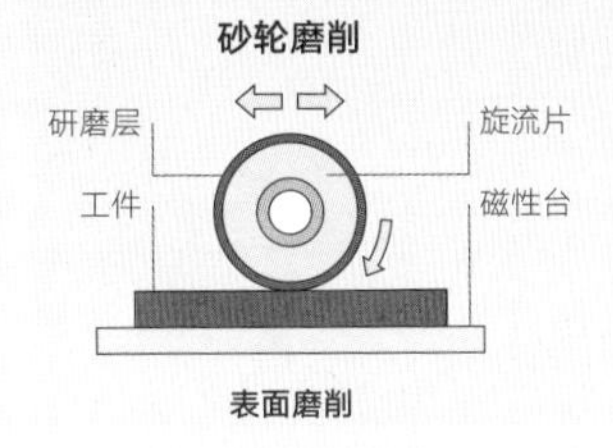

表面磨削

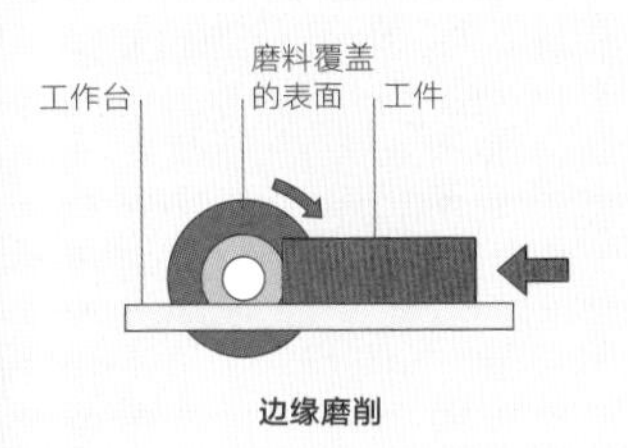

边缘磨削

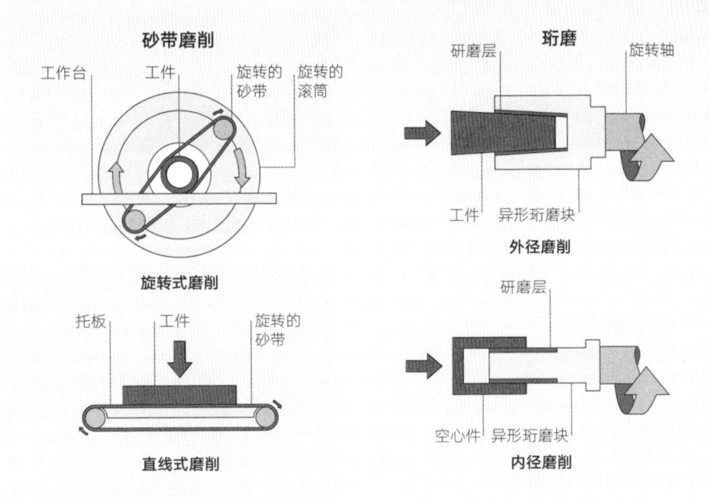

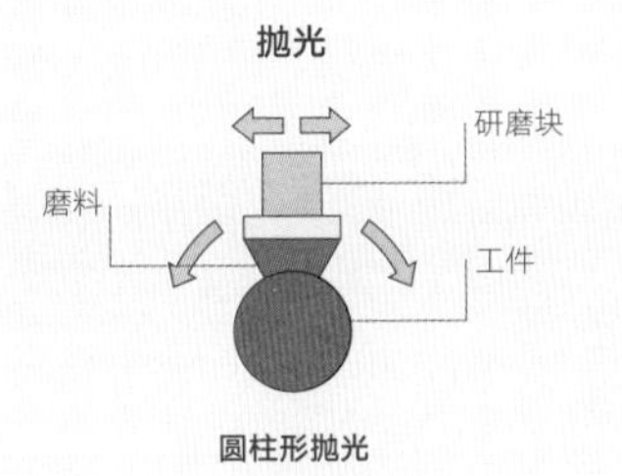

圆柱形抛光

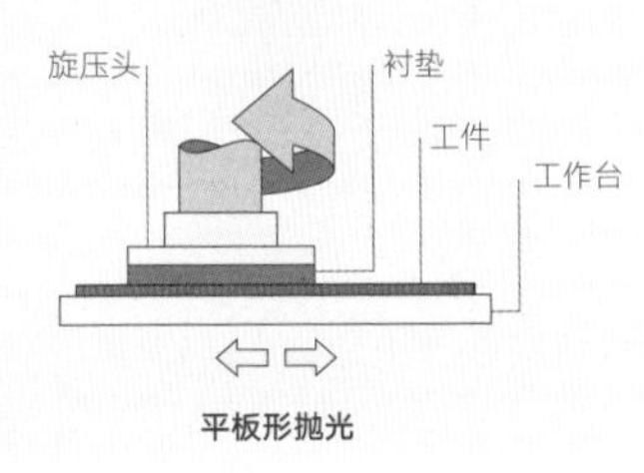

平板形抛光

的种类，包括砂轮磨削、砂带磨削、滚筒磨削、珩磨和滚筒抛光。磨削材料也有许多种，如金属、矿物、金刚石和玉米种子。

砂磨是用涂有磨料的基底打磨表面。磨料颗粒由沙子、石榴石、氧化铝或碳化硅组成，各有其优缺点。砂纸的等级由磨料颗粒的大小决定，范围从 40 目到 2400 目。目数越小的砂纸在相同区域内的颗粒数越少，产生的面越粗糙。

采用上述工艺在坚硬表面产生明亮有光泽的效果则为抛光。抛光的特点是使用膏、蜡和有磨料颗粒悬浮的

技术说明

这些是工业应用中用于切削加工表面的常用方法。根据磨削材料的类型，每种方法都能加工多种表面，从超高亮度到粗糙的表面均可。它们都需要润滑，因为能减少工具热量和磨损。

为了达到高反光和超亮的效果，可以渐次使用越来越细的磨料对材料进行一系列的表面切削。每一种磨料的作用都是减小表面起伏的深度。在镜面抛光中，它用 Ra 值（表面粗糙度）来衡量，它的平均值小于 0.05 μm。

砂轮磨削是高速进行的，砂轮的外边缘和表面都覆盖着金属制成的研磨颗粒，因此能够提供一个用于研磨或抛光的坚硬表面。它们同样适用于粗磨和金刚石抛光。砂轮和工作台的设置会影响产品的表面精度。

砂带磨削用于木工和金属加工。加工的机器有许多不同的类型，如独立式和便携式。与砂轮磨削机一样，它们也以高速运转，可以快速获得预期表面，但不适合用于超亮漆面。这一组图是对加工不同产品形状工艺的示意。旋转的方法适用于圆形、不规则管状和棒状材料；砂带旋转时，盘面旋转，围绕外径产生一个均匀的表面。

珩磨适用于各种旋转对称零件内外直径的磨削和抛光。这是一种精确的表面磨削方法，示例是在加工发动机汽缸的内径。模具可以为每个作业专门定制。随着不断的使用，磨削面会逐渐磨损，这时就必须进行更换以保持精度。

抛光常用于在硬质金属和玻璃表面生成精细、高亮的面。磨料不是覆盖在衬垫上或块体上，而是与之成为一体。块体是坚硬的研磨块，衬垫是充满一定尺寸粗砂磨料的弹性橡胶，表面粗糙度是可控的。根据抛光材料的不同，采用的速度不同。平板形和圆柱形表面的镜面抛光需要很多个小时才能完成。

案例研究

→ 砂轮磨削

砂轮磨削用于产生非常平整的表面，适合使用金属激光烧结技术的快速成型产品。首先，对表面进行铣削，以提供用于磨削的均匀表面（图 1、2），这能使整个过程加速。然后，将金属板放置到磁性磨削台上，仔细磨削 45 分钟，以获得理想的表面粗糙度（图 3、4）。

1

2

3

4

主要制造商

CRDM
www.crdm.co.uk

液体等的混合物，通常用布来涂抹该混合物，可以用手涂抹或在轮子上高速旋转涂抹。

将水与涂有磨料的基材（如湿砂纸和干砂纸）混合使用会产生相似的效果。在砂磨过程中，水使磨料颗粒悬浮，形成一种糊状物，以获得精细的表面效果。

典型应用

在制造工业中，这些工艺用于表面处理和表面精加工。它们应用广泛，涵盖了工业项目和 DIY 项目。

除了表面处理，磨削还能切割或穿透纤维增强复合材料、金属和玻璃，这一点对脆性材料来说尤其有利。

相关工艺

电抛光（384 页）用于在金属表面产生有光泽、无毛刺的明亮的表面。它不像这些技术那样精确，不能产生特别明亮的效果。电抛光的优点是，不用特别考虑零件形状，它不会影响成本或周期。

喷砂（388 页）通常是将金属铸件变得平滑光洁。它是一个通用快速的工艺，但是表面处理范围有限，而且所有的面都是亚光的。

将金属表面的浮雕图案进行抛光和磨削会突出纹理深度。

加工质量

磨削和抛光的表面可以精确到 1 μm 以内。精确操作相当昂贵且耗费时间，但有时是唯一可行的加工方法。例如，玻璃标本瓶就是用珩磨工具研磨成一个气密封口，能够将瓶内物保存上百年。

机械抛光可产生清洁卫生的表面，适用于餐饮和医疗行业。

抛光的金属表面能反射 95% 以

→ 珩磨玻璃

该案例中，Dixon Glass 公司使用珩磨工艺在玻璃容器和塞子之间形成空气密封。

金属珩磨块是为了该应用特别加工的，将它装进车床的卡盘，涂上以矿物油为基础的切削液(图 1)。在研磨时，可以减小复合磨料的表面粗糙度，以生成更精细的表面(图 2)。用珩磨磨料加工时，开口尺寸缓慢增大，直到玻璃塞与之完美匹配（图 3）。玻璃塞的制作也用同样的方法。

加工完成的产品（图 4）可用于存储科学标本，存放时间可达数十年，珩磨玻璃是唯一一种能够胜任的材料。

1

2

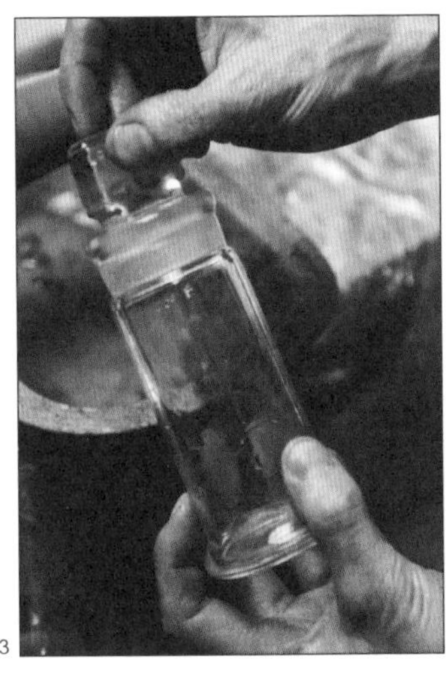
3

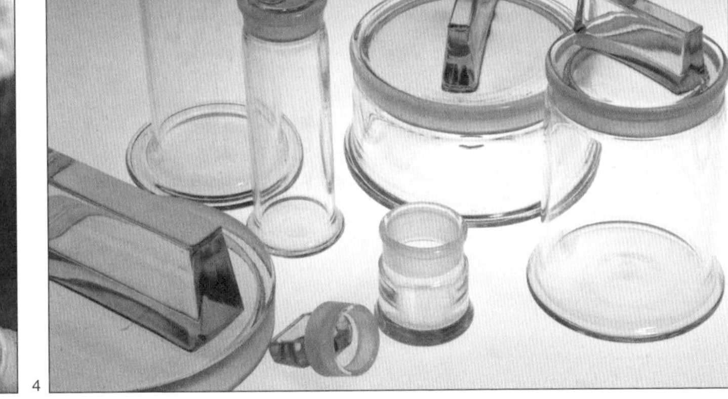
4

上的光，精抛光的不锈钢是反光最强的金属之一，可以用作镜子。

表面纹理的深度通过 Ra 值（表面粗糙度）来测量。金属表面的 Ra 值大致如下：用 80 ~ 100 目砂纸获得的表面，Ra 值是 2.5 μm；用 180 ~ 220 目砂纸粗磨光获得的表面，Ra 值是 1.25 μm；用 240 目砂纸粗抛光获得的表面，Ra 值是 0.6 μm；而用抛光剂获得的明亮抛光表面，Ra 值将会是 0.05 μm。

设计机遇

经过抛光的表面更加卫生，而且更易清洁，因此它们非常适合应用于交通流量大的区域和与人接触频繁的产品。相比之下，缎面和精细的纹理表面易于印上指纹和其他印记。

重复的图案可以抛光成表面，这些图案能减弱对磨损和污垢的视觉感知，如咖啡桌上的图案。

装配之前对材料进行抛光更加经济，如板材或管材抛光；装配之后，接头的部分再进行手工抛光。

设计注意事项

零件的形状决定加工效果。例如，精确磨削和抛光仅限于平板、圆柱体

主要制造商

Dixon Glass
www.dixonglass.co.uk

案例研究

→ 旋转砂磨

这是旋转式砂带磨削的典型应用（图 1），它可以在不锈钢表面形成均匀的光泽（图 2），也适用于不规则形状。

1

2

主要制造商

Pipecraft
www.pipecraft.co.uk

和圆锥体，因为操作是相互作用的，并且需要旋转或来回移动。

相比之下，大多数形状的化妆品包装都可以进行磨削和抛光，因为必要时它们可以手动操作。

材料的硬度会影响表面粗糙度。不锈钢非常坚硬，可以抛光成非常精细的表面；而铝是一种较软的金属，不能被打磨得明亮、有光泽。

适用材料

任何材料都可以磨削、砂磨或抛光，但不一定能产生令人满意的效果。材料的硬度会影响它的表面效果和完成时间。

加工成本

磨削、砂磨和抛光都可以用标准工具来完成。耗材也是单位价格的影响因素，特定的工具可能非常昂贵，但也取决于零件的尺寸。

加工周期在很大程度上取决于零件的尺寸、复杂程度和表面平滑度，想要获得明亮的抛光表面需要花很长时间。

人工成本也取决于零件的尺寸、复杂程度和所需表面的平滑度。粗抛光会增加 10% 的成本，标准抛光会增加 25% 的成本，高反光面抛光会增加 60% 的成本。

环境影响

虽然它们都是去除材料的工艺，但在操作过程中产生的废弃物很少。

案例研究

→ 振动抛光

这是大批量生产产品的一种方法，特别适合有毛刺的金属，也适合抛光喷漆面和其他表面。将一个深拉拔的金属零件放在充满光滑坚硬颗粒的振动筒中（图 1）。它与鹅卵石的形成方法一样，鹅卵石在海滩上互相磨损产生光滑圆润的表面。振动筒内可以同时放多个产品。

下一个阶段可用压碎的玉米种子（图 2）在硬质表面产生精细的效果。

1

2

案例研究

→ 手工抛光

这是最昂贵、最耗时的抛光方法，一般用于要求表面粗糙度非常小且不能用机械方法抛光的产品。滤锅的每一个面都可以手工抛光（图 1 ~ 3）。抛光轮的尺寸可调节，以适合更小的产品，如勺子；它的密度还可根据不同等级的切削液进行调整。

最后一个环节是用最精细的抛光剂产生高反光的表面。这是一个劳动密集型工艺，但大量产品的表面加工仍然采用这种方式（图 4）。

1

2

3

4

主要制造商

Alessi
www.alessi.com

案例研究

→ 金刚石砂轮抛光

金刚石颗粒用于加工那些对其他抛光剂来说太硬的材料，还用于高速抛光塑料制品。这个丙烯酸材料的盒子是数控加工的，盖子和底部配对，四条边都用圆锯切割（图1）。它能够产生精确的表面，但是表面质地不佳。将工件夹在加工台的适当位置，金刚石砂轮高速旋转，几秒钟内就能产生超精细的表层（图2、3）。这是一种适合产品批量加工的方法（图4）。

1

2

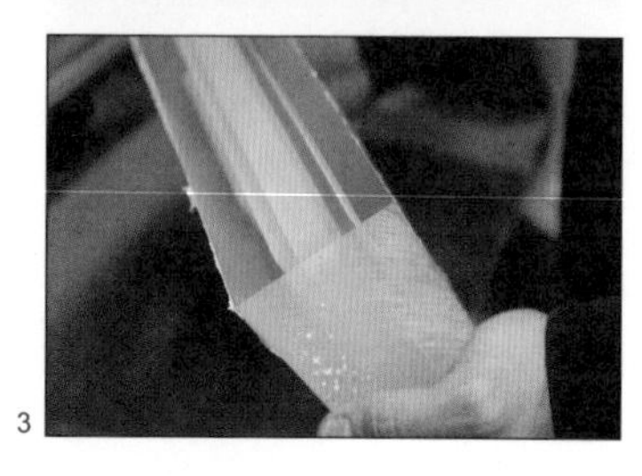
3

4

主要制造商

Zone Creations
www.zone-creations.co.uk

→ 研磨

研磨可以产生一系列的表面，如图底反转的图案，亚光和超高亮度的表层。每次研磨垫经过表面的时候，就用滚轴涂上抛光剂，这样就能将不锈钢板抛光到明亮的程度（图1）。需要施加压力以获得精确的表面。然后，石灰的替代品遍布不锈钢表面，在包装前除掉所有剩余的水分（图2）。

需要产生有图案的表面时，要在抛光前清理边缘的毛刺（图3），因为抛光后机器会在板上直接附上一层保护性的塑料薄膜。制作图案的圆垫布满磨料颗粒（图4），该图案是用此方法能够获得的典型案例（图5）。

1

2

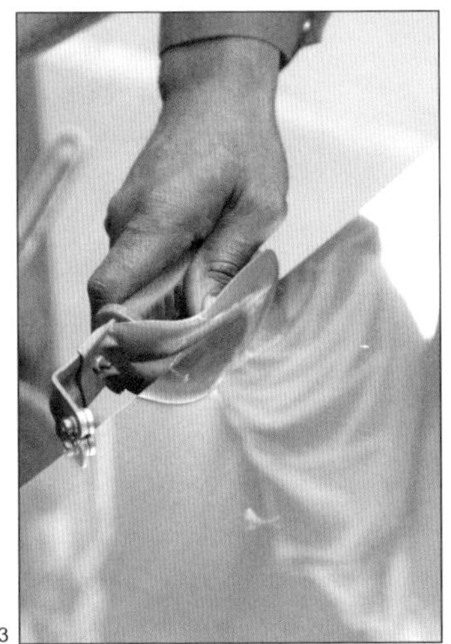
3

4

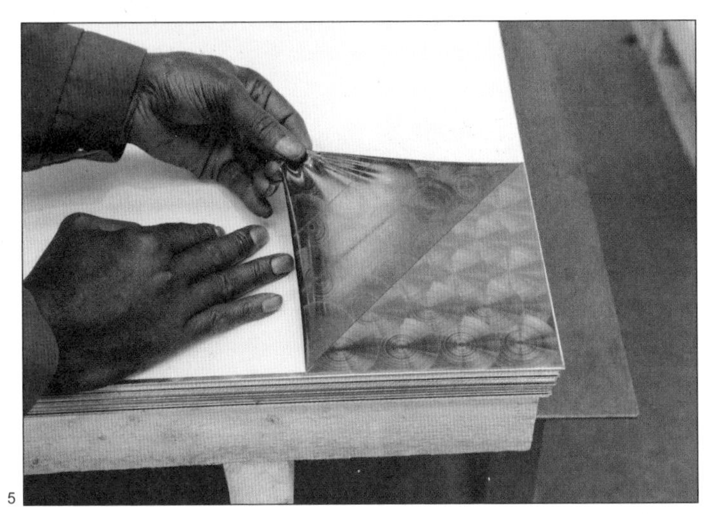
5

主要制造商

Professional Polishing
www.professionalpolishing.co.uk

表面处理工艺

电抛光

与电镀相反，电抛光是通过电化学的方法将材料从工件表面去除，使金属零件获得清洁明亮表面的一种工艺。

加工成本	典型应用	适用性
• 无模具成本，但需要夹具 • 单位成本低	• 建筑和结构 • 食品加工和储存 • 制药行业和医院	• 单件至大批量生产
加工质量	**相关工艺**	**加工周期**
• 明亮、有光泽、卫生的高品质面层	• 电镀 • 磨削、砂磨和抛光	• 周期适中

工艺简介

电抛光能在金属表面产生明亮的光泽，它是一个电化学的过程，能够在电解液中进行非常精确的表面去除。和抛光一样，该工艺可以清洁金属表面、去油污、清理毛刺、钝化和提高金属表面的耐腐蚀性。与其他工艺相比，它对环境影响较小，因此被广泛使用。

经过电抛光处理的不锈钢与镀铬金属有相似的视觉特征。与电镀铬相比，电抛光的过程更简单，使用的水

电抛光工艺

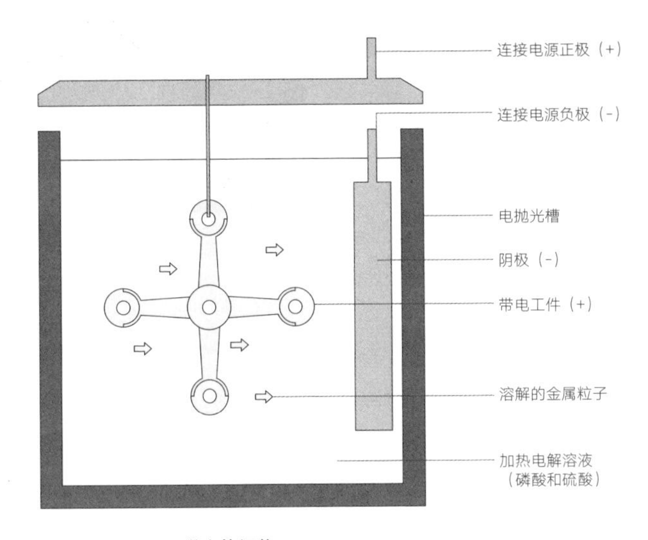

微小的细节

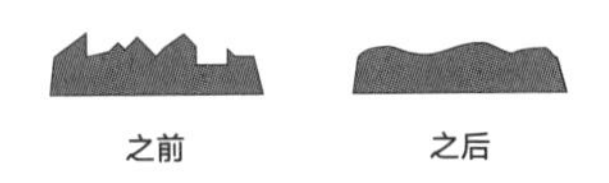

技术说明

电抛光过程分 3 个阶段：预清洗（必要时）、抛光（见图）和清除化学污染物的最后清洗。

这一过程发生在装有电抛光溶液的槽中，该溶液由磷酸和硫酸组成。根据反应速度，这个槽的温度保持在 50 ~ 90 ℃。溶液温度越高，反应速度越快。工件被悬挂在一个带电的夹具上，成为阳极。阴极通常由与工件相同的材料制成，也放在电抛光溶液中。对于电镀来说，工件就变成了阴极。

当电流在阴极和工件之间传递时，电抛光溶液会从工件表面溶解金属粒子。表面的溶解在峰值处更快，因为那是功率密度最大的地方；功率密度小点的溶解加工周期较长，这样，材料的表面就逐渐变得光滑了。

经过电抛光后，零件被中和、冲洗和清洁。

和化学制品更少，因此在成本上更经济。随着电抛光使用量的增加，其价格也在逐渐降低。

典型应用

电抛光已经成为一种被广泛接受的金属表面加工工艺。在建筑和结构的金属件中，它的使用是基于审美和功能性（耐腐蚀性和减少应力集中）；在制药和食品工业中，它的使用主要是基于功能性（卫生和耐腐蚀性）。审美方面的应用占到总应用量的 90% 以上。

相关工艺

电抛光已经逐渐取代许多对自然环境有害的工艺，如镀铬（参见电镀，364 页）。这是来自产业的驱动，目的是减少铬和其他重金属的消耗（有毒的铬酸被用于镀铬）。电抛光会产生一些化学废料，必须对它们进行净化和 pH 中和，但相比其他工艺，它的危害较小。

与机械抛光相似，电抛光也是一个材料去除的过程，它可以抛光那些用机械方法无法操作的复杂形态。

加工质量

电抛光得到的表面从美观性和功能性两方面提高了金属制品的表面效果。从审美的角度看，它通过抛光提高了金属表面的亮度和反射率。从微观角度看，高点的溶解加工周期比低点更短，其结果是表面粗糙度减小，表面积减小。但是，最终的结果在很大程度上还是取决于电抛光之前的表面粗糙度，因为材料的去除通常不会大于 50 μm，粗糙的表面会被削平，但不会完全消除。虽然如此，该工艺还是经常用于清理毛刺和抛光，因为毛刺就像高点，很快就溶解消失了。

从功能上讲，电抛光生成的表面干净卫生，不易产生应力集中，耐腐蚀性更佳。电化学反应清除了污垢、油脂和其他污染物。因为潜在的微小细菌和污垢印都显露出来了，所以可以更彻底地杀菌，产生的表面也更卫生。与其他金属元素相比，铁更易溶解，这种现象意味着电抛光不锈钢表面有一个富含铬的表层。因为它与氧发生反应形成氧化铬，使表面钝化，对大气元素的活性降低，所以能保护

案例研究

→ 电抛光建筑用钢

这个案例展示了电抛光技术最近的发展。该设备已经过改造，以减少废水，提高环保等级。

在加工过程中，首先要检查测试件，准确测量电抛光的速度（图 1）。电抛光的去除深度通常是 40 μm 左右，这个样品显示减少了 30 μm。这也表明了在电解液中去除材料所需的时间。

这些都是建筑物用的不锈钢蜘蛛形零件，用于在建筑物内保护窗玻璃（图 2）。它们用电气接触的夹具固定（图 3）。这个特殊的过程只需要少量的槽就能有效地电抛光，中和并冲洗零件。它们被安装在一个旋转的框架上，悬挂在槽的上方（图 4）。

它们要在电解液中浸泡 10 分钟左右，当它们被取出后，酸性混合物流回槽中（图 5）。抛光过程完成，剩下的就是中和与冲洗。

在冲洗这些蜘蛛形零件后悬挂沥水（图 6），然后再最后清洗一次，以清除所有残留的污染物。对零件进行加热干燥（图 7）后，就可以安全处理，也可以包装和运输了。

1

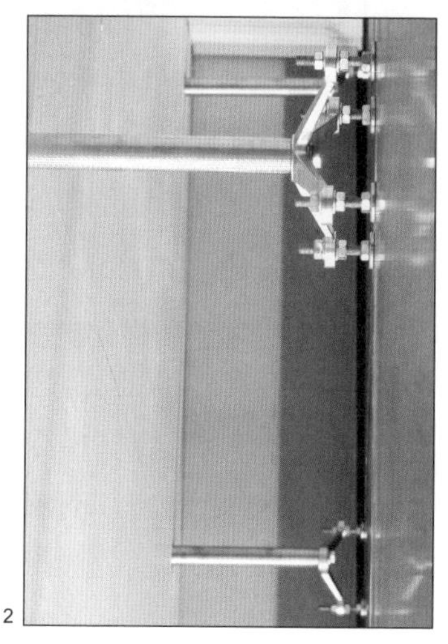
2

钢免受腐蚀。除了保护作用之外，这个富含铬的表层还非常明亮，让人产生镀铬的错觉。

设计机遇

工件在电抛光的整个过程中都浸泡在溶液里，与机械抛光相比有很多优势。这种工艺对小型技术元件和大型结构件都同样有效。加工时间不受尺寸大小和复杂程度的影响。它不会对零件施加任何机械应力，因此可用于清理和抛光那些不适合机械抛光技术的精密零件。

这种工艺对于那些面与面之间需要接触的零件也很有利。它能清理毛刺，减少配对表面的摩擦，如螺纹组件。

设计注意事项

表面处理的水平由电抛光前金属表面的质量决定，因此准备工作是关键。成型设备或切割设备中的钝器形成的记号、深的划痕和其他瑕疵不会随着电抛光而消失。相反，它们可能会因为表面粗糙度的减小而更加明显。需要准备的金属制品，如铸造件，经过喷砂（388 页）处理后可产生一个便于处理的均匀表面。

适用材料

大部分金属都可以进行电抛光，但这种工艺更常用于不锈钢（特别是奥氏体不锈钢）。通常，对于某种特定的材料会设置相应的电抛光装置，因为不同的材料不能一起抛光，甚至不能在同一种电解液中进行抛光。铝和铜也可以用这种方式处理。

加工成本

没有模具成本，但是电气接触时需要夹具。

加工时间取决于材料的去除量和零件的清洁程度。

这个过程往往是完全或部分自动化的，因此人工成本相对较低。电抛光增加了 5% 的基础材料成本，而金属电镀会增加 20% 的基础材料成本。

环境影响

这种工艺对环境有三重影响。首先，它正在取代镀铬钢，因为镀铬钢在生产中使用的化学物质是一种有害材料，而电抛光使用的有害化学用品较少，需要的水更少，操作更简单。其次，它增强了材料的天然抗腐蚀能力，延长了不锈钢的寿命。再次，该工艺是将材料去除而不是用其他材料来覆盖，因此减少了材料的消耗、消除了分层和其他相关问题。

每年，大约有 25% 的化学溶剂

3

4

5

6

需要替换，但化学制品的消耗仅占总成本的一小部分。与其他工艺相比，它们对操作者的危害更小，产生的残留物也更容易处理。

7

主要制造商

Firma-Chrome Ltd
www.firma-chrome.co.uk

喷砂

喷砂是将细砂、金属、塑料或其他磨料颗粒在高压下喷向工件以产生精细纹理表面的一种表面去除工艺。

加工成本	典型应用	适用性
• 无模具成本，但可能需要掩模 • 单位成本从低至高	• 建筑玻璃 • 装饰玻璃器皿 • 店面装饰	• 大批量去除表面材料 • 小批量至中批量精细加工
加工质量	**相关工艺**	**加工周期**
• 高技术的操作者能生产出精致的细节	• 化学剥离 • 光蚀刻 • 抛光	• 周期短；需要掩盖、分层和雕刻时，周期变长

工艺简介

喷砂工艺包括喷砂、干法蚀刻、塑料介质喷砂（PMB）、喷丸和珠光处理。所有这些都有两个主要功能。第一，它们通过去除污染物为二次加工准备一个面层。第二，它们可以用于在零件表面产生装饰性的肌理，如玻璃的透明度或应用图案。另外，还有去除毛刺、切割和钻孔的功能。

玻璃雕刻常用于建筑玻璃和商店门面，它在玻璃上雕刻三维浮雕图案时可以使用或不使用掩模。

典型应用

典型的表面去除操作包括去除毛刺，为金属材料进一步加工做准备，将已损坏或不牢固的材料从表面去除，如将朽木从良木上去除或将油漆和铁锈从金属上去除。

典型的装饰应用有玻璃器皿、引导标志、奖品和奖章、艺术装置。

相关工艺

数控雕刻（396页）、光蚀刻（392页）和激光切割（248页）都可以在玻璃和其他材料上产生类似的效果。有纹理的塑料薄膜压在玻璃板上也能产生与喷砂相似的效果。

加工质量

因为是手工操作，所以整个过程的成功与否很大程度上取决于操作

喷砂工艺

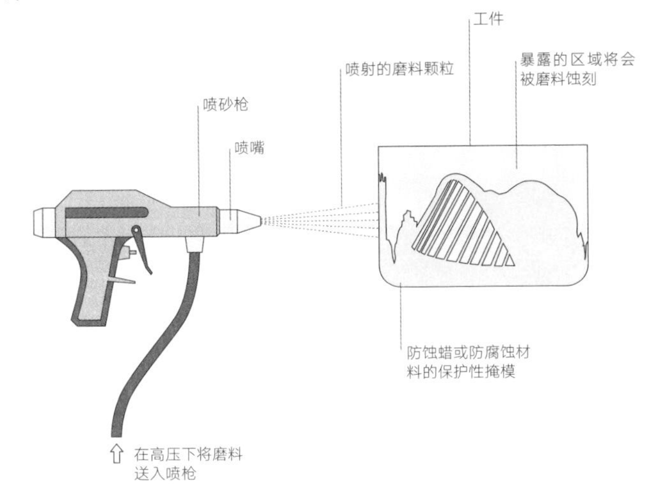

人员的技巧。该工艺可以精确地复制精致的细节。材料的去除是永久性的，因此，必须以可控的方式小心加工工件表面。

设计机遇

这是一种去除表面材料的快速有效的方法。不同等级、不同类型的喷砂介质可以得到不同的纹理和效果，从非常精细的纹理（类似于酸蚀刻的效果）到粗糙的喷砂效果。纹理的深度通过增加光折射来影响透明材料的透明度。这种特性也可以用来提高图像的视觉深度，但视觉深度也会受到工件颜色层的影响。

设计注意事项

像喷漆（350 页）一样，这一工艺受到几何形状的限制。这也意味着喷砂方向垂直于掩模，掩模下方不会被侵蚀。喷砂材料必须与工件相匹配，因此在成批生产前最好测试磨料、喷射压力和喷射距离。纹理可以作为垢印，例如强调玻璃上的指纹。为了减少视觉效果退化，它们通常被包裹在层压板或一层透明保护层中。

适用材料

该工艺加工金属和玻璃表面最有效，但也可以用来制备和处理大多数材料，如木材和高分子聚合物。

技术说明

这是一种简单的工艺，但可以在许多不同的材料上获得极其复杂的效果。喷砂有压入式喷砂和吸入式喷砂，都可以在密封室（手套箱）或者是步入式隔间里进行。如果工件非常大或不适合移动，也可以在现场或室外使用喷砂装置。压缩空气的稳态流在操作时的压强通常在 551 kPa 到 862 kPa 之间。一些特殊的系统除外，如 PMB，它操作时的压强是 276 kPa。

压入式喷砂系统最高效，压力罐和喷砂枪之间用一根软管连接，研磨材料从压力罐进入喷砂枪。吸入式喷砂应用更广泛，它们将磨料从输砂管吸入，输砂管直接插入喷砂容器中。两种工艺均由 5 个主要变量控制：空气压力、喷嘴直径、喷射距离、磨料流量和磨料类型。

磨料的选择至关重要，它受到蚀刻材料、深度、磨削等级和速度、成本等诸多因素的影响。磨料的分级和砂纸一样，可选择砂磨料、玻璃珠、金属砂、塑料介质、核桃碎和椰子壳。

砂磨料是最常用的，因为它最容易获得、最通用。金属砂磨料包括钢和氧化铝。钢砂是最具冲击性的，用于在工件表面形成粗糙的纹理。氧化铝较温和，但耐久性稍差，可产生柔和的表面。玻璃珠的耐磨性最差，它是为更精细的材料准备的。塑料介质是最昂贵的喷砂材料，需要专门的设备。它们比其他的喷砂材料要柔和得多，可以根据应用选择圆形或带角的形状。某些天然材料，如核桃壳，不会影响玻璃或镀膜材料。如果操作者只想处理金属与玻璃制品中的金属部分，这就很有用了。

防蚀蜡用于装饰性的应用。磨料不能穿透光滑的蜡，会反弹回来，这样掩模区域就不会改变。防蚀蜡从两种色调形成的艺术作品中产生，用胶粘布覆盖在工件表面。

→装饰性喷砂

2005年，彼得·弗朗杰设计了一种由玻璃吹制而成的装饰性容器。在这个项目中，喷砂已经被用于装饰有多层图像的工件。同样的原理也可以用于在表面装饰花纹，只是用掩模代替了防蚀蜡。

首先，将插图或图案用手绘或印刷的方式转化到防蚀蜡上（图1），然后覆盖在工件上（图2）。负蚀刻法用来描述蚀刻图像的过程，背景完好无缺；而这个案例是一个正面蚀刻的例子，因为图像是完整的，背景是有纹理的。

一旦使用了防蚀蜡，内表面就会被遮挡，避免磨料的破坏（图3）。戴上防护手套，将产品放入手套式操作箱。操作者（艺术家）用180 ~ 220目的氧化铝仔细去除工件上未被保护的区域（图4）。第一阶段的蚀刻完成后，防蚀蜡覆盖的区域被去除，其他精致区域的保护加强（图5）。这将使艺术家能够创造多层的蚀刻形象。这种方法对于图示产品特别有效，因为彩色的表面是由多个面层累加而成，最上层用喷灯烧制以产生金属效果，下一层是非金属的，而底层是透明玻璃。

该产品回到喷砂室，进入蚀刻过程的第二阶段（图6）。最后，去除防蚀蜡和其他的掩模，准备进行清洗和抛光（图7）。

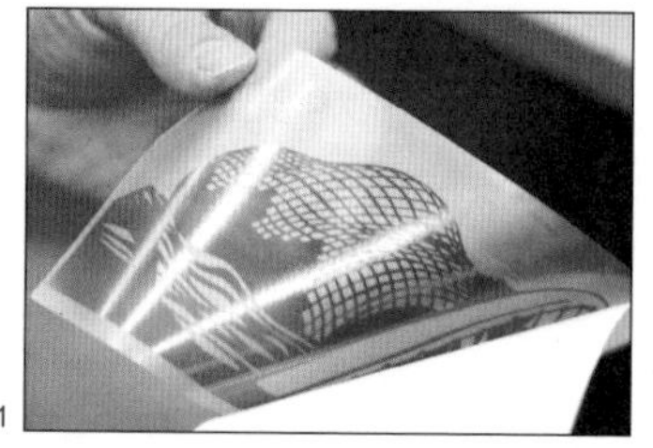

1

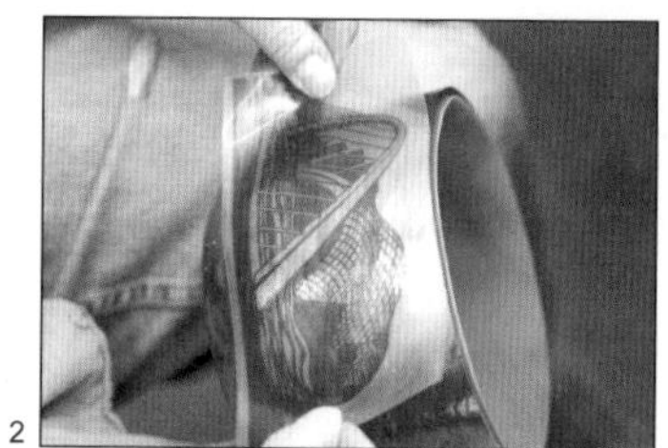

2

3

加工成本

无模具成本，但是可能需要掩模，掩模成本受到喷砂面复杂程度和面积大小的影响。

循环时间短，但如果掩模复杂、需要处理的层数多，速度则会减慢。简单任务的自动化将会大幅缩短循环时间。

手工操作的人工成本相当高。

环境影响

喷砂过程中产生的粉尘是有害的。喷砂室和喷砂柜可以用来收集产生的粉尘，另外还需要呼吸面具，这一点与喷漆和其他有害的表面处理过程一样。

在密封室操作可以很容易回收喷砂材料。在喷砂头上安装一个真空系统，使回收现场废料成为可能。

主要制造商

The National Glass Centre
www.nationalglasscentre.com

4

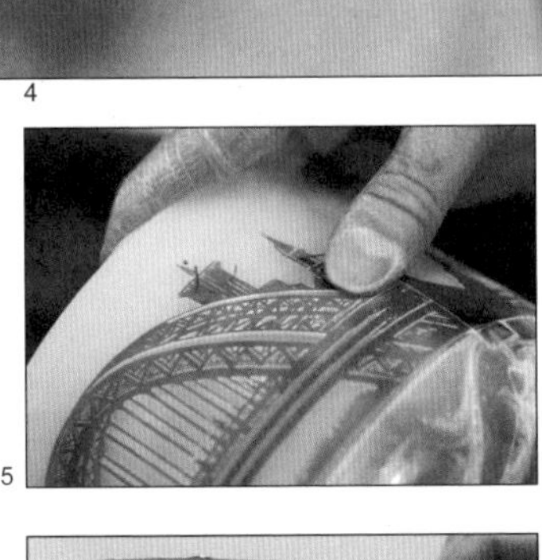
5

7

6

表面处理工艺

光蚀刻

这是一种通过化学方法进行表面去除的工艺。它和喷砂法产生的外观相似。金属表面用抗蚀膜遮盖，未受保护的区域被均匀地化学溶解。

加工成本	典型应用	适用性
• 模具成本低 • 单位成本从中至高	• 珠宝 • 引导标志 • 奖品和铭牌	• 原型至大批量生产
加工质量	**相关工艺**	**加工周期**
• 长时间受到化学侵蚀会导致质量下降	• 喷砂 • 数控加工和雕刻 • 激光切割和雕刻	• 周期适中，通常为每 5 分钟蚀刻 50 ~ 100 μm

工艺简介

光蚀刻，也被称为酸性蚀刻和湿法蚀刻，是一种通过化学溶解进行表面去除的工艺。

这种工艺加工精度高，成本低。光刻工具是印刷用醋酸纤维，更换成本低。蚀刻的精度由抗蚀膜决定，它可以保护板上无须处理的区域。

表面去除的过程缓慢，一般 5 分钟可蚀刻 50 ~ 100 μm。150 μm 的深度适合装饰性的应用，图案、文字和标志都可以填充颜色。

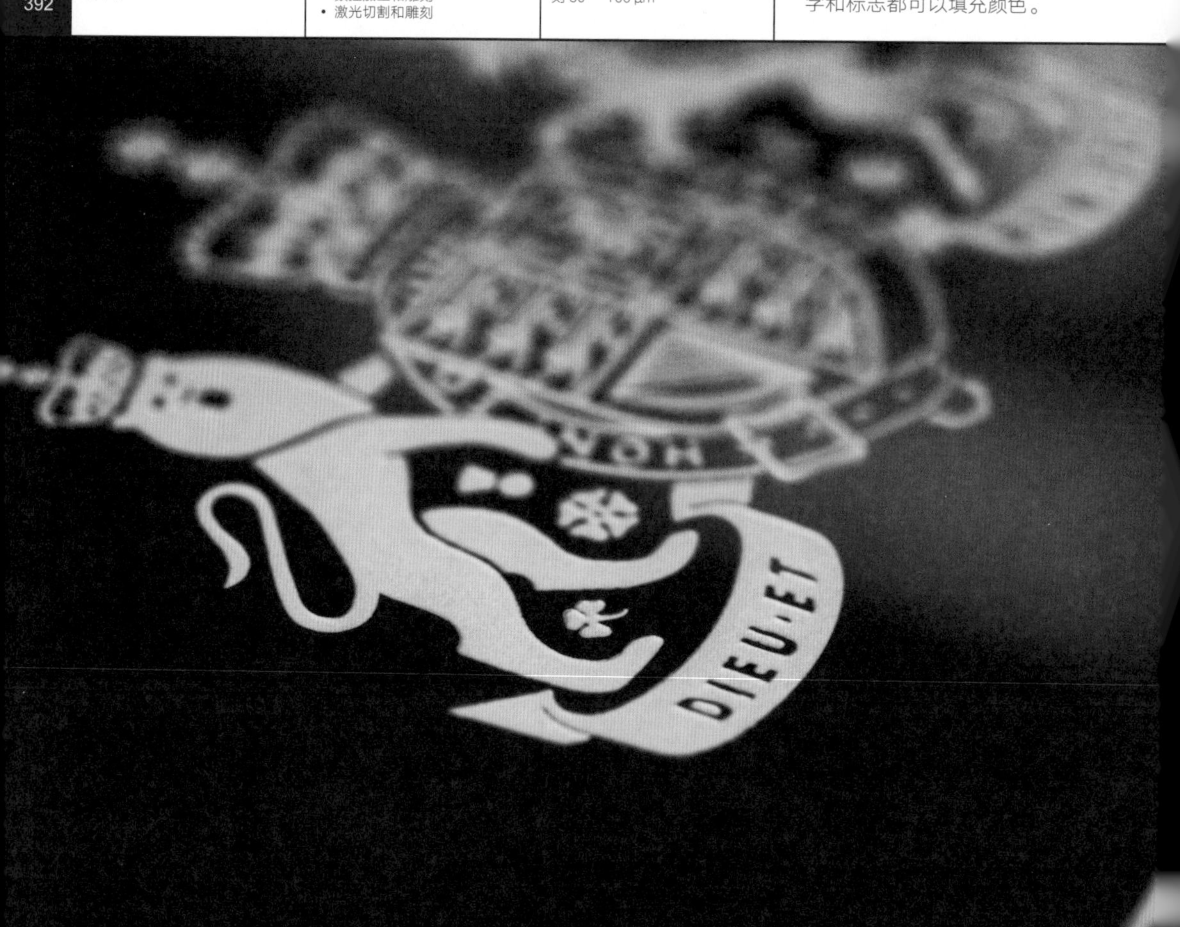

光蚀刻工艺

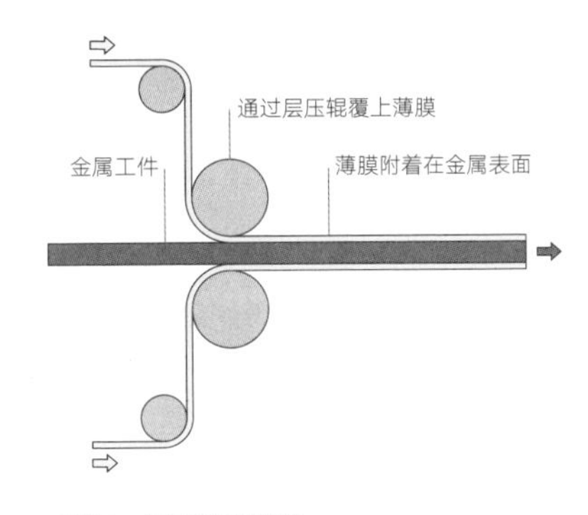

阶段 1：使用光敏抗蚀剂

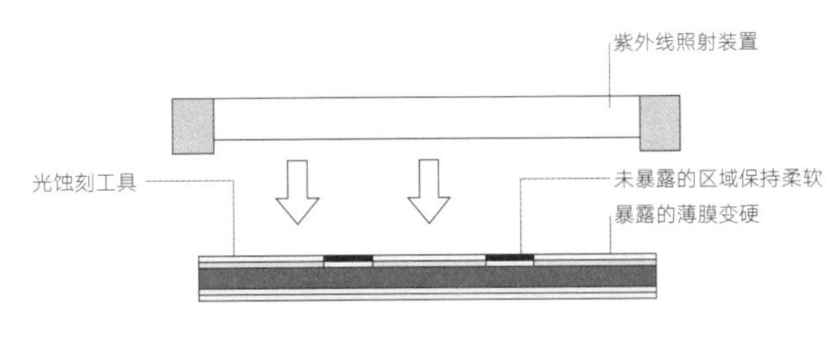

阶段 2：紫外线照射

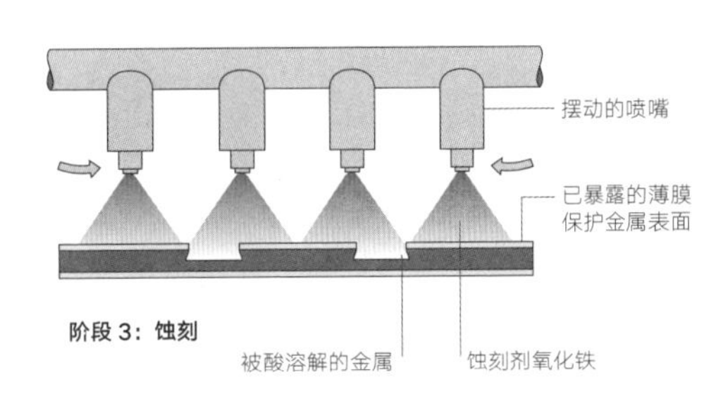

阶段 3：蚀刻

典型应用

应用包括引导标志、控制面板、铭牌、奖章和奖杯。在珠宝和银器中光蚀刻法还用于实现装饰性的效果。

相关工艺

激光切割（248 页）、数控雕刻（396 页）和喷砂（388 页）都能在材料上产生相似的效果。但是，激光切割和数控雕刻会使工件升温，可能导致薄料变形。

加工质量

光化学加工的一个主要优点是没有热量、压力或工具接触，不容易产生变形，最终形状不受制造压力的影响。

该化学工艺不会影响金属结构的延展性、硬度和纹理。

设计机遇

光蚀刻法适合原型制作和大批量生产。模具成本低，底片可以直接通过 CAD 制图、图形软件或原图生成，并且可以循环使用数千个周期。该工艺对于小修改的成本较低，可以对设计进行调整，适合设计过程中的实验和尝试。

如果蚀刻深度大于 150 µm，蚀刻区域的点线面就可以填充颜色。非常小的细节都可以单独着色，如图案、标志、文字和半色调图像（可见光点图形）。蚀刻多个层时，可以采

技术说明

精心准备材料，确保金属工件干净、无油污是至关重要的，这样能够确保薄膜和金属表面之间有良好的附着力。在阶段 1，通过浸渍或热压辊挤压将感光的聚合物薄膜附着在金属表面。工件的两面都要有涂层，因为每一个面都会暴露在化学蚀刻过程中。

光蚀刻工具（醋酸底片）提前通过 CAD 或图形软件或原图进行印刷。在阶段 2，将底片放在工件的任意一面，让工件、抗蚀剂和底片都暴露在紫外线下，这样可以确保反面的抗蚀剂完全硬化，产生保护作用。柔软的、未暴露的光敏抗蚀膜用化学方法去除。这露出需要蚀刻的金属区域。

在阶段 3，金属板材经过一系列摆动喷嘴进行化学蚀刻。摆动是为了让大量的氧气与酸混合，加速整个过程。

最后，在苛性钠混合液中去除金属制品表面保护性的高分子膜，蚀刻完成。

→ 光蚀刻不锈钢牌匾

该案例展示了将图形应用于金属制品单面的蚀刻过程。加工的工件是位于贝鲁特的英国大使馆的一块建筑牌匾，最终效果是通过光蚀刻和色彩填充的结合来实现的（图1）。

整个过程从印刷好的醋酸纤维底片开始（图2）。每张底片可用于一个或多个蚀刻过程，因为它几乎没有磨损，可以持续使用。在准备阶段，在一系列的槽中对金属工件进行仔细清洗。第一个槽内是10%的盐酸，可以去除金属的油污。然后再用中性洗涤剂和水清洗金属（图3）。金属表面用压缩空气风干。

为了保护感光底片，整个过程都需要在暗室中完成。金属板的两面都通过热辊压覆上高分子薄膜（图4）。底片被固定在工件的一面，放在标准多光源对色灯箱中，两面都暴露在紫外光下（图5）。未暴露的高分子膜在下一环节被冲洗掉（图6）。如果仔细检查，你经常会发现保护膜上有小瑕疵，这时可以用一种速干的液态化学抗蚀剂进行修复（图7）。这是一个耗时的过程，但是能保证高质量的表面效果。

接下来进入工件蚀刻阶段，耗时20分钟（图8）。检查蚀刻深度，深度150 μm就可以填色（图9）。剩下的抗蚀剂和化学腐蚀剂用苛性钠混合液和水清除干净（图10）。这个阶段还要进行修边，化学蚀刻剂在加工过程中可能会对其进行腐蚀。

用颜色填充蚀刻区域是一个分阶段的过程，通常不超过30分钟。用纤维素颜料混合颜色后将其填充在工件表面（图11）。非常复杂的图案可以用多种颜色，但这需要相当长的时间，因为每一种颜色都需要20分钟的干燥时间。最后，去除多余的颜料，牌匾就完成了（图12）。

1

2

3

4

用重复的遮盖和处理，但会大幅增加加工时间。

不超过1 mm的薄片材料可以一边切割一边蚀刻（参见光化学加工，244页）。

化学切割工艺，如光化学加工和蚀刻，一般仅限于板材。蚀刻非常厚的材料或三维表面的时候要用浆料。印刷模板也是采用同样的方法制作的，但不是将工件经过一系列的摆动喷嘴，而是用一种化学浆料产生类似的效果。

设计注意事项

感光膜的质量决定了细节的复杂程度。直径小到0.15 mm的细节也可被复制。保证感光膜和光蚀刻工具远离灰尘和其他污染物是很必要的，不然污染物在完成蚀刻的工件上都会清晰可见。

它可以在不给工件造成任何压力的情况下去除线条和大面积的表面材料。

适用材料

大多数金属都能进行光蚀刻处理，包括不锈钢、低碳钢、铝、铜、黄铜、镍、锡和银。铝的蚀刻加工周期最短，不锈钢的蚀刻加工周期最长。

玻璃、镜子、瓷器和陶器也适合光蚀刻，只是需要的抗蚀剂和蚀刻剂不同。

加工成本

模具成本最低，唯一需要的就是底片，而底片可以直接通过数据、图形软件或原图印刷。

时间周期适中，在同一张板上加

5

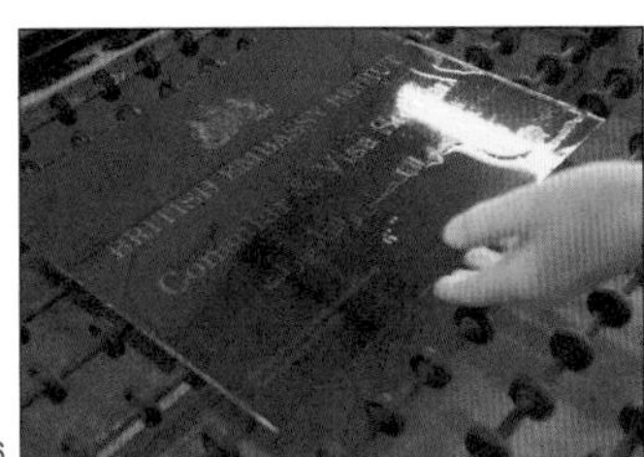
6

7

8

9

10

11

12

工多个零件会大幅缩短时间周期。

人工成本适中。

环境影响

在操作过程中，从工件上去除的金属在化学蚀刻剂中被溶解，但边角料和其他废弃物可以回收。因为这是一个缓慢可控的过程，所以很少有不合格品。

三氯化铁用于蚀刻金属，氢氧化钠用于去除保护膜。这两种化学品都是有害的，操作者必须穿戴防护衣。

主要制造商

Mercury Engraving
www.mengr.com

表面处理工艺

CNC 雕刻（数控雕刻）

数控雕刻是一种雕刻二维和三维表面的精确方法，是一种高品质且可重复的工艺。在雕刻部位填充不同颜色和使用透明材料是提高细节设计表现力的有效方法。

加工成本	典型应用	适用性
• 无模具成本 • 单位成本适中	• 控制面板 • 工具制造和模具制造 • 奖品、铭牌和标志	• 单件至大批量生产
加工质量	**相关工艺**	**加工周期**
• 品质非常高	• 激光切割 • 光蚀刻 • 丝网印刷	• 周期适中，取决于雕刻的尺寸和复杂程度

工艺简介

雕刻主要有两种方法：数控雕刻和激光雕刻。它们代替了使用凿子或放大尺的手工雕刻。虽然手工雕刻仍在使用，但人工成本太高，无法与之竞争。还有另外一个重要的原因，即数控雕刻和激光雕刻适用的材料范围更广，如不锈钢和钛金属。

数控雕刻在铣床或镂铣机上完成，这些机器至少在三个轴上进行操作：x 轴、y 轴和 z 轴。三轴操作的机器适合雕刻平面物体；五轴机器能

CNC 雕刻（数控雕刻）工艺

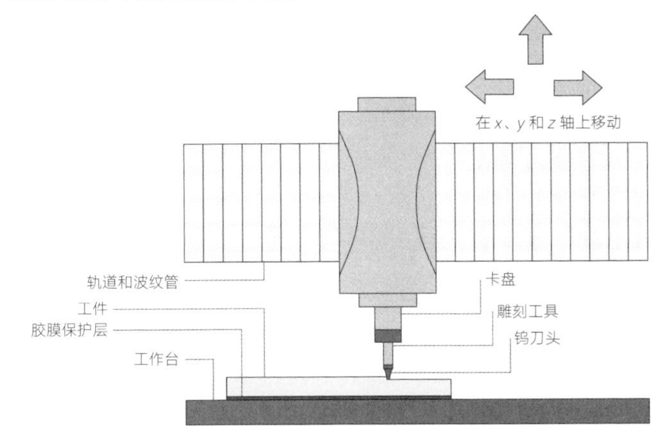

够进行更复杂的雕刻和适应三维表面，但运行成本很高。

典型应用

几乎每个行业都有雕刻的应用。比较典型的产品有奖杯、铭牌和标志。其他产品包括控制面板、测量仪器、塑料成型和金属铸造的模具表面和珠宝。

相关工艺

激光雕刻可以雕刻小到 0.1 mm 的精致细节，但是它的设备成本很高，不如价格较低廉的数控铣床和镂铣机使用普遍。

光蚀刻（392 页）适用于金属材料的浅雕刻。丝网印刷（400 页）和乙烯基去除是廉价的替代方法。

加工质量

这是一个高质量、可重复的过程，加工精度可达 0.01 mm。加工时，需要在刀头尺寸和切割加工周期之间进行权衡。比较小的刀头，如 0.3 mm 或更小的刀头，能够精确复制精致的细节和内径；相反，大一些的刀头完成雕刻的时间更短，更经济。

设计机遇

透明材料的雕刻可以在零件背面进行，能极大地提升雕刻的视觉效果。一次雕刻的深度就足以填充颜色。例如，一个公司标志，除了搭配颜色可获得明显优势外，填充颜色还可以在视觉上消除切割操作的痕迹。

任何厚度的材料都可以实现 1 mm 左右的雕刻深度。即使是三轴机器，也可以通过上下调整变化切割深度。在雕刻过程中利用固定点和其他标记可以减少时间，提高准确性。

设计注意事项

该工艺可以复制精细复杂的细节，但是有精致细节的大型雕刻需要加工很长时间。数控机床的尺寸决定了工件的尺寸。一些工厂配备的数控机床足以加工汽车的全尺寸模型，但标准的数控机床一般不会大于 2 m^2，对于大多数应用来说这个尺寸就足够了，而且运行成本也更低。

数控加工的过程由 CAD 数据控制，对于二轴雕刻来说，有 Illustrator 文件就足够了。一些程序的老版本比新版本更加稳定，因此最好使用制造商青睐的软件操作版本，确保最大的兼容性。

标志、铭牌和奖杯上经常要雕刻字体。在提供给制造商字体时应该给轮廓图或矢量图，否则该字体在转换过程中可能会被另一种字体取代。

适用材料

几乎所有的材料都可以用这种方法雕刻，包括塑料、泡沫材料、木材、金属、石材、玻璃、陶瓷和复合材料。虽然如此，能够加工所有这些材料的制造商并不多见。造成这种现象的原因有很多，比如它们的切割工具、切割加工速度，还有就是一些材料的粉尘在混合后会变得不稳定。

技术说明

材料和雕刻工具决定切割速度。钨是最常用的刀头材料。它可以重新变锋利，甚至可以多次重塑。根据设计的要求，为每次作业打造一个新工具是很常见的。比如，像花岗岩一样坚硬的材料需要带有金刚石涂层的刀头。

这是一台三轴数控机床，所有的运动都由轨道和波纹管控制。操作程序以直线的方式或根据设计创建一种轮廓模式进行雕刻。切割路径的选择取决于雕刻的形状。

切割加工速度一般为每秒 1 ~ 50 mm。材料较硬和雕刻深度较深时都需要延长切割加工周期。

→ 数控雕刻奖牌

数控雕刻可以很复杂，但在本案例中，一个相对简单的设计被雕刻在预切割的 10 mm 厚的有机玻璃上（图 1）。为了减少设置和运行时间，可以同时切割多个零件。用胶膜将这 3 块板固定在工作台上。

在雕刻开始之前，将刀头对准工件右上角（图 2）。这将使 CAD 数据与数控雕刻机同步，保证零件准确的公差，这样在雕刻后就不需要修整零件了。

用直线切割法雕刻 3 个奖牌的一面需要 45 分钟（图 3）。因为内转半径非常小，所以使用了 0.3 mm 的刀头。刀头越大，材料去除得越快。在刀头的大小和细节的清晰度之间必须达成一种平衡。在透明塑料中可见的细纹可以通过抛光或降低切割速度来减少。纤维素基涂料可被用在雕刻上，以强调设计（图 4）。雕刻的深度达到 0.2 mm 就可以有效地填充颜色了。多种颜色可以应用于复杂的交织图案，但这需要相当长的时间，因为每一种颜色都需要 20 分钟的干燥时间。这个奖牌是单一颜色，20 分钟后就可以清理干净了。使用透明塑料能展现数控雕刻过程的精确度（图 5）。

加工成本

没有模具成本。时间周期适中，但具体取决于雕刻的尺寸和复杂程度。内部半径较大的简单雕刻加工得很快，复杂的设计则因为切削刀具尺寸的减小而需要很长的时间。

通常无须操作者的任何干预就可以进行操作，人工成本低。

环境影响

所有被去除的材料都是废料，通常不会被回收。

1

2

3

4

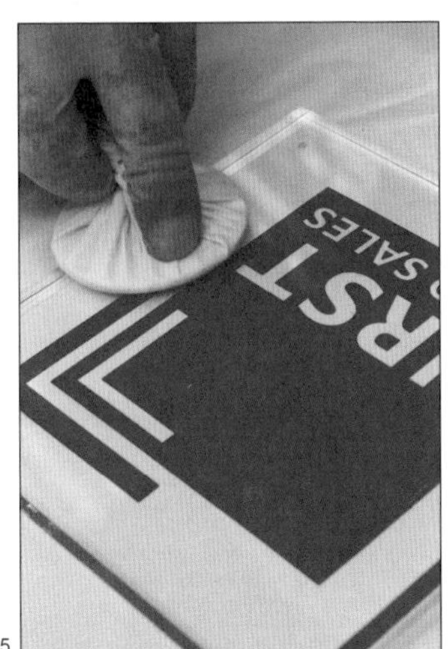

5

主要制造商

Mercury Engraving
www.mengr.com

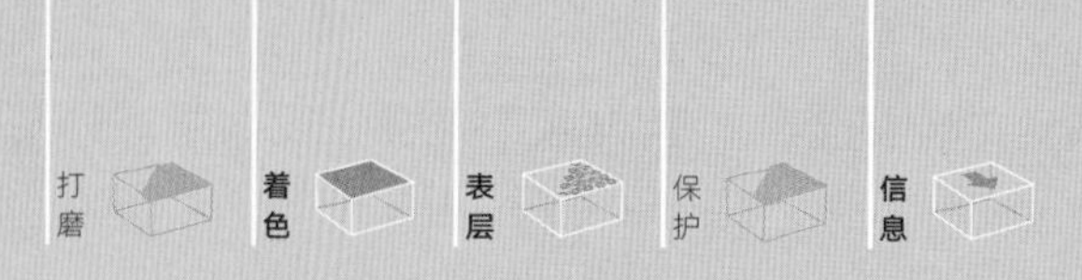

丝网印刷

丝网印刷，又被称为丝绢网印花，是一种将图形印刷到平面和圆柱表面的湿式印刷方法。它价格低廉，适用于纺织品、纸、玻璃、陶瓷、塑料和金属等多种材料。

加工成本	典型应用	适用性
• 模具成本低 • 单位成本低，具体取决于印刷的颜色数量	• 服装 • 消费电子 • 包装	• 单件至大批量生产
加工质量	**相关工艺**	**加工周期**
• 品质好，细节清晰度高	• 烫印 • 水转印 • 移印	• 人工操作每分钟 1 ~ 5 个周期 • 机械生产每分钟 1 ~ 30 个周期

工艺简介

这种万能的印刷工艺能将精确套准的涂层应用到一系列的承印物上。它不只是用油墨来印刷，任何黏稠度与油墨一致的材料都可以用于印刷。例如，焊膏通过回流焊接的方式丝网印刷到电路板上；模内装饰（62 页）膜是丝网印刷的；甚至在三明治的批量生产中黄油也是丝网印刷到面包上的。

所有丝网印刷技术的流程都一样简单，适用于手工操作或机械化系

统，印刷品质相似。大多数类型的油墨都适合丝网印刷，而且这意味着该方法几乎可以在任意表面印刷图形。

典型应用

丝网印刷可以印在许多不同的承印物上，而且价格低廉，因此在许多行业都有应用。典型的产品有墙纸、海报、传单、银行票据、衣服、标志、艺术品和包装。

油墨可以直接印刷在产品表面，或者印在与表面结合在一起的胶粘标签上。在消费电子产品和类似产品的生产过程中，将图形丝网印刷在薄膜上可用于模内装饰。

丝网印刷的刮刮膜可用于直邮广告、移动充值卡和安全方面的应用。

印刷电路板（PCB）、射频识别（RFID）芯片和其他电子应用通常用铜覆盖表面，然后再选择性地去除，以产生电路，但是现在还可以用导电油墨来丝网印刷电路。柔性材料也可以用这种方式印刷，甚至还有透明的导电油墨。

相关工艺

清漆和紫外线固化的油墨的发展，使得这种工艺可以产生与烫印（412 页）的单色相似或更丰富的装饰效果。清漆可以涂抹在整个表面丰富和保护颜色，也可以涂抹在选定的区域，这被称为“局部上光”。

像烫印一样，丝网印刷仅限于平

丝网印刷工艺

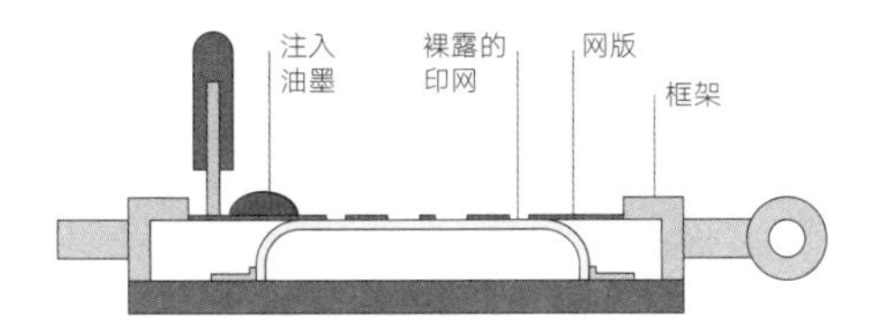

阶段 1：加载

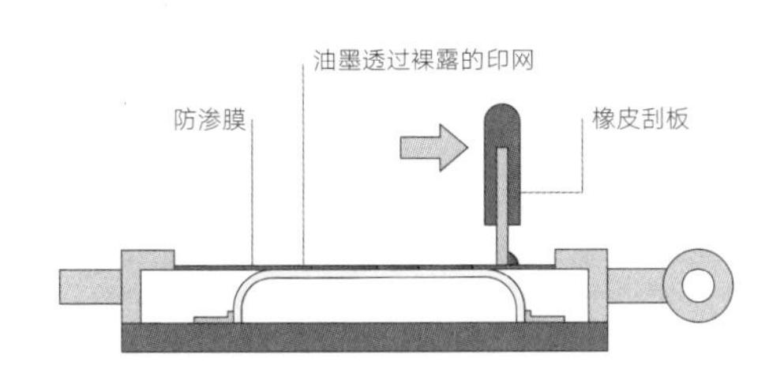

阶段 2：丝网印刷

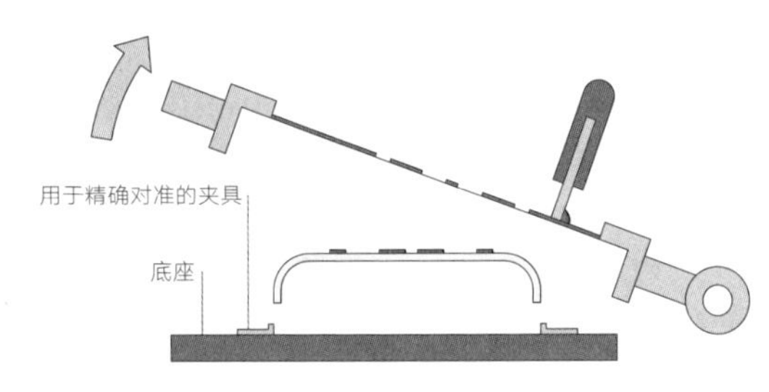

阶段 3：卸载

技术说明

这是一种湿式印刷工艺。油墨沉积在网版上，可使用橡皮刮刀将油墨均匀地刮到版上。那些受不渗透膜保护的区域不会被印刷。

网版由一个绷着丝网的框架组成。丝网通常由尼龙、聚酯或不锈钢构成。

每种颜色都需要单独的网版。每一种颜色的全尺寸正像被印刷在单独的醋酸纸上。用油墨印刷的区域是黑色，不印刷的区域是透明的。在涂有感光胶的网版上安装和对准全尺寸的正像。感光胶暴露在紫外线下就会变硬，形成一层不渗透膜。醋酸纸的黑色区域下面未暴露在紫外线下，冲洗之后就形成了模板。

油墨主要有四种类型：水性油墨、溶剂型油墨、聚氯乙烯型塑料溶胶和紫外线固化型油墨。

水性油墨和溶剂型油墨可被风干或加热以加速整个过程。聚氯乙烯型塑料溶胶主要用于印刷纺织品。它们的弹性由塑料溶胶的数量决定。塑料溶液可以用于处理弹性面料。加热时，它们发生聚合反应或变硬。紫外线固定型油墨含有化学引发剂，暴露在紫外光下时会产生聚合反应。这些油墨的色泽和清晰度极高，但也最贵。

面和圆柱形零件的印刷，不能印刷凹凸表面。凹凸表面的印刷由移印（404 页）和水转印（408 页）完成。

加工质量

丝网印刷生产的图形边缘清晰。油墨的黏稠度像油漆一样，大多数情况下不会流动或渗开。

丝网印刷中网版的网孔尺寸决定了细节的清晰度和印刷油墨的厚度。网孔尺寸越大，沉积的油墨越多，但是细节的清晰度越低。大网孔网版通常用于需要大量油墨的纺织工业，而小网孔网版则用于印刷纸张和其他吸收性较弱的材料。

设计机遇

色彩非常广泛，包括 Pantone 和 RAL 色彩系统。油墨也有很多不同的类型，比如透明的清漆油墨、金属色油墨、珠光色油墨、荧光色油墨、热变色油墨和发泡油墨。

在“窗口印刷”这种工艺中，是在一个透明面板的背面印刷，油墨在面板下方受到保护，产生高光的表面。手机屏幕和电视都使用这种方法。

同样，彩色的设计也可以用于各种产品，通过丝网印刷将反向图形印在透明标签的背面。标签粘贴在产品上，却给人直接印上去的印象。这种技术有时被叫做转印，能将丝网印刷的图形应用到任何能够使用胶粘标签的形状上。

设计注意事项

每一种颜色都需要一个不同的网版，不同的网版需要对准。在操作过程中，每一种颜色都需要干燥或固化，但这都可以用紫外线固化系统在几秒内完成。

1

2

油墨的类型通常由应用类型和印刷材料决定。

适用材料

几乎所有的材料都可以进行丝网印刷，如纸、塑料、金属、陶瓷和玻璃。

加工成本

模具成本低，但取决于颜色的数量，因为每种颜色都需要一个单独的网版。机械化生产是最快的，每分钟可印制 30 个工件。

手工技术的人工成本很高，特别是对复杂和多色的印刷来说。机械化系统可以长时间运行，不需要干预。

环境影响

用于在浅色表面印刷的油墨对环境的危害较小。聚氯乙烯、甲醛和溶剂型油墨含有有害化学物质，但是它们可以回收以避免水污染。

丝网印刷能实现油墨的有效利用；它将油墨直接应用在产品表面，减少了材料的消耗。

当网版上的不渗透膜溶解后网版可以重复使用。

→窗口印刷玻璃屏

在这个案例中，玻璃的两面印刷上了对比色，正面的白色印花和文字提供有用的信息，背面的黑色印刷则可以隐藏背后的组件。

白色的细节被印刷出来，经过充分干燥和固化后，就可以继续印刷黑色部分（图 1）。颜色是分批印刷的，因为不同的颜色必须使用不同的网版。零件在网版下正面朝下放置（图 2），然后在网版上放少量的黑色油墨（图 3）。

高质量的玻璃制品印刷使用双组分溶剂型油墨。它对各种不易印刷的表面有极好的附着力，包括玻璃、塑料、金属和陶瓷；它还耐磨损、耐久和耐许多溶剂。

橡皮刮刀被用于在网版上涂抹油墨（图 4），涂抹过程中需要施加压力，以确保油墨渗透到网版的可渗透区域，从而形成一层有清晰边缘的致密层。

零件在油墨还未干时就被移走（图 5）。因为采用的是溶剂型油墨，它在室温下干燥和固化需要大约 1 小时。但是为了达到最佳效果，零件会被放到架子上晾干（图 6），在 200 ℃的烤箱中干燥时间还可以缩短。

3

4

5

6

主要制造商

Instrument Glasses
www.instrument-glasses.co.uk

表面处理工艺

移印

移印是一种将油墨印刷在三维精细表面的湿式印刷工艺。它几乎可以在任何材料上印刷标志、图形和其他单色细节。

加工成本	典型应用	适用性
• 模具成本低 • 单位成本低	• 汽车内饰 • 消费电子产品 • 体育用品	• 小批量至大批量生产
加工质量	**相关工艺**	**加工周期**
• 即使在凹凸不平的表面也能展现清晰的细节	• 水转印 • 光蚀刻 • 喷漆	• 印刷时间 2 ~ 5 秒 • 烘箱固化时间 20 ~ 60 分钟

工艺简介

移印可以在平面、凹面、凸面或凹凸面进行重复印刷，是因为它通过一个硅胶头将油墨印刷到产品上。当硅胶头接触到产品表面时，它稍稍伸长并将表面包裹住，因此图形被印到表面的时候形状和质量不会有损失。

该工艺铺设的油墨层比丝网印刷的要薄很多，通常小于 1 μm，因此在背光的和关键的应用中，需要印刷多层。

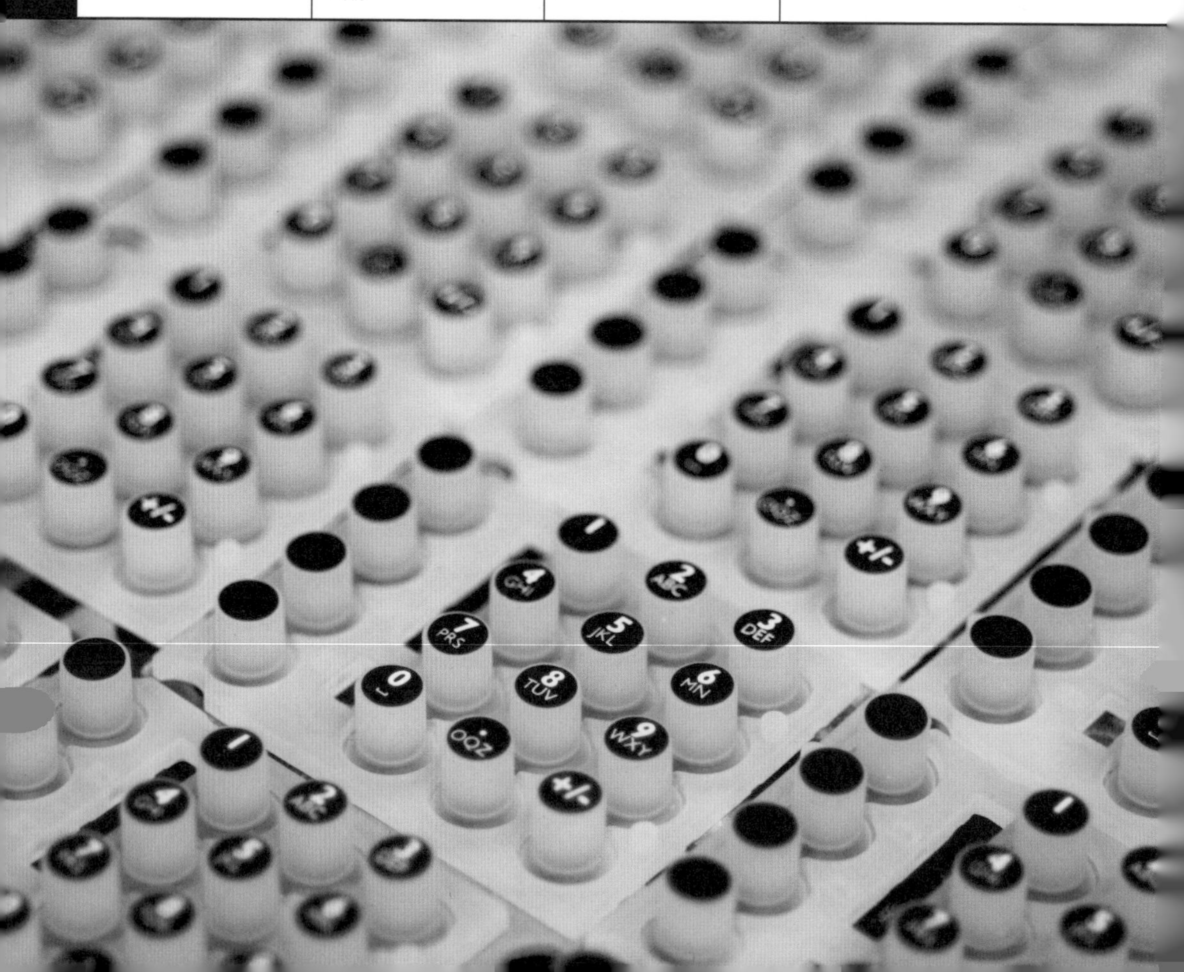

移印工艺

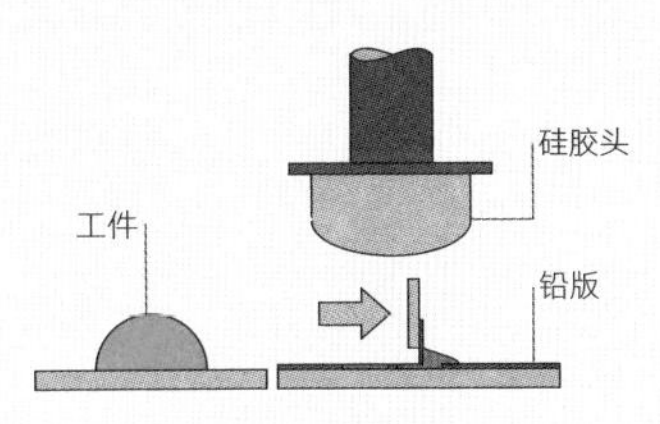

阶段 1：准备

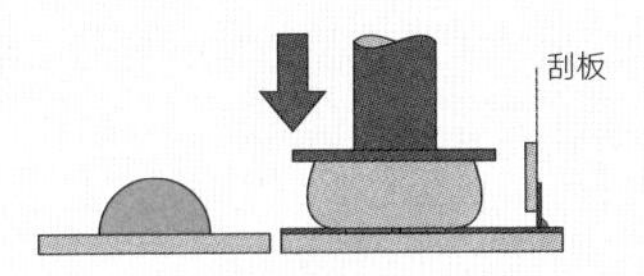

阶段 2：拾取

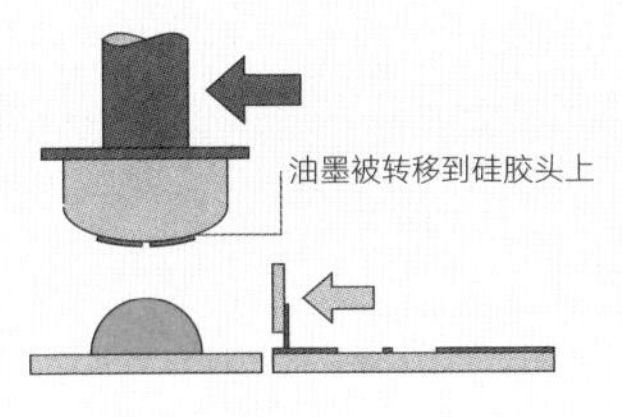

阶段 3：转移

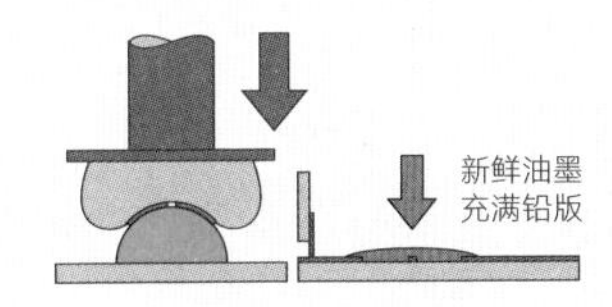

阶段 4：印刷

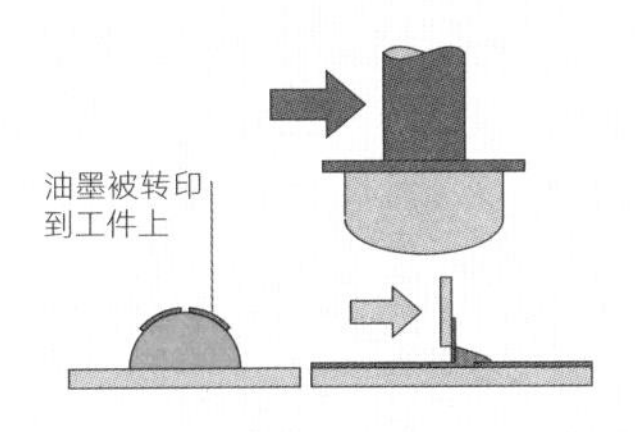

阶段 5：完成

典型应用

移印被用于装饰各种各样的产品，在这些产品凹凸或精致的表面上，外观或传达的信息都很重要。手持设备按键、遥控器和手机都需要用到移印。

它也被大量运用在不适合模内装饰（62 页）的消费电子产品生产中，典型的例子有商标、使用说明和图像的应用。

体育用品形状复杂，例如高尔夫球是圆的，表面还有许多凹痕。移印可以用于印刷拥有高清晰细节和边缘的图形去覆盖这些凹凸不平的表面。其他球，如足球、棒球和篮球也可以采用这种方式印刷。

相关工艺

移印和水转印（408 页）是仅有的适合将油墨直接印刷到凹凸表面的印刷方法。虽然喷漆（350 页）可以得到相似的效果，但是工艺过程不同，而且喷漆需要掩模和表面加工。

移印和水转印之间的区别是，水转印用于覆盖整个表面，而移印常用于更加快速精确地表现图形细节。

加工质量

铅版上细节的清晰度决定了移印的质量。光滑的移印硅胶头会将它拾取的油墨转印到零件表面，细节清晰度非常高，可以实现 0.1 mm 的线条。

技术说明

将这一设计的单色正像雕刻在铅版上。在阶段 1，将油墨浸满铅版，然后用刮板将多余油墨刮干净，确保油墨很好地覆盖在雕刻的图形上，而板上面没有油墨覆盖。这是因为硅胶头会拾取所有与之接触的油墨。

铅版上雕刻的图形很浅，因此，油墨层非常薄，几乎立刻就开始变干。在阶段 2，将硅胶头下降，按压油墨和铅版。在干燥过程中，油墨附着在硅胶头表面。

在阶段 3，将硅胶头移到产品上方。与此同时，让刮板沿铅版回到初始侧，准备再次用油墨填充铅版。

在阶段 4，将硅胶头压到工件上，它将工件的轮廓包裹住，确保表面之间有足够的压力转印油墨。硅胶头的表面能很低，油墨很容易脱离。

在阶段 5，零件的移印完成，硅胶头回到铅版起始位置，在那里，新的油墨已经填满并用刮板将多余油墨刮干净。下一个零件被加载，整个过程再从头开始。

因为移印可以湿压湿印刷，所以机器通常是连续工作的。一旦一种颜色被印出来，零件就会被转移到另一台机器上印刷后面的颜色。

→ 背光按键移印

这是一个手持电子设备的压缩成型（44 页）橡胶按键。它是背光式的，因此印刷质量必须非常高，否则任何瑕疵都会更明显。

在这个案例中，移印用于印刷负像。按键已经被印上了白色和黄色（图 1），这是它被照亮时呈现的颜色。

按键被装载到移印设备上（图 2）。设备上方有一个小型的丙烯酸夹具，防止按键在印刷过程中移动。

将铅版充满油墨，然后用橡皮刮板刮去多余油墨（图 3）。接下来，硅胶头与铅版接触，轻轻压下拾取油墨（图 4）。

当硅胶头移到工件表面时，刮板又用新的油墨充满铅版（图 5）。硅胶头上的油墨是一层薄膜（图6）。

印刷的过程非常迅速，硅胶头对准零件，然后压在它上面（图 7、8）。施加压力，油墨就转印到了工件表面。

在印好的零件上（图 9），黑色部分罩住了光线，着色的数字就显示出来了。将零件放在架子上，然后放入烘箱中使油墨完全固化（图 10）。

1

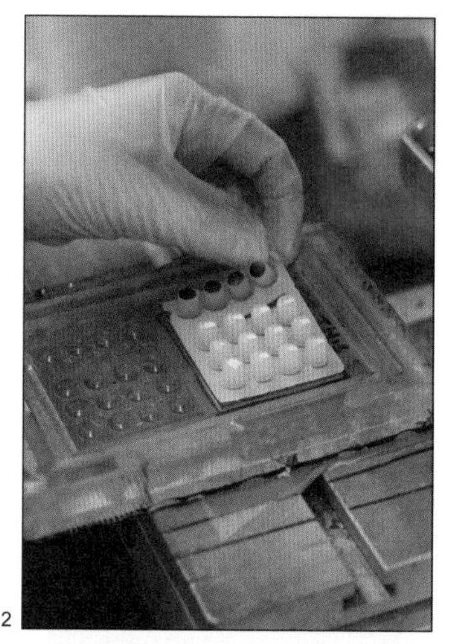

2

3

4

设计机遇

与其他印刷方法一样，移印可以采用直线式或旋转式印刷。旋转式印刷可以在凹凸表面连续印刷，还可以印刷圆柱形产品，如化妆品包装。

移印可以像丝网印刷一样应用导电油墨。因此，它可以在曲面、凹面和凸面上印刷电路。

设计注意事项

该工艺可以印刷平面、凹面和凸面形状，但移印硅胶头能加工的外形范围是有限的。例如，印刷圆柱形零件不能超出一半，若超过，则使用旋转式移印。

移印可印刷不超过 100 mm ×100 mm 的图形细节，这是硅胶头可以从铅版上拾取的最大尺寸。因为硅胶头无法拾取水性油墨，所以移印中使用的油墨仅限于溶剂型油墨。

适用材料

几乎所有的材料都可以用这种方式印刷。唯一不能移印的材料是表面能低于硅胶头的材料，比如聚四氟乙烯。这是因为油墨需要转印，但这种材料与硅胶一样具有非黏附性。

为了保证高质量的印刷，需要对一些塑料材料进行表面预处理。

加工成本

模具成本低。铅版通常是最贵的，由激光切割（248 页）、光化学加工（244 页）或是数控加工（182 页）工艺制作而成，尺寸在 100 mm×100 mm 以内。

加工时间短。油墨可以湿压湿印刷，这对多色印刷来说是个优势。

因为大部分过程都是机械化操作，所以人工成本低。

环境影响

这种工艺仅限于使用溶剂型油墨，相关的稀释剂含有有害化学成分。

5

6

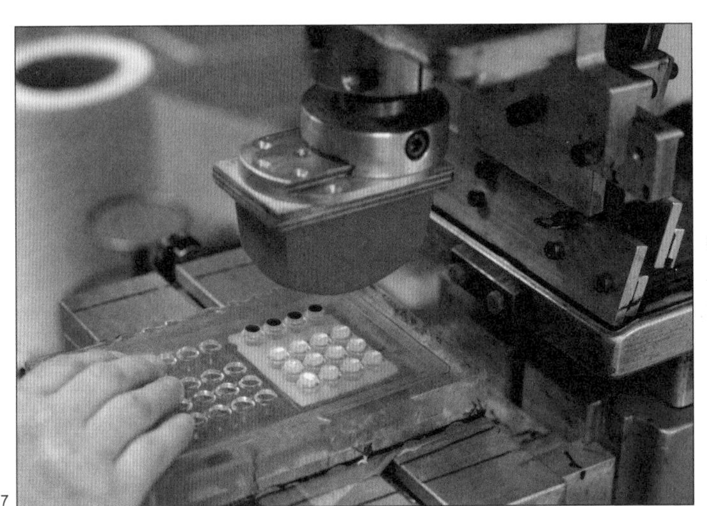
7

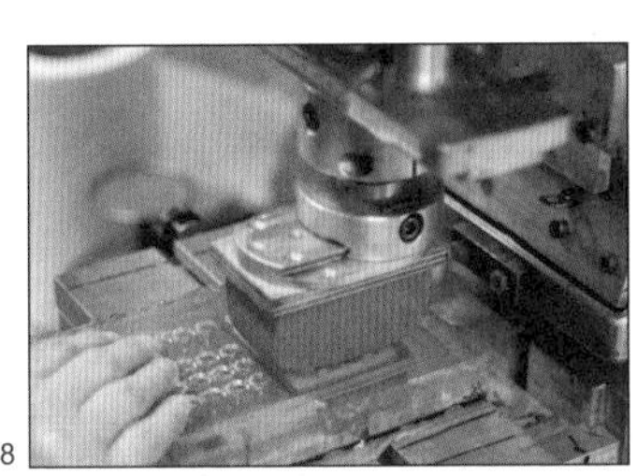
8

主要制造商

Rubbertech2000
www.rubbertech2000.co.uk

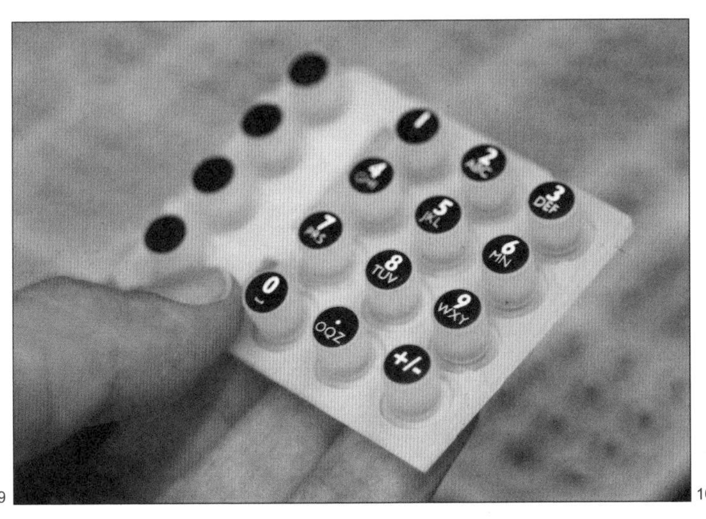

9

10

表面处理工艺

水转印

水转印是将装饰面层用于三维表面的一种工艺。一系列生动的图形被数码印刷在转印膜上，转印膜在水压的作用下包覆在产品上。

加工成本	典型应用	适用性
• 无模具成本，但是小产品需要夹具 • 单位成本低至中	• 汽车 • 消费电子 • 军事	• 小批量至大批量生产

加工质量	相关工艺	加工周期
• 图像清晰度高 • 图形包覆膜弹力小	• 模内装饰 • 移印 • 喷漆	• 周期短，每小时可循环10 ~ 20 次

工艺简介

水转印，又名浸镀、曲面印刷和水印图形，它们的过程基本相同，只是不同的公司采用的印刷技术不同。

该工艺相对较新，但已经在产品和工业中广泛应用。它主要有模仿和装饰两个功能。例如，产品表面可以印上木纹、大理石纹、蛇皮纹理或碳纤维（左图），非常逼真，能够改变平面或三维产品的外观。

几何图形、旗帜、照片或公司自己的图形都能用作装饰。转印膜是数码印刷的，因此图形可以是块色、多色和连续色调，对成本没有影响。

典型应用

这一工艺适用于那些对外观和成本比较挑剔的应用。例如，汽车内饰可以是注塑成型（50 页），但装饰得像胡桃木。因为该工艺将喷漆（350 页）过程整合在其中，所以在汽车工业中大量使用。其他应用还有合金轮毂、门框、变速杆和方向盘。

水转印是一种性价比高的方法，用在手机壳、电脑鼠标、太阳镜和运动器材上做装饰面层。其加工时间较短，且不需要特别设计的工具。

正如案例研究中展示的那样，该工艺可以将伪装和隐蔽技术应用到武器装备上。转印层像喷漆的漆层一样耐久、抗紫外线，因此适合应用于枪托、枪管和瞄准镜。

水转印工艺

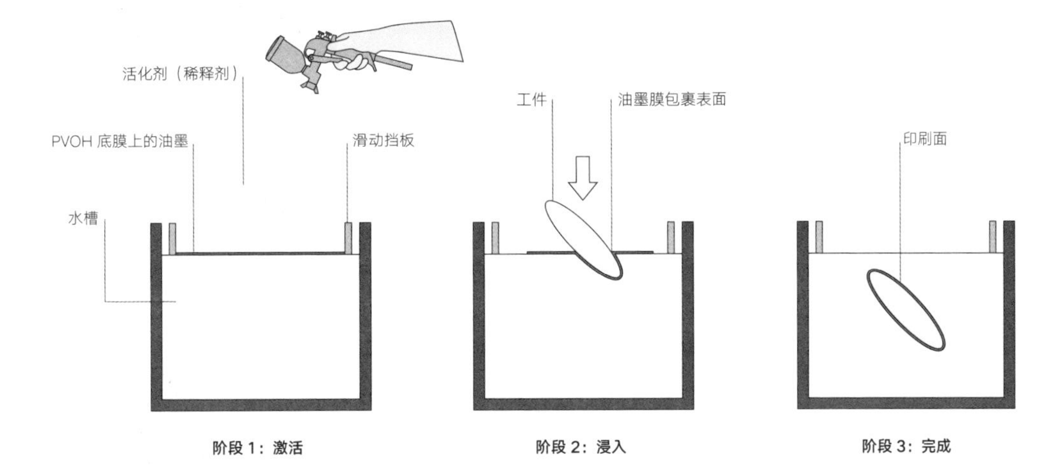

相关工艺

水转印是对传统喷漆技术的补充。浸入过程只是生产过程的三分之一，另外的三分之二是浸入前和浸入后的喷漆。

喷漆过程使用掩模和喷枪，产生的效果与没有浸入过程的水转印相似。这种方法耗费时间长，而且劳动密集。如果应用许多装饰表面，水转印更加经济。

移印（404 页）是唯一一个能够在凹凸表面印刷图形的工艺，但是它仅限于小范围印刷。水转印能覆盖整个产品。移印更精确。

技术说明

该组图阐明了浸入过程，这只是整个过程的三分之一。在印刷之前，表面通常会涂上不透明的底漆。在这个阶段，它能消除所有的瑕疵，减小表面粗糙度。

这个浸入过程是在 30 ~ 40℃的温水槽中进行的。转印膜由聚乙烯醇（PVOH）底膜和油墨表层组成。在阶段 1，聚乙烯醇底膜这一面被放置在温水表面，且被喷上活化剂。该过程的每一个阶段都必须精确计时，因为一旦激活了薄膜，它就会变成凝胶状，而且很脆弱。如果放置太久，它就会分散到水面上。滑动挡板是用来阻止它移动的。

在阶段 2，浸入工件，水的压力使油墨与工件的表面轮廓贴合。当工件被淹没时，油墨被转印到工件表面，整个过程只需要 3 ~ 4 分钟。

转印完成后，再用一层透明的面漆罩住油墨。根据应用的不同可以喷涂亚光漆或高光漆。

加工质量

该工艺的印刷质量与数字印刷相同，色彩范围没有限制。油墨层厚度不到 1 μm，夹在底漆和面漆之间使其更加经久耐用。底漆的作用是保证油墨与基底结合在一起，面漆的作用是将油墨密封。

设计机遇

该工艺可以让产品看起来像是由昂贵的材料制成的。加工过程中有很多标准的印花可供选择，当然也可以印刷自己的设计。

当一些复杂造型无法用理想的材料实现时，可以通过水转印让它看起来像这种材料。例如，坚硬的胡桃木就不太可能制成一个注塑成型的带嵌件和固定点的零件。

有经验的印刷工可以转印所有的形状、角度、曲线、突起和凹陷。对于那些形状非常复杂，无法通过单次浸入完成的工件，可以遮挡和涂覆两

水转印用于制作大量超现实的面层，将木纹、图案、迷彩等印在平面或三维表面上。

案例研究

→ 水转印枪托

这些是经过水转印处理的注塑成型的塑料枪托（图 1）。它们每一个都不一样，这主要是因为工艺本身就无法让它们完全一样。然而，使其各具特色也让消费者有更多的选择。

一些零件只需一次浸入就可以实现转印，而另一些则需要遮挡和转印多次。这个塑料因为护弓那里有一个凹进去的角度，不能一次印刷，所以分两部分进行遮挡（图 2）。

将油墨涂在 1 m 宽的聚乙烯醇底膜上（图 3）。底膜被截成一定的长度，浮在温水槽表面（图 4）。它在表面的停留时间为 45 秒，之后开始溶解。挡板将底膜包围，阻止任何横向运动，然后喷上活化剂（图 5），为油墨转印到工件表面做好准备。

几秒钟后，以一定的角度将零件小心翼翼地浸入水槽（图 6），确保表面不会产生气泡。油墨是凝胶状的，包裹三维形状表面时仍然保持不变。

水面在产品浮出前就进行了清理（图 7），这时油墨已经附着，但未受保护。通过冲洗去除残留物（图 8），然后喷上一层耐磨的面漆。成品（图 9）显示转印膜与零件形状非常吻合，因为它不仅没有变形，而且还填充了小凹陷、凹槽和其他设计细节。

1

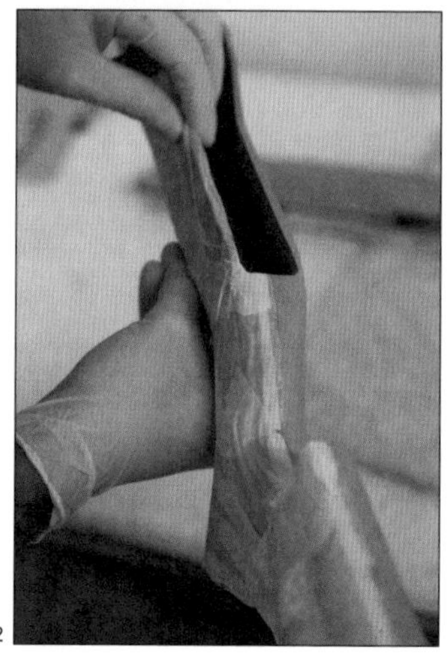

2

次。油墨不会自粘，可能会形成一条清晰的连接线，因此最好将连接线设计在零件下面或是看不到的地方。

所有的印刷和着色都是一次操作，因此不需要套准不同的颜色。

设计注意事项

水转印只适合在表面转印图案。它能将产品与图案对齐，但基于过程的特点，想要精确定位图形是不可能的。因此，它对于那些需要精确转印的图形来说不实用，如控制面板上的数字。

深凹面、孔洞和凹角要求在顶部有一个空气出口，否则会形成气泡，导致油墨无法与表面接触。通常以合适的角度浸入工件可以克服凹角和浅凹的问题。

一些表面适合直接转印，而另一些则需要喷涂底漆。底漆对于转印的颜色和质量也很重要。因为油墨层非常薄，而且几乎是透明的，所以底漆可以为油墨层提供最适宜的颜色。

平面、柔和的曲线和单轴弯曲最易转印。它也可以在多个轴上弯曲，印刷立方体的五个面。越是复杂和不平整的形状，印刷的难度就越大。圆锥体和锐角部的加工最困难，而且图案不能像在平面上一样进行复制。

可印刷零件的大小受到浸渍槽和转印膜宽度的限制，通常是 1 m^2。

适用材料

几乎所有的硬质材料都可以涂覆。如果可以喷漆，那么水转印图形也是可以的。最常用的承印物是注塑成型的塑料和金属。

加工成本

没有模具成本，但是小零件需要安装在特别设计的夹具上，这样就可以同时印刷许多零件。

时间周期取决于工件的尺寸和复杂程度，但通常不超过 10 分钟。掩模增加了操作过程中的人工成本，延长了时间周期。

因为大多数应用都是手工浸入，所以人工成本适中。如果零件足够多，需要机械化浸渍，那么很可能会使用模内装饰（62 页）。

环境影响

加工过程中使用了各种喷雾剂、稀释剂和化学品。它与喷漆相似，但材料利用更高效，几乎没有浪费。所有的污染物都可以从水里过滤出来，然后安全地处理掉。

3

4

5

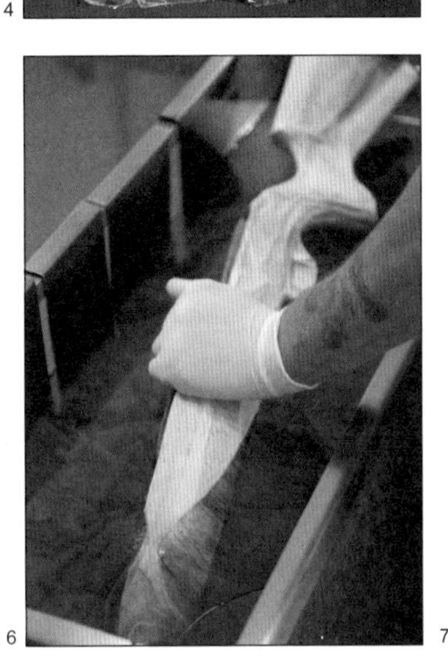
6

7

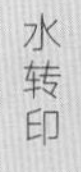

8

9

主要制造商

Hydrographics
www.hydro-graphics.co.uk

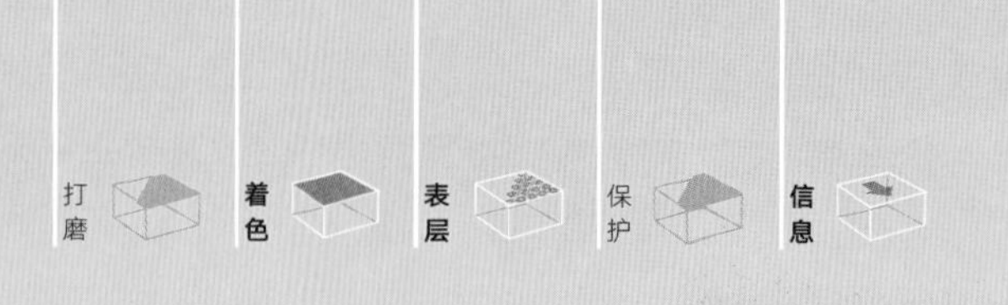

表面处理工艺

烫印和压印

烫印和压印是干法工艺，用于在大量承印物上产生装饰面层。用金属工具按压表面，用箔留下负像或形成凹凸图案。

加工成本	典型应用	适用性
• 模具成本低 • 单位成本低	• 消费电子 • 包装 • 办公用品和印刷品	• 小批量至大批量生产
加工质量	**相关工艺**	**加工周期**
• 高质量、可重复的精致细节	• 移印 • 丝网印刷 • 局部上光	• 周期短，每小时大约循环1000次

工艺简介

烫印，又名箔冲压、热印和烫金，是一个压的操作，经常与压印一起使用。

通过精密加工的金属工具将箔或凹凸图案压印在材料表面。这是一个快速且可重复的过程，大量用于包装和印刷工业，小批量生产和大批量生产均可。

因为烫印和压印所使用的模具差别非常小，所以有时会把它们合并成一个操作，但表面质量要求高的表面需要单独操作。烫印使用方边模具在材料表面操作，而为了获得最好的效果，压印模有一个小半径，是从相反方向挤压到匹配的模具中。

典型应用

印刷工业大量使用这些工艺来装饰书籍封面、包装、邀请函、传单、海报、光盘盒和公司文具用品。

箔能够烫印在纸张、木材、塑料和皮革等材料上。它可以用于将标志和文字直接印在文具和化妆品包装上。全息烫印箔用于有安全要求的银行卡、驾驶执照、音乐会入场券和礼券。

在模内装饰（62页）中，烫印用于印制薄膜，主要针对消费电子产品。

旋转式烫印（连续烫印）技术可将仿木纹表面应用于塑料建筑装饰，在这个领域它和移印（404页）有交叉。烫印一般不适合凹凸表面，而移印使用的是半刚性的硅胶头，克服了这个问题。

相关工艺

烫印和压印是效果好又比较廉价的工艺。除了局部上光之外，其他的印刷方法仅限于平色。

局部上光是一种涂覆技术，用于装饰印刷好的表面。它被用于烫印，但不像箔那样不透明；它的作用是丰富它下方承印物上的颜色，通常用在印刷品表面强化标志、标题和其他设计细节。局部上光一般通过丝网印刷（400页）或数字印刷实现，亮光漆在紫外光下立即固化。

已研制出的透明箔能与局部上光相提并论。箔纸和承印物用同样的颜色可以获得相似的效果，给人一种局部上光的感觉，如大红色印在暗红色上。

加工质量

如果工艺设置正确，机器可靠，金属工具在长时间的生产过程中都能制造出精确、可重复的印痕。

用其他方法印刷时，不同的颜色

不会重叠；箔的好处是它不透明，因此对版通常没有那么重要。即便如此，金属工具也可以设定以适应精确的要求。

通过施加压力，烫印在材料表面形成轻微的印痕。这是一种美学上的优势，有助于保护箔免受磨损。印痕的深度取决于材料的硬度；薄的材料压印时背面会形成一个凸起，这是不可取的。

设计机遇

箔有许多不同的类型，包括亚光箔、高亮箔、金属箔、全息箔、图案箔和透明箔。它的色彩范围也很广泛，包括 Pantone 和 RAL 配色系统。箔可以用于增加价值，比如用金箔强调设计细节，或者用于印制字体。

不同颜色的箔可以直接叠加应用，因此多色设计经常在彼此表面铺设实色，以避免对版问题。

箔与大多数承印物都能很好地结合。对烫印来说，不需要考虑材料的厚度，只要它能通过机器就行。

烫印和压印是可以同时进行的，虽然这不太可取，但能减少加工时间和降低成本。

设计注意事项

烫印和压印可以用于非常复杂的设计。但是，不同类型的箔不一定适合印制精致的细节。还有大量银箔和金箔，其中一些可以用于印制 1.5 mm 高的字体。其他颜色，如黑色、白色或红色，就不适合印制这样精致的细节。印刷工应进行试验，以确定小尺寸的设计是否可行。

黑体字因字母间的空隙比通常字体小，烫印比较困难；半色调图形（浅色）因为网点面积大小的变化也很难烫印。

只有平面和圆柱表面可以烫印。平面烫印是最常见和最廉价的；圆柱体烫印需要更专业的工具，价格也更贵，通常用于大批量生产。

模具的最大尺寸受到印版的限制。印版的最大尺寸为 A1，或者 594 mm×841 mm。

适用材料

大部分材料都可以烫印，包括皮革、纺织品、木材、纸品、卡片和塑料。

厚度取决于材料的密度和弹性。压印通常限于纸品和卡片（最多 2 mm）、塑料（最多 1 mm）和皮革。任何厚度都可以进行凹陷（压印一面）加工。

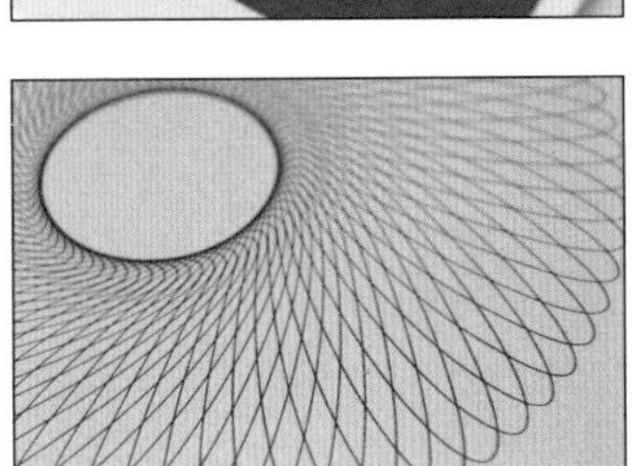

左上图

这种镁板用于压印薄板材料。

左中图

这 6 磅字体被光化学加工到烫印镁板表面。激光雕刻铜最适合大批量生产和精致细节。

左下图

烫印不仅限于平面零件，圆柱体的化妆品包装也经常用这种方法装饰，以增加附加价值。

右上图

压印用于在印刷品表面产生精细的效果。当它在非印刷材料上使用时，被称为“素压浮凸”。

右中图

烫印可以用多种颜色复制 0.25 mm 的细线条。

烫印和压印工艺

烫印

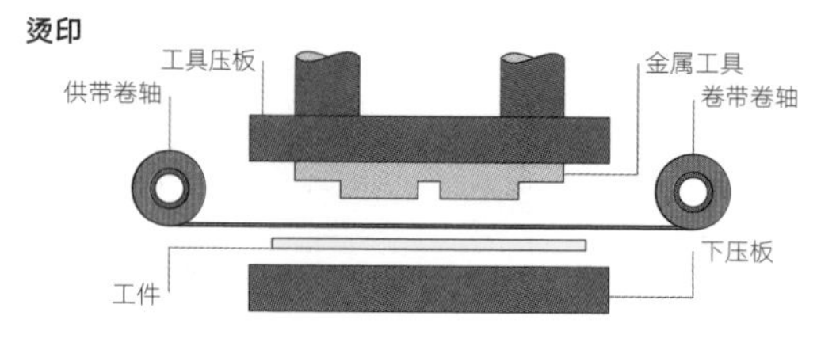

阶段 1：装载

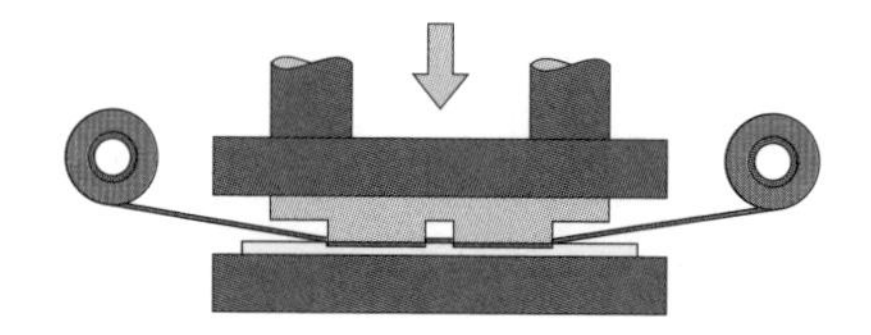

阶段 2：烫印

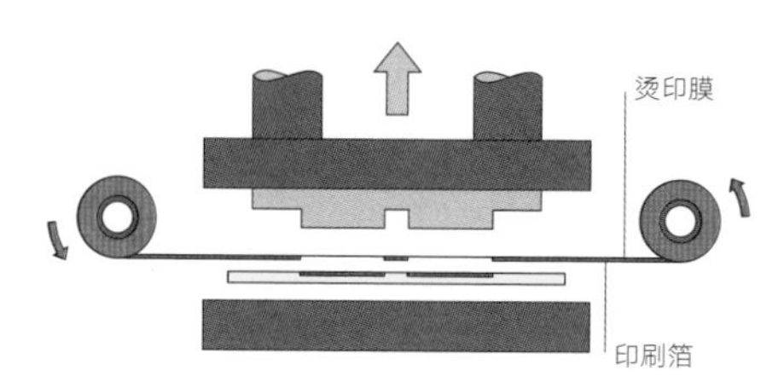

阶段 3：卸载

压印

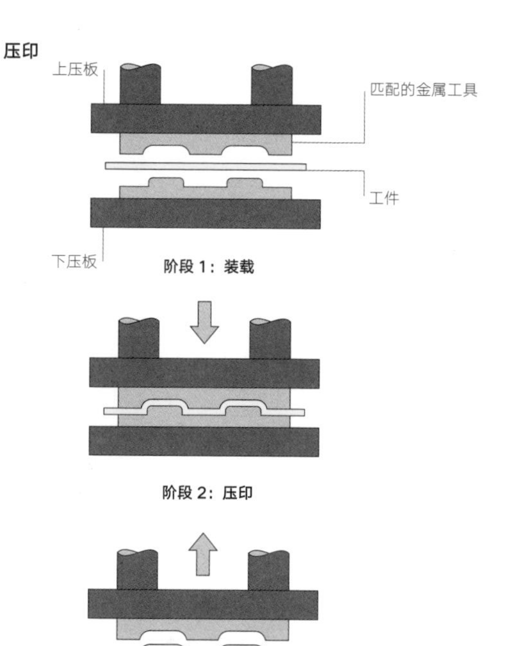

阶段 1：装载

阶段 2：压印

阶段 3：卸载

加工成本

烫印和压印的模具成本很低，但旋转工具和匹配模具比较昂贵。

加工周期短，每小时最多可处理 1000 个零件。

生产中的人工成本并不高，但也取决于设计的复杂程度；因为工具必须与现有的印刷品对版，所以换模时间是可变因素。

环境影响

环境影响非常小。有一些设计，比如边框装饰，会浪费设计区域内所有的箔，但是回收用过的箔是不现实的。压印不产生废料。

技术说明

烫印和压印本质上是相同的工艺。不同之处在于，烫印时模具和承印物之间有一层箔。

模具是金属的，通过激光切割（248 页）、光化学加工（244 页）或数控雕刻（396 页）工艺制作而成。模具上凸起的部分刻有图像，可以印制设计中的正像或负像。

每一种工艺都需要高温和压力。金属模具的温度通常在 100 ~ 200℃，可以直线操作或是旋转操作。旋转式操作非常迅速，可用于板材和圆柱零件的连续生产。

金属箔是非常薄的铝片，也用于真空电镀（372 页）。非金属颜色的箔、印刷箔、图案箔和透明箔是塑料薄膜。这两种类型都是由塑料底膜支撑。箔被印刷后，可保持薄膜的完整性。箔的表面有一薄层的黏合剂，用于连接箔和承印物。

烫印时，温度和压力双重作用在接触的承印物上，使其嵌入表面。材料的硬度和施加在工具上的压力决定了印痕的深度。工具是方边，能够使其在切入时产生清晰的边缘。

压印是在相匹配的工具之间进行，凹陷仅需要一套印模工具。基于美学和功能的原因，锋利的边缘会使工件的纤维承受压力，压印工具在边缘设计了一个小半径。在箔的烫印和压印组合中，其切割就没有单独操作中那么干净。

→ 纸品烫印

不同类型的箔成卷供应（图1）。不同的卷可供应宽度640 mm，长为122 m、153 m或305 m的箔。将卷上的箔截成一定长度，装到机器上（图2）。模具是光化学加工的镁板（图3）。它被安装在箔背后的压力机上。一系列的真空喷嘴拾取纸张，将其放在印版上（图4）。按压不到一秒钟，纸张就可以卸下（图5）。

压印之后，箔（图6）缠绕在一个卷带卷轴上，现在它就是废料了。在已完成的烫印上，金箔捕捉到光，产生闪耀的引人注目的设计细节（图7）。

1

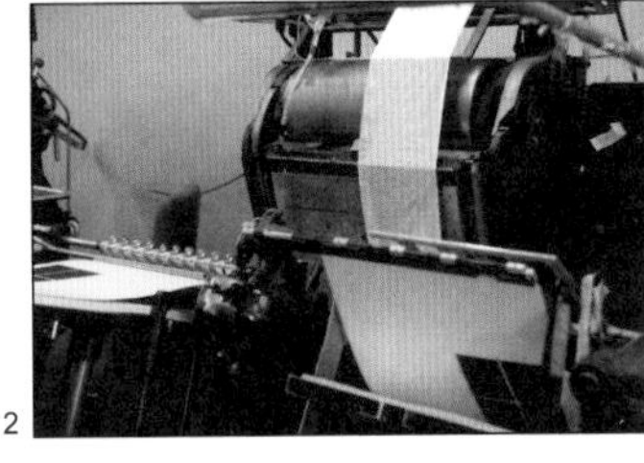
2

3

4

5

6

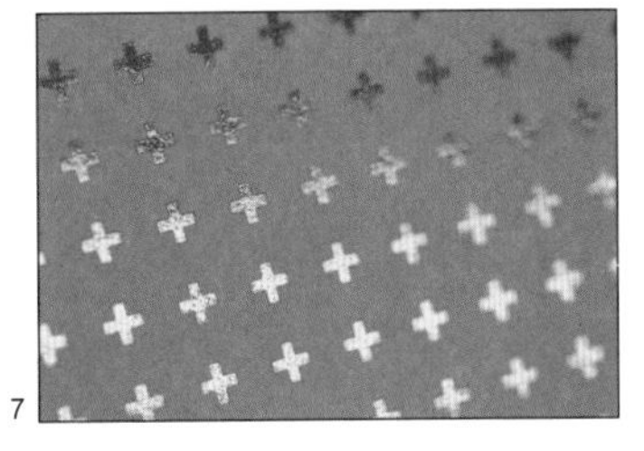
7

主要制造商

Impressions
www.impressionsfoiling.co.uk

图片版权

在这本书中，罗布·汤普森拍摄了相关工艺、材料与产品，作者谨在此确认以下内容已获得复制照片与CAD图形的许可。

简介

11页（Bellini椅子）：Atelier Bellini

11页（内模装饰）：Yoshida Technoworks

12页（Entropia灯具）：Future Factories

13页（Roses on the Vine灯具）：Swarovski Crystal Palace

14页（Laser Vent Polo 衫）：Vexed Generation

14页（Biomega MN01自行车）：Biomega

15页（Outrageous painted 吉他）：Cambridgeshire Coatings Ltd./US Chemical and Plastics

17页（FEA）：W. H. Tildesley

真空铸造

43页（图10）：CMA Moldform

注塑成型

53~55页（所有图片）：Product Partners Design

55页（图10）：Product Partners Design

56~57页（所有图片）：Moldflow

58页（图1）：Magis

60页（图1）：Crowcon Detection Instruments

62页（图1）：Luceplan

反应注射成型

66页（下图）：Boss Design

67页（图7）：Boss Design

钣金加工

73页（上图）：Coventry Prototype Panels

75页（图1）：Spyker Cars

77页（图14和图15）：Spyker Cars

金属旋转加工

81页（图12）：Mathmos

金属冲压

84页（坯料准备，图2和图4）：Alessi

84页（金属冲压，图1）：Alessi

86~87页（图1~4）：Alessi

深冲

91页（图12）：Raul Barbieri Design and Rexite

超塑成型

96~97页（所有图片）：Superform Aluminium

管材弯曲成型

100页（图1）：Thonet

压铸

125页（下图）：Magis

129页（图9）：Magis

熔模铸造

132页（左图和右图）：Bernard Morrissey and Deangroup International

金属注射成型

137页（上图和下图）：Metal Injection Mouldings

138~139页（所有图片): Metal Injection Mouldings

玻璃吹制

159页（图2、图8和图9）：Beatson Clark

木材层压成型

194页（图4）：Isokon Plus

195页（图4）：Isokon Plus

196页（图4）：Barber Osgerby

197页（图4）：Isokon Plus

蒸汽弯曲成型

200页（图1）：Thonet

纸浆模塑成型

205页（图8）：Cullen Packaging

复合层压成型

206页（标题图）：Lola Cars International

210页（图1）：Ansel Thompson

214页（所有图片）：Lola Cars International

215页（图1）：Lola Cars International

217页（图15、图17和图18）：Lola Cars International

纤维缠绕成型

223页（夏友图）：Crompton Technology Group

226页（图1和图2）：Crompton Technology Group

三维热层压（3DL）

230~231页（所有图片）：North Sails Nevada

快速成型

236~241页（所有图片）：CRDM

冲压和冲裁

261页（右图）：Alessi

263页（图1）：Alessi

模切

269页（图1）：Black+Blum

电弧焊

282~286页（所有图片）：TWI

高能束流焊

288~293页（所有图片）：TWI

摩擦焊

294~297页（所有图片，Bang & Olufsen BeoLab除外）：TWI

297页（左上图）：Morten Larsen and Bang & Olufsen

超声波焊

303页（上图）：Product Partners

电阻焊

310页（上左图和右图）：Portable Welders

软钎焊和硬钎焊

314页（图1）：Alessi

木工

326页（图1）：Isokon Plus

330页（Donkey书架中的槽榫，图1）：Isokon Plus

编织

图333（下右图）：Lloyd Loom of Spalding

334页（图1）：Lloyd Loom of Spalding

336页（图1）：Thonet

装饰

341页（图1）：Boss Design

342页（图1）：Boss Design

木制框架结构

347页（图11和图12）：Trus Joist

喷漆

354页（图1）：Duncan Cubitt

354页（图2）：Pioneer Aviation

355页（图9~12）：Hydrographics

阳极氧化

361页（下图）：Jesper Jørgen and Bang & Olufsen

镀锌

369页（下图）：Medway Galvanising

研磨、砂磨和抛光

381页（手工抛光，图1~图4）：Alessi

电抛光

386页（图2）：Fusion Glass Designs

致 谢

案例研究中的技术细节和准确性离不开无数个人和组织的慷慨帮助。他们在材料与工艺方面的丰富知识，尤其是他们在这些案例中多年的实践经验，对于理解各种工艺的机会非常宝贵。我谨在此对他们的贡献表示感谢：RS Bookbinders 的 Graham Shaddock；Polimoon 的 David Taylor 和 Vikki Shaw；Kaysersberg Plastics 的 David Whitehead，Marc Ommeslagh 和 Andrew Carver；Magis 的 Orietta Rosso 和 Birgit Augsburg；CMA Moldform 的 Kevin Buttress 和 David Buttress；Rubbertech2000 的 Nigel Hill；Cromwell Plastics 的 Ray McLaughlin 和 Edith Cornfield；ENL 的 Richard Gamble 和 Product Partners Design 的 Paul Neal；Moldflow 的 Jessica Castelli 和 Caroline Martin；Hymid Multi-Shot 的 Steen Gunderson；LucePlan 的 Rosi Guadagno；Interfoam 的 Nick Reid；Cove Industries 的 Gordon Day，Dave Clarke 和 Phill Gower；Coventry Prototype Panels 的 Brendan O'Toole 和 Matt Rose；Mathmos 的 Cressida Granger；Alessi 的 Gloria Barcellin 和 Danilo Alliata；Rexite 的 Rino Pirovano 和 Roberto Castiglioni；Superform Aluminium 的 Stuart Taylor 和 Quigley Design 的 Kevin Quigley；Thonet 的 Susanne Korn 和 Stefan Wocadlo；Pipecraft 的 Nick Crossley；Elmill Group 的 Bryan Elliott；Blagg & Johnson 的 Gordon Wright；W. H. Tildesley 的 John Tildesley 和 Bruce Burden；Chiltern Casting 的 Alan Baldwin；Deangroup International 的 Christopher Dean；Metal Injection Mouldings 的 Brian Mills；BJS Royal Silversmiths 的 Richard Lewis；Jill Ellinsworth 和 The National Glass Centre 的 Stephanie Moore；London Glassblowing 的 Peter Layton 和 Layne Row；Beatson Clark 的 Charlotte Muscroft 和 Tim Sweatman；Dixon Glass 的 Reece Bramley；S&B Evans & Sons 的 Jack Evans；Frances Chambers 和 Hartley Greens & Co. (Leeds Pottery) 的 Cynthia Whitehurst；Ercol Furniture 的 Edward Tadros，Vicky Tadros 和 Floris van den Broecke；Isokon Plus 的 Chris McCourt；Cullen Packaging 的 Ken Blake；Radcor 的 Darren；Lola Cars International 的 Sam Smith，Paul Rennie 和 Ian Handscombe；Crompton Technology Group 的 Leon Houseman；North Sails Nevada 的 Jim Allsopp 和 Bill Pearson；CRDM 的 Andrew Mitchell；Mercury Engraving 的 Tom Hutton；Zone Creations 的 Jamie Hale；PFS Design & Packaging 的 Chris Sears；Instrument Glasses 的 Gregg Botterman；TWI 的 Dave McKeown，Penny Edmundson 和 Roy Smith；Branson Ultrasonics 的 Peter Wells 和 Roderich Knoche；Windmill Furniture 的 Chris McCourt；Lloyd Loom of Spalding 的 Henry Harris；Boss Design 的 Mark Barrell；Marlows Timber Engineering 的 Roger Smith；Hydrographics 的 Jon Sykes；Medway Galvanising 的 Phil Roberts；Heywood Metal Finishers 的 Andy Robinson；VMC 的 Paul Taylor；Professional Polishing Services 的 Kirsty Davies；Firma-Chrome 的 David Nicol 和 Iain M Barker；Impressions Foil Blocking 的 Ian Carey；Distrupol 的 Chi Lam。

以下个人、组织和专业摄影师非常慷慨地为本书提供了产品和材料的照片，使得书中的内容如此丰富多彩，在此表示感谢：Martin Thompson；Ansel Thompson；Atelier Bellini 的 Alexander Åhnebrink；Yoshida Technoworks 的 Haruki Yoshida；Future Factories 的 Lionel Dean；Swarovski Crystal Palace 的 Pip

Kyriacou; Vexed Generation; Biomega; Cambridgeshire Coatings/US Chemical & Plastics; W. H. Tildesley; CMA Moldform; Product Partners Design; Moldflow; Magis; Crowcon Detection Instruments; LucePlan; Boss Design; Coventry Prototype Panels; Spyker Cars; Mathmos; Alessi; Raul Barbieri Design and Rexite; Superform Aluminium; Thonet; Deangroup International 的 Bernard Morrissey; Metal Injection Mouldings; Beatson Clark; Isokon Plus; Barber Osgerby; Cullen Packaging; Lola Cars International; Crompton Technology Group; North Sails Nevada; CRDM; Black+Blum; TWI; Bang & Olufsen; Portable Welders; Lloyd Loom of Spalding; Trus Joist; Duncan Cubitt and Pioneer Aviation; Hydrographics; Medway Galvanising; Fusion Glass Designs; Moooi; Remarkable Pencils; Beckman Institute; Droog Design; Plastic Logic; Andrew Wilkins 和 DuPont ™ Engineering Polymers; Flos; Hulger 的 Nicolas Roope; Duncan Riches 和 Vujj; Kei Tominaga 和 PD Design Studio; Toby Summerskill 和 Charlie Davidson; Vertu; Bianchi; Rolls-Royce International; KME; Rachel Galley; Candidus Prugger; Ercol Furniture 的 Vicky Tadros; Retrovius; Georg Baldele; Fusion Design; Litracon 的 Áron Losonczi; Jet Propulsion Laboratory; Mark Pinder; Helen Johannessen/Yoyo Ceramics; Küppersbusch 的 John Baldwin; Pilkington Group 的 Julie Woodward。

这本书的出版离不开同事、家人和朋友的支持、鼓励和投入。我要感谢这本书的设计师 Chris Perkins，感谢他的认真与敬业，以及出色的设计技巧；感谢这本书的编辑 Joanna Chisholm 和 Candida Frith-Macdonald，他们以难以置信的耐心和有价值的见解完成文字的编辑工作；感谢 Thames & Hudson 出版社相信并支持这个雄心勃勃的项目。我的父亲 Martin Thompson 在摄影和图片内容方面提供了宝贵的帮助和建议，他的摄影技术及对细节的关注是无与伦比的。此外还要感谢 Selwyn Taylor，感谢他在版式方面的思考，并在整个项目过程中给我极大的鼓励。Shunsuke Ishikawa 和 Kei Tominaga 对于日本的制造商、设计师和新技术方面的信息提供了很多帮助。我很荣幸地邀请到伦敦设计团队创意资源实验室（Creative Resource Lab）的联合创始人、伦敦中央圣马丁艺术与设计学院产品设计课程主任 Simon Bolton 作为我的导师和朋友，他一直在和我探讨并激励我。最后，我要感谢 Molly Taylor 和我的家人 Lynda、Martin、Ansel、Murray，他们给予我力量与灵感。